中国水利学会

CHES

2023中国水利学术大会论文集

第三分册

中国水利学会 编

黄河水利出版社

内 容 提 要

本书以"强化科学技术创新，支撑国家水网建设"为主题的 2023 中国水利学术大会论文合辑，积极围绕当年水利工作热点、难点、焦点和水利科技前沿问题，重点聚焦水资源短缺、水生态损害、水环境污染和洪涝灾害频繁等新老水问题，主要分为水生态、水圈与流域水安全、重大引调水工程、水资源节约集约利用、智慧水利·数字孪生·水利信息化等板块，对促进我国水问题解决、推动水利科技创新、展示水利科技工作者才华和成果有重要意义。

本书可供广大水利科技工作者和大专院校师生交流学习和参考。

图书在版编目（CIP）数据

2023 中国水利学术大会论文集：全七册/中国水利
学会编 . —郑州：黄河水利出版社，2023.12
ISBN 978-7-5509-3793-2

Ⅰ.①2… Ⅱ.①中… Ⅲ.①水利建设-学术会议-
文集 Ⅳ.①TV-53

中国国家版本馆 CIP 数据核字（2023）第 223374 号

策划编辑：杨雯惠 电话：0371-66020903 E-mail：yangwenhui923@163.com

出 版 社：黄河水利出版社 网址：www.yrcp.com
地址：河南省郑州市顺河路黄委会综合楼 14 层 邮政编码：450003
发行单位：黄河水利出版社
发行部电话：0371-66026940、66020550、66028024、66022620（传真）
E-mail：hhslcbs@126.com
承印单位：广东虎彩云印刷有限公司
开本：889 mm×1 194 mm 1/16
印张：268.5（总）
字数：8 510 千字（总）
版次：2023 年 12 月第 1 版 印次：2023 年 12 月第 1 次印刷

定价：1 260.00 元（全七册）

《2023 中国水利学术大会论文集》

编 委 会

前言 Preface

　　学术交流是学会立会之本。作为我国历史上第一个全国性水利学术团体，90多年来，中国水利学会始终秉持"联络水利工程同志、研究水利学术、促进水利建设"的初心，团结广大水利科技工作者砥砺奋进、勇攀高峰，为我国治水事业发展提供了重要科技支撑。自2000年创立年会制度以来，中国水利学会20余年如一日，始终认真贯彻党中央、国务院方针政策，落实水利部和中国科学技术协会决策部署，紧密围绕水利中心工作，针对当年水利工作热点、难点、焦点和水利科技前沿问题、工程技术难题，邀请院士、专家、代表和科技工作者展开深层次的交流研讨。中国水利学术年会已成为促进我国水问题解决、推动水利科技创新、展示水利科技工作者才华和成果的良好交流平台，为服务水利科技工作者、服务学会会员、推动水利学科建设与发展做出了积极贡献。为强化中国水利学术年会的学术引领力，自2022年起，中国水利学会学术年会更名为中国水利学术大会。

　　2023中国水利学术大会以习近平新时代中国特色社会主义思想为指导，认真贯彻落实党的二十大精神，紧紧围绕"节水优先、空间均衡、系统治理、两手发力"治水思路，以"强化科学技术创新，支撑国家水网建设"为主题，聚焦国家水网、智慧水利、水资源节约集约利用等问题，设置一个主会场和水圈与流域水安全、重大引调水工程、智慧水利·数字孪生、全球水安全等19个分会场。

　　2023中国水利学术大会论文征集通知发出后，受到广大会员和水利科技工作者的广泛关注，共收到来自有关政府部门、科研院所、大专院校和设计、施工、管理等单位科技工作者的论文共1 000余篇。为保证本次大会入选论文的质量，大会积极组织相关领域的专家对稿件进行了评审，共评选出681篇主题相符、水平较高的论文入选论文集。按照大会各分会场主题，本论文集共分7

册予以出版。

  本论文集的汇总工作由中国水利学会秘书处牵头，各分会场协助完成。本论文集的编辑出版也得到了黄河水利出版社的大力支持和帮助，参与评审、编辑的专家和工作人员克服了时间紧、任务重等困难，付出了辛苦和汗水，在此一并表示感谢！同时，对所有应征投稿的论文作者表示诚挚的谢意！

  由于编辑出版论文集的工作量大、时间紧，且编者水平有限，错漏在所难免。不足之处，欢迎广大作者和读者批评指正。

中国水利学会

2023 年 12 月 12 日

目录 Contents

水资源节约集约

目录

重大引调水工程

单层管片衬砌有压隧洞高压固结灌浆试验研究

王志强 张 高

（黄河勘测规划设计研究院有限公司，河南郑州 450003）

摘 要：兰州市水源地建设工程输水主洞为国内首条单层管片衬砌结构下的有压隧洞，隧洞沿线地质条件复杂，运行期间最大内水压力达 0.9 MPa。为满足隧洞长期安全稳定运行，结合兰州市水源地建设工程，开展了单层管片衬砌条件下有压隧洞的高压固结灌浆试验研究。灌浆试验结果表明，采用 2.5 MPa 高压固结灌浆，施工质量能满足设计要求，且可避免管片衬砌结构的变形破坏，可供类似工程参考。

关键词：管片衬砌；有压隧洞；高压固结灌浆；试验

水工隧洞尤其是有压隧洞的长期安全稳定运行，往往取决于隧洞围岩的整体性和抗变形能力。为了提高围岩的整体性和抗变形能力，增强围岩抗渗性和长期渗透稳定性，通过灌浆封闭隧洞围岩裂隙，使其成为隧洞承载和防渗阻水的主要结构[1-6]。

兰州市水源地建设工程输水主洞为国内首条单层管片衬砌结构下的双护盾 TBM 有压隧洞，隧洞沿线地质条件复杂，部分洞段为破碎的Ⅳ、Ⅴ类围岩，运行期间最大内水压力达 0.9 MPa。为满足输水隧洞的长期安全稳定运行，在保证豆砾石回填灌浆及接触灌浆施工质量的基础上，尤其需对破碎围岩洞段进行高压固结灌浆以提高围岩的完整性和抗变形能力。按照相关规范，一般隧洞灌浆压力可为 0.3~2.0 MPa；高水头压力隧洞灌浆压力应根据工程要求和围岩地质条件经灌浆试验确定，部分工程压力隧洞灌浆曾据此开展过相关试验研究[6-9]。但与常规压力引水隧洞不同，国内外尚无对单层管片衬砌结构下的 TBM 有压隧洞进行高压固结灌浆的先例，更无相关经验可借鉴。鉴于此，本文结合兰州市水源地建设工程施工，开展单层管片衬砌结构下的 TBM 有压隧洞高压固结灌浆试验研究。

1 灌浆试验设计

1.1 工程概况

兰州市水源地建设工程输水隧洞为压力引水隧洞，TBM 施工洞段长 24 km，开挖洞径 5.48 m，采用单层管片衬砌，内径 4.6 m。输水隧洞地质条件以Ⅱ、Ⅲ类围岩为主，另不连续分布Ⅳ围岩 5 910 m、Ⅴ类围岩 346 m。

为保证管片衬砌结构的安全稳定，针对Ⅳ、Ⅴ类围岩洞段开展高压固结灌浆试验，研究施工技术参数、施工工艺、质量控制及灌浆效果，为双护盾 TBM 单层管片衬砌条件下的有压隧洞高压固结灌浆施工提供技术支撑。

1.2 试验区工程地质条件

本次试验选取 2 个试验区，分别包含的Ⅳ、Ⅴ类围岩洞段。试验区工程地质条件见表 1。

表 1 试验区工程地质条件

试验区	隧洞桩号	段长/m	地质描述	围岩类别	说明
一区	T26+055~T26+100	45	粉砂岩、泥质粉砂岩、砂质黏土岩	Ⅳ	区域断层
二区	T23+800~T23+845	45	变质安山岩	Ⅴ	破碎带

作者简介：王志强（1986—），男，高级工程师，主要从事水利工程技术管理工作。

1.3　试验布置及参数

每试验区各布置 180 个灌浆孔，施工环分两序，另各布置抬动观测孔 1 个。固结灌浆孔设计参数见表 2。Ⅰ、Ⅱ序灌浆孔布置见图 1。

表 2　固结灌浆孔设计参数

试验区	围岩类别	排距/m	灌浆孔/个			入岩深度/m	灌浆压力/MPa
			总孔数	Ⅰ序	Ⅱ序		
一区	Ⅳ	1.5	180	75	105	4.5	3
二区	Ⅴ	1.5	180	75	105	5.0	3

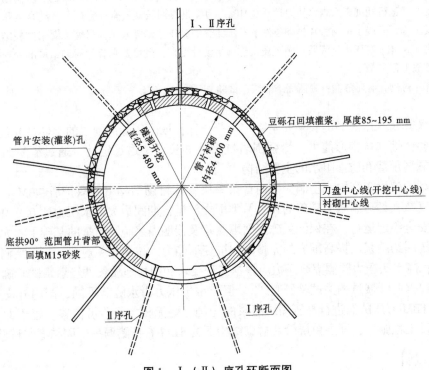

图 1　Ⅰ（Ⅱ）序孔环断面图

2　灌浆试验

2.1　钻孔及冲洗、压水试验

采用 YT-28 手风钻钻孔，孔径 50 mm，开孔孔位与管片预留孔中心对齐。钻孔完成后，采用自孔底向孔外大水量敞开冲洗，直至回水澄清。采用压力水冲洗的方法进行裂隙冲洗，冲洗水压采用 80% 灌浆压力，压力不超过 1 MPa。灌前采用简易压水试验，孔数不少于区域内总孔数的 5%。压水压力与冲孔压力保持一致，压水时间为 20 min，每 5 min 测读一次压水流量，成果以透水率表示。

2.2　灌浆试验工艺

单孔施工工艺流程：施工准备→抬动观测孔钻孔安装→Ⅰ序孔固结灌浆施工→封孔→Ⅱ序孔固结灌浆施工→封孔。

固结灌浆浆液浓度由稀到浓逐级变换，水灰比采用 3∶1、2∶1、1∶1、0.5∶1 共 4 个比级，浆液变换原则遵循《水工建筑物水泥灌浆施工技术规范》（SL/T 62—2020）[10]。灌浆压力为 3.0 MPa，为避免升压过快应逐级升压，采用灌浆自动记录仪实时记录灌浆和压水过程。

灌浆压力达到规定值，吸浆量小于或等于 1 L/min，延续 30 min 即可结束固结灌浆。

2.3 抬动观测孔观测

抬动观测孔孔径采用 $\phi 76$ mm。抬动观测装置内管采用 $\phi 25$ mm 钢管，外管采用 $\phi 50$ mm 钢管作为护管。抬动观测装置内外管距管片表面 20 cm 以上，方便抬动观测。

设有抬动观测装置的部位，其周边灌浆孔在裂隙冲洗、压水试验及灌浆过程中均进行观测，并采用千分表进行观测记录。在抬动观测值 ≥ 200 μm 时，采取降压措施或停止灌浆。抬动观测装置结构如图 2 所示。

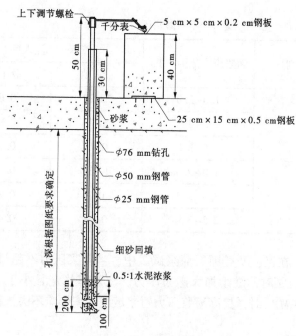

图 2 抬动观测装置结构

3 灌浆试验结果分析

3.1 抬动变形观测

灌浆试验施工过程中，安排专人严密监视抬动装置千分表的变化情况。试验结束后，针对每试验段各灌浆孔选取 4 组不同灌浆压力范围下的抬动观测值进行统计分析，成果见表 3。

表 3 抬动观测统计

试验区	灌浆压力范围/MPa	抬动观测值范围/μm	说明
一区	1.00~1.50	4~16	
	1.50~2.00	13~52	
	2.00~2.50	47~136	
	2.50~3.00	155~203	抬动值超过 200 μm 时停止灌浆，采取降压措施
二区	1.00~1.50	3~23	
	1.50~2.00	18~65	
	2.00~2.50	56~166	
	2.50~3.00	163~205	抬动值超过 200 μm 时停止灌浆，采取降压措施

由以上抬动观测值分析可知：当灌浆压力不超过 2.5 MPa 时，各孔段的抬动变形量均未超过 200 μm 的允许值[11]，符合施工安全要求。当灌浆压力超过 2.5 MPa 时，部分孔段的抬动变形量已超过 200 μm，需采取降压措施以防止管片衬砌结构发生变形破坏。因此，灌浆压力以不超过 2.5 MPa 为宜。

3.2 不同灌浆压力下注入率

为深入研究灌浆压力与注入率的关系，针对每试验段各灌浆孔不同灌浆压力下的注入率进行统计分析，成果见表 4。

表 4　不同灌浆压力下注入率

试验区	围岩类别	灌浆压力范围/MPa	注入率/（L/min）		
			最大值	最小值	平均值
一区	Ⅳ	1.0~2.0	23.87	0.63	4.95
		2.0~2.5	8.37	0.86	2.31
		2.5~3.0	0.93	0.31	0.48
二区	Ⅴ	1.0~2.0	44.35	0.71	6.37
		2.0~2.5	10.26	0.83	3.66
		2.5~3.0	0.89	0.44	0.62

由以上成果分析可知：在Ⅳ、Ⅴ类围岩灌浆试验中，当灌浆压力不超过 2.5 MPa 时，注入率较大；当灌浆压力超过 2.5 MPa 时，继续加大灌浆压力，注入率稳定且小于 1 L/min，已达到屏浆条件。说明灌浆压力达到 2.5 MPa 时，提高灌浆压力对浆液注入率影响不大。因此，灌浆压力 2.5 MPa 即可满足施工质量要求。

3.3 灌前透水率及单位注灰量成果分析

各试验部位固结灌浆灌前平均透水率、水泥单位注灰量及分布频率统计如表 5、表 6 所示。

表 5　固结灌浆成果

部位	孔序	总段数	灌浆长度/m	水泥用量/kg	单位注灰量/（kg/m）	灌前平均透水率/Lu
一区	Ⅰ	75	337.5	1 849.50	5.48	3.92
	Ⅱ	105	472.5	1 100.93	2.03	1.98
二区	Ⅰ	75	375	5 666.25	15.11	5.95
	Ⅱ	105	525	2 598.75	4.95	1.17

表 6　单位注灰量频率统计

部位	孔序	单位注灰量/（kg/m）	不同单位注灰量（kg/m）分布频率（区间段数/频率%）				
			总段数	<10	10~50	50~100	100~300	>300
一区	Ⅰ	5.48	75	57/81	16/21	2/3	0/0	0/0
	Ⅱ	2.03	105	89/93	8/7	0/0	0/0	0/0
二区	Ⅰ	15.11	75	25/33	36/48	12/16	2/3	0/0
	Ⅱ	4.95	105	92/88	13/12	0/0	0/0	0/0

由以上成果分析可知：

（1）Ⅳ类围岩：Ⅰ序孔单位注灰量 5.48 kg/m，Ⅱ序孔单位注灰量 2.03 kg/m，递减率为 63.0%，各次序孔递减明显。从单位注灰量分布区间来看，单位注灰量大于 10 kg/m 的孔数Ⅰ序孔占 24.0%，Ⅱ序孔占 7.0%；单位注入量小于 10 kg/m 的孔数Ⅰ序孔占 81%，Ⅱ序孔占 93%。说明较大单位注灰量孔数在Ⅰ序孔出现得多，较小单位注灰量孔数在Ⅱ序孔中出现得多，符合正常的灌浆规律。灌前Ⅰ序孔平均透水率为 3.92 Lu，Ⅱ序孔为 1.98 Lu，Ⅱ序孔比Ⅰ序孔递减 49.5%，表明随着灌浆孔序的加密，围岩裂隙不断被浆液充填和堵塞，符合正常的灌浆规律。

（2）Ⅴ类围岩：Ⅰ序孔单位注灰量 15.11 kg/m，Ⅱ序孔单位注灰量 4.95 kg/m，递减率为 67.2%，各次序孔递减明显。从单位注灰量分布区间来看，单位注灰量大于 10 kg/m 的孔数Ⅰ序孔占 67.0%，Ⅱ序孔占 12.0%；单位注灰量小于 10 kg/m 的孔数Ⅰ序孔占 33.0%，Ⅱ序孔占 88.0%。说明较大单位注灰量孔数在Ⅰ序孔出现得多，较小单位注灰量孔数在Ⅱ序孔中出现得多，符合正常的灌浆规律。灌前Ⅰ序孔平均透水率 5.95 Lu，Ⅱ序孔为 1.17 Lu，Ⅱ序孔比Ⅰ序孔递减 80.3%，灌浆效果显著，表明随着灌浆孔序的加密，围岩裂隙不断被浆液充填和堵塞，符合正常的灌浆规律。

3.4 固结灌浆试验质量检查

质量检查采用单点法压水试验，在灌浆结束 3~7 d 后进行，检查孔数量为该区段灌浆总孔数的 5%，压水压力为 1 MPa。每个试验区各布置 9 个检查孔，压水试验成果见表 7。

表 7　固结灌浆质量检查成果

试验区	检查孔编号	透水率/Lu	围岩类别
一区	J1-1	0.86	Ⅳ
	J1-2	0.24	
	J1-3	0.32	
	J1-4	0.73	
	J1-5	0.55	
	J1-6	0.14	
	J1-7	0.41	
	J1-8	0.19	
	J1-9	0.38	
二区	J2-1	0.23	Ⅴ
	J2-2	0.16	
	J2-3	0.22	
	J2-4	0.15	
	J2-5	0.26	
	J2-6	0.18	
	J2-7	0.19	
	J2-8	0.28	
	J2-9	0.13	

由以上结果可知，18 个检查孔透水率均小于 1 Lu，依据《水工建筑物水泥灌浆施工技术规范》（SL/T 62—2020）[10] 的相关要求，"85% 以上试段的透水率不大于 1 Lu。其余试段的透水率不超过设计规定值的 150%，且分布不集中，即为合格"，表明灌浆试验结果满足相关规范和设计要求。

4 结论

通过本次试验，综合灌浆透水率、单位注入率、抬动观测变形及不同灌浆压力的注入率关系等各因素，验证了单层管片衬砌结构下的 TBM 有压隧洞可采用高压固结灌浆施工，当灌浆压力不超过 2.5 MPa 时，其固结灌浆施工质量能满足设计要求，且可避免管片衬砌结构的变形破坏，可在类似工程中推广应用。

参考文献

［1］李杰，张景岳．引水隧洞固结灌浆标准研究［J］．水力发电，2009，35（6）：68-69.

［2］高岩．桓集隧道工程 TBM 施工洞段生产性灌浆试验方案［J］．水利科学与寒区工程，2018，1（10）：59-62.

［3］范永平，周明．输水隧洞固结灌浆设计探讨［J］．海河水利，2016，4：30-31.

［4］王志鹏，贺双喜，赵继勇，等．立洲水电站引水隧洞固结灌浆试验研究［J］．红水河，2016，35（4）：37-41.

［5］史海英，于立新，陈军芳，等．小浪底工程导流洞固结灌浆设计与施工［J］．人民黄河，2000，22（6）：37-38.

［6］柴建峰，马传宝，杨雷，等．固结灌浆对抽水蓄能电站围岩分担率的影响［J］．人民黄河，2018，40（2）：98-100.

［7］刘培青，李士军，安海堂，等．高压固结灌浆对软弱岩体性质的影响．［J］．人民黄河，2007，29（9）：85-86.

［8］刘涛．锦屏二级电站引水隧洞围岩高压固结灌浆试验［J］．人民长江，2013，44（9）：41-43.

［9］袁缤络．大朝山工程压力引水隧洞固结灌浆施工［J］．水利水电施工，2002，82（3）：26-27.

［10］中华人民共和国水利部．水工建筑物水泥灌浆施工技术规范：SL/T 62—2020［S］．北京：中国水利水电出版社，2020.

大跨度拦鱼电栅工艺设计研究——以滇中引水工程为例

陈思宝　何云蛟　闵　洋　王　炎　生悦诚　汪家鑫

（长江勘测规划设计研究有限责任公司，湖北武汉　430010）

摘　要：为解决大跨度的引水渠拦鱼电栅承重的问题，本文以滇中引水水源工程区的拦鱼电栅为例，设计了大跨度的单排悬挂式拦鱼电栅，包括设置于两根塔架、多根支撑架、主索、水平索和电极。本文为解决高山峡谷引调水工程拦鱼问题提供了新的思路和技术参考，有利于提升拦鱼效果，最大程度地防止不同流域鱼类物种入侵，保护鱼类资源。

关键词：拦鱼电栅；滇中引水工程；环境保护

1 引言

引调水工程是解决水资源时空分布不均造成部分地区水资源严重短缺问题的重要途径，世界上已有 40 多个国家和地区建成了 350 余项大型调水工程[1-2]。我国正在加快实施南水北调等重大引调水工程，涉及不同流域，鱼类区系有着显著不同，需要保护水源区鱼类资源和防止不同流域间生物入侵，促进生态系统健康稳定[3]。滇中引水水源工程区影响范围内分布有短须裂腹鱼、长丝裂腹鱼、四川裂腹鱼、硬刺松潘裸鲤、软刺裸裂尻鱼、鲈鲤、戴氏山鳅、修长高原鳅、短尾高原鳅、斯氏高原鳅、中华金沙鳅等土著鱼类[4]。

环境保护部以环审〔2016〕115 号文批复了滇中引水工程环境影响报告书，指出在水源区大同取水口引水渠设置拦鱼电栅，防止鱼类进入泵站造成损伤。对于鱼卵、无主动游泳能力的鱼苗、游泳能力较弱的幼鱼和小型鱼类成鱼可能随水流进入引水渠而导致鱼类资源损失的问题，目前尚无有效阻拦措施。现有的拦鱼网存在网衣使用中容易收缩，网孔结构不稳定，以及在引调水工程中水流对网衣具有持续冲击力的问题。此外，在水下直流脉冲电场中，大鱼因体长、体表面积大，感电更为敏感；反之小鱼的体长越短，感电越不明显。综上，本文以滇中引水工程为例，按照国际上拦鱼防逃的通行设计标准规定，对体长 10 cm 以上的鱼类开展拦鱼电栅设计。

2 拦鱼方案

2.1 拦鱼位置选择

拦鱼电栅拟布置在拦沙坎后侧。

（1）根据河工模型试验，在引水渠处上游金沙江流量为 720~5 153 m³/s 时，引水渠口处流速为 0.40~0.86 m/s，满足流速要求。

（2）拦鱼电栅选址位于引水口门处，门宽 284 m，引水口后接的沉沙池底宽减少至 100~120 m，因此拦鱼电栅选在较宽阔的喇叭口处。

（3）工程布置中已考虑利用引水渠的导流墙布置拦鱼电栅，导流墙布置的方向与鱼的来向呈 90°，但由于导流墙距离金沙江距离很近，方便鱼类及时回转至金沙江中，且鱼来的方向由于惯性，

作者简介：陈思宝（1989—），男，高级工程师，主要从事水生态保护和修复研究工作。

可能不会完全与导流墙的方向垂直，因此基本满足要求。

（4）引水渠布置在石鼓镇大同村下游的开阔平地，符合施工和运行管理的要求。

2.2 拦鱼电栅主要参数

拦鱼电栅包括阻拦鱼种及规格、水文参数、拦鱼水深、电极选材及直径、电极间距、水下电极阵类型。

2.2.1 阻拦鱼种及规格

根据鱼类的一般习性，体型较小的鱼类或鱼卵主要生长在水草丰富、水流缓慢的浅水区域，不会在水流较急的深水区域活动，按照国际拦鱼通行设计标准规定拦阻对象鱼体长为 10 cm 以上。

2.2.2 水文参数

引水渠口处流速为 0.40~0.86 m/s，水质电导率平均值为 220 μs/cm。

2.2.3 拦鱼水深

拦鱼电栅选址处的引水渠渠底高程为 1 810 m，最高设计水位为 1 826 m，设计要求每根电极长度应超过其所在位置水深 0.5 m，每根电极的顶端高程应为 1 826.5 m。因此，水下电极需等距设在水深 0~16.5 m 处。按断面跨度 370 m，电极平均 16 m 水深计算，水下电极承担拦鱼面积为 5 920 m²。

2.2.4 电极选材及直径

采用镀锌钢管作为电极，外径 60 mm（壁厚 4.5 mm、质量 6.16 kg/m）。

2.2.5 电极间距

根据拦阻对象、水体电导率、电栅长度及高压脉冲仪输出要求等因素综合考虑，水下电极间距为 2.7 m。

2.2.6 水下电极阵类型

采用单排悬挂可拆卸式水下电极阵，分为若干个"设计单元"，利用引水渠的 5 个导流墙作为基础建立 5 根支柱，导流墙墙顶高程为 1 823 m。塔架与支柱间的主索承担设计单元间水下电极及所有附件重量，并由若干台脉冲仪为各个单元供电。河床两端有铁塔和锚墩，确保整个水下电极阵系统稳定。

其主要技术指标：脉冲频率 2~16 Hz/s，连续可调；脉冲宽度：单向脉冲>0.4 ms，正负双向脉冲>0.25 ms；脉冲幅度：单向正脉冲 600~1 000 V，4 挡可调；负载能力：负载电阻下限值为 15~0.5 Ω，并有自动保护装置；电源电压：交流 220×（1±0.1）V，功率消耗≤3 kW；适应环境：−10~40 ℃、相对湿度 80%的环境下可连续工作。

拦鱼电栅采用的悬挂式设计有两个优势：一是电极的水下部分是灵活的，可以方便大型漂浮物通过，避免了漂浮物对电栅正常工作的影响；二是方便清淤船的通过。电栅设计很好地结合了拦鱼设备的特点，电极间距为 2.7 m，正常情况下工作人员不可能同时触碰到两根电极。拦鱼设备的输出是通过水体形成回路，与大地不构成回路。若铁皮船同时碰到两根电极，拦鱼设备会自动保护，切断该单元的输出。

2.3 拦鱼电栅主要结构

2.3.1 水下电极阵的总体结构

由于工程电拦断面水深、跨度大，水下电极阵采用单排悬挂式结构。电极阵主要由主索、吊索、水平索、电极（包括附件）及支柱、铁塔、锚墩等组成。各设计单元主索跨度需经电工计算和悬索计算决定。主索架在两岸 8 m 高的塔架顶端，主索两端用地锚固定。在塔架底部平台上设一水平索，通过吊索与主索相连。在主索上每隔 10 m（水平距离）设一根吊索，吊住两端固定在塔架的水平索。水平索高程 1 827.5 m，高于最高水位 1.5 m，以便安装电极附件。电极由镀锌钢管制作，通过绝缘子悬挂于水平索上。

2.3.2 电极及其附件结构

根据地形，电极平均长度需 16 m，设计要求每根电极长度应超过其所在位置水深 0.5 m。为减小悬索承重，可在 10 m 以上的深水区采用串状分节电极，即电极管除最下端一节长为 3 m 外，其余每节均长 2 m，间距 0.5 m，根据水深决定节数，每节之间用 $\phi 4.2$ 的钢丝绳联结。

2.3.3 仪器控制室

仪器控制室即值班及配电室。仪器控制室设置 1 个，布置在引水渠右岸。

本工程拦鱼电栅仪器控制室需放置 16 套拦鱼设备，输入电源功率应达到 64 kW。控制室大小及设备摆放参考设计。供电考虑从进水塔 10/0.4（0.38）kV 变电所低压开关柜，引出 0.38 kV 三相四线的供电线路，从右岸至拦鱼栅，在拦鱼栅设置动力分电箱，在分电箱内可接 380 V 或 220 V 的出线电缆，向拦鱼栅装置供电。

2.3.4 支撑系统

支撑系统即各电极单元两侧的塔架及其支撑架，理论上塔架两侧由水平索相互拉紧，并不受横向拉力，但必须考虑另一侧电极系统、水平索或主索断裂的最危险状态，尤其是靠近仪器控制室几个单元的支撑问题，要确保塔架的稳定，为此必须在河床中埋设（或浇制）一定体积的基础。在河床低洼处，塔架高度更高，故需用钢筋混凝土浇制支撑架，以确保足够的抗弯强度。

3　工艺设计

3.1　电极阵及脉冲仪计算

3.1.1　每台脉冲仪能承载的电极组数

据电极阵规模和现场水质电导率，选用目前国内最先进的 HGL-2 型脉冲发生仪。对于本次设计的电极阵，该型脉冲仪每一台能承载的电极组数 n，可用式（1）计算：

$$n = \frac{\rho \ln \frac{2D}{\pi r}}{\pi l R_{AC}} \tag{1}$$

式中：$\rho = 1/220 \times 10^6 = 4\,545$（$cm \cdot \Omega$）；$D$ 为接 1~3 号输出线的电极间距，此处 $D = 540$ cm；r 为电极半径，此处 $r = 3$ cm；l 为放电部分电极实际长度，此处按 1 600 cm 计；R_{AC} 为脉冲仪负载电阻，本设计中为 1 Ω。

将上述数字代入式（1）得：$n \approx 4.3$。

3.1.2　每台脉冲仪可承载的拦阻面积

HGL-2 型脉冲仪每一台能承载的拦阻面积，可用式（2）计算：

$$W = nDH \tag{2}$$

式中：n 为每台脉冲仪能承载的电极组数；D 为单排式布置时连续三根电极之间的距离，即 $D = 2d$，m；H 为有效拦阻断面的高度，m。

计算得 $W = 4.3 \times 5.4 \times 16 = 371.52$（$m^2$）。滇中引水工程电缆断面约为 5 920 m^2，则运行电拦鱼机组所需设备 16 套，所需要电极根数为 138 根。按照 HGL-2 型脉冲仪的输出线要求，其三个输出端（以 A、B、C 表示）分别用三根绝缘的水密承重电缆与水下电极相接，安装时不能接错，以免影响输出及水下电场分布。每一电栅单元各水下电极与硬铝裸绞线连接次序见表 1。

表 1　每一电栅单元各水下电极与硬铝裸绞线连接次序

电极号	1	2	3	4	5	6	7	...	135	136	137	138
硬铝裸绞线号	A	B	C	B	A	B	C	...	C	B	A	B

3.2　水下电极自重及连接顺序

本工程采用串状电极，由末节电极（3 m）及分节电极（2 m）和连接索（0.5 m）组成。电极自重分 6 个部分考虑，其中两岸塔架 A、G 分别与支撑塔架 B、F 之间按每根电极平均长度 13 m 计算，支撑塔架 B、C、D、E、F 之间均按每根电极平均长度 14 m 计算。整个水下电极阵的质量为 11 506.88 kg，每段电极质量见表 2。

表 2　每段电极质量计算

位置	直线距离/m	数量/根	平均长度/m	单位质量/（kg/m）	质量/kg
左岸塔架 A 与支撑塔架 B 之间	94	35	13	6.16	2 802.80
支撑塔架 B 与支撑塔架 C 之间	50	18	14	6.16	1 552.32
支撑塔架 C 与支撑塔架 D 之间	52	19	14	6.16	1 638.56
支撑塔架 D 与支撑塔架 E 之间	51	20	14	6.16	1 724.80
支撑塔架 E 与支撑塔架 F 之间	48	17	14	6.16	1 466.08
支撑塔架 F 与右岸塔架 G 之间	75	29	13	6.16	2 322.32
小计	370	138	—	—	11 506.88

3.3　悬索结构

3.3.1　悬索结构布置

拦鱼电栅工程悬索结构共 6 跨，如图 1 所示。在引水渠两岸堤顶布置混凝土塔架 A 和 G，在进水口导流墙顶部布置有混凝土支撑架 B、C、D、E 和 F。主索和水平索分为 M1-B（水平索为 A-B）、B-C、C-D、D-E、E-F、F-M2（水平索为 F-G）共 6 段，其中中间 4 跨主索和水平索分别固定于两侧的支撑架柱体上，边跨主索一端固定在支撑架柱体上，另一端通过塔架顶部后与地锚相连，边跨水平索两端分别固定在塔架和支撑架柱体上。

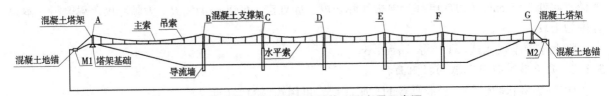

图 1　拦鱼电栅工程总体结构立面布置示意图

3.3.2　设计参数选定

主索拟采用 6×19 φ20 钢丝索（型号 6×19S+FC），单位质量 152.0 kg/100 m，设计时 A-B 段考虑垂度为 5 m，B-C、C-D、D-E、E-F 段考虑垂度为 3 m，F-G 段考虑垂度为 3.5 m。

水平索拟采用 6×19 φ18 钢丝索（型号 6×19S+FC），单位质量 123.1 kg/100 m。

硬铝裸绞线拟采用 LJ16，单位质量 44 kg/100 m，共 22 根，用于设备与电极间的输出导线。其中，左岸 11 根，右岸 11 根，左岸⑤号机和右岸⑥号机的 1# 线要通过导线连接良好。

吊索（间距 10 m）拟采用 6×19 φ18 钢丝索（型号 6×19S+FC）。

3.3.3　强度校核

各段总荷载 $G=G_1+G_2+G_3+G_4+G_5+G_6$。其中，$G_1$ 为主索自重，G_2 为水平索自重，G_3 为吊索自重，G_4 为电极自重，G_5 为导电母线自重，G_6 为电极附件重量。

拦鱼设施跨度 370 m，考虑利用现有的桩基，即五面导流墙的地基作为河床中塔架的支撑基础。主索（型号 6×19S+FC）公称直径 20 mm，最小破断力 246.84 kN；水平索和吊索（型号 6×19S+FC）公称直径 18 mm，最小破断力 199.94 kN。

主索、水平索按竖向荷载沿水平跨度均匀分布的抛物线悬索进行计算，悬索长度 L 和两侧支撑点

拉力 T 分布按式（3）、式（4）进行计算：

$$L \approx 1 + \frac{8}{3} \frac{f^2}{l^2} \tag{3}$$

$$T = \frac{ql}{2} \sqrt{\left(\frac{l}{4f}\right)^2 + 1} = \frac{G}{2} \sqrt{\left(\frac{l}{4f}\right)^2 + 1} \tag{4}$$

式中：T 为悬索拉力，m；L 为悬索长度，m；f 为悬索垂度，m；l 为悬索跨度，m；q 为沿水平跨度的均布竖向荷载，kN；G 为竖向总荷载，kN。

悬索结构安全系数可按式（5）计算：

$$K = \frac{F_0}{T} \tag{5}$$

式中：K 为悬索结构安全系数；F_0 为钢丝绳最小破断拉力，kN。

主索结构受力计算成果如表3所示，可知各跨主索钢丝绳承载安全系数均在3以上，根据工程经验，钢丝绳的安全系数一般大于3，即可认为是安全的。

表3　主索结构张力计算

主索分段	M1-A	A-B	B-C	C-D	D-E	E-F	F-G	G-M2
跨度 l/m	14	94	50	52	51	48	75	10
垂度 f/m	—	5.0	3.0	3.0	3.0	3.0	3.5	—
长度 L/m	17.77	94.71	50.48	52.46	51.47	48.50	75.44	11.45
竖向总荷载 G/kN	—	33.07	18.26	19.22	20.24	17.30	27.29	—
水平索拉力 T/kN	79.45	79.45	39.13	42.74	44.20	35.67	74.37	74.37
最小破断拉力 F_0/kN	246.84							
安全系数 K	3.11	3.11	6.31	5.77	5.59	6.92	3.32	3.32

拦鱼电栅结构在正常运行情况下，吊索、水平索、电极等结构自重全部由吊索传递到主索上，水平索保持水平状态，受力较小；考虑各分段主索断裂工况，吊索、电极等结构自重全部由水平索承担，水平索结构受力计算成果如表4所示。可知，虽然 A-B、F-G 段水平索承载安全系数小于3，但考虑主索断裂工况为特殊工况，安全系数可适当降低，工程水平索结构也是安全的。

表4　水平索结构张力计算

水平索分段	A-B	B-C	C-D	D-E	E-F	F-G
跨度 l/m	94	50	52	51	48	75
垂度 f/m	5.0	3.0	3.0	3.0	3.0	3.5
长度 L/m	94.71	50.48	52.46	51.47	48.50	75.44
竖向总荷载 G/kN	31.64	17.50	18.43	19.47	16.57	26.15
水平索拉力 T/kN	76.01	37.49	40.98	42.50	34.16	71.26
最小破断拉力 F_0/kN	199.94					
安全系数 K	2.63	5.33	4.88	4.70	5.85	2.81

正常运行情况下吊索结构将下部水平索、电极等其他结构自重传递给主索，假定单跨内各吊索均匀承载，吊索受力计算成果如表5所示，吊索结构是安全的。

表5 吊索结构张力计算

吊索所在分段	A-B	B-C	C-D	D-E	E-F	F-G
根数	9	5	5	5	5	7
总长/m	36.01	27.27	26.91	27.08	27.68	34.94
竖向总荷载 G'/kN	31.64	17.50	18.43	19.47	16.57	26.15
吊索拉力 T/kN	3.51	3.50	3.69	3.89	3.31	3.74
最小破断拉力 F_0/kN	199.94					
安全系数 K	56.89	57.14	54.26	51.37	60.35	53.53

3.4 支撑系统

3.4.1 锚墩

锚墩采用素混凝土结构，埋置深度 1 m，利用钢绞绳与塔架相连接。锚墩结构尺寸为 3 m×3 m×1.5 m，混凝土强度等级 C30，预埋有直径 28 mm 的 U 形拉环（HPB300 钢筋），拉环锚固深度 0.94 m，末端设置 180°弯钩。

3.4.2 塔架

拦鱼电栅两侧塔架结构形式一致，采用钢筋混凝土结构。塔架底部设素混凝土基础，基础埋深 2 m。塔架混凝土强度等级 C30，平面尺寸 1.0 m×1.0 m，塔架顶部预埋有直径 28 mm 的 U 形拉环（HPB300 钢筋），拉环锚固深度 1 m，末端设置 180°弯钩；塔架基础混凝土强度等级 C25，顶部截面尺寸 2.0 m×2.0 m，底部平面尺寸 4.0 m×4.0 m，基础高度 1.5 m。

3.4.3 支撑架

利用引水渠的导流墙布置拦鱼电栅的支撑架。沿引水渠口门处均匀布置 5 道导流墙，导流墙长度 36~50 m，厚度 80 cm，其中中间一道导流墙后与中隔墙相接。支撑架位于导流墙上，采用混凝土结构，混凝土强度等级 C30，平面尺寸 1.2 m×1.2 m，支撑架顶部预埋有直径 28 mm 的 U 形拉环（HPB300 钢筋），拉环锚固深度 1 m，末端设置 180°弯钩。

4 结语

拦鱼电栅是通过在水中布设一系列电极，从而在目的区域形成电场，使接近目的区域的鱼类或其他水生动物受到电刺激而返回[5]。目前，国内已经发明并推广了 HGL-2 型电赶拦鱼机，用于对水中布设的电极进行脉冲供电，从而在目的区域形成拦鱼电栅，以防止鱼类越过[6]。引调水工程主要位于我国高山峡谷的西南地区，引水渠拦鱼电栅将面临跨度大的问题[7]。本研究以滇中引水水源区拦鱼电栅工艺设计为例，提出了解决大跨度的引水渠拦鱼电栅承重的问题，可为类似工程的拦鱼设计提供思路，保护鱼类资源。

参考文献

[1] 沈滢, 毛春梅. 国外跨流域调水工程的运营管理对我国的启示 [J]. 南水北调与水利科技, 2015, 13 (2): 391-394.

[2] 韩占峰, 周曰农, 安静泊. 我国调水工程概况及管理趋势浅析 [J]. 中国水利, 2021 (21): 5-7.

[3] 赵阳, 牛诚祎, 李雪健, 等. 跨流域调水背景下汉江流域洋县段的鱼类多样性及资源现状 [J]. 生物多样性, 2021, 29 (3): 361-372.

［4］胡睿. 金沙江上游鱼类资源现状与保护［D］. 北京：中国科学院研究生院，2012.

［5］陈新生. 拦鱼电栅阻抗的理论计算［J］. 渔业现代化，1988（2）：14-15.

［6］李阳希，侯轶群，金瑶，等. 不同电学参数下拦鱼电栅对 3 种鱼类的驱鱼效果［J］. 生态学杂志，2022，41（9）：1853-1861.

［7］钟为国. 悬挂式拦鱼电栅的结构及应用［J］. 水利渔业，1989（6）：37-39.

黄土地区挤密桩复合地基的深层浸水试验研究

孔　洋[1]　黄雪峰[2]　姚志华[3]

（1. 南京水利科学研究院，江苏南京　210024；
2. 兰州理工大学，甘肃兰州　730050；
3. 空军工程大学，陕西西安　710038）

摘　要：为探究挤密桩法地基处理效果与湿陷性控制等问题，开展了黄土地区挤密桩复合地基的原位深层浸水试验。试验结果表明，各挤密区承台总沉降量时变曲线可分为四个阶段：缓增—陡增—较缓增—陡增；各挤密区地表及深层沉降量时变曲线可分为三个阶段：缓增—陡增—较陡增；剩余湿陷性沉降量的发生程度起着沉降阶段变化的控制作用，并且在各陡增阶段内可能发生多次湿陷；深部土体发生湿陷时，桩身长度范围内的土体由于挤密效应，可保持为一个结构性较好的整体，保持一定程度地承受上部荷载的能力。

关键词：地基处理；浸水试验；湿陷性变形；复合地基；挤密桩

1　引言

随着西部大开发战略的深化实施，我国西北地区基础设施建设进入迅猛发展阶段[1]。黄土地区工程建设项目的日益增多，势必伴随着大量的实际工程问题，对非饱和土与特殊土研究领域既是机遇又是挑战[2]。黄土是具有湿陷性的特殊土壤，其中附加荷载、水等外部环境显著影响着黄土的工程特性，湿陷性黄土地区的工程项目大都存在着变形、强度与稳定性等问题[3]。

近年来，国内外学者在湿陷性黄土地基的湿陷性评价、地基处理界限深度和沉降变形控制等方面取得了大量有益的研究成果[1,4-7]。黄土地基特别是大厚度湿陷性黄土地基，在进行工程建设时，必须进行一定程度与范围的地基处理。地基处理方法的选择应考虑三方面因素[8]：①应消除合理深度范围内的湿陷性；②应控制加固地基的沉降变形，提升加固地基的承载力；③应考虑经济效益和施工可操作性。

湿陷性黄土地基的处理方法主要有换土垫层法、强夯法、孔内深层强夯法、挤密桩法与预浸水法等[8-9]。在诸多的地基处理方法中，挤密桩法技术成熟、经济效益高、社会影响好、施工可操作性强，在黄土地基处理工程中应用广泛[10-13]，但相对于其工程应用，挤密桩法处理湿陷性黄土地基的作用机制和优化设计研究明显不足。

本文对黄土地质分区为Ⅰ区的湿陷等级高、分布范围广、覆盖土层厚及湿陷性敏感的原状马兰黄土地基进行了控制桩长与填料的现场桩土挤密试验和深层浸水试验，分析了利用挤密桩法处理原状马兰黄土地基的挤密效果，从剩余湿陷性沉降量发生程度的角度出发，探究了试验区域承台、地表与深层沉降量变化规律。

基金项目：国家自然科学基金资助项目（11972374）；中央高校基本科研业务费专项资金资助项目（Y323006）。
作者简介：孔洋（1989—），男，高级工程师，主要从事岩土工程安全监测方面的科研工作。
通信作者：姚志华（1983—），男，副教授，主要从事非饱和及特殊土力学理论及工程实践研究工作。

2 场地概况与试验方案

2.1 场地概况

试验场地属于黄河南岸Ⅳ级阶地，场地平坦。场地覆盖土层自上而下分别为：①耕表土（Q_3^{ml}），埋深 0~0.50 m，平均厚度 0.50 m；②层粉土（Q_3^{fl}），埋深 0.50~9.00 m，平均厚度 4.50 m；③粉质黏土（Q_3^{fl}），埋深 1.50~36.00 m，平均厚度 31.50 m；④卵石，埋深大于 38.00 m。钻孔勘测未见地下水。

试验场地内选取六个代表性位置进行人工开挖探井取样，探井开挖与取样深度为 40 m，通过室内黄土自重湿陷试验与三轴湿陷试验得到 1~6 号探井的湿陷深度分别为 34 m、26 m、33 m、31 m、36 m 与 31 m，均为Ⅳ（很严重）湿陷等级，试验场地具有湿陷等级高、湿陷黄土覆盖土层厚、湿陷性敏感等特点，故该试验场地是研究黄土地基处理问题的代表性场地。

2.2 试验方案

本次现场试验可分为三个阶段：①试验场地增湿；②采用挤密桩法处理地基；③挤密区深层浸水。试验过程中在承台及周围地表分别设置承台沉降观测点、深层沉降观测点及地表沉降观测点，以获取挤密桩地基的地基处理效果、各挤密区地基总沉降量及剩余湿陷沉降量。其中，在混凝土承台中心设置承台沉降观测点，编号为 CP6~CP15（其中 CP 代指挤密桩的英文缩写）；在距离承台边缘 3.5 m 位置处北南西东（NSWE）四个方向设置第一地表沉降观测点，第二地表沉降观测点及第三地表沉降观测点在第一地表沉降观测点的 NSWE 延伸方向，其间距为 5.0 m；深层沉降观测点（CPSH）位于各挤密区域西东（WE）向第一地表沉降观测点之下。例如，CP6N1，指 6 m 挤密桩区域北向第一地表沉降观测点；CPSH15W，指 15 m 挤密桩区域西向深层沉降观测点；CP10-12，指 10 m 及 12 m 挤密桩区域连线中点的沉降观测点。

本次试验总历时 8 个月，第三阶段即控制湿陷量的挤密区深层浸水总历时 171 d，其中浸水期观测时间总历时 121 d，停水期观测 50 d。

2.2.1 场地增湿

地基原位分层含水率较低时，在地基处理前要进行增湿。只有在最优含水率条件下压实或挤密，才能达到最优的地基处理效果。对于湿陷性黄土地基，增湿的上限含水率应低于原位黄土的湿陷起始含水率，以减小对后续挤密区深层浸水试验结果的影响。为了达到最佳的地基处理效果，并考虑水分的入渗规律及湿陷起始含水量（$w_{zs} = 15.5\%$）因素，本次现场试验采取打设增湿孔，填筑砂卵石后注水的方法进行增湿。增湿孔采用正三角形方案布置，中心距 1.0 m，增湿孔的设计孔深应比试验方案拟消除湿陷性的黄土层的深度少 1.0 m，因此本次试验增湿孔设计深度为 20 m。张世径等[14] 认为注水量 Q 可由下式估算：

$$Q = 0.01 \times (w_{op} - w) \frac{\gamma}{1 + 0.01w} Vk \tag{1}$$

式中：w、w_{op} 分别为原位黄土的天然含水率与最优含水率（%）；γ 为原位黄土的天然重度，kN/m³；V 为每个增湿孔拟增湿的土体体积，为增湿孔代表的面积与拟消除湿陷性的土层厚度之积，m³；k 为注水量损耗系数，取 1.05~1.10。

2.2.2 挤密桩处理黄土地基

对增湿完成后的试验场地采用挤密桩法处理地基，试验场地为 30 m×30 m 的正方形，划分为 4 个 10 m×10 m 的挤密区域，分别布设桩长为 6 m 与 12 m 的灰土挤密桩、桩长为 10 m 与 15 m 的素土挤密桩。挤密桩桩孔直径 400 mm，桩孔间距 900 mm，桩孔布置采用等边三角形，挤密区的平面布置如图 1 所示。

2.2.3 挤密桩区深层浸水试验

在各挤密区域的中心位置开挖土体，布设 2 m×2 m 的钢筋混凝土承台。为了模拟室内黄土湿陷

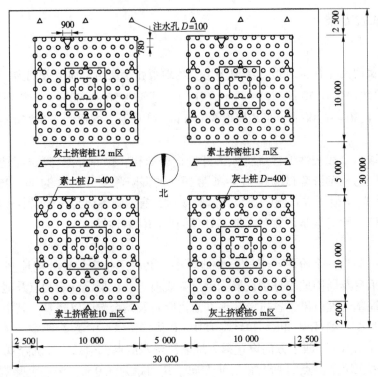

图 1　挤密区的平面布置　（单位：mm）

性试验，在浸水情况下向承台上部加荷。加荷方式采用塑料编织袋称重堆砌法，最终加荷值控制在 200 kN/m²。挤密桩深层浸水试验是通过在指定区域钻设深层注水孔实现的，注水孔的孔间距为 4.5 m，孔径 100 mm，注水孔的深度始终比指定埋设区域挤密桩桩长多 1 m，注水孔采用 PVC 管护壁。挤密区域原位浸水试验方法与注水孔埋设断面示意图如图 2 所示。

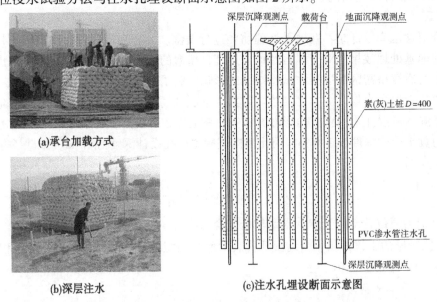

(a)承台加载方式

(b)深层注水

(c)注水孔埋设断面示意图

图 2　原位浸水试验方法与注水孔埋设断面示意图　（单位：mm）

3　试验结果分析

3.1　挤密桩法地基处理效果分析

在 15 m 素土挤密桩区域和 6 m 灰土挤密桩区域向下开挖，其中 15 m 区开挖深度为 10 m，6 m 区开挖深度为 6 m，取得分层平行试样进行室内物理力学试验。开挖取样的点位分别为两桩间中心点点位

（二桩间）、三桩间中心点点位（三桩间）、桩心点点位（点位3）、桩心点至三桩间中点的1/3点位（点位2）及2/3点位（点位1）、与桩心点至两桩间中点的1/2点位（点位4），取样点位如图3所示。

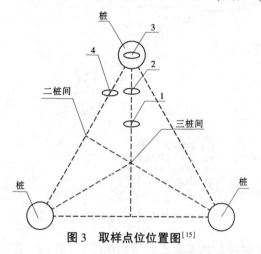

图3　取样点位位置图[15]

整理大量室内试验结果，得到挤密系数 λ_c 随深度 h 的变化关系如图4所示。

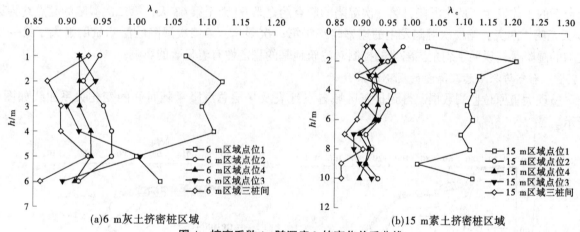

(a)6 m灰土挤密桩区域　　(b)15 m素土挤密桩区域

图4　挤密系数 λ_c 随深度 h 的变化关系曲线

由图4可以看出，点位1挤密系数 λ_c 随深度 h 的变化关系与其他点位相差较大，除点位1外，各点位挤密系数集中在0.875~0.975，说明挤密效果良好；同一深度处点位2、点位4、三桩间的挤密系数依次减小，说明距离挤密桩越远，其挤密效果越差；上部及中部的挤密效果好，深度越大，挤密效果越差。

3.2　挤密桩法地基处理区域沉降观测结果分析

近年来，随着建筑高度的增加，地基上覆荷载的增大促进了桩土复合地基的研究[16]，本次原位挤密桩复合地基深层浸水试验中，出现了大量的地面开裂、承台塌陷与桩土脱离现象，说明在进行数值运算和理论分析时，此种情况下的桩土复合地基并不完整，不能作为一个统一的整体进行计算。

3.2.1　承台总沉降量的观测结果分析

整理大量原位监测数据，得到素土与灰土挤密区域的承台总沉降量 Δ_s 随观测时间的变化曲线如图5所示。

由图5可以看出，各挤密区承台总沉降量随时间的变化关系可以分为四个阶段：缓增—陡增—较缓增—陡增。其中，灰土12 m区承台在第111天出现陡降，属特例。各挤密区前60~63 d的沉降量较小，仅占6.1%~17.3%；后50 d的沉降量占总沉降量的50%左右，说明前期由于挤密桩法的地基处理，降低了土体的渗透系数，基本消除了地基处理范围内土体的湿陷性，地基处理区域下方及桩顶以下的地基土体剩余湿陷量尚未发生；当水分浸入到桩顶以下土体时，剩余湿陷量开始发挥作用；后

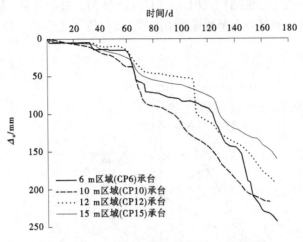

图 5　承台总沉降量 Δ_s 随时间的变化曲线

期 50% 的沉降比例表明了剩余沉降量充分发生，结构塌陷。

由上述分析可知，承台下挤密土体的总湿陷量随时间变化曲线为典型的台阶状增长曲线。挤密区承台下的土体发生了两次湿陷，第一次湿陷的起点约在第 60 天至第 63 天，第二次湿陷的起点约为第 99 天至第 123 天；第二次湿陷发生的速率略小于第一次湿陷，第二次湿陷的湿陷量明显大于第一次湿陷的湿陷量，说明了剩余湿陷量的控制对建筑地基的稳定性有着显著的影响。

3.2.2　地表与深层总沉降量的观测结果分析

整理大量原位监测数据，得到挤密区域各点地表及深层总沉降量随时间的变化关系曲线如图 6 所示。

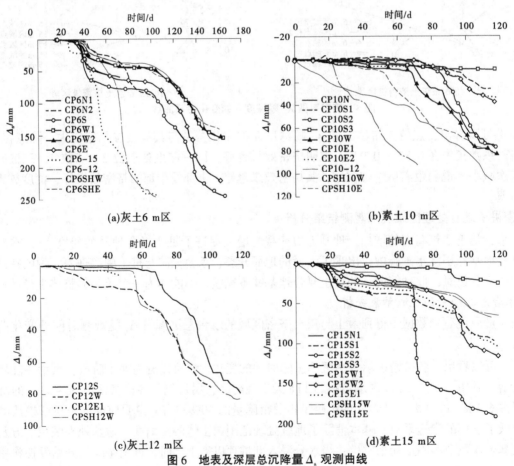

(a)灰土 6 m 区　　　　(b)素土 10 m 区

(c)灰土 12 m 区　　　　(d)素土 15 m 区

图 6　地表及深层总沉降量 Δ_s 观测曲线

由图 6 可以看出，各挤密区地表及深层沉降量随时间的变化关系可分为三个阶段：初期缓增阶段、中期陡增阶段和后期较陡增阶段。初期缓增阶段说明挤密区达到了设计要求的地基处理效果，降低了水分的渗透系数，提升了结构强度，基本消除了湿陷性；中期陡增阶段说明水分达到桩顶端以下时，结构突然塌陷，发生了剧烈的湿陷性沉降，并且陡增阶段内可能发生多次湿陷性沉降；后期较陡增阶段说明，随着剩余湿陷量继续发挥作用，沉降继续增大。随着地基处理深度的增加，曲线末端斜率逐渐降低，总湿陷量逐渐减小，说明了地基处理深度越大，消除剩余湿陷量的效果越好。

综合分析图 6 的试验结果，发现承台发生第一次湿陷的时间（约第 60 天之后）明显迟于深部沉降标点（约第 45 天之前），说明当深部土体发生湿陷时，桩身长度范围内的土体由于挤密效应，可保持为一个结构性较好的整体，保持一定程度的承受上部荷载的能力。

3.3 挤密区域剩余湿陷沉降量分析

由于剩余沉降量控制的重要性，黄土规范对黄土地基处理深度及剩余沉降量控制标准给出了明确的规定。基于试验现场 6 个典型探井的开挖取样室内试验数据，得到试验场地平均总湿陷量计算值为 1 842.17 mm，整理不同挤密桩区域的剩余湿陷量及承台、深层沉降量数据如表 1、表 2 所示。

表 1 挤密区域剩余湿陷量计算值统计[5-6,14]

区域	S_{rc}/mm	S_{sc}/mm	Δ_s/mm
灰土 6 m	621.33		1 220.84
素土 10 m	849.92		992.25
灰土 12 m	1 012.67	1 842.17	829.50
素土 15 m	1 245.92		596.25

注：S_{sc} 为试验场地平均总湿陷量计算值；S_{rc} 为各挤密区域总湿陷量计算值；Δ_s 为各挤密区域剩余湿陷量计算值。

表 2 挤密区域承台及深层沉降量统计[5-6,14]

区域	S_c/mm	S_{sh} E/mm	S_{sh} W/mm	S_{ash}/mm
灰土 6 m	244.0	157.0	244.0	200.5
素土 10 m	217.0	83.0	107.0	95.0
灰土 12 m	196.0	—	83.0	83.0
素土 15 m	162.0	66.0	72.0	69.0

注：S_c 为承台沉降量；S_{sh} 为深层沉降量；S_{ash} 为深层沉降量平均值；字母 E 表示承台东侧，W 表示承台西侧。

由表 1 可以看出，素土挤密桩 15 m 区的剩余湿陷量最小，其数值为 596.25 mm；但是，由表 2 可以看出，在上覆 200 kPa/m² 荷载作用下，其深层总沉降量平均值仅为 69.0 mm，表明通过室内试验计算得到的剩余湿陷沉降量并没有完全发生。笔者认为室内黄土湿陷性试验和三轴湿陷试验，不能反映现场原位实际的湿陷情况，仅可作为参照；由于挤密桩的挤密效应和土体自身吸力的作用，不能保证在 171 d 浸水期内水分已经浸润到全部湿陷性土层并且使剩余湿陷性沉降量充分发生。由表 1 和表 2 的统计数据可以看出，随着地基处理深度的增加，其剩余湿陷沉降量和区域平均湿陷沉降量均降低，说明加大地基处理深度可以保证地基的安全性。

4 结语

（1）挤密桩法可以较好地处理湿陷性黄土地基，素土挤密桩法可以充分利用现场的已有资源且处理效果较优。

（2）各挤密区承台总沉降量时变曲线可以分为四个阶段：缓增—陡增—较缓增—陡增。其中，各挤密区前 60~63 d 的沉降量较小，仅占 6.1%~17.3%；后 50 d 的沉降量占总沉降量的 50% 左右。桩土复合地基渗透系数较小、地基处理效果较好，前期地基处理区域下方及桩顶以下的地基土体剩余湿陷量尚未发生；当水分入渗至桩顶以下土体时，剩余湿陷量开始发挥作用，结构塌陷。

（3）各挤密区地表及深层沉降量时变曲线可分为三个阶段：初期缓增阶段、中期陡增阶段和后期较陡增阶段。初期缓增阶段说明挤密区达到了设计要求的地基处理效果，降低了水分的渗透系数，提升了结构强度，基本消除了湿陷性；中期陡增阶段说明水分达到桩顶端以下时，结构突然塌陷，发生了剧烈的湿陷性沉降，并且陡增阶段内可能发生多次湿陷性沉降；后期较陡增阶段说明随着剩余湿陷量继续发挥作用，沉降继续增大。地基处理深度越大，消除剩余湿陷量的效果越好。

（4）深部土体发生湿陷时，桩身长度范围内的土体由于挤密效应，可保持为一个结构性较好的整体，保持一定程度的承受上部荷载的能力。

参考文献

[1] 马闯，王家鼎，彭淑君，等. 大厚度黄土自重湿陷性场地浸水湿陷变形特征研究 [J]. 岩土工程学报，2014，36（3）：537-546.

[2] 邵生俊，李骏，李国良，等. 大厚度自重湿陷黄土湿陷变形评价方法的研究 [J]. 岩土工程学报，2015，37（6）：965-978.

[3] 贾亮，朱彦鹏，毕东涛. 黄土边坡稳定性的简单判别方法：以兰州地区阶地黄土边坡为例 [J]. 应用基础与工程科学学报，2012，20（1）：113-120.

[4] 黄雪峰，陈正汉，哈双，等. 大厚度自重湿陷性黄土场地湿陷变形特征的大型现场浸水试验研究 [J]. 岩土工程学报，2006，28（3）：382-389.

[5] 姚志华，黄雪峰，陈正汉，等. 控制剩余湿陷量的黄土地基深层浸水试验研究 [J]. 岩石力学与工程学报，2013，32（Z2）：4010-4018.

[6] 安鹏，张爱军，邢义川，等. 伊犁深厚湿陷性黄土浸水入渗及沉降变形特征分析 [J]. 岩土力学，2017，38（2）：1-8.

[7] 孙磊，胡海军，严瑞珉，等. 压实黄土地基载荷浸水模型试验及湿陷变形计算方法研究 [J]. 地震工程学报，2023，45（2）：319-328.

[8] 屈耀辉，武小鹏，米维军，等. 黄土区高速铁路挤密桩地基沉降控制效果研究 [J]. 铁道工程学报，2011（9）：31-35.

[9] 李岩磊，孙晓红，师秀钦. 湿陷性黄土地基处理方案优选 [J]. 武汉大学学报（工学版），2018，51（S1）：205-208.

[10] 朱彦鹏，杜晓启，杨校辉，等. 挤密桩处理大厚度自重湿陷性黄土地区综合管廊地基及其工后浸水试验研究 [J]. 岩土力学，2019，40（8）：2914-2924.

[11] 朱彦鹏，李亚胜，李京榜，等. 挤密桩法处理自重湿陷性黄土地基的试验 [J]. 兰州理工大学学报，2019，45（6）：133-137.

[12] 董建华，裴美娟. 消除负摩阻力扩体挤密桩的研制及力学特性分析 [J]. 工程力学，2021，38（5）：72-87.

[13] 周小松，乔建伟，夏玉云，等. SDDC 挤密桩处理湿陷性黄土地基试验研究 [J]. 工程勘察，2023，51（5）：7-13.

[14] 张世径，黄雪峰，朱彦鹏，等. 大厚度自重湿陷性黄土地基处理深度和剩余湿陷量问题的合理控制 [J]. 岩土力学，2013，34（S2）：344-350.

[15] 孔洋，阮怀宁，黄雪峰. DDC 法复合黄土地基的原位浸水试验研究 [J]. 土木工程学报，2017，50（11）：125-132.

[16] 刘汉龙，赵明华. 地基处理研究进展 [J]. 土木工程学报，2016，49（1）：96-115.

长距离多分支重力流输水系统的水锤防护

李甲振[1]　孙丽萍[2]　霍顺平[2]　郭新蕾[1]　杨开林[1]　牟全宝[2]

（1. 中国水利水电科学研究院，北京　100038；
2. 内蒙古自治区水利水电勘测设计院，内蒙古呼和浩特　010020）

摘　要： 多分支重力流输水系统是长距离调水工程常见的供水方式，其水锤防护是工程设计和运行调度关注的焦点之一。本文分析了长距离多分支重力流输水系统水锤防护的关键问题，包括水锤防护设施的选择和运行调度工况的设定。以典型工程为案例，研究了系统停运和在线调节阀关闭的水力过渡过程，并通过多方案比选给出了优化控制策略。系统停运时，各支线相继关阀可避免干线、支线水锤增压波叠加，降低关阀升压。在线调节阀关闭时，延长关阀时间或相继关闭，可改善阀后管道的负压问题。研究成果可为类似引调水工程的水锤防护和运行调度提供参考。

关键词： 输水系统；水锤；多分支；重力流

1　引言

重力流依靠进、出口之间的落差，通过自流方式，向受水地进行供水。当输水线路高低起伏较大时，明流输水方式成本较高，通常选择有压管道进行输水。考虑社会、经济等因素，调水工程一般设置多个分水口，以便向沿线城镇和工农业进行供水。因此，长距离、多分支的管道输水，成为了调水工程中一种较为普遍的布置形式。

如何进行水锤防护，是涉水工程（如调水工程、市政工程、灌区工程、水电站工程、火核电工程等）在可行性研究、初步设计、施工图阶段需要关注的重点问题之一。针对长距离多分支重力流输水系统，其水锤防护的关键问题有：①根据工程的管线布置、输配水流量等工程特性以及经济条件、社会条件、技术条件，选择安全可靠、经济合理的水锤防护措施；②针对工程运行过程中可能出现的各种调度工况，包括系统启动、停运、流量调节等，给出控制阀的启闭时刻、动作时长、始末开度等关键信息，为工程调度提供可行的操作方案。

针对重力流输水系统的水锤防护，裴双保[1]给出了空气阀与空气罐联合的防护方案，张景望等[2]给出了末端调流阀与超压泄压阀的防护方案，郭伟奇等[3]给出了两阶段关阀和设置超压泄压阀的防护措施，王政平等[4]分析三阶段关阀的优势，王焰康等[5]提出了改进的两阶段折线关阀方案，即阀门动作过程中某段时间保持开度不变（四阶段关闭）。针对特殊的系统布置或运行、调度工况，如高富裕水头重力流输水系统，杨开林等[6-7]、徐燕[8]研究了减压阀的设置方法和水锤防护；白绵绵等[9]认为设置旁通阀，可显著降低检修工况的压力包络线幅值，吴远为等[10]给出了爆管工况，上下游阀门的关闭规律。

针对典型多分支重力流输水系统的水锤防护问题，笔者已开展了大量数值仿真。本文建立了水锤计算的数学模型，给出了两个典型工况，即系统停运及在线调节阀关闭的水锤计算结果和优化控制策略，总结了具有一定适用性的结论，供类似引调水工程的水锤防护和运行调度参考。

基金项目： 国家重点研发计划课题（2022YFC3202505，2016YFC0401808）。
作者简介： 李甲振（1989—），男，高级工程师，主要从事水力学及河流动力学的研究工作。

2　数学模型

管道水锤的控制方程包括动量方程和连续方程[11]

$$\frac{\partial H}{\partial x} + \frac{v}{g}\frac{\partial v}{\partial x} + \frac{1}{g}\frac{\partial v}{\partial t} + \frac{fv|v|}{2gD} = 0 \tag{1}$$

$$v\frac{\partial H}{\partial x} + \frac{\partial H}{\partial t} + \frac{a^2}{g}\frac{\partial v}{\partial x} + v\sin\alpha = 0 \tag{2}$$

式中：H 为测压管水头，m；x 为沿管道中心线方向的距离，m；v 为水流流速，m/s；g 为重力加速度，m/s^2；t 为时间，s；f 为 Darcy-Weisbach 摩阻系数；D 为管道直径，m；a 为水锤波速，m/s；α 为管道倾角。

式（1）和式（2）通常采用特征线方法进行求解，对于图 1 所示的特征线网格，特征线方程为

$$C^+ : \qquad H_i = C_P - B_P Q_i \tag{3}$$

$$C^- : \qquad H_i = C_M + B_M Q_i \tag{4}$$

$$C_P = H_{i-1} + \frac{a}{gA}Q_{i-1} \tag{5}$$

$$B_P = \frac{a}{gA} + \frac{f\Delta x}{2gDA^2}|Q_{i-1}| \tag{6}$$

$$C_M = H_{i+1} - \frac{a}{gA}Q_{i+1} \tag{7}$$

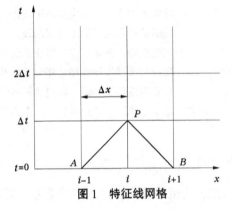

图 1　特征线网格

$$B_M = \frac{a}{gA} + \frac{f\Delta x}{2gDA^2}|Q_{i+1}| \tag{8}$$

式中：H_i 为当前时间步的水头，m；H_{i-1} 为前一时间步和前一空间步的水头，m；A 为管道面积，m^2；Q_{i-1} 为前一时间步和前一空间步的流量，m^3/s；Δx 为空间步长，m；H_{i+1} 为前一时间步和后一空间步的水头，m；Q_{i+1} 为前一时间步和后一空间步的流量，m^3/s。

对于分水口节点，任一瞬时均满足水流的连续性方程

$$Q_1 + Q_2 + \cdots + Q_n = 0 \tag{9}$$

式中：Q_1，Q_2，$\cdots$，Q_n 为与分水口连接管道的流量，m^3/s。

分水口节点处的局部水头损失忽略不计时，有

$$H_1 = H_2 = \cdots = H_n \tag{10}$$

式中：H_1，H_2，$\cdots$，H_n 为与分水口连接管道的水头，m。

与分水口连接管道的节点，满足 C^+、C^- 特征线方程，方程数量与管道数量 n 相同。式（9）和式（10）也包含了 n 个方程。联立上述 $2n$ 个方程，即可求解当前时间步、分水口节点处各管道的水头和流量。

3　工程概况

某工程采用重力流输水方式，设计流量为 14.62 m^3/s；布置 8 条分水支线（支线 7、支线 8 从末端水池取水），向沿线城镇和工农业供水，分水流量为 0.4~4.5 m^3/s，是典型的多分支重力流输水系统。管中心线及分水口位置如图 2 所示，输水管线总长 204 km，支线 4 的上游管路采用 2 根 DN2 800 的 PCCP 管道，下游管路采用 1 根 DN3 200 的 PCCP 管道进行输水，各支线管径为 0.7~2.2 m。

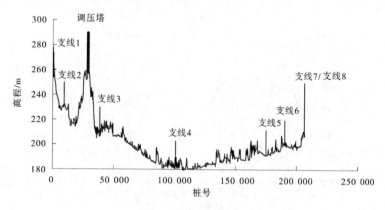

图2　管中心线示意图

工程采用的防护措施为：①在局部高点处设置双向调压塔，高度 33 m，直径 6.0 m，节流孔径 1.8 m；②干线及各分水口末端采用调流调压阀；③支线 4 后侧设置在线调节阀，可灵活调节后侧管道的运行压力。

4　结果与讨论

本工程的水锤防护措施在初步设计、施工图阶段基本确定，因此研究的关键在于确定不同工况下各控制阀的动作策略。长距离多分支重力流输水系统的水锤计算工况复杂，包括：系统启动、流量调节、停运检修、在线调节阀启闭、某条支线的启停和流量调节、几条支线组合的启停和流量调节等，以及各种工况的组合。由于工况众多，本文不再一一罗列，仅阐述其中几种优化工况以及水锤防护中需要注意的问题。

4.1　系统停运工况

该计算工况的初始条件为：在线调节阀不减压；支线 1~6 按照设计流量进行分水。计算条件为：支线 1~6 末端的调流调压阀同时关闭。

计算结果如图 3 所示。干线 PCCP 管道的最大水锤压力小于管道设计承压，桩号 204+160~204+660 的最大水锤压力接近管道设计承压。支线 6 管道的最大水锤压力为 119 mH$_2$O，接近管道设计承压 1.2 MPa。调压塔水位波动区间为 276.32~294.31 m，满足不出现脱空要求，但距离塔顶 295.00 m 只有 0.69 m，不满足安全超高要求。

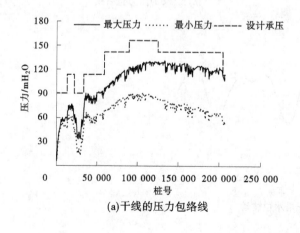

(a)干线的压力包络线

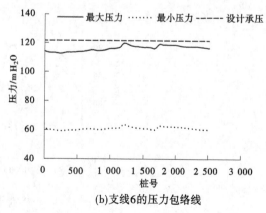

(b)支线6的压力包络线

图3　原方案的水力瞬变特性

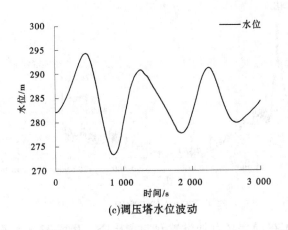

(c)调压塔水位波动

续图3

通过多方案比选后，给出的优化控制方案为：支线4末端的调流调压阀在其他阀门动作500 s后关闭。计算结果如图4所示。干线及支线调节池前侧管道的最大水锤压力均小于管道设计承压，最大压力为115.80 mH$_2$O，最小压力为5.52 mH$_2$O。优化方案的压力相较于原动作方案下降10~20 mH$_2$O。支线6管道的最大水锤压力为102 mH$_2$O，较原动作方案下降17 mH$_2$O。调压塔水位波动区间为278.13~290.51 m，最小水深和最大水深分别为15.29 m和27.67 m，满足不出现脱空和安全超高要求。相比较原动作方案的调压塔水位波动区间276.32~294.31 m，最小水位抬升了1.81 m，最高水位降低了3.80 m。

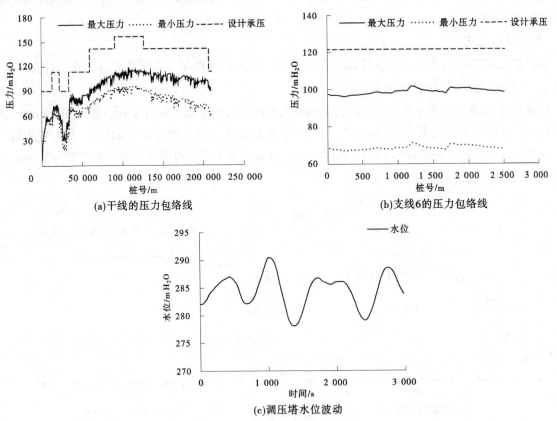

图4　优化方案的水力瞬变特性

4.2 在线调节阀关闭工况

该计算工况的初始条件为：在线调节阀减压；支线 1~6 按照设计流量进行分水。计算条件为：在线调节阀及支线 1~6 末端的调流调压阀同时关闭。原方案的干线压力包络线如图 5 所示，最大水锤压力小于管道设计承压，最大压力为 111.62 mH$_2$O，最小压力为 0.02 mH$_2$O，最小压力不满足 2 mH$_2$O 的设计要求。

优化方案的控制策略为 2 个在线调节阀相继关闭，计算结果如图 6 所示。干线 PCCP 管道的最大水锤压力小于管道设计承压，最大压力为 109.18 mH$_2$O，最小压力为 2.15 mH$_2$O；支线压力及调压塔水位波动均满足要求。

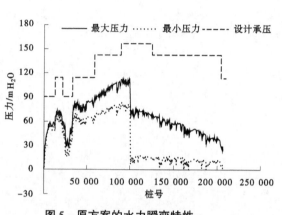

图 5　原方案的水力瞬变特性

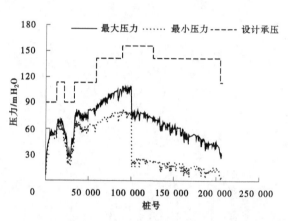

图 6　优化方案的水力瞬变特性

5　结论

（1）长距离多分支重力流输水系统的水锤防护研究包含了水锤防护措施的选择和设备操控策略的制定。其中，水锤防护措施需根据工程的管线布置、输配水流量等工程特性以及经济性、社会条件等多因素综合确定。水锤计算工况需包括系统启动、流量调节、停运检修、在线调节阀启闭、某条支线的启停和流量调节、几条支线组合的启停和流量调节等，以及各种工况的组合，个别工况经分析后可做删减。

（2）多分支重力流输水系统停运时，支线控制阀同时关闭易造成正压超标问题。可通过相继关闭支线控制阀，避免增压波的同步叠加，削减水锤正压。

（3）在线调节阀关闭时，阀后管段的负压是水锤防护关注的焦点。可通过延长在线调节阀关闭时间、相继关闭在线调节阀，改善阀后管段的负压问题。

参考文献

[1] 裴双保. 长距离输水系统重力流段水锤防护措施研究 [J]. 人民黄河，2021，43（S1）：122-124.

[2] 张景望，吴建华，高洁，等. 长距离重力流输水系统水锤模拟及其防护研究 [J]. 水电能源科学，2019，37（5）：57-60.

[3] 郭伟奇，吴建华，李娜，等. 长距离重力流输水系统水锤防护措施研究 [J]. 中国农村水利水电，2018（11）：124-126.

[4] 王政平，贾东远，马追. 长距离重力流输水工程关阀方案优化研究 [J]. 人民黄河，2021，43（4）：142-146.

[5] 王焰康，张健，何城. 长距离重力流输水工程的关阀方案优化 [J]. 人民黄河，2017，39（5）：131-134.

［6］杨开林．适应水击控制的多喷孔套筒式调流阀设计原理［J］．水利水电技术，2010，41（7）：36-39.

［7］杨开林，李明．适应水击控制的多喷孔套筒式调流阀研究［J］．水利水电技术，2009，40（12）：43-46.

［8］徐燕．减压阀在长距离重力流管道输水工程中的应用［J］．中国农村水利水电，2017（10）：143-147.

［9］白绵绵，王福军，雷澄，等．旁通阀对长距离重力流输水管线水力过渡过程的影响［J］．排灌机械工程学报，2019，37（1）：58-62.

［10］吴远为，刘梅清，刘志勇，等．长距离重力流输水系统的爆管过渡过程和阀门关闭规律的研究［J］．中国农村水利水电，2019（7）：119-123.

［11］李甲振，杨开林，郭新蕾．高效节能水锤泵［M］．北京：中国水利水电出版社，2022.

调水工程分层取水口闸门控流水力特性研究

刘圣凡　李民康　陈　杨　翟静静

（长江科学院，湖北武汉　430010）

摘　要：随着水网工程的全面布局，大量引调水工程开工建设。取水口作为引调水工程重要建筑物体形多样，受环保取水等需求影响，分层取水口体形日益重要。本文以某工程为例对分层取水口闸门控制取水流量的特殊运行方式进行了试验研究。取水口后消能井存在水舌明流并冲击消能井边壁，后直接冲击消能井底等特殊流态，干线管段存在明流到满流过渡流态；消能井边壁及底板、管道内壁压力满足安全需求。消能井有补气作用但存在雾化云，建议消能井顶加盖板并在侧壁面增加通气孔，可满足补气及消除雾化云效果。特殊的调度运行方式及试验成果可为类似工程提供参照。

关键词：调水工程；分层取水口；水力特性

1　引言

大量的跨流域调水工程建设，优化了我国地区间的水资源配置，也为国家水网构建奠定了良好基础[1]。调水工程通常取水流量相对较小，对于较深的水库建造分层取水口可满足取水需求，同时满足水温等环保需求。分层取水形式主要有多层取水口、斜卧式、多层水力自动翻板型、浮式板等[2]，在调水工程取水口中常用到叠梁门或者多层取水口进行分层取水。综合以往研究成果[3-6]，取水口分层取水后，虽然在提高下泄水温、改善生态环境等方面有显著效果，但进水口水流条件较不分层取水复杂，可能出现跌流、吸气漩涡等不良流态和增大水头损失[7]。

调水工程全线通常设计为自流供水，节制闸一般设置在出水口建筑物，以满足全线供水相关参数需求。但当分层取水口除分层取水外还作控流之用时，可能在节制闸之后随下游水深变化出现明流、淹没流等不同流态，复杂的水流流态可能会带来相应的局部压力过大、流速超标、空化等水力学问题，与常规取水口分层取水形式面临的水力学问题明显不同，因此开展专题研究是必要的。本文对分层取水口闸门控流案例进行分析，相关体形、流态及水力学参数可供类似工程参照。

2　项目概况与模型设计

2.1　项目概况

某调水工程取水口因库区水位区间较大，为 51.13~79.13 m，考虑到环保要求及闸门启闭预算节省需要，采用多层孔型取水口，如图 1 所示。取水口设置 3 道平面调流工作闸门，单扇平面闸门最大操作水头约 15.6 m，闸门孔口尺寸均为 5.2 m×5.2 m，闸门底坎高程分别为 44.00 m、54.40 m 和 64.80 m，全线自流输水流量为 22.78 m³/s，取水口分水井水位 45.62~50.62 m。针对不同设计工况对闸门开启方式进行组合，以达到调流、分层取水的目的。

闸门后至有压管段间竖井在项目中取名消能井，用于水流过闸后进入干线管道前的消能及流态过渡。通过计算，固定输水流量下干线水头损失固定，在上游库水位较高表层、中层闸门局开控泄时，分水井内水头比上游库水位低得多，因此存在下泄水流在消能井内的消能及流态衔接问题，如闸孔射流冲击井壁反弹下跌流态、闸孔跌流直接下落流态、上下两层闸孔射流空中碰撞下跌流态以及底层闸

作者简介：刘圣凡（1991—），男，工程师，主要从事流激振动及水工水力学的研究工作。

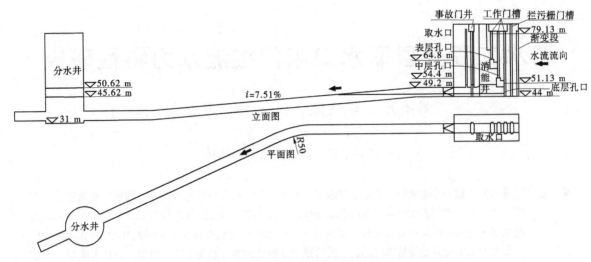

图 1　取水口段立面、平面布置图

孔闸后自由出流流态或淹没出流流态等。因此，须进行模型试验对其流态、压力、空化等参数进行试验分析，保证工程安全。

2.2　模型设计

采用 1：18 正态比尺进行模型制作，满足漩涡相似及流态相似。分析消能井内可能流态较复杂，在消能井上游壁面、下游壁面、侧壁面、消能井底板布置相应脉动压力、时均压力测点进行压力观测，同时进行流态观测。在压力管道内布置相应脉动压力测点，观测明流到有压流过渡段压力特性，同时布置流速测点，评估明流段流速对管道影响。模型布置时均压力测点 117 个，脉动压力测点 20 个，测点布置见图 2。

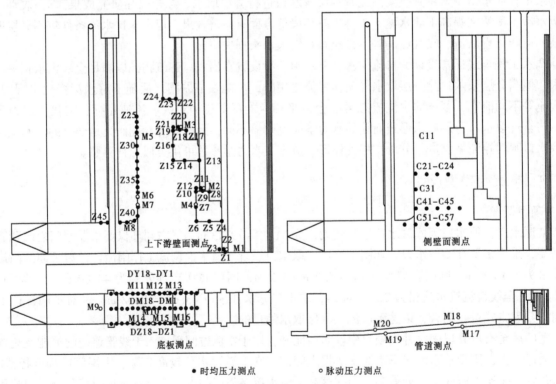

图 2　模型测点布置

试验按照上游水位 51.13~79.13 m，下游分水井水位 45.62~50.62 m，三层闸门不同开启方式划分试验工况，如表 1 所示。

表1 试验工况

工况	上游库水位/m	分水井水位/m	闸门开启高度和方式	
1	79.13		表层	0.35 m
2	66.8			敞泄
3	66.8	45.62	中层	0.35 m
4	56.8			敞泄
5	56.8		底层	0.50 m
6	79.13		表层	0.35 m
7	66.8			敞泄
8	66.8	50.62	中层	0.35 m
9	56.8			敞泄
10	56.8		底层	0.55 m

3 试验成果

3.1 消能井段水力学特性

3.1.1 水流流态

在表层孔口局开控泄时，水流过闸后冲击消能井下游壁面后折射冲击消能井左右壁面，后沿着三面边墙跌落至消能井底。在消能井底冲击消能后进入干线管段，见图3工况1。库水位降低至66.8 m，此时表层孔口敞泄可满足过流能力，水舌冲击干线管道顶部胸墙部位后直接跌落至消能井底，见图3工况2。该水位条件下，可以关闭表层孔口，局部开启中层孔口闸门运行，闸前运行水头12.4 m，满足设计要求。闸门局部开启运行，水舌冲击消能井下游壁面，折射冲击消能井左右壁面，后沿着三面边墙跌落至消能井底，见图3工况3。水舌冲击点较表层孔口局开下移，消能井及管道流态与前述工况一致。库水位进一步降低至56.8 m，中层闸门敞泄，水舌直接跌落至消能井底，见图3工况4。该水位条件下，可以关闭中层孔口，局部开启底层孔口闸门运行，闸门运行水头12.8 m，满足设计要求，见图3工况5。底层闸门局部开启运行，水舌出闸孔后以急流状态下泄，消能井内基本无水垫。

工况1　　工况2　　工况3　　工况4　　工况5

图3 下游分水井水位45.62 m 取水口流态

在下游分水井水位50.62 m 表孔、中孔运行时（见图4），闸后水舌形态、冲击边壁流态与分水井水位45.62 m 时一致。但消能井底部水位升高，水舌冲击消能井底水垫后，大量气体随水舌冲入水垫，部分气体进入干线管道。大部分气体从消能井后事故门井泄出，部分气体积压在消能井后干线水平段，随时间积压，定期从消能井溢出，导致干线管道水体动荡加剧。底层闸门开启时完全淹没流态，水流整体平稳。

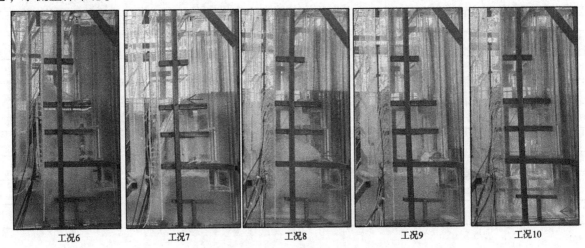

工况6　　　　工况7　　　　工况8　　　　工况9　　　　工况10

图 4　下游分水井水位 50.62 m 取水口流态

3.1.2　压力特性

各运行工况消能井压力特性见表 2，消能井上游壁面时均压力为（4~7）×9.81 kPa，各测点脉动压力均方根值在 0.2×9.81 kPa 以内。消能井下游壁面水舌冲击区的最大时均压力为 3.7×9.81 kPa，脉动压力均方根最大值为 3.7×9.81 kPa，瞬时最大压力为 13.8×9.81 kPa，瞬时最小压力为−3.8×9.81 kPa。消能井底板各测点的时均压力为（4.7~7.8）×9.81 kPa。底板上的脉动压力均方根最大值为 2.3×9.81 kPa，瞬时最大压力为 10.9×9.81 kPa，瞬时最小压力为−1.7×9.81 kPa。消能井侧壁面受水舌冲击下游壁面侧扩散影响，有水帘贴两侧壁面下泄；消能井侧壁面各测点的时均压力为（−0.8~3.6）×9.81 kPa，通过计算空化数在 0.45 以上。

表 2　消能井各部位压力特性　　　　　　　　　　　　　　　　　单位：9.81kPa

消能井部位	均方根值	时均值	最大值	最小值
上游壁面	0.2	4~7		
下游壁面	3.7	3.7	13.8	−3.8
底板	2.3	4.7~7.8	10.9	−1.7
侧壁面		−0.8~3.6		

3.2　干线管段水力学特性

干线管段水跃形态见图 5。分水井水位 45.62 m 时，水跃最远端距取水口边墙 104 m，水跃触顶高程 45.79 m，如图 6①示意；随分水井水位上升，水跃在管道中往靠近取水口方向推移，如图 6②示意；当上游库水位 56.8 m，取水口底层闸门开启，分水井水位约 46.9 m 时，水跃前端刚好碰到闸门底，如图 6③示意，水跃带动水体周期性波动。试验中对整个过程脉动压力进行了观测，水跃区脉动压力均方根最大值为 0.5×9.81 kPa，瞬时最大压力为 5×9.81 kPa，瞬时最小压力为−0.6×9.81 kPa。管顶测点脉动压力主频 0.1 Hz，管底测点脉动压力主频 0.06 Hz。综合各运行工况的成果，斜坡隧洞在部分明流状态下的管内最大流速约为 12 m/s。考虑糙率变化影响，在 $n=0.012~0.015$ 范围内，水跃区管段影响范围桩号 0+58.6~0+148。

3.3　消能井口雾化影响

取水口在正常供水特别是表层闸门局部开启运行时，消能井顶部产生雾化或水舌激溅，原型中雾

图 5　干线管段水跃形态

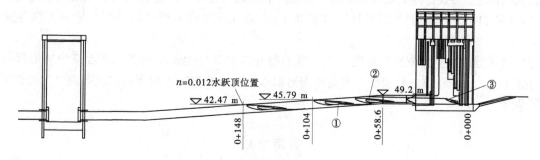

图 6　管道内水跃位置示意

化可能会影响现场平台作业。建议消能井顶部放置盖板，并对盖板加装后通气影响进行观测评估。试验中封堵消能井顶部，在消能井顶部两侧边墙开直径 0.8 m 通气孔左右 2 个，如图 7 所示。测得各运行工况最大通气风速 31.8 m/s，通气量 21 m³/s。消能井顶部封堵边墙加 1 m² 通气孔方案可满足减弱雾化影响并满足通气量要求。

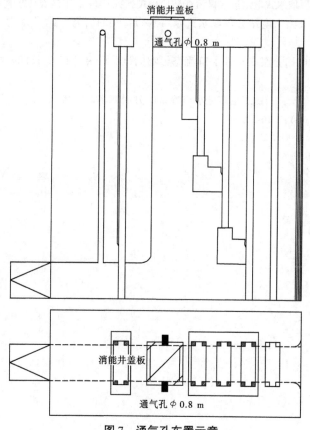

图 7　通气孔布置示意

4 结论

（1）调水工程分层取水口闸门控流调度运行方式随闸后水位变化在节制闸之后出现了闸孔射流冲击井壁反弹下跌流态、闸孔跌流直接下落流态、上下两层闸孔射流空中碰撞下跌流态以及底层闸孔闸后自由出流流态或淹没出流流态等，较常规体形及调度运行方式存在较大差异。

（2）以某工程取水口为例进行了试验，水舌冲击壁面瞬时最大压力 13.8×9.81 kPa，瞬时最小压力-3.8×9.81 kPa；消能井底板瞬时最大压力为 10.9×9.81 kPa，瞬时最小压力为-1.7×9.81 kPa；冲刷壁面空化数在 0.45 以上；干线管段水跃区瞬时最大压力为 5×9.81 kPa，瞬时最小压力为-0.6×9.81 kPa，水力学参数整体满足安全需求。消能井具有通气作用，测得各运行工况最大通气风速 31.8 m/s，通气量 21 m³/s。消能井顶部封堵边墙加 1 m² 通气孔方案可满足减弱雾化影响并满足通气量要求。

（3）考虑建筑物整体较高但宽度较窄，且消能井内大部分为无水状态，水舌集中冲击部分边壁导致局部冲击力大，还需进行消能井水流冲击对取水口建筑物振动影响评估。该案例可为类似工程设计提供参照。

参考文献

［1］翟鑫，王文成，黄茜，等．我国跨流域调水工程探析［J］．中国工程咨询，2023（7）：97-101.

［2］段文刚，黄国兵，侯冬梅，等．大型电站叠梁门分层取水进水口水力特性研究［J］．中国水利水电科学研究院学报，2015，13（5）：380-390.

［3］王才欢，段文刚，聂艳华，等．水电站进水口分层取水水力特性模型试验研究［J］．水力发电学报，2013，32（5）：122-128.

［4］杜兰，许学问．叠梁门分层取水式电站进水口流场数值模拟研究［J］．中国农村水利水电，2013（8）：158-165.

［5］雷艳，李进平，求晓明．大型水电站分层取水进水口水力特性的研究［J］．水力发电学报，2010，29（5）：209-215.

［6］薛阿强，杜兰．联系梁对电站分层取水进水口流态影响的试验研究［J］．长江科学院院报，2013，30（8）：10-13.

［7］张文远，杨帆，章晋雄，等．大石峡水电站进水口叠梁门分层取水试验研究［J］．中国水利水电科学研究院学报（中英文），2022，20（6）：516-522.

滑坡形状对库区滑坡涌浪及工程影响试验

段军邦[1]   李鹏峰[2]   贺翠玲[2,3]   万克诚[2,4]   史 蝶[2]   荆海晓[5]   诸 亮[2]   严 谨[2]

(1. 青海黄河上游水电开发有限责任公司工程建设分公司，青海西宁 810000；
2. 中国电建集团西北勘测设计研究院有限公司，陕西西安 710065；
3. 陕西省水生态环境工程技术研究中心，陕西西安 710065；
4. 国家能源水电工程技术研发中心高边坡与地质灾害研究治理分中心，陕西西安 710065；
5. 西安理工大学西北旱区生态水利国家重点实验室，陕西西安 710048)

摘 要：本文旨在阐明实际工程中滑坡形状对涌浪浪高和临近工程的影响。因此，以羊曲水电站库区 H1 滑坡体为例，建立 1∶200 的物理模型试验，进而论证各形状滑坡产生涌浪浪高的属性及对工程的危害。结果表明：①水下滑坡的初始浪高和各形状最大截面高程呈线性函数关系；水上滑坡的初始浪高和滑坡形状阻力系数有关。②矩形滑坡生成的涌浪传播最快，直角三角形传播最慢，而等腰三角形和椭圆形传播耗时接近。③等腰三角形和直角三角形产生的涌浪，仅首波会漫坝；但矩形和椭圆形会产生多次漫坝，主要是由于坝前流场的复杂环境，各种波形叠加。

关键词：滑坡涌浪；滑坡形状；首浪浪高；工程影响；模型试验

1 引言

库区滑坡是自然地质灾害中的一种重要类型[1-2]，滑坡引发的涌浪在库区波浪特性和工程结构稳定性方面具有显著的影响，因此对于库区滑坡涌浪及其对工程影响的研究显得尤为重要[3-4]。

为此，众多学者开展了滑坡涌浪生成及浪高预测研究。如 Russell 最先基于物理模型试验研究了滑坡涌浪问题[5]。Wiegel 等基于物理模型试验建立滑坡体宽度、速度等与首波波高的关系[6]。Heller 等研究了二维和三维滑坡涌浪浪高生成和传播问题[7-8]。曹婷等利用物理模型试验研究了滑坡体形状对涌浪爬高的影响[9]。肖莉丽等针对三峡库区滑坡涌浪问题，建立 1∶200 的物理模型，研究了近源区多因素对首浪高度的影响[10]。殷坤龙等通过物理模型试验研究了不同因素对生成区域波浪形态和首波高度的影响[11]。黄波林等构建了三峡水库龚家方滑坡和王家山滑坡涌浪比尺模型，进而揭示了实际工程问题库区涌浪的传播、爬高等特性[12-13]。

综上所述，过去的研究主要集中在库区滑坡的诱发机制、滑坡过程和涌浪机制等方面[14]，然而，对于实际工程中滑坡形状对涌浪的影响，以及它对临近工程结构的潜在影响，尚未充分深入地进行探讨。滑坡形状不仅直接影响涌浪的产生和传播，还可能对近岸水域的沉积和波浪的抵达产生复杂的影响。为了更好地理解滑坡形状与涌浪动力之间的关系，以及这种关系对沿海工程的潜在影响，本文将研究采用物理模型试验，全面揭示库区滑坡形状对涌浪产生和传播的影响。通过这一研究，期待能够为滑坡灾害防范和水利工程建设提供新的洞察和技术支持。

基金项目：国家自然科学基金（51909211）；陕西省自然科学基础研究计划项目（2019JQ-744）。
作者简介：段军邦（1982—），男，高级工程师，副总经理，主要从事水电能源与地质工程研究工作。
通信作者：荆海晓（1986—），男，副教授，主要从事水动力模型及水灾害管理、压力波传播机理及数值模拟等方面研究工作。

2 研究方法

本文以羊曲水电站库区 H1 滑坡体为背景，该工程规模为 I 等大（1）型工程，坝顶高程为 2 721 m，水库正常蓄水位为 2 715 m。通过库区地质特性可将失稳物质分为 H1 滑坡体和 1# 变形体。H1 滑坡体位于距离坝址 1.2~2 km 坝前左岸，体积约 555 万 m³。1# 变形体下边界距离坝址约 750 m，体积约 500 万 m³。H1 滑坡体和 1# 变形体前缘剪出高程均为 2 630 m，失稳物质分区见图 1。本文通过构建实际工程的物理模型来研究不同形状的 H1 滑坡体产生的涌浪特性及对工程的影响。

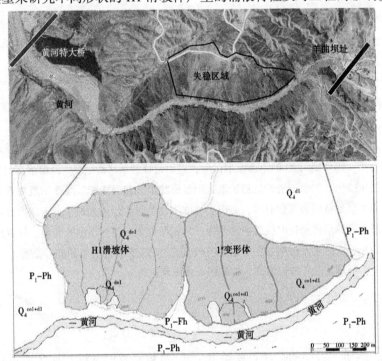

图 1 H1 滑坡体、1# 变形体位置示意图

物理模型按重力相似准则设计[15]，几何比尺为 $L_r = 200$，模拟范围包括大坝至其上游 3.2 km。将两岸沿河地形模拟至 2 760 m 高程，考虑滑坡体下滑造成水体向对岸壅水与爬行，对岸地形模拟至 2 790 m 高程。坝前建筑物包括左岸溢洪道和右岸发电厂房等，物理模型全长约 20 m。物理模型范围见图 2。

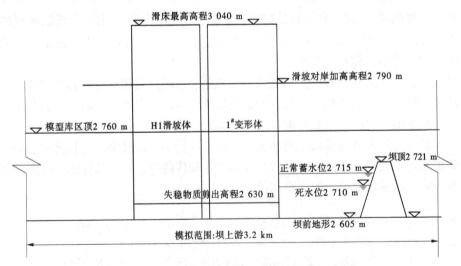

图 2 羊曲滑坡涌浪模型模拟范围示意图

滑床按原型滑弧用钢筋混凝土制作，按照滑动方向及滑弧滑出角度进行安装，表面光滑。滑车由多节铰式钢板制成，由起吊、擒纵装置控制起吊及下放滑车。滑坡体采用三种尺寸，分别为20 cm×10 cm×5 cm、10 cm×10 cm×5 cm 及 10 cm×5 cm×5 cm，滑车和滑块组成的综合滑坡密度约为2.7 g/cm³。涌浪时程变化数据记录采用 CBG03 智能浪高仪，总共布置 16 个，模型实物见图3。

图3 H1 滑坡体物理模型实物

3 结果分析与讨论

在同等方量（100 万 m³），滑坡体宽度和厚度保持不变的情况下，矩形断面的长度最短，椭圆形断面次之，等腰三角形和直角三角形长度最长且相等。滑速考虑两方面，一方面为原位下滑，一方面以 15 m/s 理论值下滑（试验中每次实际滑速均有测量，滑速均在 15 m/s 附近）。水库水位为正常蓄水位 2 715 m。试验工况及体形尺寸见表 1 和图 4。

表 1　试验形状分析计算工况（表中数据为原型数据）

工况	方量/万 m³	水位/m	滑块位置/m	滑速/（m/s）	滑坡形状	形状尺寸/m		
						长	宽	高
1			2 630	6.07	长方形	84	300	40
2			2 760	15.0				
3			2 630	6.07	等腰三角形	166	300	40
4			2 760	15.0				
5	100	2 715	2 630	6.07	直角三角形	166	300	40
6			2 760	15.0				
7			2 630	6.07	椭圆形	106	300	40
8			2 760	15.0				

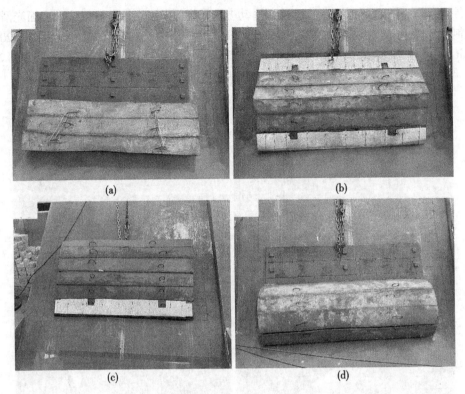

图4　试验滑坡体形状

图5为各形状滑坡体不同入水滑速时的初始涌浪结果。分析可知，当滑坡在原位下滑时，初始浪高和滑坡最大截面形状位与水体中的位置有关。同等方量下，滑坡体的厚度和纵向长度一定时，横向长度有如下关系：矩形<椭圆形<等腰三角形<直角三角形，但其最大截面高程有如下关系：椭圆形<矩形<等腰三角形<直角三角形，最大截面高程越高，水下滑坡越靠近水面，上部体积占比越大，产生的涌浪浪高也越大，通过拟合可知（见图6），该关系呈线性函数，相关度0.998。当滑坡以滑速15 m/s下滑时，初始浪高和滑坡形状（形状阻力系数）有关，矩形的最大截面直接和水体作用，等腰三角形次之，直角三角形尖角先入水、最大截面最后入水，其中椭圆形作用水体时，水体在其表面呈流线型，形态阻力系数最小。如果将矩形断面形状阻力系数定为1，那么等腰三角形断面形状阻力系数为0.95，直角三角形断面形状阻力系数为0.86，椭圆形断面形状阻力系数为0.7。

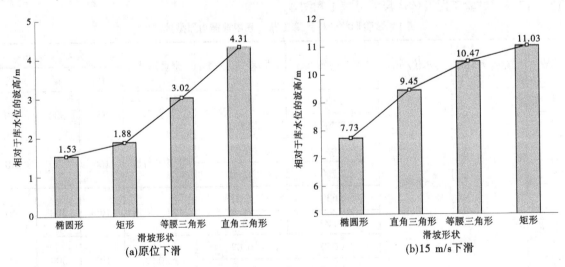

图5　不同形状滑坡初始浪高

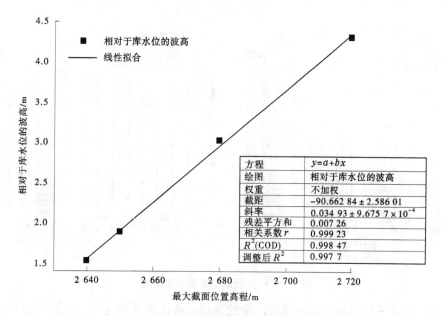

方程	$y=a+bx$
绘图	相对于库水位的波高
权重	不加权
截距	$-90.662\,84 \pm 2.586\,01$
斜率	$0.034\,93 \pm 9.675\,7 \times 10^{-4}$
残差平方和	$0.007\,26$
相关系数 r	$0.999\,23$
R^2(COD)	$0.998\,47$
调整后 R^2	$0.997\,7$

图 6　最大截面位置高程与初始浪高关系

　　图 7 为不同形状滑坡体入水滑速 15 m/s 时在坝中区域的浪高时间过程线。分析可知，矩形滑坡最先传播到坝前，直角三角形生成的涌浪波传播最慢，等腰三角形和椭圆形传播时间接近。在坝中测点观测到的浪高有如下关系：矩形>等腰三角形>直角三角形>椭圆形，涌波传播到建筑物前时，左岸溢洪道水面最高，右岸电站进水口次之，坝中位置最小，水面形态呈左右高、中间低的态势。

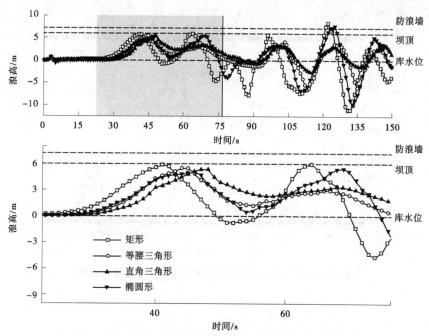

图 7　入水滑速 15 m/s 时不同形状滑坡坝中区域浪高

　　图 8 为各形状滑坡原位下滑时和以滑速 15 m/s 下滑时产生的涌浪传播到建筑物前初始浪高值。分析可知，当滑坡在原位下滑时，初始浪高和滑坡最大截面形状位于水体中的位置有关，浪高关系有：椭圆形<矩形<等腰三角形<直角三角形。当滑坡以滑速 15 m/s 下滑时，初始浪高和滑坡形状（形状阻力系数）有关，浪高关系有：椭圆形<直角三角形<等腰三角形<矩形。同一滑坡产生的涌浪传播到建筑物前时，浪高关系有：左岸溢洪道>坝中>右岸电站进水口，水面呈两端高、中间低的态势。

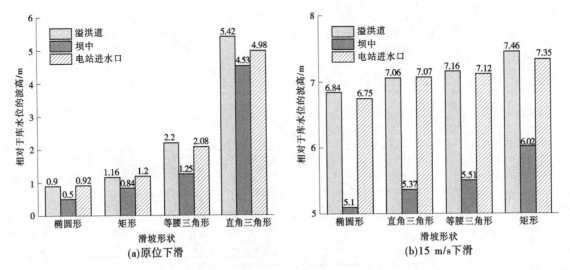

图 8 不同形状滑坡建筑物前浪高

由图 9 可知，等腰三角形和直角三角形产生的涌浪，首波就开始漫坝，矩形和椭圆形漫坝主要是由于坝前流场的复杂环境，各种波形叠加。从漫坝总量上分析可知，矩形＞等腰三角形＞直角三角形＞椭圆形，其值分别为 21 555 m³、8 874 m³、5 740 m³、3 780 m³。

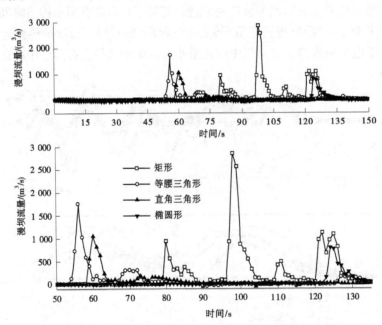

图 9 库水位 2 715 m 时不同形状滑坡漫坝流量过程线

4 结论

（1）当滑坡体在水下时，初始涌浪浪高和滑坡体最大截面形状位于水体中的位置有关。初始涌浪浪高有如下关系：椭圆形＜矩形＜等腰三角形＜直角三角形，研究还发现最大截面高程和初始涌浪浪高呈线性函数关系。

（2）当滑坡在水上时，初始浪高和滑坡形状（形状阻力系数）有关，初始涌浪浪高有如下关系：矩形＞等腰三角形＞直角三角形＞椭圆形。

（3）矩形断面滑坡体产生的涌浪最先传播到坝前，直角三角形生成的涌浪波传播最慢，等腰三角形和椭圆形涌浪传播时间接近。在坝中测点观测到的浪高有如下关系：矩形＞等腰三角形＞直角三角形>椭圆形，涌波传播到建筑物前时，左岸溢洪道水面最高，右岸电站进水口次之，坝中位置最小，水面形态呈左右高、中间低的态势。

（4）等腰三角形和直角三角形产生的涌浪，首波就开始漫坝，矩形和椭圆形漫坝主要是由于坝前流场的复杂环境，各种波形叠加。从漫坝总量上分析可知，矩形>等腰三角形>直角三角形>椭圆形，其值分别为 21 555 m³、8 874 m³、5 740 m³、3 780 m³。

参考文献

［1］薛宏程，马倩，彭杏瑶，等. 基于 Herschel-Bulkley 流变模型的滑坡涌浪数值模拟方法研究［J］. 水利学报，2023，54（3）：268-278.

［2］殷坤龙，张宇，江洋. 水库滑坡涌浪风险研究现状和灾害链风险管控实践［J］. 地质科技通报，2022，41（2）：1-12.

［3］彭文明，付敬. 边坡失稳特征及滑坡涌浪分析［J］. 四川水力发电，2023，42（3）：20-26.

［4］王佳佳，陈浩，肖莉丽，等. 散粒体滑坡涌浪运动特征与能量转化规律研究［J］. 水文地质工程地质，2023，50（4）：160-172.

［5］RUSSELL J S. Report of the committee on waves［C］//Proceedings of the 7th Meeting of British Association for the Advancement of Science. London：John Murray, 1838.

［6］WIEGEL R L. Laboratory studies of gravity waves generated by the movement of a submerged body［J］. Eos, Transactions American Geophysical Union, 1955, 36（5）：759-774.

［7］Heller V, Hager W H. Wave types of landslide generated impulse waves［J］. Ocean Engineering, 2011, 38（4）：630-640.

［8］Heller V, Spinneken J. Improved landslide-tsunami prediction：effects of block model parameters and slide model［J］. Journal of Geophysical Research：Oceans, 2013, 118（3）：1489-1507.

［9］曹婷，王平义，胡杰龙. 基于物理模型试验的库区岩质滑坡涌浪爬高研究［J］. 南水北调与水利科技，2018，16（5）：159-164.

［10］肖莉丽，殷坤龙，王佳佳，等. 基于物理模拟试验的库岸滑坡冲击涌浪［J］. 中南大学学报（自然科学版），2014，45（5）：1618-1626.

［11］殷坤龙，刘艺梁，汪洋，等. 三峡水库库岸滑坡涌浪物理模型试验［J］. 地球科学（中国地质大学学报），2012，37（5）：1067-1074.

［12］黄波林，王世昌，陈小婷，等. 碎裂岩体失稳产生涌浪原型物理相似试验研究［J］. 岩石力学与工程学报，2013，32（7）：1417-1425.

［13］黄波林，胡刘洋，李仁江，等. 水库区低 Froude 数的典型涉水滑坡涌浪缩尺物理模型试验研究：以王家山滑坡为例［J］. 岩石力学与工程学报，2023，42（8）：1899-1909.

［14］陈世壮，徐卫亚，石安池，等. 高坝大库滑坡涌浪灾害链研究综述［J］. 水利水电科技进展，2023，43（3）：83-93.

［15］中国电力企业联合会. 水电水利工程滑坡涌浪模拟技术规程：DL /T 5246—2010［S］. 北京：中国电力出版社，2010.

湖南桂阳抽水蓄能电站地应力特征与高压引水隧洞稳定性研究

王　斌[1,2]　董志宏[1,2]　刘元坤[1,2]　韩晓玉[1,2]　艾　凯[1,2]

(1. 长江水利委员会长江科学院，湖北武汉　430010；
2. 水利部岩土力学与工程重点实验室，湖北武汉　430010)

摘　要： 为了解湖南桂阳抽水蓄能电站的高压引水隧洞稳定性，在工程区开展了高压压水试验和地应力测试，定量描述了隧洞围岩在高内水压力作用下的渗透特性，分析了重要工程部位的岩体应力状态，在此基础上根据围岩条件、抗抬理论准则、最小主应力准则、渗透准则评价了高压引水隧洞的渗透稳定性。结果表明：①工程区水平主应力大小总体上随深度的增加而增大，高压岔管及厂房区域属中等–低地应力区；②高压引水隧洞各洞段具有足够的埋深条件，同时隧洞围岩的抗渗透能力及抗水力劈裂能力均较好，基本满足钢筋混凝土衬砌方案的要求。

关键词： 抽水蓄能电站；水压致裂；地应力测量；高压压水试验；隧洞稳定性

1　引言

近年来，随着我国电力供需矛盾日益突出，电网调峰填谷任务日趋繁重，抽水蓄能电站建设因其利于电力资源的可持续开发而得到了快速发展[1]。抽水蓄能电站工作水头较高，常采用高压引水隧洞及高压岔管结构，其围岩往往存在高渗压差、高水力梯度引发的渗透破坏或失稳问题。岩体的透水率及劈裂临界压力是渗流分析及渗控效应评价的基础参数，其与节理裂隙的空间展布情况、岩层结构以及原地应力状态相关[2]。而隧洞围岩最小主应力大小既决定围岩抗水力劈裂的能力，又是决定高压隧洞及高压岔管采用钢筋混凝土衬砌的依据。为了准确掌握岩体在高渗压作用下的渗透特性和渗透稳定性，国内许多已建和在建的抽水蓄能电站均对引水系统围岩进行了现场高压压水试验和地应力测量。周敏等[3]对呼和浩特抽水蓄能电站高岔区岩体进行了钻孔高压压水试验，获得了岩体在不同压力作用下渗透特性的变化规律。蒋中明等[4]结合黑糜峰抽水蓄能电站岩体高压压水试验的渗压及变形测试成果，采用多孔连续介质耦合理论，研究了试验区岩体在压水加压和卸压过程中的孔隙压力及位移变化过程。李永松等[5]针对阳江抽水蓄能电站高压隧洞稳定性问题，在隧洞围岩中开展了高压压水试验，证明了高压隧洞各洞段围岩能完全承受内水压力，给出了采用钢筋混凝土衬砌方案的建议。前人研究成果为了解高压引水隧洞在内水压力作用下岩体的稳定性提供了诸多方法和思路，但大部分研究仅侧重于利用高压压水试验结果来计算岩体的透水率，进而来研究岩体的渗透特性。较少有根据工程区的围岩等级、高压引水隧洞上覆岩体厚度、最小主应力与内水压力的关系等对高压引水隧洞的渗透稳定性进行综合研究。湖南桂阳抽水蓄能电站发电额定水头 375 m，输水系统总长 3 538.1 m，地下厂房区地面高程 420~520 m，相比其他抽水蓄能电站具有输水系统线路长、地下厂房位置埋

基金项目： 云南省重大科技专项计划项目（202002AF080003、202102AF080001）；中央级公益性科研院所基本科研业务费项目（CKSF2021462/YT、CKSF2023308/YT、CKSF2023316/YT）。

作者简介： 王斌（1990—），男，工程师，主要从事岩体稳定性及构造应力场研究工作。

深大及承受水头压力大的特点，工程设计需着重考虑引水隧洞稳定性对电站建设运行的影响。

为了研究湖南桂阳抽水蓄能电站安全运行时引水线路的围岩稳定性，在工程区地下厂房深钻孔开展了高压压水和地应力试验，并结合工程设计方案定量描述了隧洞围岩在高内水压力作用下的渗透特性，分析了重要工程部位的岩体应力分布。在此基础上根据围岩条件、抗抬理论准则、最小主应力准则、渗透准则全面评价了高压引水隧洞的渗透稳定性，并基于上述结果讨论了引水隧洞管线的衬砌方案，为工程施工和安全运行提供了可靠依据。该研究成果可为在建抽水蓄能电站高压引水隧洞稳定性分析提供参考。

2 工程概况

湖南桂阳抽水蓄能电站发电额定水头 375 m，初拟装机容量为 4×300 MW，总装机容量 1 200 MW，发电小时数 6 h，枢纽工程由上水库、下水库、输水系统建筑物、地下厂房洞室群、开关站等组成，为日调节电站。输水系统总长 3 538.1 m，其中引水系统长 1 904.2 m，尾水系统长 1 633.9 m，地下厂房洞室群埋深 350~380 m。工程区位于大义山南部地区华南褶皱系的湘桂褶皱带内，岩性主要为燕山期黑云母花岗岩，属坚硬岩类，围岩类别以Ⅰ、Ⅱ类为主，断层破碎带以Ⅲ类为主，局部夹少量Ⅳ类。

3 水压致裂地应力测量方法及结果

水压致裂地应力测量法是 20 世纪 70 年代发展起来的一种测量地壳深部应力的有效方法，由于该方法无须知道岩石的力学参数便可获得地层中现今地应力的多种参量，并具有操作简便、测试深度大和测值可靠等特点，是 2003 年国际岩石力学学会推荐的岩石应力测量方法之一[6]，并在交通工程、水电工程、基础地质研究中得到了广泛应用，取得了许多有价值的实测数据及相关研究成果[7-10]。此次研究中的深钻孔位于湖南桂阳抽水蓄能电站工程区，钻孔终孔深度为 415.1 m，静水位为 30.0 m。从钻探岩芯来看，岩性为燕山期灰白色黑云母花岗岩，钻孔岩芯整体较完整，节长 10~200 cm。现场测量主要在 100 m 以下展开，采用单回路水压致裂地应力测量系统，共计完成 12 段有效压裂测试和 3 段有效印模测试。获得的有效压裂曲线均比较标准，具有比较明显的破裂压力，且裂缝重张、闭合所对应的压力点清晰明确，可用以确定各压力参数值和水平主应力值。

由实测所得的压力-时间记录曲线中可直接得到岩石的破裂压力 P_b、瞬时关闭压力 P_s 以及裂缝的重新张开压力 P_r。再根据水压致裂法原理[6] 求解公式计算出最大水平主应力 S_H 以及垂直主应力 S_v：

$$S_h = P_s \tag{1}$$

$$S_H = 3P_s - P_r - P_0 \tag{2}$$

$$S_v = \rho g h \tag{3}$$

式中：P_0 为孔隙压力；ρ 为岩石密度，一般取 $\rho = 2.60 \times 10^3 \sim 2.70 \times 10^3$ kg/m³；g 为重力加速度；h 为上覆岩石埋深。

利用式（2）计算最大水平主应力时，P_s 的取值误差将 S_H 计算结果误差放大 3 倍，因而关闭压力 P_s 的准确取值便显得尤为关键。目前，比较常用的 P_s 取值方法有单切线法、dt/dp 法、dp/dt 法、Mauskat 方法等[11-12]，本文采用单切线法、dt/dp 法、dp/dt 法判读关闭压力参数并取平均值[13]。水压致裂地应力测量压裂曲线见图 1，具体地应力测量结果见表 1。

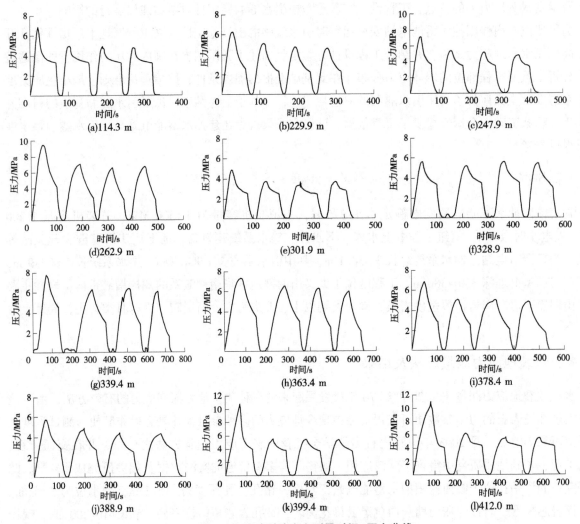

图1　水压致裂地应力测量时间-压力曲线

表1　工程区 ZK1 深孔水压致裂地应力测量结果

序号	孔深/m	P_b/MPa	P_r/MPa	P_s/MPa	P_0/MPa	σ_t/MPa	S_H/MPa	S_h/MPa	S_z/MPa	λ	α_H
1	114.3	6.9	4.9	3.7	0.8	2.0	7.6	4.8	3.0	2.5	
2	229.9	6.2	4.7	3.3	2.0	1.5	7.8	5.6	6.1	1.3	NW40°
3	247.9	7.1	5.0	3.9	2.2	2.1	9.5	6.4	6.5	1.4	
4	262.9	9.3	6.6	4.2	2.3	2.7	8.9	6.8	6.9	1.3	
5	301.9	4.8	3.6	3.2	2.7	1.2	9.3	6.2	8.0	1.2	
6	328.9	5.6	5.0	4.1	3.0	0.6	10.9	7.4	8.7	1.3	
7	339.4	7.6	6.4	4.3	3.1	1.2	10.2	7.7	9.0	1.1	
8	363.4	7.3	6.4	4.4	3.3	0.9	10.7	8.0	9.6	1.1	
9	378.4	6.7	4.7	3.4	3.5	2.0	9.6	7.2	10.0	1.0	NW26°
10	388.9	5.6	4.1	3.3	3.6	1.5	10.0	7.2	10.3	1.0	
11	399.4	10.6	5.3	4.3	3.7	5.3	11.9	8.3	10.5	1.1	NW30°
12	412.0	10.6	5.3	4.7	3.8	5.3	13.2	8.8	10.9	1.2	

注：P_b 为岩石破裂压力；P_r 为裂缝重张压力；P_s 为瞬时闭合压力；P_0 为岩石孔隙压力；σ_t 为岩石抗拉强度；S_H 为最大水平主应力；S_h 为最小水平主应力；S_z 为测点上覆岩石的自重计算值（岩石容重取为 26.4 kN/m³）；λ 为最大水平主应力方向侧压系数（S_H/S_z）；α_H 为最大水平主应力方向。破裂压力、重张压力及闭合压力为测点孔口压力值；稳定水位在孔深30.0 m 处。

3.1 水平主应力随深度变化规律

基于表1测量结果，在114.3～412.0 m测量深度范围内，统计测段的最大水平主应力为7.6～13.2 MPa，最小水平主应力为4.8～8.8 MPa，自重应力为3.0～10.9 MPa，各测点的应力分布规律较明显，应力量值随深度呈线性增加。测试深度范围内最大水平主应力方向侧压系数S_H/S_z为1.0～2.5，岩体水平应力总体大于自重应力，随着深度增加，侧压系数总体变小，最小水平应力与自重应力在量值上逐渐变得接近，表明自重应力的作用加强。对应于高压岔管及厂房区域（孔深330～388 m段），最大水平主应力为9.6～11.9 MPa，最小水平主应力为7.2～8.3 MPa，自重应力为8.7～10.3 MPa，属中等-低地应力区。对测深范围内结果进行线性拟合，获得水平主应力量值随孔深（H）变化关系如式（4）、式（5）所示，并同时给出了研究区的主应力值随深度分布特征图（见图2）。整体来看，ZK1钻孔中最大与最小水平主应力值均随测量深度的增加而增加，最大水平主应力值随深度增加的梯度为0.015 0 MPa/m，最小水平主应力值随深度增加的梯度为0.011 9 MPa/m，其线性回归方程为：

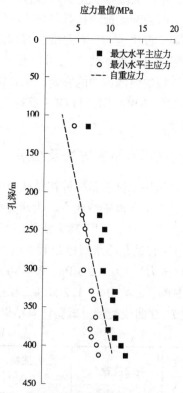

$$S_H = 0.015\ 0H + 5.27,\quad R^2 = 0.677\ 4 \tag{4}$$
$$S_h = 0.011\ 9H + 3.31,\quad R^2 = 0.822\ 8 \tag{5}$$
$$S_z = 0.026\ 4H \tag{6}$$

式中：H为钻孔深度；R^2为回归方程相关系数。

为了更好地认识研究区现今的地应力状态，笔者将分析结果同华北地区、南北地震带北段、青藏地块和中国大陆的地应力状态研究结果进行了对比分析（见表2）。结果表明，

图2　研究区主应力值随深度变化曲线

研究区整体应力水平低于中国大陆、华北地区及南北地震带北段的应力水平，主要原因可能是研究区地应力状态的形成可能受区域断裂的影响，是局部构造和区域构造应力场共同作用的结果。由Anderson断层理论[18]，结合图2可知，电站工程区地壳浅部3个主应力间的关系总体表现为$S_H > S_z > S_h$，反映区内以水平应力为主导的应力场特征，地应力结构有利于走滑断层的发育和活动。

表2　不同地区S_H、S_h随深度变化情况

地区	S_H	S_h	资料来源
本文研究区	0.015 0H+5.27	0.011 9H+3.31	本文
华北地区	0.023 3H+4.665	0.016 2H+2.100	文献［14］
南北地震带北段	0.026 1H+5.134	0.017 4H+2.648	文献［15］
青藏地块	0.029 2H+5.185	0.017 2H+3.681	文献［15］
中国大陆	0.022 7H+6.590	0.016 4H+3.590	文献［16］
中国大陆	0.021 6H+6.781	0.018 2H+2.233	文献［17］
中国大陆	0.022 9H+4.738	0.017 1H+1.829	文献［15］

3.2 最大水平主应力方向

采用水压致裂印模系统获得了研究区最大水平主应力方向值，具体结果见表 1，应力方向的分布范围为 NW26°~NW40°，主应力方向分布较为集中。对比基于 GPS 观测获得的该区地壳现今速度场方向[19]，发现两者基本一致。已有研究表明，中国构造应力场的分布与其周围板块的动态效应密切相关。中国大陆板块受到外部板块的推挤，即印度板块和太平洋板块，推挤速度为每年数厘米，同时受到了西伯利亚板块和菲律宾板块的约束。在这样的边界条件下，板块发生变形，产生水平挤压应力场。基于板块运动、震源机制解和地应力测量结果的解译，中国华南区域主压应力场的方向与本文地勘实测结果基本一致[20]。可以看出，湖南地区主要受菲律宾海板块 NWW 向的推挤作用，其次才受太平洋板块向西俯冲的影响，从菲律宾板块与中国大陆板块的碰撞边界开始，整个华南应力场主要表现出 NW~NWW 向，与 GPS 资料显示华南地区现今最大主压应力方向为 NW（NWW）~SE（SEE）相吻合。

4 高压压水试验方法及结果

高压压水试验是一种在钻孔中进行的岩体原位高压渗透试验，其目的是测定在实际水头压力下岩体的透水率和渗透特性[2]。为研究引水隧洞围岩在高水头作用下的透水性和渗透稳定性，确定围岩承载能力，对工程区 ZK1 钻孔进行了高压压水测试，测试采用双止水栓塞循环式试验方法。基于《水电工程钻孔压水试验规程》（NB/T 35113—2018），本次高压压水试验最多采用 11 个压力阶段（孔口压力），为 1.2 MPa、2.4 MPa、3.6 MPa、4.8 MPa、6.0 MPa、7.0 MPa、6.0 MPa、4.8 MPa、3.6 MPa、2.4 MPa、1.2 MPa。根据试验测定的压力 P 和流量 Q 计算各试验孔段的岩体透水率（q），确定 P-Q 曲线类型。试验计算结果见表 3，P-Q 曲线见图 3。

表 3 ZK1 钻孔高压压水试验计算结果

测段编号	测段位置/m	最大试验压力 P/MPa	最大压力下流量 Q/(L/min)	各级压力下最大透水率 q/Lu	劈裂压力 P_j/MPa	P-Q 曲线类型
1	265.3~269.7	9.7	41.0	1.28	8.7	D 型
2	280.3~284.7	9.8	27.1	0.84	7.6	D 型
3	292.3~296.7	9.9	47.2	1.47	7.7	D 型
4	307.3~311.7	10.1	47.8	1.49	6.7	D 型
5	319.3~323.7	10.2	13.6	0.42	9.2	C 型
6	331.3~335.7	10.3	18.3	0.57	6.9	D 型
7	346.3~350.7	10.5	47.2	1.47	8.3	D 型
8	367.3~371.7	8.5	48.1	2.14	7.3	D 型
9	382.3~386.7	10.8	47.0	1.46	8.6	D 型
10	402.5~406.7	10.3	47.8	1.65	7.6	D 型

注：最大试验压力为试验段实际压力；劈裂压力 P_j 为最小劈裂压力；压水段长度为 4.4 m；P-Q 曲线类型分别为 C-扩张型、D-冲蚀型。

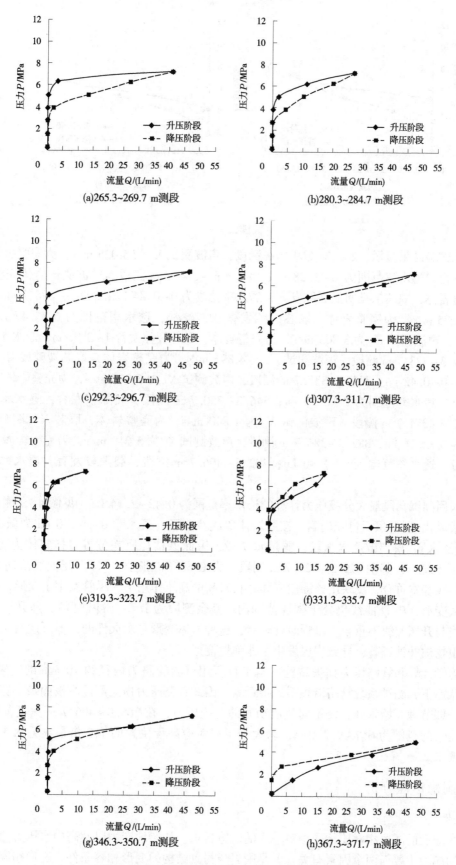

图3 高压压水试验测试段压力 P-流量 Q 关系曲线

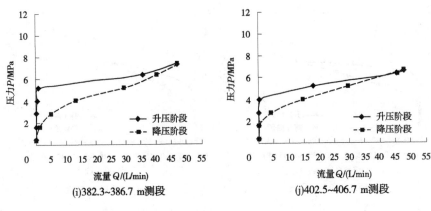

(i)382.3~386.7 m测段　　　　　　　(j)402.5~406.7 m测段

续图 3

高压压水试验结果显示，265.3~269.7 m 测段，声波测试 K_v 为 5 025 m/s，为完整岩体，取芯未见明显裂隙发育，透水率范围为 0~1.28 Lu；280.3 m~284.7 m 测段，声波测试岩体完整性系数为 0.76，为完整岩体，取芯未见明显裂隙发育，透水率范围为 0~0.84 Lu；292.3~296.7 m 测段，声波测试 K_v 为 5 025 m/s，为完整岩体，取芯裂隙发育 0.5 条/m，透水率范围为 0~1.47 Lu；307.3~311.7 m 测段，声波测试 K_v 为 3 803 m/s，为完整岩体，取芯裂隙发育 1~3 条/m，透水率范围为 0~1.49 Lu；319.3~323.7 m 测段，声波测试 K_v 为 4 896 m/s，为完整岩体，取芯裂隙发育 1~3 条/m，透水率范围为 0~0.42 Lu；331.3~335.7 m 测段，声波测试 K_v 为 5 017 m/s，为完整岩体，取芯未见明显裂隙发育，透水率范围为 0~0.57 Lu；346.3~350.7 m 测段，裂隙较发育，透水率范围为 0~1.47 Lu；367.3~371.7 m 测段，声波测试 K_v 为 4 840 m/s，为完整岩体，取芯未见明显裂隙发育，透水率范围为 0~2.14 Lu；382.3~386.7 m 测段，声波测试 K_v 为 5 019 m/s，为完整岩体，取芯未见明显裂隙发育，透水率范围为 0~1.46 Lu；402.5~406.7 m 测段，裂隙较发育，透水率范围为 0~1.65 Lu。

综上，采用测试孔段最大分级压力计算的透水率范围为 0.42~2.14 Lu（见图 4），测试深度范围岩性主要为微风化-新鲜黑云母花岗岩。按照岩体渗透性分级（透水率 0.1~1.0 Lu 为微透水，1.0~10.0 Lu 为弱透水），得到微透水 3 段、弱透水 7 段，因此该钻孔所在位置岩体整体为弱透水地层。$P\text{-}Q$ 曲线类型不统一，其中 319.3~323.7 m 测段，为 C 型（扩张型），即升压曲线凸向 P 轴，降压曲线与升压曲线基本重合，反映出该测段岩体在长时间的高压作用下，尽管发生了变形，但并非为不可恢复的永久变形，$P\text{-}Q$ 曲线仍处于弹性范围内。其余测段为 D 型（冲蚀型），即升压曲线凸向 P 轴，降压曲线与升压曲线不重合，呈顺时针环状，这种岩体变形是永久性的，不可逆的，主要是由于裂隙中的充填物被冲蚀调整，导致岩层发生了非弹性变形。

根据水力学计算和管路压力损失试验，本工程所用试验管路为内径约 70 mm 的绳索取芯钻杆，在最大流量状态下，测试系统管路沿程损失接近零，因此管路压力损失不计。按照最小劈裂压力 P_{min} 的取值方法，即节理开始张开、流量明显启动时的对应压力，在 265.0~406.7 m 深度范围内，各测段最小劈裂压力的范围为 6.7~9.2 MPa，均大于工程对应高程位置的 1.2 倍最大毛水头（6 MPa），满足抗劈裂要求。

5　高压隧洞稳定性分析

5.1　围岩条件

高压引水隧洞的围岩相对要承受相对较大的岩体自重、初始地应力以及高内水压力的作用。其承担内水压力的能力主要与两个因素有关：一是围岩与衬砌结构的变形相容条件，变形相容条件越好围岩承担内水压力的能力越大；二是围岩变形模量与衬砌结构的弹性模量之比，比值越大即围岩的变形模量越大，围岩承担内水压的权重越大，在变形相容条件一致及岩体完整坚硬的条件下，围岩可以承

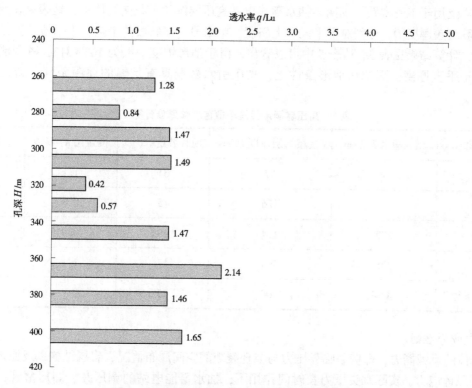

图4　最大试验压力下透水率随深度变化关系曲线

担全部内水压力[5]。该抽水蓄能电站高压隧洞通过的围岩岩性为印支期-燕山早期的黑云母花岗岩，岩体主要呈中深相岩基或岩株产出，岩体完整（见表4）。枢纽区5 km范围内断层构造不甚发育，工程区构造形迹以规模不大的断层和节理为主，以Ⅲ级结构面为主，个别发育有Ⅱ级结构面。工程地质条件较好，利于高压引水隧洞围岩稳定。

表4　输水发电系统各洞段围岩分类

工程部位	建筑物	围岩类别
引水隧洞	上平段	Ⅱ类35%，Ⅲ类50%，Ⅳ～Ⅴ类占15%
压力管道	上斜段	Ⅱ类40%，Ⅲ类50%，Ⅳ～Ⅴ类占10%
	中平段、下斜段	Ⅱ类50%，Ⅲ类40%，Ⅳ～Ⅴ类占10%
	下平段、高压岔管段、高压支管段	Ⅱ类45%，Ⅲ类50%，Ⅳ～Ⅴ类占5%
尾水隧洞	尾水隧洞	Ⅱ类35%，Ⅲ类50%，Ⅳ～Ⅴ类占15%

5.2　抗抬理论准则

抗抬理论准则是在承压隧洞沿线必须有足够厚度的上覆岩体，最小上覆岩体厚度不包括全、强风化岩体。它要求承压隧洞上覆岩体重量大于或等于洞内水压力，以保证围岩在最大内水压力作用下不发生抬动[21]，该准则主要用于地质条件较好、岩体坚硬完整、节理和层理不发育的硬岩地区，其计算公式如下：

$$\gamma_r D\cos\alpha > K\gamma_w H \tag{7}$$

式中：γ_r、γ_w为岩体和水的重度，kN/m³，分别取值为26.4 kN/m³和10 kN/m³；D为最小覆盖厚度，m；H为最大内水压力水头，m；K为安全系数；α为坡面倾角。

挪威、瑞典等国的设计经验是隧洞覆盖比达到0.6~1.0，相当于K等于1.5以上的安全储备，这一标准现已广泛用于工程实践。湖南某抽水蓄能电站高压隧洞位于花岗岩体中，地表风化层较薄，因此从地表计算覆盖厚度 D，分别对上平段、上斜段、中平段、下斜段的中点，下平段及高压岔管段中点进行估算，计算结果见表5。从表5中可以看出，由于地形坡度一般为 $10°\sim31°$，隧洞侧向围岩厚度等于或大于垂直厚度，因此从地形条件上，高压引水隧洞具有足够的埋深条件，满足抗抬理论准则。

表5 高压隧洞沿线最小覆盖岩体厚度计算

隧洞位置	最大净水头 H/m	上覆岩层厚度 D/m	河谷坡角/(°)	覆盖比 $\lambda = D/H$	安全系数
上平段	54	57	31	1.1	2.4
上斜段	153	126	15	0.8	2.1
中平段	272	174	10	0.6	1.7
下斜段	375	395	17	1.1	2.7
下平段及高压岔管	474	406	15	0.9	2.2

5.3 最小主应力准则

裂隙岩体的承载能力，即劈裂临界压力与节理裂隙的空间展布情况、岩层结构以及原地应力状态相关[2]。在原地应力、实际水头压力长时间作用下，抽水蓄能电站的调压井、高压岔管、输水隧洞围岩内的各组裂隙是否会产生水力劈裂，劈裂临界压力多大，关系到衬砌设计与围岩稳定。最小主应力准则是建立在岩体中存在构造应力和自重应力的基础上，其原理是压力隧洞围岩某一点最小主应力 σ_3 大于该点相应的内水压力 P_0，并有 $1.2\sim1.3$ 的安全系数，从而保证内水压力不会劈裂围岩，并由此确定压力隧洞的衬砌类型。在下平段及高压岔管位置，最大净水头为474 m，最小主应力与内水静水头之比约为1.8，满足抗劈裂要求，在高压岔管位置可建议采用钢筋混凝土衬砌方案。

5.4 围岩渗透性评价

围岩渗透性评价是在高压渗流水长期作用下，评价围岩是否会产生渗透变形冲蚀破坏，是否满足渗透稳定要求。钢筋混凝土衬砌高压管道围岩宜为Ⅰ、Ⅱ类不透水或微透水围岩，或经高压固结灌浆后围岩透水率小于1.0 Lu，且应满足渗透稳定要求[22]。该抽水蓄能电站根据高压岔管附近钻孔高压压水试验成果（见表3），岩体透水率为 $0.42\sim2.14$ Lu，平均透水率为1.27 Lu，属于弱-微透水岩体，说明高压岔管及厂房部位围岩具有较好的抗渗透性能，岩体裂隙不易与周边裂隙贯通。此外，Ⅱ、Ⅲ类围岩的水力劈裂临界压力（按最小劈裂压力 $P_{\min}$ 判别）一般为 $6.7\sim9.2$ MPa，平均为7.8 MPa，说明高压管道沿线围岩的抗渗透能力及抗水力劈裂能力均较好，基本满足钢筋混凝土衬砌方案的工程地质及水文地质条件要求。

6 结论

通过对湖南桂阳抽水蓄能电站工程区开展高压压水及地应力测试，并结合围岩条件、抗抬理论准则、最小主应力准则、围岩渗透性评价4个方面分析了该电站高压引水隧洞稳定性，得出以下结论：

（1）工程区水平主应力大小总体上随深度的增加而增大，3个主应力之间的关系为 $S_H > S_z > S_h$，属于走滑型应力状态，钻孔附近地壳浅表层的最大水平主应力方位平均为NW32°，高压岔管及厂房区域属中等-低地应力区。高压压水试验结果显示隧洞围岩属于弱-微透水岩体。

（2）高压引水隧洞各洞段具有足够的埋深条件，满足抗抬理论准则，同时隧洞围岩的抗渗透能力及抗水力劈裂能力均较好，基本满足钢筋混凝土衬砌方案的工程地质及水文地质条件要求。

参考文献

[1] 毕宏伟, 胡少华, 乔彤. 高水头抽水蓄能电站高压岔管围岩非线性渗流分析及渗透稳定性研究 [J]. 水利水电技术, 2018, 49 (6): 171-178.

[2] 安其美, 赵仕广, 丁立丰, 等. 单回路双栓塞止水压水技术及其应用 [J]. 水力发电学报, 2004 (5): 50-53.

[3] 周敏, 王忠福, 张旭柱. 高压压水试验在呼和浩特抽水蓄能电站中的应用 [J]. 工程勘察, 2011, 39 (8): 55-59.

[4] 蒋中明, 冯树荣, 陈胜宏, 等. 裂隙岩体高压压水试验水–岩耦合过程数值模拟 [J]. 岩土力学, 2011, 32 (8): 2500-2506.

[5] 李永松, 尹健民, 艾凯. 阳江抽水蓄能电站高压隧洞稳定性分析 [J]. 人民长江, 2009, 40 (9): 68-70.

[6] Haimson B C, Cornet F H. ISRM suggested methods for rockstress estimation-Part 3: hydraulic fracturing (HF) and/orhydraulic testing of pre-existing fractures (HTPF) [J]. International Journal of Rock Mechanics and Mining Sciences, 2003, 40 (7/8): 1011-1020.

[7] Haimson B C, Rummel F. Hydrofracturing stressmeasurements in the Iceland research drilling project drill hole at Reydarfjordur, Iceland [J]. Journal of Geophysical Research: Solid Earth, 1982, 87 (B8): 6631-6649.

[8] Zoback M D, Apel R, Baumgärtner J, et al. Upper-crustal strength inferred from stress measurements to 6 km depth in the KTB borehole [J]. Nature, 1993, 365: 633-635.

[9] Zhao X G, Wang J, Qin X H. In-situ stress measurements and regional stress field assessment in the Xinjiang candidate area for China's HLW disposal [J]. Engineering geology, 2015, 197: 42-56.

[10] 陈群策, 丰成君, 孟文, 等. 5·12汶川地震后龙门山断裂带东北段现今地应力测量结果分析 [J]. 地球物理学报, 2012, 55 (12): 3923-3932.

[11] Aamodt L, Kuriyagawa M. Measurement of instantaneous shut in pressure in crystalline rock. Presented at the Workshop on Hydraulic Fracturing Stress Measurements [C]. Monterey, CA, 1981, 218 (4): 715-716.

[12] Hayashi K, Haimson B C. Characteristics of shut-in curves in hydraulic fracturing stress measurements and determination of in situ minimum compressive stress [J]. Journal of Geophysical Research, 1991, 96 (B11): 18311-18321.

[13] Meng W, Chen Q C, Zhao Z. Characteristics and implications of the stress state in the Longmen Shan fault zone, eastern margin of the Tibetan Plateau [J]. Tectonophysics, 2015, 656: 1-19.

[14] 黄禄渊, 杨树新, 崔效锋, 等. 华北地区实测应力特征与断层稳定性分析 [J]. 岩土力学, 2013, 34 (S1): 204-213.

[15] 杨树新, 姚瑞, 崔效锋, 等. 中国大陆与各活动地块、南北地震带实测应力特征分析 [J]. 地球物理学报, 2012, 55 (12): 4207-4217.

[16] 王艳华, 崔效锋, 胡幸平, 等. 基于原地应力测量数据的中国大陆地壳上部应力状态研究 [J]. 地球物理学报, 2012, 55 (9): 3016-3027.

[17] 景锋, 盛谦, 张勇慧, 等. 中国大陆浅层地壳实测地应力分布规律研究 [J]. 岩石力学与工程学报, 2007, 26 (10): 2057-2062.

[18] Anderson E M. The dynamics of faulting [J]. Transactions of the Edinburgh Geological Society, 1905, 8 (3): 387-402.

[19] Wang Q. Present-Day Crustal Deformation in China Constrained by Global Positioning System Measurements [J]. Science, 2001, 294 (5542): 574-577.

[20] 谢富仁, 陈群策, 崔效锋, 等. 中国大陆地壳应力环境基础数据库 [J]. 地球物理学进展, 2007, 22 (1): 131-136.

[21] 谷兆棋, 李新新, 郭军. 挪威水电工程经验介绍 [M]. 挪威: 泰比亚出版公司, 1985.

[22] 水利部东北勘测设计研究院. 水工隧洞设计规范: SL 279—2002 [S]. 北京: 中国水利水电出版社, 2003.

桥梁桩柱偏心承载力的非线性有限元分析

贾　凡　廖丽莎　周秋景　张国新

（中国水利水电科学研究院　流域水循环模拟与调控国家重点实验室，北京　100038）

摘　要：桥梁桩柱结合部位发生偏心时，对桩顶会产生一个额外弯矩，容易引发桩身断裂，酿成事故。为研究桥梁桩柱结合部位偏心对桩身承载力的影响，建立不同桩柱直径、不同偏心距离的单桩柱有限元模型，采用非线性有限元法开展桩柱结合处承载力数值研究。数值计算结果表明：在偏心荷载作用下，桩柱结合处会产生应力集中，在桩突出部分产生拉应力，而在交界处柱突出部分产生压应力集中区域。桩柱同径与不同径情况下，屈服位置与屈服面积也不相同。桥梁桩柱结合处承载力安全系数随着偏心程度的增大而减小。

关键词：桥梁；桩柱；偏心荷载；承载力；非线性有限元

1　引言

南水北调中线一期工程中涉及大量同步建设的跨渠桥梁，其结构形式大多为简支桥梁，桥墩形式以桩柱一体结构为主，为了减少桥梁施工与中线干渠施工的相互干扰，仅有拱桥和连续梁桥的柱墩，桩间一般不设置系梁和承台[1-3]。当桩基钻孔施工定位不准确或钻孔倾斜导致桩基位置偏差时，会导致梁柱结合处中心点不能准确对应，从而使处于偏心受压状态下的桥梁墩柱及桩基增加了附加弯矩，当这个附加弯矩与外界水平荷载相叠加时，会导致桩身弯矩大幅增大，容易引发桩身断裂，从而酿成事故。因此，针对偏心荷载作用下结构的受力性能与承载力变化进行研究尤为重要。

目前，对于偏心荷载作用下桥梁等结构的承载力分析已取得了众多研究成果[4-8]。侯晓英等[9]根据我国现有规程计算了两组钢管混凝土偏压柱的承载力，发现在长细比较大时，不同规程计算得到的极限承载力相互吻合，而在长细比较小时，计算结果离散性较大。陆征然等[10]通过原型试验与数值模拟的方法，研究了考虑与不考虑偏心荷载作用下桥梁满堂脚手架的承载性能，找出了偏心荷载对不同搭设参数桥梁满堂脚手架承载性能的影响规律。Andreotti 与 Calvi[11] 以原型试验数据作为基准，提出了考虑土-结构-相互作用（SSI）效应的钢筋混凝土桩-柱系统设计方法。温庆杰等[12] 采用有限元模拟与理论计算的方法，研究了铝合金桁架桥梁大偏心节点连接的受力性能，发现杆件节点偏心使结构变形与应力均大幅提高，设计时应充分考虑节点偏心影响。传统混凝土柱截面主要为圆形与方形，随着高层与超高层建筑物的建设，异形截面钢管混凝土柱的受力性能得到国内外学者的广泛关注。曹万林等[13] 对五边形钢管混凝巨型柱进行了偏心受压性能试验与有限元数值模拟，分析了外钢管钢板厚度等对柱偏压性能的影响。徐礼华等[14] 采用 ABAQUS 软件拓展分析钢管壁厚、长细比、偏心率和混凝土强度等参数对试件极限承载力的影响规律，建立了适用于六边形六腔及五边形四腔的钢管混凝土柱偏心受压承载力计算公式。

综上所述，目前关于混凝土柱，尤其是钢管混凝土柱的偏压承载力的数值计算方法已十分成熟，其构架破坏机制也基本解明，然而，偏心荷载作用下桩柱结合部位的受力特性及承载力研究还十分匮

基金项目："十四五"国家重点研发计划（2021YFC3090102）。

作者简介：贾凡（1993—），男，工程师，主要从事水工结构、加筋土工程的研究工作。

通信作者：周秋景（1979—），男，教授级高级工程师，主要从事水工结构的研究工作。

乏。因此，本文针对桥梁桩柱结合部位偏心影响桩身承载力问题，建立不同桩柱直径、不同偏心距离的单桩柱有限元模型，采用有限元法强度折减法开展桩柱结合处承载力数值研究，为桩柱偏心缺陷工程处理提供了科学依据。

2 桥梁桩柱结合处所受荷载

桥梁桩柱结合部位所受到的荷载包括竖向荷载与水平荷载，竖向荷载主要为上部桥板的自重、桥上车辆重力等，水平荷载包括平行于桥上车辆行驶方向的刹车力与垂直于车辆行驶方向的桥横向力，包括风力、地震力与流水压力等。单根桩柱体系的柱顶荷载示意图如图1所示。将各种作用力概化至桩柱结合部附近时的荷载示意图见图2。计算得到的典型桥梁荷载见表1。

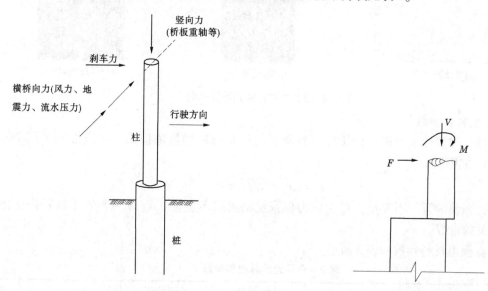

图1　柱顶荷载示意图　　　　　　　　　　　图2　桩柱结合部受力图

表1　典型桥梁桩柱结合部荷载计算结果　　　　　　　　单位：kN

作用分类	作用名称	桩柱不同径	桩柱同径
永久作用	上部结构自重	4 337.47	2 334.31
	桥墩自重	765.37	682.50
可变作用	车辆荷载	798.42	844.65
	车辆荷载冲击力	29.94	95.03
	车辆荷载制动力	82.50	65.00
	人群荷载	92.00	112.13
	风荷载	43.23	61.51
	流水压力	18.14	18.21
偶然作用	地震力	255.14	150.84

3 计算模型与工况

3.1 计算模型

建立两种典型桩柱的模型：①桩柱同径：$D_1 = D_2 = 1.50$ m，②桩柱不同径：$D_1 = 1.80$ m，$D_2 = 1.50$ m，偏心距离取 0 cm、5 cm、10 cm、15 cm、20 cm、30 cm；取桩底以下 20 m，桩的四周各 20 m范围，即包含桩的 40 m×40 m×60 m 的六面体区域进行计算，周边采用法向约束。典型单桩柱有限元计算模型如图3所示，模型单元总数为 28 800 个，节点总数为 30 474 个。

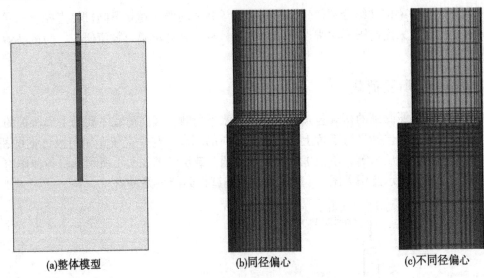

| (a)整体模型 | (b)同径偏心 | (c)不同径偏心 |

图 3 典型单桩柱有限元计算模型

3.2 本构模型及材料参数

本文采用理想弹塑性模型进行桥梁桩柱混凝土与地基材料的数值模拟，屈服准则采用 DP 准则（Drucker-Prager 准则）：

$$F = \alpha I_1 + \sqrt{J_2} = k \tag{1}$$

式中：I_1 为应力张量的第一不变量；J_2 为应力偏张量的第二不变量；α、k 为与岩土材料内摩擦角 φ 和黏聚力 c 有关的常数。

有限元计算模型材料参数如表 2 所示。

表 2 有限元计算模型参数

类型	黏聚力 c/kPa	内摩擦角 φ/（°）	单轴抗拉强度/kPa	单轴抗压强度/kPa	弹性模量/MPa	泊松比
C30 混凝土	143	54.9	143	1 430	0.7	0.167
C25 混凝土	127	53.82	119	1 190	2 800	0.167
地基土	2	15	300	3 000	3 000	0.167

3.3 计算工况

偏心缺陷的不利荷载组合是偏心与相应方向的不利横向荷载组合，如表 3 所示，在进行荷载组合时，按规范要求考虑荷载分项系数。采用强度折减法计算随强度降低时屈服区发展状况，得到不同模型在不同工况时强度安全系数。

表 3 偏心缺陷计算的不利荷载组合

计算工况	组合 1（抗剪、抗拉）	组合 2（抗压）	组合 3（抗拉、抗压）	组合 4	组合 5
上部结构自重	√	√	√	√	√
桥墩自重	√	√	√	√	
汽车自重	√	√	√	√	
汽车制动力	√	√	√		
人群荷载		√			
风荷载	√				√
流水压力	√	√			√

续表3

计算工况	组合1（抗剪、抗拉）	组合2（抗压）	组合3（抗拉、抗压）	组合4	组合5
地震力				√	
偏心方向	偏心与横向力合力一致	偏心与横向力合力一致	沿行驶方向偏心	横桥向	
承载力分析	抗剪	最大压应力	抗拉、抗压	内力	

根据表3的荷载组合，对每一个模型的每一个偏心量需进行两个方向（行驶方向、横桥向）承载力极限进行计算分析。

4 结果与讨论

4.1 应力变形结果

图4为桩柱和基础土体在荷载作用下的变形情况，可以看到桩体在承受上部柱体传来压力作用下向下移动，最大竖向位移为0.046 m。周围土体受到桩壁摩擦的影响产生变形，地基表面沉降量在桩–土交界处最大，随着与桩柱距离的增大与深度的增加，竖向位移逐渐减小。

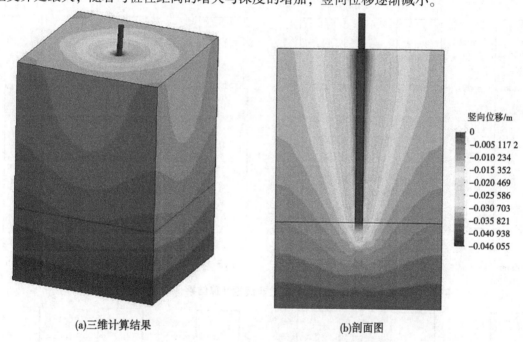

竖向位移/m

0
−0.005 117 2
−0.010 234
−0.015 352
−0.020 469
−0.025 586
−0.030 703
−0.035 821
−0.040 938
−0.046 055

(a)三维计算结果　　　　　　　　(b)剖面图

图4　桩柱和基础土体在荷载作用下整体变形云图

图5为典型偏心荷载工况下局部应力放大，可以看到结构存在偏心，对结构应力分布会产生不良影响。在偏心荷载作用下，桩柱结合处会产生应力集中，在桩突出部分产生拉应力，而在交界处柱突出部分产生压应力集中区域。

4.2 应力屈服结果

图6为不同偏心距离下相同直径桩柱非线性计算结果。由图6可知，相同直径下偏心桩柱受到上部荷载时，屈服区域主要在桩突出一侧，说明偏心荷载作用下，相同直径桩柱结合处受到拉应力部分更容易达到屈服。基本工况组合下，当偏心距离小于5 cm时结构未达到屈服应力，当偏心距离大于10 cm时，屈服面积随偏心距离的增大而增大，拉应力区首先达到屈服，而后压应力区也达到屈服。

图7为不同偏心距离下不同直径桩柱非线性计算结果。由图7可知，当桩直径大于柱时，随着偏心距离的增大，桩柱结合处拉应力区与压应力区几乎同时达到屈服，且拉应力区屈服位置与桩柱同径工况下有所不同，拉应力屈服位置位于柱凹陷部位，而不是桩突出部位。

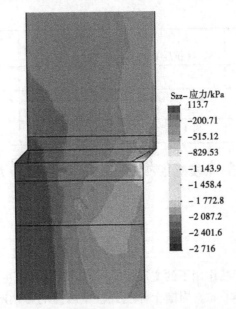

图 5　偏心荷载作用下桩柱结合部局部应力图

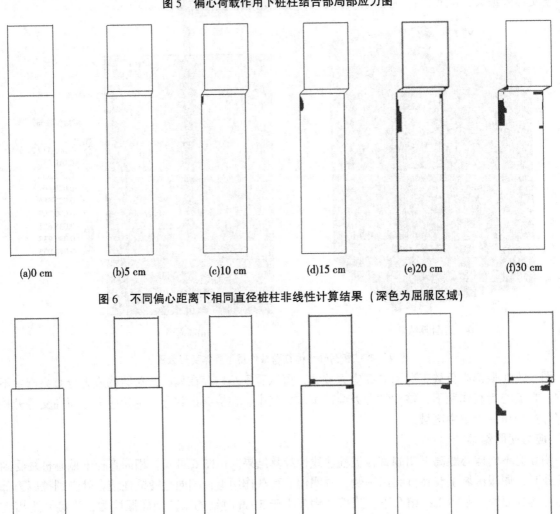

|(a)0 cm|(b)5 cm|(c)10 cm|(d)15 cm|(e)20 cm|(f)30 cm|

图 6　不同偏心距离下相同直径桩柱非线性计算结果（深色为屈服区域）

|(a)0 cm|(b)5 cm|(c)10 cm|(d)15 cm|(e)20 cm|(f)30 cm|

图 7　不同偏心距离下不同直径桩柱非线性计算结果（深色为屈服区域）

注：桩柱不同径结构比桩柱同径结构所受荷载大。

不同偏心距离时基本工况下桩柱结合部出现屈服时的安全系数如表4所示，此处安全系数为出现屈服时的强度折减系数的倒数。可以看到结构安全系数随着偏心程度加大不断减小，在偏心距离在5 cm以下时，屈服安全系数大于1.0。偏心距离在10 cm以上时，桩柱同径结构和不同径结构的安全系数小于1.0。图8为安全系数随偏心距离变化曲线。

表4　不同偏心距离时基本工况下的安全系数计算结果

偏心距离/cm	桩柱同径	桩柱不同径
0	1.173 99	1.249 33
5	1.048 43	1.104 93
10	0.904 036	0.998 206
15	0.765 919	0.860 09
20	0.640 359	0.753 363
30	0.401 794	0.552 466

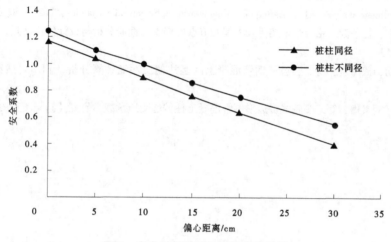

图8　安全系数随偏心距离变化曲线

4　结论

本文针对桥梁桩柱结合部位偏心影响桩身承载力问题，建立不同桩柱直径、不同偏心距离的单桩柱有限元模型，采用非线性有限元法开展桩柱结合处承载力数值研究，得到的主要结论如下：

（1）在偏心荷载作用下，桩柱结合处会产生较大的应力集中，在桩突出部分产生拉应力，而在交界处柱突出部分产生压应力集中区域。

（2）在上部荷载作用下，偏心桩柱结合处会产生应力屈服。桩柱同径情况下，屈服面积随偏心距离的增大而增大，拉应力区首先达到屈服，而后压应力区也达到屈服；当桩直径大于柱直径时，随着偏心距离的增大，桩柱结合处拉应力区与压应力区几乎同时达到屈服。

（3）桥梁桩柱结合处安全系数随着偏心程度加大不断减小，偏心距离大于10 cm时，桩柱同径结构和不同径结构的安全系数小于1.0。

参考文献

［1］张大勇，尤岭，闫海青．南水北调中线跨渠桥梁桩基缺陷的处理［J］．中华建设，2012（12）：236-237.

［2］Henrikas S, Alfonsas D, Zavadskas E K, et al. Experimental study on technological indicators of pile-columns at a construction site [J]. Journal of Civil Engineering and Management，2012，18（4）：512-518.

[3] 刘月波. 桥梁工程施工质量通病与防治 [M]. 北京：中国建材工业出版社，2009：76-98.

[4] 杨超炜，赵明华，陈耀浩，等. 高陡横坡段桩柱式桥梁双桩基础受力分析 [J]. 湖南大学学报（自然科学版），2018，45（3）：129-135.

[5] 邓惠株. 简支梁桥桥墩偏位对承载力影响及容许限值研究 [D]. 重庆：重庆交通大学，2021.

[6] Zhao M H，Jiang C，Cao W G，et al. Catastrophic model for stability analysis of high pile-column bridge pier [J]. Journal of Central South University of Technology，2007，14（5）：725-729.

[7] Khalili-Tehrani P，Ahlberg E R，Rha C，et al. Nonlinear Load-Deflection Behavior of Reinforced Concrete Drilled Piles in Stiff Clay [J]. Journal of Geotechnical & Geoenvironmental Engineering，2014，140（3）.

[8] Hazzar L，Hussien M N，Karray M. Two-dimensional modelling evaluation of laterally loaded piles based on three-dimensional analyses [J]. Geomechanics and Geoengineering，2019，15（4）：263-280.

[9] 侯晓英，李天，王华. 钢管混凝土柱偏心受压承载力计算方法探讨 [J]. 郑州大学学报（理学版），2002（3）：91-94.

[10] 陆征然，郭超，李帼昌，等. 桥梁满堂脚手架在偏心荷载作用下的承载性能研究 [J]. 天津大学学报（自然科学与工程技术版），2016，49（S1）：64-72.

[11] Andreotti G，Calvi G M. Design of laterally loaded pile-columns considering SSI effects：Strengths and weaknesses of 3D，2D，and 1D nonlinear analysis [J]. Earthquake Engineering & Structural Dynamics，2021，50（3）：863-888.

[12] 温庆杰，许原浩，任子健. 铝合金桁架桥梁大偏心节点连接受力性能分析与设计优化 [J]. 结构工程师，2021，37（5）：205-213.

[13] 曹万林，徐萌萌，武海鹏，等. 五边形钢管混凝土巨型柱偏压性能计算分析 [J]. 自然灾害学报，2015，24（1）：114-122.

[14] 徐礼华，宋杨，刘素梅，等. 多腔式多边形钢管混凝土柱偏心受压承载力研究 [J]. 工程力学，2019，36（4）：135-146.

滇中引水工程龙庆隧洞软岩大变形处理实践

张文涛[1]　向天兵[2]　周云中[1]　杨小龙[2]　闫尚龙[2]　张　翔[2]

(1. 云南省滇中引水工程建设管理局，云南昆明　650202；
2. 中国电建集团昆明勘测设计研究院有限公司，云南昆明　650051)

摘　要： 滇中引水工程输水总干渠昆明段龙庆隧洞 1# 支洞下游主洞段揭露地层为寒武系陡坡寺组页岩段，岩性以页岩、粉砂岩等软岩为主，施工过程中发生挤压大变形，最大变形达 280 mm。根据工程地质条件、施工过程和隧洞开挖支护数值仿真等综合分析，大变形发生的主要原因是围岩强度应力比低、地下水软化作用和岩体流变效应显著，分台阶开挖及初期支护后未及时封闭成环，初期支护安全裕度不高。现场采取了侵限段换拱和径向固结灌浆、未侵限段和后续洞段初期支护针对性整体加强的变形控制措施。数值分析和现场实践表明，变形控制措施合理有效。

关键词： 滇中引水工程；龙庆隧洞；软岩；大变形；支护措施

1 引言

我国水资源总量居世界第 6 位，平均占有量仅为世界平均占有量的 30%，且地区分布不均衡，局部地区水资源紧缺问题严重，水资源供需矛盾突显[1-3]。引调水工程是解决水资源时空分布不均的核心工程措施。在跨流域、跨区域调水工程中，引水距离远、跨度大，导致线路地形起伏变化较大[4]。崇山峻岭和沟壑纵横的复杂地貌使得隧洞工程成为跨流域调水的主要输水建筑物，也成为整个引水工程中最为关键的部分。由于地质条件复杂、引水线路较长，不可避免会穿越多种地质构造及地貌单元，工程地质问题复杂，对隧洞建设运行安全产生明显影响[5-6]。隧洞开挖后周围岩土体发生应力重分布，软岩洞段由于强度低、自稳能力差，施工过程中容易发生挤压大变形甚至坍塌失稳，如不及时采取合理的处理措施，往往造成工期延误、人员伤亡、设备损毁等严重后果[7-9]。

本文以在建的滇中引水工程输水总干渠昆明段龙庆隧洞为例，研究分析 1# 施工支洞下游主洞软岩段大变形发生过程、原因及采取的处理措施，可为类似工程提供有益的借鉴。

2 工程概况

2.1 工程概况

滇中引水工程是目前国内在建规模最大的引调水工程，工程建成后可从根本上解决滇中区水资源短缺问题，工程从金沙江上游石鼓河段取水，多年平均引水量 34.03 亿 m^3，渠首流量 135 m^3/s，受水区包括大理、丽江、楚雄、昆明、玉溪、红河 6 个州（市）的 36 个县（市、区），由石鼓水源工程和输水工程组成，输水总干渠全长 664.7 km，跨滇西北、滇中和滇东南地区。总干渠昆明段全长 116.8 km，共包括 12 座建筑物，其中隧洞 6 条、总长 108.29 km，占线路总长 92.8%。昆明段沿线软

基金项目： 云南省重点科技专项计划（202202AG050014）；中国电建集团重点科技项目（DJ-ZDXM-2022-23）；中国电建昆明院重点研发项目（KD-KJRW2023-006）。

作者简介： 张文涛（1978—），男，正高级工程师，分局总工程师，主要从事水利工程科研和建设管理工作。

通信作者： 向天兵（1983—），男，正高级工程师，分院专业总工程师，主要从事水利水电工程设计和科研工作。

岩地层均有出露，对应地层主要有 $\in_1 c^2$、$\in_2 d^1$、$O_1 t^2$、$C_1 d^1$、$P_1 d$、$J_1 l^2$、$J_2 l$、$Pt_1 e$ 和 $Pt_1 m$，岩性以泥岩、页岩和板岩为主，累计长度约 14.905 km，约占线路总长的 12.76%，其中隧洞穿越约 14.695 km，约占隧洞总长的 13.57%；另外，线路通过河谷地段及昆明盆地边缘还分布有第四系和第三系上新统茨营组（$N_2 c$）等松散软土地层，累计总长 5.485 km，约占线路总长的 4.7%。

龙庆隧洞是昆明段第四座隧洞，位于金沙江水系普渡河流域内，全长 11.2 km，其中 7.4 km 埋深超过 200 m，最大埋深 411 m。隧洞所处区域地质构造复杂，先后穿越麦场庄向斜、头村背斜和西尖村断层等地质构造，Ⅳ类、Ⅴ类占比达到 45%，岩性复杂多变，先后穿越 12 套地层，软岩占比约 20%，施工期发生挤压大变形 6 段。软岩洞段主要由 $\in_2 d^1$、$O_1 t^2$ 及 $P_1 d$ 三种地层组成，岩性主要为页岩、粉砂岩。

2.2 龙庆隧洞 1# 支洞下游主洞大变形问题概况

龙庆隧洞 1# 支洞下游主洞揭露地层主要是寒武系陡坡寺组页岩段（$\in_2 d^1$），岩性主要为页岩、粉砂岩，饱和单轴抗压强度 5~10 MPa，变形模量 0.3~0.5 GPa，属于软岩。该洞段岩体位于背斜两翼，隧洞埋深 277~300 m，根据地应力测试结果，最大水平主应力达到 9.4 MPa，最大垂直应力达到 9.9 MPa。褶曲发育岩体破碎，总体上岩体强度较低，且位于地下水位以下，顶拱少量滴渗水，部分围岩受背斜影响揉搓泥化，开挖暴露后遇水围岩强度变低。纵剖面如图 1 所示。该洞段按照常规 Ⅴ 类围岩措施进行支护，主要包括：①边顶拱喷 C20 混凝土，厚 0.2 m，挂钢筋网 ϕ 6.0@0.15 m×0.15 m；②边顶拱设 ϕ 25 中空注浆系统锚杆（$L=6$ m@1.5 m×1.5 m）；③边顶拱设 I20a@0.7 m 钢支撑，每榀钢支撑拱腰及拱脚接头处各设 2 根锁脚砂浆锚杆（ϕ 25，$L=6$ m），连接筋为 ϕ 22@0.5 m；④底板设 C20 素混凝土垫层，厚 0.2 m。

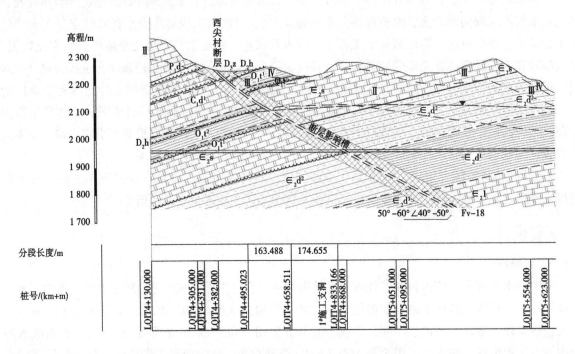

图 1　龙庆隧洞 1# 支洞下游主洞纵剖面图

隧洞施工过程中，LQIT5+170~LQIT5+260 部分洞段围岩在开挖和初期支护后持续变形并造成侵占衬砌断面，如图 2 所示。其中，LQIT5+245 断面顶拱监测点具有典型的代表性，初期支护完成后变形快速发展，之后基本稳定但呈现明显的流变特征，在 2022 年 5 月变形加速发展，达到 280 mm，围岩失稳破坏风险加剧，如图 3 所示。

图 2 龙庆隧洞 1# 支洞下游主洞大变形图片

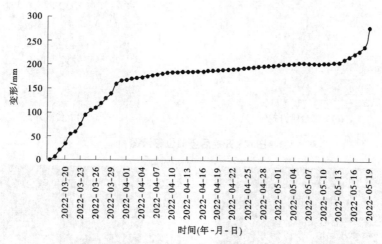

图 3 龙庆隧洞 1# 支洞下游主洞变形曲线 (LQIT5+245 断面顶拱)

3 大变形分析

3.1 大变形原因分析

根据现场揭露地质条件，结合开挖支护施工和围岩变形发展情况，经初步分析，龙庆隧洞 1# 支洞下游主洞软岩大变形产生的主要原因包括：①围岩强度应力比低，流变效应突出，地下水软化作用劣化了围岩力学特性；②分台阶开挖及初期支护后未及时封闭成环，有害变形未得到有效控制；③初期支护安全裕度不高。

3.2 数值仿真分析

为进一步分析隧洞大变形发展过程和现有开挖支护措施可行性，为后续优化方案提供依据，对隧洞开挖支护过程进行数值仿真分析。

基于前处理软件，建立围岩以及隧洞的二维计算模型，隧洞分为上台阶、中一台阶、中二台阶以及下台阶四部分。模型整体采用八节点六面体单元为主，底部以及顶部进行竖向约束，两侧水平约束。首先进行地应力平衡，然后对平衡后产生的位移进行清零，再依次对各台阶赋空模型并加上初始支护措施，分别进行模拟计算。由图 4 所示，分台阶开挖过程中，位移分布呈规律性变化，最大位移由底板逐渐转移到顶拱，下台阶开挖后，底板最大竖向位移 88.46 mm，拱顶最大竖向位移 269.79 mm。图 5 为开挖过程中整体合位移的变化，顶拱最大位移达到 296.80 mm，与实际监测数据接近。

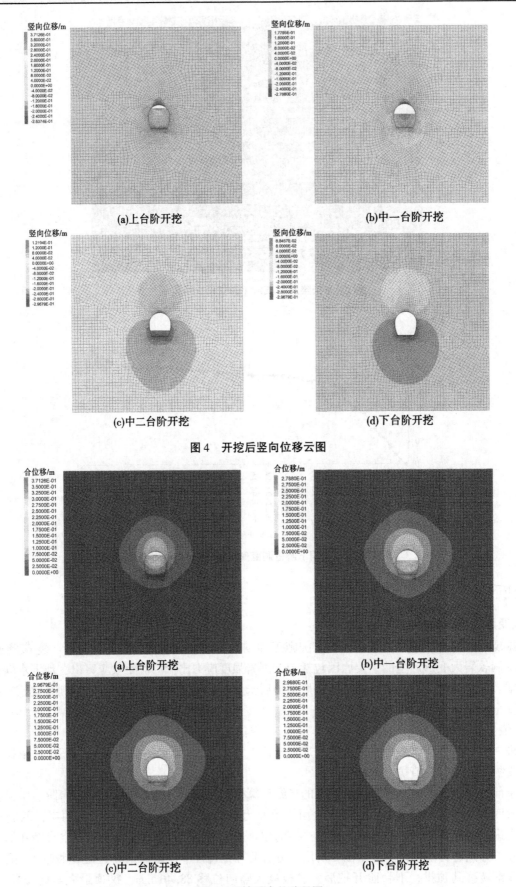

图 4　开挖后竖向位移云图

图 5　开挖后合位移云图

4 大变形处理

结合现场情况，拟采取以下措施：侵限段采用换拱并加强锁脚，边顶拱径向固结灌浆加固岩体；未侵限及后续软岩洞段对初期支护进行优化加强。

4.1 侵限段换拱及加固措施

（1）对侵占衬砌断面的钢支撑进行拆换：①局部侵线则局部换拱，整榀侵线则整榀换拱；②拆除拱架后重新开挖至原开挖线，并紧贴岩面挂钢筋网 ϕ 6@0.15 m×0.15 m，钢支撑之间布置钢支撑连系筋 ϕ 22@0.5 m；③拱架拆换前，在需要进行拆换拱架接头位置上方每榀施作 2 根锁脚锚管（ϕ 42×3.5 mm，L=6 m）锁脚。

（2）采用超前小导管（ϕ 42@1.5 m×1.5 m，L=4.5 m）进行边顶拱径向固结注浆，拆换后的每榀钢支撑增加 4 根自进式管棚（ϕ 76×9 mm，L=15 m）加强锚固兼锁脚。

换拱段处理现场如图 6 所示。

图 6　龙庆隧洞 1# 支洞下游主洞换拱处理

4.2 未侵限及后续洞段初支优化加强措施

为避免其他洞段及后续软岩洞段变形持续发展造成换拱等后果，对原初期支护方案进行优化加强：

（1）按 V 类围岩承压型洞段的设计方案进行开挖及初期支护，掌子面前方上台阶左右两侧各施作一个超前排水孔（L=30 m，ϕ 108），倾角 3°~5°，每循环搭接 5 m。

（2）拱顶 180°范围内布置超前小导管（ϕ 42@0.3 m×3 m，L=6 m），两侧边墙布置超前小导管（ϕ 42@1.0 m×1.0 m，L=3 m），边墙小导管外插角 60°；顶拱 180°范围内系统锚杆改为系统锚管（ϕ 42@1.5 m×1.5 m，L=6 m），其余部位取消钢支撑锁脚锚杆及系统锚杆。

（3）上台阶每榀钢支撑拱脚处增加 4 根锁脚锚管（ϕ 42×3.5 mm，L=4.5 m），钢支撑及时封闭成环。

（4）边顶拱进行径向固结灌浆（ϕ 42@2 m×2 m，L=4.5 m）。

（5）为增加锁脚锚固力，对每榀钢支撑 4 个钢支撑接头和 2 个拱脚分别增加 2 根自进式管棚（ϕ 76×9 mm，L=15 m）锁脚，每环 12 根。

（6）为避免在拱架封闭成环前产生变形，上台阶逐榀采用 I20a 钢支撑施作临时横撑，待中台阶开挖时进行拆除。

（7）为防止底板泥化严重导致沉降及变形，部分洞段底板垫层厚度由 0.2 m 调整为 0.4 m，横撑之间采用钢筋 ϕ 22@100 cm 纵向连接牢固，尽快浇筑垫层进行封闭。

龙庆隧洞 1# 支洞下游未侵限及后续洞段初支加强处理见图 7。

图7 龙庆隧洞 1#支洞下游未侵限及后续洞段初支加强处理

4.3 变形处理措施仿真分析

模型中主要考虑了拱架加强、径向固结灌浆、底板垫层加厚等变形控制措施，采取变形控制措施后，位移量整体显著减小，如图8、图9所示，说明了变形控制措施的有效性。

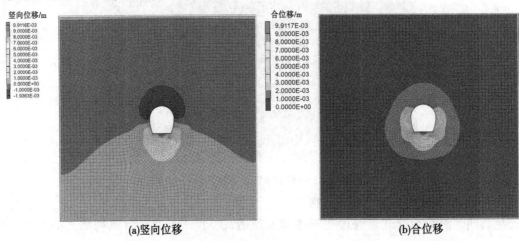

(a)竖向位移　　　　　　　(b)合位移

图8 采取变形控制措施后竖向位移及合位移云图

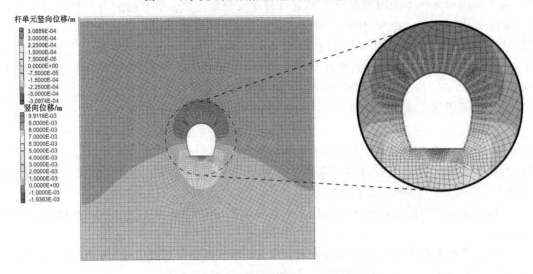

图9 径向固结灌浆及隧洞竖向位移云图

4.4　大变形治理效果

采取上述措施后，龙庆隧洞 1# 支洞下游洞段变形总体上得到有效控制，处理完成后的隧洞如图 10 所示。LQIT5+245 断面顶拱监测点变形趋于稳定，如图 11 所示。

图 10　龙庆隧洞 1# 支洞下游主洞变形处理后

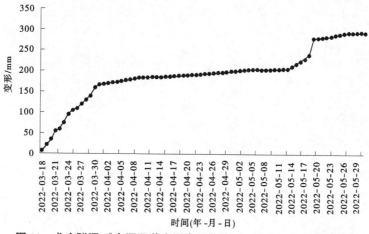

图 11　龙庆隧洞 1# 支洞下游主洞变形曲线（LQIT5+245 断面顶拱）

5　结论

滇中引水工程输水总干渠昆明段龙庆隧洞 1# 施工支洞下游主洞揭露寒武系陡坡寺组页岩段（$\in_2 d^1$）页岩、粉砂岩等软岩地层，隧洞开挖支护过程中发生挤压大变形，本文研究分析了变形发生的过程、原因，并提出变形控制措施，得到如下结论：

（1）龙庆隧洞 1# 支洞下游主洞岩体软弱破碎，部分泥化，强度低，遇水软化，隧洞开挖后围岩变形量大、变形速率快、持续时间长，由于初支安全裕度不高且施工过程中未及时封闭成环，导致出现大变形，最大变形 280 mm。数值仿真分析结果与实际监测数据基本吻合。

（2）根据现场情况，对变形侵限段采用换拱措施并加强锁脚，同时边顶拱径向固结灌浆加固岩体，未侵限及后续软岩洞段对初期支护整体进行优化加强。数值仿真分析结果显示变形控制措施有效，隧洞变形大幅下降。

（3）采取变形控制措施后，现场实际情况和监测数据反映，变形得到有效控制，验证了变形控制措施的有效性。

参考文献

[1] 张吉辉，李健，唐燕．中国水资源与经济发展要素的时空匹配分析［J］．资源科学，2012，34（8）：1546-1555.

[2] 王晓青．中国水资源短缺地域差异研究［J］．自然资源学报，2001，16（6）：516-520.

[3] 程维明，周成虎，汤奇成．我国西部水资源供需关系地区性差异变化研究［J］．自然资源学报，2001，16（4）：348-353.

[4] 马东涛，崔鹏，陈书涛，等．南水北调西线工程调水区地质灾害问题［J］．山地学报，2003（5）：582-588.

[5] 李国权，齐菊梅，刘振红．南水北调西线工程区主要地质灾害类型［J］．资源环境与工程，2011，25（5）：478-480.

[6] 王志强，李广诚．中国长距离调水工程地质问题综述［J］．工程地质学报，2020，28（2）：412-420.

[7] 吕斌，邱道宏，杨修，等．深埋长距离引水隧洞敞开式 TBM 施工不良地质灾害处置措施研究［J］．水利规划与设计，2022（11）：121-125.

[8] 温时雨，肖洋，秦云，等．滇中长大引水隧洞典型致灾地质构造分析［J］．现代隧道技术，2022，59（S1）：719-726.

[9] 白梁明．引大入秦工程盘道岭隧洞病害分析及加固方案［J］．水利建设与管理，2020，40（1）：65-69.

水下岩塞爆破振动效果研究分析

温 帅 巩立亮 方旭东

（江河安澜工程咨询有限公司，河南郑州 450003）

摘 要：通过布设振动效应测点、水中冲击波测点、仪器选型及安装、实测数据分析等建立了水下岩塞爆破振动效果评价体系，实践可知：振动效应测试实施效果良好，成功获取了衬砌混凝土、大地振动和已有建筑物在遭受岩塞爆破影响条件下的振动峰值和振动波形，实测数据显示仅一个振动测值超限，其他振动测点峰值均在安全允许范围内；水下冲击波测试效果良好，测点均成功获取岩塞爆破导致的附近水域冲击波超压测值，各测点超压测值随爆心距增大最大动水压力逐步减小，随时间推进各测点超压测值衰减明显，水下岩塞爆破效果良好。

关键词：岩塞爆破；振动监测；水中冲击波；效应评价

1 研究背景

近年来，越来越多的水库、大坝开始实施基于增建隧洞的二次开发或采用超大型、深埋深的水工隧洞的方式来保障各类工程功效的发挥，同时完善水利基础设施的引（调）水工程日趋增多，而隧洞形式占了很大的工程份额，基于工期、成本及外围条件等因素的综合考虑，水下岩塞爆破这一优势明显的施工方式作用逐步凸显，但水下岩塞爆破存在实施条件复杂、安全隐患多、要求标准高且影响范围大等特点，极有必要对水下岩塞爆破效果进行研究。

目前，国内外水下岩塞爆破效果研究主要采用埋设监测仪器、振动测点的方式来实施，通过对岩塞爆破振动进程中质点振动（加）速度测值、爆破前后监测仪器的测值分析比较来评判岩塞爆破效果。而当前现有的工程手段并不能对水下岩塞爆破实施全方位监测，且多种监测方法并行的综合监测实施极少，水下岩塞爆破效果难以综合评价，不利于水下岩塞爆破的顺利实施。基于此，围绕水下岩塞爆破的特点和工程需求，评价水下岩塞爆破效果显得尤为必要。

2 工程概况

兰州市水源地建设工程规模为大（2）型，承担着由刘家峡库区引黄河水至兰州市的重大任务，取水口施工不能影响刘家峡水库正常运行，刘家峡水库库岸陡峻，无法布置和修筑围堰，需采取水下岩塞爆破式进水形式，岩塞应保证一次爆通成型，且水下岩塞体地质条件不利，爆破所用炸药量较大，钻孔、装药、联网及起爆等工序复杂，水下岩塞爆破难度较大。取水口位于已建刘家峡水库库区内，距大坝上游约 4 km 处的水库右岸岸边。岩塞进口高程 1 706 m，岩塞体为近似倒圆台体，内侧面为圆形，与岩塞轴线垂直，开口尺寸约为 8.2 m×8.7 m，下缘岩体厚度 5.9 m，上缘岩体厚度 8.6 m，中心岩体厚度 7.4 m，岩塞岩体方量约为 273 m³。爆破采用排孔爆破，为保证岩塞爆破成型良好，沿岩塞体周边布置了预裂孔。具体见图1、图2。

作者简介：温帅（1984—），男，高级工程师，主要从事工程安全监测设计及应用的研究工作。

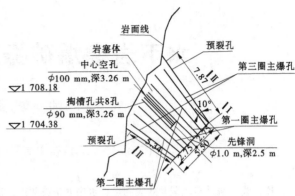

图 1　取水口岸坡地貌　　　　　　　　图 2　岩塞纵剖面炮孔布置 （单位：m）

3　振动效应测试

3.1　测点布设

振动效应监测是通过布置振动速度传感器对振动过程中的取水口质点振动速度进行采集。效应评价包括取水口建筑物振动监测、衬砌混凝土振动监测、大地振动影响监测、桥梁和民房等已有建筑物振动影响监测。测点布设如下：

（1）取水口建筑物振动测点布设：选取 1 700 m、1 760 m 及 1 803 m 3 个高程部位作为取水口建筑物振动监测断面，在监测断面安装振动速度测点。其中，1 700 m 高程布设 V1-05～V1-08 共计 4 个测点，1 760 m 高程布置 V1-09、V1-10 共计 2 个测点，1 803 m 高程平台处布置 V1-11、V1-12 共计 2 个测点。

（2）衬砌混凝土振动测点布设：选取 GW0-116.060、GW0-094.560、GW0-064.560 及 GW0-015.560 桩号作为振动监测断面，在监测断面安装振动速度测点，与原有的结构内监测点共同对岩塞爆破过程中的衬砌混凝土性态实施监测。

（3）大地振动影响测点布设：在洞室轴线的外部坡体布设 3 个振动测点，分别为 V1-13 号、V1-14 号和 V1-15 号，监测岩塞口附近的坡体质点振动速度情况。其中，V1-13 号与 V1-14 号测点布置于道路旁，V1-15 号测点布置于高陡边坡上。

（4）已有建筑物振动影响测点布设：在距离岩塞爆破点约 400 m 处的祁家黄河大桥桥墩处、某生态酒店处各布设 1 个振动速度测点，监测大桥和民房的振动效应。具体见图 3、图 4。

图 3　祁家黄河大桥　　　　　　　　　图 4　某生态酒店

3.2　传感器选型及安装

参考类似爆破监测结果，爆破所产生的频率范围多在 0～70 Hz，个别高达 90 Hz，均在 100 Hz 以内。因此，频带范围选择应覆盖这一范围，基于兰州水源地取水口岩塞爆破的工程实际，采用成都交博科技有限公司生产的 L20-S 爆破测振仪，该设备提供 3 个通道、24 位 A/D 和 100 K 采样率的信号记录，能够完全满足此次岩塞爆破振动相应监测需求。使用石膏粉稀释做平台后进行一体化固定，具体安装见图 5。

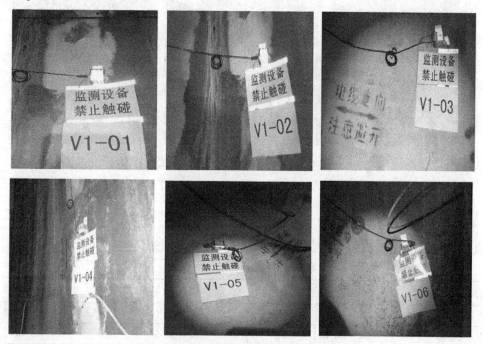

图 5　取水口爆破速度传感器安装实物图

4　水中冲击波测试

4.1　测点布设

岩塞爆破水中冲击波具有持续时间极短、瞬时压力大等特点，为监测水下岩塞爆破诱发的水中冲击波对邻近水域的超压情况，从取水口由近及远，共计布设 5 个测点，由密及疏间距分别为 25 m、25 m、30 m、40 m、80 m。

4.2　传感器选型及安装

岩塞爆破水中冲击波峰值压力均是在微秒级别内极速形成，之后呈指数衰减规律极速下降，测试难度较大，对传感器和采集系统要求较高，其应具备存储量大、动态响应好且测量频率大等优势。经综合比较，采用 L20-P 爆破冲击波监测仪进行冲击波测试。

安装方法如下：①在测点水面下方 80 cm 处布设冲击波观测点；②每个观测点使用浮漂置于水面，浮漂上应用支架固定传感器，支架立于浮漂下方固定；③各个观测点传感器感应部位指向爆源方向；④各观测点线缆统一拉入岸边观测站，岸边观测站设在岩塞爆破安全范围内。具体安装见图 6。

5　效应评价

5.1　爆破振动效应评价

通过振动效应测试系统，根据振动效应测试值、规范允许安全值及设计振动推算值来对岩塞爆破导致的振动效应进行评价。设计振动推算值由经验公式得出：

$$V = k \times \left(\frac{Q^{1/3}}{R}\right)^{\alpha} \tag{1}$$

式中：V 为振速峰值，cm/s；Q 为单段药量，kg；R 为测点至爆源的距离，m；k、α 分别为场地系数及衰减指数。

比例药量 ρ 的计算如下：

图 6　水中冲击波测点安装及测试

$$\rho = \frac{Q^{1/3}}{R} \qquad (2)$$

5.1.1　取水口建筑物评价

取水口竖井内共布设 3 个振动监测断面，测试数据见表 1，波形图见 7～图 10。

表 1　岩塞爆破振动测点测值　　　　　　　　　　　　　　　单位：cm/s

测点编号	振动峰值（X）	振动峰值（Y）	振动峰值（Z）
V1-05	0.437 5	0.368 1	0.393 2
V1-06	0.661 3	0.551 5	0.340 1
V1-07	0.498 0	0.499 8	0.276 4
V1-08	0.454 1	0.307 8	0.412 6
V1-09	0.326 6	0.195 8	0.233 8
V1-10	0.299 4	0.213 9	0.227 9
V1-11	0.193 3	0.189 1	0.274 0
V1-12	0.160 0	0.202 1	0.271 6

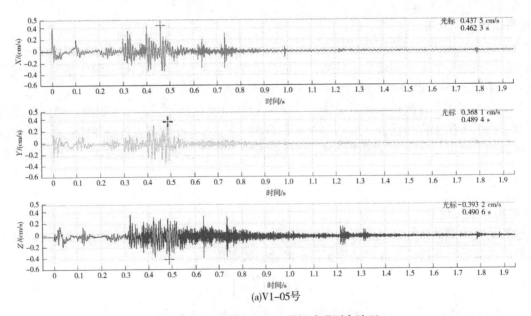

(a)V1-05号

图 7　V1-05 号、V1-06 号振动观测点波形

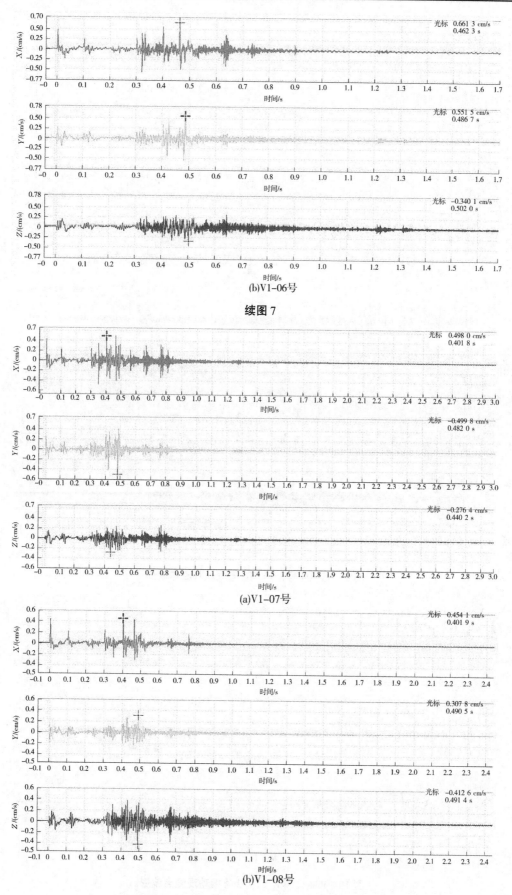

(b)V1-06号

续图7

(a)V1-07号

(b)V1-08号

图8　V1-07号、V1-08号振动观测点波形

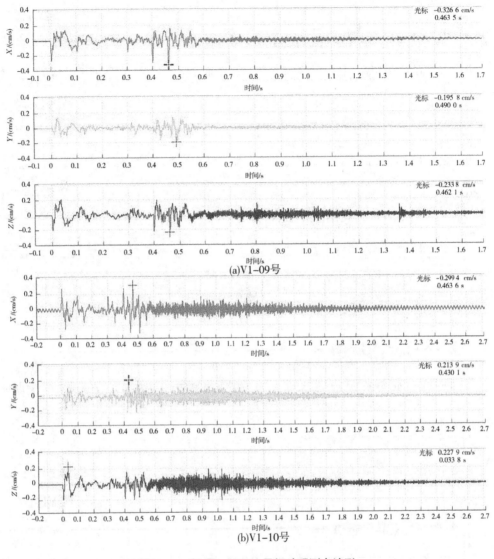

(a)V1-09号

(b)V1-10号

图9　V1-09号、V1-10号振动观测点波形

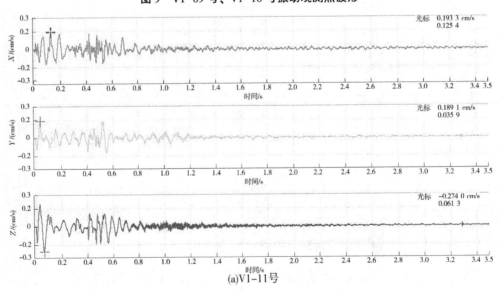

(a)V1-11号

图10　V1-11号、V1-12号振动观测点波形

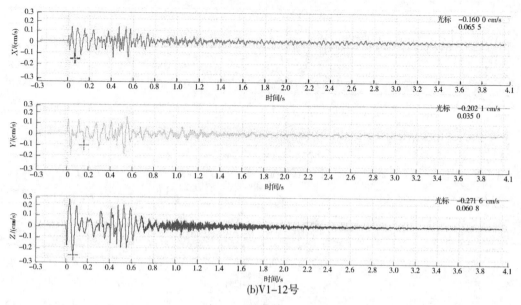

(b)V1-12号

续图10

综合建筑类型等各因素，选定 7 cm/s 为判定依据，由实测数据分析可知：各观测点数据均未超过规范允许标准，且均小于设计技术报告中的取水口闸门及门槽爆破振动推算值和爆破安全标准；其中，V1-09 号和 V1-10 号测点位于竖井内，且位于同一高程监测平面，其振动出现径向 X 轴最大的情况。

5.1.2 衬砌混凝土评价

衬砌混凝土的振动监测，选取 GW0-116.060、GW0-094.560、GW0-064.560 及 GW0-015.560 桩号作为振动监测断面，共布置4个振动观测点，测试数据见表2，波形见11、图12。

表2　岩塞爆破振动测点测值　　　　　　单位：cm/s

测点编号	振动峰值（X）	振动峰值（Y）	振动峰值（Z）
V1-01	15.003 4	5.857 9	10.923 2
V1-02	2.034 6	1.274 2	1.055 4
V1-03	1.371 7	0.726 9	0.674 6
V1-04	0.579 7	0.419 0	0.994 9

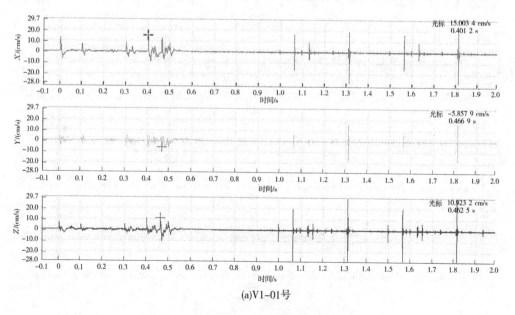

(a)V1-01号

图11　V1-01 号、V1-02 号振动观测点波形

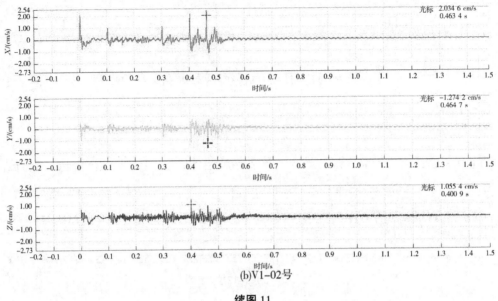

(b)V1-02号

续图 11

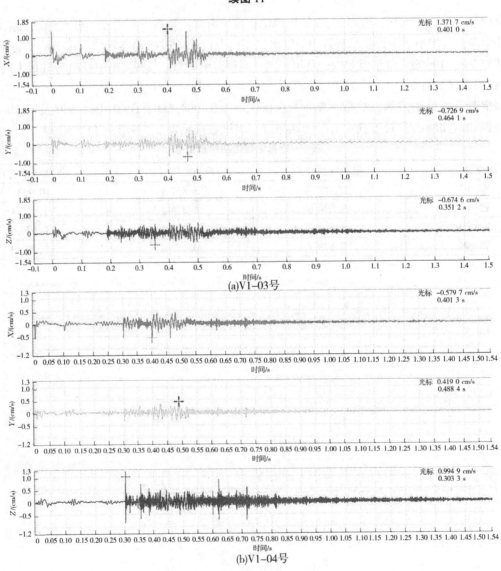

(a)V1-03号

(b)V1-04号

图 12 V1-03 号、V1-04 号振动观测点波形

综合建筑物类型等因素，选定 7 cm/s 为判定依据，由实测数据分析可知：V1-01 号测点位置桩号为 GW0-116.060，距离爆源位置很近，受爆破影响程度最为明显，X、Z 方向的振动峰值与判定标准相比，稍微超限；V1-02~V1-04 号测点所测试的振动速度幅值均未超过规范允许范围。

5.1.3　大地振动效应评价

为评判岩塞爆破中大地振动情况，在洞室轴线的外部坡体布设 3 个振动测点，监测岩塞口附近的坡体质点振动速度情况。测试数据见表 3，波形见图 13。

表 3　岩塞爆破振动测点测值　　　　　　　　　　　　　　单位：cm/s

测点编号	振动峰值（X）	振动峰值（Y）	振动峰值（Z）
V1-13	0.608 4	0.522 1	1.127 4
V1-14	0.851 7	0.523 9	2.156 1
V1-15	2.046 6	2.105 1	4.333 5

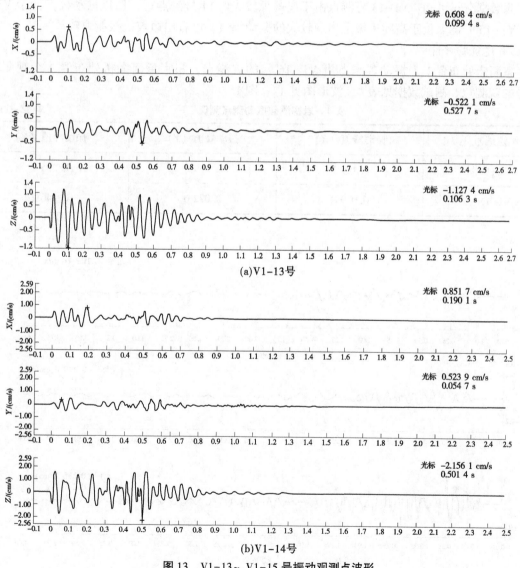

(a)V1-13号

(b)V1-14号

图 13　V1-13~ V1-15 号振动观测点波形

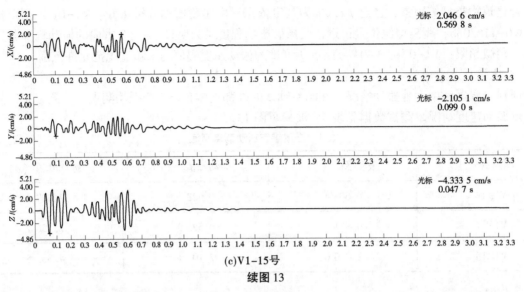

(c)V1-15号

续图13

由实测数据分析可知：V1-13号测点由于离爆源较V1-14号测点远，所以振动幅值低于V1-14号测点；V1-15号测点位于高陡边坡上出现较大的振动幅值，可看出边坡抗振能力较差。

5.1.4 已有建筑物评价

某生态酒店处布置1个振动观测点为V1-16号的观测点，祁家黄河大桥处布置1个观测点为V1-17号的观测点，测试数据见表4，波形图见14、图15。

表4 岩塞爆破振动测点测值   单位：cm/s

测点编号	振动峰值（X）	振动峰值（Y）	振动峰值（Z）
V1-16	0.109 1	0.099 0	0.235 2
V1-17	0.079 9	0.072 0	0.146 2

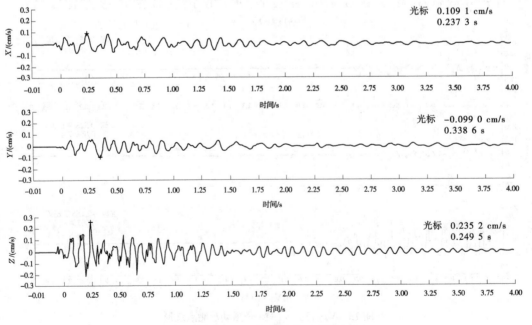

图14 V1-16号振动观测点波形

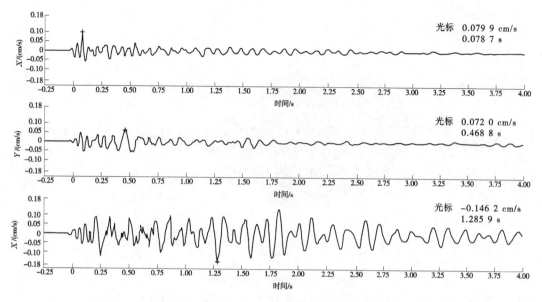

图 15　V1-17 号振动观测点波形

某生态酒店为一般民用建筑物，一般建筑物的允许振动速度为 1.5~3.0 cm/s，由实测数据分析可知：V1-16 号观测点距离爆源较远，受爆破振动影响较小，测点测值小于判定标准，且均小于设计技术报告中的周围建筑物的振动推算值和爆破安全标准。

祁家黄河大桥平日大货车通过时的质点振动速度峰值为 0.5~1 cm/s，由实测数据分析可知：测点的质点振动速度峰值低于大货车通过桥面造成的振动速度峰值，能满足大货车日常行驶通过。

5.2　水中冲击波超压效应评价

根据实际情况，共布置 5 个水中冲击波观测点进行观测，测点均使用浮桶漂浮，传感器安装于浮桶下方支架末端，支架末端位于水下 0.8 m 左右，浮桶再使用铁丝固定于同一条绳上，防止离开测点位置。在岩塞爆破过程中，水中冲击波测点工作状态良好。测试数据见表 5，波形见图 16~图 20。

表 5　岩塞爆破水中冲击波测点测值

测点编号	测试时间 （年-月-日 T 时:分）	爆心距/m	最大动水压力/MPa	上升时间/ms
P1	2019-01-22T10:58	25	2.448 4	0.033 3
P2	2019-01-22T10:58	50	2.201 8	0.031 3
P3	2019-01-22T10:58	80	1.661 6	0.028 0
P4	2019-01-22T10:58	120	1.294 6	0.031 3
P5	2019-01-22T10:58	200	0.860 7	0.029 5

由测点测值和波形综合分析可知：

（1）P1 号测点爆心距最小，岩塞爆破产生的动水压力最大，最大动水压力为 2.448 4 MPa，在受到岩塞爆破影响开始后的 0.033 3 ms 达到最大值；P5 号测点爆心距最大，岩塞爆破产生的最大动水压力相对较小，最大动水压力为 0.860 7 MPa，在受到岩塞爆破影响开始后的 0.029 5 ms 达到最大值，符合岩塞爆破水中冲击波的传播特点。

（2）其他测点随爆心距增大，最大动水压力逐步减小，随时间推进各测点测值衰减明显，距爆源越远衰减越迅速。

（3）由于爆破出现的水流关系，各测点均出现谐振数据，随着距离的增大和时间的推移，谐振造成的影响逐渐减小。

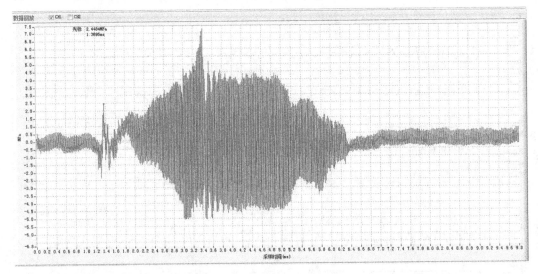

图 16　P1 号冲击波测点波形

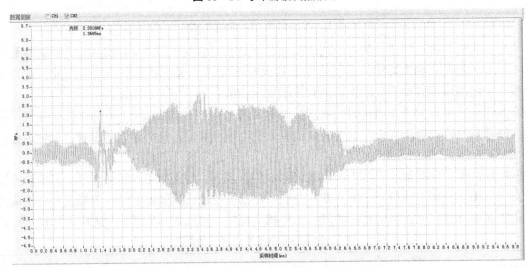

图 17　P2 号冲击波测点波形

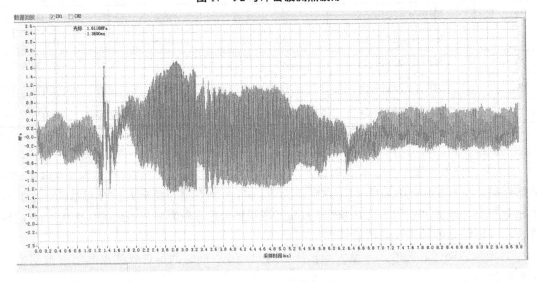

图 18　P3 号冲击波测点波形

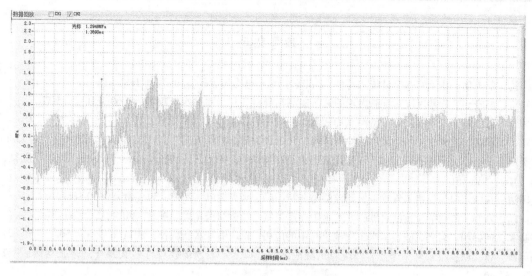

图 19　P4 号冲击波测点波形

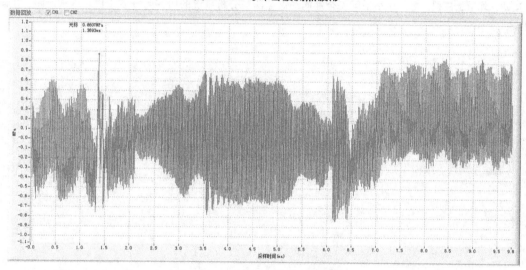

图 20　P5 号冲击波测点波形

（4）岩塞爆破前已对水库区域的船只进行可警示、清理及清退，岩塞爆破冲击波未对爆源附近水域构成大的安全影响。

6　结语

通过对水下岩塞爆破的振动效应和水中冲击波效应的研究分析可知，岩塞爆破效果良好，仅 1 个振动测值超限，其他测点峰值均在安全允许范围内；水中冲击波测点随爆心距增大最大动水压力逐步减小，随时间推进各测点数值衰减明显，具体结论如下：

（1）振动效应测试实施效果良好，成功获取了衬砌混凝土、大地振动和已有建筑物在遭受岩塞爆破影响条件下的振动峰值和振动波形，有效评判了水下岩塞爆破效果。

（2）仅距离岩塞最近的 V1-01 号振动观测点受爆破和水流冲击综合影响导致峰值超限，其他测点峰值均在规范允许范围内，爆破测点振动速度符合由近及远逐渐减小的一般规律。

（3）水下冲击波测试效果良好，测点均成功获取了附近水域冲击波超压测值，明确了附近水域超压情况，掌握了爆破对附近水域建筑物、作业船只及生物等的影响情况。

（4）水中冲击波各测点测值随爆心距增大最大动水压力逐步减小，随时间推进各测点超压测值衰减明显，距爆源越远衰减越迅速；由于爆破影响了水流关系，各测点均出现谐振现象，随着距离的增大和时间的推移，谐振造成的影响逐渐减小。

参考文献

[1] 黄绍钧，郝志信．水下岩塞爆破技术［M］．北京：水利电力出版社，1993：1-188.

[2] 高官堂，高雅茹．岩塞爆破对丰满大坝的影响监测与分析［J］．水利水电技术，2000（31）：55-57.

[3] 郑国和，邢维复，王天项，等．汾河水库隧洞工程岩塞爆破［J］．水利发电，1996（1）：24-29.

[4] 赵根，吴新霞，周先平，等．深水条件下岩塞钻孔爆破关键技术及应用［J］．工程爆破，2016（5）：13-17.

[5] 刘美山，童克强，余强，等．水下岩塞爆破技术及在塘寨电厂取水工程中的应用［J］．长江科学院院报，2011，28（10）：156-161.

[6] 左国清．东江水电站引水工程爆破振动监测与分析［J］．水力发电，2013，39（11）：100-106.

[7] 梁向前，熊峰，陆遐龄．黄河爆破破冰的水中冲击波特性试验研究［J］．爆破，2014，31（4）：1-4.

[8] 陈建军，何锡明．岩塞爆破在引水工程建筑物中的应用［J］．浙江水利科技，2011（2）：54-56.

[9] 杨朝辉，赵宗棣，吴云凤．印江岩口应急工程泄洪洞进口水下岩塞爆破设计与实践［J］．工程爆破，2000，6（1）：64-69.

[10] 肖汝诚，郭瑞，庄侃，等．中小桥梁安全性能动态监测与分析系统的研究与开发［J］．华东公路，2006（3）：42-46.

抗疏力稳定剂对低液限黏土的物理特性影响研究

李浩飞[1,2] 万 岳[1,2] 于 洋[1,2] 肖长荣[1] 吴向东[1,2]

(1. 江河安澜工程咨询有限公司，河南郑州 450003；
2. 黄河勘测规划设计研究院有限公司，河南郑州 450003)

摘 要：抗疏力稳定剂目前在水利工程中应用较少，本文采用抗疏力稳定剂对低液限黏土改性，开展不同掺量、不同龄期的改性土的物理力学性能试验、渗透性试验和老化特性试验，探究抗疏力稳定剂对填筑土料性能的改变情况。结果显示，掺入抗疏力稳定剂基本不改变试验土料压实性能，压实后渗透性减小 34%~62%；土样的三轴 CU 强度、固结特性和渗透性几乎不随龄期的增长发生变化，表明抗疏力稳定剂改性土具有长期稳定性。

关键词：抗疏力稳定剂；低液限黏土；力学性能；渗透性

1 引言

当前，我国经济发展已经由高速增长阶段转向高质量发展阶段，现代化基础设施建设加快构建，推出了众多基础设施建设要求的政策，大批量工程建设项目对土体强度、抗渗等性能也提出了更高的要求，因此需要利用各种方法对土体进行改良处理。

低液限黏土是液限较低的一种土质，通常吸水能力较弱，土体的塑性较高，承载能力相对较低。在施工过程中，低液限黏土容易发生塌陷、收缩和渗透等问题，给工程的稳定性和可靠性带来一定的风险。目前，加固低液限黏土的方法包括混凝土灌注桩、排桩、土壤固化剂等，可以有效增加土壤的强度，提高承载力。

近年来，土壤固化剂因成本低、施工简单等优点，受到科研工作者和项目施工单位的青睐[1]。刘新国等[2]通过击实试验、7 d 无侧限抗压强度试验，对新型复合土壤固化剂 APS 稳定低液限黏土进行研究，发现 APS 固化剂在减少黏土颗粒吸附水、降低黏土颗粒的膨胀性和提高土体 CBR 值等方面具有良好的效果。张虎元等[3-4]对甘肃地区的黄土进行工程性质和进失水性能研究，得到了抗疏力剂运用在甘肃地区黄土的最佳配比，并得出抗疏力剂在提高土体斥水性的同时保持了土体自身通透性的结论。杨富民等[5]采用单因素对比方法研究阴离子表面活性剂、多元醇、二乙醇胺 3 种材料对 TK-G 型液体离子土壤固化剂性能的影响，发现对北京地区的黏性细粒土固化效果良好；刘月梅等[6]研究表明，添加 EN-1 离子固化剂可降低土壤的持水力，但对土壤有效水含量影响不显著。马敏等[7]将水泥与离子固化剂复合使用，发现适量的水泥能够进一步提高土壤的改良效果，主要原因是因为离子固化剂可促进水泥与土颗粒胶结成整体，改变土体的物理结构；赵瑜隆[8]以陕西天然级配碎石土为土样，进行 SG-1 型（无机有机复合）土壤固化剂稳定碎石土在路面基层中的应用研究，发现可部分替代水泥稳定碎石。张伟锋等[9]研究表明，在黄土中添加 HEC 固化剂可有效改善黄土的强度、抗崩解性、渗透性及湿陷性。含水率增大可破坏黄土内部结构，是造成黄土强度降低的直接原因。

抗疏力稳定剂是一种新型液体环保土壤稳定材料，无须掺入水泥石灰，能够有效降低成本，减少

基金项目：河南省科技攻关项目（232102230133）；中国博士后基金面上项目（2022M711286）。

作者简介：李浩飞（1992—），男，工程师，主要从事建筑材料新型外加剂、改性剂的研究工作。

通信作者：吴向东（1972—），男，正高级工程师，副总工程师，主要从事新材料研发工作。

环境污染。抗疏力稳定剂在公路工程、环境生态治理和地质灾害治理工程中的土方工程中应用较广[10-12]，在水利工程中应用较少，因此本文采用抗疏力稳定剂对低液限黏土改性，开展不同掺量、不同龄期的改性土的物理力学性能及渗透性试验，探究抗疏力稳定剂对填筑土料性能的改变情况，以此来减少强风化和弱风化砂岩层的水库库底的渗漏情况。

2 试样概况

2.1 试验材料

2.1.1 抗疏力稳定剂

抗疏力稳定剂是一种无色易溶于水的液体，含有表面活性剂、无机盐等组分，由成都某科技公司提供，厂家推荐掺量0.01%~0.02%，拌入土壤中能够破坏土壤颗粒间结构，快速提高土壤承载力、降低土体渗透系数。

2.1.2 低液限黏土

采用银川某工程选定料场的土料，在料场选取3个试验点，剥离1 m覆盖层后，进行取样，土料黏粒含量范围值为8.1%~11.0%，根据试验需要，配制出黏粒含量9%、11%、13%、15%的三种土料，颗粒级配曲线见图1，物性试验结果见表1。

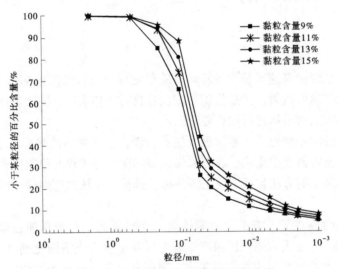

图 1 不同黏粒含量颗粒级配曲线

表 1 土料物性试验成果

样品编号	室内定名（三角坐标）	室内定名《土工试验方法标准》（GB/T 50123—2019）	颗粒组成/% 颗粒大小/mm 2~0.5	0.5~0.25	0.25~0.075	0.075~0.05	0.05~0.005	黏粒 <0.005	土粒比重 G_s	液塑限试验 17 mm 液限 ω_{L17}/%	塑限 ω_P/%	塑性指数 I_P
黏粒含量9%	重粉质砂壤土	含砂低液限黏土	1.3	5.9	36.6	30.0	17.0	9.2	2.70	22.6	13.8	8.8
黏粒含量11%	轻粉质壤土	含砂低液限黏土	0.3	2.4	35.4	31.1	19.8	11.0	2.70	23.0	14.0	9.0
黏粒含量13%	轻粉质壤土	含砂低液限黏土	0.9	3.3	22.1	37.2	23.4	13.1	2.70	24.3	14.4	9.9
黏粒含量15%	轻粉质壤土	低液限黏土	0.2	1.5	18.6	38.1	26.7	14.9	2.70	25.2	14.8	10.4

2.2 制样方法

掺配抗疏力土壤稳定剂的土样按以下流程进行：配制研究工程选定料场土料风干碾散后，根据抗疏力土壤稳定剂的建议掺量，采用 0.01%、0.015% 和 0.02% 三种掺量和干土质量计算抗疏力土壤稳定剂的掺入质量并称量。按照土料风干含水率和最优含水率计算加水量，向称好的抗疏力土壤稳定剂中加水至计算加水量，并搅拌均匀。往土样上均匀喷洒抗疏力土壤稳定剂稀释液，拌匀并装入塑料袋内静置不少于 12 h。之后进行轻型击实试验，按照 98% 的压实度重塑进行力学试验。

3 试验方法

土样颗粒分析、比重、界限含水率、击实及击实后的固结、渗透、三轴固结不排水剪（CU）等试验方法，参照《土工试验方法标准》（GB/T 50123—2019）[13] 进行。

其中，界限含水率采用南京宁曦土壤仪器有限公司 GYS 型液塑限测定仪进行测试；击实试验采用北京宏达仪器设备有限公司 BKJ-Ⅲ 型多功能电动击实仪进行轻型击实；固结试验采用北京华勘科技有限公司 KTG 型全自动固结仪，选用标准固结法进行固结试验；渗透试验采用江苏永盛流体科技有限公司自动渗透仪进行变水头渗透试验；三轴试验采用北京华勘科技有限公司 DS 型全自动三轴压缩仪，分别以 50 kPa、247 kPa、800 kPa 围压进行固结不排水剪，剪切速率为 0.1%/min。

4 结果与讨论

4.1 结果分析

由于不同黏粒含量的土样在击实、三轴（CU）和固结试验方面具有相似结论，因此选取黏粒含量 11% 的土样做代表分析，而不同黏粒含量的土体在渗透性方面有较大差异，则以四种黏粒含量土样共同分析。

4.1.1 击实和三轴试验

土的击实试验是了解回填地基土的压实情况，有效地控制工程质量，为工程施工现场碾压提供压实性资料的试验，是确保回填土质量的重要技术指标。通过击实试验可以得到最大干密度和最优含水率。黏粒含量 11%，抗疏力稳定剂掺量 0、0.01%、0.015%、0.02% 的土样击实和三轴（CU）试验结果见表 2。可以看到，不掺抗疏力稳定剂土样击实最大干密度为 1.80 g/cm³，最优含水率为 12.2%。掺抗疏力稳定剂土样击实最大干密度均为 1.80 g/cm³；最优含水率范围值为 12.2%~12.3%，平均值为 12.3%。掺与不掺抗疏力稳定剂，土样击实结果基本一致，表明抗疏力稳定剂不影响土体的密实度和承载能力。

表 2 黏粒含量 11% 土样击实和三轴（CU）试验结果

抗疏力稳定剂掺量	击实		制样干密度 ρ_d/（g/cm³）	制样含水率 ω/%	制样压实度/%	三轴试验			
	最大干密度 ρ_{dmax}/（g/cm³）	最优含水率 ω_{op}/%				CU 试验			
						凝聚力 c_{cu}/kPa	摩擦角 φ_{cu}/（°）	凝聚力 c'/kPa	摩擦角 φ'/（°）
掺量 0	1.80	12.2	1.76	12.2	98	28.0	28.4	22.0	29.1
掺量 0.01%	1.80	12.2	1.76	12.2	98	26.0	28.1	20.0	28.8
掺量 0.015%	1.80	12.3	1.76	12.3	98	32.0	27.4	27.0	27.9
掺量 0.02%	1.80	12.3	1.76	12.3	98	28.0	28.3	22.0	28.8

对不同抗疏力掺量的黏粒含量 11% 的土体进行三轴（CU）试验，由表 2 可知，不掺抗疏力稳定剂土样三轴（CU）试验凝聚力为 28.0 kPa，摩擦角为 28.4°，有效凝聚力为 22.0 kPa，有效摩擦角

为 29.1°。掺抗疏力稳定剂土样三轴（CU）试验凝聚力范围值为 26.0~32.0 kPa，平均值为 28.7 kPa；摩擦角范围值为 27.4°~28.3°，平均值为 27.9°；有效凝聚力范围值为 20.0~27.0 kPa，平均值为 23.0 kPa；有效摩擦角范围值为 27.9°~28.8°，平均值为 28.5°。整体对比可以看出，掺与不掺抗疏力稳定剂在土体凝聚力和摩擦角方面没有明显区别，可能是因为掺量太少，对土体影响未能显现出来。

根据三轴试验结果绘制土样在不同抗疏力稳定剂掺量下的应力应变曲线，见图 2。从曲线形态上看，三轴压缩阶段为弹性阶段，试样的偏应力与轴向应变近似呈线性关系，曲线切线可得的弹性模量较大；随着试验过程进行，试样压缩转为塑性阶段，期间未观察到明显的屈服阶段，此时应力应变曲线为非线性关系。

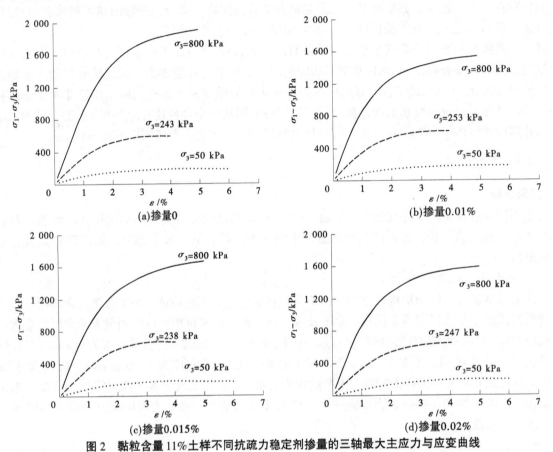

图 2 黏粒含量 11% 土样不同抗疏力稳定剂掺量的三轴最大主应力与应变曲线

对比图 2（a）、（b）、（c）和（d）可以看出，抗疏力稳定剂的掺入对土样强度特性具有显著影响，观察围压 800 kPa 时的土体应力应变曲线可以得出抗疏力稳定剂的掺入使土体强度有所下降，但通过改变抗疏力稳定剂的掺量，土样强度未发生明显变化，可以说明抗疏力稳定剂对土体强度特性的影响在掺量较低时对浓度变化不敏感。

根据三轴试验结果绘制土体应力强度包线，见图 3，其中土体剪切失效模型遵从式（1）：

$$\tau_f = c + \sigma \tan\varphi \tag{1}$$

式中：c 为土体凝聚力，kPa；τ_f 为土体抗剪强度，kPa；σ 为土体滑动面上的法向总应力，kPa；φ 为土体的内摩擦角，(°)。

为简化处理，以不掺抗疏力稳定剂为例给出土样强度包线，见图 3（a），并给出所有掺量下土样的有效应力强度包线，见图 3（b）。由图 3（a）可知试样为超固结土样，有效应力曲线略高于总应力曲线，可以得出此时土样中存在负孔隙水压。观察图 3（b），可以得出不同抗疏力稳定剂掺量对土样有效应力包线影响很小，说明稳定剂基本不改变土骨架本身抗剪特性，而是孔隙水作用影响土体的强度特性。

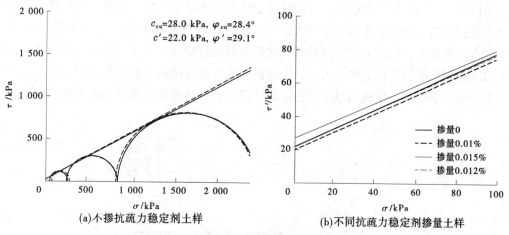

图3 三轴（CU）试验应力差强度包线

4.1.2 固结试验

黏粒含量11%土样固结试验 $e-P$ 曲线见图4，不掺抗疏力稳定剂的土样压缩系数 a_{v1-2} 为 0.168 MPa^{-1}，压缩模量 E_{s1-2} 为 9.11 MPa。掺抗疏力稳定剂 0.01%、0.015%、0.02% 的土样在不同压力条件下的压缩系数 a_{v1-2} 范围值为 0.159~0.167 MPa^{-1}，平均值为 0.163 MPa^{-1}；压缩模量 E_{s1-2} 范围值为 9.17~9.63 MPa，平均值为 9.42 MPa，均为中压缩性土。掺与不掺抗疏力稳定剂，土体固结试验结果相近，说明土体压缩性并未受到抗疏力稳定剂的影响而发生大的改变。

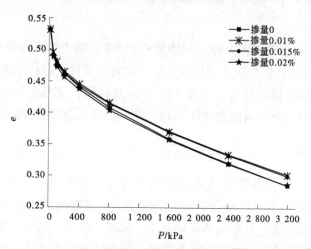

图4 黏粒含量11%土样固结试验 $e-P$ 曲线

4.1.3 渗透试验

对不同黏粒含量、不同掺量抗疏力稳定剂的土体进行渗透性试验，每种土体进行四组渗透系数的测试，平均渗透系数 k_{20} 结果如表3和图5所示，渗透系数是反映土的渗透能力的定量指标。

表3 不同黏粒含量土样渗透试验成果

黏粒含量/%	平均渗透系数 $k_{20}/$（cm/s）				渗透系数减小率/%
	不掺抗疏力稳定剂	抗疏力稳定剂掺量 0.01%	抗疏力稳定剂掺量 0.015%	抗疏力稳定剂掺量 0.02%	
9	6.88×10^{-5}	4.47×10^{-5}	4.51×10^{-5}	4.46×10^{-5}	35
11	6.43×10^{-5}	3.38×10^{-5}	3.41×10^{-5}	3.43×10^{-5}	47
13	5.65×10^{-5}	2.21×10^{-5}	2.25×10^{-5}	2.23×10^{-5}	61
15	4.93×10^{-5}	1.86×10^{-5}	1.86×10^{-5}	1.92×10^{-5}	62

从图 5 可以看出，加入抗疏力稳定剂可以降低土体的平均渗透系数，但是随着抗疏力稳定剂掺量的增大，平均渗透系数几乎无变化（一定范围内）；随着黏粒含量的增大，渗透系数逐渐减小。此外，随着黏粒含量的增大，抗疏力稳定剂对平均渗透系数的影响逐渐增大，之后达到平衡，即渗透系数减小率先增大后保持平稳。以上结果表明，土体黏粒的含量与抗疏力稳定剂之间存在一定的协同作用，黏粒含量大时，更有利于抗疏力稳定剂性能的体现，更好地降低土体的渗透系数。

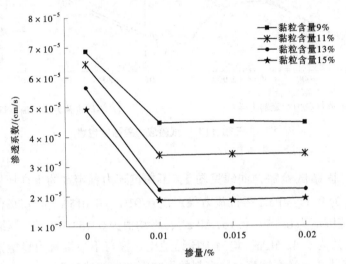

图 5　不同黏粒含量土样渗透试验平均值变化曲线

4.1.4　老化特性试验

根据选择掺量试验的结果，选用抗疏力稳定剂掺量 0.015% 配制土样，按照压实度 98% 重塑试样，选择 7 d、28 d 三种龄期自然养护与紫外老化和臭氧老化两种条件，进行不同龄期不同老化特性的试验研究。通过不同黏粒含量土样的渗透、三轴（CU）试验结果，发现在自然养护条件下，不同龄期试样、紫外老化试样和臭氧老化试样的渗透结果和三轴（CU）试验结果基本一致，说明抗疏力剂稳定剂具有长期稳定性。

4.2　抗疏力稳定剂作用机制

土壤颗粒自身是带负电的，但是其在分子静电作用下会与周围环境中带正电荷形成双电层结构[14]。当抗疏力稳定剂与土壤混合后，所包含的表面活性剂会快速吸附到土体表面，将原有的阳离子竞争掉，降低表面结合水膜的厚度，使吸附水大幅减少，如图 6 所示。同时，表面活性剂疏水尾链朝向上粒外部，为了降低表面能，会同性相吸而团聚起来，将周边的自由水排出去，使得土体更易压实，减小土体的孔隙比。

5　结论

（1）本试验研究选用土料，掺入抗疏力稳定剂压实后，抗渗性能大幅提高，渗透系数减小范围值为 34%~62%，平均值为 51%。

（2）同一黏粒含量的土样，不同掺量对比研究发现，厂家推荐掺量 0.01%~0.02% 范围内，掺量不同渗透系数变化不明显。

（3）土样的三轴 CU 强度、固结特性和渗透性不随龄期的增长发生变化。经过紫外老化和臭氧老化，试样的三轴 CU 强度、固结特性和渗透性与标准试样的结果基本一致，表明抗疏力剂稳定剂具有长期稳定性。

（4）抗疏力稳定剂对土体力学特性影响明显，此影响基本不随掺抗疏力稳定剂掺量变化；抗疏力稳定剂并未直接改变土骨架的力学特性，而是与土中孔隙水作用使土体强度特性发生变化。

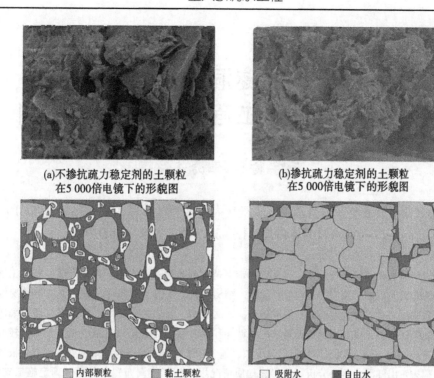

(a)不掺抗疏力稳定剂的土颗粒
在5 000倍电镜下的形貌图 · (b)掺抗疏力稳定剂的土颗粒
在5 000倍电镜下的形貌图

■ 内部颗粒　■ 黏土颗粒　　　□ 吸附水　■ 自由水

(c)掺抗疏力稳定剂前土颗粒及周边水分变化　(d)掺抗疏力稳定剂后土颗料及周边水分变化

图6　抗疏力稳定剂作用原理示意图

参考文献

[1] 丘科毅, 曾国东, 舒本安, 等. 基于不同固化机理类型的土壤固化剂研究进展 [J]. 混凝土世界, 2022 (11): 61-70.

[2] 刘新国, 王书杰, 李黄, 等. 复合土壤固化剂APS稳定低液限黏土路用性能研究 [C] //北京恒盛博雅国际文化交流中心. 2021年10月建筑科技与管理学术交流会论文集: 113-116.

[3] 张虎元, 林澄斌, 生雨萌. 抗疏力固化剂改性黄土工程性质试验研究 [J]. 岩石力学与工程学报, 2015, 34 (S1): 3574-3580.

[4] 张虎元, 彭宇, 王学文, 等. 抗疏力固化剂改性黄土进失水能力研究 [J]. 岩土力学, 2016, 37 (S1): 19-26.

[5] 杨富民, 何军利, 孙成晓, 等. TK-G型液体土壤固化剂的研制及其固化机理 [J]. 科学技术与工程, 2019, 19 (5): 242-246.

[6] 刘月梅, 张兴昌. EN-1离子固化剂对黄土性土壤持水、供水等水分特征的影响 [J]. 土壤通报, 2014, 45 (1): 24-31.

[7] 马敏, 姚勇, 张玲玲, 等. EFS土壤固化剂稳定低液限粉土路用性能试验研究 [J]. 施工技术 (中英文), 2021, 50 (15): 105-107.

[8] 赵瑜隆. SG-1型土壤固化剂稳定碎石土配合比设计及路用性能研究 [D]. 西安: 长安大学, 2014.

[9] 张伟锋, 刘清秉, 蔡松桃. 用HEC固化剂加固黄土的试验研究 [J]. 人民长江, 2009, 40 (3): 56-59.

[10] 黄欣. 启培抗疏力改良膨胀土的自由膨胀率试验研究 [J]. 吉林水利, 2014 (8): 21-23.

[11] 梁永贵, 申铁军. 抗疏力剂固化细粒土无侧限抗压强度试验分析 [J]. 黑龙江交通科技, 2021, 44 (2): 12-13.

[12] 刘莉萍, 刘万锋, 李飞, 等. 抗疏力在湿陷性黄土地区公路养护工程中的应用 [J]. 廊坊师范学院学报 (自然科学版), 2022, 22 (1): 91-94.

[13] 中华人民共和国水利部. 土工试验方法标准: GB/T 50123—2019 [S]. 北京: 中国计划出版社, 2019.

[14] 刘瑾, 张峰君, 陈晓明, 等. 新型水溶性高分子土体固化剂的性能及机理研究 [J]. 材料科学与工程, 2001, 19 (4): 62-65.

深埋超长输水隧洞施工方案研究
——以滇中引水工程香炉山隧洞为例

朱学贤[1]　王秀杰[2]

(1. 长江水利委员会长江勘测规划设计研究有限责任公司，湖北武汉　430010；
2. 长江水利委员会长江科学院，湖北武汉　430010)

摘　要：对于深埋超长输水隧洞施工方案，重点和难点是合理布置施工支洞，选择合适的施工工法。施工支洞的布置应根据工期安排、地形、地质、结构形式、外部交通条件、施工方法等情况综合经济因素后确定。对于较大规模的断层破碎带、突泥涌水、软岩大变形等不良地质洞段，采用经验成熟的钻爆法施工，以充分发挥钻爆法的机动性和灵活性；对适宜 TBM 施工的地质条件较好洞段采用先进的 TBM 施工，以发挥其掘进速度快、施工质量稳定、安全作业条件好的优点。根据滇中引水工程香炉山隧洞为例，分析了地形、地质情况以及施工支洞布置条件等，确定施工支洞布置、钻爆法和 TBM 法的施工分段，研究成果可为类似工程提供一定的参考价值。

关键词：深埋超长输水隧洞；施工支洞；钻爆法；TBM 法；滇中引水工程；香炉山隧洞

1　引言

深埋超长输水隧洞一般都具有隧洞超长、埋深大、穿越地质条件复杂的特点，施工难度极大。根据沿线的地形、地质情况，在适当位置布置施工支洞、多开工作面来实现"长洞短打、分段施工"，并采用"TBM 法+钻爆法"组合的施工方案[1]，即对于大部分较大规模的断层破碎带、可能产生突发性涌水、软岩大变形、岩爆等不良地质洞段，采用经验成熟的钻爆法施工；对适宜 TBM 施工的地质条件较好洞段采用先进的 TBM 法施工。但如何根据围岩条件分布情况和施工支洞布置条件，合理划分洞段和优选施工方案，既能充分发挥 TBM 法优势，延长掘进长度，提高施工效率，又能利用钻爆法开挖不良地质洞段，规避施工风险，达到工程造价最低、工期最优，是一个极为复杂而重要的问题。

一般方法是通过分析 TBM 法与钻爆法对隧洞地质条件的适应性，并根据地形地质条件，合理布置施工支洞的位置和形式，通过工程布局、施工工期、环境影响、工程投资等综合比较，提出经济可行的隧洞施工方案。

本文将以滇中工程香炉山隧洞[2]为例，对深埋超长隧洞的施工方案进行研究，研究成果可为类似工程提供一定的参考价值。

2　深埋超长隧洞施工支洞布置和施工工法选择原则

施工支洞的布置和施工分段，即 TBM 法和钻爆法施工支洞的位置选择[3]，是施工方案的关键所在。施工支洞的布置应根据工期安排、地形、地质、结构形式、外部交通条件、施工方法等情况综合经济因素后确定，一般遵循以下原则：

（1）均衡施工原则，既要使其承担的主洞段在工期上协调一致，使工程总工期最优，又要经济

作者简介：朱学贤（1977—），男，高级工程师，主要从事水利水电工程施工组织设计工作。

可行。

（2）提高施工效率及施工安全性，条件许可时优先布置施工平洞，其次布置斜井、竖井。

（3）施工支洞布置应充分考虑地形地质、施工场地布置和弃渣场等条件，同时满足环境保护要求，尽量避开林地、房屋、矿区、权属争议地等，减少移民征地障碍，并节约用地。

（4）应充分考虑施工支洞线路与地方公路、铁路等基础设施之间的协调；施工支洞洞口成洞稳定，洞口不得布置在可能被洪水淹没处、滑坡体及泥石流处。

（5）施工支洞尽量避免穿过工程地质条件复杂和严重不良地质地段，当必须通过时，采取切实可靠的工程技术措施。

（6）由于支洞需承担 2 个工作面的施工任务，支洞的条数应先满足主洞施工需要，再兼顾工期最短和投资最少。对于断裂带密集、地下水丰富的不良地质洞段，宜适当加密施工支洞的布置，多开工作面处理断层和减小抽排水强度，以降低施工风险。

（7）作为钻爆法施工支洞，施工支洞的布置应考虑施工工期不得超过总工期，且不能过长，造成通风、出渣、排水等困难。

（8）作为 TBM 法的施工支洞，一般遵循以下原则：

①为方便 TBM 大件运入洞内组装，皮带机出渣以及施工材料运输，施工支洞应尽量布置成平洞，如布置成斜井，其坡度应小于 15，以满足皮带机出渣要求。

②单洞长度超过 15 km，有条件时每隔 10 km 一般布置一条 TBM 检修、通风、补气支洞，利用支洞向洞内供电、供水、通风及出渣。

③在 TBM 施工洞段[4]，对断层破碎带、岩溶、强岩爆、极软岩等不适宜 TBM 施工的洞段，加强超前预报、超前支护和超前灌浆；有条件时布置一条施工支洞，以便采用钻爆法开挖处理。

（9）结合工程运行期检修、通气等任务，施工支洞可兼顾作为运行期的检修、通气通道。

深埋超长隧洞开挖方法主要有钻爆法、TBM 法等，这些方法在对地层的适应性及施工特点方面有着明显的区别。根据钻爆法与 TBM 法工法特点、适用条件，在工法选择上一般遵循以下原则：

①对于埋深小、布置施工平洞条件较好的洞段，优先采用钻爆法施工。

②对断裂破碎带、软岩变形、强岩爆、突水涌泥等不良地质洞段，优先采用钻爆法施工。

③对于埋深大、布置施工支洞条件差、TBM 施工适宜性地质评价好的隧洞段，优先采用 TBM 法施工；对其中不良地质洞段，可通过布置施工支洞采用钻爆法开挖后，TBM 再步进通过。

④隧洞穿环境敏感区、水源保护地、城镇居民密集区等时，为避免在上述区域内布置施工支洞及相应施工辅助设施，宜采用独头掘进距离长的 TBM 法，减少对环境和当地居民生产、生活的影响。

⑤隧洞下穿铁路、公路时，宜采用 TBM 法，以充分发挥 TBM 掘进对围岩扰动小的优点，降低铁路、公路运行时出现下陷及坍塌等风险。

3 滇中引水工程香炉山隧洞施工方案研究

3.1 工程概况

滇中引水工程是国务院批复的《长江流域综合利用规划简要报告》（1990 年修订）、《全国水资源综合规划》和《长江流域综合规划（2012—2030 年）》提出解决滇中地区严重缺水的特大型跨流域调水工程，以解决滇中地区的城镇生活及工业用水为主，兼顾农业和生态。

工程主要建设内容包括水源工程和输水工程两个部分，其中香炉山隧洞是滇中引水线路中最长的深埋隧洞，穿越金沙江、澜沧江分水岭，为目前在地壳活动性较强地区尚无先例的长距离深埋输水线路，施工难度大[5]。

香炉山隧洞长 62.596 km，埋深一般 600~1 000 m，最大埋深 1 450 m。沿线出露泥盆系下统冉家湾组（D₁r）、中统穷错组（D₂q）、二叠系玄武岩组（Pβ）、黑泥哨组（P₂h）、三叠系下统青天堡组（T₁q）、中统（T₂ᵃ、T₂ᵇ）、北衙组（T₂b）、上统中窝组（T₃z）、松桂组（T₃sn）、燕山期不连续分布的侵入岩、第三系（E+N）及第四系（Q）等地层，岩性主要包括灰岩类、泥砂岩类、玄武岩类、片岩类等；穿越软岩长 13.107 km，占比 20.94%，可溶岩长 17.866 km，占比 28.5%。区内褶皱、断裂发育，沿线分布有大栗树断裂（F9）、龙蟠-乔后断裂（F10）、丽江-剑川断裂（F11）、鹤庆-洱源断裂（F12）等十几条断层。

香炉山隧洞围岩详细分类为：Ⅲ₁ 类围岩长 7.595 km，占隧洞长度的 12.13%；Ⅲ₂ 类围岩长 13.015 km，占隧洞长度的 20.79%；Ⅳ 类围岩长 28.237 km，占隧洞长度的 45.11%；Ⅴ 类围岩长 13.749 km，占隧洞长度的 21.97%。Ⅳ、Ⅴ 类围岩合计长约 41.986 km，约占隧洞长度的 67.08%，围岩稳定问题突出。

3.2 香炉山隧洞施工方案分析

香炉山隧洞跨越金沙江与澜沧江分水岭，地形地质条件复杂。隧洞沿线地面高程一般为 2 400～3 400 m，埋深一般为 600～1 200 m，埋深大于 600 m 洞段长累计 42.175 km，占隧洞总长的 67.38%，除在隧洞进出口以及中间两个槽谷外，其余洞段布置支洞较困难。因此，受地形条件的限制，通过设置施工支洞，采用钻爆法开挖香炉山隧洞的施工难度大。

香炉山隧洞沿线穿越大栗树断裂（F9）等 13 条大断（裂）层，其中龙蟠-乔后断裂（F10）、丽江-剑川断裂（F11）和鹤庆-洱源断裂（F12）等为全新世活动断裂，主要地质问题有断层破碎带、高地应力下软岩大变形和局部岩爆、突水涌泥等，不良地质洞段占比大，不适宜全部采用 TBM 法施工。另外，受限于 TBM 掘进长度，也难以从隧洞进出，全部采用 TBM 前施工。

根据香炉隧洞布置，以及沿线地质条件和施工支洞布置条件，采用"TBM 法+钻爆法"组合的施工方案，即通过隧洞进出口以及主要不良地质洞段处设置施工支洞，采用钻爆法开挖规模较大的 3 条区域性断裂及部分不良地质洞段；其余地质条件较好洞段或无施工支洞布置条件段采用 TBM 前施工。具体为：香炉山隧洞进口至白汉场槽谷地势相对较低，通过布置施工支洞采用钻爆法施工；白汉场槽谷至汝南河槽谷，以及汝南河槽谷至隧洞出口处埋深大部分在 800 m 以上，难以布置施工支洞，这段采用 2 台 TBM 施工；白汉场槽谷、汝南河槽谷为大断裂及影响带所在位置，通过布置施工斜井采用钻爆法施工；隧洞出口段地势相对较低，通过布置施工支洞采用钻爆法施工。

3.3 香炉山隧洞施工支洞布置

根据香炉山隧洞"TBM 法+钻爆法"组合施工方案，隧洞沿线地质、地形条件，以及平衡施工原则等，施工支洞的布置及功能具体描述如下：

（1）1#、1-1# 施工支洞——进口段施工支洞。

香炉山隧洞 1#、1-1# 施工支洞布置在主洞的进口段，主要作为钻爆法开挖香炉山隧洞进口段以及 F9 大栗树断裂带的施工支洞。其中，1# 施工支洞与主洞高差只有 22 m 左右，采用平洞形式；1-1# 施工支洞与主洞高差达 330 m 左右，采用斜井形式。

（2）2#、3# 施工支洞——处理龙蟠-乔后断裂 F10 及影响带。

龙蟠-乔后断裂 F10 及影响带范围约 3.5 km，为全新世活动断层，岩石破碎、地下水丰富，不适宜采用 TBM 法施工。断裂及影响带位于白汉场槽谷，槽谷与主洞的高差约 350 m，可通过布置长施工斜井进入，作为钻爆法开挖龙蟠-乔后断裂 F10 及影响带范围的施工支洞。

（3）3-1# 施工支洞——TBMa 施工支洞。

香炉山隧洞在白汉场槽谷与汝南河槽谷间长约 6 km 的洞段埋深在 600～1 000 m，布置施工支洞的围岩条件较差，此段主要为峨眉山组玄武岩，以Ⅲ、Ⅳ类围岩为主，基本适宜 TBM 法施工。在白汉场槽谷下游侧布置 3-1# 施工支洞，作为 TBMa 的施工支洞，为满足 TBM 皮带机出渣的要求，3-1# 施工支洞坡度小于 15°。

（4）4#、5# 施工支洞——处理 F11 丽江-剑川断裂及影响带。

丽江-剑川断裂 F11、石灰窑断裂及影响带范围约 6.0 km，岩石破碎、地下水丰富，不适宜采用 TBM 法施工。断裂及影响带位于汝南河槽谷，槽谷与主洞的高程相对较大，高差约 500 m，可通过布置长施工斜井进入，作为钻爆法开挖丽江-剑川断裂 F11 及影响带的施工支洞。待此断裂及影响带施工完成后，TBMa 转运通过隧洞，继续向下游掘进。

（5）旁通洞——处理 F12 鹤庆-洱源断裂及影响带。

鹤庆-洱源断裂 F12 及影响带长约 300 m，为全新世活动断层，不适宜采用 TBM 施工。该断裂及影响带埋深约 1 250 m，布置施工支洞难度大。TBMb 掘进至该断层前时，在主洞内设置一条旁通洞，采用钻爆法开挖 F12 鹤庆-洱源断裂及影响带后，TBMb 再步进通过。

（6）7# 施工支洞——TBMb 施工支洞。

香炉山隧洞 7# 施工支洞距 TBMa 掘进末端长度约 22 km，埋深为 600~1 400 m，难以通过布置施工支洞采用钻爆法施工，只能采用 TBM 法施工。该支洞与主洞高差约 120 m，可布置成平洞形式。

（7）8# 施工支洞——出口段施工支洞。

香炉山隧洞 7# 施工支洞距出口还有 4.65 km，该段主洞的埋深较小，布置施工支洞的条件较好，在该段布置香炉山隧洞 8# 施工支洞作为主洞出口段施工支洞。该支洞与主洞埋深约 40 m，布置成平洞形式。

香炉山隧洞施工支洞布置特性见表 1。

表 1　香炉山隧洞施工支洞布置特性

施工支洞名称	与主洞交点桩号	进口高程/m	与主洞交点高程/m	高差/m	支洞坡度	支洞长度/m
1# 平洞	2+736.27	2 050	2 028	22	1.32%	1 677
1-1# 斜井	7+537.18	2 354	2 025	329	24.33°（45.21%）	863
2# 斜井	11+837.53	2 372	2 023	349	17.63°（31.78%）	1 256
3# 斜井	15+138.62	2 369	2 021	348	26.02°（48.82%）	876
3-1# 斜井	16+038.88	2 359	2 021	338	14.30°（25.49%）	1 432
4# 斜井	23+840.15	2 502	2 016	486	27.10°（51.17%）	1 132
5# 斜井	27+787.89	2 508	2 014	494	24.71°（46.02%）	1 246
旁通洞	53+830/54+010	1 998.83	1 998.83	0	0%	201
7# 平洞	57+942.15	2 114	1 997.28	116.72	7.26%（钻）/7.00%（TBM）	1 913
8# 平洞	60+624.75	2 035	1 996	39	7.50%	651

注：7# 平洞"钻"代表钻爆施工段，"TBM"代表 TBM 施工段。

3.4　香炉山隧洞施工方案综述

根据均衡施工原则，以控制工期的 2 台 TBM 施工为主线，按工期最优为目标进行 TBM 与相关钻爆段工期协调和 TBMa 与 TBMb 工期协调，来具体确定钻爆法施工分段长度和 TBM 法施工分段长度。

香炉隧洞桩号 DL I 000+000~015+900 段内分布有大栗树断裂、龙蟠-乔后断裂等，TBM 施工适宜性较差，共布置香炉山隧洞 1#、1-1#、2#、3# 施工支洞，采用钻爆法施工。

桩号 DL I 015+900~023+240 段通过布置香炉山隧洞 3-1# 施工支洞作为 TBMa 施工支洞，主要采用 TBM 法施工。其中，桩号 DL I 015+900~016+565 采用钻爆法施工，并作为 TBMa 的组装室；待 TBM 在洞内组装完成后，向下游掘进桩号 DL I 016+565~023+240 段。

桩号 DL I 023+240~028+800 段内分布有丽江−剑川断裂 F11、石灰窑断裂及影响带范围，TBM 施工适宜性差。布置香炉山隧洞 4#、5# 施工支洞作为施工支洞，采用钻爆法施工。

桩号 DL I 028+800~036+800 段采用 TBM 法施工。TBMa 施工完桩号 DL I 016+565~023+240，步进通过桩号 DL I 023+240~028+800 后掘进。

桩号 DL I 036+800~057+942 段由香炉山隧洞 7# 施工支洞作为施工支洞，采用 TBMb 由下游向上游施工。为加快施工进度，支洞先采用钻爆法施工，待 TBM 洞外组装完成后再采用 TBM 法施工，TBMb 掘完支洞后继续施工主洞。

鹤庆−洱源断裂 F12 及影响带长约 300 m，不适宜采用 TBM 施工。TBMb 掘进至该断层前时，通过旁通洞采用钻爆法开挖断裂及影响带后，再步进通过，向上游掘进。

桩号 DL I 057+942~062+596 段布置香炉山隧洞 8# 施工支洞及香炉山隧洞出口作为施工支洞，采用钻爆法施工。

香炉山隧洞钻爆段长 27.08 km，占整个隧洞总长的 43.26%，最大独头钻爆长度 3.94 km；TBM 掘进段总长 35.52 km，占整个隧洞总长的 56.74%，共使用 2 台开敞式 TBM，其中 TBMa 掘进段长 14.68 km、TBMb 掘进段长 20.84 km（不含支洞 1.91 km），最大独头掘进长度 21.31 km。

从工程设计条件、地质条件、经济性、工期和施工环境安全等方面进行综合比选，最后从偏于方便不良地质预报与处理方面考虑，本工程的 2 台 TBM 均选用开敞式[7]。

香炉山隧洞施工方法分段见表 2，施工方案示意见图 1。

表 2　香炉山隧洞施工方法分段

桩号（DL I）		主洞分段长度/km	施工方法
起始	终止		
00+000	05+000	5.00	钻爆法（进口、1# 支洞共 3 个工作面）
05+000	09+500	4.50	钻爆法（1-1# 支洞共 2 个工作面）
09+500	16+565	7.07	钻爆法（2#、3#、3-1# 支洞共 6 个工作面）
16+565	23+240	6.68	TBM 法（TBMa-1）
23+240	28+800	5.56	钻爆法（4#、5# 支洞共 4 个工作面）
28+800	53+700	24.90	TBM 法（TBMa-2 和 TBMb-2）
53+700	54+000	0.30	钻爆法（旁通洞共 2 个工作面）
54+000	57+942	3.94	TBM 法（TBMb-1）
57+942	62+596	4.65	钻爆法（8# 支洞及出口共 3 个工作面）

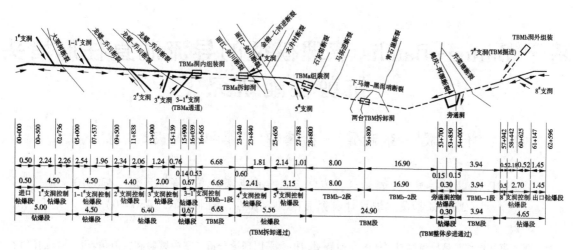

图1 香炉山隧洞施工方案示意图

4 结论

深埋超长隧洞施工方案的重点和难点在于施工支洞布置和施工工法的选择，本文提出了深埋超长隧洞施工支洞布置和工法选择原则，并以滇中引水工程香炉山隧洞施工方案进行分析研究。

（1）施工支洞的布置应根据工期安排、地形、地质、结构形式、外部交通条件、施工方法等情况综合经济因素后确定。

（2）对于施工工法选择，对于大部分较大规模的断层破碎带、可能产生突发性涌水、软岩大变形、岩爆等不良地质洞段，采用经验成熟的钻爆法施工，以充分发挥钻爆法的机动性和灵活性；对适宜TBM施工的地质条件较好洞段采用先进的TBM法施工，以发挥其掘进速度快、施工质量稳定、安全作业条件好的优点。

（3）根据香炉山隧洞地形、地质情况，布置了施工支洞，并确定了每个施工段的施工工法，按均衡施工原则和以工期最优为目标，具体确定钻爆法施工分段长度和TBM法施工分段长度[8]。

参考文献

[1] 朱学贤. 香炉山深埋长隧洞TBM法及钻爆法施工方案研究 [J]. 人民长江，2021，52（9）：167-171，177.

[2] 钮新强，吴德绪，倪锦初，等. 滇中引水工程初步设计报告 [R]. 武汉：长江勘测规划设计研究有限责任公司，2018.

[3] 胡泉光. 深埋长引水隧洞TBM施工关键技术探讨 [J]. 人民长江，2015（7）：19-21.

[4] 赵延喜. 深埋长引水隧洞TBM施工关键技术探讨 [J]. 人民长江，2008，39（18）：54-56.

[5] 苏利军. 深埋长隧洞不良地质风险勘察设计应对体系 [J]. 人民长江，2020，51（7）：148-151.

[6] 许占良. 开敞式TBM在管涔山隧道施工的适应性研究 [J]. 铁道工程学报，2007，24（8）：53-57.

[7] 钮新强. 复杂地质条件下跨流域调水超长深埋隧洞建设需研究的关键技术问题 [J]. 隧道建设（中英文），2019，39（4）：523-536.

基于 Barton-Bandis 节理模型的导流洞直柱形堵头抗剪性能研究

付　敬[1]　张雨霆[1]　徐唐锦[2]　漆祖芳[2]　张　练[1]

(1. 长江科学院　水利部岩土力学与工程重点实验室，湖北武汉　430010；
2. 长江勘测规划设计研究有限责任公司，湖北武汉　430010)

摘　要：直柱形堵头是导流洞封堵体的一种新型结构。采用理论分析、室内试验和数值仿真相结合的研究方法，系统分析在迎水面高水压作用下，围岩-堵头结构的相互作用过程，以及在围岩对堵头结构施加法向位移约束效应下产生的法向附加荷载作用；通过开展岩石-混凝土界面的室内直剪试验研究，获得天然岩体结构面与混凝土剪切应力与法向应力之间的关联性；采用离散元数值方法，开展了法向位移约束条件下的围岩-堵头结构剪切数值试验，定量揭示了法向位移约束效应对直柱形堵头抗剪性能的贡献，对不同条件下的直柱形堵头抗剪性能进行了对比分析，认为在围岩-堵头界面粗糙度达到一定程度后，堵头结构的抗剪能力可接近原始岩体。因此，建议可采用围岩壁面凿毛、增加齿槽等方式，确保直柱形堵头的抗剪能力达至可靠水平。

关键词：直柱形堵头；附加法向荷载；岩石-混凝土界面；剪切试验；Barton-Bandis 模型；离散元方法

1　引言

水电工程的导流洞在完成施工导流功能后，水库蓄水前用混凝土堵头进行永久性封堵[1-4]。在蓄水期和运行期，导流隧洞永久堵头的安全性直接影响着水电站的安全运行和工程效益。作为永久性建筑物的封堵堵头，在堵头结构设计中，一般只考虑堵头自重产生的摩擦力作为抵抗迎水面荷载的抗力，而不考虑围岩-堵头的相互作用以及由此产生的附加抗力。堵头长度设计时，采用的剪切参数取值一般基于室内试验值打折获得，偏于保守。

实际上，受到高水压力作用驱动，堵头结构在洞轴线方向上受压，因泊松效应将发生垂直于洞轴线方向且向围岩内部的挤压变形，围岩由此对堵头结构提供了显著的反力，将对堵头结构的抵抗高水压荷载发挥重要作用[5-6]。该问题可概化为在堵头结构的围岩-混凝土界面抗剪性能评价时，如何考虑围岩-混凝土相互作用，以及对堵头构成的法向位移约束效应。目前，现有研究对该问题涉及较少，相关成果多在法向荷载恒定条件下取得，这与堵头结构随着承担外水荷载量值不断增大，作用于围岩的法向应力逐渐递增的应力变化规律存在明显差异[7-10]，导流洞堵头结构与围岩接触性能的研究成果也相对有限。

直柱形堵头区别于传统的扩挖型堵头，是一种能够充分发挥施工方便、节省工期和投资优势[11]的新型堵头结构。本文以我国西南某水电站导流洞的堵头结构为研究对象，采用室内试验、理论分析和数值试验方法，系统研究了考虑法向位移约束效应的直柱形堵头抗剪性能，并开展可能影响堵头抗剪性能的多因素分析，揭示了法向约束效应对直柱形堵头抗剪能力的贡献，为构建直柱形堵头的精细

基金项目：国家自然科学基金项目（51979008）；云南省重大科技专项计划项目（202102AF080001）。

作者简介：付敬（1971—），女，正高级工程师，主要从事岩土工程数值分析、地下工程和地质灾害防控等方面的研究工作。

化设计方法提供依据。

2 高水压驱动下围岩-堵头结构相互作用及法向位移约束效应分析

水电站或水利枢纽工程蓄水后，随着水库水位不断抬升，作用于堵头迎水面的高水压力作用逐渐形成（见图1）。在此过程中，堵头对围岩除施加铅直向的重力荷载外，还在迎水面的高水压荷载作用驱动下，因泊松效应发生了朝向两侧围岩的挤压变形。围岩受压后，反过来给堵头结构提供了显著的抗力作用，由此产生作用于堵头的附加法向荷载。该荷载既是围

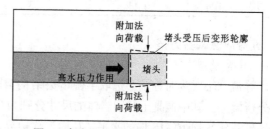

图1 高水压作用下直柱形堵头的受力特征

岩-堵头结构相互作用的结果，也起到了限制堵头结构向围岩内部变形的效果，即法向位移约束效应。因此，堵头结构的抗力效应可由式（1）计算：

$$P_{zk} = P_{zf1} + P_{zf2} + P_{zc} \tag{1}$$

式中：P_{zf1}、P_{zc}、P_{zf2} 分别为直柱形堵头因自重作用产生的摩阻力，围岩-堵头界面的黏结力，以及附加法向荷载产生的附加摩阻力。现有设计规范将堵头视为刚体，而非变形体，因此一般只考虑前两项的抗力效应。

3 法向位移约束条件下的柱形堵头混凝土-岩石剪切试验研究

3.1 依托工程基本条件

西南某巨型水电站坝址位于四川省会东县和云南省禄劝县境内，共布置5条城门洞形导流洞，左岸布置1#导流洞和2#导流洞，右岸布置3#导流洞、4#导流洞和5#导流洞。导流洞永久堵头全部施工完成后，上游水库开始蓄水，水库水位逐渐抬升，永久堵头挡水水头达到144 m。在此过程中开展了堵头变形监测，结果表明：堵头最大变形在0.3 mm以内。这是直柱形堵头首次应用于大型导流洞封堵，但与同类工程相比，直柱形堵头的设计长度总体偏长，设计平均剪应力总体偏小[12]。

3.2 岩石-混凝土界面的直剪试验

选取与导流洞围岩条件类似的地层，针对岩体天然硬性结构面取样。现场采用切割取芯方式，获得剪切面尺寸为100 mm×100 mm的方形结构面试样。采用三维精细扫描方法，获得天然结构面的表观形貌（见图2）。然后，将结构面试样放入边长150 mm的模具，以硬性结构面一侧为下盘，在模具内浇筑混凝土，并进一步浇筑上盘混凝土养护至规定龄期，形成边长为150 mm的岩石-混凝土界面剪切试样（见图3）。

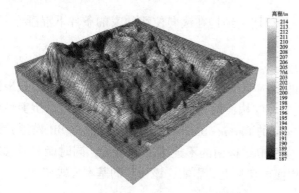

图2 天然结构面试样的表观形貌特征

图3 制备完成的岩石-混凝土界面剪切试样

采用平推法进行岩石-混凝土界面试样的直剪试验。根据导流洞堵头在高水压条件下的工作特

性，将界面法向荷载控制在 0.5 MPa 以内，进行常法向应力条件下的直剪试验，试验结果见表 1。

表 1　常法向应力条件下的直剪试验成果

法向应力/MPa	0.11	0.21	0.31	0.41	0.52
剪切应力/MPa	0.11	0.33	0.38	0.45	0.65

3.3　直剪数值试验方案

3.3.1　计算模型

以导流洞轴线为对称轴，选取半幅堵头结构与围岩为分析对象（见图 4）。建立如图 5 所示的数值试验分析模型，其中混凝土和围岩体的尺寸分别为 0.6 m×0.4 m、10.0 m×5.0 m，使模型中岩体与混凝土块的尺寸比达到 10~15 倍的水平，从而消除边界条件对直剪数值试验结果的影响。边界条件设置为：岩体四周均法向约束，混凝土上边界施加法向位移约束，左侧施加水平向右的常速边界条件，右侧自由。

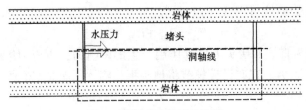

图 4　数值试验模型的概化

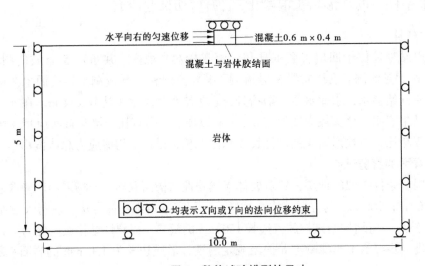

图 5　数值试验模型的尺寸

通过混凝土-围岩界面直剪试验的数值模拟，获得堵头结构在法向位移约束的条件下混凝土-围岩界面力学特征及其相互作用规律。

3.3.2　本构模型

混凝土的本构模型设置为线弹性模型，岩体的本构模型为 Mohr-Column 理想弹塑性模型。根据岩石-混凝土界面的室内直剪试验成果，认为天然岩体结构面的表面粗糙起伏程度对界面的抗剪性能具有显著影响。因此，采用可以考虑结构面粗糙程度的 Barton-Bandis 节理模型（简称 BB 模型）概化岩石-混凝土界面的力学响应规律。BB 模型适合模拟结构面的不连续变形行为，同时能够考虑结构面形貌、岩石强度和结构面法向应力状态对结构面剪切特性的影响，该模型的基本公式如下：

$$\tau = \sigma_n \tan \left[\varphi_b + JRC \cdot \lg \left(\frac{JCS}{\sigma_n} \right) \right] \tag{2}$$

式中：τ 为界面的剪切强度，取决于作用在节理面的法向应力 σ_n、界面粗糙度 JRC、界面抗压强度

JCS 以及基本摩擦角 φ_b，一般可取 30°。

岩体结构面粗糙度（JRC）是描述岩体结构面粗糙起伏状态的力学参数，对于无填充或少填充的硬性结构面而言是关键性指标。Barton 在大量试验的基础上给出了 10 条标准 JRC 剖面线，任意节理的 JRC 值可以通过与标准剖面线对比估测得到[13-16]。

3.3.3 材料和界面力学参数取值

通过对比用于直剪试验的结构面三维扫描成果（见图 2），取用于岩石-混凝土界面直剪试验的 JRC 为 8。结合表 1 的室内剪切试验数据，在确定基本摩擦角 φ_b 取 30°时，反算拟合得到界面的抗压强度为 110 MPa，图 6 为室内剪切试验值和 BB 模型预测值的对比。进一步根据室内试验曲线，确定数值试验中的岩石-混凝土界面法向刚度和切向刚度均为 40 GPa/m。表 2 为依托工程的围岩和混凝土力学参数取值。

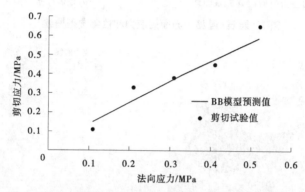

图 6 岩石-混凝土界面剪切试验值和 BB 模型预测值的对比

表 2 研究对象工程的围岩和混凝土力学参数取值

材料	$\gamma/(kg/m^3)$	E/GPa	μ	$\varphi/(°)$	黏聚力/MPa	抗拉强度/MPa
Ⅲ类岩体	2 650	15	0.25	45	1.0	0.8
Ⅳ类岩体	2 350	4	0.32	35	0.5	0.4
混凝土	2 450	20	0.167	—	—	—

3.3.4 数值试验流程

首先，将模型的下部岩体左右及底部均位移约束并进行应力平衡运算。然后，对上部混凝土块顶部边界施加法向位移约束。为了模拟实际工程中外水荷载的持续递进式施加，采用水平向右的低水平匀速速率边界条件，施加在混凝土块左侧边界来考虑。

3.4 数值试验结果分析

以Ⅲ类围岩的堵头结构直剪数值试验结果为典型进行分析。该方案的界面粗糙度 JRC 值取 8。在导流洞封堵后，外水压力开始作用在堵头左侧端头，混凝交界面产生相互的剪切和法向挤压作用，随着持续增加的外荷载作用使得交界面剪切变形和挤胀变形逐步增大，最终引起交界面发生错动和局部张开。当界面发生剪切破坏（见图 7）时，接触面的峰值剪应力为 6.3 MPa，最大法向应力为 17.5 MPa；对应的最大剪切位移为 5.62 mm，剪胀位移为 0.08 mm。当剪应力达到峰值，岩石与混凝土接触面黏结破坏，微凸起被剪断，接触面处于塑性滑移状态。可见，在水平推力的持续作用下，围岩-堵头接触面产生了明显的法向应力增幅，显著增强了堵头结构的抗剪能力。虽然堵头朝向岩体的剪胀位移较小，但受到法向位移约束效应的影响，堵头结构有效调动的与之接触的周边岩体来共同承担剪切荷载，表现为岩块内部的水平向和铅直向应力分布规律均与堵头加载和变形的趋势相对应（见图 8）。这一数值剪切试验的结果验证了堵头结构在高水压作用下，在围岩附加法向荷载作用下所表现出的可观抗剪能力。

3.5 不同影响因素条件下的围岩-混凝土界面剪切力学性能分析

进一步研究不同影响因素条件下的围岩-混凝土界面剪切力学性能。

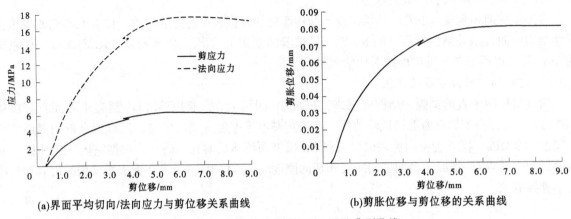

(a)界面平均切向/法向应力与剪位移关系曲线　　　(b)剪胀位移与剪位移的关系曲线

图7　岩石-混凝土界面的应力和位移典型曲线

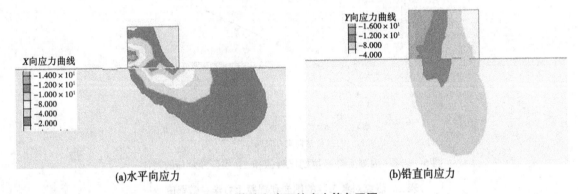

(a)水平向应力　　　　　　　　　　　(b)铅直向应力

图8　堵头和岩石的应力等色区图

3.5.1　粗糙度 JRC 的影响

在其他计算条件相同的情况下，开展 JRC 分别为 4、6、8、10、12 的混岩界面直剪数值试验。界面剪胀变形随 JRC 增加而增大，JRC 分别为 4 和 12 时，岩体的最大剪胀变形约为 0.35 mm、0.85 mm。随界面粗糙度增大，围岩与混凝土间相互作用愈发明显，更大范围岩体发挥了自身的强度，有效提高了界面抗剪切能力。如图9所示，当界面 JRC 分别为 4、6、8、10、12 时，界面峰值剪应力为 3.27 MPa、5.11 MPa、6.30 MPa、7.60 MPa、8.84 MPa，最大法向应力为 9.1 MPa、14.1 MPa、17.5 MPa、21.2 MPa、24.5 MPa，剪切位移为 4.57 mm、5.19 mm、5.62 mm、6.0 mm、6.34 mm，剪胀位移为 0.059 mm、0.072 mm、0.08 mm、0.093 mm、0.11 mm。

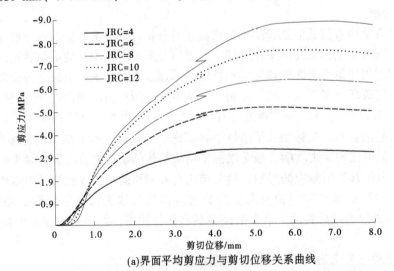

(a)界面平均剪应力与剪切位移关系曲线

图9　不同 JRC 取值条件下岩石-混凝土的数值试验曲线

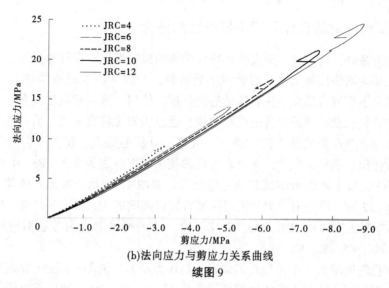

(b)法向应力与剪应力关系曲线

续图9

3.5.2 围岩力学特性影响

在其他计算条件相同的情况下,针对围岩为Ⅲ、Ⅳ类岩体方案进行计算比较,研究岩体力学特性对堵头结构接触面抗剪强度的影响程度。如图10所示,Ⅳ类岩体的堵头界面峰值剪应力、最大法向应力分别为2.71 MPa、7.53 MPa,界面的抗剪强度较Ⅲ类围岩方案明显减小,峰值剪应力减小了3.59 MPa。

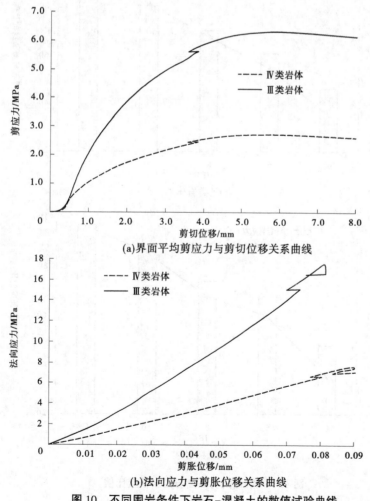

(a)界面平均剪应力与剪切位移关系曲线

(b)法向应力与剪胀位移关系曲线

图10 不同围岩条件下岩石-混凝土的数值试验曲线

4　基于数值剪切试验成果的直柱形堵头抗剪性能评价

以剪切数值试验为基础，进一步评价直柱形堵头结构的抗剪性能。在计算模型、尺寸和边界条件不变的情况下，将上部的堵头混凝土直接置换成围岩材料，并取消原先设置的堵头-岩石界面单元，使上部的原堵头结构与下部岩石形成一块完整的连续介质。然后，采用超载法，在上部岩体左侧边界施加水平向右的均布荷载，获得荷载对应的位移曲线，通过围岩位移突变点、剪应变带贯通以及塑性区分布形态等多指标综合判断原岩是否剪切破坏。最终，可获得Ⅲ类、Ⅳ类围岩力学参数取值条件下，计算模型发生总体剪切破坏的状态，并计算对应的抗剪强度分别为 9.3 MPa、4.0 MPa。

进一步梳理岩石-混凝土界面剪切试验的对应结果。如图 11 所示，Ⅲ类岩体与混凝土界面 JRC 分别为 4、6、8、10、12 时，峰值剪应力分别对应原岩抗剪强度的 35.2%、54.9%、67.7%、81.7%、95.1%；Ⅳ类岩体与混凝土交界面 JRC 为 4、6、8、10、12 的峰值剪应力分别对应原岩抗剪强度的 5.3%、60.0%、67.8%、85.8%、96.3%。

可见，随着界面粗糙度增大，不论是Ⅲ类围岩还是Ⅳ类围岩，岩石-混凝土界面的抗剪能力明显提升，对应的抗剪强度与原岩抗剪强度的比例可提升至 95.1%~96.3%，即已接近原始岩体的抗剪强度。这表明在导流洞浇筑堵头前，采用将围岩壁面凿毛，增加齿槽等方式，可以起到提高堵头-围岩界面粗糙度的效果，进而有效提升堵头结构的抗剪性能。

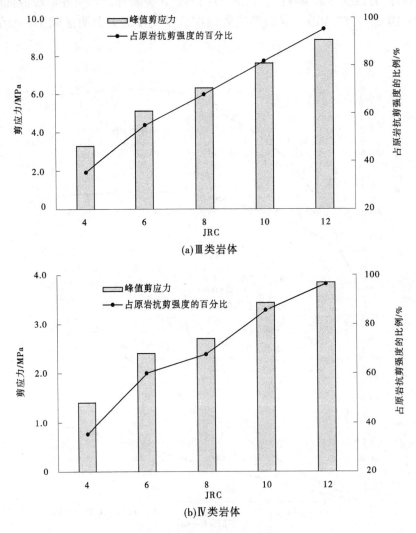

图 11　接触面抗剪强度与围岩强度比值

5 结论

采用理论分析、室内试验和数值模拟相结合的方法，研究了直柱形堵头结构的法向位移约束效应及对堵头结构抗剪性能的影响，主要结论如下：

（1）理论分析表明，直柱形堵头在水平推力作用下，堵头–围岩接触面将产生剪胀效应，使得堵头向围岩挤压，反过来受到围岩的法向位移约束，形成施加在接触面的附加法向荷载，从而提高了堵头的抗剪性能。数值试验进一步发现，随着堵头–围岩界面的粗糙度增加，可调动更大范围内的岩体发挥抗剪作用，对提高接触面抗剪能力发挥积极作用；而且接触面的抗剪能力与围岩的力学特性密切相关，岩体力学特性越差，结构面的抗剪能力越小。

（2）数值剪切试验表明，随着接触面粗糙度的加大，直柱形堵头的抗剪能力能够接近原岩自身的抗剪强度。建议在实际工程中，在浇筑堵头前，应实施凿毛围岩壁面、设置齿槽等方法，以确保直柱形堵头能够充分发挥其抗剪性能。

参考文献

[1] 翁永红，张练，徐唐锦，等. 高水头下大型导流洞新型堵头–围岩相互作用规律与安全评价 [J]. 岩土力学，2020，41（1）：242-252.

[2] 侯君. 二滩工程导流隧洞堵头设计准则探讨 [J]. 水力发电，1998（7）：32-35.

[3] 甘文喜. 水工隧洞堵头设计探讨 [J]. 人民长江，2001，32（5）：34-36.

[4] 熊金萍. 导流隧洞堵头设计与施工 [J]. 大坝与安全，2014（6）：4-5.

[5] 陈超敏，刘百兴，张拥军. 水布垭导流隧洞堵头设计及优化 [J]. 人民长江，2007（7）：44-45，51.

[6] 赵芹，何江达，梁照江. 导流洞堵头常规设计方法的修正 [J]. 岩石力学与工程学报，2004，23（8）：1336-1338.

[7] 甘文喜. 芹山水电站导流洞堵头设计 [J]. 人民珠江，2000（4）：30-31，46.

[8] 杨静安，伍鹤皋，苏凯，等. 大型水电站导流洞堵头结构与稳定分析 [J]. 水电能源科学，2007（1）：94-97.

[9] 林正伟，何江达，陈建康. 水工隧洞堵头用常规法与有限元法计算的差异 [J]. 四川水力发电，2003（2）：80-83，110.

[10] 许光义，伍鹤皋. 基于有限单元法的导流隧洞堵头优化设计 [J]. 中国农村水利水电，2007（3）：100-102.

[11] 郝文忠，井发坤，翁永红，等. 乌东德电站导流洞直柱形堵头衬砌与围岩接触研究 [J]. 人民长江，2019，50（11）：178-182.

[12] 徐唐锦，漆祖芳，饶志文. 金沙江乌东德水电站导流隧洞下闸封堵专题研究报告 [R]. 武汉：长江勘测规划设计研究有限责任公司，2018.

[13] 王金安，谢和平. 剪切过程中岩石节理粗糙度分形演化及力学特征 [J]. 岩土工程学报，1997（4）：2-9.

[14] 陈世江，朱万成，王创业，等. 岩体结构面粗糙度系数定量表征研究进展 [J]. 力学学报，2017，49（2）：239-256.

[15] 许宏发，李艳茹，刘新宇，等. 节理面分形模拟及JRC与分维的关系 [J]. 岩石力学与工程学报，2002（11）：1663-1666.

[16] 夏才初，唐志成，宋英龙，等. 节理峰值剪切位移及其影响因素分析 [J]. 岩土力学，2011，32（6）：1654-1658.

设备基础平台结构减振措施分析研究

李　江　刘思远

（黄河勘测规划设计研究院有限公司，河南郑州　450003）

摘　要： 光源项目对基础平台的振动特性有非常高的要求，本文采用 ABAQUS 建立模型，通过振型分析、时程分析及谐响应分析等计算方法，对整体结构进行了微振动的数模控制分析，研究底板厚度、隔振沟位置和深度以及桩基础等措施对微振动响应的特性及变化规律，为工程减振设计提供理论依据。

关键词： 微振动；减振；有限元分析；响应

北京先进光源工程是一个能量为 5 GeV、束流发射度约为 1 nmrad 的第三代同步辐射光源，其设计参数和性能优于世界上目前正在运行和建设的同类项目。为确保先进光源的稳定度，波荡器中电子束的轨道变化须控制在远小于电子束斑的水平。微振动是导致电子束流轨道变化的关键性因素之一，因此在光源设备基础平台设计过程中，如何控制、降低周边环境振动的影响是项目成败的关键因素。本文采用有限元的方法，分析隔振沟、基础平台厚度以及平台下部桩基桩长等常见减振的工程措施对于设备基础平台减振效果的影响，为工程实施过程中采取适宜的减振方案提供参考依据。

1　工程概况

光源项目的试验设备布置在地面混凝土环形隧道中，隧道直径为 412.6 m。为保证试验的精度，周边环境产生的振动对试验设备的影响需要控制在极低的程度，其微振动控制要求为振动频率 1~100 Hz 的垂直振动源在 1 s 内的均方根振幅（RMS）小于 25 nm，因此减少周边环境振动的影响是项目成功的关键因素之一。

经对拟建厂区进行现场振动测试，其周边自然环境下的振动位移统计见表 1。

表 1　嘈杂及安静期间均方根位移统计　　　　　单位：nm

期间划分	指标	水平向	垂直向
嘈杂期间 （08：00~22：00）	最小值	57.00	44.82
	最大值	117.13	92.79
安静期间 （23：00~07：00）	最小值	50.29	30.70
	最大值	84.49	82.00

根据测试报告中对场地振动不同频段的分析，场地振动在低频段内，振幅明显；10 Hz 以上，振幅已减小一个量级；1~10 Hz 的低频振动是场地振动的主要部分；场地上振动频率到 5 Hz 以后，振幅随着频率的增加呈指数衰减。

作者简介： 李江（1974—），男，高级工程师，一级注册结构工程师，主要从事水工设计工作。

2 土体振动分析

2.1 计算方法

使用 ABAQUS 有限元分析软件建立模型,通过振型分析、时程分析及谐响应分析等计算方法,结合时域和频域的计算结果,模拟分析场地和结构的自振特性以及在各种环境随机振动中的动力响应特征。改变上部结构参数,研究厚板基础厚度、隔振沟位置和深度以及打桩对微振动响应的特性及变化规律[1]。

2.2 模型参数选取

研究微振动时,各种材料均处于弹性范围,土体设为弹性半空间体,振型频率集中在低频段,模态与模态之间的频率差距很小,根据有限元分析结果,频率在 1~2 Hz 时变形以水平位移为主,场地振动特征以低频为主,与场地振动测试报告相符。

2.3 土体振动谐响应分析

研究场地土体在外界振动下的响应,可以作为动力设备振动影响的设计参数。在土体中施加一个竖向简谐振源,振源作用力峰值为 10 kN(均匀施加在半径 1 m 的圆形区域),对土体进行谐响应分析。在距离振源 4 m、6 m、10 m、15 m、30 m 的地方设置监测点,通过计算分析 1~100 Hz 内各监测点最大振幅随距离的变化情况,总结振动在土体中动力响应特性。

通过谐响应分析结果可知,高频波在土体中消散较快,40 Hz 以上的振动波在距离振源 10 m 时能消散,20 Hz 以上的振动波在距离振源 30 m 时几乎消失。10 Hz 以下的低频振动在土地中消散较慢,需要采取有效措施隔离。

3 减振措施影响分析

结构的微振动控制考虑的措施主要从振源控制、传播途径、建筑结构自身三方面进行处理。由于拟建工程场地已确定,作为振源的周边环境无法改变,因此工程减振措施主要从切断传播途径以及加强结构自身刚度两方面进行分析。工程中切断传播途径的常用措施为设置隔振沟,加强建筑结构自身刚度主要考虑采用基础厚板以及桩基的结构方案[2]。本文有限元计算主要分析隔振沟位置及深度、结构底板厚度和桩基长度等方面对结构减振的作用。

3.1 隔振沟影响分析

3.1.1 隔振沟深度影响效果

建立简谐振源,振源作用力峰值 10 kN(均匀施加在半径 1 m 的圆形区域),距离振源 3 m 处设置隔振沟,隔振沟的宽度为 1 m,深度分别为 2 m、4 m 和 6 m,研究隔振沟的隔振效果,如图 1 所示。

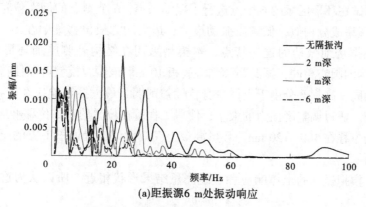

(a)距振源 6 m 处振动响应

图 1 不同隔振沟深度下土体振动响应

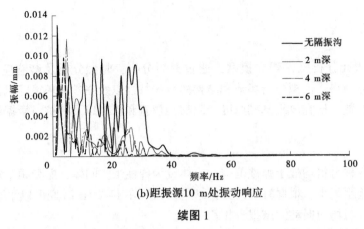

(b)距振源10 m处振动响应

续图 1

通过振动响应分析可知，2 m 深的隔振沟对频率在 30 Hz 以上的振动有明显的隔离效果，4 m 深的隔振沟对频率在 20 Hz 以上的振动有明显的隔离效果，6 m 深的隔振沟对频率在 10 Hz 以上的振动有明显的隔离效果。但是即使隔振沟有 6 m 深，对频率在 10 Hz 以下的低频振动隔离效果并不是很好。

3.1.2　隔振沟位置影响效果

采用 4 m 深、1 m 宽的隔振沟，改变隔振沟与振源和测点的相对位置，即隔振沟靠近振源、隔振沟靠近测点以及取消隔振沟三种工况计算隔振沟位置对隔振效果的影响，如图 2 所示。

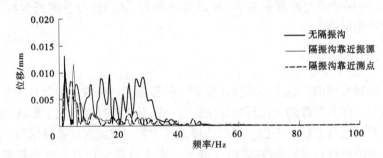

图 2　不同隔振沟位置下土体振动响应

由图 2 可知，隔振沟的位置对隔振效果影响很小，可以忽略。在项目设计中，隔振沟的位置可以根据施工方便与使用方便的需求设立。

3.2　结构底板厚度影响分析

3.2.1　场地振动模拟

场地周围振动来源于周围人类活动及行车、施工、器械等，非常难以真实模拟。根据场地振动测试报告，场地振动测试在环形区域的 6 个点进行了振动采集，6 个测点的最大位移振动响应相近，都在 100 nm 左右，且频率成分相似，低频段振动最大，最大均方根位移集中在 1~4 Hz 频段，高频段均方根位移较小。根据场地振动的这一特点，本模型采用在结构外侧施加环形简谐振源，环直径 480.6 m，圆心与结构的圆心相同，振源距离结构底板 10 m。该振源模型可以使得振源环以内的土体最大位移响应基本相同，高频部分由于土体自身特性被削弱，最大振动响应在 1~5 Hz，能够与测试报告中的特性相适应。通过调整激振力的大小，使得工程所在位置的土体位移响应与场地测试报告协调，即竖向最大振动位移在 100~120 nm。环形混凝土底板设计位置处正下方的土体，在模拟振源中的位移响应如图 3 所示。

在对数坐标下，模拟振动的土体响应和实地测量结果形状相近，所以认为这样的振动模拟是有效的。

3.2.2　测点位置选择

工程主体是一个环形结构，主体结构可分为主环隧道和主环大厅底板两部分。结合结构的特点，

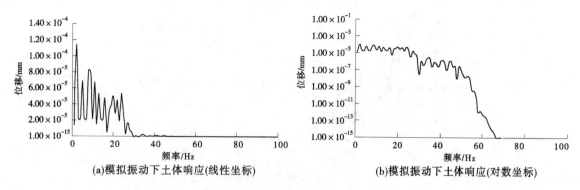

(a)模拟振动下土体响应(线性坐标)   (b)模拟振动下土体响应(对数坐标)

图 3　模拟振动下土体响应

在结构的振动响应分析中，选择两点的振动响应作为主要参考依据，分别如下：测点 1 为主环隧道截面中点（距离圆环中心 203.3 m 处）；测点 2 为大厅底板中点（距离圆环中心 218.8 m 处）。这两点可以作为整个结构振动响应的典型反映。

3.2.3　混凝土底部厚度影响分析

建立 4 个不同的模型，各模型的参数如表 2 所示。

表 2　模型参数

编号	振源	底板厚度/m	隔振沟
模型 A	环形简谐振源，环直径 480.6 m 圆心同结构圆心，距离结构底板 10 m	—	—
模型 B	同上	—	有
模型 C	同上	1.2	有
模型 D	同上	1.6	有

模型典型剖面图如图 4 所示。

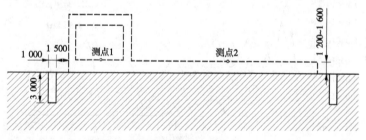

图 4　模型剖面图　（单位：mm）

模型计算结果如图 5 所示。

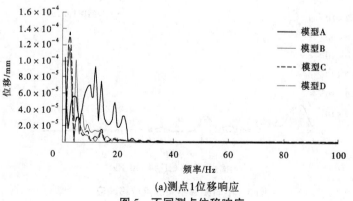

(a)测点1位移响应

图 5　不同测点位移响应

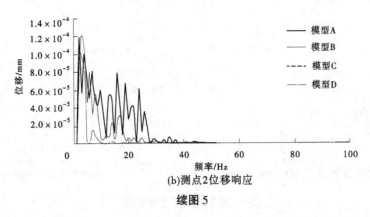

(b)测点2位移响应

续图 5

　　隔振措施对不同频段的隔振效果差距较大，30 Hz 以上的振动基本可以被隔振沟隔离，振动响应一定可以控制在设计要求内。将图 5 的计算结果细分成 1~20 Hz、4~30 Hz 两个频段进行详细分析，如图 6 所示。

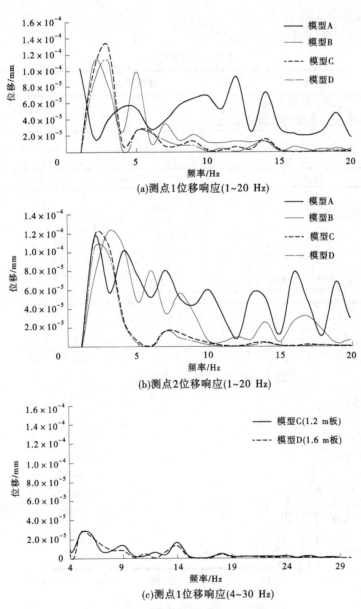

(a)测点1位移响应(1~20 Hz)

(b)测点2位移响应(1~20 Hz)

(c)测点1位移响应(4~30 Hz)

图6　不同频率不同测点位移响应

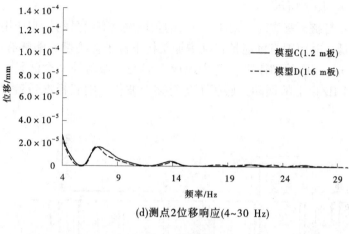

(d)测点2位移响应(4~30 Hz)

续图6

由表3可知,两个测点的位移响应变化趋势相同。30 Hz以上的振动可以被隔振沟隔离,传递到结构下部土体时能量已经消散较多。同时3 m深隔振沟,可以将10~20 Hz的振动能量削弱至1/2~1/3,但是10 Hz以下的低频振动几乎无影响。

表3 模型最大位移响应

振动频率/Hz	素地/nm	素地+隔振沟/nm	1.2 m 底板/nm	1.6 m 底板/nm
1~100	118	123	133	113
2~100	118	123	133	113
3~100	102	123	133	113
4~100	102	107	30	28
5~100	94	101	27	28
6~100	94	81	24	24

结构底板能明显消减4~10 Hz的振动响应,依靠1.2 m厚的混凝土底板能将4 Hz以上的振动位移响应控制在25 nm,满足设计要求,1.2 m厚底板和1.6 m厚底板效果相似,振动响应并没有明显地随着混凝土地板加厚而减弱。

对于结构底板来说,4 Hz的频谱是转换点;4 Hz以下的频率,混凝土底板对振动控制能力很弱;4 Hz以上的频率,底板对土体振动将有较强约束与隔离作用[3]。

3.3 桩长影响分析

控制桩径与桩距,改变桩长参数,分析桩长对振动控制的影响。建立3个模型,模型参数如表4所示。

表4 模型参数

编号	桩径/mm	桩距/m	桩长/m	底板厚度/m
模型 E	600	5.76	10	1.2
模型 F	600	5.76	20	1.2
模型 G	600	5.76	30(至基岩)	1.2

模型典型剖面图如图 7、图 8 所示。

由计算结果分析可知：打桩到基岩时，对 1~4 Hz 的频域振动有明显的控制作用，但是对 5 Hz 以上的振动成分控制作用较低。其原因有可能是打桩增加结构下部土体刚度，能够有效抵抗低频振动，而不能抵抗高频振动。在 1~4 Hz 的频段下，整个地板下部处于振动的一个波长内，振动无法被隔离，需要桩来提供约束。4 Hz 以上的振动，底板下部有多个波长，则底板本身就可以起到良好的约束效果[4]。

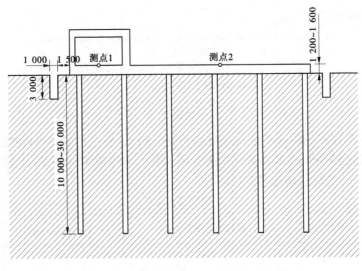

图 7　模型剖面图　（单位：mm）

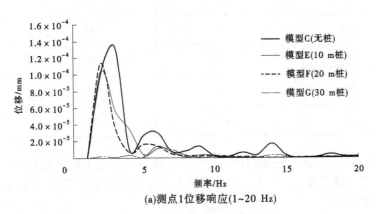

(a)测点1位移响应(1~20 Hz)

图 8　模型不同测点位移响应

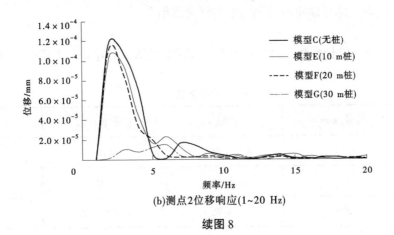

(b)测点2位移响应(1~20 Hz)

续图 8

当桩身没有接触到基岩时,桩的效应很低,几乎和无桩情况相同,桩的效应和长度关系不大,只取决于是否能和基岩良好接触[5]。

根据模型的结果,打入到基岩的桩对 1~4 Hz 的低频振动能将振动响应削弱至原来的 10%~20%。模型中当桩长 30 m,打入到基岩时,最大位移响应为 15 nm(未做处理时最大位移响应为 120 nm),在场地振动测试报告提供的环境下,通过减振处理达到了该工程的设计需求。

4 分析结果

根据场地地质勘测报告以及场地微振动检测报告,对整体结构进行了微振动的数模控制分析。在纳米级的精度下,整个场地都在振动,振动范围大,而且各点的振动响应相近。

试验设备要求振动频率在 1~100 Hz 的垂直振动源在 1 s 内的均方根振幅(RMS)小于 25 nm。需要考虑的频率范围大,低频到高频都需要考虑。通过合理的结构构造措施,可以将设备区域的位移均方根振动响应控制在 25 nm 以内。对于隔振的基本思路可以总结为:用柔性方案隔离高频振动,用刚性方案削弱低频响应,采用刚柔结合的结构设计思路可以对场地振动进行有效控制。

(1)在结构内侧和外侧设置 2~3 m 深的隔振沟,可以有效隔离 30 Hz 以上的振动。10~20 Hz 的振动能将响应削弱至原来的 1/2~1/3。对 10 Hz 以下的振动,隔离效果较小。

(2)结构底板对局部土体有较强的约束作用,对 4~20 Hz 的频谱成分可以进行有效的隔离,其机制是结构底板下方土体有多个波长时,混凝土底板能使多个波长内的位移响应平均化,从而有效隔离振动,混凝土底板厚度在 1.2~1.6 m 范围内对振动控制的变化效果不大,从经济性角度考虑,采用 1.2 m 厚板的方案可以使 4 Hz 以上的振动控制在 25 nm。

根据场地振动测试报告的结果,小客车对场地振动的主要影响在 4.5~25 Hz,渣土车对场地微振动的影响在 12~100 Hz,即交通对场地的影响在 4.5 Hz 以上。根据工程经验,机电设备对场地的振动影响是几十赫兹,所以人类活动对场地振动的影响主要分布在 4~100 Hz。根据其他工程的相关经验,主要关注的也是 4~100 Hz 的振动控制,并且工程建成后也有不错的振动结果。针对本工程的建设,宜对 4~100 Hz 的振动进行主要控制,所以采用 1.2 m 厚结构板方案应能达到理想效果。

(3)对于 1~4 Hz 的低频成分,整个混凝土底板处于一个波长内,结构随土体一起振动,无法有效隔离。最有效的方法是打桩至基岩,对土体进行强约束,可以将最大位移响应控制在 15 nm[6]。

5 结语

通过有限元建模分析得出的相关工程措施的微振动响应规律,为今后工程的减振设计提供了重要的参考依据,可以应用到类似工程的微振动有限元计算中。

在工程建设过程中应进行动态设计,分阶段设计和检测,通过有限元的设计软件数值模拟动力响应,进行自振特性计算、各类环境随机振动在场地和结构中的响应计算分析,并与实测结果相互校对比照,不断优化场地微振动控制技术措施。

参考文献

[1] 唐坚. 上海光源场地微振动特征及结构减振效果的测试研究 [J]. 上海建设科技,2010 (3):14-17.

[2] 贾辉,陈昌彦,张辉,等. 同步辐射光源地基微振动测试及工程实例分析 [C] //第四届全国岩土与工程学术大会,中国岩石力学与工程学会. 2013.

［3］岳建勇．软土地基精密装置基础微振动控制技术与工程应用［J］．建筑科学，2020（S1）：1.

［4］刘艳华，陈勇，陆明万．桩板基础减振的有限元计算［J］．工程力学，2002，19（6）：39-43.

［5］熊辉，邹银生，徐振宇，层状场域内桩-土-上部结构的整体动力有限元模拟［J］．土木工程学报，2004，37（9）：55-61.

［6］岳建勇．软土地基精密装置基础微振动控制技术与工程应用［J］．建筑科学，2020，36（S1）：57-67.

环北广东水资源配置工程可溶岩洞段水文地质特征分析及涌突水等级评价

陈启军　李振嵩　张浩然

（中水珠江规划勘测设计有限公司，广东广州　510610）

摘　要：可溶岩洞段是环北广东水资源配置的控制性工程，也是全线隧道的代表性工程，其地形、地质及岩溶水文地质条件较为复杂，有必要查清可溶岩洞段的岩溶水文地质条件。本文通过对隧址区地形地貌、地层岩性、地质构造、水文地质等条件的研究，分析了岩溶发育程度和岩溶发育规律；根据岩溶水补径排条件，进行了岩溶水文地质单元的划分；同时在水文地质分区的基础上，进行了隧道涌水量预测和隧道涌突水等级评价。经分析计算，可溶岩洞段涌突水等级划分为 B、C 两级，其中等级较高的 B 级位于分界河东岗岭组（D_2d）大理岩地层中，主要与岩性、地形、构造及岩溶作用水头有关。本文岩溶水文地质条件的研究成果可为该洞段防护设计及施工开挖提供有效的数据支撑，对工程建设实施有重要的指导意义。

关键词：岩溶水文地质条件；岩溶发育规律；岩溶水文地质单元；涌突水灾害等级

1　引言

环北部湾广东水资源配置工程隧洞穿越可溶岩洞段位于西江支流罗定江的支流罗镜河左岸支流分界河跨河段。该段隧洞洞径 7.4 m，埋深 189~307 m，顶板高程为 117.6 m，底板高程为 110.2 m，全长 1.5 km。结合区域地质资料、物探成果及钻孔揭露，该段发育 F_4、f_{165}、F_{4-1}、F_{4-2}、f_{166}、f_{167}、f_{88} 断层，推测破碎带岩促进岩溶较发育，导水能力进一步加强，最终起到汇集该区地下水的作用，形成大量的岩溶水，隧洞施工时有较大可能发生涌突水问题，给施工安全和施工进度带来较大的影响。通过采取地质测绘、物探、钻探、原位测试等综合勘探手段查明了该段岩溶发育特征和规律，为该洞段防护设计及施工开挖提供有效的理论及数据支撑，对工程建设实施有重要的指导意义。

2　工程地质特征

2.1　地形地貌

可溶岩洞段位于分界河床及其右岸。该处河谷为呈基本对称的"U"形峡谷，河床高程为 295~318 m，隧洞处河床高程为 305.3 m。左、右岸均发育三级阶地。左岸山顶高程为 1 055 m，右岸山顶高程为 1 340 m。隧洞东、西两侧发育六条冲沟。

2.2　地层岩性

可溶岩洞段地层岩性主要为中-新元古界云开岩群第三岩组（$Pt_{2-3}Y^3$）变质长石石英岩，长石石英砂岩，石英岩夹变质砂岩，夹变基性岩，铁矿层、磷矿层及大理岩，古生界泥盆系东岗岭组（D_2d）大理岩，中生界白垩系（$\eta\gamma K_2^{2c}$）黑云母二长花岗岩。

2.3　地质构造

该工程区主体所属一级大地构造单元为华南褶皱系，二级大地构造单元为粤西隆起区（II_1）、

作者简介：陈启军（1979—），男，高级工程师，注册岩土工程师，主要从事水利水电工程地质勘察及岩土工程的研究工作。

雷琼坳陷（Ⅱ₆），粤北、粤东北-粤中坳陷带（Ⅱ₅），其中主干线位于粤西隆起区，分为三个三级大地构造单元：大瑶山隆起（Ⅲ₁）、罗定坳陷（Ⅲ₂）、云开大山隆起区（Ⅲ₃）。本隧洞段主要发育贵子-云浮断裂 F_4、f_{165}、F_{4-1}、F_{4-2}、f_{166}、f_{167}、f_{88}。贵子-云浮断裂 F_4 系前第四纪区域性大断裂，其他为次一级断裂。

贵子-云浮断裂 F_4 分为南、北两段，其中南段与线路密切相关。在贵子镇、分界镇一带呈切割极深的河谷、谷地，并见断层崖、断层三角面，在罗镜一带大部分被第四系覆盖。断裂切割的最新地质体为石炭纪测水组。沿断裂带常有石英脉、石英斑岩脉和其他酸性岩脉贯入，岩脉一般宽约 5 m，后期挤压破碎，反映压—张—压的多期活动，为充水断裂。隧洞穿越可溶岩处断裂产状为 300°~315°/SW∠80°。该断裂主要由糜棱岩、碎屑岩、碎裂岩、断层泥等组成，其次由构造蚀变岩组成，并可见绿泥石化、绿帘石化等。断裂带在宽约 108 m、带内 70°~85°裂隙密集发育，见图1。

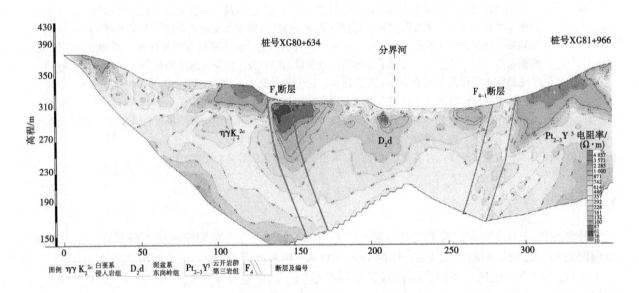

图 1　高密度电法解译 F_4 和 F_{4-1} 断层的位置

F_{4-1} 断层位于河床 D_2d 大理岩与右岸云开岩群第三岩组（$Pt_{2-3}Y^3$）变质石英砂岩与夹层大理岩接触带，其产状为 310°/SW∠85°，压扭性，与洞线夹角83°。影响带宽度约 45 m。

F_{4-2} 断层位于右岸云开岩群第三岩组（$Pt_{2-3}Y^3$）变质石英砂岩与夹层大理岩地层之中，其产状为 310°/NE∠82°，压扭性，与洞线夹角80°。影响带宽度约 45 m。

f_{165} 断层发育于河床 D_2d 大理岩地层之中，其产状为 332°/NE∠62°，性状不明，与洞线夹角66°。影响带宽度约 20 m。

f_{166} 断层位于右岸云开岩群第三岩组（$Pt_{2-3}Y^3$）变质石英砂岩与夹层大理岩接触带，其产状为 330°/NE∠70°，性状不明，与洞线夹角85°。影响带宽度约 15 m。

f_{167} 断层位于右岸，其产状为 325°/SW∠75°，性状不明，与洞线夹角80°。影响带宽度约 10 m。

f_{88} 断层位于右岸云开岩群第三岩组（$Pt_{2-3}Y^3$）地层之中，其产状为 330°/SW∠62°，性状不明，与洞线夹角80°。影响带宽度约 10 m。

以上断裂及其影响带岩体破碎，成为地表水向地下水运移的主要通道，也是主要的含水富水部位，对隧洞涌水突水影响巨大。

3　岩溶发育特征

3.1　岩溶发育特征

3.1.1　地表岩溶发育特征

隧洞穿越可溶岩洞段位于罗定坳陷南侧边缘贵子-罗镜弧形构造带上。地表大部分区域被第四系松散堆积物覆盖，仅在金垌村一带可见 D_2d 大理岩出露，基本为覆盖型岩溶。仅在洞线东侧金垌村大理岩出露于地表，岩溶现象主要表现为溶洞，溶洞洞高 2.5~10 m，其发育方向受层面和结构面共同控制。

3.1.2 地下岩溶发育特征

地下岩溶以溶洞为主，其次为溶隙、溶孔和溶窝。溶洞洞径 0.2~5.3 m，大部分溶洞呈无充填状，少部分充填碎石和泥沙。由于岩溶作用水头和持续时间不同，河床岩溶作用水头大且时间较长，故无论是岩溶发育强度和深度，河床大理岩（D_2d）岩溶发育程度明显优于右岸变质石英砂岩与夹层大理岩（$Pt_{2-3}Y^3$）。这也符合覆盖型岩溶河谷演化控制下岩溶区地下岩溶发育特征。

3.2 岩溶发育规律

3.2.1 岩溶发育的选择性

穿越可溶岩洞段岩溶发育的选择性表现在岩性和地层两方面。对岩性的选择，总体来说方解石含量越高，再叠加构造影响，岩溶发育相对强烈。

对地层的选择方面，河谷 D_2d 大理岩岩溶发育强度较右岸斜坡 $Pt_{2-3}Y^3$ 夹层大理岩高。河谷 D_2d 大理岩发育 38 个溶洞，洞径 0.2~6.8 m；右岸斜坡 $Pt_{2-3}Y^3$ 夹层大理岩发育 14 个溶洞，洞径 1.5~5.4 m。从溶洞发育的规模和频数可以看出，河谷地下水动力较强，其 D_2d 大理岩岩组较斜坡 $Pt_{2-3}Y^3$ 夹层大理岩组岩溶发育相对强烈。

3.2.2 岩溶发育程度垂直分带性

根据分界河谷 D_2d 大理岩溶洞高程分布统计，200 m 高程以上溶洞占溶洞总数为 93.5%；160~200 m 高程溶洞占溶洞总数为 6.5%。160 m 高程以下岩溶现象主要以溶隙、溶孔、溶窝为主。依据河谷岩性特征、溶洞发育的频数及规模，将分界河谷 200 m 高程以上划分为强岩溶化带，此带共发育 29 个溶洞，其中 24 个为无充填溶洞，5 个为充填溶洞，洞径 0.2~6.8 m，最低溶洞底板高程为208.85 m。160~200 m 高程之间为中等岩溶化带，此带发育 2 个溶洞，洞径 1.2~2.9 m，为无充填溶洞和充填溶洞，最低溶洞底部高程为 161.1 m。160 m 高程以下为弱岩溶化带，此带主要以溶隙、溶孔为主，溶隙发育下限高程 102.6~102 m，见图 2。

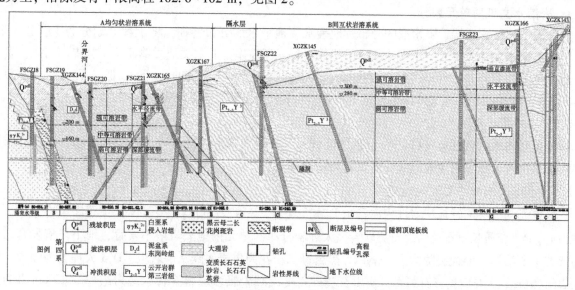

图 2　隧道纵断面涌突水灾害等级分级

右岸斜坡 $Pt_{2-3}Y^3$ 夹层大理岩溶洞主要在 280 m 高程以上，其中 300 m 高程发育 12 个溶洞，洞径 3.9~5.4 m，占溶洞总数的 85.7%；280~300 m 高程发育 2 个溶洞，洞径 1.5~1.7 m，占溶洞总数的14.3%；280 m 高程以下基本未见岩溶现象发育。依据右岸斜坡大理岩溶洞发育的频数和规模，将右岸斜坡区 300 m 高程以上划分为强岩溶化带；280~300 m 高程为中等岩溶化带；280 m 高程以下为弱岩溶化带,该带溶蚀裂隙及溶孔也少发育,见图 2。

4 岩溶水系统

4.1 地下水类型

按地下水赋存条件与水力性质,将区内地下水划分为松散岩类孔隙潜水、断层破碎带孔隙裂隙水(构造水)、岩溶裂隙水和基岩裂隙水四种类型。

4.2 岩溶水补径排条件

隧洞穿越可溶岩洞段地下水按地下水赋存条件与水力性质划分为松散岩类孔隙潜水、基岩裂隙水、构造水和碳酸盐岩岩溶水四种类型,并以碳酸盐岩岩溶水为主。

松散岩类孔隙潜水主要分布于河谷及支流谷地第四系覆盖层之中,接受大气降水补给,主要以散流形式向河谷、冲沟、低洼处排泄,局部以泉水排泄,如 S1 泉水。

基岩裂隙水赋存于中-新元古界石英片岩、片麻岩、变质砂岩、石英岩和晚白垩系($\eta\gamma K_2^{2c}$)黑云母二长花岗斑岩网状风化裂隙中,也可在蚀变带中赋存,总体上属于含水贫乏的岩组。该类岩体范围内泉水出露较少,接受大气降水补给,以面流、散流形式向河谷、冲沟内排泄。

隧洞穿越可溶岩洞段构造发育,每个含水岩体中的断裂带均构成各自独立的水文地质单元。沿断裂带(甚至交叉断裂)接受大气降水、松散岩类孔隙水、基岩裂隙水补给,断裂带为其径流通道,以泉的形式排向低洼、冲沟。如宽谷区 S5 泉水和罗镜盆地 S6 泉水均属于该类型地下水,并由于隧洞穿越可溶岩洞段大部分被第四系松散堆积物覆盖,未见泉水出露。

本段碳酸盐岩岩溶水在裸露型区接受大气降水后径流短,即时在山脚排泄。在覆盖型区地表岩溶不甚发育,河谷地下岩溶发育,岩溶形态主要为溶洞、溶蚀裂隙和溶孔,接受大气降水后赋存于溶洞、溶蚀裂隙中,以水平径流形式向下游排泄,并在分界镇 S5 泉水出流(高程为 147.14 m)。

右岸斜坡 $Pt_{2-3}Y^3$ 夹层大理岩地下岩溶形态也以溶洞、溶蚀裂隙为主,接受大气降水、第四系松散岩类孔隙水及两侧基岩裂隙水补给后,先以垂直渗流向下径流,而后以水平径流方式向冲沟内排泄。

4.3 岩溶水文地质单元划分

根据工程区含水层、隔水层的分布及地表水、地下水的分布特征,将工程区划分为Ⅰ、Ⅱ、Ⅲ、Ⅳ、Ⅴ五个水文地质单元。Ⅰ水文地质单元位于分界河左岸;Ⅱ水文地质单元位于分界河河床;Ⅲ水文地质单元位于分界河右岸,以 G3 冲沟为界将Ⅲ水文地质单元分为Ⅲ₁、Ⅲ₂、Ⅲ₃;Ⅳ水文地质单元位于右岸 G6 冲沟;Ⅴ水文地质单元位于右岸 G5 冲沟。其水文地质特征如下。

4.3.1 Ⅰ水文地质单元

该单元内地层岩性为晚白垩系 $\eta\gamma K_2^{2c}$ 黑云母二长花岗斑岩,隧洞处发育狭长冲沟,单元内未见明显泉水出露,地下水主要以散流形式向冲沟内排泄。

4.3.2 Ⅱ水文地质单元

该单元为分界河谷地层岩性为泥盆系 D_2d 大理岩,左侧为 $\eta\gamma K_2^{2c}$ 黑云母二长花岗斑岩分布,右侧为 $Pt_{2-3}Y^3$ 变质长石石英岩、石英砂岩夹大理岩分布。单元内地表岩溶不发育,地下岩溶发育,岩溶形态主要溶洞、溶蚀裂隙为主。$\eta\gamma K_2^{2c}$ 黑云母二长花岗斑岩属隔水层岩组,D_2d 大理岩为强含水透水岩组,$Pt_{2-3}Y^3$ 变质长石石英岩、变质石英砂岩夹大理岩属多层岩溶含水层岩组——非可溶岩为隔水层,可溶岩为含水层。F_{4-1} 断层将 D_2d 大理岩强含水透水岩组与右岸斜坡底部 $P_{2-3}Y^3$ 变质长石石英岩、变质石英砂岩夹大理岩属多层岩溶含水层岩组沟通,这两大含水层受左侧黑云母二长花岗斑岩、石英岩和右侧变质石英砂岩夹持,构成 A 岩溶水系统。

FSGZ20 钻孔揭露地下水位高程为 292.40 m,低于覆盖层顶面 15.6 m,低于分界河河水位(高程 305.8 m)13.4 m;FSGZ21 钻孔地下水位高程为 306.60 m,低于覆盖层顶面 5 m,与分界河水位基本持平。显然该岩溶系统不仅接受大气降水补给，还接受地表水补给，以水平径流的方式向下游排泄。从泉水的分布、出露及地形条件看，该系统排泄基准面应以分界镇上 S5 泉水出露点高程 147 m 为准。

4.3.3　Ⅲ水文地质单元

该单元为分界河右岸，地层岩性为 $Pt_{2-3}Y^3$ 变质长石石英岩、变质长石石英砂岩夹大理岩。洞线处发育 G1、G2、G3、G4 四条冲沟，G3 冲沟为主沟，G1、G2、G4 为支沟。以 G1、G2 和 G4 冲沟为次一级水文地质单元，将该单元细分为 $Ⅲ_1$、$Ⅲ_2$、$Ⅲ_3$ 水文地质单元。

$Ⅲ_1$ 单元内地表为大面积的坡洪积漂石覆盖，地下水位埋深较大，据 FSGZ23 钻孔揭露地下水位埋深为 71 m。冲沟内未见明显的水流。推测该单元内地下水潜伏于地下，向 G3 冲沟排泄。$Ⅲ_2$ 单元 G2 冲沟内亦可见大量的漂石分布，但地下水位埋深相对较浅，G2 冲沟可见明流。$Ⅲ_3$ 单元未见泉水出露，G4 冲沟内可见明流，表层分布砂卵砾层。

Ⅲ水文地质单元 G3 主沟上游覆盖层厚度相对较薄，但下游覆盖层厚度较大，且多以漂卵石为主。冲沟上游左岸发育 S1 泉水，流量约 2 L/s。冲沟中下游右岸发育 S2 泉水，流量 5~20 L/s。

Ⅲ水文地质单元 $P_{2-3}Y^3$ 夹层大理岩岩溶发育，岩溶形态以溶洞、溶蚀裂隙为主，为含水层。左侧为变质长石石英岩夹变质石英砂岩，右侧为石英岩夹变质砂岩。在两侧非可溶岩阻隔下构成 B 岩溶水系统，该系统左侧以 f_{166} 为边界，右侧以 f_{88-1} 为边界。FSGZ22 钻孔揭露地下水位高程为 305.9 m，与河水位基本持平；FSGZ23 钻孔地下水位高程为 353.4 m，高出河水位 47.6 m。该岩溶水系统接受大气降水后向 G3 冲沟内排泄。

4.3.4　Ⅳ水文地质单元

该单元地层岩性为 $P_{2-3}Y^3$ 变质长石石英岩、变质长石石英砂岩，G6 冲沟发育于本单元，地质测绘未发现显泉水出露，地下水主要以散流形式向冲沟内排泄。冲沟较长，沟内水量相对较大。

4.3.5　Ⅴ水文地质单元

该单元地层岩性为 $P_{2-3}Y^3$ 变质长石石英岩、变质长石石英砂岩，G5 冲沟发育于本单元，地质测绘未发现显泉水出露，地下水主要以散流形式向冲沟内排泄。

5　岩溶涌突水等级评价

5.1　隧洞涌水量预测

隧道涌水量预测准确性主要取决于对隧洞充水条件的正确分析，以及计算参数和计算方法的合理选用。隧洞通过Ⅱ水文地质单元和Ⅲ水文地质单元，根据地形地貌条件、地层岩性、地质构造、含水层结构和空间展布、岩溶发育规律、岩溶水系统精细划分和边界条件，将隧洞穿越可溶岩洞段在平面上划分为河谷区和斜坡区，纵断面上划分为 13 段（7 段断层和 6 段一般岩体段），采用科斯嘉科夫法分段预测正常涌水量，采用古德曼经验公式预测最大涌水量。隧道分段涌水量预测结果如表 1~表 4 所示。

5.2　隧洞涌突水等级评价

依据《铁路工程水文地质勘察规程》(TB 10049—2014) 将隧洞穿越段按照地表环境特征、岩石性质、地质构造、防水措施、气候条件、隧洞最大埋深和隧洞长度 7 项判别条件初步考虑将隧道涌突水严重等级分为 4 个等级。严重等级从高到低分别为 A 级（评分>3.91，隧洞涌突水甚大或突然涌水）、B 级（评分 3.30~3.91，隧洞涌水较大）、C 级（评分 2.48~3.30，隧洞涌水较少）和 D 级（评分<2.48，隧洞涌水甚微或无，一般不会对施工运营及环境造成不利影响）。隧洞穿越可溶岩洞段分界河谷属于地面汇水区，穿越的地层岩性为大理岩，其溶洞、溶蚀裂隙发育，断层多条，年降水量 1 329 mm，无衬砌，隧道埋深 192.85~208.45 m，隧洞段长 10.38~152.48 m。右岸斜坡地面为旱地，隧洞穿越变质石英砂岩夹大理岩，裂隙发育，断层多条，年降水量 1 329 mm，无衬砌，隧道埋深 237.69~349.92 m，隧洞段长 4.78~554.33 m。根据平面上的 2 个分区，纵断面上的 13 分段分区逐段

进行隧道涌水灾害严重等级判别，桩号 XG80+634.17~XG80+667.80、XG80+667.80~XG80+820.28、XG80+820.28~XG80+831.62、XG80+831.62~XG80+964.98、XG80+964.98~XG80+975.36、XG81+060.22~XG81+065.00 隧道涌突水等级为 B 级，其余段涌突水等级为 C 级。隧道纵断面涌突水灾害等级分级如图 2 所示。

表 1 隧洞断层段正常涌水量计算（科斯嘉科夫法）

地层	长度/m	含水体渗透系数 $K/$（m/d）	静止水位至洞底的距离 H/m	涌水段影响宽度 R/m	修正系数 α	隧洞宽度的1/2 r/m	隧洞通过含水体的长度 L/m	正常涌水量 $Q_s/$（m³/d）	单位长度涌水量/［m³/（d·m）］
F_4	33.63	9.69	195	16 953	1.56	5	33.63	24 419	726
f_{165}	11.34	9.69	198	17 346	1.56	5	11.34	8 337	735
F_{4-1}	10.38	9.69	198	17 346	1.56	5	10.38	7 632	735
F_{4-2}	4.78	9.69	210	18 946	1.56	5	4.78	3 688	772
f_{166}	10.49	0.864	198	5 179	1.54	5	10.49	797	76
f_{167}	8.05	9.69	258	25 800	1.56	5	8.05	7 359	914
f_{88}	49.1	0.864	258	7 704	1.54	5	49.1	4 607	94

表 2 隧洞断层段最大涌水量计算（古德曼经验公式）

地层	含水体渗透系数 $K/$（m/d）	静止水位至洞身横断面等价圆中心的距离 H/m	洞身横断面等价圆直径 d/m	隧洞通过含水体的长度 L/m	最大涌水量 $Q_{max}/$（m³/d）	单位长度涌水量/［m³/（d·m）］
F_4	9.69	190	10	33.63	89 785	2 670
f_{165}	9.69	193	10	11.34	30 642	2 702
F_{4-1}	9.69	193	10	10.38	28 048	2 702
F_{4-2}	9.69	205	10	4.78	13 532	2 831
f_{166}	0.864	193	10	10.49	2 527	241
f_{167}	9.69	253	10	8.05	26 843	3 335
f_{88}	0.864	253	10	49.1	14 598	297

表 3　隧洞一般岩体段正常涌水量计算（科斯嘉科夫法）

桩号	地层	长度/m	含水体渗透系数 $K/(m/d)$	静止水位至洞底的距离 H/m	涌水段影响宽度 R/m	修正系数 α	隧洞宽度的 1/2 r/m	隧洞通过含水体的长度 L/m	正常涌水量 $Q_s/(m^3/d)$	单位长度涌水量/[$m^3/(d\cdot m)$]	影响半径/m
XG80+667.80~XG80+820.28	D_2d	152.48	0.086 4	195	1 601	1.48	5	152.48	1 319	9	1 601
XG80+831.62~XG80+964.98	D_2d	133.36	0.086 4	198	1 638	1.48	5	133.36	1 167	9	1 638
XG80+975.36~XG81+060.22	$P_{2-3}Y^3$	84.86	0.086 4	210	1 789	1.48	5	84.86	777	9	1 789
XG81+065.00~XG81+230.10	$P_{2-3}Y^3$	165.1	0.086 4	210	1 789	1.48	5	165.1	1 512	9	1 789
XG81+240.59~XG81+794.92	$P_{2-3}Y^3$	554.33	0.086 4	245	2 254	1.49	5	554.33	5 721	10	2 254
XG81+802.97~XG81+917.11	$P_{2-3}Y^3$	114.14	0.086 4	258	2 436	1.49	5	114.14	1 227	11	2 436

表 4 隧洞一般岩体段最大涌水量计算（古德曼经验公式）

桩号	地层	长度/m	含水体渗透系数 K/(m/d)	静止水位至洞身横断面等价圆中心的距离 H/m	洞身横断面等价圆直径 d/m	隧洞通过含水体的长度 L/m	最大涌水量 Q_{max}/(m³/d)	单位长度涌水量/[m³/(d·m)]
XG80+667.80～XG80+820.28	D_2d	152.48	0.0864	190	10	152.48	3 630	24
XG80+831.62～XG80+964.98	D_2d	133.36	0.0864	193	10	133.36	3 213	24
XG80+975.36～XG81+060.22	$P_{2-3}Y^3$	84.86	0.0864	205	10	84.86	2 142	25
XG81+065.00～XG81+230.10	$P_{2-3}Y^3$	165.1	0.0864	205	10	165.1	4 167	25
XG81+240.59～XG81+794.92	$P_{2-3}Y^3$	554.33	0.0864	240	10	554.33	15 815	29
XG81+802.97～XG81+917.11	$P_{2-3}Y^3$	114.14	0.0864	253	10	114.14	3 394	30

6 结论

环北广东水资源配置工程隧洞穿越可溶岩洞段发育东岗岭组（D_2d）大理岩、云开岩群三岩组（$P_{2-3}Y^3$）变质长石石英岩夹大理岩地层，工程地质及水文地质条件复杂。本文通过对隧址区地形地貌、地层岩性、地质构造、水文地质等条件的研究，分析了岩溶发育程度和岩溶发育规律；根据岩溶水补径排条件，进行了水文地质单位的划分，并在水文地质分区的基础上，进行了隧道涌水量预测和隧道涌突水灾害等级评价。可溶岩洞段涌突水等级划分为 B、C 两级，其中等级较高的 B 级位于分界河东岗岭组（D_2d）大理岩地层中，主要与岩性、地形、构造及岩溶作用水头有关。本文研究成果为该洞段防护设计及施工开挖提供有效的理论及数据支撑，对工程建设实施有重要的指导意义。

参考文献

[1] 陈启军，张浩然．环北广东水资源配置工程隧洞穿越可溶岩洞段岩溶勘察专题报告［R］．广州：中水珠江规划勘测设计有限公司，2022.

[2] 陈启军，李振嵩，李宁新，等．河谷演化控制下的覆盖型岩溶区地下岩溶分层：以白石窑水电站为例［J］．人民珠江，2023，44（1）：62-68.

[3] 欧阳孝忠．岩溶地质［M］．北京：中国水利水电出版社，2013.

[4] 邹成杰，等．水利水电岩溶工程地质［M］．北京：中国水利电力出版社，1994.

[5] 程小勇，黄勤健．深埋隧道断裂带涌水量预测分析［J］．人民长江，2021（8）：133-136.

[6] 王振宇，陈银鲁，刘国华，等．隧道涌水量预测计算方法研究［J］．水利水电技术，2009，40（7）：41-44.

[7] 魏成武．大相岭隧道典型地段水文地质模型及其涌水量预测研究［D］．重庆：西南交通大学，2009.

[8] 王建秀．大型地下工程岩溶涌（突）水模式的水文地质分析及其工程应用［J］．水文地质工程地质，2001（4）：49-52.

[9] 陈明浩，邓宏科，张广泽，等．昭通隧道岩溶水文地质特征及突涌水危险性评价［J］．高速铁路技术，2020（6），34-39.

[10] 徐正宣，彭芬．方斗山隧道岩溶水文地质条件及危险性研究［J］．高速铁路技术，2017，8（4）：28-33.

[11] 罗雄文．深长隧道突水突泥致灾构造及其致灾模式研究［D］．北京：中国铁道科学研究院，2014.

[12] 中华人民共和国铁路局．铁路工程水文地质勘察规范：TB 10049—2014［S］．北京：中国铁道出版社，2014.

向家坝灌区某缓倾层状隧洞围岩
失稳模式及处理措施研究

罗　飞　贺金明　姚　晔

（长江三峡勘测研究院有限公司（武汉），湖北武汉　430074）

摘　要：隧洞缓倾层状结构围岩稳定性影响因素多，失稳模式复杂，多年来一直是地下空间主要研究课题之一。本文以向家坝灌区梯子岩-曹湾隧洞为例，基于地形地质、水文地质条件，分析了隧洞层状结构围岩失稳的影响因素，并将失稳变形破坏过程划分为块体变形破坏、膨胀内鼓破坏和整体重力垮塌3个主要阶段，结合围岩特性，归纳为关键块体剪切滑移、岩层膨胀内鼓和重力坍塌的相互协同破坏模式。针对性地采取固结灌浆、管棚和钢拱架支护综合处理措施，取得了较好的效果。本文成果可为类似围岩稳定性评价和失稳处理提供借鉴经验，具有重要的工程实践意义。

关键词：缓倾层状围岩；剪切滑移；膨胀内鼓；重力坍塌；处理措施

1　引言

围岩的失稳破坏是多因素相互耦合作用的结果，不同的地层岩性、不同的岩体结构会造成不同类型的破坏形式，层状岩体由于其层面结构的影响，其稳定性和失稳模式表现得更为复杂，浅埋深、软弱、缓倾层状隧洞围岩变形失稳模式分析研究不足、支护处理措施不完善，极易造成工程事故，工程风险危害大。

现有隧洞围岩稳定性研究主要包括力学理论研究、地质分析、数值模拟等方面[1]。理论研究主要有基于散粒体理论的普氏压力拱理论、太沙基公式、岩柱理论公式等，以及基于弹塑性理论的芬尼尔公式。基于塌落体假设的普氏压力拱理论将隧洞划分为深埋隧洞与浅埋隧洞，采用不同的设计计算模型计算相应的围岩压[2]，基于弹塑性理论的困难在于塑性圈半径的确定，因为塑性圈的扩展范围是随时间变化的，且塑性圈的形状也不规则。地质分析法主要包括围岩分类法、块体分析法、塌方分析法、工程经验判别法等，主要通过对岩体强度、岩体结构等方面对围岩进行分析研究[3]，其中典型的是浅埋隧洞软岩大变形案例，变形破坏过程完整，有明显流变特征，大多宏观表现为拱顶下沉、拱腰与边墙的收敛变形，初期支护因变形过大产生侧墙鼓出、钢架扭曲变形等现象[4]。数值模拟主要采用有限元、有限差分、离散元等数值模拟方法研究隧洞围岩应力、应变和破坏机制等，对围岩破坏演化过程研究具有一定的优势，并积累了丰富的科研成果和工程实践经验。但隧洞开挖后能否形成压力拱，压力拱是否能够自稳都是有条件的[5]，且压力拱的形成并不能保证隧洞稳定，与围岩强度、岩体结构、应力、地下水、洞形、洞跨、埋深、施工工艺等众多因素有关，在浅埋隧洞埋深的确定方面仍存在争议。

在隧洞围岩失稳破坏模式方面，国内外也做了相关方面较多的研究，张卓元等根据围岩岩性、岩体结构以及变形破坏的特点将围岩失稳破坏形式划分为张裂塌落、剪切滑移、岩爆、弯折内鼓、塑性挤出、膨胀内鼓、重力坍塌等11种破坏类型[6]。《水力发电工程地质手册》根据岩体类型和结构面产状与洞室的组合关系划分了松散体、水平地层、松软相间直立地层、平缓岩层与高陡倾角裂隙组

作者简介：罗飞（1983—），男，高级工程师，主要从事水利水电工程勘察设计工作。

合、多组结构面组合等 10 种塌方类型，每种类型都有其产生的条件和变形机制，实际工程中隧洞围岩失稳可能是一种失稳模式主导，也可能是几种模式的相互协同作用。只有研究清隧洞围岩失稳模式，才能有针对性地进行围岩支护设计和施工。因此，对隧洞层状围岩失稳模式进行分析研究对隧洞勘察、设计、施工等都具有极其重要的指导意义。

2 工程概况

向家坝灌区工程是《长江流域综合规划（2012—2030 年）》《全国水资源综合规划（2010—2030 年）》中确定的四川盆地腹地的重大水资源配置工程，是全国 172 项重大水利项目的标志性工程之一，也是四川省五横六纵水网中的重要组成部分，是缓解川南地区水资源短缺的重大水利工程。向家坝灌区北总干渠一期工程设计灌溉面积 198.57 万亩，渠首设计流量为 98 m³/s，包括新建北总干渠、江泸干渠、永兴分干渠、邱场分干渠等共计 29 条，合计总长度 373.57 km，为 Ⅰ 等大（1）型水利项目。

邱场分干渠渠首自北总干渠何家坳附近分水，至磨盘山处后接末端蓄水池，全长 38.25 km，渠首设计流量 20 m³/s。沿线总体为构造侵蚀、剥蚀为主的低山丘陵地貌，共布设隧洞 17 座，累计长度约 37 km，占总线路的 96.7%，其中梯子岩-曹湾隧洞上接梯子岩暗涵，下连槽房头明渠，桩号 K22+720.2~K31+600.4，长 8.88 km，是邱场分干渠控制性工程之一。隧洞设计断面为城门洞形，开挖宽 4.6~4.92 m，高 5.39~5.64 m，其中直墙高 3.98~4.11 m，进出口底高程分别为 339.96 m、337.35 m，坡降 1/3 400，建筑物级别为 2 级，为自流无压输水隧洞，洞轴线走向 NNE 向。

2022 年 3 月 5 日，梯子岩-曹湾隧洞桩号 K30+228~K30+233 洞顶发生塌方，3 月 6 日相应地表处出现不规则沉降变形现象，严重影响施工和地表人员安全。结合地质、设计和施工条件，通过对顶拱岩体变形失稳模式特征进行分析，对垮塌洞段采取针对性的支护加固措施，取得了较好的效果，确保了隧洞顺利贯通，为隧洞预期通水奠定了基础。

3 基本地质条件及失稳过程

3.1 基本地质条件

梯子岩-曹湾隧洞沿线属丘陵地貌，丘顶高程一般 378~390 m，局部孤丘高程达 420 m，低缓地带高程一般 350~370 m。隧洞穿越段地层岩性以侏罗系上统-中统蓬莱镇组（J_3p）、遂宁组（J_3s）、上沙溪庙组（J_2s）泥岩、泥质粉砂岩为主，局部夹长石砂岩，岩层产状 150°~225°∠10°~13°。

桩号 K30+222~K30+233 部位地表为一宽缓凹槽（见图 1），槽内为水田，地形平缓，地面高程 364.05~365.33 m，洞顶高程 342.9 m，隧洞埋深 21.15~22.43 m。地表为第四系粉质黏土，厚 2~3 m，软塑-可塑状，下伏基岩为侏罗系中统上沙溪庙组（J_2s）紫红色中厚层泥质粉砂岩与薄层泥岩组合岩体，其中上部泥岩夹泥质粉砂岩厚度约 10.4 m，下部为长石砂岩夹泥质粉砂岩，强风化带厚 6~10 m，弱风化带厚 15 m 左右。

根据洞挖揭露，主要发育 3 组裂隙。T1：100°~120°∠45°~55°，延伸长一般 5~10 m，面起伏粗糙，主要充填岩屑，线密度一般 3~4 条/m。T2：180°~210°∠50°~60°，面起伏光滑，附泥膜，线密度一般 2~3 条/m。T3：270°~280°∠50°~60°，面起伏光滑，多附泥膜。

隧洞地下水较发育，洞壁以潮湿为主，局部表现为滴水-线流状，其中桩号 K30+222 右顶拱为线流状出水，流量 3~5 L/min，清澈透明。

3.2 塌方过程

2022 年 3 月 1 日，桩号 K30+222~K30+226 右顶拱发生塌方，塌方规模顺洞向长 3~4 m，宽 2~4 m，深 3~4 m，体积约 25 m³，不规则状。及时对顶拱空腔采用 C25 混凝土回填，并用 I16 钢拱架加强支护；同时，采用 φ42、长 6 m 注浆小导管，按排距 1.0 m、环距 0.15 m 对围岩进行加固处理。

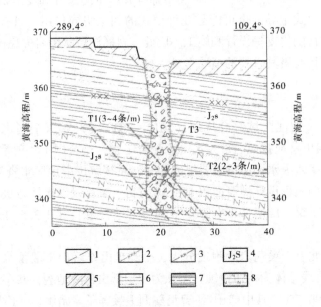

1—地层界线；2—强/弱风化分界线；3—弱/微风化分界线；4—侏罗系中统上沙溪庙组地层；
5—粉质黏土；6—泥质粉砂岩；7—泥岩；8—长石砂岩。

图 1 K30+233 地质剖面图

2022 年 3 月 5 日，桩号 K30+226～K30+233 洞顶又发生塌方，塌落高度约 10 m，钢拱架有损坏现象，而且上部间歇性掉块。同时准备加大支护措施，包括增设工字钢横撑和注浆大管棚等措施。

2022 年 3 月 6 日，桩号 K30+233 处地表水田内出现变形，桩号 K30+228.1～K30+236.9 处地表水田内变形范围呈不规则圆形，半径 3～4 m，四周环形拉裂缝张开宽 10～50 cm，裂缝最深 70～80 cm，地表下陷 5～50 cm。

4 失稳模式和原因分析

4.1 影响因素分析

4.1.1 地形因素

桩号 K30+222～K30+540 段地表为一凹槽，槽内主要为水田，隧洞埋深 21～22 m，上覆基岩是隧洞高度的 4.5 倍，按照普氏压力拱理论，估算塌落拱有效高度 $H = 2.5ha = 2.5 \times 0.45 \times 16 \times 0.8 = 14.4$ (m)，略小于上覆基岩厚度，处于浅埋隧洞、深埋隧洞分界值附近，浅埋隧洞结构主要承受上覆岩层荷载作用，而深埋隧洞只承受压力拱下岩体的重量，因此采用的计算模型与方法不同。

4.1.2 地层岩性

隧洞围岩为紫红色中厚层泥质粉砂岩与薄层泥岩组合岩体，泥质粉砂岩的抗压强度一般小于 10 MPa，属软岩，围岩类别 V 级，同时对粉砂质泥岩进行膨胀力试验，膨胀力小于 100 kPa 有 7 组，占试验总数的 47%；膨胀力介于 100～300 kPa 有 6 组，占试验总数的 40%；膨胀力介于 300～500 kPa 有 2 组，占试验总数的 13%。

根据相关规范并结合南水北调工程的评判标准（同一地层中具膨胀性岩石的试验组数超过取样总数的 1/3，则认定该地层具有膨胀性），沙溪庙组粉砂质泥岩具有弱膨胀性，局部具中等膨胀性，隧洞开挖后，围压周围松弛区形成使上部裂隙水深入，结果使泥岩吸水发生膨胀变形，对隧洞围岩稳定不利。

4.1.3 地质构造

隧洞围岩岩层产状 150°～225°∠10°～13°，属于平缓层状结构，在水平岩层特别是薄层状水平岩层中开挖隧洞，拱顶水平岩层形成类似组合梁结构，如果层间存在软弱夹层时，层间剪切强度锐减，组合梁演化为叠合梁，顶板强度和刚度会大大削弱，在自重作用下容易发生弯折变形。

主要发育3组裂隙，裂隙与岩层层面易形成不利块体，围岩表部的应力集中使围岩发生局部剪切破坏，造成拱顶坍塌。其中，T1裂隙走向与洞轴线近平行，T3裂隙走向与洞轴线交角10°～20°，为小角度相交，容易产生大范围的块体失稳。

4.1.4 地下水

施工揭露，隧洞地下水较发育，洞壁以潮湿为主，局部表现为线流状（桩号 K30+222 右拱顶），一方面，地下水对围岩和结构面有软化作用，显著降低围岩的强度和结构面强度；另一方面，围岩具有弱膨胀性，遇水则膨胀，产生膨胀地压，加剧围岩破坏。另外，塌方段地形上为一凹槽，地势较低，有利于四周地表水汇集入渗，对隧洞围岩稳定不利。

4.2 失稳模式分析

结合隧洞地质条件和失稳过程，围岩变形破坏经历3个阶段：

第一阶段为块体剪切滑移破坏。隧洞开挖后，应力重新分布，初步形成压力拱。根据赤平投影，拱顶发育3组结构面相互切割与临空面切割形成可动块体（见图2），采用 Unwege 进行搜索，在拱顶处因结构面切割形成块体，由于隧洞开挖，顶拱块体底面形成临空面，导致块体在重力作用下沿泥化结构面产生剪切滑移破坏，块体失稳后在右顶拱处形成塌方空腔，高度3～4 m，使拱顶水平岩层形成类似叠合梁结构，为变形提供有限空间条件。

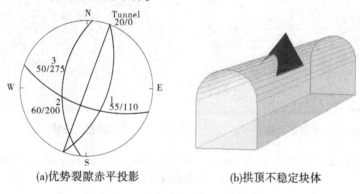

(a)优势裂隙赤平投影   (b)拱顶不稳定块体

图 2　裂隙赤平投影和不稳定块体示意图

第二阶段为膨胀内鼓破坏阶段。围岩为黑色中厚层泥质粉砂岩与薄层泥岩组合岩体，其中泥岩具有弱膨胀性，局部具中等膨胀性，隧洞开挖后，围岩松弛区的形成往往促使地下水向围岩表部转移，使得围岩表部泥岩吸水发生膨胀变形，明显体现在向顶拱空腔处挤压膨胀内鼓。同时，膨胀变形给支护系统造成压力作用，一定程度上损坏了支护结构，导致顶拱岩体变形进一步加剧，塌方高度达到8～10 m。

第三阶段为整体重力坍塌阶段。随着膨胀内鼓破坏进一步加剧，削弱了水平岩层形成的组合梁结构的强度和刚度，使得拱顶围岩稳定性进一步恶化。隧洞埋深较浅，造成压力拱失去效用，随着变形持续发展，发生贯通至地表的拉裂破坏，拱顶支护结构承受上覆岩土体荷载作用，在上覆岩土体重力作用下，支护结构失效，隧洞顶拱发生大塌方以及地表发生沉降变形，塌方高度达 22 m，地面呈半径3～4 m 不规则圆形，下陷5～50 cm。

坍塌失稳模式见图3。

梯子岩-曹湾隧洞桩号 K30+228～K30+233 失稳模式可归结为关键块体剪切破坏、膨胀内鼓和重力坍塌的协同破坏模式。由于围岩内应力分布的不均匀性以及岩体结构、强度的不均匀性和各向异性，在应力集中区域，且岩体结构相对较差的部位往往成为隧洞围岩的突破口，在大范围围岩尚可保持整体稳定性的情况下，这些应力-强度关系中最薄弱的部位如不稳定块体发生局部失稳破坏，并使应力向其他部位转移，再加上泥岩膨胀内鼓进一步恶化围岩条件，引起另外一些薄弱部分发生破坏，不断垮塌掉块，如此逐渐发展，连锁反应，最终导致大范围围岩在重力作用下发生坍塌。因此，在进行围岩稳定性分析评价时，必须充分考虑围岩累进性破坏的过程和特点，针对控制围岩失稳的关键部位，采取有效措施，防止累进性破坏的发生和发展[6]。

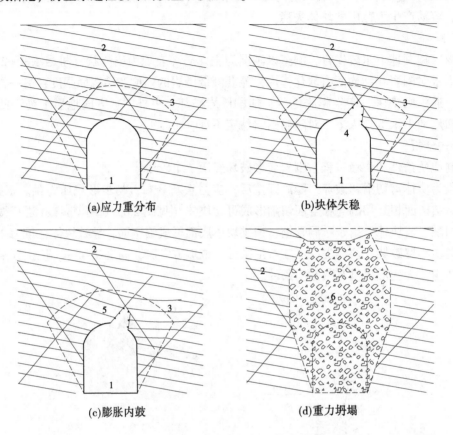

(a)应力重分布　　　　　　　　　(b)块体失稳

(c)膨胀内鼓　　　　　　　　　(d)重力坍塌

1—隧洞开挖线；2—裂隙；3—压力拱；4—局部块体失稳；5—膨胀内鼓区域；6—坍塌岩体。

图3　坍塌失稳模式图

4.3　失稳原因分析

洞室塌方的主要原因有以下方面：其一为岩体强度低，结构面发育，岩体破碎，围岩类别为 V 类，自稳能力差；其二是隧洞裂隙发育，在拱顶上相互切割形成不稳定块体，关键块体失稳破坏后，造成压力拱失效，变形产生累进反应；其三是围岩中泥岩具有弱膨胀性，局部具中等膨胀性，吸水后发生膨胀内鼓破坏，进一步加剧围岩破坏；其四是块体失稳塌落过程造成支护结构破坏，支护体系完整性被破坏，未形成整体有效的支护作用。

5　处理措施

（1）在地表塌陷区外围开挖截排水沟，避免地表水入渗。

（2）洞内先抽排积水并清理淤泥，然后对掌子面坍塌体处回填一定厚度的开挖石渣并压实，表面喷混凝土封闭，坡脚采用反压沙袋进行加固。

（3）向塌陷区回填隧洞开挖石料，并浇筑 50 cm 厚 C25 混凝土压浆板。然后，对塌陷区域回填灌浆，回填灌浆实施 7 d 后，在塌陷影响区域实施固结灌浆，对围岩进行加固。

（4）固结灌浆满足 7 d 凝期后在洞内注浆管棚施工。隧洞桩号 K30+223 和桩号 K30+240 处顶拱布置双层 φ108 注浆管棚，层距为 1 m，管棚长度 20 m，环距 0.4 m，倾角 7°。

（5）隧洞桩号 K30+223～K30+243 段采用 I18 钢拱架支护，钢拱架排距为 0.5 m。挂网喷 20 cm 厚 C20 混凝土，挂网钢筋直径 10 mm，钢筋间距 250 mm。

（6）塌方区域前面 20 m 范围内隧洞开挖采用非爆破开挖方式，开挖过程中应严格控制进尺，开挖后立即对掌子面进行喷混封闭，对隧洞围岩进行挂网喷混并施加钢拱架。

（7）一次支护完成后，应尽快完成二次衬砌浇筑。二次衬砌后对顶拱均进行回填灌浆，然后对顶拱和直墙段采用固结灌浆。

在梯子岩-曹湾隧洞失稳段进行处理时，采用固结灌浆和管棚加固地层，然后采用加密钢拱架进行强支护，同时开挖过程中严格控制进尺，及时对隧洞进行衬砌支护，避免了再次发生坍塌，确保施工安全，通过对洞内围岩变形监测，根据洞内监测点收敛变形累计位移历时曲线（见图4），2022年5月坍塌部位处理完成后隧洞围岩变形趋于收敛。隧洞于 2023 年 3 月 29 日实现梯子岩-曹湾隧洞全线贯通，比节点工期提前 153 d，取得了较好的效果。

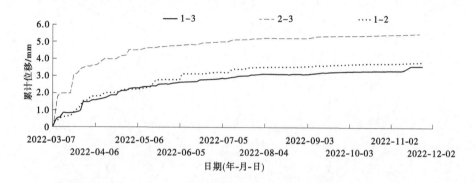

1-3 为顶拱与左拱肩测线；2-3 为左右拱肩测线；1-2 为顶拱与右拱肩测线。

图4　桩号 K30+220 洞内收敛变形累计位移历时曲线

6　结论与建议

红层地区隧洞围岩地质条件复杂，影响围岩稳定性的因素多，失稳机制复杂。基于梯子岩-曹湾隧洞地形地质条件和失稳变形过程，总结了层状隧洞失稳模式，提出相应的处理措施，并取得了较好的效果。主要结论和意见如下：

（1）影响梯子岩-曹湾隧洞围岩稳定因素主要为地形地貌、地层岩性、地质构造和地下水等。

（2）梯子岩-曹湾隧洞按失稳过程将其划分为块体失稳破坏、膨胀内鼓破坏和重力坍塌 3 个阶段，失稳模式可归结为关键块体剪切破坏、膨胀内鼓和重力坍塌的协同破坏模式。

（3）层状隧洞围岩稳定性评价时，还应考虑因环境、施工、地质构造、不稳定块体等因素的影响，由于关键不稳定块体的失稳，隧洞埋深较浅时有可能导致压力拱失效从而导致整体坍塌，因此须按松散压力验算。

（4）在进行围岩稳定性分析评价时，必须充分考虑围岩累进性破坏的过程和特点，针对控制围岩失稳的关键部位，及时采取有效措施，防止累进性破坏的发生和发展。

（5）梯子岩-曹湾隧洞岩石以层状软岩为主，岩体破碎，成洞条件差，施工难度大，对层状浅埋段应严格按"管超前、严注浆、短开挖、强支护、早封闭、勤测量"十八字施工原则执行。

参考文献

[1] 闫天玺，左清军，谈云志，等．浅埋偏压隧道洞口段软弱围岩失稳机制分析［J］．三峡大学学报（自然科学版），2018，40（4）：48-51.

［2］郑颖人，邱陈瑜. 普氏压力拱理论的局限性［J］. 现代隧道技术，2016，53（2）：1-8.

［3］彭土标，等. 水力发电工程地质手册［M］. 北京：中国水利水电出版社，2011.

［4］袁青，陈世豪，肖靖，等. 浅埋富水软岩隧道大变形机理与控制研究［J］. 防灾减灾工程学报，2022，42（4）：723-731.

［5］邱陈瑜，郑颖人，张艳涛，等. 岩质隧道深浅埋划分方法及判别标准探讨［J］. 现代隧道技术，2019，56（1）：14-21.

［6］张卓元，王士天，王兰生，等. 工程地质分析原理［M］. 北京：地质出版社，2009.

西部某水电站对外公路变形边坡稳定性分析及评价

包 健 王有林 赵中强 董 刚

（中国电建集团西北勘测设计研究院有限公司，陕西西安 710065）

摘 要： 水电站对外公路对水电工程的建设和安全运行至关重要，公路边坡的稳定性又是保障公路安全运行的重要因素。西部某水电站对外公路边坡开挖后变形迹象明显，严重威胁公路建设及人民生命财产安全，对该边坡进行稳定性分析及评价十分必要。通过现场调查，结合勘探、变形监测、室内试验等，详细研究了该变形边坡的分区、边界特征、变形破坏特征，对边坡破坏模式及稳定性进行了分析评价。综合分析认为，边坡整体变形趋于收敛，Ⅰ区前、后缘变形量均较大，稳定性差；Ⅱ区变形量较小，处于基本稳定状态。建议对该段边坡采取适当的综合性防治措施。

关键词： 水电站；对外公路；变形边坡；稳定性分析

1 引言

西部地区水电站多位于高山峡谷中，地形地质条件复杂，对外交通条件差，对外公路多是连接水电站与外界的唯一交通道路。2008 年，锦屏水电站对外公路路基上边坡相继出现不同程度的变形破裂迹象[1]；2016 年，甲岩水电站进场公路边坡发生崩塌[2]；2022 年，金川水电站对外公路路基边坡外侧出现拉裂缝[3]。对外公路边坡的变形破坏，不但会影响路基及行车安全，对其附近居民的生命财产构成威胁，甚至可能会对水电站正常运行造成一定程度的影响[4]。

2021 年雨季后，西部某水电在建对外公路 K0+800～K1+020 段路基内侧边坡出现不同程度的变形拉裂迹象。本文在结合现场调查、勘探、试验等资料的基础上，对该段变形边坡的边界分区、变形破坏特征进行了分析研究，以定性分析和量化评价相结合的方式，对边坡在不同工况下的稳定性进行了分析评价[5]，并提出处理措施建议，同时也可为类似的工程提供一定参考。

2 边坡基本地质条件

2.1 地形地貌

西部某水电站进场公路地处高山峡谷区，山势挺拔，其中 K0+800～K1+020 段道路施工前为临时乡道，沿那曲河左岸斜坡 3 760 m 高程附近展布，如图 1 所示，那曲河流向近 EW 向，下游约 550 m 处转向 NW300°，路基以下自然斜坡地形较陡，坡度 40°～45°；路基以上边坡坡度 30°～35°，由多级小缓坡平台组成；高程 3 850 m 附近有一处民居，地形相对较缓，为 25°～30°。

2.2 地层岩性

边坡区出露的地层主要有第四系松散堆积物和侏罗系变质岩，分述如下：

（1）第四系全新统崩坡积（Q_4^{col+dl}）：岩性为碎石土，由块石、碎石、砂土组成，结构松散，一般厚度 22～43 m，是堆积体的主要组成物质。

（2）侏罗系中上统拉贡塘组（$J_{2-3}l$）：主要为青灰色砂质板岩，表层多风化变色呈灰白-灰黄色，局部夹变质砂岩条带。

基金项目： 中国电建集团西北勘测设计研究院有限公司科技项目（XBY- ZDKJ - 2021-08）。

作者简介： 包健（1992—），男，工程师，主要从事水利水电工程地质勘察工作。

图 1   西部某水电站 K0+800~K1+020 段边坡全貌

2.3 地质构造

边坡区在大地构造上位于冈底斯-念青唐古拉造山系，地质构造形式较简单，以裂隙为主，边坡下游侧有 1 条区域性断裂各若-拿荣断裂（F7）通过，如图 2 所示。该断裂为走滑断层，与线路在 K0+470 处附近斜交，横切那曲河，断层总体产状 NW345°NE∠50°，为早、中更新世断裂。受此断裂影响，边坡后缘岩体存在倾倒变形，完整性较差。

2.4 水文地质条件

边坡区地下水主要为潜水，地下水位埋藏较深，钻孔揭露到地下水位埋深 20~42 m，前缘坡脚局部有地下水渗出，初步分析为降水后形成的暂态上层滞水。崩坡积碎石土整体为中等-强透水，基岩为弱透水，地下水主要在基岩裂隙网络中储存和运移。

3 边坡分区及边界特征

3.1 平面分区

根据现场调查，本段边坡变形迹象明显，结合裂缝展布及地形特征，可将该段变形边坡分为Ⅰ、Ⅱ两个分区，如图 2 所示。其中，Ⅰ区位于前缘上游侧，面积 13 100 m²，估算体积 9.8 万 m³，区内拉裂缝发育，上游侧边界在 K1+020 附近，下游边界在 K0+850 附近。后缘边界位于开挖边坡上部平台，为一条近乎贯通的裂缝，高程约 3 825 m，同时发育多条与该拉裂缝近平行的弧形裂缝；前缘位于公路边坡开挖坡脚位置，高程约 3 758 m，前后缘高差 67 m；人工开挖边坡坡面可见一条沿公路走向展布裂缝，推测为Ⅰ区底界，底边界埋深 10~15 m。

Ⅱ区位于Ⅰ区中后部，Ⅰ区变形向上发展，牵引产生了次生拉裂缝，分布在Ⅰ区后缘和下游侧边界，面积 45 060 m²，估算体积 117.4 万 m³。上游边界同Ⅰ区，下游边界在 K0+800 附近。前缘位于那曲河边，高程约 3 710 m；后缘位于堆积体后部与基岩山梁分界处，高程约 3 895 m，前后缘高差 185 m，后缘基岩山梁坡度较陡，为 45°~55°，表部岩体轻微倾倒变形。根据勘探钻孔揭露，Ⅱ区覆盖层厚度 22.0~43.6 m，覆盖层下伏强风化砂质板岩。因勘探钻孔未揭露到明显滑带，按照最不利情况考虑，Ⅱ区底界以基覆分界面考虑。

3.2 剖面特征与分区

边坡剖面形态不仅是了解其规模、潜在破坏面形态的依据，而且也是稳定性评价的主要依据[6]。结合钻孔勘探，变形最为强烈区域的 BP01 工程地质剖面图如图 3 所示。根据裂缝分区和平面形态，变形主要发生于Ⅰ区，为整个堆积体的浅表部，剪出口为公路开挖边坡坡脚处。Ⅱ区受Ⅰ区变形牵引影响，产生了次生拉张裂缝，后期未发生明显变形，裂缝未贯穿至深部，仍为浅表部变形。勘探钻孔中未发现明确的滑动面，剖面上总体前缘抗滑段堆积体厚度较薄，一般为 22~28 m；中后部相对较厚，一般为 36.2~43.6 m。剖面中下部基岩与覆盖层分界面平均坡度 26°，小于地面坡度；中后部平

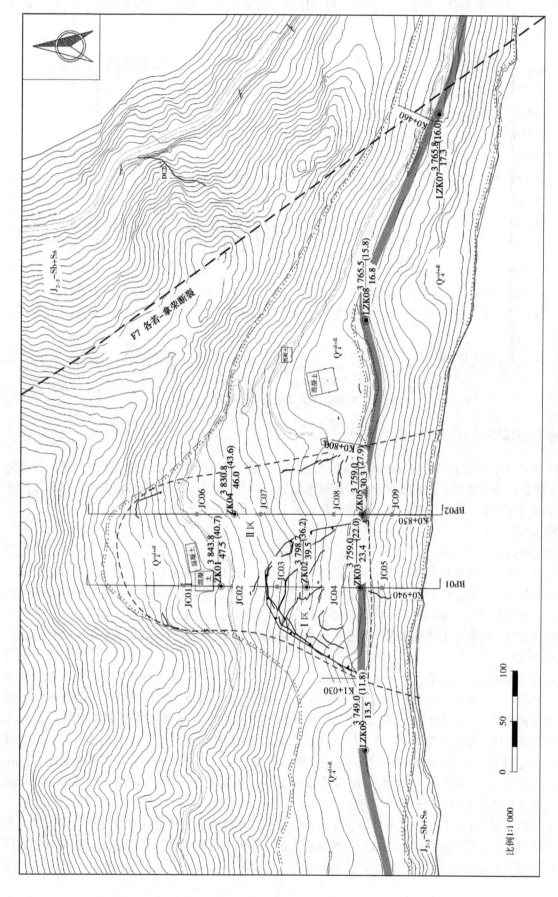

图 2　K0+800~K1+020 段边坡工程地质平面图

均坡度 39°。从剖面形态看，前缘无反翘段，堆积体厚度明显比中后缘薄，提供的抗滑力有限，坡体结构不利于边坡稳定。

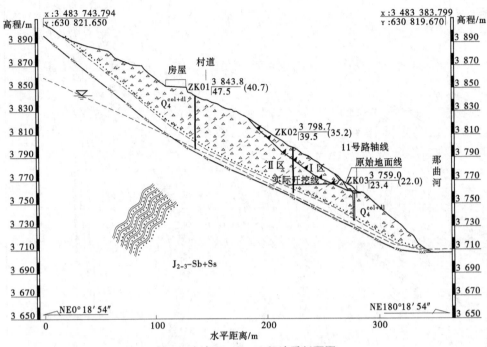

图 3 边坡区 BP01 工程地质剖面图

4 边坡变形破坏特征

2021 年 9 月中旬施工单位对 K0+800~K1+020 段内侧边坡进行削坡，于 9 月底完成开挖，开挖完成后未立即进行挡土墙施工，坡面亦未设置截排水设施。9 月、10 月工程区降雨量集中，在边坡开挖扰动和降雨的影响下，人工开挖边坡出现前缘坍塌、后缘拉裂的变形现象。

4.1 地表调查

根据现场调查，K0+800~K1+020 段边坡在现状条件下的变形、破坏主要集中在 I 区开挖边坡附近，主要表现为开挖边坡坡面的小规模坍塌破坏和开口线以上自然边坡的拉裂变形。边坡表部裂缝主要分布在路基以上坡面，特别是 I 区内拉裂缝张开明显，宽度为 10~60 cm，在后缘部位形成断续的拉裂缝，并处出现错台。II 区位于 I 区中后部，受 I 区变形影响，产生了次生拉裂缝，分布在 II 区后缘和下游侧边界。路基以下边坡未见明显变形迹象，包括路基和已浇筑的挡墙均未见明显变形。

4.2 变形监测

根据变形边坡分区及地表变形特征，在边坡 I 区、II 区布置了 2 个监测断面，每个断面布置 4~5 个表面变形测点，其中 JC03、JC04 布置于变形最为强烈的 I 区，JC05、JC09 布置于公路路基以下边坡，具体布置见图 2。监测自 2021 年 12 月 3 日至 2022 年 2 月 11 日，监测结果见图 4 和图 5。

根据监测结果，变形主要集中在 I 区（JC03、JC04），最大累计水平合位移计 1 224 mm，最大沉降量 661 mm，监测点位移方向基本一致，均与边坡等高线垂直，并朝向坡外，与裂缝形态吻合。在 2021 年 12 月 8—22 日期间 I 区监测点位移增幅明显，最大水平合位移（JC04）速率超过 1 100 mm/月，2022 年 2 月 1 日后变形趋于收敛。

II 区变形明显较 I 区轻微，变形曲线近于水平，变形速率缓慢，其中 II 区前缘变形较小，最大累计水平位移 58 mm，最大沉降量 16 mm；后缘靠近 I 区范围的变形明显大于下游区域，这也从侧面说明 II 区后缘变形主要是由 I 区变形后引起的协调变形。

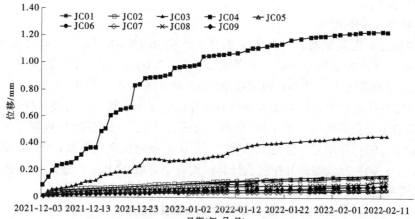

图 4　变形边坡表面监测点水平合位移过程线

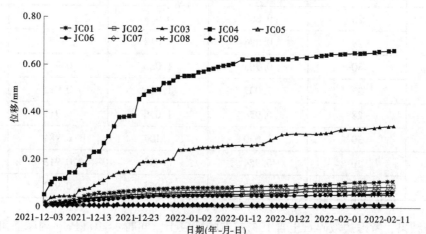

图 5　变形边坡表面监测点沉降过程线

5　边坡破坏模式及稳定性分析

5.1　边坡破坏模式

K0+800~K1+020 段边坡处于河流凹岸一侧的侵蚀岸坡段，属于顺层陡倾岩体倾倒变形不断坍塌后形成的堆积体边坡，在地形地貌上具有前缘临空面较陡、前后缘落差较大的特征，施工开挖前整体处于基本稳定–极限平衡状态。

工程区在 2021 年 8—11 月期间降雨量较大，大量雨水入渗使土体含水率增加，K0+800~K1+020 段堆积体坡面形态有利于雨水及地下水向坡体中前部汇集，引起孔隙水压力上升、土体抗剪强度降低。另外，下伏砂质板岩为弱透水层，利于雨水下渗后在上部堆积土体内长期赋存运移，进一步软化土体，进而导致边坡产生蠕滑变形。施工单位开挖切坡打破了坡体的应力平衡，使得坡体应力发生调整。边坡上部土体在重力作用下向临空方向蠕动，随着边坡土体强度的降低，最终因抗剪强度小于剪切应力而发生变形。变形引起Ⅰ区前缘局部土体发生塌滑，并在变形区的后部产生拉应力，蠕变不断增加，当拉应力超过边坡土体的抗拉强度时，便产生拉张裂缝。随着拉张裂缝向坡体内部持续发展，Ⅰ区中部形成多条纵向拉张裂缝，并伴有明显的错动。Ⅰ区前缘坍塌，受其牵引和应力调整，边坡后缘产生拉张裂缝。边坡开挖后坡体顶部未设置截水沟，雨水沿拉张裂缝向坡体入渗，同时前缘挡墙也未实施，进一步降低了边坡的稳定性。

5.2 边坡稳定性分析

5.2.1 岩土体物理力学参数

根据室内物理力学性质试验，碎石土天然含水率为 4.2%~8.7%，平均为 6.7%；天然密度为 1.86~2.20 g/cm³，平均为 2.05 g/cm³；干密度为 1.71~2.06 g/cm³，平均为 1.92 g/cm³；凝聚力为 11.0~20.0 kPa，平均值为 14.8 kPa；内摩擦角为 34.4°~38.6°，平均为 36.9°。

根据边坡的临界稳定状态可反算推求滑面的综合抗剪强度参数[7]，边坡开挖前边坡整体（Ⅱ区）基本稳定，抗滑稳定安全系数按大于 1.05 考虑，浅部（Ⅰ区）按欠稳定-极限平衡考虑，抗滑稳定安全系数取 1.05~1.00；开挖后Ⅰ区处于蠕滑变形，抗滑稳定安全系数取 0.95~0.99，Ⅱ区抗滑稳定安全系数取 1.05~1.00。反演按未开挖前后计算，按凝聚力取 0 kPa、5 kPa、10 kPa 情况下反算内摩擦角，BP01 剖面参数反演成果见表 1。

表 1 BP01 剖面参数反演成果

参数		开挖前		开挖后	
c/kPa	φ/ (°)	Ⅰ区	Ⅱ区	Ⅰ区	Ⅱ区
0	26	0.809	0.953	—	—
	28	0.886	1.018	—	—
	30	0.963	1.086	0.916	1.061
	32	1.037	1.056	0.992	1.149
5	28	0.954	1.036	0.911	0.999
	30	1.030	1.104	0.984	1.083
10	26	0.954	0.990	0.913	0.941
	28	1.027	1.055	0.982	1.020

根据反演结果，考虑边坡碎石土含 10%左右的细粒土，同时 $c=10$ kPa、内摩擦角取 28°时计算结果（见图 6）满足假定要求，因此推荐作为碎石土边坡建议参数。另外，根据参数反演，抗剪强度参数中内摩擦角对边坡的稳定性更为敏感。

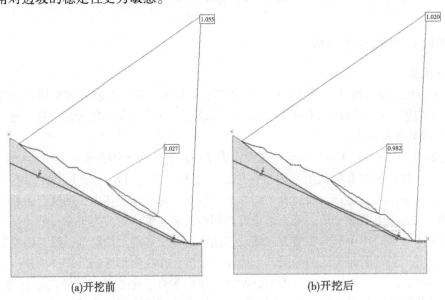

(a)开挖前　　　　　　　　　　(b)开挖后

图 6 稳定性计算结果（$c=10$ kPa，$\varphi=28$°）

综合室内试验资料和参数反演成果，边坡岩土体的物理力学参数建议值见表 2。

表2 边坡岩土体的物理力学参数建议值

土层类型	密度/(g/cm³)	变形模量/MPa	抗剪强度指标			
			非饱和		饱和	
			φ/(°)	c/kPa	φ/(°)	c/kPa
碎石土	1.92	30	28	10	24	8
强风化砂质板岩	2.65	600	30	60	26	50
中风化砂质板岩	2.72	1 500	35	700	30	600

5.2.2 边坡稳定性评价

根据现场调查边坡变形迹象，结合稳定性计算，总体分析该边坡以浅表部蠕滑为主，边坡Ⅰ区整体稳定性差，自2021年12月后随着降水量减小，边坡变形速率降低，但变形仍在持续，随着天气变暖雨雪消融及降水增加，边坡稳定性存在恶化的可能；边坡Ⅱ区整体变形量小，变形速率缓慢，处于基本稳定状态。12月初施工单位浇筑完成部分挡墙，挡墙表面未见变形迹象，挡墙基础整体稳定，表明路基以下边坡基本稳定。考虑Ⅱ区变形受Ⅰ区牵引影响，如Ⅰ区在降雨等不利因素影响下，边坡变形持续增加，可能影响Ⅱ区的整体稳定性。

6 结论

（1）K0+800~K1+020段边坡分为Ⅰ、Ⅱ两个分区，边坡变形、破坏主要集中在Ⅰ区开挖边坡附近，主要表现为开挖边坡坡面的小规模塌滑破坏和开口线以上自然边坡的拉裂变形。

（2）根据现场调查，结合监测资料，K0+800~K1+020段边坡Ⅰ区前、后缘变形量均较大，整体稳定性差，失稳的可能性大；Ⅱ区变形量较小，整体处于基本稳定状态。

（3）建议对K0+800~K1+020段坡体范围内居住群众实施搬迁，同时边坡进行治理，可采取抗滑桩或桩板墙结合系统锚索等其他防护措施，并做好坡面及坡体内部排水设施。

参考文献

[1] 李敏博，林锋. 锦屏对外专用公路K48+125~K48+230段边坡稳定性评价[J]. 中国水运（下半月），2011，11（1）：207-208.

[2] 阮志武，赵冠全. 甲岩水电站进场公路白沙坡路段边坡治理[J]. 云南水力发电，2017，33（3）：105-106，109.

[3] 赵中强，王有林，王文革. 金川水电站路基边坡稳定性分析与评价[J]. 水利水电快报，2022，43（5）：58-62.

[4] 安晓凡，巨广宏，李宁. 岩质边坡倾倒破坏模式与机理分析[J]. 西北水电，2022（1）：10-21.

[5] 包健，贾东，杨贤. 西部某水电站库区HP08滑坡形成机制及稳定性分析[J]. 西北水电，2021（5）：42-46.

[6] 安晓凡，巨广宏，李宁. 岩质边坡倾倒破坏模式与机理分析[J]. 西北水电，2022（1）：10-21.

[7] 国家能源局. 水电工程边坡设计规范：NB/T 10512—2021[S]. 北京：中国水利水电出版社，2021.

三峡库区散体岩质滑坡涌浪对通航安全的影响

田 野[1] 王平义[1] 王梅力[2] 韩林峰[1]

（1. 重庆交通大学 国家内河航道整治工程技术研究中心，重庆 400074；
2. 重庆交通大学 建筑与城市规划学院，重庆 400074）

摘 要：三峡库区已经发生的滑坡众多，对航道等产生了很大影响。目前，还有很多欠稳定危岩在持续观测，一旦发生滑坡后果不堪设想，有必要针对散体岩质滑坡对通航安全的影响进行研究。通过数据统计进行散体岩质滑坡模型设计，基于动量传递法给出了初始涌浪波幅高度，分析了直道段和弯道段涌浪的衰减规律，并给出幂函数衰减过程表达式；通过分析涌浪作用下船舶的摇摆角度拟合了最大横摇角度计算公式，定义了船舶安全极限波高并通过算例分析了奉节段欠稳定滑坡对不同类型船舶的影响范围。

关键词：滑坡涌浪；物模试验；衰减规律；通航安全

1 引言

据不完全统计，历史上由规模在 10 万 m^3 以上的山体滑坡引发的次生涌浪灾害超过 100 余次，且几乎涵盖了包括海洋、峡湾、水库、湖泊及河道等所有水域范围。与滑坡灾害不同，滑坡涌浪由于传播速度快且沿灾害发生水域传播范围广，可导致灾害发生水域一定范围内的人员安全及财产安全遭受到不同程度的损害，因此其危险性比滑坡本身的危险性要大得多。与开敞海域环境不同，河道型水库属于半封闭性水域，库岸滑坡体入水后诱发的涌浪在向对岸传播时由于距离较短，无法得到充分衰减，到达近岸水域依然保持较大的立波高度，此时的近岸波蕴含巨大能量，可对水工建筑物、船舶、岸上基础设施和群众安全造成严重威胁。近年来收集到的资料表明，三峡工程——国内最大型的山区河道型水库，库区岸线长达 441 km 左右的库岸边坡存在一定的隐患，经过勘测，大部分边坡稳定性较差。据不完全统计，在整个三峡库区 20 多个区县，共发生过 4 719 次滑坡、危岩体滑坡和泥石流灾害。

滑坡体模型为散粒体模型，模型的提出源于绝大多数滑坡体在滑动过程中由于内部变形以及与山体之间的摩擦碰撞导致岩土体离散破碎，而块体模型由于忽略了滑坡孔隙度带来的影响，通常会比散体模型产生的波高更大。此外，三维散粒体滑坡会在剪出口处发生扩散增加入水宽度，引起更大范围的初始波阵面，因此用块体模型结果来预测散体滑坡涌浪可能会与实际情况不符。Huber[1] 是最早使用散粒体滑坡模型来研究涌浪特性的学者之一，1980 年，他在一个二维水槽用直径为 8~30 mm 的混合颗粒材料模拟散粒体滑坡涌浪形成过程，其中散粒体密度为 2 700 kg/m^3，滑动冲击角度 28°~60°，试验水深 0.12~0.36 m。通过波高仪对水面高程变化进行记录，得到了涌浪波高 H、波长 L、波速 c 和周期 T 的经验公式。Ataie-Ashtiani 和 Nik-Khah[2] 通过二维水槽试验研究了水上刚性体运动对初始涌浪的影响，研究显示滑坡形状对初始涌浪的最大波峰振幅影响不明显，而滑坡厚度、滑速和倾

基金项目：国家自然科学基金项目（51479015、52009014）；重庆市自然科学基金面上项目（ cstc2021jcyj-msxmX0667，CSTB2022NSCQ-MSX1556）。

作者简介：田野（1994—），男，博士，研究方向为水力学与河流动力学、滑坡涌浪灾害。

通信作者：王平义（1964—），男，教授，副校长，主要从事水力学与河流动力学、滑坡涌浪灾害研究工作。

角的影响较大。Fritz 等[3] 利用一个气动滑坡发生装置在二维水槽中进行散粒体滑坡涌浪模型试验，该套试验系统可显著改善测量的精度，并能独立改变试验中涉及的所有参数，确定了静水水深 h、散体颗粒直径 d_g、滑坡冲击速度 v_s、滑坡体积 V_s、滑坡厚度 s、滑坡倾角 α 以及滑坡密度 ρ_s 等 7 个控制参数。试验过程中保持 ρ_s、α 和 d_g 为常数，其中 $\rho_s = 1\ 720\ \text{kg/m}^3$，$\alpha = 45°$，$d_g = 4\ \text{mm}$，对剩余的 4 个参数进行变化。研究确定了滑坡冲击区的水域有局部流动分离、无流动分离、向前塌陷冲击坑及向后塌陷冲击坑等 4 种流动状态。Zweifel 等[4] 延续了 Fritz 的模型试验，并将滑坡密度范围扩大到 $\rho_s = 955 \sim 2\ 640\ \text{kg/m}^3$。殷坤龙等[5] 进行了滑坡涌浪物理模拟试验，依据物理模拟试验的首浪高度观测数据，在潘家铮公式[6] 的基础上引入了滑坡规模函数和滑动面倾角函数并进行了修正，推导出了适合于三峡库区滑坡的涌浪计算系列公式。黄波林等[7-8] 进行了物理试验和大量的数值模拟对三峡库区滑坡涌浪进行研究，提出了滑坡涌浪方面较多公式和结论，并提出了三峡库区风险评估体系。

随着三峡水库蓄水运行，人们越来越重视滑坡灾害防治，经过有效的整治和处理，一些明显的滑坡得到了有效的约束，但是仍然有上千处的存在隐患的滑坡点没有被发现。此外，由于库区滑坡成因及其地质条件的复杂性，我们无法确保在以后的运行过程中，不会发生灾害性较大的滑坡事件。因此，由三峡库区滑坡涌浪所带来的灾害性问题值得人们密切关注，将库区涌浪灾害的致灾机制及预测预报作为港口、航道和水利工程可行性论证的一个重点内容。

2 试验设计

长江三峡大坝建成蓄水后，三峡库区为典型的河道型水库。本文选取位于三峡库区腹地的万州某河段为原型。此河段长约 6 000 m，河道宽 500～600 m，上游为顺直河段，下游为弯曲河段，平面弯曲角度约 90°。两岸地形普遍呈斜坡状，河道地形地质条件均较为复杂。考虑试验的力学条件、可操作性以及场地限制，基本的比尺选取 1∶70，其他比尺按照规范进行换算。在平面上，模型河道宽度为 8 m，从河道地形图中可以发现河道弯曲段接近直角，弯曲段平面角度为 90°，弯道以上 28 m，弯道以下 13 m。

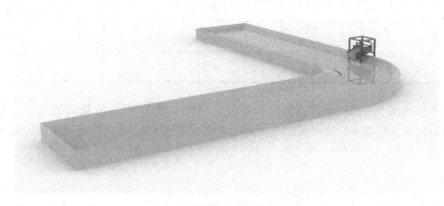

图 1 弯曲波浪水槽三维效果图

收集统计的长江三峡库区 198 处滑坡进行了统计，其中岩质滑坡数量 194 处，岩质滑坡体积 130 093 万 m³，占滑坡总体积的 97.97%，收集数据按照 1∶70 的比尺进行试验尺寸设计。针对滑坡体的内部构造，进行滑动前和滑动后的对比发现，滑动前的滑坡体内部的大裂隙、断层、软弱夹层等，在滑动后都已裂开并将滑坡体切割成不同大小的块体，本文称为滑坡体的散裂化。滑坡体模型由 5 种棱柱体的混凝土块体（分别用 A1～A5 标记，如图 2 所示）组合而成。它们用水泥和碎石制作，平均密度约为 2.5 g/cm³，与三峡库区滑坡体密度相符（三峡库区泥岩的密度为 2.45～2.65 g/cm³，砂岩的密度为 2.20～2.70 g/cm³）。试验设计时按照库区典型岩质散体滑坡的裂隙发育情况进行排列组合。

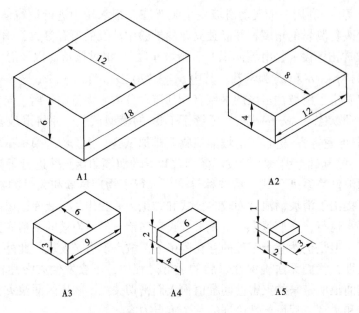

图2　混凝土块体模型　（单位：cm）

　　为了减少试验组数，本试验中滑坡体模型采用固定长度 1 m。滑坡体的宽度为 0.5 m、1.0 m 和 1.5 m，厚度为 0.2 m、0.4 m 和 0.6 m，如表1所示。试验中的滑坡体体积为 0.1~0.9 m³，相应于原型的体积 3.43 万~30.87 万 m³，属于中小型滑坡体。不同滑坡体宽度的滑槽见图3。据统计资料，三峡库区典型岩质散体滑坡的滑面角度为 16°~64°，平均坡度为 38.5°，本试验模拟的滑坡体滑面角度（简称滑坡倾角）为 20°、40° 和 60°。

表1　滑坡体模型几何参数　　　　　　　　　　　　　　　　　单位：m

滑坡体长度	滑坡体宽度	滑坡体厚度
1	0.5	0.2
1	1.0	0.4
1	1.5	0.6

　　本文试验选择长江上游及三峡库区数量较多的代表性 3 000T 甲板驳集装箱船型，根据几何、运动和重力等相似原则，按照 1∶70 的模型比尺进行船舶模型设计，采用铁板加工制作船舶模型。船舶模型如图4所示。

3　结果分析

　　针对滑坡涌浪对通航安全的影响，本文的结果分析从涌浪的生成、传播衰减、涌浪对船舶的影响 3 个方面进行阐述。

3.1　涌浪的生成

　　根据动量传递得到静水条件下三维近场最大波幅表达式：

$$a_{m1} = \sqrt{h^2 + \frac{2\rho_s s b v_s^2 \cos\alpha L}{\rho g K}} - h \tag{1}$$

式中：ρ 为水的密度，kg/m³；ρ_s 为滑坡密度，kg/m³；g 为重力加速度；h 为水深，m；a_{m1} 为最大波幅，m；α 为滑坡与水平面的夹角，（°）；v_s 为滑坡体入水时沿斜坡方向的速度，m/s；b 为滑坡体入水宽度，m；s 为入水厚度，m；L 为未受冲击影响区域距最大波幅的距离，m；K 为初始波阵面总静水压力梯度

(a)

(b)

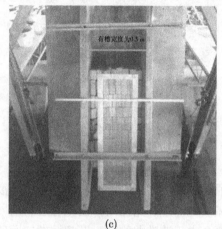

(c)

图3　不同滑坡体宽度的滑槽

图4　船舶模型

的影响系数，$K = \int_{-\pi/2}^{\pi/2} \cos\theta \sqrt{s^2 \sin^2\theta + \frac{1}{4}b^2\cos^2\theta}\, d\theta$，其中 θ 为初始波阵面上各点与滑坡轴线的夹角。滑坡涌浪参数见图5。

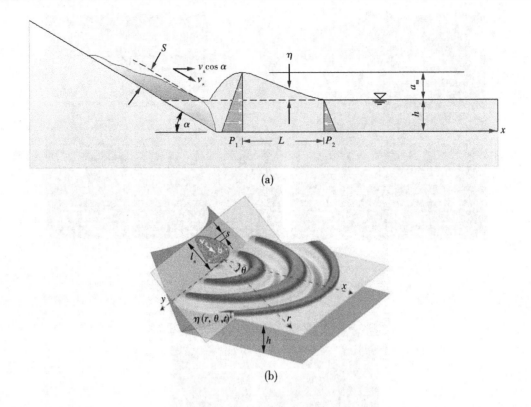

图5　滑坡涌浪参数示意图

3.2　涌浪的衰减

前人研究的二维或三维滑坡涌浪衰减规律可以发现，无论二维涌浪还是三维涌浪，初始波幅都随传播距离成幂函数或指数函数衰减。此外，初始涌浪都是先在近场区域剧烈衰减而后逐渐过渡到远场区域缓慢衰减，而涌浪的衰减主要是由于波的非线性以及频散效应所致。除上述衰减规律外，从试验结果中还发现，三维涌浪沿径向传播距离 r 的衰减在很大程度上只依赖于生成区初始波幅的大小，与水深以及滑坡入水角度的变化无关。为了证实这种说法，图6与图7分别给出了顺直河段与弯曲河段初始波峰振幅随径向传播距离的变化，其中 A/a_{cm} 为沿程每个测波仪记录的初始波峰振幅 A 与近场涌浪生成区初始波峰振幅 a_{cm} 的比值，r/r_{cm} 为相对径向传播距离，虚线表示用最小二乘法得到的初始波峰径向衰减规律拟合曲线。如图6所示，在顺直河段初始波峰振幅沿射线角方向的衰减曲线服从

$$A/a_{cm} = (r/r_{cm})^{-1.3} \tag{2}$$

而在弯曲河段由于地形突变导致涌浪在传播过程中出现折射与绕射的影响，导致涌浪衰减速度增大。根据图7可以得到弯曲河段初始波峰振幅沿射线角方向的衰减规律：

$$A/a_{cm} = (r/r_{cm})^{\frac{-1.3}{\sqrt{\cos\theta}}} \tag{3}$$

3.3　涌浪对船舶的影响

3.3.1　涌浪对船舶横摇角度的影响

船舶最大横摇角度计算行船的极限横倾角度规定为 $40°$，工程经验值为 $15°$，即本次试验中船舶安全航行极限横摇角度为 $15°$。

根据船舶横摇时域图，得出每组工况下船舶的最大横摇角度，其中原始波引起的最大横摇角度超过 $15°$ 的工况约占2/3，最小为 $6.4°$，最大为 $32.2°$，说明涌浪作用下船舶风险较大，将严重影响船舶的安全航行。

通过对试验数据的处理，采用无量纲方法探讨最大横摇角度与相对涌浪高度 H/h（船舶侧面涌浪高与水深的比值）、相对波长 L/h（船舶侧面波长与水深的比值）之间的关系。

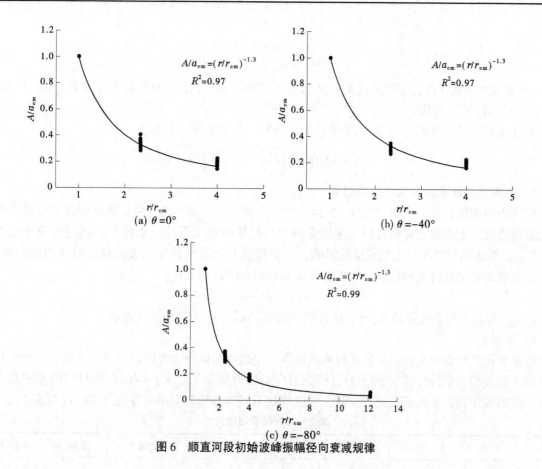

图6 顺直河段初始波峰振幅径向衰减规律

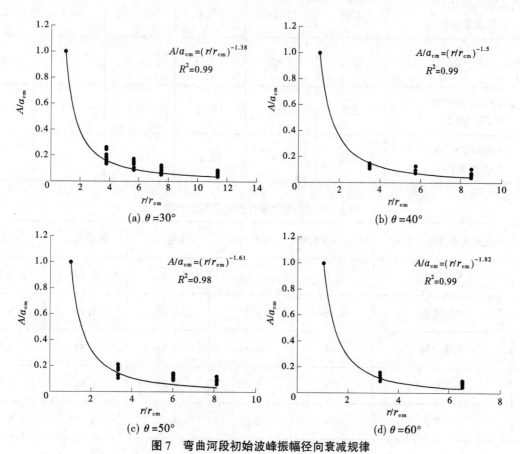

图7 弯曲河段初始波峰振幅径向衰减规律

$$\alpha = A_1 \left(\frac{H}{h}\right)^{A_2} \left(\frac{L}{h}\right)^{A_3} \tag{4}$$

式中：α 为最大横摇角度，采用弧度制；H 为船舶侧面波高，m；L 为船舶侧面波长，m；h 为水深，m；A_1、A_2、A_3 均为系数。

采用最小二乘法对式（4）的系数进行回归分析，得出计算方程为：

$$\alpha = 57.091\,7 \left(\frac{H}{h}\right)^{1.732\,1} \left(\frac{L}{h}\right)^{0.447\,9} \tag{5}$$

3.3.2 涌浪对船舶安全影响范围的影响

在《内河通航标准》（GB 50139—2014）中，天然河流和渠化河流的航道水深通常按允许通过的最大船舶的设计吃水加上安全富裕水深计算确定。船舶的最大设计吃水就是满载时的设计吃水，用 d_{max} 表示。考虑沿程涌浪对船舶安全的影响，用船舶安全极限浪高 h_{max} 表示涌浪对船舶的影响程度。基于极限浪高安全航行范围模型，给出安全极限涌浪高度计算公式：

$$h_{max} = D - d_{max} \tag{6}$$

式中：h_{max} 为船舶安全极限浪高，m；D 为船舶型深，m；d_{max} 为船舶设计吃水，m。

3.3.3 计算实例

取奉节段代表性的欠稳定危岩进行预测计算，船舶类型可分为客轮、货轮、油轮、其他类型，选取常用的代表船型进行计算（见表2），根据对应船舶的型深和吃水，可以得到对应的船舶安全极限波高，利用涌浪传播衰减函数进行反算，可以得到不同类型代表船舶预警范围半径（见表3）。

表2 库区代表船型尺寸

船名	类型	吨级/t	长度/m	型宽/m	型深/m	吃水/m
HUANGJIN5HAO（长江黄金6号）	客轮	15 000	150.0	24.0	4.4	2.9
DIHAO15（帝豪15）	货轮	8 000	130.0	16.2	6.2	4.3
JIANGLONG1002（江隆1002）	油轮	5 000	110.0	16.3	6.3	4.2
HANGGONG201（航工201）	其他	2 000	85.2	16.2	5.0	3.8

表3 不同类型代表船舶预警范围半径

序号	地质灾害隐患点名称	危岩单体编号	客轮/km	货轮/km	油轮/km	其他/km
1	吊嘴危岩	B5	1.68	2.31	2.14	3.28
2	吊嘴危岩	B5+B4	3.51	4.85	4.49	6.87
3	吊嘴危岩	W4	1.84	2.53	2.35	3.59
4	吊嘴危岩	W5	2.05	2.83	2.62	4.01
5	吊嘴危岩	W9	2.48	3.42	3.17	4.85

续表3

序号	地质灾害隐患点名称	危岩单体编号	客轮/km	货轮/km	油轮/km	其他/km
6	坳口2号危岩	Z4-WY23	1.19	1.64	1.52	2.33
7	坳口2号危岩	Z4-WY24	0.55	0.76	0.71	1.08
8	坳口2号危岩	Z4-WY25	0.46	0.64	0.59	0.90
9	坳口2号危岩	Z4-WY26	0.44	0.61	0.56	0.86
10	大硝洞3号危岩	Z4-WY14	1.14	1.57	1.46	2.23

4 结语

通过物理模型试验，研究了三峡库区岩质散体滑坡产生涌浪波高及沿程衰减过程，最后分析了滑坡涌浪对船舶的影响。结果发现：涌浪沿程衰减符合幂函数形式，并给出了直道衰减和弯道衰减的衰减公式，公式拟合给出了涌浪作用下船舶最大横摇角度计算公式；定义了涌浪对船舶作用的安全极限涌浪高度，并通过算例对不同类型代表船舶预警范围半径进行计算。

参考文献

[1] Huber A. Schwallwellen in Seen als Folge von Bergstürzen (in German) [D]. Zurich: ETH Zurich, 1980.

[2] Ataie-Ashtiani B, Nik-Khah A. Impulsive waves caused by subaerial landslides [J]. Environmental Fluid Mechanics, 2008, 8 (3): 263-280.

[3] Fritz H M, Hager W H, Minor H E. Near field characteristics of landslide generated impulse waves [J]. Journal of Waterway, Port, Coastal and Ocean Engineering, 2004, 130 (6): 287-302.

[4] Zweifel A, Hager W H, Minor H E. Plane Impulse Waves in Reservoirs [J]. Journal of Waterway Port Coastal and Ocean Engineering, 2006, 132 (5): 358-368.

[5] 殷坤龙, 刘艺梁, 汪洋, 等. 三峡水库库岸滑坡涌浪物理模型试验 [J]. 地球科学 (中国地质大学学报), 2012, 37 (5): 1067-1074.

[6] 潘家铮. 建筑物的抗滑稳定和滑坡分析 [M]. 北京: 水利出版社, 1980.

[7] 黄波林, 殷跃平, 李滨, 等. 柱状危岩体坐落式崩塌产生涌浪的简化数值模型与校验 [J]. 岩土力学, 2021, 42 (8): 2269-2278.

[8] 黄波林, 殷跃平. 水库区滑坡涌浪风险评估技术研究 [J]. 岩石力学与工程学报, 2018, 37 (3): 621-629.

高边坡锚杆拉拔与铝酸盐水泥砂浆膨胀关系研究

杨俊杰　　孙伟芳

（黄河建工集团有限公司，河南郑州　450002）

摘　要： 锚杆注浆材料硬化后体积发生收缩，结构可能产生微裂缝，影响结构的承载能力，以及抗渗、抗冻、抗腐蚀等性能。锚杆注浆材料掺入适量的具有微膨胀作用的铝酸盐水泥，不仅对体积收缩进行有效补偿，而且增加了锚杆周围岩土体与注浆材料的握裹力。本文从铝酸盐水泥砂浆的限制膨胀率等参数与锚杆拉拔位移之间的关系进行分析，确定在给定的锚杆抗拔力条件下水泥砂浆最合理的铝酸盐水泥掺量范围。

关键词： 南水北调；限制膨胀率；黏结强度；锚杆；铝酸盐水泥；高边坡；抗拔力；微膨胀

1　引言

河南郑州"7·20"特大暴雨造成南水北调中线多处高挖方地段出现边坡变形并导致渠道衬砌及马道路面异常变形。在后续的防洪加固项目实施过程中，采用边坡增设各种类型的锚杆应急处置。为了提高锚杆的抗拔能力，采用铝酸盐水泥砂浆作为微膨胀注浆材料给锚杆提供额外的抗拔力，本文对铝酸盐水泥砂浆不同龄期的限制膨胀率等参数与锚杆拉拔位移之间的关系进行了分析总结，对南水北调中线高边坡工程防汛安全风险隐患处置应用具有借鉴作用。

2　项目概况

南水北调中线卫辉管理处两泉公路桥左岸出现渠道衬砌面板拱起破坏、左岸一级马道临水侧隆起变形现象。2021 年 9 月 24 日汛期预警以来，一级马道隆起变形持续发展。经专家、设计、地质、安全监测等踏勘、研判，认为异常变形进一步发展将引起边坡破坏，须立即开展应急抢险处置。黄河建工集团有限公司对左岸一级马道纵向排水沟侧打灌注桩，同时在左岸边坡增设锚杆，以阻止边坡进一步发生变形破坏。二、三级边坡增设的锚杆位于卫辉管理处两泉公路桥左岸下游约 500 m 处（桩号 K614+853），详见图 1 左岸部分。

在二、三级边坡增设锚杆，钻孔 26.5 m，锚杆入孔长度 22.5 m，纵向间距 4 m，横向间距 4 m，倾角 25°，呈梅花形布置。锚杆采用 ϕ 28 HRB400 级钢筋。锚杆抗拔力不小于 50 kN。锚杆结构见图 2。

端头锚固技术主要步骤包括钻孔、锚杆入孔、注浆、封堵。其中，注浆环节尤为重要，要求一次注浆压力为 0.25 MPa 左右，一次注浆的浆液掺入微膨胀剂、环氧树脂，掺入量不超过 6%，且保证锚固段注浆后强度不低于 30 MPa。二次注浆在一次注浆形成的水泥结石体强度达到 20 MPa 时进行，注浆压力范围为 0.25~0.30 MPa。目的是充填密实锚杆周围空隙，固定锚杆使其不晃动、不松裂，更好地增强锚杆的稳定性能。为了提高锚杆的抗拔能力，在室内设计不同掺量高铝水泥的 M40 微膨胀水泥砂浆，通过高铝水泥不同掺量对应的膨胀率，对比现场锚杆拉拔试验结果，寻找满足设计要求的最佳的边坡锚杆注浆配比方案。

作者简介：杨俊杰（1976—），男，副高级工程师，副经理，主要从事水利工程检测等研究工作。

图1 南水北调中线总干渠辉县潞王坟试验段险情应急处置项目

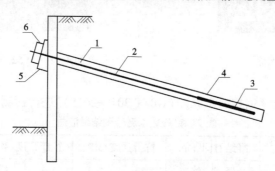

1—杆体；2—自由段；3—锚固段；4—钻孔；5—台座；6—锚具。

图2 拉力型锚杆结构

3 试验原材料及方法

采用普通水工砂浆掺和不同比例的铝酸盐水泥进行 M40 铝酸盐水泥砂浆配合比试拌[1]，通过不同掺量的铝酸盐水泥进行各种龄期的砂浆立方体抗压强度和水下限制膨胀率检测，同时在高边坡锚杆防护现场对锚杆按照注浆方案进行不同掺量的铝酸盐水泥砂浆锚杆注浆，到达不同的龄期后对锚杆进行现场拉拔试验。

3.1 原材料

铝酸盐水泥砂浆配合比所用材料见表1。

表1 原材料使用说明

序号	1	2	3	4	5
材料名称	普通硅酸盐水泥	铝酸盐水泥	细骨料	减水剂	拌和用水
规格型号	P·O 52.5	CA-50-II（G6）	中砂	聚羧酸高性能减水剂 SF-01	饮用水
生产厂家	河南××水泥	郑州××	河南××	河南××	—
备注	—	—	人工砂	建议掺量：1%	—

铝酸盐水泥是以石灰岩和矾土为主要原料，配制成适当成分的生料，烧至全部或部分熔融所得以铝酸钙为主要矿物的熟料，经磨细而成的水硬性胶凝材料。凝结硬化速度快，水化热大，且放热量集中，具有较高的耐热性。铝酸盐水泥和 P·O 52.5 普通硅酸盐水泥样品见图3、图4。

图 3 铝酸盐水泥

图 4 P·O 52.5 普通硅酸盐水泥

其中,铝酸盐水泥根据《铝酸盐水泥》(GB/T 201—2015)进行检测,检测结果见表2。

表 2 铝酸盐水泥检测结果汇总

性能指标	比表面积/	凝结时间/min		抗折强度/MPa		抗压强度/MPa		化学成分/%		
	(m^2/kg)	初凝	终凝	1 d	3 d	1 d	3 d	SiO_2	Fe_2O_3	Al_2O_3
CA-50-II (G6)	349	113	239	6.5	7.5	53.0	63.0	8.08	2.33	50.81

3.2 主要试验仪器和设备

主要试验仪器和设备见表3。

表 3 主要试验仪器和设备汇总

序号	设备名称	设备型号	生产厂家
1	水泥净浆搅拌机	NJ-160A	无锡市××建材仪器厂
2	水泥胶砂搅拌机	JJ-5	无锡××实验仪器有限公司
3	净浆标准稠度与凝结时间测定仪	—	××市建筑材料仪器机械厂
4	水泥胶砂振实台	ZS-15	××市建筑材料仪器机械厂
5	砂浆搅拌机	HX-15	河北××仪器设备有限公司
6	砂浆稠度仪	SC-145	北京××建仪器设备有限公司
7	标准恒温恒湿养护箱	YH-40B	天津市××试验仪器制造有限公司
8	全自动压力试验机	WYA-300B	无锡市××建材仪器厂
9	电动抗折试验机	DKZ-5000	无锡市××建材仪器厂
10	测长仪	BC-320	北京××科技有限公司
11	千分表	0~1 mm	××量具刃具厂
12	百分表	0~10 mm	××量具刃具厂
13	锚杆拉拔仪	ZY-30	绍兴××仪器有限公司

4 铝酸盐砂浆配合比设计正交分析

由于高边坡锚杆加固的重要性和时间紧迫性，要求 M40 铝酸盐水泥砂浆 7 d 龄期砂浆抗压强度和锚杆抗拔力均达到设计要求，因此配合比方案设计了 R3、R7 和 R14 三组龄期进行立方体抗压强度验证。

依据《水工混凝土试验规程》（SL/T 352—2020）进行 M40 铝酸盐水泥砂浆配合比选择试验。采用体积法计算铝酸盐水泥砂浆配合比中各种原材料的用量，细骨料以饱和面干状态为基准。掺入适量的铝酸盐水泥进行比对试验，最终根据不同龄期的立方体抗压强度、铝酸盐水泥的掺量、工作性、稠度、凝结时间等检测指标选出符合需要的砂浆配合比。

4.1 确定配合比参数

依据 SL/T 352—2020，标准差 σ 选用 4.5 MPa，选用保证率 $P=95\%$ 对应的保证率系数 $t=1.645$，水工砂浆配制抗压强度按式（1）计算：

$$f_{m,0} = f_{m,k} + t\sigma \tag{1}$$

式中：$f_{m,0}$ 为砂浆配制抗压强度，MPa；$f_{m,k}$ 为砂浆设计龄期的设计抗压强度，MPa；t 为保证率系数，选用保证率 $P=95\%$ 对应的保证率系数 1.645；σ 为砂浆立方体抗压强度标准差，MPa。

通过计算，$f_{m,0}=47.4$ MPa。

采用人工中砂为细骨料，并过 2.5 mm 筛；注浆工艺施工要求砂浆稠度（110±20）mm，水泥：砂=1:1~1:2，水泥：水=1:0.38~1:0.45，水胶比根据以往设计经验初定 0.4，减水剂按厂家建议掺量为 1%，试拌铝酸盐水泥的砂浆配合比参数见表 4 和表 5。

表 4 不掺加任何铝酸盐水泥的砂浆配合比设计试拌参数汇总

方案编号	普通硅酸盐水泥/kg	铝酸盐水泥/kg	控制稠度/mm	水胶比	用水量/kg	砂/kg	铝酸盐的胶材占比/%	外加剂/kg
M0	1 096	0	110±20	0.4	435	719	0	11

表 5 掺加不同掺量的铝酸盐水泥砂浆配合比设计试拌参数汇总

方案编号	普通硅酸盐水泥/kg	铝酸盐水泥/kg	控制稠度/mm	水胶比	用水量/kg	砂/kg	铝酸盐的胶材占比/%	外加剂/kg
M1	1 041	55	110±20	0.4	435	718	5	11
M2	1 008	88	110±20	0.4	435	717	8	11
M3	975	121	110±20	0.4	435	716	11	11
M4	942	154	110±20	0.4	435	716	14	11

4.2 砂浆配合比确定

方案 M0 是不加任何铝酸盐水泥确定的基准配合比设计参数，针对每一种铝酸盐水泥采用 4 组不同的铝酸盐的胶材占比的配合比进行试验，试验结果与方案 M0 的试验结果进行对比。其中，其他配合比的用水量、水胶比及外加剂掺量保持不变。

水泥砂浆配合比各组成材料的用量采用绝对体积进行计算：每立方米砂浆中砂的绝对体积为 V_s，砂料用量为 m_s。

4.3 砂浆配合比试配试验

铝酸盐水泥砂浆要求稠度为（110±20）mm，按照上述拟定的 5 组配合比进行试拌试验并调整。在砂浆拌和物满足要求的条件下成型 70.7 mm×70.7 mm×70.7 mm 的砂浆立方体抗压强度试件和 40 mm×40 mm×140 mm 的水下限制膨胀率胶砂试件。成型拆模后养护前的试件见图 5。

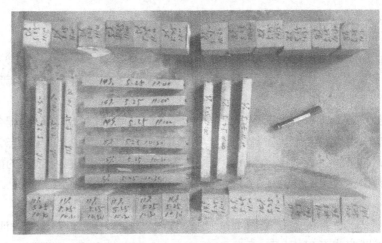

图 5　铝酸盐水泥砂浆立方体抗压强度和限制膨胀率试件成型

　　分别养护 3 d、7 d、14 d 后，进行水泥砂浆立方体抗压强度检测和限制膨胀率检测，检测过程见图 6 和图 7。

图 6　铝酸盐水泥砂浆立方体抗压强度检测　　　　图 7　铝酸盐水泥砂浆限制膨胀率检测

　　M40 铝酸盐水泥砂浆立方体抗压强度检测结果汇总见表 6。

表 6　铝酸盐水泥掺量对应不同龄期砂浆立方体抗压强度实测值汇总

方案编号	铝酸盐水泥掺量/%	立方体抗压强度实测值/MPa		
		3 d	7 d	14 d
M0	0	32.8	42.4	43.1
M1	5	40.4	44.7	46.2
M2	8	43.6	48.2	49.5
M3	11	46.8	49.1	50.2
M4	14	45.3	48.7	49.7

　　根据不同龄期的砂浆立方体抗压强度实测值，绘制铝酸盐水泥砂浆的掺量与不同龄期砂浆立方体抗压强度关系曲线，见图 8。

　　从图 8 中可以得出结论：铝酸盐水泥砂浆立方体抗压强度随着龄期的增长而增长，然而在后期

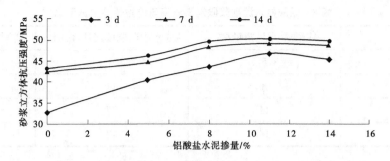

图 8   铝酸盐水泥砂浆的掺量与不同龄期砂浆立方体抗压强度关系曲线

7~14 d 增长非常缓慢；砂浆立方体抗压强度同时也随着铝酸盐水泥掺量的增加而增加，然而铝酸盐水泥掺量达到 11% 后砂浆立方体抗压强度不再增长。

分别对不同龄期的铝酸盐水泥砂浆试件进行水中限制膨胀率试验检测[2]，检测结果汇总见表 7。

表 7   铝酸盐水泥砂浆不同龄期水中限制膨胀率检测结果汇总

方案编号	铝酸盐水泥掺量/%	水中限制膨胀率/0.01%		
		3 d	7 d	14 d
M1	5	6	4	1
M2	8	11	9	3
M3	11	17	13	9
M4	14	18	16	11

根据表 7 汇总的结果绘制铝酸盐水泥砂浆的掺量与不同龄期水中限制膨胀率关系曲线，见图 9。

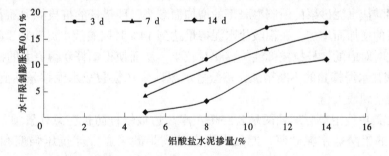

图 9   铝酸盐水泥砂浆的掺量与不同龄期水中限制膨胀率关系曲线

从图 9 中可以得出结论：铝酸盐水泥砂浆水中限制膨胀率随着龄期的增长而减小；砂浆水中限制膨胀率随着铝酸盐水泥掺量的增加而增加，然而铝酸盐水泥掺量达到 11% 后砂浆水中限制膨胀率增长缓慢。

由于铝酸盐水泥砂浆水中限制膨胀率随着龄期的增长而减小，所以在高边坡锚杆防护现场选取不同铝酸盐水泥掺量的注浆锚杆在 3 d 龄期分别进行 4 组拉拔试验[3]，考虑到多种因素相互干扰及试验的无损要求，本次拉拔试验最大力均设置为设计值的 80%，即 40 kN，预加的初始荷载应取最大试验荷载的 10%；分 5 级加载到最大试验荷载，每级荷载持荷时间 10 min；加荷速度控制在 50 ~ 100 kN/min；卸荷速度控制在 100 ~ 200 kN/min，最后计算锚杆拉拔的位移粗略地认为是锚杆的弹性位移[4]，每组拉拔试验取 3 根锚杆的拉拔弹性位移的平均值作为该组试验结果。检测结果汇总见表 8。

表 8   铝酸盐水泥砂浆限制膨胀率与拉拔位移数据汇总

方案编号	铝酸盐水泥掺量/%	3 d 水中限制膨胀率/0.01%	实测拉拔位移/0.01 mm
M1	5	6	194
M2	8	11	173
M3	11	17	125
M4	14	18	115

根据表 8 汇总的结果绘制铝酸盐水泥砂浆 3 d 水中限制膨胀率与锚杆拉拔实测位移关系曲线见图 10。

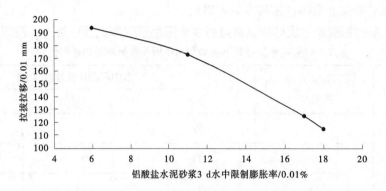

图 10   铝酸盐水泥砂浆 3 d 水中限制膨胀率与锚杆实测拉拔位移关系

5   结论

（1）相同龄期的情况下锚杆拉拔弹性位移与铝酸盐水泥砂浆的限制膨胀率在弹性阶段基本呈线性关系，并随着铝酸盐水泥砂浆的限制膨胀率的增加而减小，即锚杆的抗拔能力随着铝酸盐水泥砂浆的铝酸盐水泥掺量的增加而增加，在铝酸盐水泥掺量达到 14% 时铝酸盐水泥砂浆 3 d 水中限制膨胀率基本达到峰值，此时对应的锚杆拉拔弹性位移相对较小，从而使得锚杆获得更大的抗拔力。

（2）随着铝酸盐水泥掺量的不断增加，铝酸盐水泥砂浆在铝酸盐水泥掺量达到 11% 时各个龄期的立方体抗压强度达到最大值。

（3）在南水北调中线卫辉管理处两泉公路桥左岸高边坡锚杆防护应急处置项目中，注浆材料采用掺入 11%～14% 的铝酸盐水泥砂浆，能最大程度地满足砂浆立方体抗压强度和锚杆抗拔能力的要求。

（4）对铝酸盐水泥掺量、砂浆立方体抗压强度和限制膨胀率及锚杆抗拔力的数据相互关系分析，可以确保高边坡环境下锚杆抗拔力在最合理的铝酸盐水泥掺量范围内充分发挥其防护功能。

参考文献

［1］张富源．锚杆用水泥砂浆配合比设计［J］．科技信息，2011（21）：292-293.

［2］王达．微膨胀水泥砂浆的性能研究［J］．四川建筑科学研究，2010（10）：183-187.

［3］李金华．土层中锚索拉拔力与位移关系的研究［J］．煤炭科学技术，2010（3）：32-34.

［4］陶文斌．基于锚杆拉拔试验优化锚固承载特性试验研究［J］．煤炭科学技术，2022（1）：1-9.

引调水工程洞内衔接池水力特性及消波措施研究

李民康[1,2]　王越晗[1]　翟静静[1,2]　王才欢[1,2]

（1. 长江水利委员会长江科学院，湖北武汉　430014；
2. 水利部长江中下游河湖治理与防洪重点实验室，湖北武汉　430014）

摘　要：通过 1：15 水工单体模型试验，研究了某渠首引水工程有压隧洞控制闸的泄流能力及闸后明流洞内衔接池的水流特性，针对高弗劳德数水跃波浪大以及明流洞洞顶余幅不够等问题进行了消波措施优化研究。结果表明：有压隧洞闸控设施满足各级输水流量要求；各运行工况下有压隧洞均未出现水流脱顶现象，门井水位波动小于 0.1 m；工作闸门下堰面曲线段一般不会产生空蚀破坏；闸后衔接池内均能形成淹没水跃，水跃波幅大、波浪传递距离远，洞顶余幅未满足要求。通过在衔接池后端采用消波梁后，其下游明流洞内的波幅减小 2/3 左右，可以保障隧洞的安全输水。

关键词：输水隧洞；闸室控制段；衔接池；高弗劳德数水流；消波梁

引调水隧洞工程中常采用有压接无压的输水方式。由于运行水头变幅大，在闸室控制段，工作闸门小开度运行工况比较常见，此时门后水流弗劳德数较高（$Fr > 10$），衔接池内产生强水跃，流态紊乱，跃后波浪大，并向下游传播很长距离；由于池后明流隧洞壁面相对光滑，波浪沿程衰减较慢，可能导致下游长距离明流隧洞的洞顶余幅不够，影响工程输水安全。针对此类问题，在低弗劳德数水工消力池或无压隧洞中，利用悬栅作为池内消能措施来破碎波浪，其消能原理在于栅板会使池内过流面积改变，通过水流撞击、表层摩擦及绕栅流动，造成过流断面突扩突缩，从而在栅间形成水流涡团，栅后形成高强度的水体紊动，促进了机械能耗散，以达到消能、稳流的目的[1-3]。在分段低压输水系统衔接池内，专家学者根据调节池流量、水深、水跃位置等采用不同孔径垂直或水平消波格栅研究规则波下衔接池对波浪的吸收消能[4-5]。在海洋工程防浪堤的选型上，有学者考虑在规则波作用下的多层水平消波板结构几何参数及波陡等对消浪效果的影响[6]，提出了直角板、圆弧板组成的新型透空式防波堤结构，研究规则波或随机波作用于平板上的透射、反射和压力特性[7]。然而，研究悬栅的应用主要集中在稳定水跃的消力池中，具有弗劳德数低、池内消能不充分、水面波动较大的特点，且悬栅的宽度较小，透空面积较大，稳水效果也较有限；而有压洞闸控进入无压洞衔接池的波浪一般为不规则波，其跃后水面波幅在向下游传递过程中衰减很小，又因开孔稳水措施施工工艺较复杂，其可用结构的布置形式组合多、水力特性复杂，工程使用具有一定的特异性。参照悬栅在隧洞消力池中的研究实践，结合本工程实际，研究探索出了基于施工方便、稳流效果好、适应水头或流量变幅大的消波梁交错排布方案，经水工模型试验验证，下游明流隧洞内波幅普遍减小 2/3 左右，取得了较好的效果。

1　项目概况及研究目的

某引调水工程渠首引水段主要由隧洞有压短洞段（ZG0+000～ZG0+173 m）、进水塔（ZG0+173～ZG0+211 m）、隧洞无压洞段（ZG0+211～ZG2+620 m）等组成，隧洞后设 U 形渡槽向下游输水。隧

作者简介：李民康（1995—），男，助理工程师，主要从事水力学及河流动力学研究工作。
通信作者：王才欢（1962—），男，正高级工程师，主要从事水工水力学研究工作。

洞进水口底高程为 77.00 m，隧洞圆形断面内径 1.8 m，采用竖井式进水口，顺水流方向依次布置检修闸门（平板门）和工作闸门（弧形门），闸孔尺寸分别为（宽×高）2.0 m×1.8 m 和 2.0 m×1.5 m；衔接池前接陡坡比 1∶5，池深 1.5 m，过水断面为城门洞形，净断面尺寸为 3.0 m×5.16 m，直墙净高 4.3 m；无压隧洞段纵坡为 1/4 000，城门洞净断面尺寸（宽×高）为 3.0 m×3.66 m。总干渠设计流量为 7.34 m³/s，加大流量为 9.18 m³/s，正常蓄水位为 105.85 m，死水位为 80.85 m，校核洪水位为 110.26 m，水库为多年调节水库，工程等级为 Ⅱ 等。隧洞衔接池平面及剖面图见图 1。

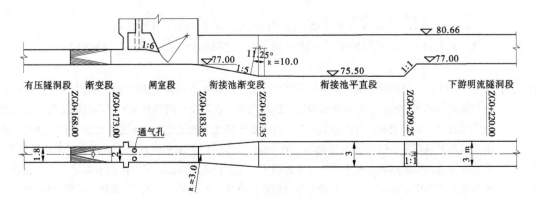

图 1　隧洞衔接池平面及剖面图

　　根据有关规程、规范要求[8-9]，对渠首控制工程及衔接池应进行水工模型试验，以验证渠首控制段与下游衔接池结构布置的合理性，分析工作闸门下游堰面曲线段及平面扩散段的空化空蚀特性，研究隧洞及衔接池段的动水压力特性、水流衔接形态及消能效果等，为隧洞控制段及衔接池的优化设计提供技术支撑。

2　模型设计及试验控制

　　选定模型比尺为 1∶15，模拟引水隧洞进口前引水渠、有压隧洞、闸室控制段、衔接池及下游一定长度的无压隧洞，模型按重力相似准则设计，遵循 Fr 相似准则，水力参数比尺换算见表 1。为便于观察水流流态和安装测量仪器，全部采用有机玻璃制作，模型糙率为 0.008～0.009，换算成原型壁面糙率为 0.013～0.014，与输水隧洞混凝土设计糙率取值基本一致，即原模型糙率相似。通过调控模型库水位和工作闸门开度即可实现库水位和输水流量的模拟，下游明流隧洞内的水位采用相应流量条件下 ZG0+280 m 断面的正常水深进行控制。流量采用高精度电磁流量计计量，库水位和下游明流洞内水位采用水位测针进行测量。

表 1　水力参数比尺换算

水力参数	长度/高度 l	流速/风速 v	流量 Q	糙率 n	时均压力 p
比尺大小	15	3.87	871.4	1.57	15

　　根据工程特性，模型试验拟定 Q=9.18 m³/s（加大流量）、Q=7.34 m³/s（设计流量）和 Q=5.5 m³/s 作为主要试验工况，其中库水位 110.26 m（校核水位），输水流量 9.18 m³/s（加大流量）为隧洞调水消能最不利工况。衔接池下游明流隧洞内的水深按照明渠均匀流公式计算相应流量下的正常水深，通过计算得到各典型工况下的水力控制条件如表 2 所示。

表2 模型试验工况

试验工况	库水位/m	输水流量/（m³/s）	下游明流隧洞水深/m	工作闸门开度/m
1		9.18（加大流量）	2.76	0.23
2	110.26（校核水位）	7.34（设计流量）	2.32	0.18
3		5.5	1.85	0.13
4		9.18（加大流量）	2.76	0.27
5	105.85（正常蓄水位）	7.34（设计流量）	2.32	0.20
6		5.5	1.85	0.15
7	80.85（死水位）	7.34（设计流量）	2.32	1.13
8		5.5	1.85	0.55

3 原方案成果

3.1 隧洞泄流能力

有压隧洞流量由式（1）计算。

$$Q = \mu A \sqrt{2gH} \tag{1}$$

式中：Q 为隧洞输水流量，m³/s；μ 为隧洞综合流量系数；A 为闸门出口断面面积，m²；H 为闸门前工作水头，m。

根据工程输水需要，衔接池前工作闸门一般采取控泄输水方式。根据模型试验表明闸门各开度运行时的流量系数为 0.812~0.451。在水库死水位 $H = 80.85$ m 的条件下，工作闸门全开 1.5 m 时的最大输水流量为 9.19 m³/s，可满足设计要求。

3.2 流态

3.2.1 隧洞进口流态

在水库校核水位 110.26 m 和死水位 80.85 m 区间运行时，隧洞进口均为淹没流流态，如图2所示。各试验工况隧洞进口前水面平静，未见漩涡流态，进口流态较好。

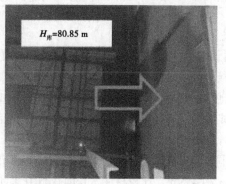

图2 引水隧洞进口流态图

3.2.2 有压隧洞段流态

在模型各试验工况下，有压隧洞段过流正常，洞内全程为有压流流态，未出现水流脱顶现象，也未出现明满流交替现象。

3.2.3 闸门井水位波动

各试验工况下，闸门控制段的门井水位波动值很小，波幅（波峰与波谷之差，下同）均小于 0.1 m，各工况下闸门井水位及波动幅值如表 3 所示。

表 3 闸门井水位及波动幅值情况

试验工况	库水位/m	输水流量/（m³/s）	门井内水位/m	门井水面波幅/m
1		9.18	108.87	0.09
2	110.26	7.34	109.35	0.06
3		5.50	109.69	0.05
7	80.85	7.34	80.05	0.08
8		5.50	80.36	0.05

3.2.4 衔接池及下游明流洞流态

隧洞输水各运行工况下，衔接池内均产生淹没水跃，说明衔接池设计方案的池深、池长满足水跃衔接要求，各运行工况衔接池内特征水力参数见表 4，衔接池尾坎与下游明流隧洞的水流衔接平顺，未出现跌流现象。在水库正常蓄水位 105.85 m 及以上输水情况下，衔接池及下游明流隧洞内的波浪较大。其中，工况 1 为最不利工况，此时衔接池前端水跃跃首距离工作闸门底缘 0~3 m，跃首间歇性触碰弧形底缘，计算的水跃淹没度约 1.3。水流通过工作闸门后主流呈射流进入衔接池并紧贴底层壁面流动，在衔接池前端形成大漩滚水跃消能，由于入池水流弗劳德数 Fr 高达 10 左右，较大的能量在衔接池中消刹不充分，余能以水面波浪的形式向下游传递，见图 3（a）~（c）。水库正常蓄水位以上过流 5.5~9.18 m³/s 流量的其他工况与工况 1 流态基本相似，但在水库死水位条件下，由于工作闸门开度相对较大、衔接池前端水流弗劳德数 Fr 较小，池内水流衔接平缓，闸门底缘完全淹没在水下，见图 3（d）。

表 4 各试验工况衔接池内特征水力参数

库水位/m	110.26			105.85			80.85	
输水流量/（m³/s）	9.18	7.34	5.50	9.18	7.34	5.50	7.34	5.50
闸门孔口流速/（m/s）	20.0	20.4	21.2	17.0	18.4	18.3	3.6	2.8
跃前水流弗劳德数 Fr	13.3	15.4	18.7	10.4	13.1	15.1	—	—
水跃跃首位置 ZG0+×××	181~184	182~185	183~188	181~183	181~184	182~185	门后为大淹没出流	门后为大淹没出流

3.3 水面线

对各运行工况下明流洞内衔接池及下游沿程洞内水面线进行了测量，校核库水位条件下的工况 1 和工况 2 为衔接池及下游洞内最高水面线的控制工况，特征断面的平均水深、最高波峰对应的水深见图 4。可知，衔接池内波浪较大，工况 1 最大波幅可达 1.1 m，最高波峰对应的水深达 4.9 m，工况 2 最高波峰对应的水深则为 4.7 m（直墙高度为 4.3 m），均不能满足洞顶余幅要求；下游明流隧洞最大洞高为 3.5 m，而工况 1 洞内波浪也较大，最大波幅为 0.9 m，最高波峰对应的水深为 3.2 m（直墙高度为 2.8 m），也不能满足洞顶余幅要求。正常库水位条件下的工况 4 和工况 5，其衔接池段最高波峰对应的最大水深分别为 4.8 m 和 4.5 m，比校核库水位时仅低 0.1~0.2 m；下游明流洞段最高波峰对应最大水深分别为 3.2 m 和 2.6 m，与校核库水位时相同。在工况 7 和工况 8 条件下，闸门开度为 1.13~0.55 m，闸门后为大淹没出流，闸门底缘完全淹没在水面以下；衔接池段水流波动较小，瞬时最大水深未超过 3.9 m，下游明流隧洞段瞬时最大水深未超过 2.3 m，均未超过衔接池段和下游明流洞段直立边墙高度。

(a)工况1衔接池前段流态

(b)工况1衔接池后段流态

(c)工况1明流隧洞段流态

(d)工况8闸后及衔接池段流态

图3　典型工况流态

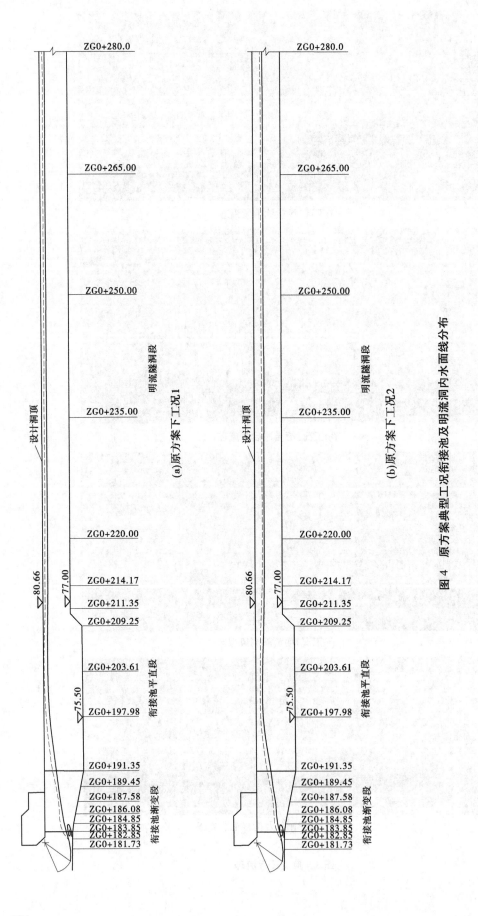

图 4 原方案典型工况衔接池及明流洞洞内水面线分布

4 消波优化方案研究及成果

4.1 优化思路及方案

根据原方案试验成果，洞内衔接池尺寸满足水跃消能及水流衔接要求，但在校核库水位和正常蓄水位条件下，若输送设计流量和加大流量，衔接池及下游明流洞段的波浪均较大，衔接池段最高波峰对应的水深已达 4.5~4.9 m，下游明流洞段的波浪沿程衰减缓慢，洞顶余幅不能满足规范要求。因此，需要研究消波措施并适当加高衔接池段及下游明流隧洞的洞顶高程。

鉴于在水库正常蓄水位及以上运行时衔接池进口前水流弗劳德数高达 10~19，属于强水跃消能，跃后波浪大是其固有特性；要减小水流波浪，必须在衔接池后段采取消波工程措施。为了不增大下游长距离明流隧洞的高度，以节省工程投资，只有在衔接池中后段设置消波梁结构体，同时将衔接池段的洞内直墙高度由 4.3 m 加高至 5.5 m。

结合工程施工要求，通过多个消波梁组合体方案的优化试验，最终确定了消波效果较好的梁板组合体结构尺寸及具体位置，消波梁组合体起始桩号为 ZG0+199.15 m，终止桩号为 ZG0+212.55 m，简称消波梁优化方案，具体布置见图 5。

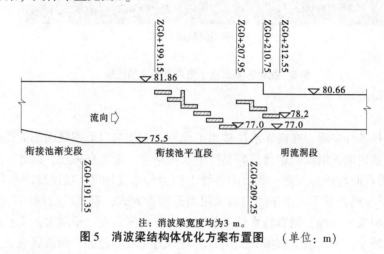

注：消波梁宽度均为 3 m。

图 5　消波梁结构体优化方案布置图　（单位：m）

4.2 衔接池及下游明流洞流态

在消波梁优化方案条件下对校核库水位 110.26 m 不同输水流量进行了验证试验，流态如图 6 所示。工况 1 衔接池前端水跃跃首距离工作闸门底缘 0~2 m，衔接池前端水流流态与原方案基本相同，水跃旋滚中水气掺混剧烈，衔接池表层水流波浪较大，由于消波梁结构体的阻水作用，衔接池前端的水面高程有一定升高，水跃消能后的余能以大波浪的形式向下游传递，通过立体交叉布置的消波梁结构体后，在消波梁结构体前段出现间歇性大涌浪，最高涌浪可达最上层消波梁顶部，由于各上层消波梁板对由下而上的涌浪具有压制作用，波浪水流只能沿着上下层梁板间的缝隙通过。试验中发现，波浪水流通过消波梁结构体时，在梁板间形成大量气团气泡，并在各层梁板后端向水面持续溢出，说明消波梁结构体能够制造更多小尺度的涡体，从而达到了消能消波的效果；消波梁结构体下游的水面波浪较之前明显减小。另外，各运行工况下，消波梁结构体各部位的最大流速均小于 2 m/s。

4.3 沿程水面线

在消波梁优化方案工况 1 时，由于消波梁结构体有一定的阻水作用，衔接池内的最大波浪对应的水深为 5.5 m，高于原方案的 4.9 m；衔接池中最大波幅为 1.4 m，高于原方案的 1.1 m；但波浪水流经过上述消波梁结构体后，进入下游明流洞内的水流波浪幅值显著减小，工况 1 时最大波浪对应的水深由原方案的 3.2 m 降至 2.8 m，最大波幅由原方案的 0.9 m 减小至 0.3 m，波浪降幅达 2/3。工况 2、工况 3 时明流洞内最大波幅均降低至 0.2 m。因此，加高后的衔接池段隧洞高度以及下游明流隧洞段高度均能满足洞顶余幅要求。总体来讲，以增加衔接池段局部洞顶高度，来减少长距离明流隧洞

(a)衔接池段

(b)明流洞段

图 6 优化方案工况 1 池内及明流洞流态

断面尺寸，很具经济价值。

4.4 压力特性

从输水隧洞的运行条件来看，在高库水位输水工况下，工作闸门下游堰面的流速相对较大、动水压力相对较低，堰面及边墙扩散段起始部位容易产生水流空化，须重点关注。因此，在试验时针对工况 1~工况 3 进行了沿程时均压力观测，底板中轴线上压力分布见图 7。在校核库水位 110. 26 m、输水流量 9. 18~5. 50 m³/s 的条件下，由于闸门均采用局开控泄方式，有压洞段闸门区各测点的时均压力在 29. 5×9. 81~32. 6×9. 81 kPa，随着输水流量的减小，时均压力进一步增大。工作闸门后急流段各部位的时均压力值均较小，随着输水流量的减小，时均压力呈减小趋势，局部区域甚至出现负压，在门后边墙扩散段起始位置附近的堰面上，最低负压为 −1. 13×9. 81 kPa。计算上述各部位的水流空化数 σ，在闸门下游水流空化条件最不利工况下，上述各测点部位的最大流速为 20~21 m/s，计算的水流空化数最小值为 0. 37，大于相应部位的初生空化数 0. 30，因此上述部位产生空化空蚀的可能性较小。

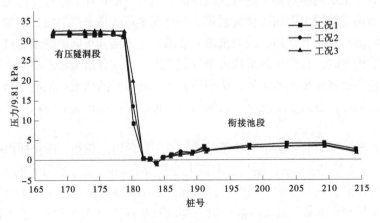

图 7 底板中轴线上压力分布情况

5　结论

（1）渠首引水隧洞在水库死水位 80.85 m 及以上条件下能够满足输送加大流量 9.18 m³/s 的要求，隧洞控制段布置基本合理。

（2）各运行工况下，引水隧洞进口流态较好，均未出现漩涡流态；有压隧洞段未出现水流脱顶及明满流交替现象，闸门井内水位波动值小于 0.1 m，闸下衔接池段均能形成淹没水跃流态，衔接池尾坎后未产生跌流，衔接池尺寸满足要求。

（3）原设计方案在水库正常蓄水位及以上输送设计流量、加大流量时，衔接池及下游明流洞内的波浪较大，均超过直立边墙高度，且下游明流隧洞内水面波浪沿程衰减缓慢，不能满足洞顶余幅设计要求。

（4）在衔接池后段布置消波梁结构体可以削减下游明流隧洞内的波峰及波幅，消波梁优化方案的下游明流洞内最高波峰对应的水深由 3.2 m 减小至 2.8 m，最大波幅由 0.9 m 减小至 0.3 m；为保障隧洞输水安全，在采用消波梁优化方案的前提下，衔接池段直立边墙高度需由 4.3 m 加高至5.5 m。

（5）在各运行工况下，有压隧洞内沿程时均压力均为正压，时均压力沿程分布平缓，最大压力值未超过 33.0×9.81 kPa；工作闸门后堰面曲线段和边墙扩散段局部区域在高库水位运行时会出现负压，其最小压力值约为 −1.0×9.81 kPa，相应部位的最小水流空化数为 0.37，一般不会产生气蚀问题。

参考文献

[1] 俞晓伟，牧振伟，高尚. 低弗劳德数梯形墩-悬栅消力池水力特性 [J]. 长江科学院院报，2023，40（1）：107-115.
[2] 吴战营，牧振伟. 消力池内悬栅辅助消能工优化试验 [J]. 水利水电科技进展，2014，34（1）：27-31.
[3] 路泽生，花立峰，徐自立. 甘肃引洮供水工程洞内消能问题的试验研究 [J]. 水利与建筑工程学报，2006（2）：37-40.
[4] 姚履坦. 窄长形衔接池中消浪板的水力特性及型式优化研究 [D]. 杭州：浙江大学，2022.
[5] 王国玉，赵唯佼，项竹青，等. 开孔倾斜平板消波效果试验研究 [J]. 水利水电科技进展，2017，37（1）：22-26，83.
[6] 王国玉，王永学，李广伟. 多层水平板透空式防波堤消浪性能试验研究 [J]. 大连理工大学学报，2005（6）：865-870.
[7] Neela mani S, Gayathri T. Wave interaction with twin plate wave barrier [J]. Ocean Engineering, 2006, 33 (3-4): 495-516.
[8] 中华人民共和国水利部. 水工（常见）模型试验规程：SL 155—2012 [S]. 北京：中国水利水电出版社，2012.
[9] 中华人民共和国水利部. 水工隧洞设计规范：SL 279—2016 [S]. 北京：中国水利水电出版社，2016.

高外水压力下深埋长隧洞工程渗控体系研究与实践

郭　鑫　闫尚龙　向天兵

（中国电建集团昆明勘测设计研究院有限公司，云南昆明　650051）

摘　要：龙泉隧洞是滇中引水工程昆明段第七座建筑物，龙泉隧洞主洞段同时穿越 I 级区域性断裂——铁峰庵断裂与小（2）型水库——松林水库，存在铁峰庵断裂（F_{28}）沟通松林水库与龙泉隧洞水力联系的条件。鉴于上述情况，通过分析地质条件，建立以渗流场动态演化的高外水压力条件下深埋长隧洞工程全阶段渗控体系为基础的龙泉隧洞全阶段渗控体系，最终达到隧洞围岩稳定要求，并避免隧洞涌突水以及隧洞施工对水库的扰动和对水环境的不利影响，相关经验可供类似工程借鉴。

关键词：滇中引水工程；深埋长隧洞；断裂带；水库；全阶段渗控体系

1　引言

隧洞地下水主要分为两种类型，即浅层风化裂隙水与下部构造裂隙水[1]，地下水存在的高外水压力是影响隧道开挖过程中围岩稳定及衬砌结构稳定的关键因素之一[2]。从研究和工程实践来看，隧洞衬砌结构同时承受围岩压力与高外水压力，衬砌所受外水压力是由地下水作用施加在衬砌结构外边缘的水荷载[3]。针对衬砌结构所受的外水压力，工程一般采用渗控的方法，即通过截、堵、排等措施，改变衬砌周围地下水渗流场，使大部分外水压力由围岩承担，以达到减小衬砌外水压力的目的[4]。

目前，众多学者对深埋长隧道的渗控结构进行了研究，王秀英等[5] 用有限元及弹性理论计算静水压力下的注浆加固圈，发现注浆加固圈可承受的水压远远大于衬砌结构承担的外水压力。葛金花等[6] 用 ANSYS 建立局部隧洞三维模型，利用有限元分析发现透水衬砌能很好地防治高外水压力，也能大幅度减小外水压力。程普等[7] 通过对白鹤滩水电站地下厂房层间错动带渗控措施的研究。发现截渗洞和帷幕灌浆能有效截断渗漏通道，排水孔幕排水降压效果显著。崔皓东等[8] 采用三维有限元精细模拟技术抽水蓄能电站工程复杂渗流场进行计算，计算结果表明：防渗帷幕和排水孔幕组合防渗体系对衬砌开裂状态下的高压渗水有显著控制作用。许增光等[9] 通过建立三维有限元模型并对计算结果进行对比和分析，结果表明：防渗墙和防渗帷幕相结合的防渗方式能有效地降低渗流量。

滇中引水工程位于青藏高原东南缘的云南省滇中高原山区，沿线地质构造背景复杂，断裂和褶皱构造发育，岩溶地层分布广[10]。滇中引水工程昆明段龙泉隧洞 2# 施工支洞上游控制主洞段穿越 I 级区域性断裂—铁峰庵断裂（F_{28}），同时在中部下穿小（2）型水库——松林水库，存在铁峰庵断裂（F_{28}）沟通松林水库与龙泉隧洞水力联系的条件。

本文以滇中引水工程昆明段龙泉隧洞为例，针对深埋长隧洞高外水压力作用机制及渗控关键技术问题开展研究，根据国内外已建类似工程经验，根据龙泉隧洞与松林水库位置关系、前期研究成果、地形地质条件、龙泉隧洞施工组织方案、工程实施过程中开挖揭露地质条件等，以基于渗流场动态演化的高外水压力条件下深埋长隧洞工程全阶段渗控体系为基础，建立龙泉隧洞全阶段渗控体系，以确

基金项目：云南省重大科技专项计划项目（202102AF080001）。

作者简介：郭鑫（1996—），男，助理工程师，主要从事引调水工程工作。

保龙泉隧洞施工安全，为复杂地质条件下特大型引调水工程安全建设和安全运行提供技术支撑和参考。

2 工程概况

滇中引水工程昆明段龙泉隧洞全长 9 218 m，设计流量 80 m³/s，底坡 1/5 000，隧洞断面采用高宽比 1∶1.08 的马蹄形，尺寸 7.62 m×8.22 m（净宽×净高），设计水深 6.324 m。

2.1 工程地质条件

滇中引水工程昆明段龙泉隧洞地处中低山地貌区，穿越侏罗系中统上禄丰组（J_2l）泥岩、砂岩、粉砂岩和二叠系上统峨眉山组玄武岩组玄武岩段（$P_2\beta^2$）玄武岩和凝灰。图 1、图 2 分别为龙泉隧洞过铁峰庵断裂地质构造变化平面图与龙泉隧洞过铁峰庵断裂地质构造变化剖面图。

图 1 龙泉隧洞过铁峰庵断裂地质构造变化平面图

（1）断层。隧洞穿越 I 级区域大断裂——铁峰庵断裂（F_{28}）及其影响带，产状 SN，∠50°~70°，倾向隧洞下游侧，与洞轴线近垂直相交，此外，断层上游侧发现 3 条旁侧次级断裂，分别是 F_{28-1}、F_{28-2}、F_{28-3}。其中，F_{28-1} 产状：N10°~40°E，NW∠33°~35°，倾向隧洞上游侧；F_{28-2} 产状：N29°W，NE∠45°，倾向隧洞下游侧；F_{28-2} 产状：N5°E，SE∠74°，倾向隧洞下游侧。

（2）地下水。地下水类型主要为基岩裂隙水，断层带部位为断层脉状水，地下水主要接受大气降雨补给。铁峰庵断裂部位含水较为丰富，具有稳定的流量和畅通的径流，与深部和被其切割沟通的含水层（组）有较强的水力联系。

（3）岩体透水性。根据前期压注水试验分析，隧洞穿越 $P_2\beta^2$ 玄武岩总体以弱透水性为主，局部中等透水性；侏罗系中统上禄丰组 J_2l 岩体总体以弱-微透水性为主，属相对隔水层；玄武岩内断层洞段岩体以中等透水性为主。

（4）地应力。隧洞处于普渡河断裂以东的 NNW~NW 向主构造应力场区，区内自重应力为主导应力，侧压系数取值≤1。

2.2 地质条件分析

（1）断层洞段围岩稳定。铁峰庵断裂组成物质主要为角砾岩、糜棱岩、断层泥，遇水极易软化、崩解、垮塌，隧洞穿越时围岩稳定问题突出；断层影响带内岩体强度低、较破碎、岩体嵌合能力弱，围岩稳定问题较突出。

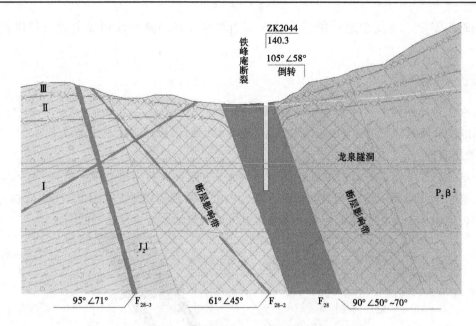

图2　龙泉隧洞过铁峰庵断裂地质构造变化剖面图

（2）涌突水。根据柯斯嘉科夫法预测正常涌水量 4 359.61 m³/d，单位长度正常涌水量 9.01 m³/（d·m）；古德曼经验式预测最大涌水量 10 544.75 m³/d，单位长度最大涌水量 21.79 m³/（d·m）。断层洞段单位长度最大涌水量为 20.6 m³/（d·m）。

（3）高外水压力。隧洞地下水水头为 88~114 m，经外水压力折减计算后，隧洞外水压力≥0.5 MPa，为高外水压力洞段，存在围岩渗透破坏风险，且伴随隧洞涌突水问题。

（4）软岩塑性变形。龙泉隧洞 2# 施工支洞软岩变形问题表明，上禄丰组（J_2l）泥岩、粉砂质泥岩、泥质粉砂岩位于地下水位之下洞段，埋深大于 62 m 后，可能出现软岩大变形问题。龙泉隧洞过铁峰庵洞段上游侧地层岩性与龙泉隧洞 2# 施工支洞一致，隧洞埋深在 96~121 m 范围内，并位于地下水位之下，存在软岩洞段塑性大变形问题。

3　渗控体系总体布置

3.1　龙泉隧洞与松林水库位置关系

龙泉隧洞自西南方向东北方下穿松林水库，整体位于坝轴线防渗区域南侧，距坝轴线防渗区南端最小水平距离约 15.41 m，距坝轴线防渗区北端最大水平距离约 90.5 m，并下穿水库库盆，帷幕灌浆底界高程 1 973.2~1 992.5 m，隧洞顶高程 1 911.60 m，最小高差约 61.60 m。如图3所示为龙泉隧洞与松林水库三维关系图。如图4所示为松林水库坝体帷幕与隧洞轴线剖面布置图。

3.2　龙泉隧洞与松林水库相互影响分析

3.2.1　龙泉隧洞施工对松林水库安全影响分析

勘探资料表明：松林水库坝轴线以下均为侏罗系中统上禄丰组（J_2l）泥岩、粉砂质泥岩、泥质粉砂岩，岩体透水性为弱-微透水性。结合松林水库除险加固工程防渗帷幕相关资料，坝基防渗帷幕深入相对隔水层（5 Lu<q<10 Lu）约 5 m，龙泉隧洞距离坝基防渗帷幕底界最小距离约 74.74 m，隧洞上部相对隔水层厚度约 100.9 m，水库与隧洞之间相对隔水层厚度约 87.95 m。如图5所示为隧洞施工地下水影响范围变化图。

（1）隧洞与坝基相对高差较大，超过隧洞正常开挖扰动区范围。

（2）隧洞开挖采取非爆破开挖并加强支护，同时增加超前注浆、径向固结灌浆等堵水措施，隧洞施工不会破坏隧洞与水库间的相对隔水层，不会扰动水库帷幕底界。

（3）龙泉隧洞已顺利穿过区域性一级活动断裂普渡河断裂，该断裂带规模与铁峰庵断裂相当，

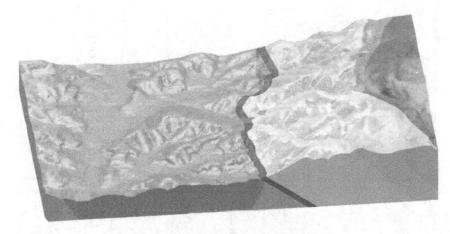

图 3 龙泉隧洞与松林水库三维关系图

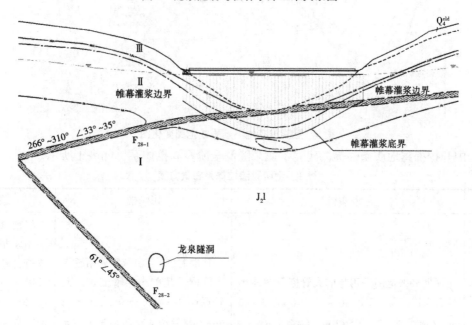

图 4 松林水库坝体帷幕与隧洞轴线剖面布置图

隧洞施工过程中围岩未发生规模较大的塌方、涌水突泥及围岩塑性变形破坏等，也未对地表敏感建筑物和库塘造成不良影响。龙泉隧洞过松林水库、铁峰庵断裂段拟采取的开挖支护和堵水措施、施工队伍及施工工艺均与过普渡河断裂段基本相同。

上述情况表明，隧洞开挖对水库坝基稳定性、水库蓄水及已实施的防渗灌浆工程无影响。

3.2.2 松林水库蓄水对龙泉隧洞施工影响分析

前期勘探成果表明，隧洞穿越水库段总体围岩透水性较弱，岩体内裂隙连通性较差，水力坡度较小，隧洞与水库间相对隔水层厚度约 87.95 m，且龙泉隧洞施工支洞揭露显示，铁峰庵断裂位于相对隔水的 J_2l 泥质岩内，属压扭性断层，断层带内岩土体以弱透水性为主。综合分析认为，库水沿断层向隧洞的渗漏可能性极小。

2023 年 2 月，松林水库现状蓄水约 1.5 万 m³，根据施工进度安排，龙泉隧洞将于汛期前穿过松林水库及铁峰庵断裂，隧洞施工过程中采用非爆开挖，对洞周岩体扰动小，此外采取超前注浆、径向固结灌浆以及承压型衬砌、衬后固结灌浆等措施，最大限度地减小了水库蓄水对隧洞施工的影响。

综上所述，松林水库蓄水不会对龙泉隧洞施工造成不良影响。

3.3 全阶段渗控体系布置方案

根据龙泉隧洞与松林水库位置关系、前期研究成果、地形地质条件、龙泉隧洞施工组织方案、工

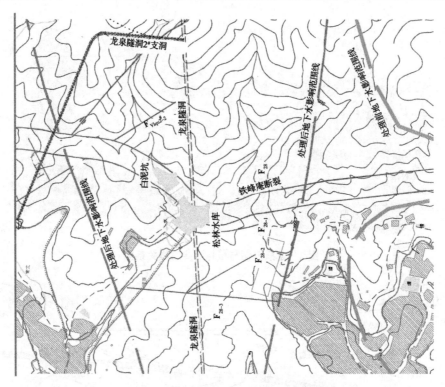

图 5　隧洞施工地下水影响范围变化图

程实施过程中开挖揭露地质条件等，建立了龙泉隧洞全阶段渗控体系，如表 1 所示。

表 1　全阶段渗控体系布置方案

方案	主断裂带	影响带	说明
超前支护	顶拱 180° 范围采用超前大管棚及超前小导管支护，大管棚 ϕ 108@0.5×6 m，L=12 m；小导管 ϕ 42@0.5×2 m，L=4.5 m	顶拱 120°~180° 范围采用超前大管棚及超前小导管支护，大管棚 ϕ 108@0.5×9 m，L=12 m；小导管 ϕ 42@0.5×3 m，L=4.5 m	超前大管棚采用 ϕ 108 热轧无缝钢花管，壁厚 6 mm，长度 12 m，外插角 1°~3°；超前小导管采用 ϕ 42 热轧无缝钢花管，壁厚 3.5 mm，长度 4.5 m，外插角 15°~20°
超前预加固	全断面超前灌浆，掌子面玻璃纤维锚杆注浆加固（L=12 m，@1.5 m×1.5 m）	洞周超前灌浆	超前灌浆长度为 12~15 m，搭接长度 3 m，灌浆压力"静水压力+1 MPa"，灌浆终压为实测 1.5~2 倍静水压力控制。灌浆材料原则上采用纯水泥浆液，纯水泥浆液水灰比可按 1∶1~1∶0.6。灌浆材料根据出水情况采用水泥浆或水泥–水玻璃双液浆

续表 1

方案	主断裂带	影响带	备注
一次支护	（1）挂网喷混凝土：边顶拱喷 20 cm 厚 C20 粗纤维混凝土；边顶拱挂 φ 8@ 150 mm× 150 mm 钢筋网。 （2）系统锚杆：采用中空注浆锚杆，参数为 φ 25@ 1.5 m×1.5 m（L=6 m）。 （3）钢支撑：I20a@ 0.5 m 钢支撑，接头处设 2 根锁脚锚管（φ 42，L=6 m）；钢支撑之间采用 φ 22@ 50 cm 连接筋纵向连接牢固。 （4）底板设 C20 素混凝土垫层，厚 0.3 m。根据开挖揭露地质条件逐榀设置永久横撑，并与边顶拱钢支撑牢固连接封闭成环，横撑型号与边顶拱钢支撑型号相同，横撑连接筋为 φ 22@ 1.0 m；主断裂带隧洞上台阶开挖面设置临时横撑。 （5）施工单位根据实际情况和现场监测数据设置和调整预留变形量。 （6）视情况施作边顶拱径向固结灌浆，采用 φ 42 注浆管，L=4.5 m，@ 1.0 m×1.0 m，水灰比 0.5∶1～1∶1，灌浆压力按 0.5 MPa 控制，具体须根据围岩地质条件及外水压力情况经现场灌浆试验确定。底板必要时视情况可增设径向固结灌浆，范围为底板及底板以上边墙 2 m，桩号由参建四方现场确认	（1）挂网喷混凝土：边顶拱喷 20 cm 厚 C20 粗纤维混凝土；顶拱挂 φ 8@ 150 mm×150 mm 钢筋网，边墙挂 φ 6@ 150 mm×150 mm 钢筋网。 （2）系统锚杆：采用中空注浆锚杆，参数为 φ 25@ 1.5 m×1.5 m（L=6 m）。 （3）钢支撑：I20a@ 0.5 m 钢支撑，接头处设 2 根锁脚锚管（φ 42，L=6 m）；钢支撑之间采用 φ 22@ 50 cm 连接筋纵向连接牢固。 （4）底板设 C20 素混凝土垫层，厚 0.3 m。 （5）施工单位根据实际情况和现场监测数据设置和调整预留变形量。 （6）视情况施作边顶拱径向固结灌浆，L=4.5 m，@ 1.0 m×1.0 m，水灰比 0.5∶1～1∶1，灌浆压力按 0.5 MPa 控制，具体需根据围岩地质条件及外水压力情况经现场灌浆试验确定。底板必要时视情况可增设径向固结灌浆，范围为底板及底板以上边墙 2 m，桩号由参建四方现场确认	
衬砌及衬后灌浆	（1）衬砌：衬砌结构采用承压型衬砌，衬砌混凝土采用 C35 W10 F100，裂缝开展宽度按不大于 0.25 mm 控制；地下水存在敏感因子，结构缝设铜止水及橡胶止水各一道。 （2）固结灌浆：采用 PG5（型固结灌浆仅对 V 类围岩边顶拱进行加固型固结灌浆，灌浆孔孔径为 φ 50，孔深 L=5 m，间排距 3 m）。 （3）排水孔：设排水孔释压，排水孔孔径 φ 50，仅穿透衬砌结构，纵向排距 3 m。一般洞段横向在设计水面线以上顶拱按"2 孔—1 孔—2 孔"交错布置；对于泥质岩类及断层破碎带洞段横向在设计水面线以上顶拱两侧按"2 孔"布置，为防止排水孔失效横向设毛细排水带连通各排水孔		

4 渗控评价

龙泉隧洞已顺利穿过区域性一级活动断裂——普渡河断裂，该断裂带规模与铁峰庵断裂相当，隧洞施工过程中未发生较大规模塌方、涌水突泥及围岩塑性变形破坏等，也未对地表敏感建筑物和库塘造成不良影响，龙泉隧洞过松林水库、铁峰庵断裂段拟采取的开挖支护和堵水措施、施工队伍及施工工艺均与过普渡河断裂段基本相同，普渡河断裂（F_{27}）和铁峰庵断层（F_{28}）地质条件及风险等级相似，围岩均存在严重挤压变形风险，隧洞开挖过程中涌水、突泥、岩溶塌陷、遭遇大型岩溶空腔、岩溶塌方风险高。

龙泉隧洞过普渡河断裂段，通过长短距离超前地质预报、常规地质预报与专项地质预报结合及对比分析，有效预见及降低了隧洞开挖风险；采用控制爆破及机械开挖掘进，主断裂带按照三台阶法施工，有效控制了隧洞施工过程中岩体扰动；落实超前堵水措施后，隧洞施工中多以顶拱滴渗水为主，未发生涌水、突泥事件，出水量未超出抽排水能力，未对地下水及地表库塘造成不良影响；采取加密大小管棚等超前支护和加强钢支撑等措施后，围岩得到有效加固，施工过程中除局部掉块和垮塌外，无大规模塌方问题；采取各项开挖支护措施后，隧洞围岩变形受控，根据《滇中引水工程昆明段施工 3 标龙泉隧洞进口施工安全监测月报》显示，龙泉隧洞过普渡河断裂洞段洞身周边收敛累计值为 2.9~18.5 mm，拱顶下沉累计值为 3~18.3 mm。

5 结论

（1）通过隧洞与水库位置关系和工程地质条件等方面的分析，龙泉隧洞开挖对松林水库坝基稳定性及防渗灌浆工程无影响，库水沿断层和岩层向隧洞的渗漏可能性极小，在隧洞内采取堵水措施、衬砌措施的情况下，可以避免水库向隧洞产生渗漏及渗透稳定问题。

（2）龙泉隧洞施工不会对松林水库安全及水库蓄水造成不良影响，水库蓄水也不会对隧洞施工造成不良影响。

（3）全阶段防渗体系的建立有助于降低隧洞开挖风险，确保隧洞施工安全。

参考文献

[1] 张继勋，任旭华，姜弘道，等．高外水压力下隧道工程的渗控措施研究［J］．水文地质工程，2006（1）：62-65.

[2] 王克忠，倪绍虎，吴慧．深部隧洞裂隙围岩渗透特性及衬砌外水压力变化规律［J］．岩石力学与工程学报，2018，37（1）：168-176.

[3] 吴剑疆．深埋隧洞高外水压力设计探讨［J］．水利规划与设计，2019（10）：78-84.

[4] 徐晨城，朱珍德，谢兴华，等．不同防排水条件下深埋隧洞衬砌外水压力研究［J］．河南科学，2019，37（3）：394-400.

[5] 王秀英，王梦恕．山岭隧道堵水限排衬砌外水压力研究［J］．岩土工程学报，2005，27（1）：125-127.

[6] 葛金花，任旭华，张海波，等．深埋隧洞透水衬砌渗控研究［J］．水力发电，2014，40（7）：39-41.

[7] 程普，万祥兵，方丹，等．白鹤滩水电站地下厂房层间错动带渗流控制措施研究［J］．水利水电技术，2018，49（12）：65-71.

[8] 崔皓东，朱岳明，张家发，等．深埋洞室群围岩渗流场分析及渗控效果初步评价［J］．长江科学院院报，2009，26（10）：71-75.

[9] 许增光，曹成，李康宏，等．某抽水蓄能电站上水库局部防渗渗控分析［J］．应用力学学报，2018，35（2）：417-422，459.

[10] 司建强，王涛，向天兵，等．滇中引水工程凤凰山隧洞过活动断裂带结构适应性研究［J］．长江科学院院报，2022，39（12）：105-110.

溢洪道挑坎形式试验研究

翟静静　杨　伟　李民康

（长江科学院水力学研究所，湖北武汉　430010）

摘　要：本文以某工程水工模型为依托，重点研究溢洪道挑坎形式对下游冲刷的影响。采用连续鼻坎形式，水舌挑距远，挑射水流未纵向拉开，水舌落点集中，下游冲刷较深；采用一般差动坎，可以明显减轻下游冲刷，而中部低坎水流冲击到护坦；采用斜向连续挑坎，水流集中于右侧，引起下游河道冲刷加剧；采用斜向差动坎，一方面可有效地减轻下游冲刷，另一方面可以有效解决小流量冲击护坦和大流量直砸右侧山坡的问题。建议根据工程实际条件选取合适的鼻坎形式，以降低下游冲刷，改善下游水流流态。

关键词：溢洪道；挑坎；连续挑坎；差动坎；冲坑形态

1 引言

溢洪道是一种常见的泄水建筑物，一般布置在岸边或垭口，它除应具备足够的泄流能力外，还要保证其在工作期间的自身安全和使下泄水流与原河道水流获得妥善的衔接。溢洪道布置应包括进水渠、控制段、泄槽、消能防冲设施及出水渠等建筑物[1-2]。

本文结合某工程模型试验，研究了几种挑流鼻坎形式。该工程主要由复合土工膜堆石坝、溢洪道、导流兼泄洪放空洞、引水发电系统组成。开敞式溢洪道布置于大坝右岸的单薄山脊上，出口位于两河交汇口上游，距右侧山体较近。

溢洪道闸室段长 40 m，总宽 55 m。泄槽段长 261.742 m，泄槽底部宽度 47 m，坡度 $i=13\%$，泄槽段边墙采用混凝土重力墙，高度为 12 m。挑坎反弧半径为 40 m，挑角为 34°，挑坝高程为 454.527 m，护坦底板高程为 445.0 m。溢洪道挑坎平面及剖面布置图见图 1。

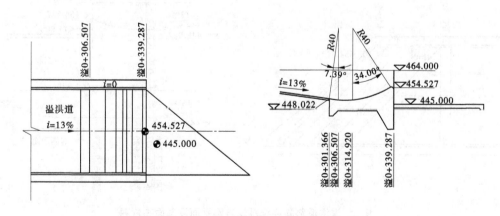

图 1　溢洪道挑坎平面及剖面布置图 （单位：m）

作者简介：翟静静（1983—），女，高级工程师，主要从事水力学及河流动力学研究工作。

2 试验成果

2.1 原方案

溢洪道下泄较小流量时,水流在反弧段内形成水跃强烈漩滚,部分水流落在护坦上。

消能设计工况下,出坎水流内缘距 69.7 m,外缘距 91.8 m。右岸坡脚垂线平均流速可达 6.14 m/s,对应底部流速达 6.06 m/s。冲坑深点对应位置垂线平均流速可达 5.23 m/s。

冲坑形态见图 2。冲坑呈椭圆形,最低点位于溢洪道中心线上,高程为 421.8 m,冲深 23.2 m;右岸坡脚处的冲深也较深,最深点为 426.8 m,冲深 18.2 m。

图 2 冲坑形态(一)

该方案小流量挑距近,水舌落在护坦上;较大流量时水舌挑距远,但挑射水流未纵向拉开,水舌落点集中,下游冲刷较大,冲坑距离右岸岸坡较近。

2.2 优化方案试验

优化方案试验探索了斜向连续挑坎[3](左低右高)方案、矩形差动式挑坎方案及斜向差动式挑坎方案。

保持原方案挑坎、挑角及半径不变,挑坎左侧桩号为 0+339.287,坎顶高程为 454.527 m;右侧延长 47 m,桩号为 0+386.287,坎顶高程为 461.577 m,见图 3。

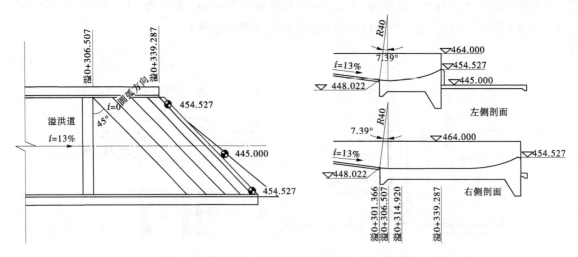

图 3 溢洪道斜向连续挑坎方案平面及剖面布置图

保持原方案两侧挑坎,将挑坎中间部位降低,中部挑角减小至 15°,坎顶高程为 449.040 m,见图 4。

保持原方案挑坎半径,将挑坎均匀分为三区,自左至右高程依次为 451.950 m、454.527 m、

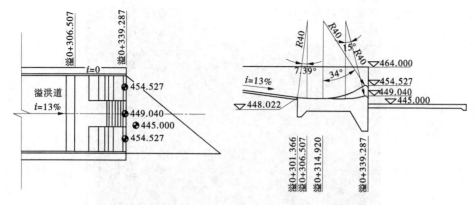

图4　溢洪道矩形差动式挑坎方案平面及剖面布置图

459.000 m，各挑坎与平段间以一定坡度顺接，沿线左区段始终保持比右区低，见图5。

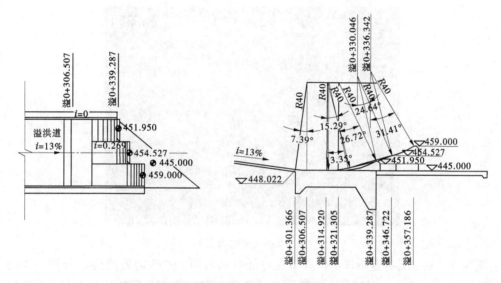

图5　溢洪道斜向差动式挑坎方案平面及剖面布置图

斜向连续挑坎方案溢洪道挑坎在同一断面呈左高右低，水流向右侧偏转，引起右侧水流集中。出坎水流左低右高，左侧内外缘距分别为66 m、90 m；右侧内外缘距分别为82 m、136 m；水舌落入点较为分散，落点右侧距离右岸线仅13 m；右岸坡脚垂线平均流速减小至5.25 m/s，对应底部流速4.83 m/s。

冲坑形态见图6。沿右岸山体坡脚形成长条状冲坑，最低点位于河口右侧，高程为420.8 m，冲深24.2 m；右岸坡脚处的冲深深点高程为421.6 m，冲深23.4 m。

试验表明，斜坎方案水舌落点分散，但水流运行迹线，在挑坎同一横断面上，存在右侧比左侧低的现象，故水流向右侧集中，对下游冲刷和边坡保护不利。

差动坎方案溢洪道出口水舌分层效果明显，中部水体上缘与两侧低约6 m，水舌全部落在445 m护坦上，水舌外缘距为26 m；两侧水体向中部扩散，挑距与原方案无差别。右岸坡脚垂线平均流速为4.53 m/s，对应底部流速为0.91 m/s。小流量时仍落入护坦上或击打右侧山体。

冲坑形态见图7。冲坑最低点位于溢洪道中心线上，高程为424.4 m，冲深20.6 m，比原方案减小2.6 m；右岸坡脚处的冲深深点高程为430.1 m，冲深14.9 m。

试验表明，差动坎拉开水体明显，由于护坦水平导流效果，减小下游河道冲刷明显。但是挑流高流速水体落在护坦上，影响护坦乃至挑坎自身稳定。

斜向差动坎分层效果明显，水体在挑坎沿线未出现水流集中现象，坎上水深（垂直向）左侧为

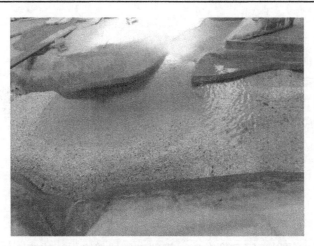

图 6　冲坑形态（二）

图 7　冲坑形态（三）

2.5 m、右侧为 2.4 m，无明显差异；挑流呈现左低右高斜面，左侧内外缘挑距分别为 48 m、80 m，右侧内外缘挑距分别为 76 m、120 m。右侧水体下落点距离右岸线最近约 25 m。右岸坡脚垂线平均流速为 3.61 m/s，对应底部流速为 0.75 m/s。只有较小流量时外缘水体落于右侧山体。

　　冲坑形态见图 8。冲坑呈现长圆形，最低点位于溢洪道左区挑坎中心线处，距离左侧挑坎下游 92 m，高程为 425.8 m，冲深为 19.2 m，比原方案减小 4 m；右岸坡脚处的冲深深点高程为 430.9 m，冲深为 14.1 m。

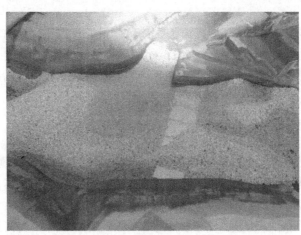

图 8　冲坑形态（四）

　　试验表明，斜向差动坎有效减小了小流量水体落于右侧山体的频率；大流量时，出坎水流纵向拉开明显，水舌落点分散，均挑落于河道。

2.3 方案比较

试验资料表明：原方案挑坎形式挑射水流未纵向拉开，水舌落点集中，右岸线侧底速大（6.06 m/s），冲深低（426.8 m）；采用斜向连续挑坎，水流在挑坎内向右侧偏转，导致出坎水流集中，引起下游河道右岸侧冲刷加剧（421.6 m）；差动坎可有效地使水流分层，使水舌落点分散，降低右岸侧底部流速（0.91 m/s）及冲深（430.1 m），但中部出坎水流直接冲击护坦，影响稳定；斜向差动坎使水流分层呈左低右高状，水舌落入点由近及远，使水舌落点分散，并避开护坦，右岸侧流速降低（0.75 m/s），冲深减小（430.9 m）。方案比较见表1。

表1 方案比较一览表

方案	左侧挑距/m		右侧挑距/m		右岸线			主冲坑/m	
	内缘	外缘	内缘	外缘	底速/（m/s）	均值/（m/s）	深点高程/m	高程	深点
原方案	69.7	91.8	69.7	91.8	6.06	6.14	426.8	421.8	23.2
斜向连续挑坎	66	90	82	136	4.83	5.25	421.6	420.8	24.2
差动坎	68	90	68	90	0.91	4.53	430.1	424.4	20.6
斜向差动坎	48	80	76	120	0.75	3.61	430.9	425.8	19.2

3 结论

（1）溢洪道挑流鼻坎采用连续鼻坎形式，水舌挑距远，挑射水流未纵向拉开，水舌落点集中，下游河床及右岸线冲刷较深。

（2）溢洪道挑流鼻坎优化试验方案比较结果表明：采用一般差动坎，可以明显减轻下游冲刷，而中部水流冲击到护坦，且不能避免小流量击打右侧山坡；采用斜向连续挑坎，水流在挑坎内向右侧集中，引起下游河道冲刷加剧；采用斜向差动坎，可以有效解决小流量击打护坦问题，大流量时可避免击打右侧山坡。建议根据工程实际条件选取合适的挑角和高差，以改善下游水流条件，降低下游冲刷问题。

参考文献

［1］中华人民共和国水利部．水工（常见）模型试验规程：SL 155—2012［S］．北京：中国水利水电出版社，2012.
［2］王才欢，肖兴斌．底流消能设计研究与应用现状述评［J］．四川水力发电，2000，1（1）：79-81.
［3］翟静静．导流洞出口布置形式及消能方式试验研究［J］．长江科学院院报，2012（10）：86-90.

基于 KNN 算法的小浪底水库出库含沙量预测

孙龙飞[1,2]　李洁玉[1,2]　王远见[1,2]

(1. 黄河水利委员会黄河水利科学研究院，河南郑州　450003；
2. 水利部黄河下游河道与河口治理重点实验室，河南郑州　450003)

摘　要： 受限于水库排沙过程影响因素众多、机制复杂，尚缺乏简便高效、普适性强的水库排沙预测方法。针对小浪底水库，收集整理其 2000—2020 年实测水沙系列数据，基于 KNN 算法构建了综合考虑不同影响因素的出库含沙量预测模型，并对模型预测效果进行了评估；同时，利用 2021 全年水沙数据做了进一步验证。结果表明：对比其他回归模型，KNN 算法模型为最优模型，其预测精度最高；而且 2021 年所得预测值与实际值在全年分布上同样较为一致，两者间误差较小，表明了 KNN 算法模型在小浪底水库出库含沙量预测方面的有效性和准确性。

关键词： KNN 算法；小浪底水库；出库含沙量；预测效果

1　引言

我国江河的含沙量一般都较大，其中尤以黄河为最，其多年平均含沙量为 35 kg/m³。在多沙河流上修建水库，会不可避免地造成水库拦蓄大量泥沙形成淤积，泥沙淤积会对水库的安全运行产生严重影响，而水库排沙是目前世界上减轻水库淤积、增加水库寿命普遍采用的方法[1-3]，实现多沙河流水库排沙的准确预测，将有利于水库调度运行方案优化。目前，已有关于水库排沙过程预测的相关研究，采用的方法主要包括实测资料分析法[4-6]、物理模型试验法[7-9] 和数值模拟法[10-13]。其中，实测资料分析法虽是一种基础方法，然而其多是对单个或几个因素的相关性分析，难以考察众多影响因素的综合作用，适用性及精度有限。物理模型试验法虽然能起到指导工程实际的目的，但其一方面由于实际工程的复杂性难以完全模拟真实工况，另一方面则相对成本较高，耗费人力、物力较多。此外，数值模拟方法虽然物理意义明确，但其缺点在于需要满足一定的假设条件，且存在计算过程复杂等不足，因此在水库的实际管理运用中仍有一定的局限性。

近年来，以解决大数据分析问题、充分挖掘变量间复杂映射关系为优势的机器学习算法（machine learning algorithms）发展非常迅速，已在光伏组件建模[14]、生物量高光谱估算[15]、材料性能预测[16]、流域径流预测[17] 等多个领域开展研究，而且取得了很好的效果。其中，K 最邻近算法（K nearest neighbor，KNN）因具有算法简单、调整参数少、不依赖于特定的函数分布等优点，被广泛应用于数据挖掘方面的分类、回归和搜索等[18-19]。因此，考虑到水库排沙的影响因素众多，通过机器学习的方法来进行研究，可以更好地分析其多因素、非线性的复杂关系。

综上所述，本文将 KNN 算法应用于小浪底水库出库含沙量预测，并结合实际水沙数据分析了算法模型的预测效果，以期为小浪底水库的合理调度提供借鉴。

基金项目： "十四五" 国家重点研发计划项目（2021YFC3200400）；水利部重大科技项目（SKR－2022021，SKS－2022088）；国家自然科学基金项目（U2243601，U2243241）。

作者简介： 孙龙飞（1993—），男，博士，研究方向为湖库泥沙治理与水利信息化。

通信作者： 王远见（1984—），男，正高级工程师，主要从事水力学及河流动力学研究工作。

2 研究对象及数据处理

2.1 小浪底水库区域概况

小浪底水库大坝位于河南省洛阳市以北 40 km 的黄河干流上，上距三门峡水库 130 km，下距京广铁路桥 115 km，处在承上启下控制黄河水沙的关键部位（见图 1）。库区原始库容 126.5 亿 m³，其中防洪库容约 40.5 亿 m³，拦沙库容约 75.5 亿 m³，可大幅度提高黄河下游防洪标准并可减轻三门峡水库的防洪负担。根据河道的平面形态将库区划分为上、下两段，其中上段自三门峡水文站至板涧河口，长约 62.4 km，河谷底宽 200~400 m；下段自板涧河口至小浪底拦河坝，长约 61 km，河谷底宽 800~1 400 m。库区支流平时流量很小甚至断流，只是在汛期发生历时短暂的洪水时，有砂卵石推移质顺流而下，与干流来沙量相比，支流来沙量可略而不计。

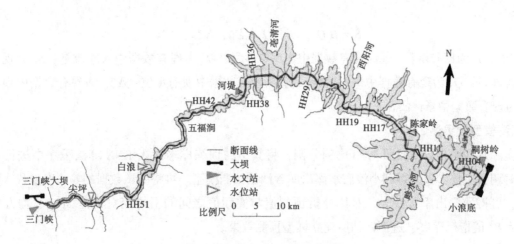

图 1 小浪底水库区域位置示意

2.2 原始数据收集整理

本文收集整理小浪底水库 2000—2021 年日均水沙数据开展研究，主要分为两部分。其中，将 2000—2020 年水沙数据进行归一化的无量纲预处理，并按照一定比例对数据进行分配，分别用于模型的训练和测试；继而再利用 2021 年全年水库排沙的相关数据，代入所建立的 KNN 算法模型做进一步验证。

3 研究方法

3.1 KNN 算法原理及主要参数

KNN 算法原理是对比当前新数据的每个特征与历史数据库中具有相似特征的样本数据值，然后以其中最相似的 K 个近邻数据的属性值作为输出结果。它采用距离衡量样本之间的相似程度，距离度量的计算公式如下：

$$D(X, Y) = \left(\sum_{i=1}^{n} | x_i - y_i |^p \right)^{1/p} \tag{1}$$

式中：x_i 为样本 X 的第 i 个特征；y_i 为样本 Y 的第 i 个特征；p 为代表不同的距离计算方式。

在 KNN 算法中，主要参数包括 n_neighbors、weights 和 p。其中，若 n_neighbors 值选取过小，则可能会使模型的复杂度增加从而发生过拟合；而若 n_neighbors 选取过大，则虽然可以降低模型的复杂度并减少估计误差，但容易发生欠拟合，同样会使得结果变差。权重参数 weights，其选为 "uniform"，指所有最近邻样本权重都一样，适用于样本分布是比较成簇的情况；而选为 "distance"，则指权重和距离成反比例，适用于样本分布较乱、规律不明显的情况。此外，距离度量参数 p 也会影响模型预测精度，距离度量采用式（1）。

3.2 预测模型构建

水库排沙过程影响因素众多，本文选取入库流量 Q_1、入库含沙量 S_1、出库流量 Q_2、坝前水位 Z_W、坝前水位差 ΔZ_W、累计淤积量 G 作为小浪底水库排沙的主要影响因子。其中，坝前水位差 ΔZ_W 的含义是通过人为试算当天水位之前 n（$n=1$，2，3，4，5···）天水位的平均值，与当天水位的差值，是对于当天排沙的影响所引入的变量。通过坝前水位差 ΔZ_W 与出库含沙量 S 的相关性试算分析，当 n 取不同值时，两者的相关性相差不大，且综合考虑实际工程排沙水位变化的影响主要取决于之前最邻近日期的水位值，因此本文取 $n=1$ 的情况，即计算前一天的水位与当天水位的差值，作为坝前水位差变量 ΔZ_W。

最终，以上述影响因素为输入变量，以出库含沙量 S 为输出变量，建立出库含沙量预测模型的形式如下：

$$S = f(Q_1, S_1, Q_2, Z_W, \Delta Z_W, G) \tag{2}$$

式中：$f(\quad)$ 为回归函数；S 为现有数据中出库含沙量；Q_1 为现有数据中入库流量；S_1 为现有数据中入库含沙量；Q_2 为现有数据中出库流量；Z_W 为现有数据中坝前水位；ΔZ_W 为现有数据中坝前水位差；G 为现有数据中累计淤积量。

3.3 预测模型效果评估

对实际水沙系列数据按照 4∶1 比例分割，将其中的训练样本代入 KNN 算法程序中进行训练学习，同时调整主要参数，得到小浪底水库出库含沙量预测模型。再将测试数据的输入变量代入模型进行计算，可得预测出库含沙量，对比分析预测值与实际值之间的平均绝对误差 MAE、均方根误差 RMSE 及 R^2 值指标[15-16]，进而评估所建立模型预测效果。

4 计算结果与分析

参照前文第 3 节研究方法将有关数据代入 KNN 算法当中建立预测模型，最终得到的出库含沙量的预测值与实际值的对比结果如图 2 所示。

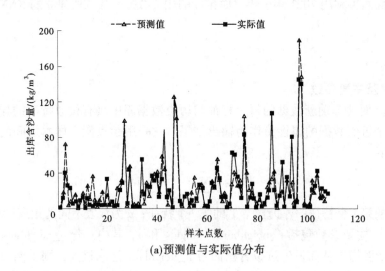

(a)预测值与实际值分布

图 2 小浪底水库 KNN 模型预测值与实际值分布及相关性分析结果

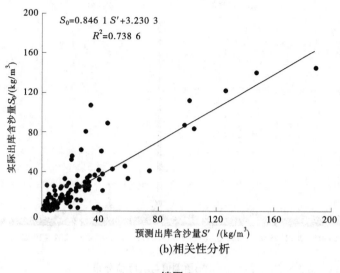

$$S_0=0.846\ 1\ S'+3.230\ 3$$
$$R^2=0.738\ 6$$

(b)相关性分析

续图 2

由图 2 可见，对于小浪底水库排沙预测，采用 KNN 算法建立的模型得到的预测出库含沙量与实际出库含沙量的样本点分布整体上相一致，且预测样本的绝大部分结果也与实际值相接近，表明 KNN 算法模型的预测效果较好。而造成小浪底水库预测值与实际值之间还存在一些差异较大的样本点，考虑其原因在于一方面小浪底水库的出库含沙量中高含沙占比高，含沙量变化的波动性较强；另一方面受运用方式、联合调度、异重流排沙等因素影响，小浪底水沙关系复杂性大。同时，在小浪底水库排沙预测中，KNN 算法模型所得预测值与实际值之间的整体 R^2 达到 0.738 6，相关性良好，也能够表明模型拟合程度较高。

为体现 KNN 算法的优越性，对比相同的训练、测试样本数据下，高斯过程回归（gaussion process regression，GPR）、多层感知机（multilayer perceptron，MLP）两种不同机器学习回归模型所得的预测值与实际值两者间误差结果统计如表 1 所示。

表 1　小浪底水库不同模型预测结果误差统计

算法类型	R^2	平均绝对误差 MAE	均方根误差 RMSE
KNN	0.738 6	9.634	15.808
GPR	0.662 2	11.979	17.299
MLP	0.605 0	15.051	19.843

由表 1 可见，各模型相比之下，KNN 算法模型的平均绝对误差 MAE（9.634）和均方根误差 RMSE（15.808）均最小，同时其 R^2（0.738 6）最高。这反映出，在现有数据条件下 KNN 算法性能更优，所建立的出库含沙量预测模型的准确性及精度优于其他两种算法模型，更有利于进行小浪底水库出库含沙量的计算。

此外，为进一步验证 KNN 算法模型的预测效果，利用小浪底水库 2021 年全年水沙数据代入模型当中，计算得到的预测出库含沙量与实际出库含沙量对比结果如图 3 所示。

由图 3 可知，利用 KNN 算法对小浪底水库 2021 年全年排沙过程进行预测分析，所得预测值与实际值在全年分布上同样非常一致，整体上预测值与实际值结果均较为接近，两者间相关性良好，由此也进一步反映出利用 KNN 算法进行水库排沙预测的合理性和有效性。

同样，统计小浪底水库 2021 年预测值与实际值两者间的 R^2、平均绝对误差 MAE 及均方根误差 RMSE，结果见表 2。

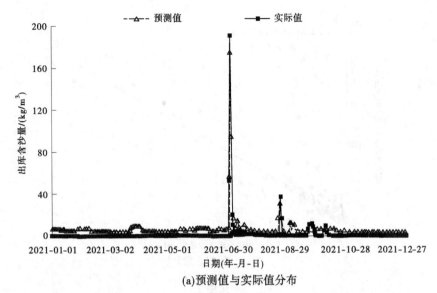

(a)预测值与实际值分布

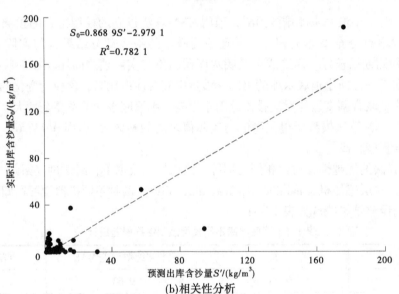

(b)相关性分析

图 3 基于 KNN 算法模型的 2021 年全年水沙数据预测值与实际值分布及相关性分析结果

表 2 基于 KNN 算法的水库排沙验证结果统计

年份	R^2	平均绝对误差 MAE	均方根误差 RMSE
2021	0.782 1	4.155	6.328

由表 2 可知，基于 KNN 算法模型所得 2021 年预测值与实际值之间误差同样较小，预测值与实际值之间的 R^2 达到 0.782 1，平均绝对误差 MAE 和均方根误差 RMSE 则分别为 4.155、6.328，进一步验证出 KNN 算法模型在小浪底水库排沙预测方面的优越性和有效性，在一定程度上实现了小浪底水库出库含沙量的准确预测。

5 结论

水库排沙是减轻水库泥沙淤积的重要手段，针对小浪底水库排沙过程，基于 KNN 算法构建了综合考虑不同影响因素的出库含沙量预测模型，并分析评估了模型的预测性能，所得主要结论如下：

（1）KNN 算法模型得到的预测出库含沙量与实际出库含沙量的绝大部分数据点均相接近，表明了 KNN 算法应用于水库排沙预测的有效性。

（2）相同的训练、测试样本数据下，对比 GPR 和 MLP 两种回归模型，KNN 算法模型的评估指标均更好，其精度相对更高，更有利于进行小浪底水库出库含沙量的计算。

（3）利用 KNN 算法模型对小浪底水库 2021 年全年排沙过程进行预测分析，所得预测值与实际值在全年分布上同样非常一致，两者间相关性良好，由此也进一步验证出 KNN 算法在一定程度上可实现小浪底水库出库含沙量的准确预测。

参考文献

［1］卢金玲，张欣，王维，等．沙粒粒径对水力机械材料磨蚀性能的影响［J］．农业工程学报，2018，34（22）：53-60.

［2］陈兴茹，白音包力皋．多泥沙水库排沙效应综合评价指标体系框架初探［J］．泥沙研究，2015（1）：14-18.

［3］胡春宏．我国多沙河流水库"蓄清排浑"运用方式的发展与实践［J］．水利学报，2016，47（3）：283-291.

［4］Ding W F, Kateb H E. Annual Discharge and Sediment Load Variation in Jialing River During the Past 50 Years［J］. Journal of Mountain Science, 2011, 8：664-676.

［5］杨吉山，张晓华，宋天华，等．宁夏清水河流域水库拦沙量分析［J］．水土保持学报，2019，33（6）：170-175.

［6］郭家麟，张晓华，胡建成，等．刘家峡水库排沙规律及效果分析［J］．人民黄河，2015，37（4）：6-9.

［7］刘兆存，赵健，赵世强．三峡回水变动区重庆主城区河段泥沙冲淤变化试验研究［J］．水动力学研究与进展，2012，27（4）：388-393.

［8］张俊华，陈书奎，李书霞，等．小浪底水库拦沙初期泥沙输移及河床变形研究［J］．水利学报，2007，38（9）：1085-1089.

［9］李涛，张俊华，夏军强，等．小浪底水库溯源冲刷效率评估试验［J］．水科学进展，2016，27（5）：716-725.

［10］刘娜，李仲钰，杜志水，等．澜沧江乌弄龙水库泥沙淤积及排沙运行方式［J］．西安理工大学学报，2020，36（3）：357-361.

［11］Zhao Z Y, Zhang Q H, Zhao H B, et al. A three-dimensional model for suspended sediment transport based on the compact discontinuous Galerkin method［J］. International Journal of Sediment Research, 2016, 31（1）：36-43.

［12］Liu X Y, Qi S, Huang Y A, et al. Predictive modeling in sediment transportation across multiple spatial scales in the Jia ling River Basin of China［J］. International Journal of Sediment Research, 2015, 30：250-255.

［13］郑珊，吴保生，周云金，等．黄河口清水沟河道的冲淤过程与模拟［J］．水科学进展，2018，29（3）：322-330.

［14］余辉，陈志聪，郑巧，等．利用多层感知机和 I-V 特性的光伏组件建模方法［J］．福州大学学报（自然科学版），2021，49（3）：336-342.

［15］吴芳，李映雪，张缘园，等．基于机器学习算法的冬小麦不同生育时期生物量高光谱估算［J］．麦类作物学报，2019，39（2）：217-224.

［16］郑伟达，张惠然，胡红青，等．基于不同机器学习算法的钙钛矿材料性能预测［J］．中国有色金属学报，2019，29（4）：803-809.

［17］何中政，方丽，刘万，等．基于指数核函数高斯过程回归的短期径流预测研究［J］．中国农村水利水电，2023（8）：25-31.

［18］张雯超，史培新，刘维，等．基于改进 KNN 与基坑参数对地连墙变形预测研究［J］．华中科技大学学报（自然科学版），2021，49（9）：101-106.

［19］周鑫，谢晖，付山，等．基于 KNN 算法的中心带孔圆板拉深-翻孔变形方式的研究［J］．锻压技术，2021，46（7）：53-59.

综合物探技术对抽水蓄能电站引水发电系统地下岩体质量研究的应用

李建超[1,2]　胡晓磊[1]

(1. 中水北方勘测设计研究有限责任公司，天津　300222；
2. 中国地质大学（武汉）地球物理与空间信息学院，湖北武汉　430074)

摘　要：抽水蓄能电站利用上、下水库的高差对电力能源进行调配，是保障电力系统安全稳定运行的重要方式。我国抽蓄工程发展起步较晚，通过音频大地电磁法和被动源面波法的综合物探方法基本查明新疆精河抽水蓄能电站工程引水发电系统输水隧洞和地下厂房岩体质量、构造发育情况，两种方法相互补充、验证。地质人员对物探成果进行了钻探验证，钻探成果与物探成果吻合。地质人员与设计人员依据成果形成预可研阶段成果报告，该报告于 2023 年 3 月通过水电水利规划设计总院评审。

关键词：抽水蓄能；音频大地电磁法；微动法；钻探验证

为实现碳达峰、碳中和目标，构建以新能源为主体的新型电力系统，是党中央、国务院做出的重大决策部署。结合我国能源资源禀赋条件等，抽水蓄能电站是当前及未来一段时期满足电力系统调节需求的关键方式。因此，国家能源局在 2021 年 8 月发布了《抽水蓄能中长期发展规划（2021—2035 年）》。新疆精河抽水蓄能电站项目是《抽水蓄能中长期发展规划（2021—2035 年）》储备项目。该抽水蓄能电站位于精河县茫丁乡境内，项目总投资 101.82 亿元。本工程等别按其装机容量确定为 I 等，工程规模为大（1）型。

自 20 世纪 90 年代以来，音频大地电磁法是大深度物探的主要手段之一，尤其是 21 世纪以来，音频大地电磁法在采集设备、算法解译等方面取得了很大的进步，在多个领域得到了广泛、成功的应用[1-9]。被动源面波法（简称微动法）在我国应用起步相对较晚，但随着理论的不断完善、技术的不断进步，探测深度由浅部延伸到深部，应用的领域越来越广泛，成功的案例也越来越多[10-14]。

1　地形地貌、地质简况

1.1　地形地貌

输水发电系统位于代表性上水库、下水库之间，长度约 2.4 km，包括引水洞段、尾水洞段及地下厂房等。地貌为高中山地貌，沿线地面高程为 1 350~2 160 m。前半段为山顶夷平面，地形稍平缓，相对高差 50~80 m，地面高程 1 930~2 160 m，洞室埋深 50~266 m。后半段沿山脊通往下库，高程依次降低，轴线两侧为树枝状沟谷，走向 NE，呈束窄状，沟底宽度 2~20 m，坡高 20~50 m，较为陡立。地面高程 1 350~1 930 m，洞室埋深 50~450 m。

1.2　地质简况

工程区岩性为华力西中期（γ_4^{2b}、$\gamma\delta_4^{2b}$）侵入花岗闪长岩、二长花岗岩，中粗粒、细粒结构，块状构造，属于较硬岩-坚硬岩。

项目来源：能源局《抽水蓄能中长期发展规划（2021—2035 年）》储备项目。

作者简介：李建超（1986—），男，高级工程师，主要从事地球物理方法的应用及研究工作。

区域范围内，北部为准噶尔盆地及西准噶尔山地，大部分地区为北天山中西部地区，此区构造较为复杂，地貌上山盆相间。区内活动断裂发育，其中有些断裂规模较大。区域内断裂多形成于华力西时期，有较长的发育史，有过多期活动，它们大部分在喜马拉雅期重新复活，是控制大地构造单元和新构造单元的界线，塑造了现代地貌景观。

区域内共有活动断裂34条，按断裂活动的时代分为全新世活动断裂和更新世活动断裂，其中全新世活动断裂14条。区域内活动断裂多继承性活动断裂，规模较大。活动断裂有多组方向，有 NW~NWW 向、NEE 向和近 EW 向。

2 工程实例

2.1 隧洞物探探测

2.1.1 物探工作布设

此次探测使用加拿大凤凰公司生产的 V8 多功能电法仪，野外电极极罐布置一般采用"十"字形布设方式，这种方式能较好地克服表层电流场不均匀的影响。

测线沿引水发电系统隧洞洞线布设，剖面长 2 680 m，走向为 NE61°，测点点距 40 m，测线编号 SD1。为保证采集数据质量，采集时长不低于 25 min。地下厂房设计位置在桩号 K1+200 ~ K1+400 附近。工作布置示意简图见图 1。

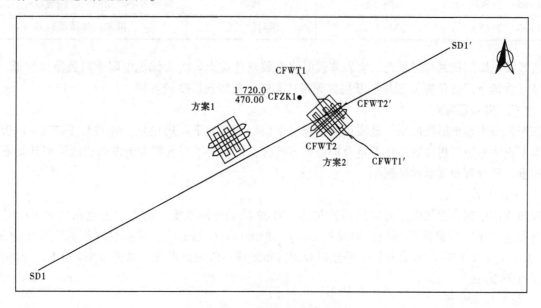

图 1　工作布置示意简图

2.1.2 探测成果分析

此次数据处理采用 soft2D 处理软件，由于工程区内高长比大，使得山区构造裂隙发育各向异性大，因此反演时采用 TE&TM 模式，反演成果见图 2。

整条测线的实测视电阻率横向变化大，垂向较稳定，视电阻率范围值为 80~4 000 Ω·m，根据视电阻率等值线变化形态，横向粗分可在桩号 0+1 000 处分为两个大单元：

（1）桩号 0+000 ~ 1+000，整体呈较高阻特征，推测岩体质量相对较好，局部较差。

（2）桩号 1+000 ~ 2+680，整体呈较低阻特征，局部存在较高阻段，剖面整体分析，推测岩体质量较差，局部较好。

第二单元细分可划分为 4 个小单元，单元划分见表 1。

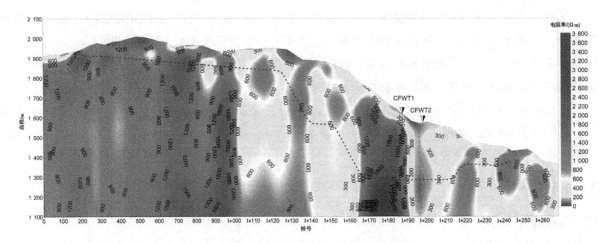

图 2　洞线音频大地电磁法视电阻率等值线图

表 1　小单元划分

桩号	电阻率值/（Ω·m）	电阻率特征	岩体质量
1+000～1+640	100～900	低阻	推测岩体质量较差
1+640～1+880	200～4 000	高阻	推测岩体质量相对较好
1+880～1+960	80～500	低阻	推测岩体质量较差、构造破碎带发育
1+960～2+680	300～1 200	相对较低阻	推测岩体质量较差

该区域花岗闪长岩与二长花岗岩岩体视电阻率较以往花岗岩类岩体视电阻率阻值整体偏低，中－大桩号（含地下厂房位置）段推测断层破碎带、裂隙密集带或蚀变较发育。

2.2　地下厂房物探探测

依据音频大地电磁法成果，地质单位与设计单位调整了地下厂房位置，在桩号 1+775～1+955 附近。为了查明地下厂房位置岩体质量及构造发育情况，同时为了与音频大地电磁法成果相互验证，因此在地下厂房位置布置微动法探测。

2.2.1　物探工作布设

探测选用中国合肥某电子有限公司研制的 GN209 微动探测系统，沿引水发电系统地下厂房中心线位置布置"十"字形两条测线，测线长 640 m 和 280 m（见图 1），根据目的层深度及场地条件，选用 13 个主频 0.1 Hz 的垂直分量拾振器以线型排布组成台阵观测系统，采样频率 250 Hz，台站间距 10 m，点距 20 m。

2.2.2　探测成果分析

数据处理使用 Geogiga Seismic 地震处理软件。软件数据处理采用空间自相关法（SPAC 法）求取频散曲线，采用半波长法经验公式对频散曲线进行反演计算，以获得相应的视横波速度变化情况。探测成果见图 3。

（1）根据速度等值线变化形态，CFWT1 剖面横向上可划分 2 个单元：

①桩号 0+000～0+350，呈较低速形态，垂向基本呈三层弹性结构：表层视横波速度为 400～600 m/s，最大厚度约 55.0 m；中间层视横波速度为 600～800 m/s，其底界面高程为 1 605～1 640 m；底层视横波速度多大于 1 000 m/s，局部为 1 600～1 850 m/s。桩号 300 m 处推测存在断层破碎带，倾向北西。

②桩号 0+350～0+645.6，呈较高速形态，基本呈三层弹性结构：表层视横波速度为 400～600 m/s，厚度一般为 40.0 m；中间层视横波速度为 600～800 m/s，其底界面高程 1 450～1 610 m；底层视横波速度多大于 1400 m/s，局部为 2 400～2 600 m/s。

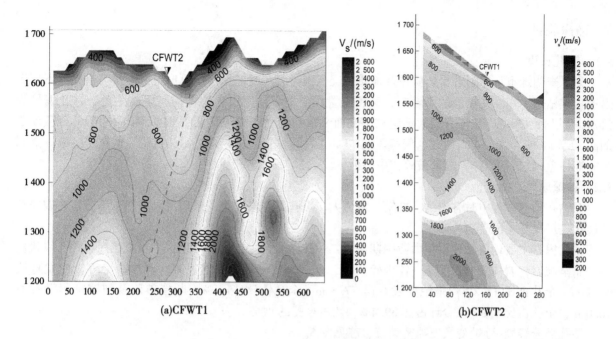

图3 CFWT1剖面和CFWT2剖面视横波波速等值线图

（2）CFWT2剖面垂向基本呈三层弹性结构：表层视横波速度为400~600 m/s，厚度一般为15.0 m；中间层视横波速度为600~800 m/s，其底界面高程为1 430~1 640 m；底层视横波速度多大于1 600 m/s，局部为2 400~2 600 m/s。

以两条微动测线为基础，对地下厂房区域横波波速600 m/s、800 m/s、1 000 m/s、1 200 m/s、1 400 m/s制作3D切片表面图，见图4。

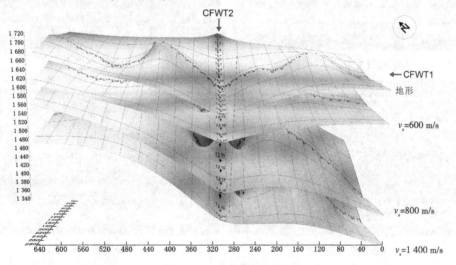

图4 地下厂房厂址视横波波速3D切片表面图

由图4可知：①厂房SE向岩体质量较高，在高程1 480 m左右横波波速普遍大于1 400 m/s，而NE向则普遍低于高程1 200 m；②在NE部大致沿CFWT2测线方向发育一条低速凹槽，横波波速普遍小于1 200 m/s，推测为断层破碎带或中-强蚀变带的反映，结合地形图大致推测构造走向NE、倾角约45°，倾向NW、倾角约75°；③推测探测范围内岩体质量整体较差，蚀变发育。微动法探测成果与音频大地电磁法成果基本吻合。

3 钻探验证

3.1 钻孔布设

为了查明地下厂房附近岩体质量及地质情况，同时为了验证物探推测成果，地质人员在地下厂房附近布置钻探工作。受场地地形限制，钻孔布置在距地下厂房边界北西向 103 m 附近，钻孔编号为 CFZK1，孔深 470 m，位于音频大地电磁法剖面 SD1 桩号约 1+850 附近，偏移距约 160 m；距微动法剖面 CFWT1 桩号约 0+115 附近，偏移距约 73 m，钻孔位置物探成果显示为低阻、低波速区域，推测为完整性差-较破碎岩体，局部破碎，中-强蚀变发育。具体布置见图 1。

3.2 钻探成果

在钻孔钻进过程中时有卡钻、抱钻、阻力大、塌孔等现象发生，采用泥浆护壁，部分岩芯破碎部位回次进尺仅 0.4 cm 左右。

钻孔揭露主要地层岩性以华力西中期侵入二长花岗岩为主，浅肉红色，中粗粒花岗结构，块状构造，属坚硬岩，岩体完整性以差-较破碎为主，局部破碎，蚀变普遍发育。其中，中等蚀变发育段 62.1 m，全孔占比 13.2%；强蚀变发育段 77.3 m，全孔占比 16.4%；断层破碎及裂隙密集发育段 46.0 m，全孔占比 9.8%，合计占比 39.4%，约占全孔的 40%。

钻孔部分轻微-强蚀变及裂隙密集带岩芯见图 5。

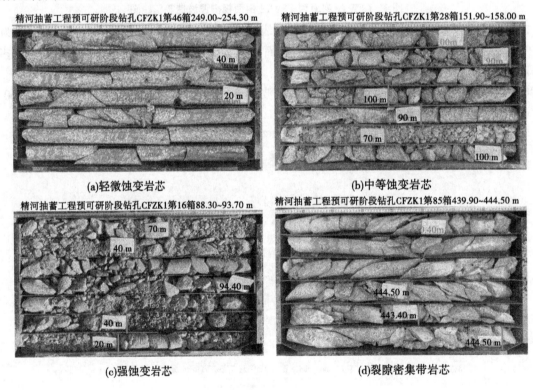

图 5   典型岩芯图片

4 结语

本次综合物探法探测工作，采用音频大地电磁法对引水发电系统洞线地下 900 m 范围内的岩体质量做出推测；采用微动法对地下厂房位置地下 550 m 范围内的岩体质量及构造发育情况做出推测。经钻探验证，证实了综合物探成果的准确性、可靠性。此次综合物探成果为地质人员和设计人员提供了可靠的基础资料，为通过预可研审查做出了贡献。

这两种方法通过电性参数与弹性参数的相互补充、验证，利用岩体电阻率与横波波速对岩体质量及构造发育情况进行推测，综合参数提高了推测结果的准确率。经钻探验证，证实了音频大地电磁法与微动法的综合物探法在一定程度上可以降低物探的多解性，这种方法组合将在中–深部探测任务中发挥重要作用。

参考文献

[1] 王佳龙，邸兵叶，张宝松，等．音频大地电磁法在地热勘查中的应用：以福建省宁化县黄泥桥地区为例［J］．物探与化探，2021，45（3）：576-582.

[2] 李英宾，李毅，张占彬，等．不同地质背景下 EH-4 的应用效果［J］．物探与化探，2019，43（3）：529-535.

[3] 李建超，王志豪．CSAMT 法在复杂地质条件区探测中的应用研究［J］．三峡大学学报，2019，41（S1）：57-60.

[4] 岳大斌，王章翔，陈加中，等．综合技术方法在寻找含矿岩浆通道中的应用：以四川杨柳坪岩浆铜镍硫化物矿床为例［J］．物探与化探，2021，45（3）：601-608.

[5] 吴旭亮，李茂．基于 AMT 的龙首山成矿带西岔地段马路沟断裂带深部发育特征［J］．物探与化探，2022，46（5）：1180-1186.

[6] 胡旭．音频大地电磁法在地热勘查中的应用研究［D］．成都：成都理工大学，2019.

[7] 朱丽丽，左焕成，龚旭，等．音频大地电磁法在泸沽湖地区地热勘查中的应用［J］．地质找矿论丛，2020，35（4）：468-473.

[8] 康敏，康健，秦建增．音频大地电磁法对隐伏构造的识别与应用：以河南省郑州市老鸦陈周边为例［J］．物探与化探，2018，42（1）：61-67.

[9] 张鹏辉，张小博，方慧，等．地球物理资料揭示的嫩江—八里罕断裂中段深浅构造特征［J］．吉林大学学报（地球科学版），2020，50（1）：261-272.

[10] 邵广周，岳亮，李远林，等．被动源瑞利波两道法提取频散曲线的质量控制方法［J］．物探与化探，2019，43（6）：1297-1308.

[11] 陈基炜，赵东东，宗全兵，等．基于线形台阵的高精度微动技术在城区岩性地层精细划分中的应用［J］．物探与化探，2021，45（2）：536-545.

[12] 董耀，李光辉，高鹏举，等．微动勘查技术在地热勘探中的应用［J］．物探与化探，2020，44（6）：1345-1351.

[13] 董文阳．基于微动法的松散堆积体探测技术研究［D］．成都：成都理工大学，2020.

[14] 张一梵，黄金莉．微动勘探法在探测地热隐伏断裂中的应用［C］//2018 年中国地球科学联合学术年会论文集，2018.

流域骨干水网立交地涵淤积规律与减淤措施研究

朱明成[1]　甘申东[2]　李寿千[1]

(1. 南京水利科学研究院，江苏南京　210029；
2. 中电建生态环境集团有限公司，广东深圳　518100)

摘　要： 为了协调流域骨干水网引水、排涝和通航多功能建设目标，须在河道交汇节点处实施立交地涵枢纽工程。本文针对太湖流域骨干水网工程新孟河奔牛立交地涵枢纽工程，建立同比尺水网河道整体和枢纽涵孔局部物理模型。研究结果显示，河道设计引水排涝过流能力和通航水流条件均满足规范要求，典型年泥沙淤积强度和分布在可控范围内。从涵孔淤积平衡形态出发，提出了纵剖面、横断面优化，以及闸门交错启闭束水攻沙等枢纽减淤措施。

关键词： 骨干水网；立交地涵；淤积平衡；减淤措施

1　引言

流域骨干水网工程包含引调水节点枢纽和输配水连接通道，既是国家水网的主体组成部分，又是区域河湖连通和渠道供水的动力来源，在水资源空间配置中发挥着承上启下的重要作用[1]。工程建设提升了区域水系互联互通能力，也带来了枢纽运行、引水排涝、船闸通航与生态环境协调难题[2]。在已建通航河道的交汇处，布置平交口门往往会出现较大范围内流态紊乱和横流超标，为了保障输水效率与航运安全，须在交汇节点处建设引水、通航、排涝等多功能立交地涵枢纽工程。而非恒定流引调水期间，可能会对上下游河道水动力条件[3]和涵洞内部淤积分布规律[4]产生影响（见图1）。特别是在小流量大含沙量引排水过程中，涵洞内流速低，输沙能力小，上游部分来沙将落淤洞内。本文以太湖流域骨干水网工程新孟河奔牛立交地涵为例，研究上下游河道水流条件及泥沙冲淤响应过程，以及控制节点地涵枢纽处的淤积变化规律及减淤措施。

2　立交地涵上下游河道水沙变化

立交地涵枢纽工程为骨干水网控制性节点，其主要功能为连通上下游水网河道及区域水资源调蓄。建立奔牛立交地涵整体物理模型时，须包含上下游新孟河1 km范围（见图2），研究河道过流能力、流态变化及淤积分布。模型水平比尺1∶100，垂向比尺1∶60，保证模型水流处于紊流区，与原型相似。按照设计引水和排涝条件，选取上、下游流量和水位边界，泥沙淤积试验分为典型平水年（2005年）和丰水年（1998年）两个组次开展。

2.1　河道水流条件

地涵有压淹没出流时，流量系数主要与地涵进口水位有关，而流量则主要与水位差有关。设计引流565 m³/s、地涵进口水位4.405 m条件下，地涵出口水位4.320 m，水位差8.5 cm，满足设计引水工况下的地涵过流能力规划要求（水位差小于10 cm）。设计引水位4.405 m，控制上下游水位差为10 cm时，地涵引流量为611.5 m³/s，满足设计流量要求。

基金项目： 江苏省水利科技项目"泰州市城市建成区水网全域物理建模及数字孪生关键技术研究"（2023052）。

作者简介： 朱明成（1989—），男，工程师，主要从事模型试验方面的研究工作。
通信作者： 李寿千（1986—），男，正高级工程师，主要从事水流泥沙方面的研究工作。

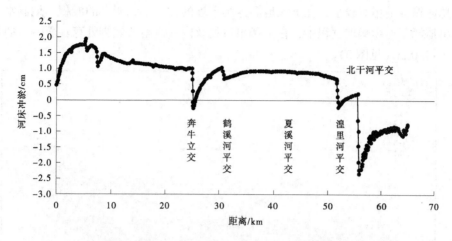

图1　太湖流域骨干水网工程新孟河平水年引水沿程各交汇口冲淤分布

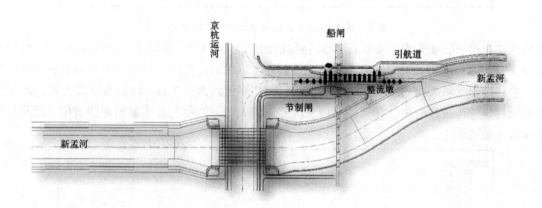

图2　立交地涵枢纽整体物理模型示意图

　　水流沿新孟河至立交地涵北侧S弯连接段，受河岸边界条件的限制，主流偏转后具有弯道水流的特征，流速分布重新调整，在凹岸船闸引航道存在斜流，水流斜向穿过整流墩后，在节制闸的出口处形成大范围回流区。回流起始位置位于隔流墩与闸墩连接处。地涵进流总体均匀，因进口为圆弧扩散体形，在两侧形成回流。各位置最大流速满足枢纽区域流速控制要求（见表1）；设计排涝498 m³/s、下游水位5.385 m时，水流进出地涵顺畅，南北侧新孟河水面平稳。船闸下游引航道和节制闸隔流墩处仍存在斜流和回流。

表1　河道各主要位置水流条件汇总

试验组次	测点位置	横流流速/（m/s）	水流条件回流长度/m	回流速度/（m/s）
设计引水	船闸引航道	0.24	20	0.15
	节制闸隔流墩	0.18	45	0.12
设计排涝	船闸引航道	0.13	12	0.08
	节制闸隔流墩	0.15	32	0.10

　　注：根据枢纽区域流速控制要求：引航道口门区水流表面允许最大流速纵向不应大于1.5 m/s、横向不应大于0.25 m/s、回流流速不应大于0.4 m/s[5]。

2.2　河道淤积分布

　　在平水年条件下，流量大于400 m³/s所持续的时间为28.5 d，流量小于400 m³/s所持续的时间为 72.7 d，总体输沙量相对较小，在进入地涵连续下坡的过程中无明显的淤积，地涵水平段无泥沙淤积；在水流出地涵后连续爬坡过程中，在地涵出口处及内外侧斜坡坡脚处存在着一定的泥沙淤积，淤积厚度为 0.7~1.0 m（见图 3）。

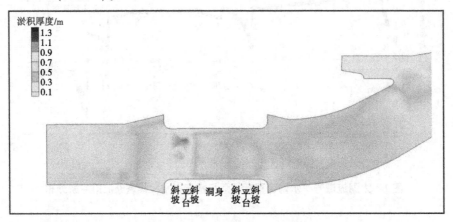

图 3 平水年条件下地涵附近河段淤积分布

在丰水年条件下，流量大于 400 m³/s 所持续的时间为 37.4 d，流量小于 400 m³/s 所持续的时间为 52.0 d，总体输沙量相对较大，泥沙在进入地涵连续下坡的过程中，地涵进口外侧斜坡存在一定泥沙推进，进口内侧斜坡坡脚存在一定的泥沙淤积，淤积厚度约为 0.7 m。地涵水平段无泥沙淤积。在水流出地涵后连续爬坡过程中，在地涵出口及内外侧斜坡坡脚处存在着明显的泥沙淤积，淤积厚度为 0.9~1.3 m（见图 4）。

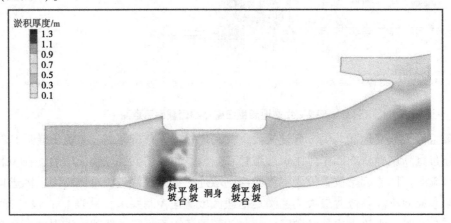

图 4 丰水年条件下地涵附近河段淤积分布

3 立交地涵淤积分布及减淤措施

地涵模型的范围为涵孔进口上游 200 m 至出口下游 200 m，单个涵孔高 8 m，宽 6.5 m。

试验设备包括自动加沙机、流量计、水泵、沉砂池等（见图 5）。按照设计引水和排涝条件，选取上下游流量和水位边界，输沙试验中边界含沙量为 0.1 kg/m³，每隔 1.5 h 对断面淤积剖面进行一次监测，直至淤积剖面基本稳定。

3.1 地涵淤积分布

设计引流 565 m³/s 条件下，模型试验持续 7.5 h，基本达到平衡。水流进入地涵后下潜，顶冲管内坡脚水平段，随后斜向上跃起向前行进，并爬坡出地涵，使得水平段前半部分流速较大，后半部分坡脚形成遮蔽缓流区。地涵剖面的淤积形态与此水流特性密切相关，地涵水平段前半部分受水流的顶冲，无泥沙淤积，后半部分缓流区泥沙淤积明显。

泥沙自地涵进口平台向斜坡落淤推进，淤积体发展至一定坡度造成崩塌，1.5 h 后推进长度约为

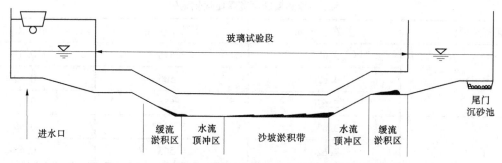

图 5　地涵模型单涵孔立面布置

10 m。斜坡坡脚为遮蔽缓流区，少量泥沙在此积聚。地涵水平段前部受到下潜水流顶冲，无泥沙淤积，中后部淤积厚度逐渐发展为 0.1 m 并一直延伸至下游坡脚。出口斜坡段受到爬升水流顶冲，无明显泥沙淤积。下游平台前部为上升水流的遮蔽区，逐渐形成厚度 0.5 m 的淤积体。7.5 h 后，进出口斜坡和平台段淤积体趋于稳定。水平段长沙垄继续淤涨，波峰高度为 0.8 m，下游坡脚处淤积厚度达到 1.0 m 左右（见图 6）。

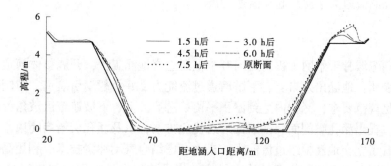

图 6　立交地涵模型单涵孔淤积分布

3.2　地涵减淤措施

受地涵束水影响，水沙平衡过程重新调整，泥沙主要分布于涵洞内水流下坡及上坡脚处。根据纵剖面淤积平衡形态，提出坡脚段弧形衔接导沙方法，改变地涵内流速分布特征，提升过流能力和导沙能力，涵洞孔下坡及爬坡衔接段宜尽可能地采用弧形连接，减小坡度，从而减少缓流遮蔽区的泥沙淤积（见图 7）。

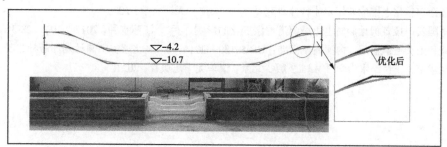

图 7　立交地涵模型单涵孔淤积分布

考虑横断面形态对地涵过流能力的影响，按照不同宽深比设计单涵孔模型，开展设计流量条件下的对比试验，分析断面形态变化带来的地涵过流阻力效应，管涵上、下游水位条件如表 2 所示。试验结果表明，由于涵孔宽深比改变带来的阻力效应，在同样的洪水流量条件下，原宽深比 3∶5 的涵孔需要 0.114～0.156 m 的高差，优化后宽深比 1∶1 的涵孔需要 0.049～0.147 m 的高差，管涵流量系数提高 38% 左右。

表 2   地涵横断面宽深比优化试验

涵孔宽深比	上游水位/m	下游水位/m	流量系数
3∶5	3.672	3.516	0.52
	4.626	4.506	0.59
	5.670	5.556	0.60
1∶1	3.632	3.485	0.59
	4.620	4.563	0.68
	5.564	5.515	0.72

通过改变涵孔流量分配,可以提升高含沙时期涵孔导沙能力。在引河中出现较大含沙量(含沙量大于 0.1 kg/m³)情形下尽量避免小流量引水,防止地涵发生淤积。若在较大含沙量(含沙量大于 0.1 kg/m³)情形下实施小流量引水,则亦关闭部分涵孔,采用其余部分涵孔进行引水,以增大过地涵流速,减小淤积;地涵孔宜交错启闭使用,但应避免长时间关闭,防止地涵进口严重淤积;涵孔关闭数目应以保证涵洞流速大于泥沙起动流速为准[6]。

4   结语

本文针对太湖流域骨干水网工程新孟河奔牛枢纽立交地涵工程,开展整体河道及局部单涵孔物理模型研究,结果表明:地涵出入口上、下游河道过流能力良好,船闸引航道、节制闸整流墩等位置的通航水流条件满足规范要求;涵孔内达到淤积平衡状态后,上、下坡遮蔽区坡角处呈现弧形衔接。根据模型试验结果,提出涵孔纵剖面、横断面形态优化方案,以及涵孔交错启闭束水攻沙等枢纽管控减淤措施,有效提升了立交地涵枢纽过流能力。未来考虑结合气动冲淤技术,利用高压气体加大局部水体紊动强度,提高立交地涵坡脚位置的清淤效率,指导流域骨干水网枢纽工程自动化清淤防淤运行管理。

参考文献

[1] 李原园,等. 加快构建国家水网全面提升水安全保障能力 [J]. 水利发展研究,2021,21 (9):30-31.

[2] 夏军,高扬,左其亭,等. 河湖水系连通特征及其利弊 [J]. 地理科学进展,2012,31 (1):26-31.

[3] 万五一. 长距离输水系统的非恒定流特性研究 [D]. 天津:天津大学,2005.

[4] 傅朝康,胡国安. 废黄河地涵对上下游河道冲淤变化的影响 [J]. 江苏水利,2017 (10):28-31.

[5] 中华人民共和国交通运输部. 内河通航标准:GB 50139—2014 [S]. 北京:中国计划出版社,2014.

[6] 赵振兴,何建京,王忖. 水力学 [M]. 3 版. 北京:清华大学出版社,2021.

粤西云开地块水热蚀变地质成因及分布规律对引调水工程选线的影响

张浩然　李振嵩　陈启军

（中水珠江规划勘测设计有限公司，广东广州　510610）

摘　要： 环北部湾广东水资源配置可研阶段勘察发现云开山地块不同类型的蚀变岩发育较普遍，部分为泥化蚀变风化改造形成全强风化深槽。在整合利用已有矿床蚀变岩研究资料的基础上，认识到泥化蚀变的主要成因是浅层低温酸性（火山热液甚至是水热）蚀变，据此获得对云开地块蚀变风化岩体总体（宏观）和中观分布规律的进一步认识；提出远离火山岩（盆地）的勘察选线思路，避开了大规模蚀变岩体形成的风化深槽，并在干线薯滨—泗纶段和高州—鹤地段获得验证。由此证明，研究并运用云开地块蚀变风化岩体分布规律，可以为实现线路选线和优质高效勘察提供指引。

关键词： 水热蚀变；地质成因；分布规律；引调水工程

环北部湾广东水资源配置工程最大设计引水流量 110 m^3/s，工程规模为大（1）型，工程建成后可向粤西多年平均供水 21.68 亿 m^3。工程由水源、1 条输水干线、3 条输水分干线组成，全长 494.7 km。输水干线总长 201.3 km，其中西高干线输水线路自北向南采用有压钢管下穿南广高铁后再通过隧洞、暗涵、渡槽等建筑物无压输水，穿越云开大山至高州水库。前期勘察发现云开山隧洞部分地段蚀变风化突出，局部蚀变风化深度超 400 m，宽度超 300 m；蚀变带工程地质特性差，成为较突出的不良地质。

根据近年国内多个长距离引调水工程及公路、铁路工程的建设经验，蚀变风化深槽的空间分布特征及工程地质特性对线路选择和设计尤其是对隧洞围岩类别、支护类型、线路穿越方式和施工工法具有重要影响。因此，针对云开山地块蚀变风化的成因类型及分布规律的研究具有重要的理论和实践意义。

1　云开地块水热蚀变的地质背景

蚀变作用常被称为热液蚀变作用，甚至被限定为岩浆热液蚀变作用，以致对蚀变岩的工程地质勘察研究，常局限于对岩浆岩（类）及其接触带的研究。云开地块的勘察研究表明，远离岩浆岩（类）的云开群变质岩、古生界浅变质岩乃至白垩系红层，都不同程度地存在蚀变现象，仅简单的岩浆侵入热接触一般则起到"焊接"围岩作用，因此云开地块普遍发育的岩体蚀变更多是因为有气液地下热水参与导致。

1.1　水热蚀变作用

由岩浆结晶分异晚期形成的气液自变质蚀变交代作用（第一期），多数是在较高温度下的前进变质，其形成的蚀变不破坏岩石的坚硬性；地下热水叠加岩浆期后气液对已固结的岩体进行热液蚀变（第二期），是广州抽水蓄能电站区内花岗岩体发生黏土化最主要的蚀变类型[1]。形成区内蚀变岩的

作者简介： 张浩然（1982—），男，高级工程师，主要从事水利水电工程地质勘察工作。

黏土化、碳酸盐化、淡斜绿泥石化的主要气液，应来自地下热水，以"地下热水为主"的蚀变作用对地质体工程特性弱化明显，是工程地质重点研究对象。

1.2 云开地块蚀变风化岩体的水热蚀变背景

1.2.1 构造-热演化背景

云开地块经历过多期构造热事件，但自印支期以后，本区长期处于隆起剥蚀区（基本缺失 T-J 沉积），现状保留的水热蚀变作用产物应该是燕山期构造热事件的产物。因此，工程区需要重点关注的是燕山期以来的构造热事件。

区域地质资料显示，云开地块燕山晚期（白垩纪）岩浆活动较强烈，总体上仍处于陆内造山时期：早期（K_1）花岗岩主要分布在云开地块周边，晚期（K_2）云开大山岩浆高位侵入形成大量隐伏浅成花岗斑岩，红层盆地（茂名、罗定、建成等）存在火山岩。白垩纪，云开地块进入燕山晚期岩浆热隆起阶段，形成云开大山与盆地组合的盆-山古地貌。

新生代云开地块又一次热隆起。大量成矿研究成果表明[2-5]，燕山晚期（尤其是白垩纪晚期）是云开地块最集中的成矿时期，其周边还保留了大量超浅成-浅成低温热液矿床。结合本区红层盆地罗定组（K_1l）也普遍存在的碳酸盐化，云开群变质岩、早期次花岗岩也常见碳酸盐化（岩芯常见方解石细脉或裂隙面附着钙膜）。

1.2.2 新生代水热蚀变

（1）燕山晚期改造形成易蚀变地质体。

加里东及印支期深成侵入岩及混合岩化变质岩，经高温黑云母（化）和角闪石（化），为燕山期中温（200 ℃左右）蚀变（绿帘石化、绿泥石化）提供了物质基础；再经低温（100 ℃左右）还可以转化为蒙脱石；蒙脱石在酸性环境下还可以进一步转化为高岭石。而高温钠长石（化），为后期低温水热蚀变（高岭石化）提供了物质基础；燕山期局部中高温金属硫化物矿化（磁黄铁矿或黄铁矿化），为后期低温水热蚀变（硫酸盐化）提供了物质基础。

云开地块大范围地质体经过白垩纪晚期（K_2）火山热液的碳酸盐化改造，碳酸盐化以方解石化为主，在后期中酸性环境下溶蚀，既为地下热水的深入作用提供通道，也为局部石膏化（硫酸钙）提供钙质，更为常温地下水深入风化奠定了基础。

（2）古地热源。

印支期云开大山地温梯度很高（~100 ℃/km），挤压抬升造成岩石快速冷却到 300 ℃ 以下[6]。说明云开地块印支期已经具有很高的地热背景，与印支期以前形成高温蚀变（变质）岩相符。白垩纪晚期受岩浆活动的直接影响，本区大范围处于高地热区，即使到了新生代，除了白垩纪晚期的余热，还受与相邻火山盆地密切联动的深源热流体（上升）影响，大范围仍处于地热异常区，具备形成大范围古热田的古地热源。

（3）古地下水源。

云开地块内部，新生代低山-小盆古地貌代表了现今近地表地质体当时处于埋深小于 1 000 m 的位置，处于古地下水可以大量参与的深度；而且云开地块整体的热隆起，导致地质体（尤其是断裂构造）应力松弛，更加有利于古地下水向深部循环作用，形成大范围的古地热田，为本区水热蚀变提供了重要的古环境条件。

1.2.3 水热蚀变主要作用时段

自 70~25 Ma 期间，本区为一缓慢冷却过程[6]。结合对本区该时段存在大范围的古地热田的认识，这一缓慢冷却时段，应该就是本区大范围水热蚀变作用的主要时段。勘察期对云开山南麓及临近的大井盆地段线路勘察揭露的强蚀变岩进行了磷灰石裂变径迹试验，成果显示本区大范围水热蚀变发生时间为新生代的古近纪，距今 32~37 Ma。裂变径迹试验成果见表1。

表1　裂变径迹试验成果

样品编号	测量颗粒数	自发径迹密度（自发径迹总数）/ $10^5\ cm^2$	铀浓度/ 10^{-6}	分散度/%	卡方检验/%	中心年龄/ $(Ma\pm1\sigma)$	平均径迹长度/ $(\mu m\pm1\sigma)$（测量围限径迹条数）	标准偏差	径迹直径/ $(\mu m\pm SD)$
FSGZ34 (62.1~62.4 m)	33	10.7 (2 132)	57.65	6	24	36.3±0.97	12.11±0.2 (104)	1.91	1.83 (1.55~2.1)
FSGZ34 (55.5~57.5 m)	33	12.4 (2 860)	64.5	0	86	37.06±0.8	12.59±0.2 (143)	2.06	1.96 (1.79~2.16)
FGHZ14 (32.7~34.3 m)	34	10.2 (2 558)	56.51	0	50	35.16±0.74	12.08±0.2 (119)	1.83	1.83 (1.54~2.17)
FGHZ14 (37.5~37.85 m)	32	7.06 (1 320)	44.04	4.1	37	32.12±0.96	12.37±0.2 (116)	1.95	1.96 (1.68~2.27)

注：试验数据来自中国地震局地质研究所。

2　水热蚀变主要成因类型

如上所述，不同的易蚀变地质体形成不同成因甚至不同规模的蚀变风化岩体。因此，根据易蚀变地质体的差异，可以识别出本区蚀变风化岩体的主要成因类型。

2.2.1　变质火山岩夹层型蚀变岩

在云开岩群变质岩中存在变质火山岩（主要是变基性岩）夹层，主要分布于在菷滨—泗纶一带的"泗纶混合岩田"。由于其石英含量低、原岩孔隙率高，早期混合岩化高温变质矿物（角闪石、黑云母等），经燕山晚期中温绿泥石化和碳酸盐化及新生代低温水热蚀变，成为后期选择性（深）风化的主要对象。例如，六电水库附近的变质火山岩夹层型蚀变岩、泗纶盆地混合花岗岩（全强风化深槽深达90 m），凌江河谷盆地变质火山岩夹层型蚀变岩（全强风化深度大于60 m）。另外，云开岩群变质岩中变质火山岩如凝灰质粉砂岩存在强烈碳酸盐交代蚀变形成碳酸盐化凝灰质粉砂岩，岩石中绝大部分方解石为交代蚀变结晶的方解石，岩芯滴稀盐酸起泡较剧烈。

2.2.2　古流体通道型蚀变岩

受构造影响，地质体中存在断层破碎带、不整合面、层间破碎带等地下强渗流通道，后期容易成为区域活跃的岩浆、火山热液及地下热水等古流体的通道，也就成为主要的水热蚀变场所，常见水热蚀变岩体，成为后期选择性风化的主要对象。古流体通道型蚀变风化深槽，包括断层破碎带亚型和侵入接触带型。

（1）断层破碎带亚型。古流体对断裂破碎带多期次、多类型（高温-低温）蚀变，特别是新生代的低温水热蚀变，形成大量不稳定的蚀变产物，成为后期选择性（深）风化的主要对象，导致破碎带及上下盘岩体形成风化深槽。该类断裂破碎带的风化厚度明显超过同类型断裂的风化厚度，如在菷滨镇东钻孔揭露的菷滨-六都断裂（F_2）造成的断层破碎带亚型风化深槽。在泗纶倒虹吸南段早期阶地地带钻孔揭露的风化深槽，该段全风化厚度最厚达33.2 m，弱风化顶板埋深最深超过94 m，在宝珠倒虹吸北段钻孔揭露的风化深槽，该段全、强风化层厚超过62 m，这两段钻孔均未揭露弱风化岩。

（2）侵入接触带型。主要位于混合花岗岩与混合岩化变质岩接触带，成为后期选择性（深）风化的主要对象，岩体抗风化能力变弱并形成了风化深槽。例如，可研阶段在泗纶镇东南由钻孔及物探异常揭露混合花岗岩（γmT_1）与云开岩群第四岩组（$Pt_{2-3}Y^4$）接触蚀变产生风化深槽。

2.2.3 矿化带型蚀变岩

在白垩纪晚期（K_2）岩浆高位侵入影响下，云开山还形成大量的金属硫化物矿化物（常见磁黄铁矿或黄铁矿化），新生代低温水热蚀变导致硫酸盐化（石膏化）；局部富集的金属硫化物矿化带，在断层等古流体通道影响下形成大规模石膏化蚀变岩体，如 XGZK157 揭露。

2.2.4 大型捕房体型蚀变岩

大范围侵入岩体之间的大型变质岩捕房体，高温变质乃至混合岩化，而且受周边接触带（古流体通道）影响大，中温-低温水热蚀变强烈，成为后期选择性（深）风化的主要对象。例如，大井盆地钻孔揭露的混合岩/混合花岗岩分布区中局部变质岩形成蚀变风化槽。

3 工程区蚀变风化岩体的分布规律

引入系统观点，可以把蚀变风化岩体作为地质体与地下热水长期相互作用的产物。地质体是多层次的，地质体的分布规律也是多层次的。在前期勘察阶段，需要重点把握的是宏观分布规律和中观分布规律。

3.1 宏观差异分布规律

3.1.1 "水"的宏观差异

无论是水热蚀变作用，还是后期风化作用，"水"是本区蚀变风化作用的关键因素，"水"的参与程度差异应作为蚀变风化作用强度差异的首要因素。如上所述，燕山晚期基本定型的盆-山古地貌对本区古流体（补给-径流-排泄）系统具有宏观控制作用。在大范围水热蚀变背景下，新生代盆-山地貌的不同地质地貌单元，控制本区蚀变风化作用的宏观差异强化规律。盆地边缘是古地下热水排泄区，水热蚀变及风化作用普遍强烈，径流区（斜坡）存在破碎带等渗流通道时，水热蚀变及风化作用较强；而补给区（分水岭）即使存在破碎带等渗流通道，水热蚀变及风化作用也不强烈。

3.1.2 地质体的重大差异

地质体首先可分为易蚀变地质体和难蚀变地质体，二者存在重大差异。本区除了部分区段存在石英岩、石英砂岩等难蚀变地质体，大部分区段存在较多的易蚀变地质体。显然，易蚀变地质体处于盆地边缘或处于斜坡破碎带等渗流通道部位，蚀变风化作用最强烈。

3.2 中观差异分布规律

在地质-地貌单元相似的区段，本区大部分区段存在较多的易蚀变地质体。易蚀变地质体的差异分布控制着蚀变风化作用的差异强化，即控制着蚀变风化岩体的差异分布，也就是说，不同的易蚀变地质体，对应有不同的蚀变风化岩体的成因类型。

蚀变地质体的差异控制着蚀变风化岩体的中观差异分布规律：变质火山岩夹层、古流体通道、矿化带和捕房体的产状及其规模控制着本区蚀变风化岩体的产状和规模。

规模大小的差异还受碳酸盐化程度的影响，在后期中性-酸性环境下溶蚀，既为地下热水的深入作用提供通道，也为局部石膏化（硫酸钙）提供钙质，更为常温地下水深入溶蚀-风化奠定了基础。

4 工程区蚀变风化岩体分布与线路优选

4.1 宏观差异分布规律的运用

如上所述，新生代盆-山古地貌对本区古地下热水（补给-径流-排泄）系统具有宏观控制作用，盆地边缘是古地下热水排泄区，水热蚀变及风化作用普遍强烈。本工程勘察充分利用这一宏观差异分布规律，提出了远离火山盆地布置线路的总体思路，可行性研究及初步设计勘察证明，这一思路是正确的。

勘察成果表明，易蚀变地质体处于盆地边缘，蚀变风化作用强烈，蚀变风化深槽发育。蚀变风化由于对岩石（体）物质成分、岩体结构有明显弱化和降低，岩体裂隙较原岩发育，矿物胶结也较原岩矿物胶结弱，其耐风化、耐冲刷剥蚀能力较原岩弱，因此蚀变风化岩体分布地段更易形成冲沟、盆地、洼地等负地形或不完整地形地貌形态。如榃滨-泗纶河谷盆地，原线路临近罗定火山盆地，不仅揭露出六电水库附近的变质火山岩夹层型蚀变岩（全强风化深槽深达90 m），而且泗纶河谷盆地的花岗岩普遍风化强烈（全强风化厚度大于50 m）。西移线路后，既避开了变质火山岩夹层型蚀变岩，泗纶河谷盆地（西侧）的花岗岩风化厚度又明显减弱了。

4.2 中观差异分布规律的运用

根据上述中观差异分布规律，易蚀变地质体的产状及其规模控制着本区蚀变风化岩体的产状和规模。其中，易蚀变地质体的产状对指导比选线路勘察具有重要作用：与线路走向大角度相交的蚀变风化岩体难以回避（如高鹤段大井盆地—罗江河谷盆地段），与线路走向小角度相交的蚀变风化岩体可以争取避开。初步设计勘察针对大规模蚀变风化岩体分布区段，主动开展局部线路优化（比选）勘察。

4.2.1 云开山南麓

原线路存在大规模石膏化蚀变风化深槽，受控于矿化带。根据控制矿化带和流体通道的断层总体产状（走向NNE，倾向NWW，倾角45°），认为石膏化蚀变风化深槽的总体产状相近（走向NNE，倾向NWW，倾角45°），结合本段线路相近的走向（NNE）分析，向西微调线路避开蚀变风化深槽是可能的。另外，原线路穿越多个山间小谷地，其蚀变风化很可能较深且较发育；进一步根据成矿及水热蚀变热流体来源于东北侧（矿床及矿化较多），提出线路西移更为有利于高效勘察验证。物探先行探测成果也表明，线路西移后低阻异常明显减少；勘探验证表明，线路向西微调后，避开了大规模石膏化蚀变风化深槽。

4.2.2 凌江河谷盆地

原线路存在大规模蚀变风化深槽（全强风化深度大于60 m），受控于云开群中的变质火山岩夹层。根据云开群及其变质火山岩夹层总体走向（NE），认为蚀变风化深槽分布总体走向为NE向，结合本段线路相近的走向（NE）分析，微调线路避开蚀变风化深槽是可能的；物探先行探测成果也表明，线路西移后低阻异常明显减少。经过足量的勘探验证，线路向西微调后，避开了大规模蚀变风化深槽。

5 结论

（1）工程区所在的云开地块，燕山晚期以来的构造-地貌演化及其热效应使得云开地块普遍发育的岩体蚀变弱化不单是岩浆侵入接触，更多的是因为有气液地下热水参与导致；热隆及地下水向下深循环为本区水热蚀变提供了重要的古环境条件。

（2）受蚀变地质体的差异控制着蚀变风化岩体的中观差异分布规律：变质火山岩夹层、古流体通道、矿化带和捕房体的产状及其规模控制着本区蚀变风化岩体的产状和规模。

（3）易蚀变地质体处于盆地边缘，蚀变风化作用强烈，蚀变风化深槽发育，蚀变风化岩体分布地段更易形成冲沟、盆地、洼地等负地形或不完整地形地貌形态。充分利用这一宏观差异分布规律，提出了远离火山盆地布置线路的总体思路，可行性研究及初步设计勘察证明，这一思路是正确的。

（4）根据成矿及水热蚀变热流体来源于东北侧（矿床及矿化较多），提出云开山南麓线路西移更为有利于高效勘察验证。勘探验证表明，线路向西微调后，避开了大规模石膏化蚀变风化深槽。根据对凌江河谷附近蚀变岩体分布规律的分析，建议线路向西微调，大量勘探成果也显示线路西移是正确的。

参考文献

[1] 陈云长. 广东抽水蓄能电站工程地质创新与研究 [M]. 北京：中国水利水电出版社，2016：242-246.

［2］姚德贤，邓璟，曾令初，等. 广东银岩-东田矿田锡-金成矿系列的研究［J］. 中山大学学报（自然科学版），
    1993（3）：91-100.
［3］黄圭成，汪雄武. 粤西罗定盆地南缘金矿地球化学特征及成矿作用［J］. 华南地质与矿产，2004（2）：35-39.
［4］潘家永，张乾，张宝贵，等. 粤西茶洞银金矿床矿物流体包裹体地球化学研究［J］. 矿物学报，1995（3）：
    47-54.
［5］黄惠兰，黄蔚，谭靖，等. 广东高州石龙金矿床成矿流体地球化学研究［J］. 华南地质与矿产，2018（6）：
    114-125.
［6］李小明. 裂变径迹热模拟在云开大山中的应用［C］//中国核物理学会. 第八届全国固体核径迹学术会议论文
    集，2004.

可控源音频大地电磁法在新疆某引水工程深埋长隧洞探测中的应用研究

李建超[1,2]　赵吉祥[1]

(1. 中水北方勘测设计研究有限责任公司，天津　300222；
2. 中国地质大学（武汉）地球物理与空间信息学院，湖北武汉　430074)

摘　要： 研究深埋长输水隧洞的地层结构、物性特征及构造发育的主要手段有硐探、钻探、物探等，最直观有效的是硐探和钻探，可以直观地揭露地层岩性、构造发育情况等。但深埋长隧洞洞线埋深动辄数百米，甚至上千米，且隧洞勘探区通常地形差、气候条件差、交通不便，这就使得硐探、钻探的时间成本、经济成本大幅增加。可控源音频大地电磁（CSAMT）法是利用有限长接地导线电流源向地下发送不同频率的交变电流，在地面一定范围内测量正交的电磁场分量，依照趋肤深度原理计算卡尼亚电阻率及阻抗相位，达到探测不同埋深地质目标体的一种频率域电磁测深方法。

关键词： 深埋长隧洞；CSAMT 法；卡尼亚电阻率

新疆维吾尔自治区境内的一项大型跨流域调水工程，其输水隧洞是连接北天山南北两侧的跨流域工程，隧洞长 42 km，设计洞径超过 5 m，最大输水流量可达 70 m^3/s。工作区地处西北天山中高山区，区内最高海拔超过 4 500 m，平原区平均海拔 400 m，高差极大，切割严重，雨雪冲沟极大，人迹罕至，自然条件险恶，勘察工作条件更恶劣。外业工作只能在每年 6—9 月开展，每年 10 月中旬至次年 5 月山区均可能出现强降雪，12 月中旬河道封冻，另外工作区不具备通信条件，且交通不便。

可控源音频大地电磁（CSAMT）法自 20 世纪 80 年代末引入我国以来，该方法已经在工程、水文、地质灾害调查、油气、煤炭、金属与非金属等多个勘探领域得到广泛应用，并取得了很好的效果[1-7]。CSAMT 法是通过同时对一系列当地电场和磁场波动进行测量来获得地下介质的电阻抗，通过采用人工场源可以克服天然场源信号微弱的缺点。其高频数据受到浅部或附近地质体的影响，而低频数据受到深部或远处地质体的影响。同一测点当观测频率由高到低进行数据采集时，可实现由浅部到深部的测深过程。CSAMT 法工作频率为 0.125~10 000 Hz。探测深度与收发距、工作频率及大地电阻率有关，最大勘探深度可达 2 000 m 以上。

本文对本工程最大埋深超过 1.8 km 的南隧洞Ⅵ段采用 1∶1万 CSAMT 法，通过对电阻率的研究，大致划分了岩性分布及断层发育情况，勾勒出受华力西中、晚期板块俯冲的影响，地层呈现断块状，局部隆起，形成宽缓的向斜构造，形成"一隆一坳"的块体结构。本文成果为后期施工图阶段隧洞开挖提供了指导性的作业依据，在节约工期、降低勘探成本的同时，最大程度地确保工程的开挖安全。

1　区域地质背景

1.1　区域地质概况

工作区地层可划分为中天山－马鬃山地层分区博罗科努山地层小区和南准噶尔－北天山地层分区

国家重点研发计划项目： 大埋深隧洞岩体工程特性测试技术与综合评价方法（2016YFC0401801）。

作者简介： 李建超（1986—），男，高级工程师，主要从事地球物理方法的应用研究工作。

依连哈比尔尕地层小区等多个小区。区域上出露的地层主要有：奥陶系（O）、志留系（S）、泥盆系（D）、石炭系（C）、二叠系（P）、新近系（N）和第四系（Q）。工作区经历了元古代古克拉通形成、震旦纪-寒武纪稳定盖层沉积、奥陶纪-志留纪古克拉通解体、志留纪-石炭纪拉张聚合交替阶段、石炭纪-二叠纪陆内拉张裂陷和晚二叠世陆内造山和前陆盆地形成等构造演化过程。演化历史漫长，过程复杂，特别是在泥盆纪-石炭纪期间，区内岩浆岩广泛发育，主要有华力西中早期侵入二长花岗岩等，二长花岗岩胶结好。工程区区域地层区划图见图1。

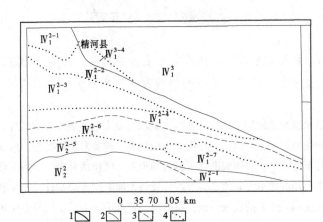

1—地层大区界线;2—地层区界线;3—地层分层界线;4—地层小区界线;IV_1^{2-1}—温泉地层小区;
IV_1^{2-2}—博罗霍咯山地层小区;IV_1^{2-3}—伊宁地层小区;IV_1^{2-4}—巴仑地层小区;IV_1^{2-5}—哈尔克山地层小区;
IV_1^{2-6}—萨阿尔明地层小区;IV_1^{2-7}—克孜勒塔格地层小区;IV_2^2—塔里木盆地地层分区。

图1 工作区区域地层区划图

1.2 区域构造发育情况

工作区大地构造上处于准格尔微型板块与博罗科努古生代复合岛弧带中间地块。主要断裂有博罗科努山北坡大断裂、阿拉尔大断裂、察汗莫顿断裂、博罗科努南坡断裂等。其中，博罗科努山北坡区域性大断裂控制了工作区主要岩浆岩。穿过博罗科努复背斜，汗吉尕复向斜南翼，已发现36条规模较大断层，以压性、压扭性为主，总体走向多为 NWW 方向，倾角较陡。次级断裂发育，并充填各类后期岩脉。高地应力环境下部分洞段具备发生弱、中、强岩爆的条件，断层破碎带、软岩及深埋洞段存在发生围岩较大变形的可能，整体施工难度大[8-12]。

2 工程实例

2.1 工作布置及采集

依据隧洞洞身埋深下 100 m 为探测深度的要求，现场数据采用旁侧标量采集模式工作。此次工作采用一台 V8 主机采集模式，点距设置为 40 m，单个采集排列长度为 120 m，每个排列可同时采集 3个物理点。本次共布设 137 个测深点，剖面长度 5.48 km，测线方向 12°。采集采用 TM 观测模式，发射机发射频率范围为 0.5~9 600 Hz，发射电极 A、B 间距 2 km。为保证远区数据采集的质量，收发距选最大探测深度的 12 倍，约为 25 km。

沿洞线勘探尽量靠近洞线位置，当洞线附近不具备探测条件时可适当偏离。由于本次勘探部分地段地形切割严重，采集工作开展前指定偏移距离不超过 100 m。

2.2 地球物理特征分析

本次隧洞探测段所涉及的地层岩性有石炭系凝灰质砂岩、志留系砂岩、泥盆系晚期华力西期二长花岗岩、第三系黏土岩、第四系地层等。

据本次实测结果，并结合前期以往勘探成果，本区第四系松散堆积物的电阻率一般为 $10^1 \sim 10^2$ $\Omega \cdot m$；断层构造带的电阻率一般为围岩原岩的 0.5~0.7，当构造带富水时可能会更低；泥岩的电阻

率一般为 $10^1 \sim 10^2 \, \Omega \cdot m$；凝灰质砂岩的电阻率一般为 $10^2 \sim 10^3 \, \Omega \cdot m$；砂岩的电阻率一般为 $10^1 \sim 10^3$ $\Omega \cdot m$（干燥时电阻率要高）；二长花岗岩的电阻率一般为 $10^3 \sim 10^5 \, \Omega \cdot m$。由此可见，它们之间存在较大电性差异。断层或岩体破碎带电阻率与完整围岩电阻率相比低 1 个数量级左右，差异较大。

2.3 资料处理与解译

依据工作区电性研究结果及电性地质分层规律，对本次完成的大地电磁测深剖面电性成果进行了地质推断解释，将地球物理模型转化为地质模型。本次 CSAMT 法反演选用 winglink 反演。首先通过建立平滑一维模型，每次探测后会有一个光滑模型被存储，为分层反演提供了一个初步猜想模型，这些模型由程序展示剖面，地形文件在反演开始前带入，因此反演结果更精细、真实，但模型的建立对反演结果数值影响较大。

根据处理后的二维电阻率剖面最终成果图，结合本测区（段）各岩性层的电阻率特征值，用电阻率值的高低及分布形态来区分或判定岩性，并推断断层等构造的位置和宽度。具体解释原则如下：

（1）岩带划分。首先，依据岩性与电阻率值的对应关系结合工程地质勘察要求对实测剖面电阻率值及其形态做出分析判断，并初步划分物性分段，推断各段的岩性分布；然后，根据地质测绘校对，确定岩带的划分。由于电阻率值是岩层工程性质的综合反映，如矿物成分、厚度、裂隙、含水率等都会影响电阻率值的大小，因此只依据电性确定岩层名称具有一定的局限性，所以必须结合地质测绘进行地层岩性划分才能使解释结果符合客观地质实际。

（2）断层确定。根据电阻率剖面图中的电阻率变化形态并与地面地质调查相结合来确定断层位置和范围。当断层上下盘的岩性层一致或其电阻率（一般较高）相接近时，此时的断层带电阻率一般表现为低阻特征；而当断层上下盘的岩性层不一致且两侧岩层电阻率相差较大，其中一侧岩层电阻率值相对较低又接近断层带的电阻率值时，此时的断层带电阻率等值线在电阻率剖面图中一般表现为密集型，即电阻率梯度变化较大的位置为断层带。

2.4 成果认识

2.4.1 电阻率分析

整条测线的实测电阻率横向、垂向变化均较大，电阻率范围值为 $10 \sim 10\,000 \, \Omega \cdot m$，主要受断裂构造和岩性影响。

剖面从小号到大号岩体（设计洞身附近）大致分为三段：

第一段，28+900～32+260，表现为两层电性结构特征：第一层为较低阻体，其电阻率范围值为 $20 \sim 1\,000 \, \Omega \cdot m$，推测为石炭系凝灰质砂岩的反映，层厚在 700 m 左右，较均匀；第二层为高阻体，其电阻率范围值为 $1\,000 \sim 10\,000 \, \Omega \cdot m$，推测为泥盆系晚期华力西期二长花岗岩的反映，多处存在低阻异常体，推测为断层构造带的反映。

第二段，32+260～33+560，表现为低阻体，其电阻率范围值一般为 $20 \sim 500 \, \Omega \cdot m$，推测为石炭系凝灰质粉砂岩的反映。

第三段，33+560～95+450，整体表现为较低阻体，其电阻率范围值一般为 $20 \sim 1\,000 \, \Omega \cdot m$，推测为石炭系凝灰质砂岩的反映，34+100 处存在一低阻异常体，推测为断层构造带的反映。

2.4.2 构造分析

针对Ⅵ段大深埋隧洞取得的 CSAMT 资料对主要断裂构造进行了划分。解译主要断裂 5 条，其中 F32、SF17、F29 为已知断层，f1、f2 为推测断层，5 条断裂性质见表 1。Ⅵ段隧洞电阻率等值线成果见图 1。

测段内发育的 F32、SF17、F29、f2 这 4 条断裂对洞身产生影响，尤其是 f2 断层，发育在石炭系凝灰质砂岩中，推测易发生变形，且含水率较高，有涌突水、涌砂等多种复杂工程地质问题的可能，应为重点监测对象。

表 1   Ⅵ段隧洞 CSAMT 成果推测构造特征

序号	地表里程桩号	性质	倾向、倾角	洞身处宽度	推测富水性	暂命名
1	29+140	推测断层	倾下游、视倾角 48°	不相交	富水	f1
2	30+240	已知断层	倾下游、视倾角 84°	与洞线相交，约 150 m	可能富水	F32
3	31+450	已知断层	倾上游、视倾角 86°	与洞线相交，约 100 m	富水	SF17
4	32+300	已知断层	倾下游、视倾角 81°	不相交	不富水	F29
5	34+100	推测断层	倾下游、视倾角 88°	与洞线相交，约 200 m	富水	f2

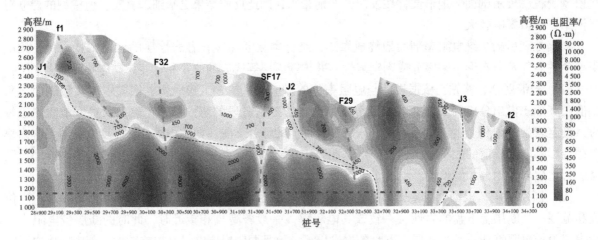

图 1   Ⅵ段-隧洞电阻率等值线成果

2.4.3   地质特征分析

依据电阻率等值线成果结合区域构造、地层资料，对剖面穿越地区的地层、地质特征进行推断。工作区侵入岩发育，以华力西中期中深成相的酸性岩类为主，呈岩基状产出，延伸方向与区域构造线方向总体一致，呈近东西、北西西向分布。受华力西中、晚期板块俯冲的影响，地层呈现断块状，局部隆起，形成宽缓的向斜构造。石炭纪处于印支-海西运动中晚期，海西运动形成的山脉就包括天山山脉，普遍形成基底褶皱，地层上形成背斜构造。整体上表现为"一隆一坳"的块体格局。二长花岗岩产于华力西中、晚期（阿尔泰运动阶段）强烈造山运动，处于挤压体制，这类岩石具有高强度、高硬度等特点。地应力由于长期处于挤压机制，因此推测 28+900～32+260 段二长花岗岩存在岩爆的可能。凝灰质砂岩、粉砂岩是正常沉积的火山碎屑岩，受断层构造 f2 影响，岩体破碎，存在涌突水、涌砂的工程地质问题的可能。Ⅵ段隧洞地质推断成果见图 2。

3   结语

本次探测成果清楚地揭示了部分测段内岩体富水的可能性，区内已知发育 3 条断层（F32、SF17、F29），推测发育 2 条断层（f1、f2）。断层 F32、SF17、f2 及影响带范围内可能有围岩大变形、涌突水等多种复杂工程地质问题，揭露了"一隆一坳"的块体格局，为本次地质勘测提供了较可靠的基础资料，同时也为施工图阶段隧洞开挖的重点监控部位提供依据。

引调水线路输水隧洞、高速公路隧洞、铁路隧洞通常具有埋深大、穿越地层岩性多样、地质构造复杂等特征。钻探、硐探等手段在埋深大、地形复杂、交通条件差地区周期长、费用高，通常只在重点部位进行，不会大范围开展。

可控源音频大地电磁（CSAMT）法采用人工场源，具有采集深度大、信噪比高等特点，加之设备简便，因此又具有快速高效等优点，即使在复杂地质条件地区仍可有效揭示地层岩性、断裂展布、不良地质、地下富水情况等。该方法已经在我国水利、交通等多个工程领域得到广泛应用，因此在当今深埋长大隧洞工程探测中仍是非常有效的手段。

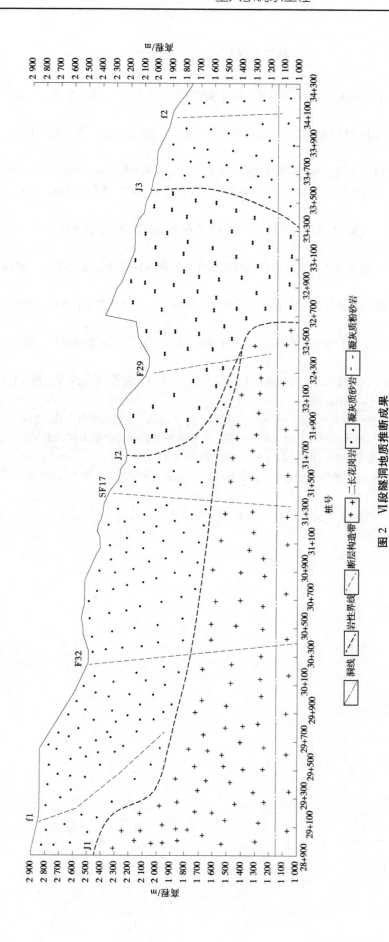

图 2　Ⅵ段隧洞地质推断成果

参考文献

[1] 杨震，周美霞．可控源音频大地电磁法在个旧西区深部地质结构探测中的应用［J］．科学技术与工程，2020，20（26）：10605-10610.

[2] 毛承英，李祖能，杨先杰．可控源音频大地电磁法在公路隧道勘察中的应用研究［J］．现代隧道技术，2017，54（6）：32-37.

[3] 李建超，王志豪．CSAMT 法在复杂地质条件区探测中的应用研究［J］．三峡大学学报，2019，41（S1）：57-60.

[4] 雷晓东，李巧灵，李晨，等．北京平原区西北部隐伏岩体的空间分布特征［J］．物探与化探，2018，42（6）：1125-1133.

[5] 尚彦军，金维浚，王光杰，等．大亚湾中微子试验隧道工程不同物探方法探测结果综合分析［J］．地球物理学进展，2018，33（4）：1687-1699.

[6] 彭炎，张小博，张健，等．地电磁测深法在滨北西部斜坡带油气地质调查评价中的应用［J］．物探与化探，2020，44（3）：656-664.

[7] 李宏伟．甘肃阳山金矿带安坝矿段深部电性特征及控矿断裂系统的识别［J］．地球物理学进展，2018，33（5）：1919-1926.

[8] 李金，高原，王琼，等．天山构造带上地壳介质各向异性分区特征［J］．中国科学：地球科学，2021，51（4）：582-597.

[9] 徐盛林，陈宣华，李廷栋，等．西准噶尔地区最晚期岩浆侵入活动：来自早二叠世–早三叠世接特布调岩体的证据［J］．地质学报，2020，94（4）：1067-1090.

[10] 王清利．天山及邻区古生代构造—岩浆—成矿事件年代学研究［D］．北京：中国地质科学院，2008.

[11] 顾雪祥，章永梅，彭义伟，等．西天山博罗科努成矿带与侵入岩有关的铁铜钼多金属成矿系统：成岩成矿地球化学与构造–岩浆演化［J］．地学前缘，2014，21（5）：156-175.

[12] 舍建忠，朱志新，贾健，等．新疆主要断裂的分布及其特征［J］．新疆地质，2020，38（1）：9-20.

中砂层长距离过江钢顶管受力特性现场试验研究

艾　慧[1]　龚雪原[1]　申永江[2]　赵文彬[2]　楼锡渝[1]

（1. 核工业井巷建设集团有限公司，浙江湖州　313001；
2. 中南大学土木工程学院，湖南长沙　410075）

摘　要：采用现场实测的方法，对中砂层长距离过江钢顶管在顶进过程中的管节轴向及环向应变进行了监测，实测结果表明，当钢管穿越地层变化较小，单一管节轴向上的管侧摩阻力与环向上的水土压力在顶进过程中变化较小，因此管节轴向应变及环向应变表现较为稳定，基本在某一定值上下波动。管节埋深介于深埋和浅埋之间时，受泊松效应影响，管节在轴向与环向上变形相互耦合，同时由于钢管在中砂层中顶进时纠偏频繁等造成管节局部位置表现为拉压交替现象。监测结果表明，顶进时各测点应力远小于管材屈服强度，管节处于弹性变形范围，结构安全良好。

关键词：钢顶管；现场监测；中砂层；受力特性；高水压

近年来，随着我国经济建设的飞速发展，为了解决城市道路交通管线敷设问题，地下管线工程基础设施建设越发受到人们的重视。作为一种非开挖施工技术，顶管施工以其综合成本低、交通环境影响小、安全性高[1]等特点成为地下工程建设的一种重要施工方式。同时，我国自主开发的钢顶管技术也从小管径、浅覆土、短距离顶进逐步向大直径、深埋、长距离[2]顶进方向迅速发展。其中，在我国给水排水管道工程建设中，钢顶管以其强度高、外表光滑、自重轻、密封性好等特征得到广泛应用。然而，顶管在施工时的受力情况较为复杂，其主要受到管节周围水土压力、千斤顶轴向顶力、管土摩阻力、机头迎面阻力等作用，顶管在长距离中砂层顶进时，在复杂的受力体系作用下，还面临顶进轴线难控制、泥浆液水分易离析、管土摩阻力大、高水压等问题。因此，研究全断面穿越中砂层条件下大直径长距离钢顶管管节受力特性对管道设计、施工安全性和经济性具有重要意义。

因此，对于顶管在施工过程中管道的受力特性问题，国内外学者分别从理论分析、数值模拟、现场实测等角度进行了较为全面的研究。其中，牛津大学[3-4]通过现场测试，研究了钢筋混凝土顶管的接头形式、接头材料、管节应力等；Milligan 等[5]通过现场测试对钢筋混凝土管道的纵向应变、钢筋径向应力、管土相互作用等进行了分析；潘同燕[6]从经典弹性理论出发，建立三维有限元模型并结合现场监测试验，研究了钢筋混凝土顶管在施工过程中的受力性状；魏纲等[7]对钢筋混凝土顶管在顶进过程中的钢筋应力、管土接触压力等进行现场测试并分析了注浆对管土接触压力的影响；Haslem[8]分析了早期欧洲规范中顶管管节接头应力计算方法，认为受压区宽度是影响接头应力的重要因素。朱合华等[9]从经典弹性力学基本理论出发，基于壳体理论和温克尔假设，得出曲线顶管在顶进过程中管节纵向和法向位移理论解，并进一步得到管节内力和地层抗力结果；陈建中[10]、金文航[11]对截面核理论在曲线顶管中的应用进行了详细探讨，并给出了不同张开状态下的轴向应力计算公式；郭天木等[12]对柔性、刚性管道顶管的受力种类及内力分析进行详细探讨，采用弹性中心法推导出自由圆管在各种组合荷载作用下的内力计算公式；Zhou[13]通过有限元分析管节接头材料性能、接头偏转等对顶管管节的受力影响，结果表明管线偏转错位会导致管道局部受压受拉；雷晗等[14]利

基金项目：中南大学中央高校基本科研业务专项资金资助（2021zzts0773）。

作者简介：艾慧（1981—），男，高级工程师，主要从事引调水工程顶管设备更新、施工管理工作。

通信作者：申永江（1979—），副教授，主要从事地质灾害防护及顶管隧道研究工作。

用 ABAQUS 软件分析了大直径钢筋混凝土管道的受力特性，对垂直土压力、侧向土压力以及地基反力进行研究；陈楠[15]采用数值分析的方法，研究了偏转角、顶力、接头参数等对承插式钢顶管接头的受力影响；刘翔等[16]通过现场实测对深覆土、大直径钢筋混凝土顶管的管土接触压力、环向钢筋受力等进行分析；张鹏等[17]对曲线顶管管幕工程中的管节轴向与环向应变进行了现场监测分析；马合龙等[18]通过现场实测分析了钢顶管在顶进过程中及运营温差下的受力特征。

综合来看，目前对于中砂层长距离过江钢顶管在施工过程中的内力研究相对缺乏，顶管在砂层中顶进时，顶进轨迹较难控制，且随着顶进距离的增加，累计偏转下容易发生偏心顶进，而钢管自身稳定性较差，这使得钢管在顶进过程中的受力情况更为复杂。因此，本文依托福建省平潭及闽江口水资源配置工程，通过在监测标段管节上安装纵向和环向应变计，分析管节在顶进过程中的应力分布特征，可为后续类似工程提供参考依据。

1 工程概况

福建省平潭及闽江口水资源配置（一闸三线）工程由"一闸三线"组成，"一闸"即大樟溪莒口拦河闸，"三线"分别为闽江竹岐—大樟溪引水线路，大樟溪—福清、平潭输水线路，以及大樟溪—福州、长乐输水线路，输水线路总长度约 181.58 km。本标段涉及金水湖输水管道、龙醒—大顶山输水管道、球山隆鞋厂详谦农场城门水厂输水管道。其中，球山隆鞋厂详谦农场段输水管道（QC0+000.000~QC2+689.001）总长度为 2.689 km，包括工作井 3 座（4#工作井兼作接收井），接收井 2 座。本管道应变监测段位于 QC1+607.079~QC2+689.001，对应顶管 4#~3#施工工程，顶管采用 DN1 600 钢管，全长 1 083.6 m，管片长度为 8.84 m，管壁厚度为 20 mm。

由平面图 1 可知，该测试段城门 4#~3#顶管工程全断面穿越乌龙江。根据地质勘查资料，管道中心标高为-9.17 m，覆土厚度 8 m 左右，管道主体几乎全断面穿越中砂层，其间还包含些许淤泥和卵石。砂土渗透系数较高且直立性差，注浆时容易造成泥浆离析，减小泥浆液的减阻作用，增大顶进阻力，同时施工对管周土体扰动较大，顶进轴线易发生偏转，使得整体施工难度较高，土层参数如表 1 所示。

图 1 顶管施工平面图

表1 土层参数

土层名称	天然重度 $\gamma/$ （kN/m³）	压缩模量 $E_s/$MPa	$c/$kPa	$\varphi/$ （°）	地基承载力/kPa
填土	18.0	4.7	7	12	50~70
淤泥	16.2	2.52	18.6	5.25	40~60
中砂层	18.5	—	5	18	180~200
粉质黏土	19.0	2.01	51.96	10.42	180~200

2 测试内容及方案

2.1 仪器介绍及说明

工程现场采用的管道应变监测系统为DH5971分布式在线监测系统，该监测系统主要由数据采集系统、传感器、配套设备及监测软件构成。其中，数据采集系统包含采集模块和控制模块，单个采集模块通道数为8，单个控制模块由两道线路控制，单条线路最多可连接8个采集模块，且控制模块至采集模块之间的数据有效传输距离最远为200 m，采集模块和控制模块都是通过RS458通信扩展线连接的，控制模块和采集模块的线路接线图如图2所示；传感器由应变片、定位焊点、信号引出线组成。定位焊点用于固定应变片，信号引出线用于接入采集器终端。依托该仪器公司自主研发的DHDAS动态信号采集分析系统软件，供电正常情况下，可以实现全天24 h不间断监测，实时观测到监测断面管节的应变状态，现场测试如图3所示。

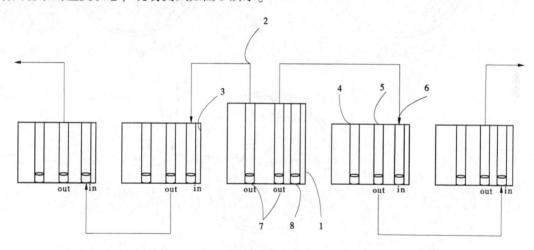

1—控制器；2—RS458通信扩展线；3—采集器；4—采集通道；
5—输出通道；6—输入通道；7—控制器输出通道；8—数据终端接入通道。

图2 监测仪器接线示意图

2.2 监测方案

2.2.1 监测断面选取和测点布置

城门4#~3#顶管工程全长共1 083.6 m，管道材质为Q235B钢材，单根管节长度为8.84 m，以顶管机头后首根管节为1号，全段总计121根管节，同时为了避免在顶进过程中顶力不足的情况发生，分别在18号管节、72号管节后安装中继间。为了研究中砂层长距离过江顶管在顶进过程中，同一管节不同位置和不同管节相同位置的内力特征，该测试监测断面分别选取36号、41号、46号、50号管节中心进行布置，断面编号依次为A1、A2、A3、A4，距离机头位置距离分别为315.12 m、359.32

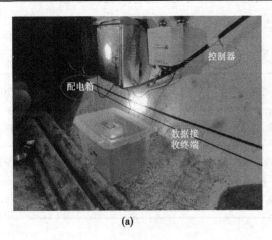 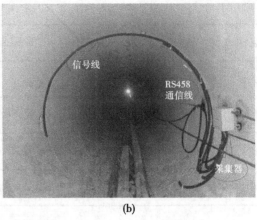

(a)   (b)

图 3　现场监测图

m、403.52 m、433.88 m。其中，A3 监测断面每个测点布置 1 个环向应变计和 1 个纵向应变计，其余 3 个监测断面每个测点布置一个纵向应变计，沿掘进方向，以右侧测点位置为起始点，应变计分别位于 0°（右侧）、90°（上侧）、180°（左侧）、225°（左下侧），具体断面测点布置示意图如图 4 所示。

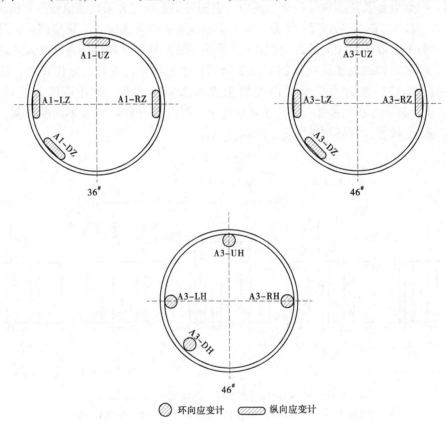

图 4　应变测点布置示意图

2.2.2　安装步骤

本方案基于全程实时管道应力监测系统，能够及时了解在顶进过程中的管道应变变化状态，协助顶管班组完成施工，其主要安装步骤如下：

（1）选择设置监测断面的管节，做好标记。

（2）控制模块安装在首个监测断面，沿顶进方向焊接至管节左侧部并预留到下一监测断面的通信扩展线。

（3）管节下放之前，监测断面上的采集模块沿顶进方向焊接至管节左侧部，并预留至下一监测断面的通信扩展线。

（4）监测断面管节下放之前，将纵向应变计和环向应变计通过点焊的方式安装在预先标记好的位置，做好标签。

（5）应变零点选取：选择每个监测断面管节初始无应力状态时的表面式粘贴应变传感器读数为顶管应变测试零点。

（6）所有监测断面安装完成后，线路从管道侧方走线，做好固定，管道顶进，数据接收终端监测管道应力实时变化。

3　实测结果分析

本标段全段面穿越乌龙江顶管工程于 2020 年 4 月 16 日 9:10 初始顶进 1 号管节，于 2020 年 6 月 15 日 11:30 完成号管节顶进，期间历时 2 个月，整个顶进过程没有开启中继间。首个监测断面位于 36 号管节中心，最后一个监测断面位于 50 号管节中心，监测区段跨度长为 118 m，4 个监测断面全部下放于沉井顶进后于 5 月 19 日起开始实施监测，于 6 月 10 日停止监测。

施工过程中的不可控因素导致部分监测断面的测点遭到破坏，故选取断面 A1、A3 作为分析对象，同时为了保证监测数据的连续性，选取 90 号管节至 106 号管节段，即顶进至 798～940 m 区间段，并结合其变化曲线图形进行详细分析。

3.1　管节在顶进过程中的应变变化

施工过程中，A2、A4 监测断面部分测点遭到破坏，故以 A1、A3 监测断面为分析对象，顶进过程中管节应变随距离变化曲线图如图 5～图 7 所示。

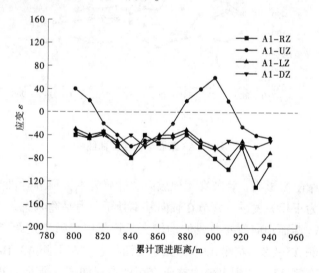

图 5　A1 断面轴向应变曲线

3.1.1　轴向应变

从图 5 中可以看出，A1 断面在轴向上应变表现为左侧 A1-LZ、右侧 A1-RZ、左下侧 A1-DZ 为受压，上侧 A1-UZ 在顶进过程中则表现为拉压交替的状态，这是由于在 800 m、870～900 m 阶段管道经过的地层偏软，承载力较低，而机头基本上处于向上抬升的姿态，此时管节上侧在轴向上受纠偏累计影响产生拉升，而管道顶部在竖向上的变形同样会对轴向应力产生影响，从而表现为受拉状态。同时可以看出，管节应变基本上随着顶进距离的增加而逐渐增大，但趋势并不明显。实际上，管节在轴

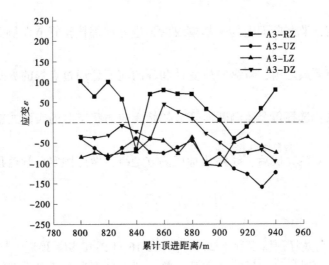

图 6   A3 断面轴向应变曲线

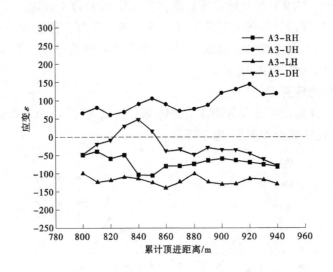

图 7   A3 断面环向应变曲线

向上的受力主要受管侧摩阻力影响，管节穿越地层以中砂层为主，顶进时机头前端的迎面阻力变化不大，摩阻力与顶力表现为正相关关系，管节在轴向基本处于受力平衡状态。

相对于 A1 断面，A3 断面轴向应变曲线波动较大，管节应变随顶进距离并没有表现出增长的趋势。整个断面表现为上侧 A3-UZ、左侧 A3-LZ 处于受压状态，左下侧 A3-DZ 基本处于受压状态但局部表现为受拉，而管节右侧 A3-RZ 则表现为拉压交替状态，如图 6 所示。此阶段施工过程中，从排水管偶尔会出现腐木及卵石，且顶进轨迹累计向左偏离设计轴线 5 cm，顶管机头在水平方向上基本处于向右纠偏姿态，管道左侧向外弯曲，累计纠偏引起管节右侧内部受拉且砂土作用力进一步增大。

3.1.2 环向应变

A3 断面环向应变随顶进距离的变化曲线如图 7 所示。由图 7 可得：管节上侧 A3-UH 处于受拉状态，左右两侧 A3-LH 和 A3-RH 则表现为受压，左下测点 A3-DH 基本处于受压状态但局部表现为受拉。管节在环向上主要受管周水土压力作用，相比一般土层，钢管在砂土层中的管侧摩阻力更大，而施工过程中需要不断地注入泥浆来保持管壁外泥浆套的形成从而大大减小摩阻力，因此在砂土层中管节环向受力主要受注浆压力控制，轴向顶力对环向变形产生的影响几乎忽略不计。可以看出，在一定埋深条件下，管节环向上的变形基本表现为"横鸭蛋"式椭圆模型，说明管节环向受力受埋深影响更大，而受所处地层类型影响较小。

3.2 管节在顶进过程中的应力变化

监测数据表明，尽管管节在顶进过程中的应力变化存在波动，而顶进过程中的应力一直处于弹性变化范围内。因此，引入弹性力学理论，将该顶管看作薄壁圆壳结构，管节在顶进过程中的径向应力σ_z变化很小，忽略不计。以管道轴向为x轴，环向为y轴，由广义虎克定律可得管节的轴向应力和环向应力表达式为：

$$\left.\begin{array}{l} \sigma_x = \dfrac{E}{1-\nu^2}(\varepsilon_x + \nu\varepsilon_y) \\ \sigma_y = \dfrac{E}{1-\nu^2}(\varepsilon_y + \nu\varepsilon_x) \end{array}\right\} \qquad (1)$$

式中：E 为管节弹性模量；ν 为管片泊松比；ε_x 为管节轴向应变；ε_y 为管节环向应变。

本工程钢管材料为 Q235，取 E 为 210 GPa，ν 为 0.3。

3.2.1 轴向应力

A3 断面轴向应力变化曲线如图 8 所示，其中管节左侧 A3-LZ 受拉，且数值基本在 28 MPa 上下浮动，表现较为稳定。而管节右侧 A3-RZ 处于拉压交替的状态，这是由于尽管管节右侧在环向上及轴向上处于受压状态，但管节持续向右纠偏造成内侧受拉，所以综合表现为在受拉和受压中来回变化。管节上侧 A3-UZ 整体处于受压状态，但是结合轴向应变变化可以发现，受环向变形影响，轴向上产生的压应变与管节顶部发生竖向位移产生的拉应变数值相当，所以轴向应力受泊松效应影响表现较小，管节左下侧 A3-DZ 在顶进过程中基本上处于受压状态。

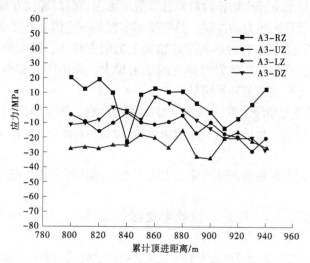

图 8 A3 断面轴向应力变化曲线

3.2.2 环向应力

图 9 为 A3 断面环向应力随顶进距离变化的曲线图，可以看出，管节上侧 A3-UH 全程处于受拉状态，管节左侧 A3-LH 和右侧 A3-RH 则受压，且左侧受力更大，由上述内容可知，机头向右累计纠偏造成管道左侧向外弯曲，管内部受压与环向受压变形一致，而右侧管内部受拉与环向受压变形相反，所以左侧受压更为明显。同时可知，若管节不符合深埋条件，管材各向同性的情况下，轴向与环向存在泊松效应，A3 断面在环向与轴向上的应变差值较小，环向受力不完全由周围水土压力或注浆压力决定，轴向变形会对其产生一定的影响。

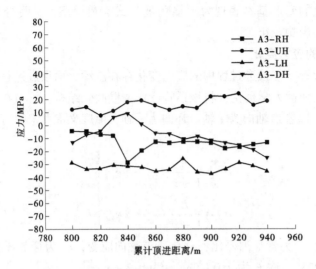

图 9　A3 断面环向应力变化曲线

4　结论

本文依托福建省平潭及闽江口水资源配置（一闸三线）工程，对城门段 4#~3# 长距离全断面中砂层顶管进行现场测试研究，分析得到管节应力特征规律并总结顶进过程中需要进一步研究的问题，主要结论如下：

（1）钢管在全断面中砂层顶进时，单个管节在轴向上主要受管侧摩阻力影响，整体应变表现较为稳定，随着顶进距离的增加有逐步增长的趋势且以受压为主，但局部位置存在拉压交替的现象。环向上主要受管周水土压力及注浆压力的控制，且应变基本在某一定值上下波动。

（2）对于不同管节，距离机头较近的管节在轴向上的应变较小，距离机头较远处应变则相对较大，随着顶进距离的增加，靠近井口的管节承受的顶力越大，而由于穿越地层变化小且注浆控制良好，使得不同管节在轴向上形变差值并不明显。

（3）管节埋深介于深埋与浅埋之间，因管节材质各向同性，管节纵向与环向变形受泊松效应影响相互耦合，此外钢管在砂层中顶进时为了保持顶进轨迹与设计轴线一致，在高程及平面上需要进行频繁的纠偏。

综合以上因素，造成管节在轴向和环向应力上都存在局部拉压交替状态。

参考文献

［1］韩选江 . 大型地下顶管施工技术原理及应用［M］. 北京：中国建筑工业出版社，2008.

［2］王承德 . 近十年来超长距离顶管发展状况［J］. 特种结构，1997（4）：16-21.

［3］Norris P , Milligan G . The behaviour of jacked concrete pipes during site installation［J］. Oxford：University of Oxford，1992.

［4］Marshall, Andrew M . Pipe-jacked tunnelling：jacking loads and ground move ments［D］. Oxford：University of Oxford，1998.

［5］Milligan G W E, Norris P. Site-based research in pipe jacking—objectives, procedures and a case history［J］. Tunnelling and Underground Space Technology, 1996, 11：3-24.

［6］潘同燕 . 大口径急曲线顶管施工力学分析与监测技术研究［D］. 上海：同济大学，2000.

［7］魏纲，徐日庆，余剑英，等 . 顶管施工中管道受力性能的现场试验研究［J］. 岩土力学，2005，26（8）：1273-1277.

［8］Haslem R F. Stress for mulation for joints in pipe-jacked tunnels［J］. Tunnelling and underground space technology,

1997，12：39-48.

[9] 朱合华，吴江斌，潘同燕. 曲线顶管的三维力学模型理论分析与应用 [J]. 岩土工程学报，2003，25（4）：492-495.

[10] 陈建中. 玻璃纤维增强塑料顶管接头受力分析 [D]. 武汉：武汉理工大学，2010.

[11] 金文航. 长距离曲线顶管技术分析与研究 [D]. 杭州：浙江大学，2005.

[12] 郭天木，王水华，李健. 圆形顶管的内力计算探讨 [J]. 特种结构，2011（4）：12-16.

[13] Zhou J Q. Numerical analysis and laboratory test of concrete jacking pipes [D]. Oxford：University of Oxford，1998.

[14] 雷晗，陈锦剑，王建华，等. 大直径砼顶管的管道受力特性分析 [J]. 上海交通大学学报，2011，45（10）：1493-1497.

[15] 陈楠. 复杂环境中大直径钢顶管的受力特性研究 [D]. 上海：上海交通大学，2012.

[16] 刘翔，白海梅，陈晓晨，等. 软土中大直径顶管管道受力特性测试 [J]. 上海交通大学学报，2014，48（11）：1503-1509.

[17] 张鹏，王翔宇，曾聪，等. 深埋曲线钢顶管受力特性现场监测试验研究 [J]. 岩土工程学报，2016，38（10）：1842-1848.

[18] 马合龙，廖晨聪，王建华，等. 软土中超大直径钢顶管施工顶进及运营温差下的受力特性测试 [J]. 上海交通大学学报，2018（11）：1444-1451.

榆林黄河东线马镇引水工程渡槽设计

梁春雨　任松林

（黄河勘测规划设计研究院有限公司，河南郑州　450002）

摘　要： 榆林黄河东线马镇引水工程位于陕北黄土丘陵向内蒙古草原过渡地带，全长 23.62 km 的入库线路共布置 6 座大流量、高支撑、大跨径拱式渡槽。渡槽设计是整个引水工程关键技术问题之一。本文总结了拱式渡槽结构设计与施工方法，为水利行业大跨径拱式渡槽的设计与施工提供参考，并将推动大跨径拱式渡槽的发展。

关键词： 拱式渡槽；大跨径；大流量；矢跨比；悬链线

1　工程概况

榆林黄河东线马镇引水工程是纳入《黄河流域综合规划（2012—2030 年）》和陕西省"十三五"规划的重大基础设施项目，从黄河右岸马镇葛富村取水，年引水量 2.9 亿 m^3，设计引水流量 27.0 m^3/s，工程全长约 101.93 km，由入库线路和出库线路两部分组成。入库线路长 23.62 km，经两级泵站提水，往西至黄石沟沉沙调蓄库坝址上游的崖瑶沟入库。取水在黄石沟水库沉沙调蓄后，长约 78.31 km 的出库线路穿窟野河，经高家塔三级泵站提水，再穿秃尾河向西南方向，经过燕梁湾四级泵站、海则沟五级泵站提水加压至石峁水库。图 1 为 2# 渡槽和 3# 渡槽实景图。

图 1　榆林供水 2# 渡槽与 3# 渡槽

作者简介： 梁春雨（1978—），男，高级工程师，主要从事水工结构研究工作。

渡槽是榆林黄河东线马镇引水工程中规模最大、技术最复杂的交叉建筑物。该工程位于黄河取水口—黄石沟水库段线路，经过线路比选后，推荐线路全长 23.62 km，其中隧洞长 22.61 km，渡槽长 1.01 km。榆林黄河东线马镇引水工程入库线路渡槽特性见表 1。

表 1 榆林黄河东线马镇引水工程入库线路渡槽特性[1]

渡槽名称	拱跨布置/m	矢跨比	渡槽长度/m	纵坡	设计流量/（m³/s）	高度/m	形式
1#	3×56	1/4	230	1/1 000	27	65	梁式+拱式
2#	1×46	1/3.83	110	1/1 000	27	26	梁式+拱式
3#	1×56	1/4	150	1/1 000	27	40	梁式+拱式
4#	1×46	1/3.83	90	1/2 000	27	25	梁式+拱式
5#	1×68	1/4.53	220	1/1 000	27	54	梁式+拱式
6#	—		90	1/2 000	27	14	梁式
7#	1×66	1/4.4	120	1/1 000	27	22	梁式+拱式

如表 1 所示，6# 渡槽为梁式渡槽，其他渡槽为拱梁组合渡槽，其中 1# 渡槽为三连拱渡槽，拱式渡槽跨径均在 40 m 以上，属大跨径渡槽，拱上建筑由排架和简支箱式槽体组成。

2 结构设计

2.1 设计标准和依据

榆林黄河东线马镇引水工程，年引水量 2.9 亿 m³，工程等别为 Ⅲ 等。考虑到本工程供水流量 27 m³/s（大于 10 m³/s），渡槽建筑物级别为 2 级。抗震设计烈度为 Ⅵ 度，基本地震动峰值加速度为 0.05g，基本地震动加速度反应谱特征周期为 0.35 s。

2.2 地质条件

渡槽分布区为侵蚀-剥蚀中低山地貌，局部黄土梁、黄土峁发育，其断面多呈 V 字形，相对高差一般为 50~100 m，局部为 100~200 m；沟底宽度一般为 8~50 m，窄处为 1~5 m，局部可达 70~90 m；两岸坡度一般为 10°~45°，局部可达 70°~85°。渡槽两侧天然岸坡多为岩质岸坡，坡顶分布厚度不等的马兰黄土，局部冲沟较发育，河床覆盖层一般为 3~5 m，较薄处为 1~2 m，局部厚度可达 6~8 m；出露基岩自东向西依次为三叠系中统纸坊组、三叠系上统铜川组下部、三叠系上统铜川组上部和三叠系上统胡家村组，中薄层-巨厚层状，局部为互层，表层风化程度主要为强风化-弱风化，强风化带厚度为 1~5 m。

2.3 拱肋设计

主拱结构设计主要包括线型、矢高、跨径、拱截面 4 个部分，主拱结构一经选定，主拱圈的应力及稳定便基本定局。目前，有关渡槽的设计在《灌溉与排水工程设计标准》（GB 50288—2018）第 9 章有所反映，但一般适用于跨径不大于 40 m 的渡槽设计[2]。表 2 为国内已建 40~100 m 级别大跨径渡槽工程拱肋参数，根据统计资料，可得如下结论：拱轴线多为悬链线，矢跨比为 1/3~1/7，拱宽多为 1 m 以下，拱肋厚度取决于槽体面积和跨径，跨中肋高与跨径比值为 1/70~1/35，鉴于区间较大，初拟尺寸时，考虑槽体截面面积影响，多次调算确定。

表2　国内 40~100 m 大跨径拱式渡槽特性统计

渡槽名称	拱轴线	槽高/m	槽宽/m	跨径/m	矢跨比	拱肋（宽×高）／（m×m）	拱顶厚/跨径
例1[3]	抛物线无铰拱	2.72	3.00	58	1/3	拱顶 0.6×0.8 拱脚 0.6×1.33	1/72.5
例2[3]	抛物线无铰肋拱	2.86	3.80	80	1/3.1	拱顶 0.7×1.25 拱脚 0.7×1.90	1/64
例3[3]	悬链线无铰肋拱	4.70	7.20	63	1/4	拱顶 0.5×1.6 拱脚 0.5×2.5	1/39.37
许营渡槽[4]	悬链线无铰肋拱	3.50	5.00	60	1/4	拱顶 0.75×1.3 拱脚 0.75×2.0	1/46.15
伊河渡槽[4]	悬链线无铰肋拱	2.19	3.00	60	1/3	拱顶 0.65×1.0 拱脚 0.65×1.64	1/60
李村北干渠渡槽[5]	悬链线无铰肋拱	2.90	3.00	102	1/7.3	拱顶 0.6×1.2 拱脚 0.6×1.2	1/85
老鹰石渡槽[6]	悬链线无铰肋拱	5.74	4.40	80	1/4	拱顶 1.0×2.0 拱脚 1.0×2.88	1/40
石索渡槽[7]	悬链线无铰肋拱	1.80	3.20	85	1/5	拱顶 1.0×1.4 拱脚 1.0×1.6	1/60.71

　　拱间系梁是肋拱结构保持横向稳定的关键因素，在大风+降温工况中，表现得尤为明显。本工程进行了大量验算，结论为靠近拱脚两片系梁扭转变位较其他系梁大，系梁边棱出现拉应力集中区域，需要采取加人截面、缩小间距或斜撑等措施改善受力。

2.3.1　矢跨比

　　矢跨比是拱结构的一个重要参数，用于表征拱的坦陡程度，它不但影响主拱圈内力的大小，还影响渡槽的构造形式和施工方法的选择，同时影响渡槽与周围景观的协调。以 56 m 跨渡槽为例，不同矢跨比拱截面内力如表3所示。结果表明：恒载的水平推力与垂直反力的比值，随矢跨比减小而增大，当矢跨比减小时，拱的推力增加，相应增加了主拱圈的轴向力，对拱圈有利但对墩台基础不利；矢跨比过小，附加内力越大，特别是混凝土的收缩徐变和墩台的水平位移将引起拱顶的下沉甚至开裂。此外，矢跨比过小，连拱作用的效应更加显著，对结构整体而言是不利的。拱的稳定系数与失稳模态影响因素众多，但拱的第一阶弹性稳定系数和考虑风荷载作用下的几何非线性稳定系数随矢跨比的减小而减小[8]，因此拱的矢跨比不宜过小。但就施工角度而言，矢跨比小有利于混凝土浇筑。

　　上承式渡槽矢跨比宜采用 1/4~1/6[7]，为了使结构设计更加合理，参照类似工程，拟定矢跨比为 1/4、1/5、1/6 进行方案比选，随着矢跨比由 1/4~1/6，拱脚截面轴力增长了 10%，拱座水平反力增长了 22%，因此在布置中首先要考虑采用较大的矢跨比，有助于减少拱座规模和基础处理措施，以及降低拱上建筑高度。结合以上结论，同时兼顾拱上排架布置，最终选定结果如表 3 所示。

表 3 不同矢跨比拱截面内力汇总（正常运用工况/拱跨 56 m 渡槽）

矢跨比	1/4		1/5		1/6	
位置	拱脚	拱顶	拱脚	拱顶	拱脚	拱顶
弯矩/（kN·m）	1 650	1 390	2 550	1 740	3 730	2 180
轴力/kN	−11 800	−8 040	−13 100	−9 870	−14 400	−11 600
拱座水平反力/kN	8 035.4		9 871.9		11 633	
拱座竖向反力/kN	8 633.3		8 535.5		8 479.6	

2.3.2 拱轴线

拱轴线的形状直接影响拱截面的内力分布与大小，选择拱轴线的原则，是要尽可能降低荷载产生的弯矩。最理想的拱轴线是与拱上各种荷载作用下的压力线相吻合，使拱圈截面只受压力，而无弯矩及剪力的作用，截面应力均匀，能充分利用材料的挤压性能。现实中由于活载、主拱圈弹性压缩及温度、徐变等作用，得不到理想的拱轴线。一般以恒载压力线作用设计拱轴线。二次抛物线适合于恒载分布比较接近均匀的拱，悬链线适合于恒载从拱顶至拱脚连续分布、逐渐增大的拱。

严寒地区拱式渡槽主拱圈应采用较大的矢跨比和较小的拱轴系数。标准[7] 给出了悬链线的拱轴系数取值范围。基于上述原则，根据表 2 国内同级别跨径拱式渡槽工程经验，通过加载法对抛物线及拱轴系数 $m = 1.347$、1.543、1.756 四种悬链线线型建立有限元三维模型，并开展了恒载、活载、收缩徐变、温度作用条件下的计算分析，分别进行验算，并对控制截面偏心距、正应力进行综合比选，确定 $m = 1.543$ 的悬链线为较优线型。

2.3.3 拱座

本工程拱式渡槽拱座设计为实体刚性基础，拱座基底面及背面进入弱风化或强风化下限以下 2 m 岩层中，为减小开挖难度和工程量，拱座设计为台阶形基础。对于地形较缓、拱座后背山体较单薄的情况，均采用与相邻梁式渡槽扩大基础联合布置，形成大拱座，以满足拱座后背山体支撑可靠，更利于稳定。其余较陡边坡，采用小拱座以节省投资，其后山体亦能提供可靠支撑。拱座稳定所需抗滑力由拱座提供摩擦力与拱座外围山岩抗力两部分组成，由于两者分担比例没有规范和文献依据，本工程中采用拱座独立作用，稳定系数为 1.0，来确定拱座体形。

2.4 槽体尺寸选择

槽底纵坡的选择将对水流经过渡槽的总水头损失、槽身过水断面面积、槽中流速等多方面产生影响。渡槽坡度大，槽中流速大，总水头损失大，但槽身断面及下部支承结构工程量小；渡槽坡度小，槽中流速小，总水头损失小，但槽身断面及下部支承结构工程量大。本工程为提水输水工程且渡槽分散，经渡槽处如频繁变换纵坡，势必造成扬程增加及洞内积水。因此，应根据工程入库段线路布置的实际情况，对各个渡槽进行纵坡分别比选，比选结果如表 4 所示。

经计算，设计引水流量为 27 m³/s，临界坡为 1/275。因此，结合入库段输水线路总布置，初拟选取渡槽纵坡 1/2 000、1/1 500、1/1 000、1/750 从技术角度进行初选。

表 4　渡槽纵坡比选

纵坡方案	各方案参数	初选
1/2 000	同隧洞纵坡。过流断面 4 m×4.85 m，设计流速 1.93 m/s	槽身断面尺寸较大，但与上下游隧洞纵坡相同，利于排水、输沙及运行维护
1/1 500	设纵坡渐变段，过流断面 3.5 m×4.73 m，设计流速 2.19 m/s	未能有效减小槽身断面尺寸，且设纵坡渐变段，亦不利于运行及维护
1/1 000	设纵坡渐变段，过流断面 3.5 m×4.03 m，设计流速 2.48 m/s	能有效减小槽身断面尺寸，流速在规范建议的范围内
1/750	设纵坡渐变段，过流断面 3.5 m×3.66 m，设计流速 2.78 m/s	槽身断面尺寸小，流速较大，变坡处流态较紊乱，且水头损失大，对提水、输水工程经济性不佳

经表 4 分析，1/2 000 与 1/1 000 两种槽底比降较有优势。根据渡槽自身跨径、总长度及上下游隧洞积水深度，确定的 4# 渡槽与 6# 渡槽纵坡为 1/2 000，其他为 1/1 000。

3　施工方案

结合现场的地形条件、施工资源及技术能力，2#、3#、4#、6# 和 7# 等渡槽均采用常规的满堂脚手架进行支承，1# 渡槽和 5# 渡槽均为高大跨渡槽，借鉴公路桥梁的施工经验，采用钢管立柱与贝雷梁组合落地支架施工方案。

3.1　支架施工

满堂支架基础采用石渣分层碾压填筑，碾压后地基承载力必须大于 250 kPa，在填筑层上浇筑 20 cm 厚 C20 混凝土垫层作为满堂支架的基础。门洞立柱基础采用 C30 钢筋混凝土基础，截面尺寸为 1.0 m（宽）×1.0（高）m×8.5 m（长），基础内预埋螺栓与立柱法兰栓接。

立杆选用 ϕ60 mm 钢管，水平杆采用 ϕ48 mm 钢管，钢管顶装可调顶托纵向铺设 I14 工字钢，工字钢与顶托的护边位置设置 75 mm×75 mm 角钢底座，工字钢上横向铺设 15 cm×15 cm 方木作为横梁，横梁间距 30 cm，工字钢纵梁上部设置 75 mm×75 mm 角钢固定横梁，工字钢的连接采用连接钢板固定的方式，横梁长度随宽度而定，每一边各宽出至少 50 cm 在横梁上安放 1 cm 厚的竹胶板作为底模，如图 2 所示。

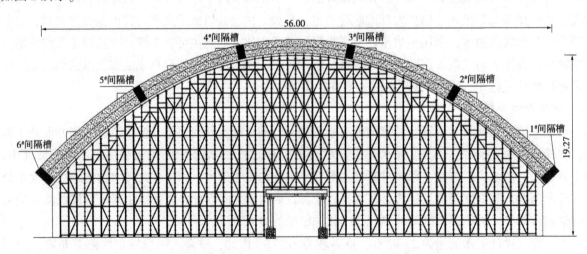

图 2　满堂支架布置示意图　（单位：m）

组合式支架下部采用φ529 mm 螺旋焊接钢管及贝雷梁支撑，螺旋管基础采用C30 钢筋混凝土扩大基础，上部采用盘扣式满堂支架，满堂支架搭设要求同2#、3#、4# 等渡槽拱肋现浇支架。

3.2 拱圈混凝土浇筑

拱式渡槽拱肋为变截面悬链线无铰双肋拱，两片肋拱间采用横系梁连接，拱肋采用C40F300 钢筋混凝土。预压完成后即可进行拱肋混凝土浇筑，拱肋沿拱跨方向分段对称浇筑，各段的接缝面应与拱轴线垂直，各分段点应预留间隔槽，其宽度为0.5~1.0 m。

其中，2# 渡槽、4# 渡槽拱轴线长46 m，单个拱肋拱脚截面尺寸为1.7 m×1.1 m，跨中截面为1.2 m×1.1 m，两片拱肋净距为2.4 m，分5 段对称浇筑，每段长10~11 m，间隔槽长0.8 m。

3# 渡槽拱轴线长56 m，单个拱肋拱脚截面尺寸为2.0 m×1.1 m，跨中截面为1.4 m×1.1 m，两片拱肋净距为2.4 m，分5 段对称浇筑，每段长11~13 m，间隔槽长0.8 m。

5# 渡槽和7# 渡槽拱轴线长分别为68 m 和66 m，单个拱肋拱脚截面尺寸为2.2 m×1.1 m，跨中截面为1.5 m×1.1 m，两片拱肋净距为2.4 m，分5 段对称浇筑，每段长13~15 m，间隔槽长0.8 m。

3.3 预拱度

5# 渡槽和7# 渡槽采用2 cm 设计预拱度，由拱顶至拱脚，按二次抛物线分配。

4 结语

榆林黄河东线马镇引水工程位于陕北黄土丘陵向内蒙古草原过渡地带，地形起伏较大，为节省水头和排沙需要，在23.26 km 长的入库线路上共布置6 座大跨度、高支撑和大流量拱式渡槽。本文总结了6 座渡槽纵坡、矢跨比、拱轴系数、拱肋等设计经验，结合现场施工，总结了拱段划分、预拱度、间隔槽及支架等施工经验，为水利行业大跨径拱式渡槽的设计与施工提供参考，并将推动大跨径拱式渡槽的发展。

参考文献

[1] 黄河勘测规划设计研究院有限公司.榆林黄河东线马镇引水工程初步设计报告 [R]. 2020.

[2] 中华人民共和国住房和城乡建设部.灌溉与排水工程设计标准：GB 50288—2018 [S]. 北京：中国计划出版社, 2018.

[3] 华东水力学院.灌区建筑物 [M]. 北京：水利电力出版社, 2009.

[4] 熊启钧.灌区建筑物的水力计算与结构计算 [M]. 北京：中国水利水电出版社, 2007.

[5] 赵永刚, 刘红杰, 梁春雨.大跨度梁拱协作体系渡槽设计与研究 [J]. 人民黄河, 2013, 35 (6)：113-115.

[6] 四川省水利水电勘测设计研究院有限公司.四川省武都引水第二期灌区工程初步设计报告 [R]. 2012.

[7] 刘军平, 黄向军, 屈伟康.大跨度双曲拱石索渡槽施工方法与质量控制 [J]. 陕西水利, 2022 (12)：135-139.

[8] 向国兴, 汤洪洁, 雷盼.百米大跨上承式拱式混凝土箱形截面拱式渡槽设计实践 [J]. 中国农村水利水电, 2019 (12)：135-140.

大埋深挤压型软岩隧洞衬砌支护时机研究

张茂础[1,2,3]　颜天佑[2,3]　张国强[2,3]　李建贺[2,3]

(1. 长江设计集团有限公司，湖北武汉　430010；
2. 长江勘测规划设计研究有限责任公司，湖北武汉　430010；
3. 水利部水网工程与调度重点实验室，湖北武汉　430010)

摘　要： 针对大埋深挤压型软岩隧洞，基于强度应力比评价方法分析软岩变形等级，采用有限元软件进行开挖支护过程的数值模拟，以荷载释放率为基本指标，研究了无支护、仅有初期支护、荷载释放94%~98%时施作二次衬砌条件下的隧洞围岩响应与衬砌内力特征。研究结果表明：随着开挖后荷载释放百分比的增加，围岩最大变形和最大塑性区深度不断增加，变形和塑性区深度与荷载释放系数呈现出线性增加规律；荷载释放系数越小，对隧洞最终的开挖变形、塑性区等扰动越小，基于承载力校核，提高混凝土强度等级，提高衬砌承载力，进而实现软岩隧洞的提前支护。

关键词： 深埋隧洞；软弱围岩；挤压变形；支护时机；有限单元法

1　引言

大埋深隧洞研究的一个重要方面是支护时机的判定，现代地下工程支护设计的基本指导思想来源于"新奥法"原理[1]，充分发挥围岩自身的承载能力，同时通过适时加固围岩，使围岩与支护能共同承担开挖荷载。在"新奥法"的实施中，支护时机的选择对隧洞支护效果具有重要的影响，合理的支护时机能够充分发挥围岩的自承能力，保障隧洞的稳定。

目前，在软岩地下工程中对于支护时机的研究较多，主要的研究手段有理论推导、现场监测和数值模拟[2]。在理论推导方面，何满潮等[3]结合在软岩隧洞施工中总结的支护时机的经验，提出了最佳支护时间和最佳支护时段的概念及其定性确定方法；刘砥时等[4]基于弹塑性理论，推导了隧道工程围岩塑性区内的应力、位移公式，以及二次衬砌结构的应力和位移公式；刘志春等[5]以乌鞘岭隧道为工程背景，通过对现场量测数据相互关系的综合分析，提出了以隧道极限位移为基础、现场量测日变形量和总位移为依托的工程可操作判别指标，对软岩大变形隧道二次衬砌的施作时机进行了探讨；吴梦军等[6]基于现场测试，对位移历时曲线进行拟合，研究以隧道位移释放率为基本指标的支护时机确定方法，选取内部应力最小为最佳施作时机。已有的研究中，数值模拟也是分析支护时机的重要手段，陆银龙等[7]根据对破裂软岩注浆加固后的力学特性分析，运用 FLAC 软件的应变软化本构模型，对软岩巷道最佳锚注支护时机进行了优化分析；周勇等[8]对比理论方法预测拱顶下沉时程曲线与现场实测结果，使用 GeoFBA2D 建立二维数值模型，分析了隧道围岩应力释放系数对围岩稳定性的影响；张妍珺等[9]基于收敛-约束法进行了隧洞开挖推进过程中的变形规律研究，依托某供水工程输水隧洞建立三维数值模型，采用有限差分法和 Mohr-Coulomb 屈服准则进行了施工开挖过程的数值模拟，研究了不同围岩条件下隧洞的支护时机。

基金项目： 博士后创新人才支持计划（BX20230303）；水利部科技计划项目（水利青年人才资助 GFKY1502S22022）；湖北省博士后创新实践岗位（2023CXGW03）；长江设计集团有限公司自主创新项目（CX2021Z01）。

作者简介： 张茂础（1994—），男，博士，研究方向为深埋长大引调水工程围岩稳定性。

尽管目前在软岩隧洞变形规律方面已有较多研究成果，但尚不能为支护施加的时机提供直接指导，需要对多种方案进行对比分析，由于三维模型计算量较大，不利于多方案的设计和对比，且已有数值研究方法中，采用有限元方法的研究还较少，RS2 是一款功能强大的弹塑性有限元分析软件，适用于地下岩体开挖计算。因此，本文依托某深埋软岩引水隧洞工程，采用二维有限元软件 RS2 进行建模计算，以荷载释放率为基本指标，研究了无支护、仅有初期支护、荷载释放率为 94%~98% 时作为二次衬砌施作时机下，岩体的开挖响应与衬砌结构的内力响应，进行了最佳支护时机的分析。

2 基本理论

2.1 隧洞支护时机

软岩隧洞开挖支护的关键是充分释放围岩压力，降低作用在支护结构上的荷载，实现围岩与结构的平衡稳定，因此在隧洞开挖稳定分析过程中，确定合理的支护时机是一项非常重要的工作，既要使支护结构可以发挥相应的作用，协助减小隧洞开挖的围岩响应；又不能过早施加，使得支护结构承受过多的软岩形变应力而破坏。隧洞支护力-收敛位移-支护时机概念曲线如图 1 所示。

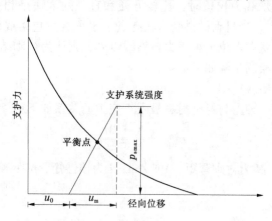

图 1　隧洞支护力-收敛位移-支护时机概念曲线

2.2 隧洞挤压变形等级

深埋隧洞软岩的强度低，而隧洞埋深较大，地应力水平相对较高，从而在较低的强度应力比之下，相应部位洞段围岩稳定性整体较差，开挖后极易诱发严重的软岩挤压变形问题，因此在对隧洞进行开挖稳定性分析前，需要对其进行挤压变形的专门讨论。以西南某水工隧洞为例，在初期支护完成后，钢拱架、喷混凝土、锚杆在软岩大变形下发生了不同程度的变形破坏。根据反演得到岩体力学参数如表 1 所示。

表 1　岩体力学参数

围岩类别	埋深/m	重度 γ/（kN/m³）	内摩擦角 φ/（°）	黏聚力 c/MPa	变形模量 E/GPa
V	1 168	22.0	28.0	0.54	1.4

Heok 等[10] 认为岩体的单轴抗压强度与地应力主应力水平的比值可以作为指示隧洞挤压变形程度的指标，刘志春等[11] 也提出了基于强度应力比的软岩大变形分级标准。岩体等效抗压强度可根据 M-C 强度准则由式（1）确定，基于强度应力比指标的软岩大变形分级如表 2 所示。

$$\sigma_{cm} = \frac{2c\cos\varphi}{1 - \sin\varphi} \tag{1}$$

式中：c 为岩体黏聚力，MPa；φ 为岩体内摩擦角，（°）。

表2 基于 σ_{cm}/p_0 指标的软岩大变形分级

变形等级	无大变形	轻微	中等	严重	非常严重
强度应力比	>0.3	0.2~0.3	0.15~0.2	0.1~0.15	<0.1

根据软岩岩体力学参数，带入式（1），计算得到岩体等效抗压强度为 1.8 MPa，反演地应力值为 28.3 MPa，根据式（1）预测软岩部位的强度应力比为 0.06，小于 0.1。可见，软岩部位由于岩体力学强度很低，地应力相对较高，根据软岩大变形分级表（见表2），此时挤压变形程度为"非常严重"。围岩稳定性成为工程建设中首要关心的问题。

2.3 衬砌极限承载力校核方法

在软岩变形洞段，当初期支护受力较大，除了提高初期支护强度，还应当研究考虑二次衬砌，提前发挥承载的效能。

在对衬砌结构进行分析计算时，获取的结果为衬砌上的轴力、弯矩和剪力三种内力成果，当基于这三种内力成果对衬砌进行承载力校核时，比较方便和直观的方法是利用承载力包络线图（support capacity plot）来进行检验[12]。当衬砌材料受力状态点位于承载力包络线以内，认为衬砌结构是安全的；一旦衬砌结构材料受力状态点位于承载力包络线以外，则认为衬砌结构将出现开裂破坏。

承载力包络线的计算与绘制步骤如下：

（1）衬砌弯矩-轴力（M-N）图。

根据弹性梁理论，弯矩、轴力与衬砌材料极限正应力的关系如下：

$$\sigma_{min}^{max} = \frac{N}{A} \pm \frac{M}{I}t/2 \tag{2}$$

式中：N 为衬砌轴力，MN；M 为衬砌弯矩，MN·m；I 为惯性矩，m^4；A 为衬砌截面面积，m^2；t 为衬砌截面厚度，m。

约定安全系数的定义：

$$FS = \frac{\sigma_c}{\sigma_{max}} = \frac{\sigma_t}{\sigma_{min}} \tag{3}$$

则通过式（2）、式（3）可以得到压缩破坏时的轴力：

$$N = -\frac{|M|At}{2I} + \frac{\sigma_c A}{FS} \tag{4}$$

拉伸破坏时的轴力：

$$N = -\frac{|M|At}{2I} + \frac{\sigma_t A}{FS} \tag{5}$$

极限弯矩：

$$M_{cr} = \pm \frac{I}{t}\frac{\sigma_c - \sigma_t}{FS} \tag{6}$$

式中：FS 为安全系数，在本文的研究中采用 FS=1；σ_c 和 σ_t 分别为衬砌组成材料的压缩强度和拉伸强度，MPa。

（2）剪力-轴力（Q-N）图。

在深梁理论中[13]，剪力 Q 作用下，梁中最大剪应力出现在中性轴部位，且量值约为

$$\tau_{max} = \frac{3Q}{2A} \tag{7}$$

假定在最大剪应力和最大正应力条件下，梁中平面上应力状态为

$$\sigma_{1,3} = \frac{\sigma_{max}}{2} \pm \sqrt{\left(\frac{\sigma_{max}}{2}\right)^2 + \tau_{max}^2} \tag{8}$$

约定安全系数的定义为

$$FS = \frac{\sigma_c}{\sigma_1} = \frac{\sigma_t}{\sigma_3} \qquad (9)$$

则通过式（7）~式（9）可以得到压缩破坏时的轴力：

$$N = \frac{\sigma_c A}{FS} - \frac{9Q^2 FS}{4\sigma_c A} \qquad (10)$$

拉伸破坏时的轴力：

$$N = \frac{\sigma_t A}{FS} - \frac{9Q^2 FS}{4\sigma_t A} \qquad (11)$$

极限剪力：

$$Q_{cr} = \pm \frac{A}{FS} \sqrt{-\frac{4}{9} \sigma_c \sigma_t} \qquad (12)$$

混凝土强度设计值按照规范中的规定[14]，以 C30 混凝土为例，弹性模量取值 31.0 GPa，轴心抗压强度设计值 14.3 MPa，轴心抗拉强度设计值 1.43 MPa，如表 3 所示。根据以上各式进行等效参数计算，并绘制承载力包络线，如图 2 所示。

表 3　混凝土强度指标取值

混凝土强度等级	C30	C40	C50
抗压强度设计值/MPa	14.3	19.1	23.1
抗拉强度设计值/MPa	1.43	1.71	1.89
弹性模量/GPa	31.0	33.5	35.5

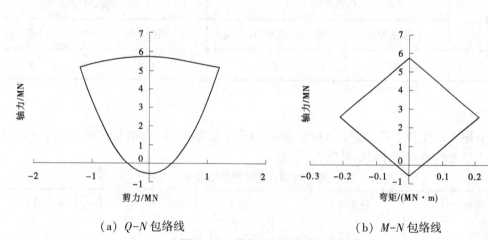

(a) Q-N 包络线　　　　　　(b) M-N 包络线

图 2　C30 混凝土衬砌承载力包络线

3　隧洞开挖支护变形规律研究

3.1　计算模型

结合引水隧洞资料，建立隧洞穿越软岩洞段的横断面二维分析模型如图 3 所示，隧洞埋深为 1 168 m，开挖半径为 4.85 m，分别考虑隧洞采取钢拱架、喷混凝土和系统锚杆等初支措施与 40 cm 厚的混凝土衬砌，其中初期支护假定为开挖后立刻施作，二次衬砌结构支护时机分别考虑为围岩荷载释放率为 94%~98% 时，并从中研究二次衬砌施作时机对隧洞围岩响应的影响规律。初期支护参数见表 4。

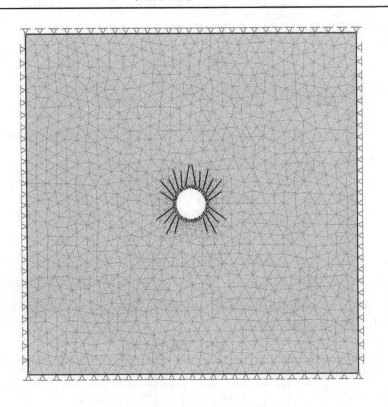

图 3　隧洞横断面二维分析模型

表 4　初期支护参数

系统锚杆间距/m	钢拱架		喷混凝土	
	强度等级	间距/m	强度等级	厚度/cm
1.25	H175	0.5	C25	20

3.2　计算结果分析

使用二维有限元软件 RS2 建立的二维数值模型，研究无支护、仅有初期支护，以及不同荷载释放率条件下围岩的开挖响应，计算结果见表 5、图 4。

表 5　软岩隧洞开挖后的围岩响应

二次衬砌施作时机	最大变形/cm	最大主应力/MPa	塑性区最大深度/m
无支护	92.5	35.17	14.1
仅有初期支护	59.3	36.8	9.6
荷载释放率 94%	37.5	36.5	7.4

隧洞开挖支护过程中，洞周围岩变形矢量均指向洞内，无支护条件下洞壁最大变形为 92.5 cm、塑性区深度达 14.1 m；仅有初期支护时洞壁最大变形为 59.3 cm、塑性区深度达 9.6 m；在荷载释放率 94% 条件下洞壁最大变形为 37.5 cm、塑性区深度为 7.4 m。可见，二次衬砌的较早支护可以提前发挥承载作用，控制围岩变形，遏制围岩塑性区扩展。

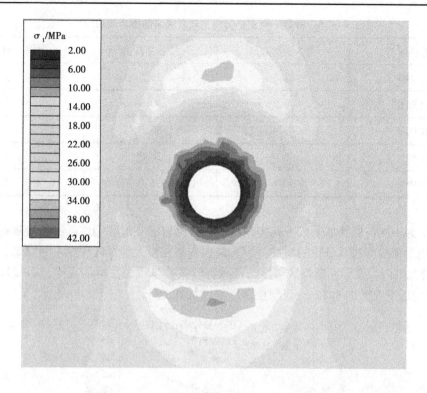

（a）围岩最大主应力

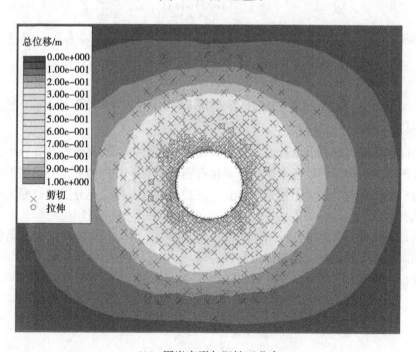

（b）围岩变形与塑性区分布

图4 高地应力软岩洞段开挖围岩力学响应

4 软岩大变形洞段衬砌支护时机研究

4.1 衬砌不同支护时机下围岩力学响应

通过荷载释放系数模拟衬砌支护时机，研究不同支护时机下，施作二次衬砌对围岩力学响应的影响规律，数值计算结果列于表6中。

表 6　衬砌不同支护时机下软岩隧洞的围岩响应

二次衬砌施作时机	最大变形/cm	最大主应力/MPa	塑性区最大深度/m
荷载释放 94%	37.5	36.5	7.4
荷载释放 95%	40.3	36.3	7.5
荷载释放 96%	43.4	36.0	7.9
荷载释放 97%	46.9	35.5	8.2
荷载释放 98%	50.6	35.0	8.3

如图 5 所示为不同荷载释放系数下施作二次衬砌，围岩的变形和塑性区的响应规律。从图 5 中可以看出随着开挖后荷载释放百分比的增加，围岩最大变形和最大塑性区深度不断增加，在荷载释放系数 94%~98%的范围内，变形和塑性区深度与荷载释放系数呈现线性增加规律，荷载释放系数每增加 1%，隧洞围岩变形平均增加 3.28 cm，塑性区深度增加 0.25 m。

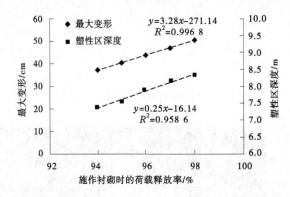

图 5　不同支护时机下软岩洞段衬砌结构内力响应图

4.2　不同支护时机下衬砌内力分析

从 4.1 节的计算结果可以看出，高地应力软岩隧洞的施工中，荷载释放系数越小，即越早施作衬砌，对隧洞最终的开挖变形、塑性区等扰动控制越有利，但支护时机越早，支护结构内力越大，因此最合理的支护时机应该为围岩压力得到充分释放，支护结构内力得到充分发挥，但又不至于达到破坏时所对应的荷载释放率。

根据有限元计算结果（见图 6）可见，二次衬砌的轴力、剪力和弯矩均随围岩荷载释放比例的增加而降低，说明了衬砌支护越早，结构内力越高。

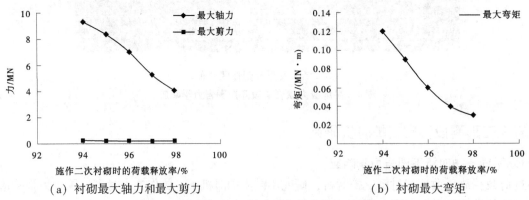

（a）衬砌最大轴力和最大剪力　　　　　　（b）衬砌最大弯矩

图 6　不同支护时机下软岩洞段衬砌结构内力响应图

对于高地应力软岩大变形部位，由于假定初期支护需要在开挖后立刻施作，进而及时起到封闭围岩、提供围压的作用，从而使得初期支护受力较大，预计不可避免地产生不同程度的变形损伤，因此支护结构施作时机由二次衬砌来控制。

图7展示了不同荷载释放率下各等级混凝土衬砌承载力的计算结果，从图7中可以看出，在荷载释放系数为0.95时，衬砌的内力超出C30和C40混凝土的承载能力，衬砌有破坏风险，选用C50混凝土承载力可控；在荷载释放系数为0.96时，衬砌的内力超出C30混凝土的承载力包络线，选用C40混凝土承载力可控；在荷载释放系数为0.98时，衬砌的内力在C30混凝土的承载力包络线以内，说明此时采用C30混凝土的衬砌可以实现围岩压力承载。

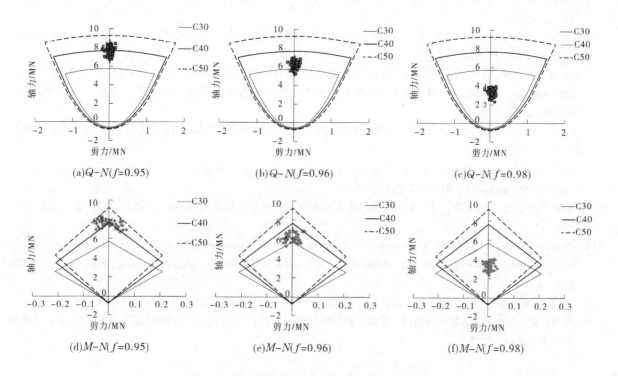

图7 不同荷载释放率下混凝土衬砌承载力计算

5 结语

针对大埋深高地应力软岩隧洞二次衬砌支护时机确定的问题，本文采用有限单元法作为研究手段，对于隧洞开挖变形规律与二次衬砌支护时机问题进行了探讨，经过分析计算得到初步结论如下：

（1）深埋软岩洞段地应力高、围岩质量软弱，隧洞在较低的强度应力比条件下，会产生较大的挤压变形，根据强度应力比确定的挤压变形分类标准，本文研究的深埋软岩部位挤压变形程度为"非常严重"。

（2）使用二维有限元软件研究了不同荷载释放率条件下围岩及支护系统的开挖响应，分析得出隧洞变形、应力和塑性区深度与荷载释放系数呈正相关的关系。

（3）经过理论推导和等效参数计算，绘制了衬砌承载力包络线图，校核了不同支护时机下不同混凝土强度衬砌的极限承载力。

（4）通过研究不同荷载释放率条件下围岩响应与结构内力情况，确定了C50混凝土衬砌在95%荷载释放率下作为建议支护时机，C40混凝土衬砌在96%荷载释放率下作为建议支护时机，C30混凝土衬砌在98%荷载释放率下作为建议支护时机，在这一支护条件下，二次衬砌既能得到充分利用，内力又不至于达到破坏极限。

参考文献

[1] 韩瑞庚. 地下工程新奥法 [M]. 北京：科学出版社，1987.

[2] 张建海，王仁坤，周钟，等. 基于时效变形的脆性围岩最优支护时机研究 [J]. 岩土工程学报，2017，39（10）：1908-1914.

[3] 何满潮，景海河，孙晓明. 软岩工程地质力学研究进展 [J]. 工程地质学报，2000，8（1）：46-62.

[4] 刘砥时，方建勤. 弹塑性解析法确定隧道二衬合理支护时机的应用研究 [J]. 公路，2009，12（4）：186-188.

[5] 刘志春，李文江，朱永全，等. 软岩大变形隧道二次衬砌施作时机探讨 [J]. 岩石力学与工程学报，2008，27（3）：580-588.

[6] 吴梦军，张永兴，刘新荣，等. 基于现场测试的大跨扁平连拱隧道最佳支护时机研究 [J]. 水文地质工程地质，2012，39（1）：53-57.

[7] 陆银龙，王连国，张蓓，等. 软岩巷道锚注支护时机优化研究 [J]. 岩土力学，2012，33（5）：1395-1401.

[8] 周勇，柳建新，方建勤，等. 软岩流变情况下隧道合理支护时机的数值模拟 [J]. 岩土力学，2012，33（1）：268-272，279.

[9] 张妍珺，苏凯，周利，等. 基于收敛-约束法的隧洞纵向变形演规律研究与支护时机估算 [J]. 岩土力学，2017，38（1）：471-478.

[10] Heok E, Marinos P. Predicting tunnel squeezing problems in weak heterogeneous rock masses [J]. Tunnels and Tunnelling International, 2000, 32（11）：45-51.

[11] 刘志春，朱永全，李文江，等. 挤压性围岩隧道大变形机理及分级标准研究 [J]. 岩土工程学报，2008（5）：690-697.

[12] Carranza-Torres C, Diederichs M. Mechanical analysis of circular liners with particular reference to composite supports. For example, liners consisting of shotcrete and steel sets [J]. Tunnelling and Underground Space, 2009, 24（1）：506-532.

[13] 夏桂云，曾庆元. 深梁理论的研究现状与工程应用 [J]. 力学与实践，2015，37（3）：302-316.

[14] 中华人民共和国住房和城乡建设部. 混凝土结构设计规范（2015 年版）：GB 50010—2010 [S]. 北京：中国建筑工业出版社，2015.

环北广东水资源配置工程水源工程地下泵站围岩的地质特征分析

李振嵩　陈启军　梁俊俊

（中水珠江规划勘测设计有限公司，广东广州　510610）

摘　要：环北广东水资源配置工程在初步设计阶段布置了地下泵站方案作为比较方案，为了给设计支护方案提供充分地质依据，分析了区域地质、矿产调查等基础资料，总结了地下泵站围岩稳定受到的软质岩、两组长大结构面、蚀变或破碎成因的软弱结构面等三大不利影响，采用千米级全孔取芯水平定向钻及综合测井等多种勘察手段，验证了三大不利地质因素及其分布位置，详细区分了硬质岩与软质岩的岩体完整程度，并揭露了围岩的地下水活跃状态，给设计方案提出了合理建议。通过对比指出了竖直钻探在陡倾层状地层中的应用局限性。

关键词：水平定向钻；地下泵站；蚀变；软质岩；综合测井

1　工程概况

环北部湾广东水资源配置工程（简称工程）位于广东省粤西地区[1]，工程从云浮市西江干流取水，向粤西地区的湛江、茂名、阳江、云浮 4 市供水，为大型跨流域引调水工程，输水线路总长度为490.33 km。水源工程取水泵站布置在西江干流河段右岸冲积台地上，设计扬程为 168.0 m，装机容量为 276 MW。取水泵站布置在江边且距离调压塔较远，导致存在 9 km 长的有压隧洞段，内水压为1.6 MPa，钢衬段长 2.9 km，水源工程的投资较高。

初步设计阶段在桩号 K7+610 布置了一个地下泵站作为比较方案，可大幅缩短有压隧洞段长度。地下泵站方案存在大型洞室群、多条交通通风洞及相互连接的支洞，其中尺寸最大的是主泵房，长、宽、高分别为 154 m、25 m、53.0 m，埋深 270 m，其余主变洞、调压室洞跨度多为 20~15 m。地下泵站方案（K7+610）洞室布置断面见图 1。

由于地下泵站只是比较方案，受生态保护区影响泵站选址存在不确定性，加之初步设计周期短等原因无法采用探洞进行勘察，为了把对大尺寸地下洞室围岩稳定存在不利影响的地质条件说明清楚，本工程除了在站址范围采用常规勘察手段，还采取了超常规的千米级连续取芯水平定向钻手段将地下泵站周边区域的岩层全部揭露出来，以期能充分分析地下泵站方案的地质特征。

2　区域地质条件分析

2.1　地层岩性与构造

地下泵站周边属于丘陵地貌，地面高程 150~500 m。地层属于奥陶系中统东冲组（O_2d）的浅变质碎屑岩，主要岩性为中厚层-薄层状石英杂砂岩、石英细砂岩、泥质粉砂岩，局部为含粉砂质泥岩、炭质泥岩，存在形成软弱夹层的条件。岩石饱和抗压强度值，石英细砂岩、杂砂岩一般为 80~113 MPa，属于坚硬岩，而泥质粉砂岩等一般为 13~24 MPa，属于较软岩为主，局部软岩。

作者简介：李振嵩（1982—），男，高级工程师，主要从事工程地质、水文地质勘察与研究工作。

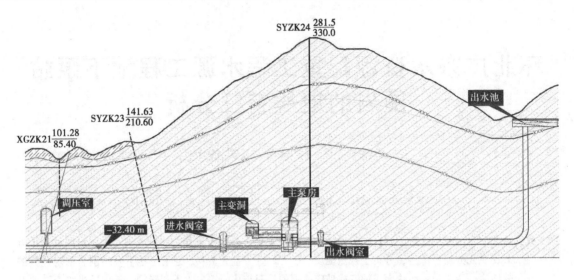

图 1　地下泵站方案（K7+610）洞室布置断面

地下泵站区域位于通门倒转背斜的北西翼，由于构造挤压强烈，发育次级向斜（大历山向斜），向斜轴向 NE50°，轴面倾向北西，地层产状为 NE20°~55°/NW∠40°~80°。岩体存在泥质粉砂岩等软质岩导致区域次级褶皱发育、岩层倾角变化幅度大。区域内大型断裂不发育，其中大林断裂距离站址约 2.5 km。区域性大断裂罗定-广宁断裂带北侧性状为韧性剪切带（林细坑强变形带），南距站址约 6.9 km。地下泵站方案区域地质条件见图 2。

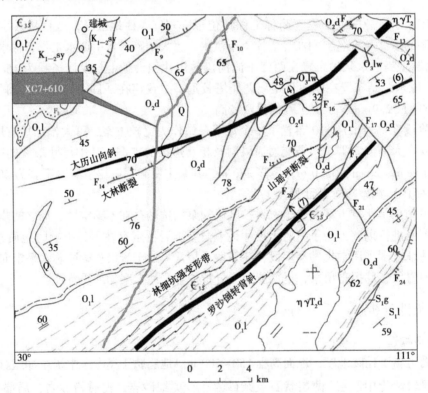

图 2　地下泵站方案区域地质条件

2.2　区域热液蚀变现象

地下泵站区域地层属于早古生代绿片岩相区域变质岩，后期（海西期-燕山早期）在区域周边存在大量的侵入岩体（岩浆热液），如内翰岩体等（见图3），在西北侧还存在建成火山盆地，因此变质岩内往往出现多种典型的热接触变质矿物和气液交代变质矿物；如电气石、红柱石、堇青石等[1]，主要属于高温热液蚀变作用，一般可形成伟晶岩型多金属成矿带；如郁南县伟晶岩型铌钽锡多金属矿床就分布在林细坑强变形带内，以北东向为主，面积约 50 km²[2]。

图3　地下泵站方案区域侵入岩体分布

区域内围岩蚀变现象强烈、分布广，包括堇青石角岩化、硅化、绢云母化，其次侵入岩体也发生蚀变，如内翰岩体黑云母二长花岗岩：斜长石含量 35% 左右，大部分斜长石绢云母化、黏土化[2]，这说明后期叠加了中低温蚀变作用。综合分析认为高温热液蚀变作用分布在以倒转背斜为中心的林细坑强变形带内，变形带两侧如北西侧至大林断裂附近则是中低温热液蚀变带，因此地下泵站区域处在中低温热液蚀变影响带内。在地下泵站附近分布有宝珠大用矿点[1]，为热液充填型黄铜矿、黄铁矿，根据地质测绘揭露，附近断裂断头多存在褐铁矿化（黄铁矿风化产物），可以初步说明地下泵站区域受到了中低温热液蚀变作用影响。

根据郁南县铌钽锡矿的矿脉揭露[2]，内翰岩体边缘相的变质砂岩、片岩类变质岩中容易发育两组长大节理结构面，分别是 NE-SW 走向层间节理裂隙和 NW-SE 走向（横向）张裂隙，延伸长度大多在 50 m 以上。

综上所述，区域地质条件揭露了三个特征：①存在软质岩；②存在蚀变岩体，可能形成软弱结构面；③存在长大结构面。这三个特征都对地下洞室的围岩类别及围岩稳定有决定性影响。

3　实测地层剖面分析

首先，为了分析软质岩的比例，对地下泵站附近约 3 km 长的地层实测剖面进行分析，部分剖面见图4。

排除局部覆土无露头的部位，将东冲组（O_2d）地层分了上、中、下三段，总共分 25 层，统计数据见表 1。其中，软质岩累计长度 373 m，占比 26.3%；硬质岩累计长度 1 044 m，占比 73.7%。

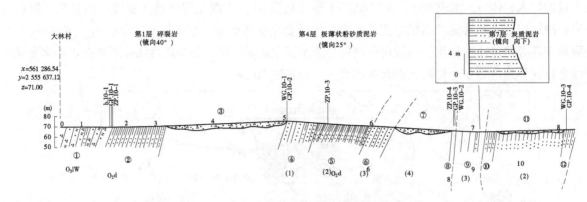

图 4　地下泵站附近实测地层剖面局部[1]

表 1　地下泵站区域地层实测剖面统计分析

分段	特征	分层	岩体结构类型	层厚/m
O_2d^3	粉砂质泥岩与细砂岩互层，局部夹炭质泥岩	分 12 层	中厚层-厚层夹薄层	23~58
O_2d^2	细砂岩夹粉砂质泥岩	分 10 层	中厚层-薄层	11~75
O_2d^1	细砂岩为主，存在薄夹层、绢云母化等蚀变作用	分 3 层	厚层-中厚层，局部夹薄层	127~180
合计	粉砂质泥岩、炭质泥岩（较软岩、软岩）	10 层	—	373
合计	细砂岩、石英杂砂岩、粉细砂岩（中硬岩、坚硬岩）	15 层	—	1 044

4　竖直钻探及综合测井成果分析

在地下泵房范围的调压室、进水阀室及主泵房各布置了一个竖直钻孔，目的是揭露多处洞室的围岩地质特征。

4.1　岩芯与综合测井成果

选取洞室部位的岩芯分析软质岩的占比、岩体波速及完整性、长大裂隙的分布间距及主要产状，统计结果（见表 2）显示软质岩比例低（10%~20%），岩体完整程度整体较高（较完整及以上占72.7%~88.1%）。

表 2　地下泵房洞室部位竖直钻探岩芯及综合测井成果统计

钻孔部位（钻孔编号）	岩芯特征	岩体波速值/（m/s）	岩体完整程度	钻孔录像揭露长大裂隙
调压室（XGZK21）	中厚层状细砂岩为主，局部夹薄层状泥质粉砂岩，软质岩占比约 10.9%	4 384~5 602	较完整占 87.7%，完整性差占 12.3%	—
进水阀室（SYZK23）	岩性同上，软质岩占比约 20.5%	4 482~5 932	完整占 3.5%，较完整占 69.2%，完整性差占 27.4%	—
主泵房（SYZK24）	岩性同上，软质岩占比约 10.4%	4 034~6 112	完整占 12.5%，较完整占 75.6%，完整性差占 11.8%	张开-微张裂隙发育密度 0.74条/m。优势产状为 NE40°~70°/NW∠50°~75°；其次 NW280°~300°/NE∠60°~80°

4.2 地应力测试成果

在主泵房钻孔内采用水压致裂法开展了地应力测试,结果显示最大水平主应力 σ_H 量值为 $5.3 \sim 14.4$ MPa,方向为 N35°W~N47°W,最大水平主应力方向侧压系数 λ 为 $1.3 \sim 1.7$,因此设计方案将主泵房等大洞室的长边方向布置为与 σ_H 方向小角度相交,即洞室长边方向与岩层走向大角度相交。

4.3 压水试验成果

对隧洞部位岩体进行压水试验,结果显示:主泵房部位岩体透水率为 $0.4 \sim 1.2$ Lu,属微-弱透水;进水阀室岩体透水率为 0.5 Lu,属微透水;调压室岩体透水率为 $0.4 \sim 3.9$ Lu,属微-弱透水。未揭露异常的地下水富水特性。

4.4 竖直钻探的局限性分析

竖直钻探结果显示硬质岩比例偏高,岩体完整程度整体较好,岩体透水率低,然而由于地层倾角陡,多数为 60°~80°,竖直钻探能揭露的真实岩层范围较小,但长大洞室长边方向与岩层走向大角度相交,即洞室长边跨域的岩层范围较大,竖直钻探揭露的软质岩比例明显偏低,须采取其他手段综合分析。

5 全孔取芯水平定向钻及综合测井成果分析

采用超常规的千米级全孔取芯水平定向钻手段拟将交通洞进口至主泵房范围的岩层全部揭露出来,以期较全面地揭露地下泵站区域的围岩地质特征。千米级水平定向钻布置见图 5。

图 5 千米级水平定向钻布置

5.1 水平定向钻实施概况

设计开孔角度 8°~10°,钻孔倾角 7.5°,设计起钻点高程 100 m,终点高程-20 m,钻探轨迹方位角约 294°,目的是与岩层走向近垂直,可将岩体的分层全部揭露出来。为保证勘察精度,在钻孔中段 300 m、600 m 以及终孔位置共设 3 个靶点控制。钻机机型为诺克 1000 型,采用了绳索取芯工艺、半合管钻具以及防冲洗液冲刷的取芯钻头以提高岩芯采取率。钻进过程采用了 CAV-1 存储式多点测斜仪进行孔斜测量。发生钻孔偏斜后采用小直径弯螺杆马达/有线随钻定向纠斜,钻孔轨迹可控能定向穿越靶点。全孔取芯完成后还能进行孔内存储式综合测井,包括声波测井、孔内电视录像以及自然伽玛测井、水温测试等。千米级全孔取芯水平定向钻实际轨迹线见图 6。

虽然岩体夹了软质岩或部分与软质岩互层,但多数为坚硬岩,要求全孔取芯造成进度较慢,加之在硬岩掘进过程中钻具容易上抬,在孔深 285 m 以后发生过一次较大的偏斜(上抬),并进行了耗时较长的纠偏(部分重新造孔)。本次水平定向钻全程耗时约 7 个月,最终完成取芯长度 924.9 m,创造了国内水利行业全孔取芯水平定向钻的新纪录[3-4]。

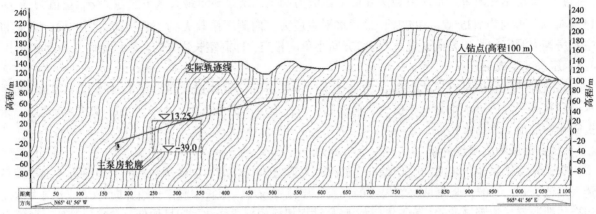

图6　千米级全孔取芯水平定向钻实际轨迹线

5.2　岩芯与综合测井成果

由于前 60 m 取芯属于弱风化上部–覆盖层，故岩芯分析范围为 60~924.9 m。声波测井、自然伽马测井、水温测试均完成了全孔测试；孔内电视录像测井范围 0~601.6 m，埋深超过 601.6 m 时由于岩体破碎段较多无法实行正测，而提钻反测扰动水体导致无法获取清晰图像。自然伽马测井及水温测试结果均未发现异常。地下泵房区域地层水平定向钻岩芯及综合测井成果统计见表 3。

不同埋深的岩芯见图7~图9。

表3　地下泵房区域地层水平定向钻岩芯及综合测井成果统计

岩芯特征	岩芯蚀变岩、软弱结构面特征	岩体波速值	岩体完整程度	钻孔录像揭露长大裂隙
中厚层状细砂岩为主，局部夹薄层泥质粉砂岩、极薄层粉砂质泥岩，软质岩占比约 30.1%	（1）黄铁矿化蚀变：沿结构面局部发生，典型部位埋深 531~545 m、650~655 m，形成 4 处软弱结构面； （2）碳酸盐化：埋深超过 700 m 以后形成较多破碎带或软弱结构面，岩体出现大量方解石脉，节理面渲染大量方解石膜，局部方解石膜呈泥粉状	硬质岩：3 850~6 490 m/s； 软质岩：3 140~3 340 m/s	硬质岩：完整占 17.2%，较完整占 44.8%，完整性差占 32.8%，较破碎占 5.2%； 软质岩：较完整占 2%，完整性差占 28%，较破碎占 62%，破碎占 8%	张开–微张–闭合节理裂隙发育密度 2.8 条/m。最优势的一组结构面产状：NE15°~50°/NW∠55°~80°； 张开裂隙发育密度达 0.39 条/m，最优势的一组结构面产状：NW295°~320°/NE∠55°~85°，证明了横张裂隙存在

图7　埋深 540~545 m 岩芯

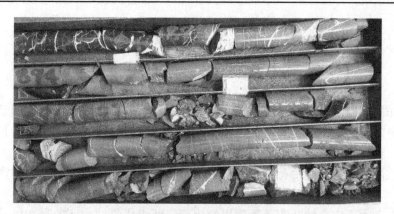

图 8　埋深 755~760 m 岩芯

图 9　埋深 915~920 m 岩芯

5.3　与竖直钻探成果对比

与竖直钻探相比，水平定向钻揭露的地质特征在以下几方面存在较大差异：

（1）软质岩比例较高，达 30.1%，这与地层实测剖面基本吻合，远超竖直钻的 10%~20%，证明了竖直钻揭露陡倾地层的范围有限。

（2）揭露了中低温热液蚀变现象，有沿结构面发生的黄铁矿化蚀变，也有碳酸盐化蚀变，部分形成了软弱结构面，竖直钻未揭露。

（3）揭露了区域岩体的完整程度，较完整及以上的完整程度比例硬质岩占 62%、软质岩仅占 2%，而竖直钻揭露较完整及以上的完整程度占比 72.7%~88.1%，说明竖直钻揭露的岩体完整程度没能反映真实情况。

（4）在埋深 280 m 附近揭露了承压水，埋深 700 m 时孔内流量约 500 m³/d，竖直钻未揭露承压水。

6　地下泵站围岩类别综合判定

根据《水利水电工程地质勘察规范》（2022 年版）（GB 50487—2008）围岩初步分类规定，综合多种手段揭露的地质特征对地下泵站范围的围岩进行初步分类。

（1）软质岩，水平定向钻取芯揭露破碎岩体占 8%，可判定为 V 类围岩，较破碎占比达 62%，由于局部存在软岩，综合蚀变软弱结构面及横张裂隙的不利影响，预计较破碎岩体中有 31% 可判定为 V 类。其余部分可判定为 Ⅳ 类。

（2）硬质岩，水平定向钻取芯揭露较破碎岩体占 5.2%，根据钻探揭露涌水情况，预计会受地下水活动影响，因此判定为 V 类；完整性差岩体占 32.8%，岩质不均一且受到软弱夹层影响，尤其是埋深超过 700 m 以后软弱或破碎夹层较多，结合张裂隙的发育频率，建议 1/3 的完整性差岩体判定为 Ⅳ 类。

综上所述，Ⅴ类岩体占比：30.1%×（8%+31%）+69.9%×5.2%=15.3%；Ⅳ类岩体占比：30.1%×61%+69.9%×32.8%÷3=26%。

7　结论与建议

（1）地下泵站方案周边地层为受到区域背斜挤压作用及中低温热液蚀变作用影响的浅变质陡倾层状岩体，岩体中夹有 30% 左右的软质岩夹层或互层，形成了两组大角度相交的长大结构面，局部形成软弱结构面，对大跨度洞室构成较突出的围岩稳定问题。

（2）竖直钻在陡倾地层中应用有明显局限性，尤其在横跨地层走向的长大洞室中不能充分揭露不良的地质条件。

（3）全孔取芯的水平定向钻证实了软质岩的比例、两组优势结构面的存在以及软弱结构面的存在，且可以分析岩体完整程度、揭露局部活跃的地下水状况，综合判定围岩类别较准确可靠[5-6]。

（4）由于Ⅳ类、Ⅴ类围岩占比之和超过40%，且存在不利结构面及局部较活跃的地下水，建议设计方案应考虑充分的重型支护措施（如预应力锚索、钢拱架）和地下水抽排措施。

参考文献

[1] 李出安，严成文，张献河，等.建成幅地质图说明书（比例尺 1∶50 000）[R].广东：国土资源档案馆，2013.

[2] 何翔，许冠军，徐昊翔，等.粤西郁南县伟晶岩型铌钽锡多金属矿床特征 [J].城市建设理论研究（电子版），2014（18）：383-384.

[3] 吴纪修，尹浩，张恒春，等.水平定向勘察技术在长大隧道勘察中的应用现状与展望 [J].钻探工程，2021，48（5）：1-8.

[4] 卢纯青.水平定向钻技术在岩土工程勘察中的应用研究 [J].福建建设科技，2023（2）：51-55.

[5] 陈云龙，刘耿仁，蔡家品，等.长距离水平定向孔取芯技术应用：以天山胜利隧道水平定向孔地质勘察为例 [J].隧道建设，2023，43（S1）：298-303.

[6] 李军，王汇明，李勇，等.跨海隧洞水平定向靶区大直径取心勘察技术及应用 [J].广东水利水电，2023（3）：98-104.

抛填废石堆积尾矿库的抛填密度研究

赵　娜[1,2]　郑　伟[3]　左永振[1,2]　徐　晗[1,2]

（1. 长江水利委员会长江科学院，湖北武汉　430010；

2. 水利部岩土力学与工程重点实验室，湖北武汉　430010；

3. 中国恩菲工程技术有限公司，北京　100038）

摘　要： 采场废石料采用排土机排渣堆坝的快速填筑方法，施工效率极高，但是抛填堆渣密度如何确定是设计关注的关键设计指标，直接影响到工后沉降和工程安全运行。为确定抛填密度，开展了室内块石颗粒抛填试验，获得了不同高度处抛填废石料密度值，结合大型压缩试验中干密度随上覆压力增长规律和大型三轴试验成果，确定了不同深度的堆渣干密度值。最后，进行了三维数值有限元计算分析，采用预估密度模拟废石坝填筑和尾砂排放过程，研究了应力变形和竖向沉降变形与一般碾压堆石坝的差异性，分析认为坝体大部分应力水平均处于 0.7 以下，坝体废石抗剪强度尚存在较大的安全储备，安全性满足要求。研究成果可为抛填废石堆积形成尾矿库的断面设计提供依据。

关键词： 废石料；尾矿库；抛填密度；排土弃渣

1　引言

干密度是土石坝设计和施工的重要控制指标，填筑料的力学变形与干密度密切相关[1]。在土石坝的发展历程中，初期阶段（1850—1940 年）都是采用抛填式堆石筑坝[2]，抛填密度小，导致沉降比较大、渗漏严重，后面逐步发展为薄层碾压的现代施工技术，抛填式工艺逐步被放弃，目前在工程中仍然采用抛填工艺的主要是围堰截流水下抛填形成围堰[3-8] 和软基地基处理中起到挤密换填作用的块石抛填[9-11]。

尾矿库在设计施工中，因尾砂颗粒较细，难以直接利用尾砂进行尾矿的填筑贮存，因此常采用采场表层废石料填筑尾矿库坝体，这样既克服了细尾砂不能筑坝的困难，又解决了废石占用堆存场地的问题，是一举两得的好方法。

尾矿库的作用与土石坝基本相似，差异是尾矿库拦蓄的是近饱和状态尾砂；废石料堆坝，一般是采用大型自卸汽车运输上坝，推土机推平，碾压以汽车为主、推土机配合，或者采用机械振动碾压[12-13]。在这种情况下，废石堆坝逐层填筑碾压，孔隙率或干密度是可控的，但是填筑速度较慢。目前新兴的一种直接将采场废石料采用胶带输送、排土机排渣堆坝的快速填筑方法，效率极高，每层填筑高度可达 60~80 m，胶带输送速度可达 5.6 m/s，额定填筑量可达 4 800 m³/h[14]。

排土机直接堆坝，废石料不经碾压、自然堆积成坝的密度如何确定？当尾矿库废石坝经过几层排土堆积填筑，底层的废石料密度会提高多少？这些都是需要明确的设计指标，这直接影响到尾矿库的设计、工后沉降与坝体安全。目前，这方面没有设计规范，也缺乏设计经验，更难找到试验、实测资

基金项目： 国家自然科学基金联合基金重点项目（U21A20158）；国家自然科学基金面上项目（51979010）；中央级公益性科研院所基本科研业务费项目（CKSF2021484/YT）。

作者简介： 赵娜（1981—），女，工程师，主要从事土的工程特性研究工作。

通信作者： 左永振（1980—），男，正高级工程师，主要从事土的工程特性研究工作。

料。围堰水下抛填与尾矿料抛填比较相近，但有本质性差异。本文在干式抛填密度确定和变形分析方面进行了有益的探索性试验研究。

2 废石料基本物理性指标

2.1 研究背景

国外某尾矿库废石坝采用废石分期筑坝，初期坝为碾压坝，位于坝址区上游前缘，初期坝高 80 m，后期废石堆积坝采用下游筑坝法，采场废石料经破碎机破碎后，经胶带输送到坝址区，排土机排渣堆坝，设计排土堆积高度 80 m，共堆积废石量 2.1 亿 m³，最终坝高 260 m，坝顶宽 20 m，上游坡比为 1∶2，下游坡比为 1∶3.5。排土机堆坝原理示意见图 1。

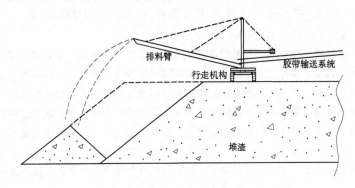

图 1　排土机堆坝原理示意图

2.2 级配模拟

采场废石料无设计级配，为配合胶带输送，只限制最大颗粒粒径 600 mm，原始级配缺失，为此收集了国内水电站弃渣场的检测级配，取平均级配作为本次研究的原始级配，并采用等量替代法进行级配缩尺，得到试验模拟级配，模拟级配的最大颗粒粒径 60 mm，粒径小于 5 mm 含量为 22.9%，废石料原始级配和试验模拟级配见图 2。

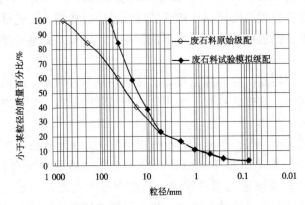

图 2　废石料原始级配和试验模拟级配

2.3 常规密度试验成果

对废石料模拟级配进行了最小干密度、最大干密度、堆积密度、紧密密度试验。堆积密度试验和紧密密度试验按《水工混凝土试验规程》（SL/T 352—2020）[15] 进行。容量筒尺寸为 φ300 mm×H400 mm，用平口铁锹将拌匀的试样从离容量筒上口 5 cm 高处自由落入筒中，直至试样高出筒口，将表面平整，换算堆积密度。紧密密度试验在堆积密度试验的基础上，将容量筒放在振动台上，振动频率 50 Hz，振幅 0.5 mm，振动 2 min，计算紧密密度。最大干密度试验、最小干密度试验按《土工试验方法标准》（GB/T 50123—2019）[16] 进行，击实筒尺寸为 φ300 mm×H340 mm，最小干密度采用人工松填法，最大干密度采用振动台法，振动频率 50 Hz，振幅 0.5 mm，振动 8 min。

废石料的紧密密度为 1.952 g/cm³，根据最大干密度和最小干密度试验成果，紧密密度对应的相对密度为 0.512，为中密状态（见表 1）。

表 1　废石料密度试验成果

最小干密度/ （g/cm³）	堆积密度/ （g/cm³）	紧密密度/ （g/cm³）	最大干密度/ （g/cm³）	紧密密度对应的相对密度
1.680	1.734	1.952	2.308	0.512

3　基于试验成果的废石料密度估测

根据废石坝堆积成坝工况，按《水工混凝土试验规程》（SL/T 352—2020）的堆积法进行的紧密密度试验成果可能与废石料堆填浅层状况相近些。另考虑废石料堆填高达 260 m，在废石料自重的作用下，密度也会有所提高，因此采用下面几种试验对废石料密度进行了试验。

3.1　废石料抛填试验

排土机排渣堆坝，废石料为自由落体式堆积，为模拟现场堆渣状态，室内设计了不同高度自由落体抛填试验，在底部放置容量筒，容量筒上部放置不同高度的薄壁有机玻璃筒，在不同高度处抛填废石料，废石料自由落体落入容量筒，测量不同高度抛填后的试验干密度。有机玻璃筒的内径与底部容量筒相同，玻璃筒的作用是防止抛填高度较高时，块石颗粒与颗粒碰撞崩出及散落，从而影响测量干密度。室内抛填试验图片见图 3。

抛填高度进行了 13 级，分别为 5 cm、10 cm、20 cm、40 cm、60 cm、80 cm、100 cm、150 cm、200 cm、250 cm、300 cm、350 cm、400 cm，抛填试验得到的干密度与抛填高度成果见图 4。从试验成果曲线看，在 1g 加速度条件下，抛填高度增加而带来的块石颗粒下落冲击力在抛填高度较低时，对抛填干密度影响较显著；当抛填高度超过 3 m 时，下落冲击力的影响极其有限，抛填干密度基本相同。高度 3 m 处的抛填干密度为 1.915 g/cm³，高度 4 m 处的抛填干密度为 1.919 g/cm³，较高度 3 m 处增加了 0.19%，预期后续高度抛填，干密度增加有限。4 m 高度处的干密度值为 1.919 g/cm³，没有达到紧密密度 1.952 g/cm³。

图 3　室内抛填试验图片

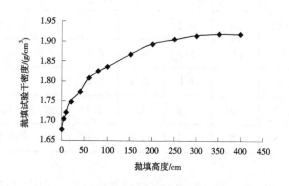

图 4　抛填试验干密度与抛填高度关系曲线

抛填试验后对样品进行了颗粒分析，发现各抛填高度下的级配基本没有变化，说明在室内试验条件下，因块石颗粒粒径较小、容量筒体积有限，抛填过程中没有明显的颗粒破碎现象，现场排土机堆坝时块石粒径大，落距高，块石下落后碰撞散落，可能会有较明显的颗粒破碎。

3.2 废石料压缩试验

采用大型压缩仪对废石料进行了压缩试验，试验采用 $\phi 500 \text{ mm} \times H300 \text{ mm}$ 的浮环式压缩仪进行，初始干密度为紧密密度 1.952 g/cm^3，试验最大竖向压力为 3.2 MPa。

根据各级竖向压力下的变形量，计算各级压力下的压缩模量（见图5），并换算各级压力下的干密度，可见在初始密度 1.952 g/cm^3 条件下，随着竖向压力的逐渐增加，压缩模量逐渐增加，相应各级压力下的干密度也在逐渐增加。当竖向压力为 1.0 MPa 时，干密度约为 2.03 g/cm^3，对应相对密度为 0.634；当竖向压力为 2.0 MPa 时，干密度约为 2.08 g/cm^3，对应相对密度为 0.707，已经达到密实状态；当竖向压力为 3.0 MPa 时，干密度约为 2.12 g/cm^3，对应相对密度为 0.763。

根据压缩试验干密度与竖向压力关系曲线（见图6），可以预测随着废石料堆坝高度的增加，在废石料自重压力条形下，底部的废石料密度会逐渐增加，达到密实状态。

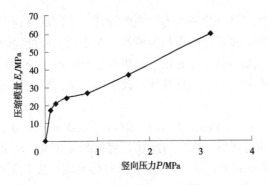

图5 废石料压缩模量-压力曲线

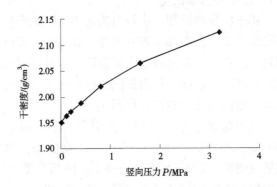

图6 废石料各压力下的试验干密度与竖向压力关系曲线

3.3 废石料三轴试验

采用大型高压三轴试验对废石料进行饱和固结排水剪切试验，样品尺寸 $\phi 300 \text{ mm} \times H610 \text{ mm}$，周围压力选择 0.3 MPa、1.0 MPa、2.0 MPa、3.0 MPa 四级。试验干密度选择了 5 个，分别为紧密密度 1.952 g/cm^3、竖向压力 1 MPa 对应的干密度 2.03 g/cm^3、竖向压力 2 MPa 对应的干密度 2.08 g/cm^3、竖向压力 3 MPa 对应的干密度 2.12 g/cm^3、上游坝坡碾压三角区干密度 2.15 g/cm^3，试验得到的抗剪强度指标和 $E-\mu$（B）变形参数见表2。

表2 废石料抗剪强度指标与 $E-\mu$（B）变形参数成果

干密度/ (g/cm^3)	抗剪强度指标				$E-\mu$（B）变形参数							
	C_d/kPa	φ_d/ (°)	φ_0/ (°)	$\Delta\varphi$/ (°)	k	n	R_f	G	F	D	K_b	m
1.952	104	34.9	43.6	5.7	423	0.26	0.61	0.25	0.09	3.18	182	0.24
2.03	145	35.5	46.2	6.9	571	0.27	0.66	0.29	0.13	3.70	261	0.23
2.08	161	36.0	46.4	6.8	723	0.31	0.75	0.34	0.18	4.28	323	0.26
2.12	170	36.3	47.3	7.3	849	0.28	0.74	0.29	0.17	4.47	370	0.24
2.15	177	36.4	48.6	7.6	974	0.26	0.70	0.27	0.15	5.94	440	0.21

随试验干密度的增加，相对密度逐渐从中密过渡到密实状态，试验应力-轴变-体变曲线逐渐从剪缩状态过渡到剪胀状态，废石料的抗剪强度指标和 $E-\mu$（B）变形参数逐渐增加，当试验干密度达

到 2.15 g/cm³ 时, 抗剪强度指标和 $E\text{-}\mu$ (B) 变形参数基本达到一般碾压堆石坝的参数指标。

综上所述, 排土机排渣堆坝的抛填废石料的密度值可分层选择, 表层干密度采用 1.95 g/cm³, 上部堆渣 50 m 深度处的干密度采用 2.03 g/cm³, 上部堆渣 100 m 深度处的干密度采用 2.08 g/cm³, 上部堆渣 150 m 深度处的干密度采用 2.12 g/cm³, 上部堆渣 200 m 深度处及更深层的干密度采用 2.15 g/cm³。

4 废石坝应力与变形数值模拟

采用大型通用非线性有限元软件 ABAQUS 进行废石坝的应力和变形分析, 评价抛填废石料估测密度的合理性。三维有限元模型采用 8 节点六面体单元或者 6 节点五面体单元进行网格剖分, 局部采用 4 节点四面体单元, 共剖分 223 695 个单元 173 646 个节点。坝基覆盖层底部为固定约束, 在各水平截断面上, 施加法向约束。根据尾矿库堆渣填筑和尾砂湿法排放特点, 模拟施工全过程, 采用 259 个加载步模拟废石坝堆渣次序, 尾砂湿法排放采用水土分算法。

计算成果表明, 废石坝逐层填筑到坝高 260 m 时, 废石坝向下游方向的位移最大值为 2.04 m, 位于废石坝中下部高程; 竖向沉降最大值为 5.03 m, 位于废石坝中部高程, 约占最大坝高 300 m (最大坝高 260 m, 覆盖层平均深度按 40 m 计) 的 1.68%。当填筑到坝高 260 m 时, 废石坝大主应力最大值为压应力 5.80 MPa, 小主应力最大值为压应力 2.95 MPa, 均位于坝体底部。从坝体应力水平来看, 各填筑期坝体大部分应力水平均处于 0.7 以下, 说明坝体废石抗剪强度尚存在较大的安全储备, 难以发生剪切破坏。废石坝应力变形等值线见图 7。

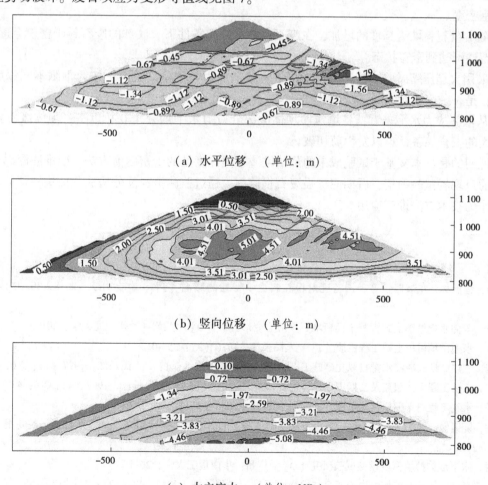

(a) 水平位移　(单位: m)

(b) 竖向位移　(单位: m)

(c) 大主应力　(单位: MPa)

图 7　废石坝应力变形等值线

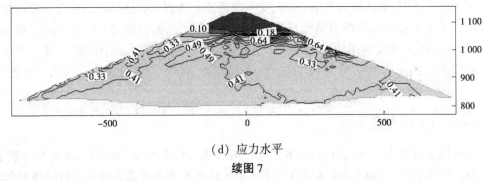

(d) 应力水平

续图 7

从数值模拟成果看，废石坝的应力变形符合一般规律，整体变形稳定，废石坝的竖向沉降比较大，超过碾压堆石坝竖向沉降变形一般经验值（约为坝高 1%），这与废石坝堆渣成坝，堆渣密度偏低有关。

5 结论

本文采用块石颗粒抛填试验和大型压缩试验，结合大型三轴试验成果，预估不同堆渣深度处的干密度值，并进行了三维数值有限元计算分析。主要结论如下：

（1）进行了 0~4 m 范围内不同高度的堆石料抛填试验，块石颗粒下落冲击力在抛填高度较低时对抛填干密度影响较显著，随抛填高度增加，后期影响较小，抛填料密度略小于紧密密度，取值可直接采用紧密密度。

（2）随着废石料堆渣高度的增加，在废石料自重压力条件下，底部的废石料干密度会逐渐增加，从中密状态逐渐达到密实状态。

（3）采用大型压缩试验，依据沉降变形计算竖向应力与干密度关系，按此预测不同深度处的堆渣干密度，是一种简单有效的方法。

（4）从坝体应力水平来看，各填筑期坝体大部分应力水平均处于 0.7 以下，坝体废石抗剪强度尚存在较大的安全储备，难以发生剪切破坏。

需要说明的是，本文基于试验成果的预估堆渣不同深度处的干密度值方法，因堆渣深部干密度值难以直接通过现场试验确定，后期应加强废石坝监测，通过监测资料反分析法验证这种预估密度的合理性，可作为技术方法推广应用。

参考文献

[1] 姜景山，程展林，左永振，等．干密度对粗粒料力学特性的影响 [J]．岩土力学，2018，39（2）：507-514，522．

[2] 利光彬．羊曲水电站镶嵌式混凝土面板堆石坝应力变形分析 [D]．兰州：兰州交通大学，2019．

[3] 刘思君．水中抛填粗粒土的工程性质 [J]．人民长江，1986（9）：35-40．

[4] 杨光煦．三峡二期围堰深水抛投风化砂施工期稳定分析及抛投技术 [J]．人民长江，1997（1）：2-6，47．

[5] 郑守仁．三峡工程大江截流及二期围堰设计主要技术问题论述 [J]．人民长江，1997（4）：3-6，47．

[6] 夏仲平．水利工程施工围堰技术进展 [J]．人民长江，2005（11）：3-4，74．

[7] 程永辉，饶锡保，周小文，等．散粒料水下抛填堰体密度的离心模型试验研究 [J]．长江科学院院报，2013，30（10）：42-47．

[8] 张君尉．水下堰体抛填密度模型试验研究 [D]．广州：华南理工大学，2011．

[9] 鹿重阳，秦堃．块石抛填作业中的安全技术交底 [J]．人民长江，2017，48（S2）：211-212，255．

[10] 贾蓓，李仁宝．防波堤工程建设中的堤身抛填施工技术 [J]．中国高新科技，2023（8）：128-130．

[11] 赵芳．厚软基圩堤水下抛填施工技术要点 [J]．建筑技术开发，2022，49（16）：49-51．

[12] 谢春捷，李进星，祝禄发．尾矿库碾压式废石坝堆筑及其安全监测实践［J］．中国矿山工程，2015，44（2）：27-29，33.

[13] 徐宏达，谢亦石．我国尾矿堆坝的方法和实践［J］．矿业装备，2011（9）：52-56.

[14] 李江恒，赵燕熙．基于云平台的大型露天矿半连续废石输送系统远程监控应用［J］．中国矿业，2020，29（1）：75-80.

[15] 中华人民共和国水利部．水工混凝土试验规程：SL/T 352—2020［S］．北京：中国水利水电出版社，2020.

[16] 中华人民共和国水利部．土工试验方法标准：GB/T 50123—2019［S］．北京：中国计划出版社，2019.

复杂水文地质条件下隧洞开挖渗流场分析

赵　晖　张浩然　郭望成

(中水珠江规划勘测设计有限公司，广东广州　510610)

摘　要：地下水对隧洞开挖影响较大，尤其是断层等复杂地质条件洞段，可能产生更为严重的涌水问题。本文以某隧洞为例，分析工程场地的工程地质条件及水文地质条件，然后通过现场试验分析其围岩地层的渗透性，估算其涌水量，再通过 geo-studio 软件，模拟该隧洞渗流场，分析地下水对隧洞的影响，为本工程提供地质依据。

关键词：地下水；隧洞；水文地质条件；渗流场；涌水量

1　引言

随着社会的发展，地面上建筑物越来越拥挤，工程建设也在向地下工程发展，如地铁、地下商场、引水隧洞等，这些工程的施工不可避免地要接触到地下水，地下工程的开挖，对地层渗流场产生影响，可能会引发一系列工程地质问题，如涌水突泥等[1-2]。为保证隧洞施工及运行期的安全稳定，减少渗透破坏事故的发生，工程技术人员和学者针对地下工程渗流问题进行了详细的研究。朱留杰等[3] 对隧洞开挖后渗流场变化进行分析，结果表明不同施工阶段对开挖区域渗流场分布规律的影响存在一定差异，不同的地层岩性渗流场的变化不一致。王秀英等[4]、李鹏飞等[5] 在隧道渗流理论研究的基础上分析支护结构参数对渗水量和水头影响的显著程度，得出合理支护结构渗流参数范围。赵建平等[6] 以复势函数和地下水力学理论为基础，对富水地区隧道渗流场解析，结果表明减小或增大初期支护渗透系数，初期支护厚度都可致渗水量减小且水头增大；水头差随初期支护渗透系数或厚度增大先增大后减小，当水头差处于峰值时，注浆圈能发挥较大的作用，初期支护外水头可以降至全水头的 30%±6%。谢小帅等[7] 以深埋引水隧洞为研究对象，分析多种排水方案下隧洞渗流场和衬砌外水压力之间的联系，结果表明排水措施降低衬砌外水压力的效果随排水孔数量增加而显著增加。由此，本文在分析某隧洞工程地质条件和水文地质条件的基础上，分析其渗流情况，然后预测计算期涌水量，为工程设计和施工提供地质材料。

2　工程背景

某隧洞平面布置如图 1 所示，为圆形洞，洞径 10 m。隧洞沿线为低山丘陵，东北侧为鱼塘，水面高程约 41 m，西南侧为冲沟，围成鱼塘，高程 38.2 m，山顶高程约 71 m。植被茂密，为桉树林，山坡坡度约 30°。地层岩性主要为云开岩群第三组（$Pt_{2-3}Y^3$），岩性组合为变粒岩、石英云母片岩等。原岩为砂岩-粉砂岩建造、石英砂岩建造，中间夹有炭质层。该段炭质夹层分布不均匀，间接性夹于变粒岩、片岩之中。场地地质构造简单，岩层层理产状为 65°/NW∠48°。周边地质测绘未发现明显大的地质构造迹象，基岩基本被第四系覆盖，在工程区局部露头见有节理密集带及小的构造挤压现象。周边露头显示岩体裂隙以中等-陡倾角为主，多为闭合-微张，平直光滑。隧洞地层剖面见图 2。

作者简介：赵晖（1986—），男，高级工程师，主要从事水利水电工程地质勘察工作。

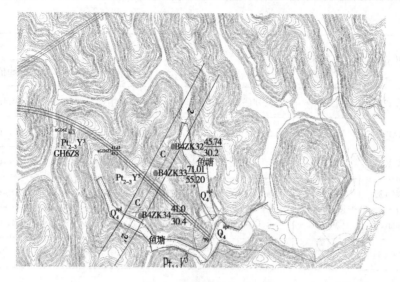

图 1　隧洞地质平面图

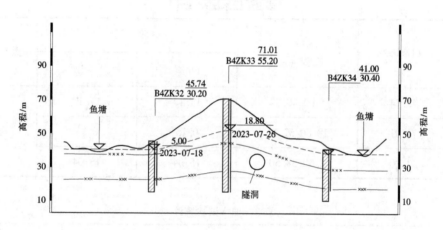

图 2　隧洞地层剖面图

3　隧洞水文地质条件及涌水预测

3.1　水文地质条件分析

隧洞两侧为鱼塘，地下水类型主要为第四系松散岩类孔隙水和基岩裂隙水，基岩裂隙水主要赋存于浅部风化岩体裂隙孔隙中，无稳定地下水位，接受大气降水及孔隙水的入渗补给，水量贫乏，随季节动态变化，沿低洼地带排泄出地表，汇入附近河谷、冲沟；第四系松散岩类孔隙水主要赋存于第四系松散堆积的坡洪积、残积层层孔隙中，主要靠大气降水与地表水渗透补给，沿孔隙运移，地下水位的变化与季节关系密切，勘察期间测得钻孔内地下水埋深为 1~38 m，通过注水试验、压水试验及抽水试验查明地层的渗透性。注水试验统计见表 1，压水试验统计见表 2，抽水试验统计见表 3。其中，抽水试验采用的是潜水完整井[8]，根据水位恢复时间计算，公式如下：

$$k = \frac{3.5 r_w^2}{(H + 2r_w) t} \ln \frac{s_1}{s_2} \tag{1}$$

式中：H 为含水层厚度，m；r_w 为抽水孔半径，m；t 为水位恢复时间，d；s_1 为水位最大降深，m；s_2 为水位恢复 t 时降深，m。

通过现场水文试验分析，考虑到工程的安全，以最不利原则取值，地层渗透系数以抽水试验为准，全风化渗透系数为 2.17×10^{-4} cm/s，强风化渗透系数为 1.44×10^{-4} cm/s，均为中等透水性。

表 1　注水试验统计

地层及岩性	孔号	孔口高程/m	地下水位（m）/高程（m）	渗透系数/（cm/s）		平均值/（cm/s）
				范围	平均值	
全风化	B4ZK32	45.74	5.00/40.74	8.84×10^{-5}	8.84×10^{-5}	2.17×10^{-4}
	B4ZK33	50.74	5.00/40.79	$7.62 \times 10^{-5} \sim 1.95 \times 10^{-4}$	1.38×10^{-4}	
	B4ZK34	41.00	2.50/38.50	$2.38 \times 10^{-5} \sim 5.48 \times 10^{-4}$	3.91×10^{-4}	
强风化	B4ZK32	45.74	5.00/40.74	$2.90 \times 10^{-5} \sim 2.35 \times 10^{-4}$	1.26×10^{-4}	1.44×10^{-4}
	B4ZK33	50.74	5.00/40.79	$8.07 \times 10^{-5} \sim 2.96 \times 10^{-4}$	1.67×10^{-4}	
	B4ZK34	41	2.50/38.5	$9.04 \times 10^{-5} \sim 1.48 \times 10^{-4}$	1.19×10^{-4}	

表 2　压水试验统计

孔号	孔口高程/m	地下水位（m）/高程（m）	试验成果		揭露地层及岩性
			Lu 值	平均值	
B4ZK32	45.74	5.00/40.74	17.17	17.17	弱风化基岩
B4ZK33	71.01	18.80/52.21	0.15	0.15	
B4ZK34	41.00	2.50/38.50	15.04	15.04	

表 3　抽水试验统计

试验段	H/m	s_1/m	s_2/m	r_w/m	t/min	k/（cm/s）
1	10.21	10	0.1	0.065	12	9.15×10^{-4}
2	20.43	20	0.1	0.065	15	4.23×10^{-4}
3	20.2	18	0.2	0.065	20	2.73×10^{-4}

3.2　隧洞涌水量预测

由于隧洞两侧分布有鱼塘，且本段岩体破碎，发生突泥涌水可能性较大，故对其进行涌水量预测，开挖时须做好防护措施，及时抽排地下水。

隧洞正常涌水量采取科斯嘉科夫法计算[9]，计算公式如下：

$$Q_s = 2\alpha KLH/(\ln R - \ln r) \tag{2}$$

式中：Q_s 为隧洞正常涌水量，m^3/d；K 为含水体的渗透系数，m/d；H 为洞底以上潜水含水体厚度，m；R 为隧洞涌水段影响宽度，m；L 为洞通过含水体的长度，m；r 为隧洞宽度的 $1/2$，m；α 为修正系数，其计算公式为 $\alpha = \pi/(2 + H/R)$；R 为可由库萨金公式求得。

根据科斯嘉科夫法计算得出隧洞正常涌水量估算结果见表 4，结果为 $9.1\ m^3/d$，换算为 $63.0\ L/(min \cdot 10\ m)$，为线状流水。

表4 单位长度隧洞正常涌水量估算结果（科斯嘉科夫法）

L/m	H/m	h/m	r_0/m	R_y/m	K/（m/d）	α	Q_S/（m^3/d）	单位涌水量/[L/（min·10 m）]
1	16	0.5	4	300	0.8	1.53	9.1	63.0

4 隧洞开挖围岩渗流场模拟

4.1 计算原理

地层的渗流分析，主要包括饱和渗流和非饱和渗流两种，渗流的理论是依托达西渗透定律 $q = ki$，饱和土和非饱和土均适用于达西定律，但是在非饱和渗流条件下的渗透系数不是常量，其直接随水的容量而变化，间接随孔隙水压力而变化[10-11]。

渗流计算的的方程如下：

$$\frac{\partial}{\partial x}\left(k_x \frac{\partial H}{\partial x}\right) + \frac{\partial}{\partial y}\left(k_y \frac{\partial H}{\partial y}\right) + Q = \frac{\partial \theta}{\partial t} \tag{3}$$

式中：H 为总水头；k_x 为 x 方向的渗透系数；k_y 为 y 方向的渗透系数；Q 为边界流量；θ 为体积水容量；t 为时间。

动力水头计算方程如下：

$$\frac{\partial}{\partial x}\left(K_x \frac{\partial H}{\partial x}\right) + \frac{\partial}{\partial y}\left(K_y \frac{\partial H}{\partial y}\right) + Q = m_w \gamma_w \frac{\partial H}{\partial t} \tag{4}$$

对于一个二维渗流分析模型来说，有限元方程如下：

$$t\int_v \left([\boldsymbol{B}]^T [\boldsymbol{C}] [\boldsymbol{B}]\right) dv\{\boldsymbol{H}\} + t\int_V \left(\lambda \langle \boldsymbol{N}\rangle^T \langle \boldsymbol{N}\rangle\right) dA\{\boldsymbol{H}\},_t = qt\int_L \left(\langle \boldsymbol{N}\rangle^T\right) dL \tag{5}$$

式中：$[\boldsymbol{B}]$ 为梯度矩阵；$[\boldsymbol{C}]$ 为单元渗透系数矩阵；$\{\boldsymbol{H}\}$ 为节点水头矢量；λ 为 $m_w \lambda_w$；$\langle \boldsymbol{N}\rangle^T \langle \boldsymbol{N}\rangle$ 为水头随时间的变化；q 为通过单元一边的单位流速；$\langle \boldsymbol{N}\rangle$ 为形函数矢量；t 为单元的厚度。

4.2 模型建立与计算

计算模型取隧洞两侧鱼塘为模型边界，按有限单元法计算，模型网格见图3，开挖前原始地下水位为初始地下水位，以稳态渗流的方法，分析计算隧洞开挖后的稳定渗流场，分析鱼塘水与隧洞开挖后涌水的联系，并模拟计算预测涌水量。总渗流场云图见图4，隧洞附近渗流场及涌水量见图5。通过分析发现，由于鱼塘水面与隧洞底板高差为9.8 m，水平距离为82.6 m，计算的水力比降 i 约为0.12。短期内二者间难以发生水力联系，故鱼塘对隧洞涌水量的影响较小。隧洞开挖的涌水主要来源于地下水。

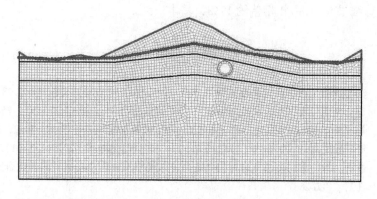

图3 计算模型网格

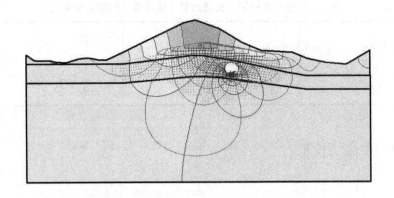

图 4　总渗流场云图

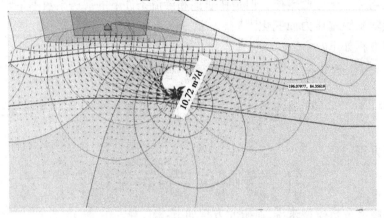

图 5　隧洞附近渗漏矢量及渗流量

经过数值计算结果，隧洞单位长度涌水量约 10.72 m³/d，与计算结果 9.1 m³/d 相差约 17%，基本一致。

5　结论

（1）该隧洞主要坐落在全风化、强风化层中，综合现场水文地质试验结果，全风化渗透系数为 2.17×10^{-4} cm/s，强风化渗透系数为 9.15×10^{-4} cm/s，均为中等透水性。

（2）根据科斯嘉科夫法计算得出隧洞正常涌水量估算结果为 9.1 m³/d，换算为 63.0 L/（min·10 m），为线状流水。

（3）通过 geo-studio 数值模拟分析，短期内鱼塘与隧洞间难以发生水力联系，故鱼塘对隧洞涌水量的影响较小。隧洞开挖的涌水主要来源于地下水。经过数值计算结果，隧洞单位长度涌水量约 10.72 m³/d，与计算结果 9.1 m³/d 相差约 17%，基本一致。

参考文献

[1] 黄润秋，王贤能. 深埋隧道工程主要灾害地质问题分析 [J]. 水文地质与工程地质，1998，25（4）：21-24.
[2] 蒋建平，高广运，等. 隧道工程突水机制及对策 [J]. 中国铁道科学，2006，27（5）：76-82.
[3] 朱留杰，许伟伟，等. 地下引水隧洞施工期渗流分析 [J]. 水利与建筑工程学报，2022，20（4）：113-119.
[4] 王秀英，谭忠盛. 水下隧道复合式衬砌水压特征研究 [J]. 现代隧道技术，2015，52（1）：89-97.
[5] 李鹏飞，张顶立，赵勇，等. 海底隧道复合衬砌水压力分布规律及合理注浆加固圈参数研究 [J]. 岩石力学与工程学报，2012，31（2）：280-288.
[6] 赵建平，等. 富水区隧道渗流场解析解及合理支护参数 [J]. 浙江大学学报（工学版），2021，55（11）：2142-2150.

［7］谢小帅，陈华松，等．深埋引水隧洞不同排水方案渗流场及衬砌外水压力研究［J］．湖南大学学报（自然科学版），2018，45（S1）：64-68.

［8］《工程地质手册》编委会．工程地质手册［M］.5 版．北京：中国建筑工业出版社，2018.

［9］中铁第一勘察设计院集团有限公司．铁路工程水文地质勘察规程：TB 10049—2016［S］．北京：中国铁道出版社，2016.

［10］吴梦喜，高莲士．饱和-非饱和土体非稳定渗流数值分析［J］．水利学报，1999（12）：38-42.

［11］苑连菊．工程渗流力学及应用［M］．北京：中国建材工业出版社，2001.

复杂地质带施工竖井马头门段围岩稳定性分析

刘　波[1]　张　练[2]　帖　熠[1]　苏利军[1]

（1. 长江勘测规划设计研究有限责任公司，湖北武汉　430010；
（2. 长江科学院　水利部土力学与工程重点实验室，湖北武汉　430010）

摘　要：本文使用 FLAC3D 软件，依托下穿复杂地质带的香炉山隧洞新增施工竖井项目，构建了竖井马头门段的三维模型，选取模型的 4 个横断面和 1 个纵剖面，研究了施工时围岩的应力应变和塑性屈服特征。结果表明，安装间拱座和边墙上部、竖井和安装间连接口处的围岩变形较大。马头门段围岩总体处于受压状态，同时在顶拱、边墙与底板交汇部位的围岩有压应力集中，在部分边墙部位还出现拉应力区。安装间一般断面段主要为剪切屈服，而扩挖段主要为拉剪混合屈服。因此，在施工时要重点关注并加固顶拱、边墙和底板交汇处、边墙上部、竖井和安装间连接口部位的围岩，并可针对不同的塑性屈服类型设计不同的加固方式。本文的研究对类似的马头门施工工程具有重要的指导意义。

关键词：施工竖井；马头门；围岩稳定性；复杂地质带；数值模拟；滇中引水工程

1　引言

过去几十年间，滇中地区频繁遭遇严重干旱灾害，滇中引水工程应运而生。但由于西南地区地质条件复杂，作为该工程的超长深埋隧洞——香炉山隧洞在施工过程中就穿越了复杂地质带，并因此频繁发生塌方，极大地增加了工期压力和施工风险[1]。施工竖井在此类隧道施工时具有拓宽工作面、增加施工组织灵活度、加快施工进度、降低施工塌方风险等作用。所以，该工程计划新增一座施工竖井以辅助施工。但此竖井的施工必然穿越复杂的不良地质带，因此对竖井施工期围岩稳定性的研究，就显得尤为重要。

目前，关于竖井的已有研究集中在采矿工程和地下交通工程中，大量学者对各类竖井的施工方法进行了评价优化，并对竖井围岩稳定性进行了分析[2]。在采矿工程中，竖井被广泛用于提升岩矿、运输人员和材料等，并兼作通风井使用，但这类竖井大多埋深较大、施工难度大，因此成为研究热点。Zhao 等[3] 基于围岩分类，提出了采矿深竖井施工的优化方案。Hu 等[4] 提出了在高地应力作用下穿越断层带的竖井围岩稳定性评价方法。赵兴东等[5] 基于新城金矿新主井工程，借助钻孔电视采集竖井围岩信息，识别出了围岩的不稳定区。李洋洋等[6] 以思山岭铁矿副井工程为依托，使用一系列指标对深竖井井筒围岩的稳定性进行了分析。刘力源等[7] 对面临高渗透压和不对称围压的深竖井围岩破坏失稳特征进行了分析，最后给出了竖井选址和设计建议。在地下交通工程的修建过程中，比如地铁工程的修建，竖井常作为暗挖主体的工作通道，盾构机也常借助竖井安装，同时竖井也是送气通风口，因此已经有许多相关研究。史宁强等[8] 参照重庆某地铁车站通风竖井，进行了相似物理模型试验，对矩形断面竖井开挖过程进行了试验研究，获取了施工时围岩压力变化的信息。杜明阳[9] 使用 4 种岩石相似材料作为围岩，开展了模型试验，探究了施工期围岩侧压力的变化规律。胡志耀[10] 对不同断面和不同深度下地铁施工竖井围岩的受力情况进行了分析，并给出了竖井断面选型与支护建议。此外，Taghavi 等[11] 还提出了桥梁工程中大断面竖井围岩的抗扭和抗剪强度分析方法。

作者简介：刘波（1983—）男，高级工程师，主要从事水利水电工程设计与研究工作。

在水利水电工程中，竖井被广泛用于引水、泄洪、调压、通风等。有少量学者对水利工程有关竖井的施工方法和围岩稳定性进行了研究。周武等[12]提出了一套可在狭小空间中施工的工艺，可大幅提高施工期竖井围岩稳定性。张远松等[13]基于乌东德水电站引水竖井工程，对不同施工方法进行了比选，并提出了一系列提升围岩稳定性的施工建议。严定成等[14]开发出了一套能减小竖井围岩变形的安全快速施工方法。此外，李世民等[15]基于香炉山隧洞施工竖井面临的复杂地质情况，开发出一套能尽量减小围岩扰动的竖井施工工法，取得了良好的效益。

数值模拟方法在对竖井施工方案及围岩稳定性进行评价和优化方面，已经取得了一些成果。其中，FLAC3D软件已被一些学者用于分析竖井围岩的位移、应力、塑性区分布。周武等[12]使用该软件构建了礼河水电站竖井模型，以此计算了施工中竖井围岩的变形和塑性区分布，验证了施工方案的可行性。李华华等[16]运用该软件探究了初始地应力大小对竖井围岩变形失稳的影响，并据此开发了一套可保障高地应力条件下施工安全的工法。陶连金等[17]基于高家梁穿越软岩的竖井施工工程，使用该软件对开挖过程中围岩应力、变形、塑性区范围进行了探究，并给出了支护建议。因此，使用FLAC3D软件构建相关模型，对竖井围岩稳定性进行分析，是一种行之有效的手段。

但是，已有研究基本没有涉及水利水电工程中施工竖井围岩稳定性的分析评价；对于复杂地质条件下，竖井围岩在施工期间的卸荷破坏规律尚不清楚。同时，竖井的马头门段为竖井底部与安装间相连的一段，具有断面大、所需凿井设备多等特点，围岩失稳风险是整个竖井工程中最大的。因此，本文依托滇中引水工程的香炉山隧洞新增施工竖井项目，运用FLAC3D软件，选取了4个典型横断面和1个纵剖面，对于竖井的马头门段在施工时的围岩变形、应力、塑性区分布进行分析，以此对围岩稳定性进行评价，找出围岩容易失稳的部位，并给出施工建议。

2 工程概况

如图1所示，香炉山隧洞竖井位于大理Ⅰ段施工2标段的5#施工支洞进场道路旁一缓坡上，竖井

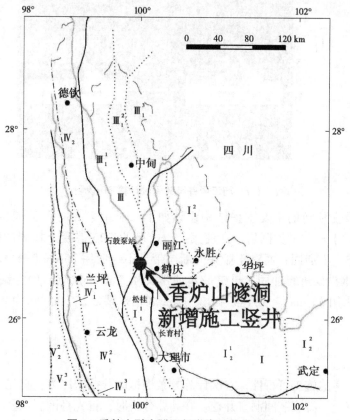

图1 香炉山引水隧洞新增施工竖井位置

地面高程约 2 569 m，地形坡度 10°~25°。竖井附近区域地质构造、地应力分布十分复杂，近场区主要分布有近南北向的黄蜂场-清水江断裂、近东北向的丽江-剑川断裂，以及近东西向的水井村断裂和石灰窑断裂。以上断裂距离施工竖井仅 0.6~1.5 km，而竖井位于丽江-剑川断裂与水井村断裂交汇处以南约 1.2 km。

竖井下段埋深为 350~565.25 m，岩性主要为灰色夹暗紫色、灰褐色安山质玄武岩，局部段见断层角砾岩、碎裂岩、碎粉岩等，岩质较疏松。受断裂构造挤压影响，岩体较破碎，完整性差；局部泥化，性状极差。围岩主要为Ⅴ类（85%）夹Ⅳ类（15%），其中Ⅴ类长度 183 m，Ⅳ类长度 32.25 m，围岩稳定性问题突出。竖井马头门段为竖井底部与盾构机安装间相接的部位，此部位开挖断面大、施工机械多，因此围岩稳定性问题最为突出。

3 计算模型与初始条件

如图 2 所示，竖井马头门段计算模型包括了竖井、上下游安装间辅助洞室等主要结构。同时，模型考虑了计算域内的各种岩层。模型内各岩层均采用实体单元模拟。模型尺寸为 100 m×120 m×600 m（$X×Y×Z$），其中 X 轴为垂直水流方向、Y 轴为顺水流方向，Z 轴为铅直方向。马头门总共划分单元 353 705 个，节点 230 903 个。岩体的本构模型采用考虑拉伸截止限的摩尔-库仑弹塑性模型。

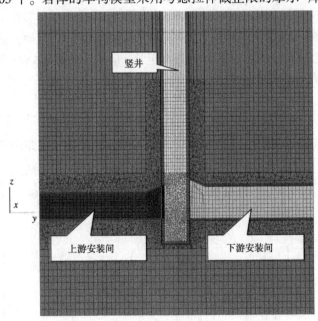

图 2 施工竖井马头门段计算 3D 模型

计算时，竖井及安装间的主要支护结构设计如下。对于竖井的Ⅳ类围岩，喷 25 cm 厚的 C25 混凝土进行加固；对于竖井Ⅴ类围岩，在使用 25 cm 厚的 C25 混凝土加固的同时，使用 I25a 型钢拱架@50 cm 进行进一步加固；而对于竖井的断层带，不仅使用 25 cm 厚的 C25 混凝土加固，还使用 HW200@0.5 m 钢拱架进行加固，更进一步使用长 4.5 m 的预应力中空锚杆进行加固。对于安装间上、下段，均采用 25 cm 厚 C25 混凝土、I25a 型钢拱架@75 cm、长为 8 m 的中空注浆锚杆进行组合加固。

4 计算方案

结合工程经验并考虑施工可行性，本次计算方案模拟的开挖顺序为：首先开挖竖井，直至竖井开挖到底，然后再进行上下游安装间洞室开挖。在计算分析时，首先将围岩位移场清零，再进行马头门段开挖计算，以探究马头门段开挖引起的围岩变形。本次计算采用的材料物理力学参数见表 1。

表1　材料物理力学参数

材料	变形模量 E/GPa	泊松比 μ	内摩擦系数 f'	黏聚力 c'/MPa	密度 ρ/（kg/m³）
Ⅲ类围岩原岩	7.50	0.26	0.90	0.90	2 550
Ⅳ类围岩原岩	3.50	0.29	0.73	0.53	2 350
Ⅳ类围岩加固圈	4.20	0.29	0.75	0.60	2 350
Ⅴ类非断裂带围岩原岩	0.50	0.33	0.45	0.11	2 250
Ⅴ类非断裂带围岩加固圈	1.00	0.33	0.65	0.30	2 250
Ⅴ类断裂带围岩原岩	0.13	0.34	0.45	0.08	2 200
Ⅴ类断裂带围岩加固圈	1.00	0.34	0.65	0.30	2 200

5　结果与分析

如图3所示，为便于对马头门不同施工部位围岩的情况进行分析，共选取了4个典型横断面和1个纵剖面进行观察。横断面①、②位于上游安装间，横断面③、④位于下游安装间，横断面②、③位于靠近竖井的安装间扩挖段，横断面①、④为安装间一般断面段。纵剖面涵盖了竖井底部、上游和下游安装间靠近竖井段、安装间上方与安装间相接的一小段竖井。

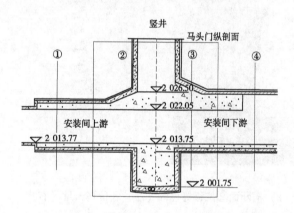

图3　竖井马头门段横断面和纵剖面设置　（单位：m）

5.1　围岩位移场分析

研究围岩位移分布，可以直观地探究施工卸荷后，围岩不同部位的位移大小及方向，找出最需要进行变形控制的部位[18]，并可得出竖井马头门段围岩的总体变形规律。图4给出了在竖井施工时，4个横断面和1个纵剖面的位移等色区分布和位移矢量分布。如图4（a）、（b）所示，由横断面①、②的位移情况可知，上游安装间洞周位移基本量值为60~220 mm。横断面①、②都是拱座部位围岩位移量值最大，分别达到了241 mm、247 mm。不同的是，横断面①的位移矢量主要分布在洞体顶部，从洞顶指向洞体的中心，表明上游安装间一般断面段的洞体顶部发生了显著变形，给洞体纵向变形的控制带来压力。位移矢量在横断面②洞体的顶部分布较少，而在洞体两侧的中上部分布较多，说明上游安装间靠近竖井的扩挖段洞体两侧中上部的变形大于洞顶。如图4（c）、（d）所示，从下游安装间的横断面③、④来看，下游安装间洞周位移基本量值为75~325 mm。横断面③、④都是拱座部位围岩位移量值最大，分别达到了346 mm、350 mm。所不同的是，横断面③洞体左右两侧的位移矢量近乎水平，而横断面④洞体两侧的位移矢量则更陡。表明下游安装间一般断面段比靠近竖井的扩挖段

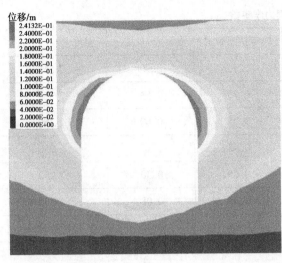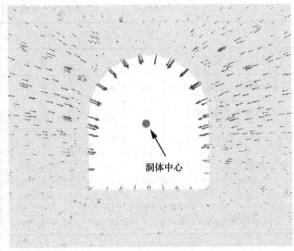

（a）横断面①位移等色区（左）和位移矢量（右）

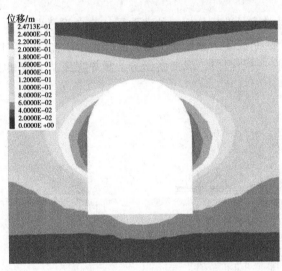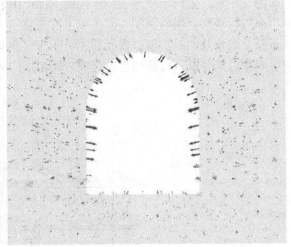

（b）横断面②位移等色区（左）和位移矢量（右）

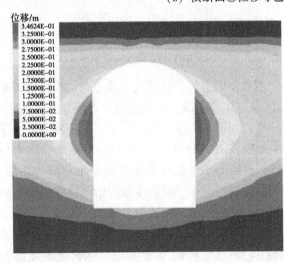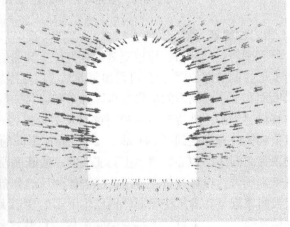

（c）横断面③位移等色区（左）和位移矢量（右）

图 4　竖井马头门段横断面和纵剖面位移场分布

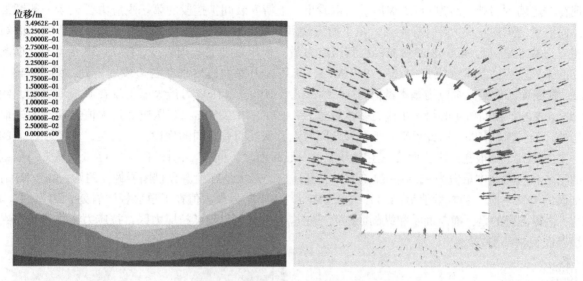

（d）横断面④位移等色区（左）和位移矢量（右）

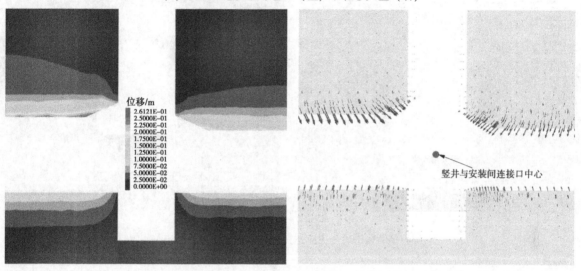

（e）纵剖面位移等色区（左）和位移矢量（右）

续图 4

面临更大的横向变形压力。由图 4（e）可知，马头门纵剖面的位移基本量值为 90～200 mm，其顶拱部位围岩位移量值最大，达到 261 mm。由位移矢量可知，在马头门段，上部围岩易向竖井与安装间连接口的中心方向发生变形，给两者接口处的围岩变形控制带来很大压力。

总体而言，安装间拱座及边墙中上部围岩变形大于其他部位的围岩变形，竖井与安装间交汇口面临围岩变形的压力非常大，而底板部位围岩变形程度最小。安装间下游段开挖宽度及高度均大于上游段，导致开挖后下游段围岩的变形普遍大于上游段。

5.2 围岩应力场分析

围岩卸荷时的应力重分布对围岩稳定性具有重要影响[19]，因此本节就竖井马头门段围岩卸荷后的应力分布进行研究。注意，本节应力按照拉正压负的原则设置。从上游安装间来看，由图 5（a）、（b）可知，横断面①的第一主应力基本量值为 -3.1～-22.1 MPa，其压应力最大值出现在底板围岩处，约为 -27.3 MPa；横断面①的第三主应力基本量值为 -1.8～-11.5 MPa，其压应力最大值出现在右边墙围岩处，约为 -13.6 MPa。横断面②的第一主应力基本量值为 -4.3～-24.5 MPa，其最大值出现在底板围岩处，约为 -31.6 MPa；横断面②的第三主应力基本量值为 -0.8～-10.2 MPa，其最大值出现在右边墙围岩处，约为-11.2 MPa。可以看出，上游安装间扩挖段的第一主应力要大于一般断面段，而前者的第三主应力要小于后者。从下游安装间来看，由图5（c）、（d）可知，横断面③的第一主应力基本量值为-4.6～-23.3 MPa，其压应力最大值出现在底板围岩处，约为-30.7 MPa；横断面③的第三主应力基本量值为-1.3～-9.3 MPa，其压应力最大值出现在右边墙围岩处，约为-13.7 MPa。横断面④的第一主应力基本量值为-3.1～-18.5 MPa，其压应力最大值出现在底板围岩处，约为-25.6 MPa；横断面④的第三主应力基本量值为-1.7～-10.2 MPa，其压应力最大值出现在右边墙围岩处，为-14.1 MPa。由此可知，下游安装间与上游安装间有相同的规律，也就是，扩挖段围岩的第一主应力大于一般断面段，而第三主应力小于一般断面段。同时，由图5（e）可知，马头门纵剖面的第一主应力基本量值为-1.5～-22.3 MPa，其压应力最大值在上游顶拱围岩处，约为-30.1 MPa；纵剖面的第三主应力基本量值为-1.1～-10.3 MPa，其压应力最大值在下游底板围岩处，约为-12.4 MPa。值得注意的是，横断面④和纵剖面的第三主应力分布区出现了拉应力区，拉应力区主要分布在边墙及底板中部围岩处。

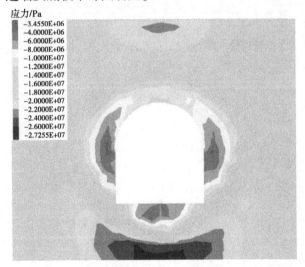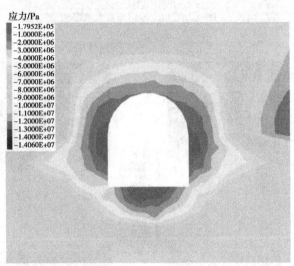

（a）横断面①第一主应力（左）和第三主应力（右）

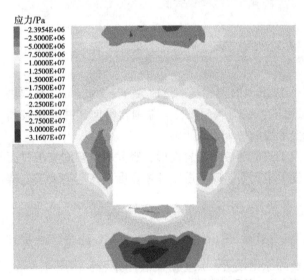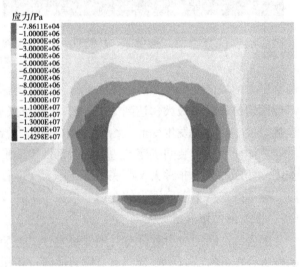

（b）横断面②第一主应力（左）和第三主应力（右）

图5　竖井马头门段横断面和纵剖面主应力分布

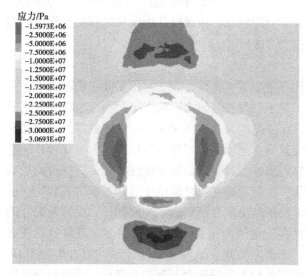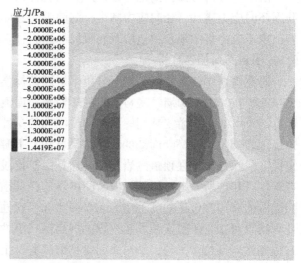

（c）横断面③第一主应力（左）和第三主应力（右）

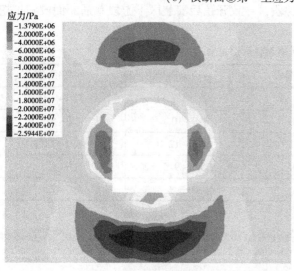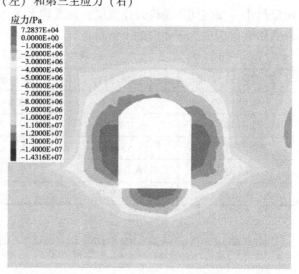

（d）横断面④第一主应力（左）和第三主应力（右）

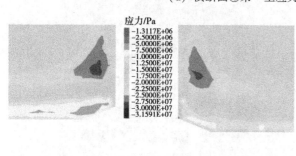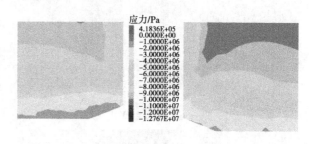

（e）纵剖面第一主应力（左）和第三主应力（右）

续图5

由以上分析可知，开挖完成，洞周围岩应力重分布后，洞周一定深度范围内岩体产生应力松弛，洞周环向应力增加，径向应力减小，洞周围岩总体处于受压状态。在顶拱及边墙与底板交汇部位的围岩出现压应力集中现象，边墙及底板局部围岩存在拉应力区。

5.3 围岩卸荷损伤分析

研究围岩塑性区特征，对于分析围岩卸荷损伤具有重要意义[20-21]。表2列出了4个横断面和1个纵剖面顶拱、左右边墙、底板围岩的塑性区深度值。对于上游安装间围岩的卸荷损伤，由横断面①的计算结果可知，上游安装间一般断面段洞周的塑性区深度范围为3.5~8.0 m，塑性区最深处出现在左边墙围岩部位。由横断面②的计算结果可知，上游安装间扩挖段洞周塑性区深度范围为4.0~12.0 m，塑性区最深处出现在顶拱围岩部位。这是由扩挖段靠近竖井，其顶拱部位塑性区与竖井开挖形成的既有塑性区相连所致。对于下游安装间围岩的卸荷损伤，由横断面④的计算结果可知，下游安装间一般断面段的洞周塑性区深度范围为5.6~9.5 m，塑性区最深处出现在两侧边墙围岩部位。由横断面③的计算结果可知，下游安装间扩挖段的洞周围岩塑性区深度范围为6.0~12.0 m，塑性区最深处出现在右边墙围岩部位。另外，从马头门纵剖面来看，上、下游安装间顶拱围岩塑性区深度为5.0~9.0 m，底板围岩塑性区深度为4.0~7.5 m。据此可知，边墙部位塑性区深度大于顶拱及底板，而底板塑性区深度最小。安装间下游段开挖宽度及高度均大于上游段，导致开挖后安装区下游段普通断面段和扩挖段的塑性区深度大于相应的上游段。

表2　马头门洞周围岩塑性区深度值　　　　　　　　　　　　　单位：m

研究断（剖）面	顶拱围岩	左边墙围岩	右边墙围岩	底板围岩
横断面①	5.0~6.0	3.5~8.0	3.5~7.0	5.0~7.0
横断面②	9.0~12.0	6.0~10.0	6.0~10.0	4.0~6.5
横断面③	8.5~10.0	9.7~11.0	10.0~12.0	6.0~7.5
横断面④	6.0~7.0	5.8~9.5	5.6~9.5	5.6~7.5
纵剖面	5.0~9.0	—	—	4.0~7.5

图6给出了竖井马头门段各横断面和纵剖面的各种类型塑性区分布。从横断面①、③的塑性区分

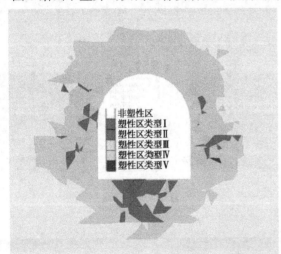

（a）横断面①（左）和横断面②（右）塑性区

注：塑性区类型Ⅰ指该区域的正、反剪切应力均超过阈值；塑性区类型Ⅱ指该区域正、反剪切应力以及反向拉伸应力均超过阈值，塑性区类型Ⅲ指该区域反向剪切应力超过阈值；塑性区类型Ⅳ指该区域内反向剪切、拉伸应力均超过阈值；塑性区类型Ⅴ指该区域正、反拉伸应力和反向剪切应力均超过阈值。

图6　竖井马头门段横断面和纵剖面塑性区分布

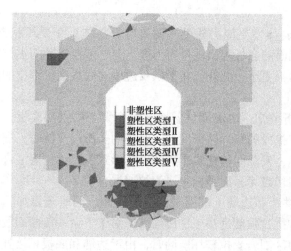
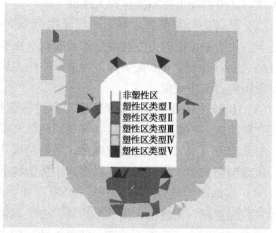

（b）横断面③（左）和横断面④（右）塑性区

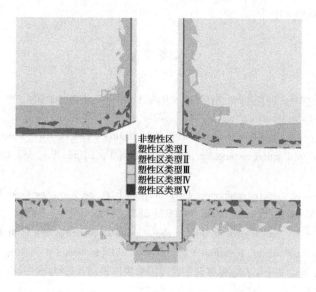

（c）纵剖面塑性区

续图 6

布可以看出，上、下游安装间一般断面段的洞周围岩的主要屈服形式都为剪切屈服，同时顶拱和边墙近处的围岩存在拉剪混合屈服。从横断面②、④的塑性区分布可以看出，上、下游安装间扩挖段洞周围岩的主要破坏形式都为拉剪混合屈服，同时顶拱和边墙近处的围岩存在纯剪切屈服。由马头门纵剖面的塑性区分布可知，其底板围岩主要破坏形式为纯剪切屈服，而上、下游安装间顶板的主要破坏形式为拉剪混合屈服。

6 结论和建议

本文基于香炉山隧洞下穿复杂地质带的新增施工竖井马头门段的工程资料，建立了三维数值模型，共选取了 4 个横断面和 1 个纵剖面，研究了在施工时的围岩位移场、应力场分布和卸荷损伤特征。得出的主要结论和施工建议如下：

（1）根据位移场分布可知，安装间的拱座和边墙上部围岩变形显著大于其他区域，而底板围岩变形最小。由于安装间下游段的开挖断面大于上游段，所以安装间下游段的围岩变形普遍要大于上游段。同时，上游安装间一般断面段具有较大纵向变形压力，而下游安装间的扩挖段比其一般断面段具有更大的横向变形压力。此外，在竖井和安装间连接处，上方两侧围岩都明显地向连接口中心靠拢，对连接口处围岩变形控制提出较大挑战。

（2）从应力分布来看，洞周一定深度范围内岩体发生应力松弛，洞周围岩总体处于受压状态，但是下游一般断面段的左右边墙中部和底板、纵剖面的底板都出现拉应力区。上、下游安装间扩挖段的第一主应力都大于一般断面段，而第三主应力则都更小。此外，在顶拱及边墙与底板交汇部位的围岩出现压应力集中现象。

（3）从塑性屈服角度对围岩卸荷损伤进行分析可知，边墙部位塑性区深度大于顶拱和底板。下游安装间的施工断面更大，导致其普通断面段和扩挖段的塑性区深度大于对应的上游段。同时，安装间一般断面段的洞周围岩主要破坏形式为剪切破坏，安装间扩挖段围岩的破坏形式主要为拉剪混合破坏。从纵剖面来看，马头门的底板围岩主要为纯剪切破坏，而顶板主要为拉剪混合破坏。

（4）根据以上分析，建议在施工时重点加强拱座和边墙上部围岩的变形控制，同时还要加强竖井和安装间连接口附近围岩的变形控制。由于岩体抗拉强度远小于抗压强度，对于下游一般断面段以及纵剖面的拉应力区应重点关注，注意预防拉应力区围岩受拉破坏。同时，由于边墙和底板相接处容易出现应力集中，所以应采取加固措施。此外，可根据剪切屈服、拉剪混合屈服这两种不同塑性屈服类型的分布，设计有针对性的加固方式。

参考文献

［1］Zhang H, Sun J, Lin F, et al. Optimization on energy saving ventilation of gallery-type combined construction shaft exhaust in extra long tunnel［J］. Procedia Engineering, 2017, 205：1777-1784.

［2］Yang Y, Liao S, Liu M, et al. A new construction method for metro stations in dense urban areas in Shanghai soft ground：Open-cut shafts combined with quasi-rectangular jacking boxes［J］. Tunnelling and Underground Space Technology, 2022, 125：104530.

［3］Zhao X, Li Y. Estimation of support requirement for a deep shaft at the Xincheng Gold Mine, China［J］. Bulletin of Engineering Geology and the Environment, 2021, 80（9）：6863-6876.

［4］Hu Y, Li W, Wang Q, et al. Vertical shaft excavation shaping and surrounding rock control technology under the coupling action of high ground stress and fracture formation［J］. Journal of Performance of Constructed Facilities, 2020, 34（6）.

［5］赵兴东，周鑫，赵一凡，等. 基于钻孔电视探测的井筒围岩块体识别及其稳定性分析方法［J］. 矿业研究与开发，2022, 42（10）：169-172.

［6］李洋洋，赵兴东，代碧波，等. 思山岭铁矿 1 500 m 副井基岩段井筒围岩稳定性分析与控制研究［J］. 金属矿山，2022（11）：64-70.

［7］刘力源，纪洪广，王涛，等. 高渗透压和不对称围压作用下深竖井围岩损伤破裂机理［J］. 工程科学学报，2020, 42（6）：715-722.

［8］史宁强，靳晓光，史作璟，等. 地铁车站深通风竖井围岩压力模型试验研究［J］. 地下空间与工程学报，2021, 17（Z1）：95-100, 113.

［9］杜明阳. 施工竖井开挖过程中围岩压力变化规律的模型试验研究［J］. 交通世界，2023（9）：18-21.

［10］胡志耀. 土岩结合地区地铁工程施工竖井断面形式及支护参数优化研究［J］. 水利与建筑工程学报，2019, 17（2）：118-123.

［11］Taghavi A, Mcvay M, Niraula L, et al. Axial and lateral resistance coupling in the analysis of large-diameter drilled shafts［J］. Engineering Structures, 2020, 206：110-160.

［12］周武，秦政，何品杰，等. 狭小地下空间引水竖井大直径反井钻机一次成型施工技术研究［J］. 水利水电技术（中英文），2023, 54（4）：78-86.

［13］张远松，王英. 乌东德水电站引水竖井开挖支护与安全管理浅析［J］. 水利水电技术，2016（S2）：67-71.

［14］严定成，方勇锋. 周宁水电站引水竖井混凝施工技术［J］. 隧道建设，2007, 27（5）：48-53, 78.

［15］李世民，严定成. 香炉山隧洞富水软弱地层深大竖井施工方案［J］. 云南水力发电，2021, 37（6）：103-107.

［16］李华华，汪小东. 深竖井围岩变形破坏规律及控制技术［J］. 金属矿山，2020（11）：11-18.

［17］陶连金，许汇海，张兴文，等．软岩井筒联合支护体系适应性的数值分析［J］．煤矿开采，2011，16（3）：84-88.

［18］Xue H, Wang Q, Jiang B, et al. Study on the method of pressure relief by roof cutting and absorbing energy in deep coal mines［J］. Bulletin of Engineering Geology and the Environment, 2023, 82（8）.

［19］Jiang Y, Zhou H, Lu J, et al. Strength, deformation, and failure characteristics of hollow cylinder sandstone under axial-torsional tests［J］. Bulletin of Engineering Geology and the Environment, 2023, 82（8）.

［20］Xue X, Zhang K, Chen W, et al. A 3D Ubiquitous-Multiple-Joint Model and Its Application to the Stability Analysis of TBM Excavated Roadway in Jointed Stratum［J］. Rock Mechanics and Rock Engineering, 2023, 56（2）：1343-1366.

［21］Su C, Cai W, Zhu H. Elastoplastic semi-analytical investigation on a deep circular tunnel incorporating generalized Zhang-Zhu rock mass strength［J］. Computers and Geotechnics, 2022, 150：104926.

近坝库区滑坡涌浪坝面爬高三维效应研究

王盖宇　王　波

（四川大学山区河流保护与治理全国重点实验室，四川成都　610065）

摘　要：近坝库区滑坡体失稳下滑，形成的涌浪会沿着大坝爬高并翻坝，对沿岸建筑物及大坝下游带来严重的破坏。本文使用 RNGk - ε 湍流模型和 Drift-Flux 两相流模型，分析了滑坡体与大坝的相对距离以及大坝上游角度对坝面爬高的影响。研究结果表明，相对距离较大，坝上游角度对坝面爬高影响更大；随着相对距离的增加，首浪在坝面的最大爬高值呈指数型衰减；次浪在传播过程中与首浪水体发生相互作用，导致其在坝面的爬高比首浪更复杂；相对于最大波峰振幅，首浪在坝面爬高值的增长率为 72.09%，而次浪的增长率为 103.24%。

关键词：滑坡涌浪；近坝库区；坝面爬高；数值模拟

1　引言

滑坡涌浪是指由于河流或水库岸坡失稳而导致的滑坡体以一定的速度在短时间内冲击水体，引起涌浪在河道内传播并在岸坡爬高的现象。这种次生灾害在国内外都有严重后果的案例。其中，最著名的案例是意大利伊昂水库发生高位山体滑坡，涌浪的最大高度达到 250 m，从滑坡到大坝下游被摧毁的整个过程不超过 7 min，导致 1 900 人死亡，700 余人受伤[1]。此外，涌浪对沿岸建筑物、航道、农田也会造成严重的危害。因此，预测近坝库区涌浪在坝面的最大爬高对大坝设计、滑坡预警以及抢险救灾均具有重要意义。

然而，预测坝面最大爬高的问题比较复杂，主要体现在以下两点：首先，涌浪产生的波会形成一个波列，与单个孤立波不同，这些波在时间上不同步，并且传播至坝前时，波的反射叠加会使水流流态更为复杂；其次，相对于二维条件，在三维条件下，涌浪沿各个方向传播，并在左右坝肩处各产生一定的爬高值，同时最大爬高值出现的时间也各不相同。

针对以上两点，早期的学者使用非破碎孤立波（如 Hall 等[2]）、破碎孤立波（如 Synolakis[3]）和双孤立波（如 Lo 等[4]）来分析其对坝面的爬高规律。然而，由于这些孤立波与滑坡涌浪产生的波有差异，后来的研究者[5] 开始关注滑坡涌浪（landside-generated waves）在坝面上的爬高行为。Kastinger 等[6] 在二维水槽内研究了涌浪波列在不同滑坡角度下的爬高。结果显示，最大的爬高往往不是由第一波引起的，并总结出了前几个波浪引起的爬高经验方程。在三维条件下，明唯等[7] 使用 CFD 软件 FLOW-3D 从宏观角度描述了涌浪的爬高行为以及翻坝时水流的状态。结果表明，除首浪外，次浪的产生也会影响坝面的爬高过程。

目前，针对预测滑坡涌浪在坝面的爬高这一问题，大部分学者只进行了定性描述。经验方程也是在二维条件下获得的，即使在三维条件下，坝前横向水位的差异也被忽略，爬高值近似为同一值。同时，相比于二维条件，涌浪产生的第一波与第二波在三维条件下传播规律会更加复杂。在此背景下，第一波与第二波在左右坝肩处分别具有最大的爬高值这种强烈的三维效应仅由一个值来预测会产生一定的误差。此外，在三维条件下，涌浪能量沿各个方向衰减，不同的滑坡位置也会影响坝面的最大爬

作者简介：王盖宇（1999—），男，硕士研究生，研究方向为水工水力学。

通信作者：王波（1981—），男，博士，研究方向为水工水力学。

高值，距离大坝越近，爬高值越大，产生的危害越严重。然而，滑坡位置这一参数对涌浪在坝面爬高的影响还鲜有研究，故本文考虑了三维条件下近坝处发生滑坡之后，第一波与第二波在坝面的爬高行为。

2 数值模型与控制方程

2.1 基本控制方程与 RNG $k - \varepsilon$ 湍流模型

本文采用 CFD 软件 FLOW-3D 进行数值模拟研究。FLOW-3D 是一款计算流体力学软件，高精度和三维瞬态的自由液面解算技术是其核心优势。其基本控制方程基于连续性方程和不可压缩黏性流体运动的 N-S 方程。

此外，FLOW-3D 提供了多种湍流模型，用于描述流体复杂且不稳定的运动。本文采用了 RNG $k-\varepsilon$ 湍流模型，该模型相比于标准 $k-\varepsilon$ 模型具有更好地模拟高应变率和流线弯曲程度大的流动情况的能力。湍流动能 k_T 的输运方程为

$$\frac{\partial k_T}{\partial t} + \frac{1}{V_f}\left(uA_x\frac{\partial k_T}{\partial x} + vA_y\frac{\partial k_T}{\partial y} + wA_z\frac{\partial k_T}{\partial z}\right) = P_T + G_T + \mathrm{Diff}_T + \varepsilon_T \tag{1}$$

耗散率 ε_T 输运方程为

$$\frac{\partial \varepsilon_T}{\partial t} + \frac{1}{V_f}\left(uA_x\frac{\partial \varepsilon_T}{\partial x} + vA_y\frac{\partial \varepsilon_T}{\partial y} + wA_z\frac{\partial \varepsilon_T}{\partial z}\right) = \frac{\mathrm{CDIS1} \times \varepsilon_T}{k_T} \times (P_T + \mathrm{CDIS3} \times G_T) + \mathrm{Diff}_S - \mathrm{CDIS2} \times \frac{\varepsilon_T^2}{k_T} \tag{2}$$

式中：u、v、w 为 x、y、z 三个方向的流速；A_x、A_y、A_z 为流体区域的面积分数；ρ 为流体密度；V_f 为流体体积分数；P_T，G_T 分别为由剪切和浮力效应产生的湍流项；Diff_T 和 Diff_S 是与 A_i、V_f 有关的扩散项；$\mathrm{CDIS1} = 1.42$；$\mathrm{CDIS3} = 0.2$，$\mathrm{CDIS2}$ 为由 k_T 与 P_T 决定的系数。

2.2 Drift-Flux 两相流模型

模拟滑坡涌浪问题需要考虑滑坡体与水体的相互作用，本文选取 Drift-Flux 两相流模型解释两相间的相互作用。组成混合物的两种组分的体积分数使用 f_1、f_2 表示，$f_1 + f_2 = 1$，对于第一相：

$$\frac{\partial u_1}{\partial t} + u_1 \cdot \nabla u_1 = -\frac{1}{\rho_1}\nabla P + F + \frac{K}{f_1 \rho_1}u_r \tag{3}$$

对于第二相：

$$\frac{\partial u_2}{\partial t} + u_2 \cdot \nabla u_2 = -\frac{1}{\rho_2}\nabla P + F + \frac{K}{f_2 \rho_2}u_r \tag{4}$$

式中：u_1、u_2 分别为第一相和第二相的微观速度，微观速度是指小但有限的体积种的速度；F 为体力；K 为与两相间相互作用的有关的阻力系数；P 为压力；u_r 为两相间的相对速度差。

3 模型验证

为了验证模型的准确性，本文基于 Viroulet 等[8] 的物理模型试验数据进行了对应的数值计算，并将试验数据与数值计算结果进行了对比。

涌浪试验的参数设置如图 1 所示：水槽长 2.2 m、宽 0.2 m、高 0.4 m，静水深 $h = 0.148$ m，斜坡角度为 45°。在开启闸门后，滑坡体在重力作用下下滑至水体中。滑坡体的参数为：高度 0.12 m，长度 0.12 m，宽度 0.2 m，颗粒粒径 1.5 mm，密度 2 500 kg/m³，质量 3 kg。在距离闸门 0.45 m、0.75 m、1.05 m、1.35 m 处安装了 4 个波高仪记录涌浪形态的变化。图 2 为数值计算与试验数据的对比图，同时将 Si 等[9] 和 Lee 等[10] 的数值模拟结果也进行了对比。可以看出，本文得到的数值模拟结果与文献中的结果基本趋势吻合，由统计学指标得到的均方根误差 RMSE 均小于 7%。然而，由于模拟忽略了闸门提起的过程以及滑坡体下滑过程中变形形式的不同，数值结果无法完全模拟滑坡体与水体的复杂相互作用，导致在测点 1 和测点 2 获得的浪高偏大，而测点 3 和测点 4 获得的浪高偏小。综

上所述，该数值模型的精度能够满足模拟滑坡涌浪的要求。

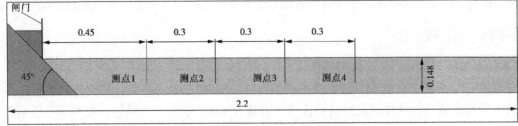

图 1　Viroulet 等[8] 的物理模型试验示意　（单位：m）

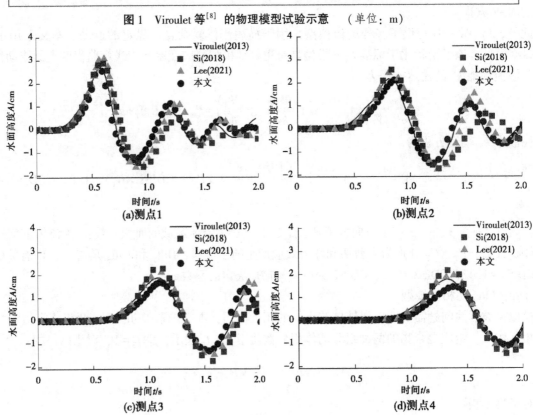

图 2　模拟值与试验值对比

4　数值工况设计

图 3（a）为三维模型图，大坝设置为刚性重力坝。根据中国高坝大库统计分析[11] 和重力坝剖面设计准则，具体的重力坝剖面参数如图 3（b）所示：坝高 $H = 150$ m，坝顶宽度 $H_k = 15$ m，大坝上游角度 α 为 75°、80°、85°，水深 $h = 100$ m。根据文献[12-13] 滑坡涌浪物理试验选取的参数无量纲范围，将其余参数设置如下：滑坡体的长度 l、宽度 e、厚度 s 分别为 80 m、80 m、30 m；滑坡体底部与水面的高度 $h_a = 20$ m，散粒体密度 $\rho_g = 2\,650$ kg/m³，粒径 $d = 10$ mm，滑坡角度 $\beta = 50°$，爬坡角度 $\gamma = 40°$。

图 4 展示了在三维条件下，涌浪前两个波在坝面的爬高值。如图 4（a）所示，滑坡以速度 v_s 撞击水体产生的第一浪被定义为首生涌浪，简称首浪。在首浪传播过程中，滑坡源附近形成第二个浪，称为次生涌浪，简称次浪。

图 4（b）描述了涌浪参数以及首浪在坝面上的两个最大爬高值。其中，h 为静水深度，A 为水面高度，涌浪产生的最大高度 A_m 称为最大波峰振幅。涌浪在岸坡运动时，高出静水深度的高度被称为爬高 R。滑坡滑下的岸称为近岸，另一岸称为对岸。当时间 $t = t_1$ 时，首浪在坝面的 2 个坝肩处产生 2 个最大爬高。经过时间 Δt 后，如图 4（c）所示，次浪在坝面上形成两个最大爬高。

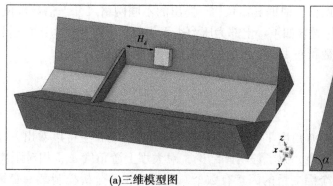

(a)三维模型图　　　　　　　(b)坝体参数

图3　三维模型图与坝体参数

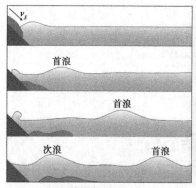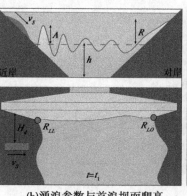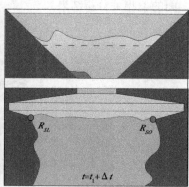

(a)首浪与次浪　　　(b)涌浪参数与首浪坝面爬高　　　(c)次浪坝面爬高

图4　涌浪参数与坝面爬高值示意图

由于首浪和次浪在坝面的左右坝肩上都存在独立的最大爬高值，为考虑这种三维效应，本文将坝面爬高分为四个值：①首浪近岸爬高 R_{LL}；②首浪对岸爬高 R_{LO}；③次浪近岸爬高 R_{SL}；④次浪对岸爬高 R_{SO}。

为了研究不同滑坡位置产生的涌浪对大坝爬高的影响，引入无量纲参数 λ 来表征滑坡体与大坝的相对距离，即 $\lambda = H_d/H$，其中 H_d 为滑坡体到大坝的距离，如图3（a）所示。本文主要研究近坝处的滑坡涌浪特征，故设置 H_d 为30 m、60 m、90 m、120 m、150 m，对应的 λ 分别为0.2、0.4、0.6、0.8、1。

本文通过两个变量 λ 与 α 进行了 5×3＝15 组数值模拟试验，如表1所示。

表1　工况表

工况	相对距离 λ	大坝上游角度 α/(°)	工况	相对距离 λ	大坝上游角度 α/(°)
1	0.2	75	9	0.8	85
2	0.4	80	10	1	75
3	0.6	85	11	0.2	80
4	0.8	75	12	0.4	85
5	1	80	13	0.6	75
6	0.2	85	14	0.8	80
7	0.4	75	15	1	85
8	0.6	80			

本次模拟将计算域分为正交网格，根据 Roache[14] 提出的不同网格尺寸下估计数值误差的方法，将网格尺寸设置为 2 m。边界条件设置如下：上部为压力边界，上、下游为压力出口边界，底部及两侧为固壁无滑移边界。全域网格数量在 1 000 万左右，模拟时间为 40 s。

5　结果分析

5.1　首浪坝面爬高分析

图 5 为不同相对距离与大坝上游角度下首浪在坝面的爬高。从图 5 中可以看出，相比于相对距离，大坝上游角度对爬高的影响较小。为了证明此结论，对大坝上游角度 α、相对距离 λ 以及爬高值 R 进行偏相关分析。当影响一个因变量的因素有数个，利用偏相关分析控制某一变量可以得到其他自变量与因变量的相关性。表 2 展示了控制大坝上游角度变量后，统计了相对距离与首浪在近岸爬高之间的偏相关分析结果。

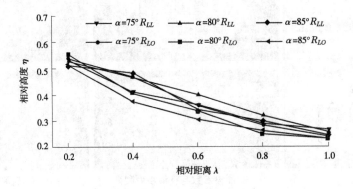

图 5　首浪在坝面的爬高

表 2　相对距离与首浪近岸爬高 R_{LL} 偏相关分析

控制变量	项目	相对距离 λ	首浪近岸爬高 R_{LL}
角度 α	相关性	1.000	-0.976
	显著性	—	<0.001
	自由度	0	12

判断两个变量是否相关的重要参数是 P 值。当 P 值小于 0.05 时，表明两个变量存在相关性；反之，认为两个变量之间不存在相关性。在表 2 中，相对距离与首浪近岸爬高值的 P 值小于 0.001，说明这两个变量之间存在较强的相关性。按照相同的方法，得到相对距离与首浪对岸爬高值的 P 值也小于 0.001。而大坝上游角度与首浪近岸爬高值、大坝上游角度与首浪对岸爬高值的 P 值分别为 0.78 和 0.64，均大于 0.05，因此可以证明对重力坝而言，大坝上游角度对首浪在坝面的爬高值没有特别的影响。

同时，还可以看出，随着相对距离的增加，首浪爬高大致呈指数衰减趋势。根据刘杰[15] 的研究成果，首浪在传播过程中，涌浪波幅会减小而波宽会增大。因此，当相对距离较大时，由于能量耗散的影响，首浪在传播至大坝处时其爬高较小。为了进一步分析不同相对距离下首浪爬高的规律，对数据进行拟合，并得到以下拟合方程：

$$\eta = 0.637 e^{-0.98\lambda} \tag{5}$$

图 6 显示了数据的拟合曲线。根据统计学计算指标，预测值与模拟值的相关系数 $R^2 = 0.94$，均方根误差 RMSE = 0.026，拟合效果较好。

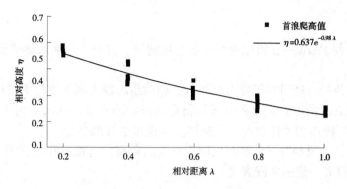

图 6　首浪大坝爬高拟合曲线

5.2　次浪坝面爬高分析

尽管首浪传播至坝前爬高已明显衰减，但是坝前最大的爬高往往由首浪和次浪反射叠加而成。图 7 为次浪在坝面的爬高。

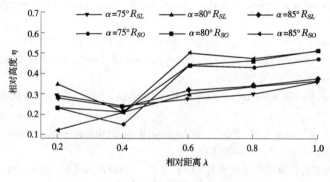

图 7　次浪坝面爬高

与首浪相比，次浪对坝面爬高的影响更为复杂。在二维条件下，次浪在坝面上的爬高通常与首浪的分离时间有关。在三维条件下，这一现象更为复杂。当次浪水体传播至坝前准备爬高时，若首浪水体正在回落，那么两团水体速度方向不同，会导致次浪在坝面上有较小的爬高。若首浪水体回落结束准备再次爬高，那么两团水体速度方向相同，使得次浪在坝面上有较大的爬高。因此，对于次浪而言，首浪的存在导致了相对距离与爬高之间的相关性显著降低。但是总体而言，随着相对距离的增加，次浪的爬高值呈现上升趋势。

本次模拟中产生的最大波峰振幅 $A_m = 17.5$ m，并且根据图 5 和图 7 的统计结果，98%的爬高都大于最大波峰振幅。有大量学者探讨了最大波峰振幅与爬高值之间的联系，本文对首浪和次浪的爬高值相较于最大波峰振幅的增长率进行了分析。如图 8 所示，可以看出，随着相对距离的增加，首浪的爬高较最大波峰振幅的增长率逐渐递减，而次浪的增长率相反。在平均增长率方面，首浪达到了72.09%，而次浪达到了 103.24%，这再次提醒了次浪的危害性。

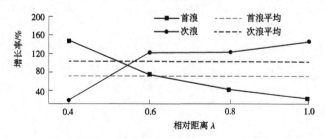

图 8　不同相对距离下坝面爬高值相对于最大波峰振幅 A_m 的增长率

6 结论

本文利用 CFD 软件 FlOW-3D 模拟近坝库区滑坡涌浪，聚焦在坝前水体的流态与涌浪在坝面的爬高上。主要结论如下：

（1）通过偏相关分析，证明对于重力坝而言，相对距离较大坝上游角度对坝面爬高影响更大。

（2）随着相对距离的增加，首浪在坝面的爬高呈指数型衰减，而次浪由于与首浪的相互作用导致在坝面的爬高与相对距离相关性较弱，但整体上呈现出上升的趋势。

（3）在近坝库区，次浪相对于首浪在坝面有更大的爬高，这提示我们次浪在近坝库区的危害性，对于近坝库区治理建设有一定的实践意义。

参考文献

［1］Semenza E, Ghirotti M. History of the 1963 Vajont slide：The importance of geological factors ［J］. Bulletin of Engineering Geology and the Environment, 2000, 59 (2)：87-97.

［2］Hall J V, Watts G M. Laboratory investigation of the vertical rise of solitary wave on impermeable slopes ［J］. Technical Memo, 1953.

［3］Synolakis C E. The runup of solitary waves ［J］. Fluid Mech, 1987, 185 (12), 523-545.

［4］Lo H Y, Park Y S, Liu L F. On the run-up and back-wash processes of single and double solitary waves—An experimental study ［J］. Coastal Engineering, 2013, 80 (10)：1-14.

［5］Evers F M, Boes R M. Impulse Wave Runup on Steep to Vertical Slopes ［J］. Journal of Marine Science & Engineering, 2019, 7 (1).

［6］Kastinger M B A, Evers F M, Boes R M. Run-Up of Impulse Wave Trains on Steep to Vertical Slopes ［J］. Journal of Hydraulic Engineering, 2020, 146 (10)：04020072.

［7］明唯, 田忠. 山区库岸滑坡涌浪翻坝三维数值模拟研究 ［J］. 四川水力发电, 2016, 35 (2)：73-75.

［8］Viroulet S, Sauret A, Kimmoun O, et al. Granular collapse into water：toward tsunami landslides ［J］. Journal of Visualization, 2013, 16 (3)：189-191.

［9］Si P, Shi H, Yu X. A general numerical model for surface waves generated by granular material intruding into a water body ［J］. Coastal Engineering, 2018, 142：42-51.

［10］Lee C H, Huang Z. Multi-phase flow simulation of impulsive waves generated by a sub-aerial granular landslide on an erodible slope ［J］. Landslides, 2021, 18：881-895.

［11］刘六宴, 温丽萍. 中国高坝大库统计分析 ［J］. 水利建设与管理, 2016, 36 (9)：12-16.

［12］Fritz H M, Hager W H, Minor H E. Near Field Characteristics of Landslide Generated Impulse Waves ［J］. Journal of Waterway, Port, Coastal, and Ocean Engineering, 2004, 130 (6)：287-302.

［13］Takabatake T, Han D C, Valdez J J, et al. Three-Dimensional Physical Modcling of Tsunamis Generated by Partially Submerged Landslides ［J］. Journal of Geophysical Research, 2022 (1)：127.

［14］Roache P J. Quantification of uncertainty in computational fluid dynamics ［J］. Annual review of fluid mechanics, 1997, 29：123-160.

［15］刘杰. 滑坡涌浪传播及翻坝过程数值模拟 ［J］. 人民长江, 2016, 47 (14)：81-85.

混凝土碳化对水闸结构抗震性能影响机制研究

郭博文[1,2]   宋   力[1,2]   刘   智[3]   孙帅龙[4]

（1. 黄河水利委员会黄河水利科学研究院，河南郑州   450003；
2. 水利部堤防安全与病害防治工程技术研究中心，河南郑州   450003；
3. 江西省水利科学研究院，江西南昌   330029；
4. 河海大学，江苏南京   210098）

摘   要：考虑诸多因素影响，建立了水闸-地基-水体系统非线性地震损伤分析方法，并以具体工程实例对闸室结构进行了非线性地震损伤分析，探究了碳化对水闸闸室结构抗震性能的影响。数值模拟结果显示：①该方法考虑了诸多因素影响，较为真实地反映了地震作用下钢筋混凝土水闸受力状态；②地震作用下架柱与闸墩连接部位混凝土进入损伤状态，地震过程中其最大损伤值达到了 0.595；③混凝土碳化降低了闸室结构的整体抗震性能，导致闸室结构发生地震损伤破坏的可能变大，在工程实际中应采取相应处理措施尽量避免混凝土碳化现象发生。

关键词：闸室结构；混凝土动态损伤；单弹簧联结单元；流固耦合；混凝土碳化

1   引言

水闸具有挡水、泄水的双向功能，在水利工程中被广泛应用[1-7]。水闸闸室是典型的钢筋混凝土结构，在水闸抗震分析中仅对其进行线弹性分析已无法满足数值模拟计算的需求；同时，水闸结构在地震时的反应非常复杂，不仅是由于水闸本身的结构形式及边界条件的复杂性，更重要的是在水闸、闸前后水体、地基三者间相互作用下振动能量的转移。如何全面、真实、有效地反映水闸-地基-水体所组成系统在地震作用下的动力响应，目前还有待进一步研究。另外，水闸安全状况的调查结果显示，我国90%的大中型病险水闸均存在钢筋混凝土病害问题，严重影响水闸的承载能力和耐久性能，为水闸的正常运行埋下巨大安全隐患。对于钢筋混凝土病害问题，混凝土碳化现象尤为普遍，因此有必要对混凝土碳化的产生机制、发展规律及其对水闸结构承载能力和耐久性能的影响进行更为深入的研究。

本文试图基于黏弹性人工边界条件，考虑无限地基辐射阻尼效应、混凝土动态损伤、钢筋混凝土的黏结滑移作用以及水体和水闸结构的流固耦合作用，建立水闸-地基-水体系统非线性地震损伤分析方法，以具体工程实例对其进行非线性地震损伤分析，并在此基础上探究混凝土碳化对闸室结构抗震性能的影响机制。

2   水闸-地基-水体系统非线性地震损伤分析方法

针对目前水闸抗震存在的问题，基于黏弹性人工边界条件，考虑无限地基辐射阻尼效应、混凝土动态损伤、钢筋混凝土的黏结滑移作用以及水体和水闸结构的流固耦合作用，建立了水闸-地基-水

基金项目：黄委优秀青年人才科技项目（HQK-202314）。
作者简介：郭博文（1988—），男，高级工程师，主要从事水工结构数值模拟研究工作。
通信作者：宋力（1979—），男，正高级工程师，主要从事水工建筑物安全鉴定工作。

体系统非线性地震损伤分析方法，具体如下。

2.1 混凝土动态损伤本构模型

基于 Hsieh-Ting-Chen 的应力空间四参数破坏准则，韦未等[8-9] 建立了基于应变空间的四参数破坏准则：

$$F(I'_1, J'_2, \varepsilon_0) = A\frac{J'_2}{\varepsilon_0} + B\sqrt{J'_2} + C\varepsilon_1 + DI'_1 - \varepsilon_0 = 0 \qquad (1)$$

式中：$I'_1 = \varepsilon_{ii}$（$i=1,2,3$）为应变张量第一不变量；$J'_2 = e_{ij}e_{ij}/2$（$i, j=1,2,3$）为应变偏量第二不变量；$\varepsilon_1 = \frac{2}{\sqrt{3}}\sqrt{J'_2}\sin\left(\theta+\frac{2}{3}\pi\right) + \frac{1}{3}I'_1$ 为最大主应变，$\theta = \frac{1}{3}\arcsin\left(-\frac{3\sqrt{3}J'_3}{2\sqrt{J'^3_2}}\right)$，$|\theta| \leqslant 60°$，$J'_3 = e_{ij}e_{jk}e_{ki}$（$i, j, k=1,2,3$）为应变偏量第三不变量；$\varepsilon_0 = f_t/E$ 为混凝土抗拉强度下的极限应变，f_t 为混凝土抗拉强度，E 为混凝土弹性模量；A、B、C、D 为 4 个试验常数，可通过四组强度试验联合求得。

在已有四参数静态损伤本构模型的基础上构建 4 参数动态损伤模型，模型采用不依赖于骨架线形状的软化段滞回效应特征点表达式，可同时适用于素混凝土与钢筋混凝土。选用 Vecchio 与 Palermo 建立的残余应变计算公式[10]，具体如下：

$$\varepsilon_p = \varepsilon_0\left[0.166 \times \left(\frac{\varepsilon_{un}}{\varepsilon_0}\right)^2 + 0.132 \times \left(\frac{\varepsilon_{un}}{\varepsilon_0}\right)\right] \qquad (2)$$

式中：ε_p 为残余应变值；ε_{un} 为卸载点处应变值。

图 1 给出了动态损伤本构模型特征点及路径示意情况，图中包括了弹性阶段与骨架线加载阶段荷载状态、完整卸载阶段荷载状态、重新加载阶段荷载状态以及局部卸载阶段荷载状态。

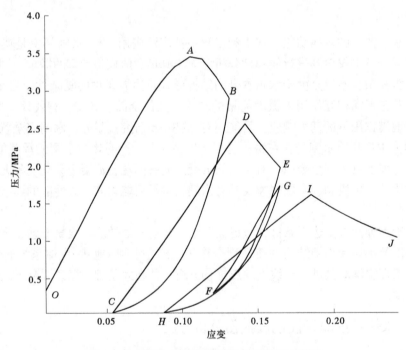

图 1　动态损伤本构模型特征点及路径示意图

2.2 基于单弹簧联结单元法的钢筋混凝土动态损伤数值模拟方法

采用赵兰浩等[11] 提出的单弹簧联结单元法模拟钢筋与混凝土间的相互联系，构件合理的钢筋混凝土动态黏结-滑移本构关系。单弹簧联结单元法避开了双弹簧单元法等人为选择法向刚度的困难，求解效率得到显著提高，方法正确性与适用性已经过可靠的验证[12]。

图 2 给出了钢筋混凝土动态黏结-滑移本构关系骨架线示意图，骨架线分为胶结阶段、上升阶

段、峰值阶段、退化阶段及稳定阶段等 5 个阶段。

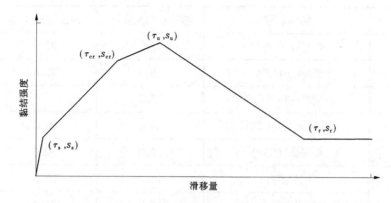

图 2　单弹簧联结单元法求解示意图

2.3　水闸–水体动力相互作用分析

采用势流体单元模拟闸前、后水体动水压力作用时，其控制方程如下：

$$\nabla^2 P - \frac{1}{c^2}\ddot{P} = 0 \tag{3}$$

式中：P 为动水压力；c 为水中声波波速。

同时，在水体和结构之间设置流固耦合边界，以此来模拟水体和结构之间的能量传递，具体如下：

$$\frac{\partial P}{\partial n} = -\rho \ddot{V}_n \tag{4}$$

式中：n 为流固耦合面上流体域的外法线方向坐标；$\ddot{V}_n$ 为流固耦合面上沿法向的绝对加速度。

3　工程实例分析

3.1　有限元模型及相关参数

3.1.1　有限元模型

某枢纽工程闸室结构共 22 孔，2 孔一联，每孔净宽 4.2 m、高 8.2 m，闸底板顶面高程 22.49 m。两侧新建有桥头堡，桥头堡边墙与两侧边墩有分缝。为便于分析，本次针对中孔一联进行三维有限元分析。根据闸室结构特点，建立包括闸底板、闸墩、钢闸门、检修平台、公路桥以及排架柱、启闭机房底板、闸前后水体以及地基的三维有限元模型，具体模型如图 3 所示。模型共计 198 140 个结点，162 958 个单元，全部采用八结点六面体单元进行空间离散。模型采用笛卡儿坐标系，横河向方向为 X 方向，顺河向方向为 Y 方向，竖直方向为 Z 方向，计算时在闸底板底部施加三向位移约束。

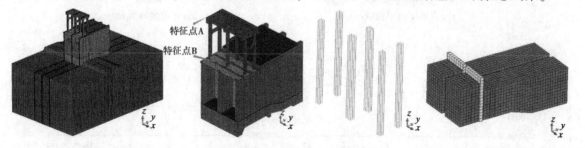

（a）整体有限元模型　　（b）闸室结构　　（c）排架柱内竖向钢筋　　（d）闸前后水体有限元模型

图 3　有限元模型

3.1.2　材料参数

本次计算过程中闸室结构材料参数如表 1 所示。

表 1　闸室结构混凝土材料参数

类别	材料号	构件名称	容重/（kN/m³）	弹性模量/GPa	泊松比
涡河枢纽工程浅孔闸	1	闸底板（150#）	25.0	22.0	0.167
	2	闸墩（150#）	25.0	22.0	0.167
	3	新铺闸底板（C25）	25.0	28.0	0.167
	4	检修平台（C25）	25.0	28.0	0.167
	5	公路桥（C30）	25.0	30.0	0.167
	6	排架柱	25.0	23.3	0.167
	7	启闭机房底板（C25）	25.0	28.0	0.167
	8	排架柱钢筋（HRB400）	73.58	200.0	0.3

注：根据《水工建筑物抗震设计标准》（GB 51247—2018），混凝土材料弹性模量在静弹性模量的基础上提高50%，混凝土动态抗压强度标准值较静态抗压强度标准值提高20%，混凝土动态抗拉强度标准值取动态抗压强度标准值的10%。其中，各强度等级混凝土静态抗压强度标准值和钢筋的强度标准值参见《水工混凝土结构设计规范》（SL 191—2008）。

3.1.3　荷载参数

该枢纽工程地震设计烈度为Ⅷ度，本次计算工况为正常蓄水位加Ⅷ度地震作用。其中，正常蓄水位运行时防洪闸闸室结构闸前水深28.34 m，闸后水深22.82 m；Ⅷ度地震作用时地震动峰值加速度为0.10g。

本次计算中主要考虑模型自重、水荷载、淤沙压力、浪压力、土压力、扬压力、风荷载、启闭机自重以及地震荷载等荷载作用。其中，对于地震荷载而言，根据设计标准中的设计反应谱，采用三角级数展开的方法生成两条标准地震加速度时程曲线，然后通过积分分别得到相应的速度和位移时程曲线，计算过程中基于黏弹性人工边界条件，从地基底部垂直输入速度波和位移波，具体如图4所示。

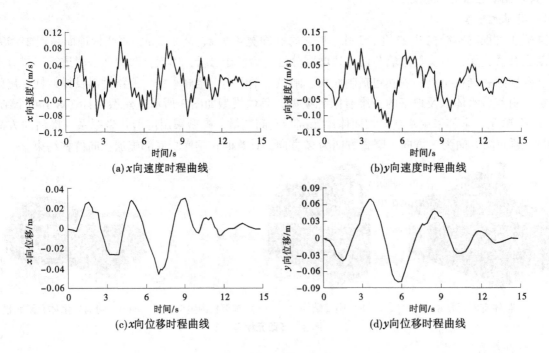

(a) x 向速度时程曲线　　(b) y 向速度时程曲线
(c) x 向位移时程曲线　　(d) y 向位移时程曲线

图 4　速度波和位移波

3.2 闸室结构-地基-水体系统非线性地震动损伤分析

限于篇幅，本次以特征点 A 处横河向位移、特征点 B 处第一主应力以及特征点 B 处损伤值为例，分析闸室结构非线性地震动响应。

3.2.1 位移计算结果分析

图 5（a）给出了闸室结构特征点 A 处横河向位移时程曲线。可以看出，地震作用下特征点 A 处横河向随地震荷载往复振荡，且由于考虑了混凝土材料的非线性，地震荷载结束时特征点 A 处存在残余位移。另外，横河向位移最大值（绝对值）为 1.96 mm，出现在 9.83 s 时刻。以 9.83 s 时刻为例，图 5（b）给出了 9.83 s 时刻浅孔闸室结构横河向位移云图。从图 5 中可以看出，该时刻闸室结构水平向位移主要集中在排架柱顶部位置。

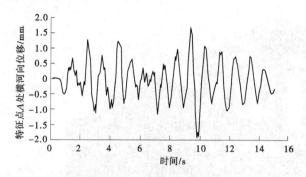

（a）特征点 A 处横河向位移时程曲线

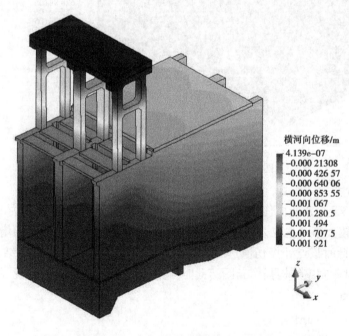

（b）9.83 s 时刻浅孔闸闸室结构横河向位移云图

图 5　特征点 A 处横河向位移响应

3.2.2 应力计算结果分析

图 6（a）给出了特征点 B 处第一主应力时程曲线。同样可以看出，地震作用下特征点 B 处第一主应力随时间不断变化，其中在 9.92 s 时刻出现最大值，为 2.73 MPa。以 9.92 s 时刻为例，图 6（b）给出了该时刻闸室结构第一主应力云图。由图 6 可知，该时刻浅孔闸闸室结构第一主应力主要集中于排架柱与闸墩连接部位以及排架柱横梁部位。

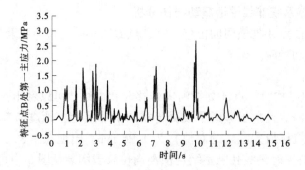

（a）特征点 B 处第一主应力时程曲线

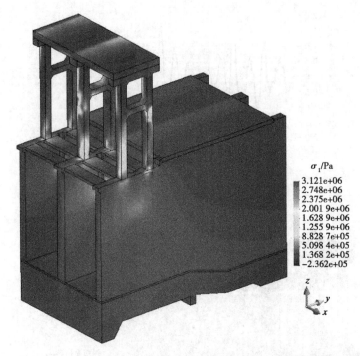

（b）9.92 s 时刻浅孔闸闸室结构第一主应力云图

图 6　特征点 B 处第一主应力响应

3.2.3　损伤计算结果分析

图 7（a）给出了特征点 B 处损伤值时程曲线。结合特征点 B 处第一主应力时程曲线可以看出，特征点 B 处 3 s 时出现较大第一主应力，此时开始出现损伤，且随着地震历时的增加，于 10 s 时又出现了更大第一主应力，此时该点处损伤值进一步增大，并一直维持至地震荷载结束。以 12 s 时刻为例，图 7（b）给出该时刻闸室结构损伤云图，此时排架柱与闸墩连接部位出现了较大损伤区域，其损伤最大值达到了 0.595。

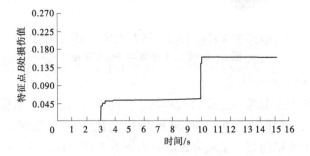

（a）特征点 B 处损伤值时程曲线

图 7　基于钢筋混凝土动态损伤时程分析方法

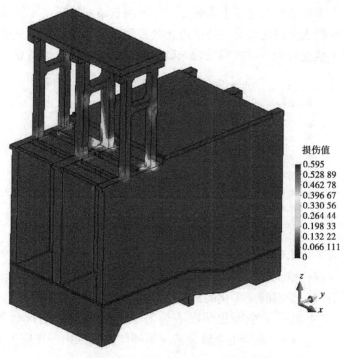

(b) 12 s 时刻浅孔闸闸室结构损伤云图

续图 7

4 混凝土碳化对水闸结构抗震性能影响机制研究

4.1 混凝土碳化机制

混凝土碳化是一个复杂的多相物理化学过程。正常的混凝土，由于氢氧化钙等水化产物的存在，呈现较强的碱性，pH 达 12~13。由于混凝土的多孔性，空气中的 CO_2 会不断进入混凝土内，并溶于孔隙水，与混凝土中的碱性物质发生化学反应，导致混凝土碱性降低，这种现象即混凝土碳化，其主要化学式为

$$CO_2 + H_2O \longrightarrow H_2CO_3 \tag{5}$$
$$Ca(OH)_2 + H_2CO_3 \longrightarrow CaCO_3 + 2H_2O \tag{6}$$

4.2 碳化对混凝土力学性能的影响

碳化后的混凝土抗压强度和弹性模量提高，抗拉强度基本不变，极限应变减小，延性降低，但是对于变化的具体数值，目前还没有统一的结论。本文采用文献 [13] 中的结论，在未碳化混凝土力学性能的基础上，将抗压强度和弹性模量提高 60%，极限应变降低 30%，作为碳化混凝土的力学参数，即

$$\left. \begin{array}{l} f_c = 1.6f_{c0} \\ E_c = 1.6E_{c0} \\ \varepsilon_c = 0.7\varepsilon_{c0} \end{array} \right\} \tag{7}$$

式中：f_c、E_c、ε_c 分别为碳化混凝土的抗压强度、弹性模量、极限应变；f_{c0}、E_{c0}、ε_{c0} 分别为完全未碳化混凝土的抗压强度、弹性模量、极限应变。

4.3 碳化对水闸闸室结构抗震性能的影响

对于闸室结构，在现场检测过程中，发现排架柱混凝土碳化严重。因此，本节考虑最不利工况，假设混凝土全部发生碳化，探究混凝土碳化对涡河枢纽工程浅孔闸闸室结构抗震性能的影响。同时，为便于对比分析，本节同样以特征点 A 处横河向位移、特征点 B 处第一主应力以及特征点 B 处损伤值为例，分析碳化对水闸闸室结构抗震性能的影响。

图 8 给出了混凝土全碳化情况和混凝土未碳化情况下闸室结构特征点 A 处横河向位移计算结果对比情况。由图 8 可知，混凝土全碳化情况下特征点 A 处横河向位移振荡频率及最值均较混凝土未碳化情况偏大，这主要是由于碳化混凝土弹性模量较未碳化混凝土弹性模量提高 60% 所致。

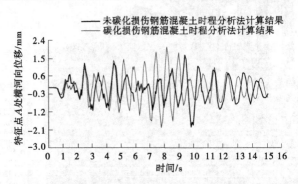

图 8 不同计算工况下浅孔闸闸室结构特征点 A 处横河向位移计算结果对比

图 9 给出了混凝土全碳化情况和混凝土未碳化情况下浅孔闸闸室结构特征点 B 处第一主应力计算结果对比情况。可以看出，受混凝土碳化的影响，地震作用下 4 s 以后特征点 B 处第一主应力开始出现较大程度的偏差，其中混凝土全碳化情况下计算结果较未碳化情况计算结果偏大，特别是 4.86 s、5.58 s、6.31 s 和 7.74 s，混凝土全碳化情况下特征点 B 处第一主应力出现了明显的增大。

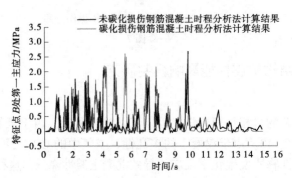

图 9 不同计算工况下浅孔闸闸室结构特征点 B 处第一主应力计算结果对比

图 10 给出了不同方法计算下浅孔闸闸室结构特征点 B 处损伤值计算结果对比情况。可以看出，地震作用下未碳化混凝土结构在 3 s 处开始出现损伤，混凝土全碳化情况下特征点 B 处 4.86 s 开始出现损伤，特征点 B 处开始出现损伤的时间相对滞后，这主要是因为碳化混凝土弹性模量和抗压强度均提高了 60%，相应的混凝土动态抗拉强度也得到提高。另外，结合特征点 B 处第一主应力对比情况可知，混凝土全碳化情况下特征点 B 处第一主应力在 4.86~7.74 s 出现若干次较大主应力峰值，这些主应力峰值一方面导致混凝土损伤数值不断累加，另一方面又不断降低该处混凝土的承载能力。因此，随着地震荷载的持续，全碳化混凝土情况下特征点 B 处最终损伤值较未碳化情况计算结果偏大。

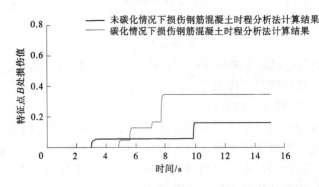

图 10 不同计算工况下浅孔闸闸室结构特征点 B 处损伤值计算结果对比

以 13 s 时刻为例，图 11 给出了该时刻闸室结构损伤云图。从图 11 中可以看出，浅孔闸排架柱与闸墩连接部位出现了较大损伤区域，其损伤最大值达到了 0.818。因此，地震作用下混凝土碳化增大了混凝土的弹性模量，使闸室结构整体刚度增大，降低了闸室结构的整体抗震性能，导致闸室结构发生地震损伤破坏的可能性变大，在工程实际中要采取相应处理措施尽量避免混凝土碳化现象发生。

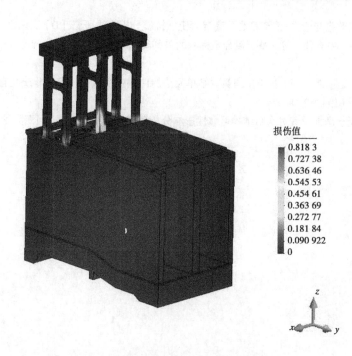

损伤值
0.818 3
0.727 38
0.636 46
0.545 53
0.454 61
0.363 69
0.272 77
0.181 84
0.090 922
0

图 11 13 s 时刻全碳化闸室结构损伤云图

5 结论

本文考虑诸多因素影响，建立了水闸–地基–水体系统非线性地震损伤分析方法，并以具体工程实例对闸室结构–地基–水体系统进行非线性地震损伤分析，探究了碳化对水闸闸室结构抗震性能的影响，具体结果如下：

（1）该方法考虑了无限地基辐射阻尼效应、混凝土动态损伤、钢筋混凝土黏结滑移作用以及水体和水闸结构间流固耦合作用等诸多因素影响，较为真实地反映了地震作用下钢筋混凝土水闸受力状态。

（2）地震作用排架柱与闸墩连接部位出现拉应力区，拉应力数值超过了混凝土动态抗拉强度，混凝土进入损伤状态，地震过程中其最大损伤值达到了 0.595。

（3）混凝土碳化增大了混凝土的弹性模量，降低了闸室结构的整体抗震性能，导致闸室结构发生地震损伤破坏的可能性变大，在工程实际中要采取相应处理措施尽量避免混凝土碳化现象发生。

参考文献

［1］朱庆华，顾美娟. 水闸闸室抗震动力分析及措施［J］. 水电能源科学，2012，30（1）：114-116，208.

［2］殷晓曦，张强. 软弱地基上井字梁底板式水闸的有限元分析［J］. 水利水电技术，2016，47（3）：39-41，46.

［3］张宇，李同春，齐慧君. 软土地基水闸底板有限元分析的桩基模拟方法［J］. 水利水电技术，2020，51（6）：65-71.

［4］张海龙. 影堂水闸结构的静动力计算分析［D］. 郑州：郑州大学，2013.

［5］麻媛. 基于 ANSYS 的水闸–地基体系抗震分析［J］. 人民黄河，2014，36（12）：101-106.

［6］樊彦君. 涵洞式水闸动力响应分析［D］. 郑州：华北水利水电大学，2016.

［7］杨启龙，白莉萍，耿亮. 波动输入方法及其在水闸工程中的应用［J］. 华东交通大学学报，2014，31（1）：130-134.

［8］韦未. 拱坝开裂分析及拉应力控制方法研究［D］. 南京：河海大学，2005.

［9］韦未，李同春，姚纬明. 建立在应变空间上的混凝土四参数破坏准则［J］. 水利水电科技进展，2004（5）：27-29，68.

［10］刘智. 考虑损伤效应与应力-渗流耦合的高混凝土坝抗震分析方法研究［D］. 南京：河海大学，2019.

［11］赵兰浩，李同春，牛志伟，等. 基于混合坐标系的单弹簧联结单元法［J］. 河海大学学报，2008，36（6）：796-800.

［12］殷鸣，李同春，赵兰浩，等. 基于单弹簧联结单元法的白鹤滩拱坝孔口配筋非线性有限元分析［J］. 水利水电技术，2017，48（1）：52-58.

［13］殷鸣. 钢筋混凝土病害及其对水闸结构可靠性影响分析研究［D］. 南京：河海大学，2017.

饱和至风干状态某渠坡欠压实填料的力学特性

周跃峰　李从安

（长江科学院　水利部岩土力学与工程重点实验室，湖北武汉　430010）

摘　要：按照土水特征曲线的三阶段特点，研究了某渠坡欠压实填料从饱和至风干状态土料的力学特性。首先，通过室内试验获得土料的土水特征曲线试验。然后，按照边界效应段、过渡段和非饱和残余段选取代表性状态开展三轴试验，研究应力与基质吸力对土料的强度-剪胀特性的影响规律。土料在风干状态所发挥的峰值强度和临界强度显著高于饱和状态。土料的剪胀性均随基质吸力的增加先增大后减小，在基质吸力为 120 kPa 时的剪胀变形量最大，可归因于该条件下颗粒表面张力及接触面积的综合效应最强，形成紧凑的集粒，使剪切时翻越的变形增大而导致。

关键词：非饱和土；欠压实；基质吸力；临界状态；剪胀

1　引言

非饱和土在自然界广泛存在，它不仅包含固相（土粒及部分胶结物质）和液相（水和水溶液），而且还有气相（空气和水汽等）存在。气相的存在使得非饱和土的性质大为复杂化，给土的工程性状研究带来了许多困难。近年来，西部地区工程建设数量剧增、规模空前，人们采用垫层、强夯、挤密、预湿等技术手段进行了大量边坡填筑、地基处理等工程实践。工程活动改变了岩土体的应力环境和水环境，带来了一系列颇具挑战性的新问题，有必要针对压实、挤密状态下的非饱和土开展系统研究[1]。

俞培基等[2] 提出非饱和土可按气-水性态划分为水封闭、双开敞、气封闭状态。包承纲[3] 指出非饱和土可划分为气相的完全连通、部分连通、内部连通和完全封闭状态，并提出土粒接触点的弯液面会影响粒间压力。Vanapalli 等[4] 采用土水特征曲线将非饱和土划分为三个阶段：①边界效应段，孔隙水呈连通状态；②过渡段，水连通过渡到气连通状态；③非饱和残余段，水分呈吸附状态。Lu 等[5] 提出用吸应力来描述毛细力和电、化学等作用，吸应力与净平均应力构成了非饱和土的有效应力。汤连生[6] 发现仅部分基质吸力对土的粒间作用有贡献。赵成刚等[7] 提出用吸力和饱和度之积，比用吸力表征粒间作用更恰当。Lourenco 等[8] 和 Bruchon 等[9] 用环境扫描电镜和 CT 技术研究了粒间水膜、毛细水桥及对土粒的聚合作用。

Fredlund 等[10] 分别针对非饱和土单、双应力状态变量问题开展了代表性研究，两种方法中的强度参数取值均随基质吸力变化。缪林昌[11] 和邢义川等[12] 均发现非饱和土的强度随基质吸力的增加逐渐变缓。林鸿州等[13] 提出，残余含水率对应的最小吸力可能是影响黏性土强度的界限值。以上关于强度的试验成果与微观层面的认识一致，由于粒间水膜对土粒的约束作用随气-水连通状态而变化，基质吸力影响非饱和土的粒间压力，同时影响土体抗剪强度。

土的剪胀性受到颗粒排列与粒间压力影响。詹良通等[14] 研究了基质吸力对膨胀土抗剪强度和剪胀性状的影响规律，提出吸力对强度的贡献包括土粒间有效应力增加和对剪胀势的贡献两部分。由于难以分离矿物吸水膨胀和颗粒相对位移导致的剪胀，其膨胀机制尚有待进一步研究。周跃峰等[15] 通

基金项目：国家自然科学基金面上项目（51979010）；国家自然科学基金青年项目（51509018）；中央公益性科研院所基本科研业务费项目（CKSF2023318/YT）。

作者简介：周跃峰（1982—），男，正高级工程师，主要从事土的工程本征性与土石坝筑坝技术研究工作。

过饱和/非饱和原状黄土体变与孔压规律的对比分析，发现在较低的应力水平下，饱和土表现为剪缩，而非饱和土呈现剪胀。Ng 等[16] 进行了香港花岗岩风化土试验，也表现出相似规律。根据以上试验成果，并结合非饱和土的基质吸力会影响土粒间相互作用的研究，初步认识到基质吸力会影响非饱和土的剪胀（缩）行为。但是，上述各类土的矿物成分、特殊结构或级配对其剪胀性带来了复杂的影响，关于基质吸力对土的剪胀（缩）性的影响规律的认识尚不清晰，非饱和土的工程特性随吸力的演变规律还不明确。

本文以新疆某渠道工程渠坡填料为研究对象，工程位于干旱-半干旱地区，部分区间为填方施工，采用当地土料进行填筑。渠道属长距离线性工程，存在跨越地区地质条件复杂、填料压实质量控制难、填筑后易产生差异沉降等问题。在长期运行的情况下，如果填方施工压实度不够，渠坡极有可能发生渗漏，引起渠坡浸水和失稳破坏。考虑欠压实填料的典型状态，按照土水特征曲线的三个阶段划分特点，对比研究土料在边界效应段、过渡段、非饱和残余段的力学特性。

2 土的基本物理指标

试验土料为黄色，较干燥，针对其级配开展了两组平行试验，结果如图1所示。土料的砂粒含量28.2%，粉粒含量60.5%，黏粒含量约11.3%，胶粒含量约5.5%。在实验室内对土料进行击实试验，最优含水率及最大干密度分别为 13% 和 1.82 g/m³。参照《土的工程分类标准》（GB/T 50145—2007）[17]，该土料划分为粉土。土料的土水特征曲线采用 Fredlund SWCC 仪测定，如图2所示。

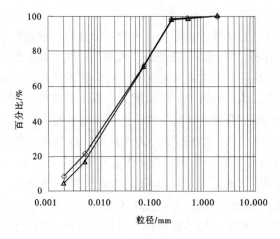

图 1 土料的颗分曲线

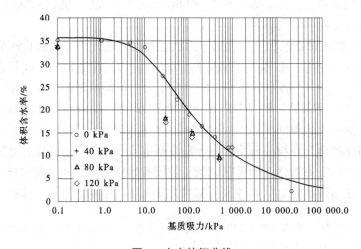

图 2 土水特征曲线

3 试验方法

3.1 试验方案

按照渠道设计要求，渠身填筑压实度不得小于 0.95。由于土体在不同松密状态下的力学特性显著不同，为研究施工时土样在欠压密状态所展现的力学特性，试验中压实度 D_c 取 0.86 进行制样，对应的干密度为 1.565 g/cm^3。渠身高度一般在 6 m 以内，本文中取三个较低的目标应力水平进行测试，分别取有效围压（s_3-u_a）为 40 kPa、80 kPa、120 kPa。为了反映渠坡土料在浸水饱水至开敞风干状态的力学特性，在基质吸力（u_a-u_w）为 0 kPa、30 kPa、120 kPa、480 kPa 以及风干状态，一共五级条件下进行试验。按照土水特征曲线，采用基质吸力 0 kPa 的饱和试样代表边界效应段，用固结排水方式剪切；30 kPa、120 kPa、480 kPa 代表过渡段，维持等吸力进行剪切；风干状态代表非饱和残余段，维持含水率不变剪切。双压力室非饱和土三轴仪配进气值为 500 kPa 的陶土板，且可精确测量试验中的体积应变。

试验仪器分别采用 GDS 饱和土三轴仪和 GDS 双压力室非饱和土三轴仪，试样尺寸为直径 61.8 mm、高度 125 mm。按最优含水率和控制干密度制样。对于风干试样，制样后，放置于空气中暴露 2~3 个月，且定期测量其重量变化可以忽略。经测定，风干含水率为 1.3%，采用滤纸法推测其吸力为 20 000 kPa。

3.2 试验过程

对于饱和固结排水试验，试样饱和采用两步饱和法，即在 15 kPa 的起始围压下先通 CO_2 排出孔隙内空气，然后再通水并进行反压饱和，测得 B 值达到 0.98 以上，采用 0.05 mm/min 的速率进行剪切，测试基质吸力为 0 kPa 时土的力学特性。

对于非饱和等吸力试验，须先对陶土板进行饱和，然后在 15 kPa 的起始围压下利用轴平移技术将试样的基质吸力控制至目标值，按照"水气平衡-等压固结-剪切"的步骤进行试验，剪切过程采用 0.005 mm/min 的加载速率。

因风干试样的吸力远高于非饱和土三轴仪的陶土板，进行风干试样试验时维持陶土板干燥。因试样的含水率极低，与干燥陶土板之间的水分交换可以忽略，剪切过程采用 0.005 mm/min 的加载速率。

4 试验结果

4.1 不同基质吸力条件下的应力应变曲线

如图 3（a）所示为有效围压 40 kPa 时，在不同基质吸力条件下的偏应力-轴向应变的关系。其中，对于饱和土对应基质吸力为 0 kPa，偏应力随轴向应变增加而逐渐增大，并逐渐趋于稳定，试验

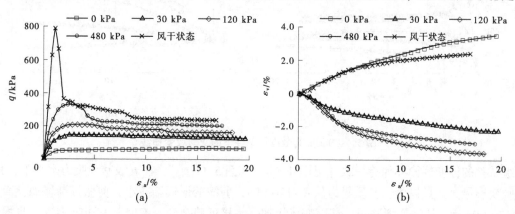

图 3　40 kPa 有效围压条件下的应力应变曲线

曲线为应变硬化型。在基质吸力为 30 kPa、120 kPa、480 kPa 和风干条件下，对土料进行了进一步测试。随含水率降低与基质吸力的增加，试样达到峰值对应的轴向变形逐渐减小，试样的应力曲线由应变硬化逐渐转为应变软化。例如，试样在 30 kPa 基质吸力时仅略有应变软化，随后软化现象越来越明显。试样在峰值状态所发挥的强度逐渐增加，且初始模量随之增加。在风干状态时，试样的偏应力迅速增加至峰值状态，然后逐渐减小并趋于恒定。

如图 3（b）所示为有效围压 40 kPa 时，在不同基质吸力条件下的体积应变曲线。对于欠压实的饱和土，试样在剪切过程中逐渐压缩，体积应变曲线逐渐变缓并趋于稳定。随含水率减小，基质吸力增加至 30~120 kPa，试样由剪缩转变为剪胀，且剪胀变形量逐渐增大。一个特别的现象是，剪胀变形量在 480 kPa 吸力时有所降低；在试样为风干状态时，进一步转为剪缩变形，且风干试样的体积应变曲线与饱和试样的曲线初始段重合。在整个剪切过程中，风干试样的剪缩变形逐渐增加，并逐渐趋于恒定。

图 4（a）和图 5（a）分别为有效围压为 80 kPa、120 kPa 时在不同基质吸力条件下的偏应力曲线与体积应变曲线，与有效围压为 40 kPa 时的结果规律性非常相似。随含水率降低与基质吸力的增加，试样的偏应力曲线均由应变硬化逐渐转为应变软化，且软化现象也越来越明显。试样在峰值状态或最终状态所发挥的强度逐渐增加，且初始模量随之增加。

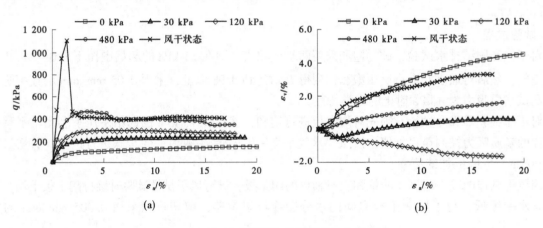

图 4　80 kPa 有效围压条件下的应力应变曲线

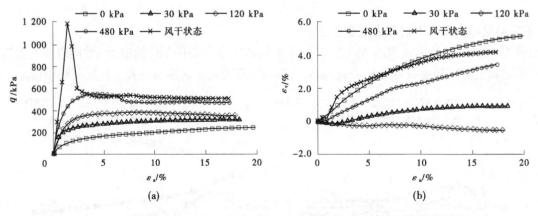

图 5　120 kPa 有效围压条件下的应力应变曲线

三组试验的体变规律亦保持一致［见图 4（b）和图 5（b）］，在五级基质吸力水平下，120 kPa 时的剪胀变形最大。具体为：基质吸力从 0~120 kPa，剪缩变形逐渐减小，剪胀逐渐增加；而基质吸力大于 120 kPa 后，剪胀变形减小，剪缩变形增加。在接近残余含水率时，基质吸力进一步提高不能继续增加最大体变。在相同有效围压下，从饱和至风干状态基质吸力不断增大，欠压实土料存在剪缩—剪胀—剪缩的转变过程。Hoyos 等[18] 在对粉砂的环剪试验研究中，也注意到试样在 100 kPa 基质吸力时的剪胀变形量小于 25 kPa 和 50 kPa 时，反映了与本文一致的规律。围压可抑制试样发生剪胀变形的基质吸力范围，在相对较高围压（80 kPa、120 kPa）时，仅在 120 kPa 基质吸力的试样剪切全过程为剪胀，在更高或更低的基质吸力条件下剪切过程的最终体积应变均为剪缩。

非饱和土体中存在大小和形状多变的孔道体系，当水分很少时，水分只能占据细的"狭颈"孔道，土体的表面附近首先将会形成水膜，水膜及表面张力将颗粒凝聚在一起。基质吸力，或在微观尺度上施加在土粒上的表面张力，再将非饱和土的土粒聚集在一起，在发挥黏聚效应、提高土体模量等方面起了重要作用。土体从饱和状态开始脱水，空气侵入较大的孔隙导致基质吸力增大和饱和度降低。尽管水仍为连通状态，一些孔洞开始逐渐被气泡充填。该过程中，土粒间的接触力逐渐增大。水和土粒在表面张力作用下被逐渐聚合在一起形成集粒（或称土团）。集粒的形成导致土的剪胀性增加是由于它们的半径大于单个土颗粒。随着饱和度的降低，水膜继续收缩，伴随着水膜弯曲面面积的减小和表面张力的增加。该过程形成了结合更强但半径更小的集粒，集粒强度高于土的总体强度，受剪时不易破坏。随着饱和度的降低，宏观上基质吸力增加，微观上毛细张力增加而接触面积减小，剪切破坏面上水膜作用的有效面积和集粒的体积减小，导致体积应变减小。推测 120 kPa 基质吸力下表面张力和接触面积的综合效应最强，颗粒相互连接较为紧密，形成更为紧凑的集粒。集粒半径大于土粒半径，剪切变形时翻越难度增大，因而受剪过程体积膨胀量增大。

4.2 不同有效围压下的应力应变曲线

以基质吸力为 30 kPa 为例，比较分析不同有效围压下非饱和试样的力学行为（见图 6）。试样在 40 kPa 的有效围压下剪切过程中试样的偏应力逐渐增加，在 5% 轴向应变达到峰值。随后偏应力略有减小，直至试验结束，偏应力趋于恒定。在 80 kPa 和 120 kPa 有效围压下，偏应力均随轴向应变增加而逐渐增大，并逐渐趋于稳定，试验曲线为应变硬化型。

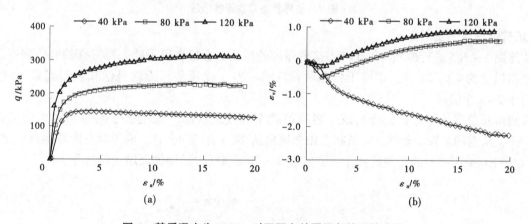

图 6　基质吸力为 30 kPa 时不同有效围压条件下的成果

该试样的体积应变在初始阶段 1% 轴向应变范围内基本不变；此后体积应变逐渐负向增加，为剪胀变形，直至试验结束。而在 80 kPa 和 120 kPa 有效围压下，试样的偏应力随应变发展为应变软化型，试样表现为先剪胀、再剪缩。随有效围压提高，试样的累计体积收缩量明显增大。

5　讨论

5.1　临界状态

Alonso 等和 Wheeler 等为非饱和土临界状态理论的形成奠定了基础，当净平均应力 p、偏应力 q、基质吸力（$u_a - u_w$）和孔隙比 e（或比容 $v = 1 + e$）4 个变量均达到恒定时，即为非饱和土的临界状态；并进一步探索了饱和度 S_r 作为第 5 个变量的可能性。对于非饱和土，在 p-q 和 $\ln p$-v 平面，临界状态线可定义为

$$q = Mp + \mu \tag{1}$$
$$v = \Gamma - \lambda \ln p \tag{2}$$

除 480 kPa 吸力条件下，各试样尽管经历了不同的应变硬化或应变软化过程，但其偏应力 q、净应力 p（平均应力 p'）和体变均达到或非常接近稳定值，可认为除 480 kPa 基质吸力条件下，各试样均达到或接近临界状态。对基质吸力为 0 kPa、30 kPa、120 kPa 和风干状态试样分别在 $p\text{-}q$ 平面和 $\ln p\text{-}v$ 平面上进行拟合，得到相应的临界状态线。同时，将 480 kPa 吸力的残余强度绘制在 $p\text{-}q$ 平面上进行比较分析。从饱和到风干状态，内摩擦角和黏聚力均逐渐增加，内摩擦角分别为 29.4°、32.6°、34.1°、39.2°、40.6°，黏聚力分别为 0 kPa、9.7 kPa、13.8 kPa、15.8 kPa、20.6 kPa，临界状态参数 G 分别为 0.843 7、0.933 5、0.996 1、1.032 7，l 分别为 0.051、0.057、0.065、0.067。临界状态与临界状态线见图 7。

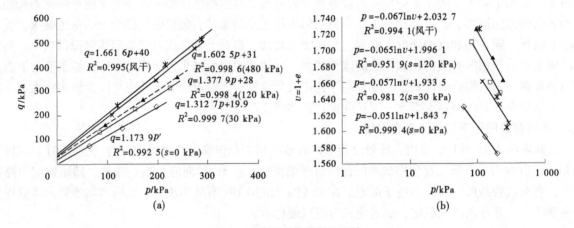

(a)　　　　　　　　　　　　　　(b)

图 7　临界状态与临界状态线

5.2　抗剪强度及强度指标

按照图 3~图 5 进行饱和与风干状态抗剪强度的对比，土料在风干状态所发挥的峰值强度是饱和状态峰值强度的 4.9~11 倍，在风干状态所发挥的临界（或残余）强度是饱和状态临界（或残余）强度的 2.2~3.5 倍。

按照试验数据计算分析，绘制该土料峰值状态和残余状态的强度参数与基质吸力的关系曲线（见图 8），从饱和至风干条件，峰值状态内摩擦角从 29.4° 增至 46.1°，临界状态内摩擦角从 29.4° 增至 40.6°。Hoyos 等[18] 的相关研究介绍了内摩擦角随基质吸力的增加而增大的现象。

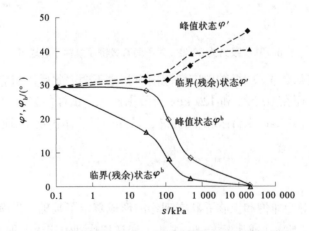

图 8　土的内摩擦角和吸力角随基质吸力的变化曲线

吸力角随基质吸力的增加明显降低。从 480 kPa 到风干状态降低速率明显减缓，直至接近 0。从饱和至风干状态，峰值状态吸力角从 32.8°降至 0.7°，残余状态吸力角从 30.9°降至 0.1°。

非饱和土的强度体现了土体强度的非线性特点。在低吸力时，吸力角与内摩擦角非常接近，当吸力超出进气值时吸力角开始降低。由于非饱和土试验非常耗时及测试时面临的水气连通性等方面技术问题，研究者们提出了一些非饱和土强度公式以便于简化与应用。部分常用公式概括如下，其中方括号内代表表观黏聚力，在公式的前一项相同时，表观黏聚力即反映了强度差异。

Garven 等提出的抗剪强度公式为

$$\tau = (\sigma - u_a)\tan\varphi' + [c' + \theta^{\kappa}(u_a - u_w)\tan\varphi'] \tag{3}$$

式中：$\kappa = -0.001\,6I_P^2 + 0.097\,5I_P + 1$，$I_P$ 为塑性指数。

Khalili 等[19] 提出的抗剪强度公式为

$$\tau = (\sigma - u_a)\tan\varphi' + [c' + \chi(u_a - u_w)\tan\varphi'] \tag{4}$$

式中：$\chi = [(u_a - u_w)/\text{AEV}]^{-0.55}$，AEV 为进气值。

Lamborn[20] 提出的抗剪强度公式为

$$\tau = (\sigma - u_a)\tan\varphi' + [c' + \theta(u_a - u_w)\tan\varphi'] \tag{5}$$

式中：θ 为体积含水率。

Oberg 等[21] 提出的抗剪强度公式为

$$\tau = (\sigma - u_a)\tan\varphi' + [c' + S(u_a - u_w)\tan\varphi'] \tag{6}$$

式中：S 为饱和度。

Vanapalli 等[22] 提出的抗剪强度公式为

$$\tau = (\sigma - u_a)\tan\varphi' + \left[c' + \left(\frac{\theta - \theta_r}{\theta_s - \theta_r}\right)(u_a - u_w)\tan\varphi'\right] \tag{7}$$

式中：θ_r 和 θ_s 分别为饱和体积含水率、残余体积含水率。

Sheng 等[23] 提出的抗剪强度公式为

$$\tau = (\sigma - u_a)\tan\varphi' + [c' + (u_a - u_w)\tan\varphi^b] \tag{8}$$

式中：如果 $u_a - u_w < \text{AEV}$，$\tan\varphi^b = \tan\varphi'$；否则，$\dfrac{\tan\varphi^b}{\tan\varphi'} = \dfrac{(u_a - u_w)_{\text{AEV}}}{(u_a - u_w)} + \dfrac{(u_a - u_w)_{\text{AEV}} + 1}{(u_a - u_w)} \cdot$

$\ln\dfrac{(u_a - u_w) + 1}{(u_a - u_w)_{\text{AEV}} + 1}$。

对于峰值状态，Oberg 公式和 Vanapalli 公式在 0~120 kPa 基质吸力时较为合理地预测了黏聚力，但明显不适用于从饱和至风干状态的全区间的强度预测。对于峰值状态和临界（残余）状态，Sheng 的抗剪强度公式在从饱和至风干的全区间范围内给出了相对合理的预测。测试与预测的表现黏聚力见图 9。

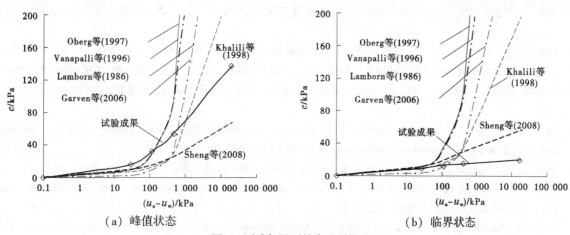

图 9　测试与预测的表观黏聚力

6 结论

本文以某渠坡欠压实填料为研究对象，按照土水特征曲线的三阶段特点，控制土料的基质吸力为 0 kPa、30 kPa、120 kPa、480 kPa 以及风干状态，对比研究了土料在边界效应段、过渡段、非饱和残余段的力学特性，得出以下主要结论：

（1）相应于饱和试样受剪时偏应力曲线为应变硬化型，风干试样的偏应力曲线呈现应变软化型，但两者的体积应变均为剪缩变形，变形量较为接近。

（2）土料在风干状态所发挥的峰值强度是饱和状态峰值强度的 4.9~11 倍，在风干状态所发挥的临界（或残余）强度是饱和状态临界（或残余）强度的 2.2~3.5 倍。Sheng 的抗剪强度公式在从饱和至风干的全区间范围内对于该填料的强度给出了相对合理的预测。

（3）从饱和至风干状态，该欠压实填料的剪胀性随基质吸力增加先增大、后减小，在基质吸力为 120 kPa 时的剪胀变形量最大。以上现象可归因于该含水率条件下表面张力及其接触面积的综合效应最强，形成紧凑的集粒，集粒半径大于土粒半径，剪切时相互翻越的变形增大，导致体积膨胀量增大。

参考文献

［1］谢定义. 黄土力学特性与应用研究的过去、现在与未来［J］. 地下空间, 1999, 19（4）: 273-284.

［2］俞培基, 陈愈炯. 非饱和土的水-气形态及其与力学性质的关系［J］. 水利学报, 1965, 1: 16-23.

［3］包承纲. 非饱和土的应力应变关系和强度特性［J］. 岩土工程学报, 1986, 8（1）: 26-31.

［4］Vanapalli S, Fredlund D, Pufahl D. The influence of soil structure and stress history on the soil-water characteristics of a compacted till［J］. Géotechnique, 1999, 49（2）: 143-159.

［5］Lu N, Likos W J. Suction stress characteristic curve for unsaturated soil［J］. Journal of Geotechnical and Geoenvironmental Engineering, 2006, 132（2）: 131-142.

［6］汤连生. 从粒间吸力特性再认识非饱和土抗剪强度理论［J］. 岩土工程学报, 2001（4）: 412-417.

［7］赵成刚, 李舰, 刘艳, 等. 非饱和土力学中几个基本问题的探讨［J］. 岩土力学, 2013（7）: 1825-1831.

［8］Lourenço S, Gallipoli D, Augarde C, et al. Formation and evolution of water menisci in unsaturated granular media［J］. Géotechnique, 2012, 62（3）: 193-199.

［9］Bruchon J F., Pereira J M, Vandamme M, et al. Full 3D investigation and characterisation of capillary collapse of a loose unsaturated sand using X-ray CT［J］. Granular Matter, 2013, 15（6）: 783-800.

［10］Fredlund D G, Rahardjo H. Soil Mechanics for Unsaturated Soil［M］. Wiley, 1993.

［11］缪林昌, 崔颖, 陈可君, 等. 非饱和重塑膨胀土的强度试验研究［J］. 岩土工程学报, 2006（2）: 274-276.

［12］邢义川, 李振, 安鹏. 南水北调中线穿黄工程南岸黄土强度特性研究［J］. 南水北调与水利科技, 2014（2）: 129-132.

［13］林鸿州, 李广信, 于玉贞, 等. 基质吸力对非饱和土抗剪强度的影响［J］. 岩土力学, 2007（9）: 1931-1936.

［14］詹良通, 吴宏伟. 吸力对非饱和膨胀土抗剪强度及剪胀特性的影响［J］. 岩土工程学报, 2007, 29（1）: 82-87.

［15］周跃峰, 谭国焕, 甄伟文. 原状黄土剪缩性测试与理论分析［J］. 岩石力学与工程学报, 2015, 34（6）: 1242-1249.

［16］Ng C W W, Chiu C F. Laboratory study of loose saturated and unsaturated decomposed granitic soil［J］. Journal of Geotechnical and Geoenvironmental Engineering, 2003, 129（6）: 550-559.

［17］中华人民共和国建设部. 土的工程分类标准: GB/T 50145—2007［S］. 北京: 中国计划出版社, 2007.

［18］Hoyos L R, Velosa C L, Puppala A J. Residual shear strength of unsaturated soils via suction-controlled ring shear testing［J］. Engineering Geology, 2014, 172: 1-11.

［19］Khalili N, Khabbaz M H. A unique relationship for χ for the determination of the shear strength of unsaturated soils［J］. Geotechnique, 1998, 48: 681-687.

［20］ Lamborn M J. A Micromechanical Approach to Modelling Partly Saturated Soils ［D］. M. Sc. Thesis, Texas A&M University, Texas, 1986.

［21］ Oberg A L, Sallfors G. Determination of shear strength parameters of unsaturated silts and sands based on the water retention curve ［J］. Geotechnical Testing Journal, 1997, 20: 40-48.

［22］ Vanapalli S K, Fredlund D G, Pufahl D E, et al. Model for the prediction of shear strength with respect to soil suction ［J］. Canadian Geotechnical Journal, 1996, 33: 379-392.

［23］ Sheng D, Fredlund D G, Gens A. A new modelling approach for unsaturated soils using independent stress variables ［J］. Canadian Geotechnical Journal, 2008, 45: 511-534.

羟丙基甲基纤维素醚在新疆某重大引调水工程长距离运输混凝土中的应用

邢志水[1]　李行星[2]

（1. 中水北方勘测设计研究有限责任公司，天津　300222；

2. 新疆水利发展投资（集团）有限公司，新疆乌鲁木齐　830063）

摘　要： 为解决新疆某重大引调水工程长距离运输混凝土坍落度经时损失大、施工性能差等技术难题，尝试采用外掺纤维素方法对基准混凝土配合比进行调试研究。研究结果表明，纤维素作为增稠剂，在混凝土拌和过程中发挥了保水、增稠、提高黏聚性等作用，较大程度地降低了混凝土拌和物的泌水率和坍落度经时损失，避免离析现象的发生，优化混凝土拌和物的施工性能，基本满足长距离运输混凝土的施工需求。

关键词： 混凝土；引调水；长距离运输；纤维素

1　引言

新疆某重大引调水工程某标段采用自建料场生产的人工砂与粗骨料配制混凝土进行浇筑施工时，发现长距离运输的混凝土存在坍落度损失大、施工性能差等问题。经见证取样检测，料场人工砂满足现行施工规范要求，但亚甲蓝值（MB 值）为 2.0，表明石粉中有一定的泥质颗粒，与外加剂适应性不良，且 2~3 h 后混凝土坍落度经时损失过大，现场施工性能差，质量控制难度较大。

纤维素作为新型的外加剂，在再生混凝土[1]、超高性能混凝土[2-3]、砂浆[4] 及发泡水泥[5] 等领域已有应用。为解决该工程长距离运输混凝土坍落度损失严重的问题，本文以外掺纤维素醚为技术核心，以正交设计原理为准则，通过室内试验，研究纤维素醚对混凝土拌和物坍落度经时损失抑制效能的影响，进而推荐可能满足混凝土施工的配合比。

2　试验

2.1　材料

水泥：某水泥厂生产的 P · MSR42.5 水泥，性能见表 1。

粉煤灰：某公司 F 类 I 级粉煤灰，性能见表 2。

粗、细骨料：某自建料场生产的人工砂、小石及中石，性能分别见表 3~表 5。

减水剂：某公司聚羧酸系高性能减水剂，性能见表 6。

引气剂：某公司引气剂，性能见表 7。

纤维素：某品牌 20 万黏度的纤维素醚。

作者简介：邢志水（1985—），男，高级工程师，质量中心副经理，主要从事水利工程质量检测与材料研究工作。

表1 P·MSR42.5水泥性能

检测项目			标准《抗硫酸盐硅酸盐水泥》（GB 748—2005）要求	检测结果
密度/（g/cm³）			—	3.14
比表面积/（m²/kg）			≥280	346
标准稠度用水量/%			—	27.8
安定性（沸煮法）			合格	合格
凝结时间/min	初凝		≥45	159
	终凝		≤600	211
烧失量/%			≤3.0	2.33
胶砂强度	抗折强度/MPa	3 d	≥3.0	4.1
		28 d	≥6.5	8.1
	抗压强度/MPa	3 d	≥15.0	25.2
		28 d	≥42.5	49.0

表2 F类Ⅰ级粉煤灰性能

检测项目	标准《用于水泥和混凝土中的粉煤灰》（GB/T 1596—2017）要求			检测结果
	Ⅰ级	Ⅱ级	Ⅲ级	
细度（45 μm方孔筛筛余）/%	≤12.0	≤30.0	≤45.0	10.1
需水量比/%	≤95	≤105	≤115	93
烧失量/%	≤5.0	≤8.0	≤10.0	2.00
含水率/%	≤1.0			0.1
密度/（g/cm³）	≤2.6			2.48
安定性（雷氏法）/mm	C类：≤5.0			—
强度活性指数/%	≥70			74

表3 人工砂性能

检测项目	标准《水工混凝土施工规范》（SL 677—2014）要求	检测结果
细度模数	2.4~2.8	2.6
石粉含量/%	6~18	15.9
微粒含量/%	—	0.4
泥块含量/%	不允许	0
饱和面干表观密度/（kg/m³）	≥2 500	2 640
堆积密度/（kg/m³）	—	1 430

续表3

检测项目	标准《水工混凝土施工规范》（SL 677—2014）要求		检测结果
饱和面干吸水率/%	—		0.9
云母含量/%	≤2		0
有机质含量	不允许		无
硫化物及硫酸盐含量/%	≤1		0.05
MB 值	—		2.0
氯化物含量/%	—		0
坚固性/%	有抗冻和抗侵蚀要求的混凝土	≤8	2.5
	无抗冻要求的混凝土	≤10	

表4 小石性能

检测项目	标准《水工混凝土施工规范》（SL 677—2014）要求	检测结果
表观密度/（kg/m³）	≥2 550	2 730
吸水率/%	≤1.5	1.26
含泥量/%	≤1	0.6
泥块含量/%	不允许	0
针片状颗粒含量/%	≤15	7
压碎指标/%	≤10	7
超径颗粒含量/%	≤5	3
逊径颗粒含量/%	≤10	1
堆积密度/（kg/m³）	—	1530
空隙率/%	—	44
中径筛余/%	40~70	68

表5 中石性能

检测项目	标准《水工混凝土施工规范》（SL 677—2014）要求	检测结果
表观密度/（kg/m³）	≥2 550	2 710
吸水率/%	≤1.5	1.33
含泥量/%	≤1	0.4
泥块含量/%	不允许	0
针片状颗粒含量/%	≤15	2
超径颗粒含量/%	≤5	4
逊径颗粒含量/%	≤10	4
堆积密度/（kg/m³）	—	1 530
空隙率/%	—	44
软弱颗粒含量/%	≤5	1
中径筛余/%	40~70	46
硫化物及硫酸盐含量/%	≤0.5	—

表 6 减水剂性能

检测项目	标准《混凝土外加剂》（GB 8076—2008）要求		检测结果（掺量1.0%）
减水率/%	≥25		26.4
泌水率比/%	≤60		52
含气量/%	≤6.0		3.2
凝结时间差/ min	初凝	−90～+120	15
	终凝		14
抗压强度比/%	1 d	≥170	172
	3 d	≥160	162
	7 d	≥150	152
	28 d	≥140	141
1 h 经时变化量	坍落度/mm	≤80	74
含固量/%	—		19.6

表 7 引气剂性能

检测项目	标准《混凝土外加剂》（GB 8076—2008）要求		检测结果（掺量0.1‰）
减水率/%	≥6		6.5
泌水率比/%	≤70		65
含气量/%	≥3.0		4.6
凝结时间差/min	初凝	−90～+120	+16
	终凝		+10
抗压强度比/%	3 d	≥95	96
	7 d	≥95	97
	28 d	≥90	91
1 h 经时变化量	含气量/%	−1.5～+1.5	1.0
相对耐久性（200 次）/%	≥80		82.4
含固量/%	—		51.6

2.2 试验方法

2.2.1 基准混凝土配合比

混凝土设计等级为 C35W10F50，设计坍落度为 180～200 mm，本次以原报批的混凝土配合比为基准进行调整，基准配合比见表 8。

表 8 基准配合比

编号	单位材料用量/（kg/m³）							
	水泥	粉煤灰	砂料	小石	中石	水	减水剂（1.0%）	引气剂（0.8‰）
JZ-0	322	107	742	497	497	160	4.29	0.034

2.2.2 调试混凝土配合比

在基准配合比的基础上，通过外掺纤维素及调整减水剂掺量进行调试，配合比见表9。

表9 调试配合比

编号	单位材料用量/（kg/m³）								
	水泥	粉煤灰	砂料	小石	中石	水	减水剂	引气剂（0.8‰）	纤维素
TS-1	322	107	742	497	497	160	4.29（1.0%）	0.034	0.021 45（0.5‰）
TS-2	322	107	742	497	497	160	4.29（1.0%）	0.034	0.010 73（0.25‰）
TS-3	322	107	742	497	497	160	5.148（1.2%）	0.034	0.010 73（0.25‰）
TS-4	322	107	742	497	497	160	5.148（1.2%）	0.034	0.004 29（0.1‰）

3 结果与讨论

3.1 试验检测结果

3.1.1 混凝土拌和物性能

对混凝土配合比进行室内调试，其中引气剂和纤维素均稀释至浓度为1%的溶液使用，混凝土拌和物性能见表10。

表10 混凝土拌和物性能

编号	坍落度/mm				含气量/%		
	设计	出机	2 h	3 h	出机	2 h	3 h
JZ-0	180~200	200	44	20	5.9	1.5	1.0
TS-1	180~200	20	5	2	1.6	0	0
TS-2	180~200	198	50	30	4.7	1.7	1.1
TS-3	180~200	197	187	180	6.2	5.0	3.1
TS-4	180~200	200	180	165	5.7	2.2	1.7

由表10可知，基准配合比混凝土拌和物出机时性能满足设计要求，但坍落度和含气量的经时损失均较大，长距离运输不能满足施工要求。对基准配合比进行调试的各个配合比中，编号为TS-3的混凝土配合比拌和物各项性能为最优，坍落度和含气量的经时损失适中，基本满足长距离运输的施工要求。

3.1.2 混凝土拌和物状态

混凝土配合比进行室内调试过程中，混凝土拌和物状态见图1、图2。由图1可知，TS-3配合比混凝土拌和物出机黏聚性好，流动性好，无明显离析现象，3 h后黏聚性好，流动性好，无离析现象。由图2可知，TS-4配合比混凝土拌和物出机稍有离析，浆与骨料稍有分离，流动性好，3 h后黏聚性好，流动性好，无离析现象。

（a）TS-3 配合比拌和物出机状态

（b）TS-3 配合比拌和物出机 3 h 状态

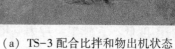
图 1　TS-3 配合比混凝土拌和物状态

（a）TS-4 配合比拌和物出机状态

（b）TS-4 配合比拌和物 3 h 状态

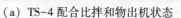
图 2　TS-4 配合比混凝土拌和物状态

3.1.3　硬化混凝土性能

混凝土抗压强度试件在出机时成型，龄期分别为 3 d、7 d 和 28 d。混凝土抗压强度检测结果见表 11。由表 11 可知，编号为 TS-3 的混凝土配合比的 28 d 混凝土抗压强度满足配置强度的要求。

表 11　混凝土抗压强度

编号	设计强度	骨料类别	级配	3 d 强度/MPa	7 d 强度/MPa	28 d 抗压强度/MPa	
						配置强度（95%强度保证率）	实测强度
TS-3	C35	人工骨料	二	27.2	35.5	42.4	43.8
TS-4	C35	人工骨料	二	25.2	32.4	42.4	41.6

混凝土耐久性能试件在出机时成型，龄期为 28 d。混凝土耐久性能检测结果见表 12。由表 12 可知，编号为 TS-3 的混凝土配合比的 28 d 混凝土抗冻性能、抗渗性能均满足设计要求。

表 12　混凝土耐久性能

编号	抗冻性能				抗渗性能
	相对动弹性模量/%		质量损失率/%		
	P25	P50	W25	W50	
TS-3	99.4	98.6	0.1	0.4	>W10
TS-4	99.1	97.2	0.1	0.6	>W10

3.2 讨论

羟丙基甲基纤维素醚（HPMC）作为一种聚合物增稠剂，可以有效地使水泥基材料中的聚合物胶凝浆体和材料均匀分布，浆体中的游离水变为结合水，从而不易从浆体中流失，提高了混凝土的保水性能，较大程度地减少混凝土拌和物的泌水率，从而提高新拌混凝土拌和物的抗离析性，可以较长时间保持新拌混凝土的施工性能，可以在引调水工程长距离运输混凝土生产中推广应用。

4 结论

（1）羟丙基甲基纤维素醚对混凝土拌和物坍落度损失存在抑制效能，具有保水性、保塌性，基本满足长距离运输混凝土的施工性能。

（2）羟丙基甲基纤维素醚掺量不宜过大，易造成出机坍落度低不宜施工；羟丙基甲基纤维素醚掺量也不宜过小，易造成保水性和保塌性效果不明显，推荐掺量为 0.25‰。

（3）编号为 TS-3 的混凝土配合比所检测各项指标均满足设计要求，为推荐的混凝土配合比。

参考文献

［1］颜胜强，刘发明，等．掺羟丙基甲基纤维素再生混凝土抗冻性能的试验研究［J］．辽东学院学报，2019，26（2）：138-143．

［2］周锡武，卫军，等．甲基纤维素醚对常温养护型超高性能混凝土的影响［J］．广西科技大学学报，2021，32（2）：20-25．

［3］王宇欣，李雪蟒，等．羟丙基甲基纤维素高吸水性树脂制备与性能表征［J］．农业机械学报，2019，50（2）：297-306．

［4］王培铭，赵国荣，等．纤维素醚在新拌砂浆中保水增稠作用及其机理［J］．硅酸盐学报，2017（8）：1190-1196．

［5］王艳茹．羟丙基甲基纤维素醚对改性发泡水泥保温瓶孔结构和性能的影响［J］．新型建筑材料，2017（9）：114-117．

基于深度学习的明渠冬季浮冰智能识别方法

聂 鼎 沈梦瑶 刘 毅 金鑫鑫

（中国水利水电科学研究院 水电可持续发展研究中心，北京 100038）

摘 要：针对引调水工程冬季冰情的监控问题，本文提出了一种明渠浮冰智能识别的方法。以南水北调中线工程与东线工程明渠中的冰期输水图像与部分天然河道中的浮冰图像为数据集，建立与训练完成一套水面浮冰图像分割级别的深度学习神经网络模型。基于已有的图像数据集和测试集进行测试，浮冰区域的图像分割精度在80%左右。本文提出的方法可对高纬度地区明渠冬季输水的浮冰情况进行智能监控与预警。

关键词：冰期输水；图像识别；浮冰特征提取；深度学习

1 引言

跨流域输水在进入平均气温低于0℃以下的高纬度地区时，如不采取充气、扰动等运维措施，可能造成输水明渠表面由岸冰发展至冰塞、冰坝，对输水流量产生影响，需要及时开展调度措施进入冰期输水工况。当冬季冰期输水时，明渠表面形成稳定的冰盖后并不会对输水结构安全产生影响，但需要引起注意的是水面浮冰、流冰的存在和运动，会冲击节制闸闸门、泵站过渡段以及混凝土衬砌等，对工程结构安全带来危害，影响输水安全。以我国南水北调中线、东线工程为例，有关学者通过多年调研、观测结果，发现南水北调中线京石段冬季冰情最为严重，典型的明渠浮冰影像信息如图1所示。本文作者通过实地调查，在南水北调东线济南段某节制闸也发现了较为严重的节制闸前浮冰堆积等现象，如图2所示。

图1 南水北调中线工程冬季渠道浮冰影象照片

基金项目：水利部重大科技项目（SKS-2022138）；流域水循环模拟与调控国家重点实验室研究项目（SKL2022ZD05）；国家自然科学基金（52192672）；中国水科院基本科研专项（SS110145B0022023）。

作者简介：聂鼎（1989—），男，高级工程师，室主任，主要从事水工结构安全监控与智能化技术研发工作。

通信作者：刘毅（1979—），男，正高级工程师，所长，主要从事水工结构智能监控与大体积混凝土温控防裂研究工作。

图 2　南水北调东线工程某节制闸前冰塞现象

黄国兵等[1]较为深入地调研了南水北调工程中线冬季运行冰凌危害，其中运行重点问题是冬季渠道出现的特殊冰凌灾害，包括冰塞、泵站前池水位下降、分水口流量降低、仪器设备读数失真、渠道衬砌冻胀等冰凌影响事件，并且针对不同渠道和建筑物位置，提出集防、拦、扰、捞、排一体化的冰凌防护措施。如上所述，部分学者总结了调水工程的主要冰情具有以下特点：①封冻方式多为平封，冰盖形成以上游表面流冰层在下游断面堆积平铺上溯方式为主；开河方式为文开河，冰盖一般就地融化，不会形成大量开河流冰。②在调度方式方面，冬季采用浮冰盖输水方式。③冬季结冰，严重影响渠道输水能力和调度运行，冬季输水能力明显下降。④输水干线的节制闸、倒虹吸、隧洞等水工建筑物的安全运行会受到渠道结冰的一定影响[2-4]。

为了避免闸门、水泵等输水建筑物受到流冰冲击，保障调水工程冬季输水安全，目前有以下防范措施：①调度预防。调节输水流量，确定冰期输水时间，增加过流面积，控制流速 $v<0.4$ m/s，促使冰盖尽快形成，建立冰情预报系统，掌握冰情发展动态。②分段拦截，分段拦截主要是解决大量流冰在下游建筑物前堆积的问题。采用拦冰索分段拦截流冰，控制流冰堆积位置和堆积量，避免造成严重冰害。③重点打捞。建筑物、节制闸、取水口等重点位置应布设捞冰、运冰设施，及时打捞流冰，控制流冰堆积量，保证通水安全。捞冰设备包括固定式捞冰机和移动式捞冰铲车。④在建筑物、节制闸、取水口等重点位置应布设扰冰设施，防治关键位置结冰。主要扰冰设施包括压力气泡、电阻式加热等，扰冰设施的设置和布置应结合该部位具体冰情。⑤在极端情况下，大范围冰塞体堆积在建筑物进口，影响输水能力，为防止堵塞建筑物等次生灾害，应采取应急排冰措施。

综上所述，准确监控冬季冰凌的形成过程、流冰数量、冰盖面积等参数并实现冰情预警，为后续除冰、排冰等应急措施提供支撑，具有重要的工程意义。目前，对冰凌的预报主要通过人工观测来实现，从视频图像识别的角度实现冰情监测和预警，可以极大程度地提高自动化水平。

2　浮冰特征提取与量化方法设计

2.1　卷积神经网络模型

深度学习模型实现的原理是将已知信息的样本输入到模型，对于图像样本的信息进行提取并预测其特征，与给定的已知标签之间建立关系，两者的误差反馈至模型对参数进行调整，最终能够识别样本到标签。卷积神经网络（convolutional neural networks，CNN）是深度学习的一种重要算法，与人工神经网络（artificial neural networks，ANN）相对比，卷积神经网络在特征提取方面通过卷积、池化、全连接等方式来压缩输入的参数数量，而并非将每一个变量都作为输入，因此在类似数字图像这种具有大量像素与样本的特征学习方面具有极强的优势。

卷积神经网络结构主要包括输入（input）、卷积层（convolution layer）、池化层（pooling layer）、全连接层（fully connected layer，一般都置于神经网络结构的最后一层，通过激活函数输出分类结果）以及进行上采样的反卷积层（deconvolution layer）、反池化层（unpooling layer）等，最后输出预测结果，各层按照一定的逻辑堆叠组合，形成整个网络结构。下文详细说明各层级作用并分析整个计算、迭代和收敛的过程。其中，输入的图像通常情况下为了降低计算量，需要进行预处理，例如对图像进行灰度化、滤波等操作，同时在训练过程中，需要将输入结果与标签（label）进行一一对应。标签一般包括图像的类别、检测的图像范围对应的区域以及分割的图像结果等。考虑到浮冰高度变化特征的问题，本文选取了目前特征提取较优的 ResNet 神经网络作为特征提取的基础，关于该模型的构建原理可参考文献［5］，本文不再赘述。

2.2　浮冰图像特征识别方法

从水面冰凌到形成冰盖的过程中，浮冰的尺度范围大，可在 0.1～10 m 的空间尺度范围内变化，此外，浮冰的形态特征各异，边缘极不明晰，包括具有的纹理以及光滑纹理的区域均可能是流动的浮冰，因此采用传统的图像处理方法并不能得到较好的识别效果。对于浮冰的图像特征提取，本文将这个具有高度变化特征的问题交由卷积神经网络进行多个深层维度的特征提取，同时为了实现浮冰的范围量化，选择像素范围内的语义分割来完成对浮冰图像特征的识别和提取。

结合南水北调工程冬季冰期输水时出现的各类流冰、浮冰和冰盖等实际情况，现场采集了部分图像以及在互联网采集了其他图像作为数据集，来训练对明渠或开放河道等水域内水面冰凌识别的神经网络模型。共采集了 352 张不同尺度、不同外观和不同日照条件下的渠道与天然河道内图像作为数据集样本进行模型训练。结合水面浮冰的目标特征，手工对所有的样本进行了标签标注。冰凌数字图像中目标所划分的范围只有两类，其中一类是表征水面冰凌区域的特征像素，作为前景像素，此外图像中其他目标均为背景像素，结合卷积神经网络的各层级结构特征和作用，设计 ResNet-50 层特征提取器作为神经网络结构的卷积层，即下采样部分。在预训练过程中，由于冰凌自身在空间中的尺度变化范围大，如果仍然采用池化层则可能会导致部分面积较小的冰凌无法识别出，借鉴部分学者研究成果[6]，设计全局注意力结构，该结构将所有采集得到的特征图（feature map）通过引入长短期记忆网络（long short-term memory，LSTM）来实现全局特征注意力（attention）功能，得到全局特征。上采样部分仍然选择反向卷积，同时应用 Sigmoid 函数作为非线性激活函数，实现冰凌和非冰凌区域的二分类，最终完成冰凌与背景图像分割的全过程。整个浮冰图像特征提取的方法设计如图 3 所示，由于 ResNet-50 的网络结构很深，因此在图中展示用其核心特征跳跃连接来进行示意。

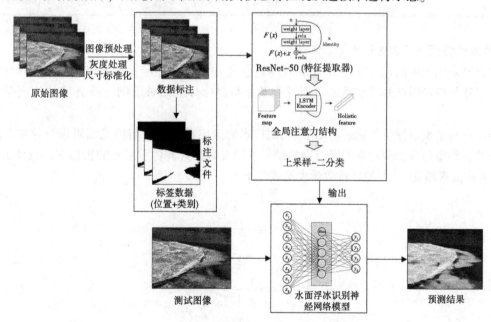

图 3　明渠等开放水面冰凌特征提取方法

对得到的预测结果进行连通域面积计算，则可以得到浮冰在图像中的相对面积，但其真实面积与拍摄角度、摄像头焦距以及物距等参数有关，需要通过图像透视变换进行几何校正，因此若要准确地进行面积的测算，需要根据实际情况获取以上相关参数后进行计算。

2.3　数据集准备与划分

本文的数据来源为南水北调中线、东线输水明渠中的冰期输水图像，以及互联网和开源图像数据集中有关流凌、凌汛等开放水域的浮冰图像，包括部分视频影像数据，共取出了不同形态、大小的原始数据图像 352 张。在训练开始之前，首先将原有图像 3 通道（RGB）的数据降低为 1 通道，实现灰度处理；其次进行图像正则化以便于神经网络模型实现快速收敛。对所有原始图像进行标注，包括标签类别以及冰凌在水面中的位置范围。

在本文中，所有的样本数据包括训练数据集（含训练集和验证集）和测试集两大部分，其中训练集和验证集的比例为 8.5∶1.5，测试集取不同位置处的图像采集结果，为采集数据量的 3%（10 张）。

3　试验结果与分析

3.1　试验软硬件环境

本文模型的试验软件环境配置如表 1 所示，其中硬件环境与水位尺识别神经网络模型训练一致，软件环境方面，整体框架环境采用了 PyTorch 1.3.1 版本作为内核；同时，为了便于可视化显示处理结果，软件包还用到了 OpenCV 开源库等。

表 1　水面浮冰识别神经网络模型训练软件环境

序号	试验环境	详细环境版本与硬件配置
1	软件试验环境	操作系统：Ubuntu 16.04 编程语言：Python 3.8.5 深度学习框架：PyTorch 1.3.1 其他软件包/库：OpenCV-Python 4.1.2.30　numpy 1.19.4
2	硬件试验条件	CPU：Intel ® Core（TM）i5-6500，内存：64 GB GPU：NVIDIA GeForce GTX 1050i，CUDA：10.2（cudnn）

3.2　水面冰凌特征提取训练过程与训练结果

根据研究采用图像的尺寸大小及计算效率综合考虑，采用经验及推荐参数训练卷积神经网络，图 4 为基于卷积神经网络的输水浮冰识别过程及最终目标分割结果示例（高亮区域为模型识别的冰凌区域）。

按照神经网络模型评价指标，对 10 个测试样本的冰凌特征分割与检测结果进行评估。图像语义分割模型的预测值与真实值都是像素级别的结果，因此采用计算像素层面的指标来进行评价，像素精度 PA 和平均像素精度 MPA 的计算数学表达式如下：

$$PA = \frac{\sum_{i=0}^{k} p_{ii}}{\sum_{i=0}^{k} \sum_{j=0}^{k} p_{ij}} \tag{1}$$

$$MPA = \frac{1}{k+1} \sum_{i=0}^{k} \frac{p_{ii}}{\sum_{j=0}^{k} p_{ij}} \tag{2}$$

式中：k 为语义分割的目标类别；p_{ij} 为实际属于第 i 类但被预测为第 j 类的像素数量；p_{ii} 为第 i 类预测准确的像素数量。

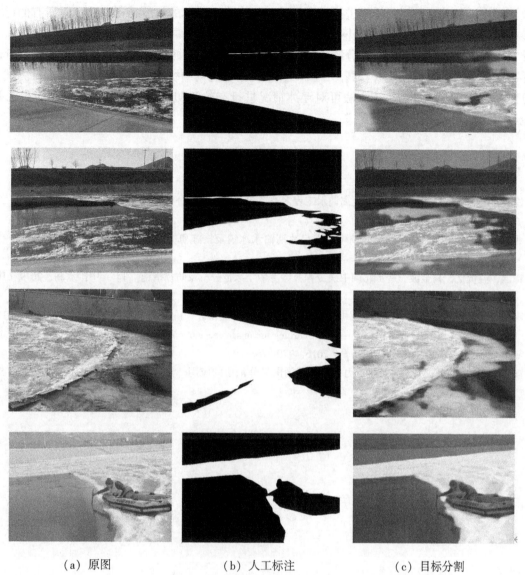

（a）原图　　　　　　　　　（b）人工标注　　　　　　　　（c）目标分割

图4　明渠水面冰凌图像识别结果

如表2所示为所有测试样本检测和分割性能量化指标，浮冰区域分割精度在80%左右，基本可以较准确地判断出浮冰的位置及范围大小。

表2　浮冰识别模型评估指标

指标	像素精度 PA	平均像素精度 MPA
数值	82.13%	81.01%

4　结语

冰情预警对于输水工程至关重要，对于浮冰的形成以及演化进程的观测能为后续及时除冰、排冰及预防等措施提供重要依据，也为输水工程的供水安全提供有力保障。然而，目前对于浮冰的监测主要依靠人工进行，不仅需要专业人员在寒冷的天气里长时间轮班驻守观测并及时上报，而且冬季恶劣的环境对人员的安全产生巨大的威胁。针对以上问题，本文提出了输水明渠冬季浮冰智能识别技术，通过卷积神经网络对图像进行多个深层维度的特征提取，从而达到准备识别浮冰特征的目的。结合南水北调中线、东线输水明渠等工程实践，本文选取了352张不同尺度、不同性态和不同日照条件下的渠道及河道内图像作为数据集样本进行模型训练。结合水面浮冰的目标特征，手工对所有的样本进行了标签标注，采用 ResNet 作为神经网络结构的卷积层并设计全局注意力结构得到全局特征。最终，通过计算模型评价指标，包括模型分割精度（PA、MPA）等，测试模型性能。结果表明，所建立的水面浮冰识别神经网络模型具有较高的准确率，依托南水北调中线工程冰期输水图像进行测试，浮冰区域分割精度均在 80% 左右。该方法可对浮冰情况进行有效的初步预报，可提高输水工程的智能化管控流程，为保障供水安全提供支撑。

参考文献

[1] 黄国兵，杨金波，段文刚. 典型长距离调水工程冬季冰凌危害调查及分析 [J]. 南水北调与水利科技，2019，17（1）：144-149.

[2] 范北林，张细兵，蔺秋生. 南水北调中线工程冰期输水冰情及措施研究 [J]. 南水北调与水利科技，2008，6（1）：66-69.

[3] 韦耀国，温世亿，杨金波. 南水北调中线工程典型冷冬年冰情分析及防控措施 [J]. 中国水利，2019（10）：33-35.

[4] 高霈生，靳国厚，吕斌秀. 南水北调中线工程输水冰情的初步分析 [J]. 水利学报，2003（11）：96-101，106.

[5] He K, Zhang X, Ren S, et al. Deep residual learning for image recognition [C] //Proceedings of the IEEE conference on computer vision and pattern recognition, 2016：770-778.

[6] 张汉，张德祥，陈鹏，等. 并行注意力机制在图像语义分割中的应用 [J]. 计算机工程与应用，2022，58（9）：151-160.

糯扎渡高心墙堆石坝心墙-岸坡接触变形特性研究

殷　殷[1]　廖丽莎[1]　孙天祎[1]　张丙印[2]

（1. 中国水利水电科学研究院，北京　100038；
2. 清华大学，北京　100084）

摘　要：在高心墙堆石坝中，接触面问题对坝体的安全运行具有重大影响。本文基于糯扎渡高心墙堆石坝工程的心墙-岸坡混凝土接触面观测数据，并结合数值模拟方法，对大型土石坝工程的接触面问题进行了研究。数据表明，在高心墙堆石坝接触部位确实存在明显的相对剪切变形，且剪切变形增长与心墙填筑高程增加有关；心墙与岸坡相对剪切变形最大值发生在地形变化剧烈处。数值模拟结果表明，目前常用的非线性弹性接触模型和接触单元法可总体反映高心墙堆石坝中接触面变形的规律，但计算结果受接触面本构模型变形参数影响较大。

关键词：高土石坝；接触面；监测数据；数值模拟

1　引言

土石坝是历史最为悠久的一种坝型，具有就近取材、造价较低及能适应不同地形、地质和气候条件等优点，得到了广泛的应用。在心墙堆石坝中也存在许多有关接触的问题，其中坝体土石料和岸坡之间的接触是最为典型的接触问题之一。在高心墙堆石坝中，土石坝料作为接触的主要材料，具有很强的非线性和非连续性，同时受结构物影响的范围大、作用程度深，易形成剪切作用带，比起连续介质的接触问题更加复杂。大量的工程经验表明，在高心墙堆石坝中，接触面问题对坝体的安全运行具有重大影响。坝体与基岩的不连续变形通常是引起坝体开裂的重要原因，坝体与基岩的接触面是土石坝工程的薄弱环节。

目前，针对土石坝工程中的接触面问题仍缺少深入透彻的研究。学者们对接触面问题的研究仍集中于实验室条件下[1-4]，对实际土石坝工程中接触面特性的研究仍很少见。而且，在土石坝安全监测管理中，仍缺少专门针对土石坝接触部位的测量仪器布置。对于土石坝中的接触面部位，是否真实存在不连续的剪切变形以及变形的大小量级等均还存在一定的争议。

在土石坝设计应力变形计算中，对于心墙坝中坝体与岸坡的接触部位，目前一般忽略坝体与基岩间的相对变形，在坝体底部施加固定位移约束。这些处理方法和实际情况存在一定差别。在数值分析中，对接触面问题的模拟主要有两种处理方法：一种是接触单元法，即利用接触单元使不连续的接触问题在有限元方法的基础上得到解决[5-8]；另一种是基于接触力学的方法[9]，即通过施加不可贯入条件、法向压力条件等，构建接触方程，用以模拟不同物体间的接触特性。接触力学方法目前尚未成熟，在同时满足计算精度、计算效率和收敛性的要求等方面仍还存在一定困难。目前，在实际工程中，接触单元法仍被广泛应用。另外，尽管学者们提出了种类繁多的接触面本构模型，如弹性模型、

基金项目：国家自然科学基金（51979143）。
作者简介：殷殷（1989—），女，高级工程师，主要从事岩土工程方面的研究工作。
通信作者：张丙印（1963—），男，教授，主要从事岩土工程方面的研究工作。

弹塑性模型、损伤模型等，但尚未有一个公认的可详尽描述接触面法向、切向及其耦合力学行为的并在实际中得到广泛应用的接触面本构模型。鉴于此，对于常用接触面模拟方法及本构模型的合理性，尤其对于复杂高土石坝工程接触面问题的适用性须开展进一步研究。

本文拟依托糯扎渡高心墙堆石坝工程针对其接触面问题开展研究工作。该坝最大坝高为 261.5 m，为监测坝体运行安全，糯扎渡高心墙堆石坝布置了完备的监测仪器，针对坝体和坝基接触面布置了专门的接触面变形监测仪器，为高土石坝中接触面是否存在不连续变形提供了答案，为数值模拟提供了标准。本文基于糯扎渡高心墙堆石坝中接触面的监测资料，针对高心墙堆石坝接触面问题，研究了其变形量级及分布规律。并在此基础上，开展了有限元数值模拟，探讨高心墙堆石坝应力变形计算中接触问题模拟方法、接触单元法以及接触面本构模型在高坝应力变形计算有限元模拟中的适应性问题。

2　接触面变形有限元分析

糯扎渡水电站位于云南省澜沧江下游干流上。糯扎渡心墙堆石坝最大坝高 261.5 m，坝顶高程824.1 m。坝体材料主要有 6 种，按照分区功能不同，依次为粗堆石Ⅰ、粗堆石Ⅱ、细堆石料、反滤料Ⅱ、反滤料Ⅰ及心墙掺砾料。坝体于 2008 年底开始土石方填筑，并于 2012 年底完成坝体主体的施工。自 2010 年 11 月，糯扎渡高心墙堆石坝库区开始蓄水，正常蓄水位 812 m，死水位 765 m。

基于对糯扎渡高心墙堆石坝接触面变形监测资料的整理与分析，证实在糯扎渡高心墙堆石坝中"心墙-岸坡混凝土垫层"接触面上均存在集中的剪切变形。限于本文的篇幅原因，相关监测数据不再一一列出。

目前，在土石坝应力变形计算中常常忽略接触部位的不连续性。本文拟依据糯扎渡现场坝体变形和接触面变形监测成果，对坝体内的"心墙-岸坡混凝土垫层"接触面的变形采用目前在工程中应用较为广泛的接触单元法进行模拟，开展高心墙堆石坝全施工过程的应力变形计算，并分析接触面本构模型在有限元模拟高坝计算中的适用性。

2.1　本构模型介绍

本文各坝料的非线性本构关系拟采用 Duncan-Chang EB 模型[10] 来模拟。对于土石坝工程应力变形计算中的接触面本构关系，则选取了应用较为广泛的 Clough-Duncan 非线性弹性模型[11]。在许多土石坝工程中，Clough-Duncan 非线性弹性模型曾被用于模拟面板堆石坝中混凝土面板与垫层料、心墙坝中混凝土防渗体与坝基土体的接触特性等。与土体的 Duncan-Chang EB 模型类似，Clough-Duncan 模型认为接触面剪应力 τ 与切向位移 Δs 的关系可以用式（1）所示的双曲线方程来表示：

$$\tau = \frac{\Delta s}{a + b\Delta s}\tag{1}$$

式中：a、b 为试验常数，可由接触面试验的 $\Delta s/\tau - \Delta s$ 关系曲线拟合得到，a 为拟合直线的截距，b 为拟合直线的斜率。

接触面的起始剪切模量 k_{st} 不是常数，其与接触面法向正应力 σ_n 有关。可参照土体的 Janbu 公式[12]，用式（2）来表示：

$$k_{st} = k_1 \gamma_w \left(\frac{\sigma_n}{P_a}\right)^n\tag{2}$$

式中：γ_w 为水的容重；P_a 为大气压；k_1、n 为试验常数。

接触面强度采用摩尔-库仑强度准则，联立各式可得接触面剪切模量 k_{st} 的表达式：

$$k_{st} = k_1 \gamma_w \left(\frac{\sigma_n}{P_a}\right)^n \left(1 - \frac{R_f \tau}{\sigma_n \tan\delta + c}\right)^2\tag{3}$$

式中：δ 为接触面摩擦角；c 为接触面黏聚强度；R_f 为破坏比，其值为接触面剪应力与破坏剪应力之比。

由式（3）可以看出，Clough-Duncan 非线性弹性模型共有 5 个模型常数，分别为试验常数 k_1、n，破坏比 R_f、摩擦角 δ 和黏聚力 c。这些模型参数可由一组接触面直剪试验确定。

2.2 计算模型和参数

为了研究接触面变形对坝体应力变形的影响，分别在心墙、堆石及过渡料与岸坡基岩的接触部位设置了接触面单元，依据糯扎渡心墙堆石坝的坝体材料分区、施工过程和上游蓄水过程等构建了大坝的三维有限元计算网格，如图 1 所示。

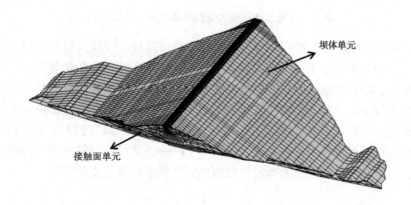

图 1 糯扎渡心墙区堆石坝三维有限元网格

各坝料均采用 Duncan-Chang EB 模型，其模型参数取值见表 1。这些坝料的模型计算参数均根据坝体变形监测结果反演得到。接触面均采用 Clough-Duncan 非线性弹性模型，模型参数根据文献 [13] 中的相关接触面直剪试验成果确定，具体参数值见表 2。

表 1 各材料 Duncan-Chang EB 模型参数

材料分区	k	n	k_b	m	$\varphi_0/$ (°)	$\varphi/$ (°)	c/kPa	R_f
心墙掺砾料	447	0.25	315	0.15	39.34	—	98.0	0.76
粗堆石 I	1 486	0.20	665	0.10	54.20	10.10	—	0.73
粗堆石 II	1 642	0.20	717	0.10	51.31	10.18	—	0.74
细堆石料	1 100	0.28	530	0.12	50.54	6.73	—	0.69
反滤料 II	1 067	0.25	327	0.19	52.60	10.07	—	0.76
反滤料 I	1 115	0.24	481	0.21	50.96	7.98	—	0.67

表 2 接触面模型计算参数（Clough-Duncan 非线性弹性模型）

接触面类型	$k_1/$ (100 kPa/m)	n	c/kPa	$\delta/$(°)	R_f
高塑性黏土-混凝土底板	1 290	0.789	36.24	32.0	1.0
堆石料-混凝土底板	1 020	0.77	62.08	35.3	0.925 6

2.3 计算结果分析及与监测结果比较

三维有限元计算坝体竣工时最大断面沉降分布如图 2 所示。坝体最大沉降为 3.05 m，位于心墙高程 691 m 处。实测资料沉降最大约为 3.4 m，位于心墙中部。三维有限元计算结果与实测资料最大值相近，分布规律相同。

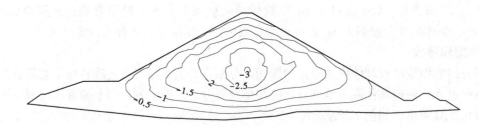

图2　有限元计算最大断面沉降分布（竣工期）

图3给出了计算所得坝体完工时心墙与岸坡混凝土垫层接触面顺坡向剪切变形和顺河向剪切变形的分布。由图3（a）可以看出，计算所得岸坡接触面顺坡向剪切变形在岸坡的上部区域量值较大，在河谷下部量值较小。计算所得剪切变形的最大值发生在右岸高程768 m处，最大值为76 mm。剪切变形实测最大值也为76 mm，发生在右岸高程767 m处。二者最大值及发生部位均十分相近。该处位于岸坡地形最陡峭处。由图3（b）可以看出，在库水压力作用下岸坡接触还发生了顺河向的剪切位移，最大值也发生在右岸高程768 m处，最大值为1.74 mm。此外，计算所得到的接触面剪切位移振荡现象十分严重，如图3所示，这是无厚度接触面单元计算中经常发生的问题。

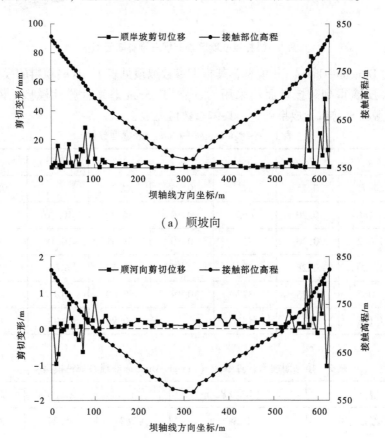

（a）顺坡向

（b）顺河向（指向下游为正）

图3　完工时岸坡接触面剪切变形计算结果

图4给出了部分岸坡接触面剪切变形计位移过程曲线计算值与实测值的对比。可以看出，计算同实测结果的变化趋势较为相似，位移大小均随填筑高程的增加而增大，但在变形大小和到达变形稳定所需时间方面仍存在一定差别。

图5给出了岸坡接触面附近相对轴向变形（距离岸坡45 m点）过程曲线计算与实测结果的对比。可以看出，岸坡接触面附近相对轴向变形的计算结果同实测结果具有十分相似的变化趋势，但变形大

小则稍有差别。

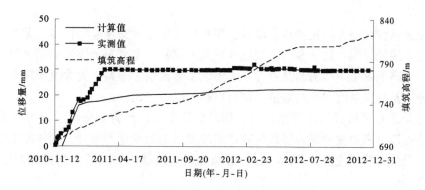

（a）剪切变形计测点 DB-SD1-03

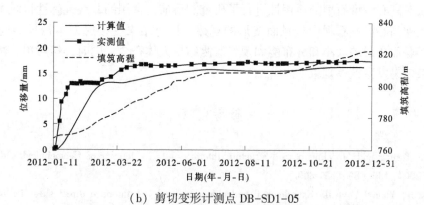

（b）剪切变形计测点 DB-SD1-05

图4 心墙与岸坡混凝土垫层间剪切变形计位移过程曲线对比

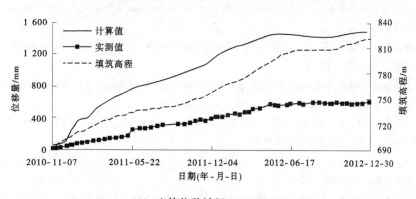

（a）土体位移计组 DB-SD5-01

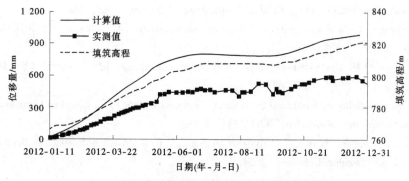

（b）土体位移计组 DB-SD5-03

图5 岸坡接触面附近土体位移计45 m测点位移时程对比

3　结论

为监测大坝的运行状态，糯扎渡高心墙堆石坝布置了完备的安全监测仪器，尤其是首次在坝体和岸坡混凝土垫层等接触部位布置了专门的接触变形监测仪器。本文对坝体各类型接触变形的分布和量级进行了分析，为高土石坝中接触面是否存在不连续变形提供了答案，为数值模拟提供了标准。通过现场监测资料分析及对接触面变形的数值模拟可以得到以下结论：

（1）在高心墙堆石坝接触部位存在显著的相对剪切变形，且剪切变形增长与心墙填筑高程增加密切相关。心墙与岸坡相对变形最大值发生在岸坡较陡且地形变化剧烈处。坝体完工时，心墙与岸坡混凝土垫层接触面最大剪切变形为 76.4 mm；心墙与岸坡混凝土垫层最大累计相对轴向变形（45 m 测点处）为 842 mm。

（2）依据糯扎渡大坝的接触面监测成果，通过接触变形有限元模拟，对接触面试验模型参数和接触面计算方法对高心墙堆石坝的适用性进行了研究。目前，常用的非线性弹性接触本构模型和接触单元法可总体反映高心墙堆石坝中接触面变形的规律，计算结果受接触面本构模型变形参数影响较大。计算所得接触面变形的大小和分布能和现场监测结果大体符合。同时，接触单元法的计算稳定性较差，计算结果较易发生振荡现象。

参考文献

［1］Hu L, Pu J. Testing and Modeling of Soil-Structure Interface ［J］. Journal of Geotechnical and Geoenvironmental Engineering, 2004, 130 (8): 851-860.

［2］Yin Y, Zhang B, Yuan H, et al. Experimental and numerical study on interface direct shear tests ［J］. Journal of Hydroelectric Engineering, 2018, 37 (6): 1-9.

［3］Uesugi M, Kishida H, Tsubakihara Y. Behavior of sand particles in sand-steel friction ［J］. Soils and foundations, 1988, 28 (1): 107-118.

［4］Zong-Ze Y, Hong Z, Guo-Hua X. A study of deformation in the interface between soil and concrete ［J］. Computers and Geotechnics, 1995, 17 (1): 75-92.

［5］L J J, F S, A J. Three-dimensional joint elements applied to concrete-faced dams ［J］. International Journal for Numerical and Analytical Methods in Geomechanics, 1995, 19 (9): 615-636.

［6］Goodman R E, Taylor R L, Brekke T L. A model for the mechanics of jointed rock ［J］. Journal of Soil Mechanics & Foundations Division, 1968, 94 (3): 637-659.

［7］Zhang G, Zhang J M. Numerical modeling of soil-structure interface of a concrete-faced rockfill dam ［J］. Computers and Geotechnics, 2009, 36 (5): 762-772.

［8］Gens A, Carol I, Alonso E E. An interface element formulation for the analysis of soil-reinforcement interaction ［J］. Computers and Geotechnics, 1989, 7 (1): 133-151.

［9］Johnson K L. Contact mechanics ［M］. Cambridge: Cambridge University Press, 1987.

［10］Duncan J M, Chang C Y. Nonlinear analysis of stress and strain in soils ［J］. Journal of Soil Mechanics & Foundations Division, 1970, 96 (5): 1629-1653.

［11］Clough G W, Duncan J M. Finite element analyses of retaining wall behavior ［J］. Journal of Soil Mechanics & Foundations Division, 1971, 97 (12): 1657-1673.

［12］Janbu N. Soil compressibility as determined by oedometer and triaxial tests ［J］. European Conference on Soil Mechanics and Foundation Engineering, Wiesbaden, 1963 (1): 19-25.

［13］Fu J. Experimental Study and Numerical Analysis on Mechanical Characteristics of Interface in Nuozhadu High Earth Core Dam ［D］. Beijing: Tsinghua University, 2004.

高水头下坝基深部微裂隙岩体化学注浆浆液渗透扩散机理与工艺技术研究

景　锋[1,2,3]　邓　雄[1,2,3]　季生国[2,3]　汪　凯[2,3]

（1. 长江科学院，湖北武汉　430010；

2. 武汉长江科创科技发展有限公司，湖北武汉　430010；

3. 武汉长科工程建设监理有限责任公司，湖北武汉　430010)

摘　要：针对高水头、高地应力等复杂条件下高坝坝基深部微裂隙岩体化学注浆浆液渗透扩散机理研究不系统、控制工艺技术复杂的问题，本文基于某大型水电站高水头下坝基深部柱状节理玄武岩防渗补强工程，采用流固耦合理论，建立了考虑浆液黏度时变性的流固耦合数值分析模型，研究了高水头、灌浆压力与浆液黏度时变性等多因素下化学浆液的渗透扩散协同作用机制，提出了相应的控制性灌浆措施和方法。工程实践表明，防渗补强处理效果良好，可为类似高水头下深部地质缺陷化学注浆防渗补强理论研究和工程实践提供参考。

关键词：高水头；裂隙岩体；化学注浆；渗透扩散；流固耦合；控制灌浆

1　引言

金沙江干流某梯级水电站大坝为混凝土双曲拱坝，坝顶高程 610 m，最大坝高 285.5 m，坝顶中心线弧长 681.51 m，水库正常蓄水位 600 m，死水位 540 m，左右两岸对称布置地下厂房，电站装机容量 1 386 万 kW。水库蓄水后，坝基不同高程的灌浆、排水廊道内局部出现了较大面积的渗水现象，对帷幕的长期防渗性能和渗透稳定性不利。

电站坝基渗漏部位岩体多为玄武岩层间层内错动带或柱状节理裂隙密集区，结构面多为硬性结构面，在坝体自重作用下和水泥帷幕灌浆处理后，多数裂隙闭合空隙小，后期灌浆补强吸水不吸浆现象突出，但其在库水高水头作用下岩体局部渗水总量依然很大，须进一步进行化学灌浆处理。不同高程灌浆平洞典型洞壁渗漏部位岩体见图 1。

图 1　灌浆平洞典型洞壁主要渗漏部位岩体照片

作者简介：景锋（1974—），男，正高级工程师，主要从事岩石力学、岩体锚固与注浆及项目管理等工作。

目前，对于复杂条件深部地质缺陷处理通常除普通硅酸盐水泥、细水泥注浆外，多数须采用化学注浆进一步加强防渗补强，处理难度大[1]。深部地质缺陷化学注浆是在一定埋深、地下水和地应力环境下，双液驱替的浆液渗流、扩散与固化过程，渗透扩散机理已成为研究的焦点和难点，现多从注浆试验、理论推导或数值模拟等方面进行研究。目前，关于高水头下考虑浆液黏度时变性流固耦合渗透扩散方面的研究尚不系统，如浆液渗透系数评估与测定、浆液与水分界面判别方法与标准、浆液胶凝固化全过程模拟，控制性注浆理念尚不一致[2-5]。

本文通过室内试验研究了典型改性环氧浆液黏度时变特性，建立了浆液黏度时变过程曲线；基于流固耦合理论，通过引入浆液黏度时变曲线，建立了考虑浆液黏度时变性的流固耦合数值分析方法，研究了作用水头、灌浆压力与浆液黏度时变性等多因素对浆液扩散的协同作用机制，并提出了相应的控制性灌浆措施和方法。工程实践结果表明，高水头下考虑浆液黏度时变性的浆液扩散规律与实际相符，控制性灌浆措施和方法得当，灌浆效果好，可为类似高水头下地质缺陷化学注浆防渗补强理论研究和工程实践提供参考。

2 典型改性环氧浆液黏度时变特性

改性环氧类灌浆材料因具有现场配制简单、可灌性好、固化时间可控、力学强度高、黏接性好、低毒环保等特点，且同时可满足防渗与加固补强的要求，在水利水电等工程中得到了大量应用[6]。

化学浆液的黏度时变性直接关系到化学注浆的效果，其渗透扩散须考虑。本文选用长江科学院研发的环氧系列化学灌浆材料进行浆液黏度时变性试验，两种不同配比浆液黏度随时间变化曲线及拟合曲线见图2。

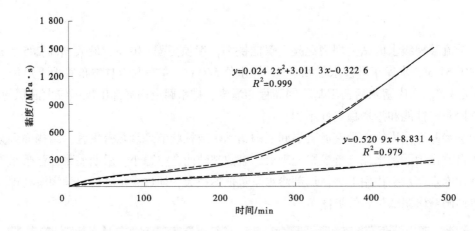

图中公式：
$y=0.024\ 2x^2+3.011\ 3x-0.322\ 6$
$R^2=0.999$

$y=0.520\ 9x+8.831\ 4$
$R^2=0.979$

纵轴：黏度/(MPa·s)   横轴：时间/min

图 2 改性环氧两种典型配比浆液黏度随时间变化曲线及拟合曲线

不同配比浆液黏度总体上随时间延长而增大，且随着固化剂用量的增大，浆液的黏度随时间增大呈加速的趋势，浆液的渗透性和可灌性随时间延长而迅速降低。因此，在研究化学注浆浆液渗透扩散时，须考虑浆液的黏度时变特性。

3 化学注浆流固耦合分析理论与方法

3.1 考虑化学浆液黏度时效性的流固耦合模型分析理论

浆液的注入过程本质上是浆液作为流体在基岩固体骨架间孔隙内的渗流过程，其力学过程可采用流固耦合理论描述。对于固体骨架，满足用位移表示的弹性平衡方程：

$$G \nabla^2 u_i - (\lambda + G) \frac{\partial \varepsilon_v}{\partial x_i} - \frac{\partial p}{\partial x_i} + f_{x_i} = 0 \quad i = 1,2,3 \tag{1}$$

式中：λ、G 为拉梅常数；u_i 为 i 向的位移；ε_v 为体积变形，且有 $\varepsilon_v = -\left(\frac{\partial u_i}{\partial x_i} + \frac{\partial u_j}{\partial x_j} + \frac{\partial u_k}{\partial x_k} \right)$；$\frac{\partial p}{\partial x_i}$ 为渗透力在 i 向的分量；f_{x_i} 为 i 向的体积力分量。

对于孔隙中流动的浆液，应满足渗流的连续性方程：

$$\nabla \left[\frac{1}{\gamma_w} K \nabla p \right] = \frac{\partial}{\partial t} \left(\frac{\partial u_i}{\partial x_i} + \frac{\partial u_j}{\partial x_j} + \frac{\partial u_k}{\partial x_k} \right) \tag{2}$$

式中：K 为基岩的渗透系数；其他符号含义同前。

借鉴渗流力学理论，渗透系数 K 与基岩渗透率 κ 和浆液的动力黏度 μ 间的函数关系为

$$K = \frac{\kappa \gamma}{\mu} \tag{3}$$

式中：γ 为浆液的重度。

由于渗透率 κ 仅与基岩的孔隙结构有关，而与流过的流体性质无关，在注浆过程中可近似视为常数，则有：

$$\kappa = \frac{K \mu_0}{\gamma} = \frac{K(t)\mu(t)}{\gamma} \tag{4}$$

由式（4）可得浆液流动过程中，t 时刻的渗透系数 $K(t)$ 与初始渗透系数 K_0、浆液在 t 时刻的黏度 $\mu(t)$、浆液的初始黏度 μ_0 之间的关系为

$$K(t) = \frac{\mu(t)}{\mu_0} K_0 \tag{5}$$

$\mu(t)$ 可由试验测得。联系式（1）、式（2）、式（5）可得浆液流动过程的流固耦合方程。

以浆驱水，浆液与水分界面判定方法与标准是确定浆液扩散范围的一个关键。根据浆液在某一方向渗流速度的变化来计算浆液在不同时刻的扩散范围。由渗流力学理论，浆液在压力梯度下沿某一方向 r 的渗流速度为

$$v = v(t,r) = \frac{1}{\gamma} K(t) \frac{\partial p(r)}{\partial r} \tag{6}$$

式中：r 为从注浆孔中心出发某一方向的矢径；K 为时间 t 的函数。

3.2 数值模拟

3.2.1 概化模型

针对坝基层间层内错动带，取 6 m×6 m×6 m 的数值分析模型，内含倾角为 10° 和厚度为 30 cm 的错动带，见图 3。模型 x 轴取上游指向下游，y 轴沿大坝轴线方向，z 轴竖直向上。

3.2.2 边界条件

模型应变边界为：四周及底部采用法向约束，上表面施加竖向压力。模型渗流边界为：下游施加 50 m 固定水头边界，上游根据不同工况分别施加 100 m、200 m 和 250 m 水头边界，注浆孔处施加压力边界，其余边界为不透水边界。坝基岩体物理力学参数见表 1。

根据浆液黏度测试成果，两种浆液黏度随时间变化采用第 2 节的拟合曲线。

3.3 研究方案

根据不同配比浆液、不同作用水头、不同注浆压力和时间设计了 30 多种研究方案，研究化学浆液在地质缺陷中的渗透扩散规律。

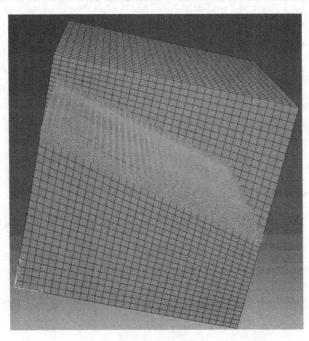

图 3 错动带化学浆液渗流地质概化分析模型

表 1 坝基岩体物理力学参数

地层	弹性模量/GPa	泊松比	密度/（kg/m³）	初始渗透系数/（m/s）
基岩	20	0.2	2 400	$8×10^{-8}$
错动带	1.7	0.32	2 300	$1×10^{-7}$

4 高水头下浆液流固耦合渗透扩散数值模拟结果与分析

据实分上、下游水头差为 0 m、50 m、100 m 和 200 m 工况，本文仅给出部分模拟结果。

4.1 净水头下浆液扩散规律

静水头下分析了注浆压力为 1 MPa、2 MPa、3 MPa 和 4 MPa 下不同时间浆液扩散范围和规律，结果见图 4。不同注浆压力下浆液扩散范围总体呈圆形状扩散，注浆压力越大浆液扩散范围越大；受模型侧面约束和错动带倾向下游的影响，在较高压注浆压力下，下游侧扩散范围稍大于坝体轴向；在相同注浆压力下，随注浆时间延长，扩散速度迅速降低。

该工况下若采用 2 MPa 低压化学浆液，扩散半径总体达到 1 m 时，约须持续灌注 25 h。若采用 4 MPa 压力灌浆，持续灌注 25 h 扩散半径总体达 1.5 m 左右。

4.2 高水头作用下浆液扩散规律

上游侧 200 m 水头，注浆压力分别为 2 MPa、3 MPa 和 4 MPa 工况下，浆液扩散见图 5。

上游侧 200 m 高水头，灌浆孔内孔隙压力为 1.25 MPa 作用下，不同灌浆压力浆液扩散规律表明：受上游高水头作用，不同注浆压力下浆液扩散范围总体为椭圆形，下游侧扩散范围最远，上游侧扩散范围最小，而侧向即坝体轴向扩散范围处于两者中间；浆液扩散范围受注浆压力作用明显，压力越大浆液扩散范围越大；在相同注浆压力下，随着注浆时间延长，浆液扩散范围持续增大，但注浆时间越长扩散速度迅速降低。

对于上、下游 150 m 水头差及注浆孔部位孔隙水压力为 1.25 MPa 工况下，低压浆液难以注入。而该工况下，4 MPa 持续灌注 25 h 后坝体轴向扩散半径约 1.2 m，而上游侧仅 0.4 m 左右，但下游侧扩散半径已超 2.5 m，浆液渗透扩散形态受地下水性状影响明显。

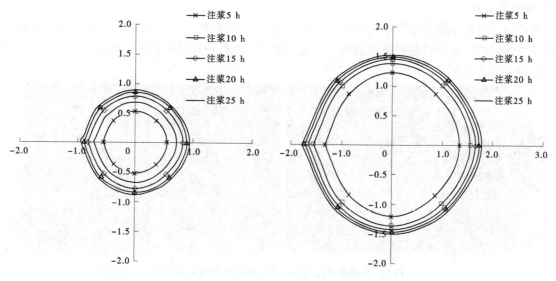

（a）注浆压力为 2 MPa   （b）注浆压力为 4 MPa

图 4　静水状态下不同压力下注浆浆液扩散规律

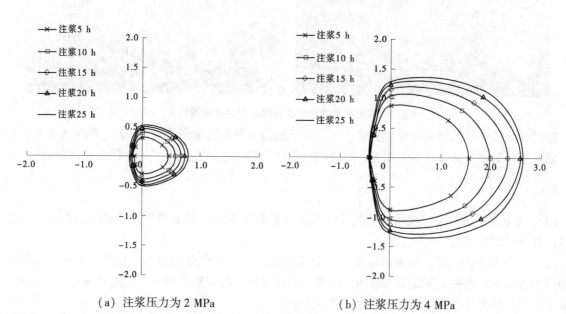

（a）注浆压力为 2 MPa   （b）注浆压力为 4 MPa

图 5　上游 200 m 高水头不同压力下注浆浆液扩散规律

5　工程防渗补强处理方案与效果

5.1　处理原则与工艺流程

该工程案例防渗补强是在前期水泥灌浆的基础上进行的，首先进行孔口封闭法自上而下循环式湿磨细水泥灌浆，对较大节理裂隙或孔隙进行封堵，当透水率小于 1 Lu 后再进行孔内阻塞纯压式化学灌浆，对微节理裂隙或孔隙进行注浆。

根据高水头下化学注浆横向扩散范围 1~1.5 m 的数值分析结果与工程经验，补强灌浆孔孔间距取 2 m。复合灌浆过程中以不使原帷幕产生新的变形破坏为原则，最大湿磨细水泥灌浆压力不超过原水泥帷幕最大灌浆压力，化学灌浆压力不超过水泥灌浆压力的 80%。

化学灌浆过程以"逐级升压、缓慢浸润"为原则，每段灌浆压力结合现场实际情况确定，缓慢升压，按 4 级进行升压，结束标准采用注入率控制，总注浆时间不宜过短[7]。

5.2 注浆效果分析

防渗补强工程化学灌浆整体平均单耗为 23.83 kg/m，其单耗总体上与钻孔布置、灌浆控制工艺和地质条件相对应。灌浆过程中典型涌水孔段化学灌浆前后孔口照片见图 6。灌后取芯，芯样裂隙化学浆液充填密实，见图 7。

图 6　典型涌水孔段化学灌浆处理前后对比照片

图 7　灌后检查孔典型芯样微裂隙浆液充填照片

灌后各项检查结果均满足设计要求。五点法压水检查最大透水率为 0.53 Lu，平均透水率为 0.07 Lu，灌后岩体透水率较灌前减小明显，岩体的整体性和防渗性较灌前有了一定程度的提高。

6　结论

（1）地下水性态对深部地质缺陷化学注浆渗透扩散影响大，受上游侧库水高水头影响，下游侧浆液扩散范围增大明显。

（2）当灌浆压力低时，浆液难以注入，而压力越大浆液扩散范围越大，但浆液扩散速度随时间增加而快速降低。各种工况结果均表明，灌浆压力对浆液扩散范围影响大，注浆时应在不破坏岩土层前提下，可尽快升压利用高压进行灌注以提高工效。

（3）受扩散范围增大与浆液黏度增大影响，高压化学注浆超过 5 h 后浆液的渗透扩散速度明显降低，当注浆超过 4 h 而升压缓慢或不升压情况下，可考虑更换凝固更快的浆液。

（4）工程中层间层内错动带在高水头下平均灌浆压力 3 MPa，受水流影响浆液下游侧扩散范围最大，总灌浆时间应不少于 25 h 坝轴向扩散半径才能达到 1.1 m 左右。

（5）工程案例处理后，芯样裂隙浆液充填密实，岩体灌浆后岩体平均透水率为 0.07 Lu，最大透水率为 0.53 Lu，且平均浆液单耗小量 25 kg/m，处理效果良好，也证明了本文注浆分析方法理论与工艺技术正确。

参考文献

[1] 景锋，韩炜，邱本胜，等．西部高水头下坝基裂隙岩体涌水孔段防渗处理措施研究 [C] //汪在芹．化学灌浆技术的发展与创新．长沙：中南大学出版社，2014：248-253.

[2] 杨志全，侯克鹏，郭婷婷．黏度时变性宾汉体浆液的柱-半球形渗透注浆机制研究 [J] .岩土力学，2011，31

（9）：2697-2073.

［3］邓弘扬，魏涛，汪在芹. CW510 系环氧浆液黏度时变性研究及渗透理论分析［C］//汪在芹. 化学灌浆技术的发展与创新. 长沙：中南大学出版社，2014：3-8.

［4］邓弘扬，魏涛，汪在芹. 基于 CW 环氧浆液流变性的注浆扩散理论研究［J］. 长江科学院院报，2016，33（5）：121-124.

［5］张连震，张庆松，刘人太. 考虑浆液黏度时空变化的速凝浆液渗透注浆扩散机制研究［J］. 岩土力学，2017，38（2）：443-452.

［6］汪在芹，魏涛，李珍，等. CW 系环氧树脂化学灌浆材料的研究与应用［J］. 长江科学院院报，2011，28（10）：167-170.

［7］长江水利委员会长江科学院. 水工建筑物水泥化学复合灌浆施工规范：SL/T 802—2020［S］. 北京：中国水利水电出版社，2020.

水资源节约集约利用

南陵县"十四五"节水潜力与节水措施研究

王会容　柳　鹏　陈　韬

（南京水利科学研究院 水文水资源与水利工程科学国家重点实验室，江苏南京　210029）

摘　要： 南陵县位于安徽省芜湖市，地处皖南丘陵向沿江平原过渡地带，人均水资源量低于全国平均水平。本文分析了南陵县现状用水水平，测算了"十四五"期间南陵县农业、工业、城镇生活领域节水潜力。结合南陵县重点规划和节水潜力成果，探索了农业、工业、城镇生活三大领域和非常规水源利用重点节水措施，为深入实施国家节水行动，提高水资源节约集约安全利用，促进经济社会高质量发展提供了政策支撑。

关键词： 节水潜力；节水措施；节水水平；非常规水源；南陵县

南陵县位于安徽省东南部、长江下游南岸，地处皖南丘陵向沿江平原过渡地带，全县多年平均水资源总量 8.32 亿 m^3，人均水资源量 1 921 m^3，低于全国平均水平。同时南陵县也是长江经济带、长三角更高质量一体化发展和芜湖市域现代化副中心城市建设等国家重大战略辐射地，对打造"两山"转化与绿色转型实践基地、县域经济发展样板区等迎来了重要发展机遇[1-2]。近年来，南陵县积极落实"节水优先"方针，严格计划用水和定额管理，加快节水载体创建，全面实行最严格的水资源管理制度，坚持刚性约束、机制创新和示范引领，加快实施国家节水行动，把节约用水作为解决水资源短缺问题的重要举措，以刚性约束倒逼节水、以严格制度规范用水、以有效政策激励节水、以先进技术支撑节水，在全社会初步形成节约用水整体格局。"十四五"期间，南陵县经济仍将保持快速增长，水资源承载压力较大，亟须构建"集约节约、高效利用"的节水新格局，按照严格水资源刚性约束，规范取水、用水、耗水、排水、再利用全过程节水管理要求，结合"十四五"期间重点发展规划，在农业、工业、城镇生活三大领域和非常规水源利用方面探索南陵县节水措施，对加快建立健全节水制度政策、提高区域水资源节约集约安全利用水平具有重要意义。

1　现状用水水平

1.1　用水构成

根据 2021 年统计数据，南陵县农业用水量占用水总量的 80.5%，远高于芜湖市（32.4%）、安徽省（53.0%）和全国农业用水比例（61.5%）；南陵县工业用水量占用水总量的 6.2%，远低于芜湖市（57.9%）、安徽省（30.2%）和全国工业用水比例（17.7%）；南陵县生活用水量占用水总量的 11.6%，高于芜湖市生活用水比例，略低于安徽省和全国生活用水比例；南陵县生态环境用水量占用水总量的 1.7%，略低于安徽省（3.3%）和全国生态环境用水比例（5.4%）。2021 年区域用水结构见图 1。

1.2　节水水平

1.2.1　总体用水水平

人均综合用水量和万元 GDP 用水量是反映一个地区总体用水水平的综合指标。近年来，随着产业布局和经济结构调整、技术进步与产业升级及用水管理和节水水平不断提高，南陵县水资源利用水

基金项目： 国家重点研发计划项目"城市洪涝组合致灾机理与复杂承载体特性"（2022YFC3090601）。

作者简介： 王会容（1978—），女，高级工程师，主要从事水资源管理与节水规划等方面的工作。

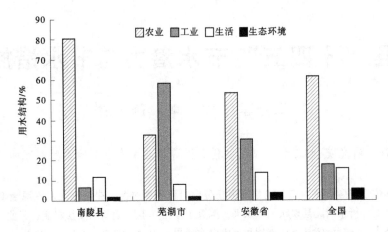

注：数据来源于《中国水资源公报2021》《安徽省水资源公报》《2021年芜湖市水资源公报》。

图1 2021年区域用水结构

平与效率在不断提高。2021年南陵县人均综合用水量619.4 m³，万元GDP用水量83.6 m³，高于芜湖市及安徽省平均水平，与国内先进水平相比仍有较大差距。

1.2.2 农业用水水平

农业用水水平主要与各地气候条件、作物需水要求、种植结构、土壤、水资源条件、灌溉技术和管理水平的高低密切相关。农业为南陵县第一用水大户，2021年农业用水量2.159亿 m³，近年来，通过实施灌区节水配套改造、节水灌溉技术推广和高标准农田建设等措施，灌溉水有效利用系数提高至0.545，与安徽省和全国平均水平相当，但与发达国家的0.7~0.8相比，还存在较大差距。

1.2.3 工业用水水平

2021年南陵县工业用水量0.166亿 m³，万元工业增加值用水量26.6 m³（当年价），由于南陵县无火电行业，万元工业增加值用水量远低于芜湖市和安徽省平均水平（含火电直流冷却水），略低于全国平均水平。南陵县产业以电子信息及智能终端、纺织服装、食品深加工、矿产品加工等为主[1]，企业用水效率和节水水平偏低，工业企业间循环用水、串联用水、分质用水等节水技术尚需进一步提高。

1.2.4 生活用水水平

2021年南陵县城镇居民人均生活用水量137.1 L/（人·d），农村居民人均生活用水量95.1 L/（人·d），低于安徽省和全国平均水平。南陵县城镇供水、输水系统尚存在浪费现象，2021年南陵县城镇公共供水管网漏损率16.9%，高于安徽省现状平均水平，尚待进一步统筹推进城乡供水管网改造升级等工作。2021年区域节水水平见图2。

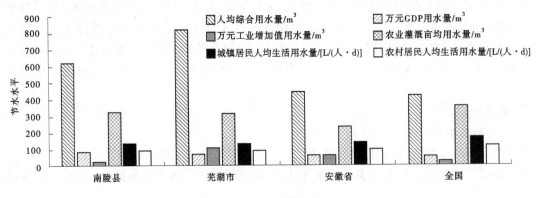

图2 2021年区域节水水平

2 节水潜力计算方法

2.1 农业

农业节水潜力是指在规划水平年，以现有灌溉农业为基础，通过种植结构调整，并采取一系列工程措施和非工程措施提高农田灌溉水利用系数，采取各种农艺措施减小作物灌溉净定额等最大可能减少的取水量[3-5]。基于"存量节水"理念，维持现状实际灌溉面积指标，综合考虑农田灌溉水有效利用系数提高和亩均净灌溉用水量下降来实现节水。

$$I_{实净0} = W_0 \times \frac{\eta_0}{A_0} \tag{1}$$

$$\Delta W_{农} = A_0 \times \left(\frac{I_{实净0}}{\eta_0} - \frac{I_{实净t}}{\eta_t} \right) \tag{2}$$

式中：W_0 为现状毛灌溉用水量，m^3；A_0 为现状实灌面积，亩；$I_{实净0}$ 为现状实际净灌溉用水量，m^3/亩；η_0、η_t 分别为现状水平年、规划水平年灌溉水利用系数；$\Delta W_{农}$ 为规划水平年农业毛节水潜力，m^3；$I_{实净t}$ 为规划水平年实际净灌溉用水量，m^3/亩。

2.2 工业

工业节水潜力是指在规划水平年，以现状工业增加值为基础，通过采取水循环系统改造等工程措施，以及加强工业用水管理等非工程措施，提高工业用水重复利用率，降低万元工业增加值取水量，最大可能减少取新水量[5]。

$$\Delta W_{工} = Z_0 \times (W_{Q0} - W_{Qt}) \tag{3}$$

式中：$\Delta W_{工}$ 为工业节水潜力，m^3；Z_0 为现状工业增加值，万元；W_{Q0} 为现状水平年万元工业增加值取水量，m^3/万元；W_{Qt} 为规划水平年万元工业增加值取水量，m^3/万元。

2.3 城镇生活

城镇生活节水潜力以现状城镇人口数量及现状城镇生活用水量为基础，结合现状供水管网漏损率、节水器具普及率与未来节水目标值之差，估算节水潜力[5-6]。城镇生活用水一般包括居民生活用水与城镇公共设施用水。生活节水潜力计算公式主要考虑了节水器具普及率的提高和管网综合漏损率的降低两方面的节水潜力。涵盖了工程节水、工艺节水的节水潜力，未涵盖管理节水方面。

$$\Delta W_{城} = W_0 - W_0 \times \frac{1 - L_0}{1 - L_t} + R \times J_z \times (P_t - P_0)/1\,000 \times 365 \tag{4}$$

式中：$\Delta W_{城}$ 为城镇生活节水潜力，m^3；W_0 为现状自来水厂供出的城镇用水量，m^3；L_0 为现状水平年供水管网综合漏失率（%）；L_t 为规划水平年供水管网综合漏失率（%）；R 为现状城镇人口，人；J_z 为采用节水器具的日可节水量，L/（人·d）；P_0 为现状水平年节水器具普及率（%）；P_t 为规划水平年节水器具普及率（%）。

3 "十四五"节水潜力分析

参考芜湖市《节水行动实施方案》《"十四五"节约用水规划》等成果，确定 2025 年南陵县农业、工业、城镇生活三大领域用水效率指标目标值，对南陵县分行业节水潜力进行分析，成果见表1。2025 年南陵县节水潜力为 1 451 万 m^3。在三大领域中农业节水潜力最大，占其总节水潜力的 66.4%。

采用南陵县 2021 年用水总量指标，分析节水潜力占用水总量的比重，为实施节水行动方案、制定节水措施提供依据。根据计算，2025 年总节水潜力占用水总量的比例为 5.4%。

表 1   2025 年南陵县节水目标及节水潜力

用水效率指标目标值			节水潜力/万 m³			
灌溉水有效利用系数	万元工业增加值用水量/（m³/万元）	城镇公共供水管网漏损率/%	农业	工业	城镇生活	合计
0.59	21.5	10.0	964	319	168	1 451

4   节水措施

结合芜湖市和南陵县重点发展规划以及节水潜力成果，从农业、工业、城镇生活三大领域和非常规水源利用探索南陵县重点节水措施。

4.1   农业领域

南陵县农业节水措施主要有如下几种：

（1）调整农业生产结构和布局，优化配置农业水资源，积极发展高效节水农业和生态农业。

（2）加快推进水利基础设施建设、节水灌溉工程建设及节水灌溉技术应用。

（3）开展现代节水型灌区建设，实施大中型灌区续建配套及现代化等节水改造，实施规模化高效节水灌溉行动，因地制宜推广渠道防渗、管道输水、喷灌、微灌等节水灌溉技术。

（4）积极创建节水型灌区和实施灌区水效领跑者引领行动。

（5）加强农业用水定额管理和计划用水管理，完善灌溉用水计量设施，稳步推进农业水价综合改革，建立健全农业水价形成机制，推进农业水权制度建设，加快建立农业用水精准补贴和节水奖励机制。

4.2   工业领域

南陵县工业节水措施主要有如下几种：

（1）落实以水定产，推动产业布局结构优化调整，以节水促进产业转型升级。

（2）严格市场准入，限制高污染、高耗水行业发展，加快推广先进适用的工业节水工艺、技术和装备，构建循环型工业用水体系。

（3）通过政策引导和资金扶持，采取"以奖代补"等方式，推进纺织服装、电子产业、食品与农产品加工、矿产开采等重点行业节水技术改造。

（4）鼓励入园企业开展企业间的串联用水、分质用水、一水多用和循环利用，建立园区企业间循环、集约用水产业体系。

（5）推进节水型企业、水效领跑者及南陵经济开发区省级节水型工业园区等节水标杆创建，实现工业节水减污。

4.3   城镇生活领域

南陵县城镇生活节水措施主要有如下几种：

（1）结合新型城镇化和乡村振兴战略，加快实施老旧管网更新改造，完善城乡统筹区域供水设施，实施城乡供水一体化。

（2）全面开展节水型生活服务业载体创建，实施节水器具推广普及行动。

（3）全面加强重点公共用水户管理，实施公共机构节水行动。

（4）结合新农村建设，推进农村生活垃圾及污水处理，加强农村水环境综合整治。

4.4   非常规水源利用

非常规水源利用主要包括再生水利用和集蓄雨水利用。

（1）积极探索区域再生水循环利用模式。南陵县已依托市桥河水环境综合治理工程，将污水处理厂的再生水抽至后港河湿地，由中水回用水质净化池提供生态涵养补水湿地公园西区，为动植物提供一个全封闭自然涵养的生态栖息地。未来可积极推进再生水景观环境补水工程，通过湿地净化系统实现尾水生态性活化，用于农业灌溉、工业生产和市政杂用，实现再生水生态循环、梯级利用。

（2）积极开展集蓄雨水利用，加快"海绵城市"建设。南陵县入选首批全国海绵城市建设试点县，以建筑小区、道路广场、公园绿地为载体，推广海绵型建筑与小区，提高建筑与小区的雨水积存和蓄滞能力；推进海绵型道路与广场建设，减轻市政排水系统的压力；增强公园和绿地系统的城市海绵体功能，消纳自身雨水，为蓄滞周边区域雨水提供空间。

5　结语

南陵县现状总体用水水平与国内先进地区相比仍有一定差距，但具有一定节水潜力。为加强水资源节约集约高效利用，需进一步推动节约用水重点工程建设，加快实施农业、工业、城镇生活三大领域节水措施，积极探索再生水和雨水资源利用配置。

参考文献

[1] 南陵县人民政府．南陵县国民经济和社会发展第十四个五年规划和2035年远景目标纲要：南政〔2021〕19号［A/OL］．（2021-05-21）［2023-10-21］．www.wuhu.gov.cn/openness/public/6596211/30744381.html.

[2] 芜湖市生态环境局，芜湖市发展和改革委员会．芜湖市"十四五"生态环境保护规划［A/OL］．（2022-05-10）［2023-10-21］．www.wuhu.gov.cn/openness/public/6596211/34462711.html.

[3] 梅欣佩，刘娜娜，王秋良，等．深圳市用水现状评价及其潜力分析［J］．水利规划与设计，2022（10）：47-55.

[4] 童子林．安徽省农业节水灌溉模式研究［J］．合肥工业大学学报（自然科学版），2011，34（11）：1715-1719.

[5] 秦长海，赵勇，李海红，等．区域节水潜力评估［J］．南水北调与水利科技（中英文），2021，519（1）：36-42.

[6] 刘秀丽，张标．我国水资源利用效率和节水潜力［J］．水利水电科技进展，2015，35（3）：5-10.

分析时段对中国 1951 年以来"蒸发悖论"现象的影响

王晓春 韩松俊 张宝忠

（中国水利水电科学研究院 流域水循环模拟与调控国家重点实验室，北京 100038）

摘 要：本文通过实测数据和 PenPan 模型得到了我国 1951—2017 年完整的蒸发资料，并以 1961—2001 年的气象数据为基础分析了向前和向后延长分析时段对"蒸发悖论"现象的影响。结果表明：91 个站点的平均蒸发皿蒸发量在 1951—1961 年显著上升，在 1962—1993 年显著下降；1961—2001 年间 59 个站点存在"蒸发悖论"，而向前和向后延长时间序列都会使全国的"蒸发悖论"现象弱化；分析时段的选取会对"蒸发悖论"现象造成影响，在更长时间尺度上中国的"蒸发悖论"现象有待进一步研究。

关键词：蒸发皿蒸发量；变化趋势；蒸发悖论

1 引言

自 1951 年到 2012 年来，全球气温呈现出了显著的上升趋势，平均每 10 年上升 0.12 ℃[1]。一般认为，在其他因素不变的情况下，全球气温上升会导致大气变得干燥，进而使陆地蒸发能力有所增强[2]。但研究发现，在全球多个地区，无论是直接观测的蒸发皿蒸发量还是计算的潜在蒸发量，自 1951 年以来都普遍存在下降的趋势[3-6]，这种气温升高与潜在蒸发量减少同时发生的水文气候现象被称为"蒸发悖论"。在我国，"蒸发悖论"现象同样存在。在全国尺度上，左洪超等[7] 基于全国 62 个站点 1961—2000 年的气象数据，发现随着气温升高蒸发皿蒸发量呈下降趋势。申双和等[8] 根据全国 1957—2001 年的 472 个气象站蒸发皿的实测资料，发现随着温度的上升，蒸发皿蒸发量总体上以 −34.12 mm/10 a 的速度下降。丛振涛等[9] 根据全国 353 个气象站 1956—2005 年的气象资料，发现我国总体上存在"蒸发悖论"，但具有空间上和时间上的差异。

大量研究表明，受蒸发皿蒸发量变化趋势的影响，关于"蒸发悖论"现象的结论与分析时段显著相关。朱晓华等[10] 发现 1961—1993 年期间中国地区存在"蒸发悖论"现象，而 1994—2017 年"蒸发悖论"消失。Shen 等[11] 发现，中国 1988—2017 年蒸发皿蒸发量呈增加趋势，不存在"蒸发悖论"现象。张耀宗等[12] 发现黄土高原地区蒸发皿蒸发量在 1960—1974 年呈上升趋势，1975—1996 年呈下降趋势，而 1997—2018 年又呈上升趋势。Xing 等[13] 发现中国潜在蒸发量在 1961—2011 年期间总体上呈现出年代际变化，而不是以往研究中对气候变化的单调响应。因此，在研究"蒸发悖论"现象时，有必要考虑不同研究时段的影响。

我国自 20 世纪 50 年代起广泛采用 20 cm 直径蒸发皿（D20）进行蒸发量的观测，并于 2002 年前后开始使用 E601B 型蒸发皿代替 D20 型蒸发皿，故基于实测 D20 型蒸发皿数据的研究时段的终点多在 2001 年左右[14-16]，而部分学者利用蒸发皿蒸发量模型估算数据将研究时段延长至近期[17-19]。而

基金项目：国家自然科学基金（52130906，52079147）；中国水利水电科学研究院"五大人才计划"项目。

作者简介：王晓春（1997—），男，硕士研究生，研究方向为蒸散发。

受蒸发皿观测数据的限制，大多研究以 1960 年左右为起点，仅少部分研究将起点前移至 20 世纪 50 年代中后期[9]。相比之下，美国和苏联地区对"蒸发悖论"现象的研究分别以 1948 年和 1950 年为起点[20-21]。因此，目前对较长时段内中国蒸发皿蒸发量的趋势及"蒸发悖论"现象的变化规律的认识并不清晰。本文在收集整理自 1951 年起具有较为完整的 D20 型蒸发皿蒸发量观测站点数据的基础上，分析向前和向后延长时间序列对蒸发皿蒸发量变化趋势和"蒸发悖论"现象的影响。

2 资料和方法

2.1 数据资料

经过收集整理，本文发现 91 个气象站点具有 1951—2001 年较为完整的蒸发皿蒸发量观测数据，其中月尺度数据缺失率为 4.05%。研究中同步收集了相应的气温、相对湿度、风速和日照时数等气象数据，利用 PenPan 模型对 1951—2001 年部分月份蒸发皿蒸发量缺失数据进行插补，并对 2002—2017 年的蒸发皿蒸发量数据进行替代，得到了完整的 1951—2017 年蒸发皿蒸发量数据。

2.2 PenPan 模型

PenPan 模型是基于 Penman 模型建立起来的[22]，Rotstayn 等[23] 为了估算美国 Class-A 型蒸发皿蒸发量于 2006 年将其改进，之后 Yang 等[16] 为估算中国 20 cm 蒸发皿蒸发量又将其进一步修正。本文为估算中国区域 D20 型蒸发皿蒸发量，采用 Yang 等修正后的 PenPan 模型，计算公式如下：

$$E_{pan} = \frac{\Delta}{\Delta + a\gamma} \frac{R_n}{\lambda} + \frac{a\gamma}{\Delta + a\gamma} f_q(U) \frac{D}{\lambda} \tag{1}$$

式中：Δ 为饱和水汽压与温度曲线关系的斜率，kPa/k；λ 为水的汽化潜热，MJ/kg；γ 为干湿表常数，kPa/k；R_n 为蒸发皿的净辐射通量，MJ/（$m^2 \cdot d$）；$f_q(U)$ 为蒸汽传递函数；D 为 2 m 处的蒸气压差，kPa；a 为热量和水蒸气传输的有效表面积之比，对于 D20 型蒸发皿取值为 5。

根据 1951—2001 年月尺度的 20 cm 蒸发皿蒸发量的实测值和 PenPan 模型的模拟值（见图 1），在剔除缺失的实测值所对应的点后，选取剩下的进行对比，发现模拟值和实测值的确定性系数 R^2 为 0.93，均方根误差 RMSE 为 23.14 mm/m，Nash 效率系数 NSE 为 0.92。结果表明，PenPan 模型的模拟效果较好，在我国具有很好的适用性，可以用来对缺失的蒸发皿蒸发量数据进行插补。

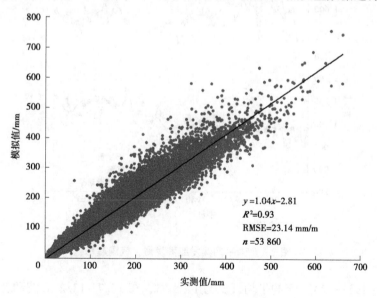

图 1　蒸发皿蒸发量实测值与模拟值的结果比较

2.3 趋势分析方法

研究中将以多位学者研究选取的 1961—2001 年和 1961—2017 年时段为基础，分析向前和向后延长时间序列后蒸发皿蒸发量的变化趋势以及"蒸发悖论"的规律。

气候趋势系数 r_{xt} 可以用来研究各气象要素在气候变化过程中升降的定量程度。通过气候趋势系数可以检验各气象要素在时间序列上趋势是否显著。气候趋势系数可以定义为 n 个时刻（年）的气候要素序列与自然数列 1，2，3，…，n 的相关系数。

$$r_{xt} = \frac{\sum_{i=1}^{n}(x_i - \bar{x})(i - \bar{t})}{\sqrt{\sum_{i=1}^{n}(x_i - \bar{x})^2 \sum_{i=1}^{n}(i - \bar{t})^2}} \tag{2}$$

式中：n 为年数；x_i 为第 i 年的要素值；$\bar{x}$ 为 x_i 的样本均值；$\bar{t} = (n+1)/2$。当 r_{xt} 为正或负时，表示该气象要素在所计算的 n 年内有线性增加或减少的趋势。

通过一次线性方程来表示气象要素的趋势变化，即 $\hat{x} = a_0 + a_1 t$（$t = 1$，2，3，…，n），其中，$\hat{x}_t$ 为气象要素拟合值；$a_1 \cdot 10$ 即为气象要素的气候倾向率，表示气象要素平均每 10 年的变化率。

3 结果分析

3.1 不同时段的"蒸发悖论"规律

1951—2017 年，全国 91 个站点平均的蒸发皿蒸发量平均值为 1 561.6 mm，在 1 432.7～1 679.5 mm 波动变化（见图 2），总体没有显著的变化趋势。全国平均的蒸发皿蒸发量在 1951—1961 年显著增加，之后波动下降至 1993 年，后增大至 2004 年，又短期下降至 2012 年后再次回升，其中 1951—1961 年趋势值为 20.2 mm/a，1962—1993 年为 -4.5 mm/a，1994—2004 年为 9.7 mm/a，2005—2012 年为 -10.2 mm/a，2013—2017 年为 10.4 mm/a。在 1951—1961 年、1962—1993 年、1994—2004 年这三个时段，蒸发皿蒸发量的趋势均通过了 0.05 水平的显著性检验。通过对整体趋势的分析发现，在 1961—1993 年蒸发皿蒸发量的下降趋势达到 36.4 mm/10 a，且全国有 70 个站点的蒸发皿蒸发量呈下降趋势，与其他时段相比，1961—1993 年全国蒸发皿蒸发量的下降趋势最显著。

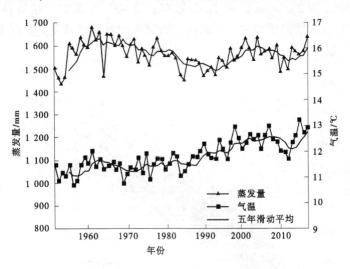

图 2 全国平均蒸发皿蒸发量、气温趋势

全国 91 个站点 1951—2017 年的平均气温为 11.8 ℃，在 10.7～13.2 ℃ 波动变化，整体呈显著上升趋势。在与蒸发皿蒸发量变化趋势对应的时段中，除在 2005—2012 年气温呈下降趋势外，其余时段均呈上升趋势，其中 1951—1961 年趋势值为 0.07 ℃/a，1962—1993 年为 0.02 ℃/a，1994—2004 年为 0.04 ℃/a，2005—2012 年为 -0.11 ℃/a，2013—2017 年为 0.12 ℃/a。1962—1993 年气温的变化趋势通过了 0.05 水平的显著性检验。

对于其他时段，1951—2001 年，蒸发皿蒸发量的均值为 1 559.4 mm，以 7.8 mm/10 a 的速率呈下降趋势，但不显著；平均气温为 11.61 ℃，以 0.21 ℃/10 a 的速率呈显著上升趋势。1961—2001 年，蒸发皿蒸发量的均值为 1 562.8 mm，以 24.3 mm/10 a 的速率呈显著下降趋；与其对应的平均气温为 11.7 ℃，以 0.24 ℃/10 a 的速率呈显著的上升趋势。1961—2017 年，蒸发皿蒸发量的均值为 1 564.4 mm，以 7.7 mm/10 a 的速率呈不显著的下降趋势；平均气温为 11.92 ℃，以 0.24 ℃/10 a 的速率呈显著上升的趋势，见表 1。

表 1　中国蒸发皿蒸发量及气温变化趋势

时段	气象要素	趋势值/10 a	均值	存在"蒸发悖论"现象的站点数
1961—2001 年	蒸发量/mm	−24.3**	1 562.8	59
	气温/℃	0.24**	11.7	
1951—2001 年	蒸发量/mm	−7.8	1 559.4	45
	气温/℃	0.21**	11.61	
1961—2017 年	蒸发量/mm	−7.7	1 564.4	53
	气温/℃	0.26**	11.92	
1951—2017 年	蒸发量/mm	−1.9	1 561.6	45
	气温/℃	0.24**	11.82	

注：表中 * 表示通过了 0.05 的显著性水平 T 检验。

3.2　分析时段向后延长的影响

以 1961—2001 年时段为参照，随着截止年份从 2001 年延长至 2017 年，蒸发皿蒸发量呈下降趋势的站点数由 59 个（占比 64.8%）减少至 53 个（占比 58.2%）（见图 3）。相比之下，气温呈上升趋势的站点数仅在分析时段延长至 2003 年后由 88 个增加至 89 个，并一直保持不变。91 个站点的平均蒸发皿蒸发量下降趋势的绝对值由 24.3 mm/10 a 减小至 7.7 mm/10 a，而平均气温的趋势值在 0.24~0.29 ℃/10 a 间保持基本稳定。因此，受蒸发皿蒸发量变化的影响，以 1961 年为分析时段的起点，随着分析时段的终点从 2001 年向后延长，"蒸发悖论"现象存在一定的弱化。在空间上，延长时段后"蒸发悖论"现象消失的站点数主要分布在华南和西南地区，新出现"蒸发悖论"的站点则主要分布在东北南部地区。

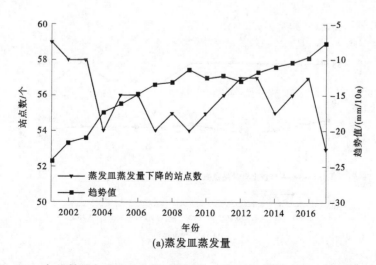

(a)蒸发皿蒸发量

图 3　以 1961—2001 年为基础向后延长分析时段到 2017 年后 91 个站点蒸发皿蒸发量和气温的变化

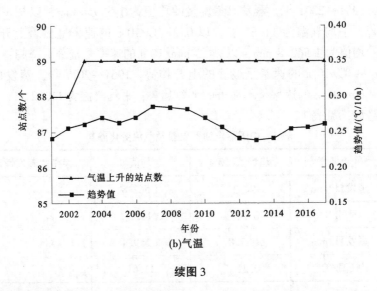

(b)气温

续图3

3.3 分析时段向前延长的影响

以 1961—2001 年时段为参照，随着起始年份从 1961 年向前延长至 1951 年，蒸发皿蒸发量呈下降趋势的站点由 59 个（占比 64.8%）减少至 45 个（占比 49.5%）（见图4）。与其对应的气温呈上

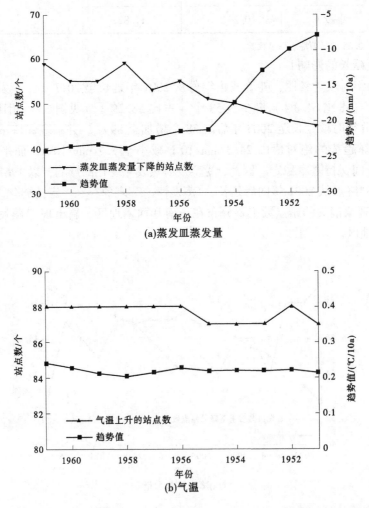

图4　以 1961—2001 年为基础向前延长分析时段到 1951 年后 91 个站点蒸发皿蒸发量和气温变化

升趋势的站点数在分析时段延长至 1957 年后由 88 个下降到 87 个,并在 1952 年上升后再次回落。91 个站点的平均蒸发皿蒸发量的下降趋势的绝对值由 24.3 mm/10 a 减小至 7.8 mm/10 a,平均气温的趋势值则是在 0.20~0.24 ℃/10 a 保持稳定。空间上,向前延长时段后东北地区存在"蒸发悖论"现象的站点数明显减少,在华东、华中和西南地区也有少数站点出现了"蒸发悖论"消失的现象。

而以 1961—2017 年时段为参照,随着起始年份从 1961 年延长至 1951 年后,蒸发皿蒸发量呈下降趋势的站点数由 53 个(占比 58.2%)减少至 45 个(占比 49.5%)(见图 5)。而气温呈上升趋势的站点数则是保持在 89 个。91 个站点的平均蒸发皿蒸发量下降趋势的绝对值由 7.7 mm/10 a 减小至 1.9 mm/10 a,平均气温的趋势值在 0.24~0.26 ℃/10 a 间保持稳定。空间上同样是东北地区存在"蒸发悖论"现象的站点数明显减少,而在华北、华南和西北地区则有少量站点新增为存在"蒸发悖论"现象的站点。因此,随着蒸发皿蒸发量的变化,在 1961—2001 年、1961—2017 年时段中,随着起点从 1961 年向前延长,"蒸发悖论"现象存在显著弱化,其中以 1961—2001 年时段向前延长时,"蒸发悖论"的弱化现象最明显。

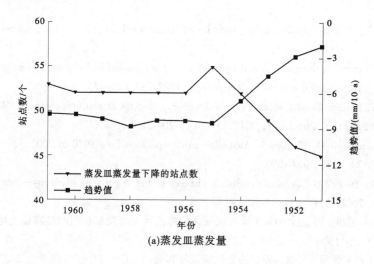

(a)蒸发皿蒸发量

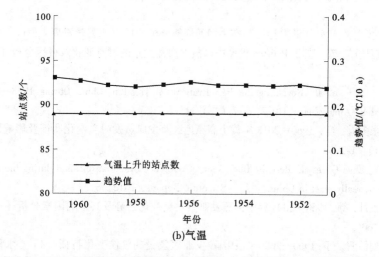

(b)气温

图 5　以 1961—2017 年为基础向前延长分析时段后 91 个站点蒸发皿蒸发量和气温的变化

4　结论

通过对全国 91 个站点 1951—2017 年数据的分析,得出以下结论:

(1)全国蒸发皿蒸发量在 1951—2017 年整体呈波动变化,以 1.9 mm/10 a 的速率呈不显著下降趋势;在 1951—1961 年呈显著上升趋势,在 1962—1993 年呈显著下降趋势,在 1994—2017 年经历了短期的上升—下降—上升的波动变化，整体无显著上升趋势。通过对整体趋势的分析得出，在 1961—1993 年中国蒸发皿蒸发量的下降趋势最显著。

（2）以 1961—2001 年为参照，向前和向后分别延长时间序列都会使全国的"蒸发悖论"现象弱化。向前延长时段至 1951 年后，蒸发皿蒸发量下降趋势的绝对值由 24.3 mm/10 a 减小至 7.8 mm/10 a，站点由 59 个减少至 45 个；向后延长时段至 2017 年，蒸发皿蒸发量下降趋势的绝对值由 24.3 mm/10 a 减小至 7.7 mm/10 a，站点数由 59 个减少至 53 个。

（3）不同的研究时段对"蒸发悖论"现象的结论影响显著，在更长时间尺度上我国的"蒸发悖论"现象如何变化有待进一步研究。

参考文献

[1] 沈永平，王国亚. IPCC 第一工作组第五次评估报告对全球气候变化认知的最新科学要点［J］. 冰川冻土，2013（5）：1068-1076.

[2] Ohmura A，Wild M. Climate change. Is the hydrological cycle accelerating？［J］. Science，2002，298（5597）：1345-1346.

[3] Chattopadhyay N，Hulme M. Evaporation and potential evapotranspiration in India under conditions of recent and future climate change［J］. Agricultural and Forest Meteorology，1997，87（1）：55-73.

[4] Breña-Naranjo J A，Laverde-Barajas M Á，Pedrozo-Acuña A. Changes in pan evaporation in Mexico from 1961 to 2010［J］. International Journal of Climatology，2017，37（1）：204-213.

[5] Roderick M L，Farquhar G D. Changes in Australian pan evaporation from 1970 to 2002［J］. International Journal of Climatology，2004，24（9）：1077-1090.

[6] Cohen S，Ianetz A，Stanhill G. Evaporative climate changes at Bet Dagan，Israel，1964—1998［J］. Agricultural and Forest Meteorology，2002，111（2）：83-91.

[7] 左洪超，李栋梁，胡隐樵，等. 近 40 a 中国气候变化趋势及其同蒸发皿观测的蒸发量变化的关系［J］. 科学通报，2005（11）：1125-1130.

[8] 申双和，盛琼. 45 年来我国蒸发皿蒸发量的变化特征及其成因［C］//中国气象学会 2005 年年会论文集，2005：3805-3815.

[9] 丛振涛，倪广恒，杨大文，等. "蒸发悖论"在中国的规律分析［J］. 水科学进展，2008（2）：147-152.

[10] 朱晓华，徐芳，姬祥祥，等. 基于 PenPan 模型中国蒸发皿蒸发量的时空变化及成因分析［J］. 节水灌溉，2019（7）：87-94.

[11] Shen J，Yang H，Li S，et al. Revisiting the Pan Evaporation Trend in China During 1988—2017［J］. Journal of Geophysical Research：Atmospheres，2022，127（12）.

[12] 张耀宗，张勃，张多勇，等. 1960—2018 年黄土高原地区蒸发皿蒸发时空变化特征及影响因素［J］. 干旱区研究，2022，39（1）：1-9.

[13] Xing W，Wang W，Shao Q，et al. Periodic fluctuation of reference evapotranspiration during the past five decades：Does Evaporation Paradox really exist in China？［J］. Scientific Reports，2016，6（1）.

[14] 祁添垚，张强，王月，等. 1960—2005 年中国蒸发皿蒸发量变化趋势及其影响因素分析［J］. 地理科学，2015，35（12）：1599-1606.

[15] 曾燕，邱新法，刘昌明，等. 1960—2000 年中国蒸发皿蒸发量的气候变化特征［J］. 水科学进展，2007（3）：311-318.

[16] Yang H，Yang D. Climatic factors influencing changing pan evaporation across China from 1961 to 2001［J］. Journal of Hydrology，2012，414-415：184-193.

[17] 马雪宁，张明军，王圣杰，等. "蒸发悖论"在黄河流域的探讨［J］. 地理学报，2012，67（5）：645-656.

[18] 王婷婷，孙福宝，章杰，等. 基于析因数值实验方法的蒸发皿蒸发归因研究［J］. 地理学报，2018，73（11）：2064-2074.

[19] 鲁向晖，白桦，穆兴民，等. 江西省潜在蒸发量变化规律及"蒸发悖论"成因分析［J］. 生态与农村环境学报，

2016，32 (4)：552-557.

[20] Peterson T, Golubev V, Groisman P. Evaporation losing its strength ［J］. Nature, 1995：687-688.

[21] Roderick M L, Hobbins M T, Farquhar G D. Pan Evaporation Trends and the Terrestrial Water Balance. Ⅱ. Energy Balance and Interpretation ［J］. Geography Compass, 2009, 3 (2)：761-780.

[22] Thom A S, Thony J L, Vauclin M. On the proper employment of evaporation pans and atmometers in estimating potential transpiration ［J］. Quarterly journal of the Royal Meteorological Society, 1981, 107 (453)：711-736.

[23] Rotstayn L D, Roderick M L, Farquhar G D. A simple pan-evaporation model for analysis of climate simulations：Evaluation over Australia ［J］. Geophysical Research Letters, 2006, 33 (17).

断面流速分布规律发展现状及展望

邵帅超

(中国水利水电科学研究院 流域水循环模拟与调控国家重点实验室，北京 100048)

摘 要：断面流速分布规律的研究是提高灌区量测水准确度、可靠性和便捷性的重要方面。本文针对目前断面流速分布规律的研究，分别阐述了垂向流速分布规律、横向流速分布规律和点流速与断面平均流速关系的研究现状。在现状分析的基础上，对参数对断面流速分布规律影响性和敏感性分析、不同数量测线的测流效果研究以及结合非接触式量测水技术三个方面进行了展望。

关键词：量测水；流速分布；点流速；未来展望

1 引言

2022 年，我国农业用水总量占全国总用水量的 63%，而农业灌溉水有效系数仅为 0.572，距离高效节水型国家的 0.7~0.8，仍存在较大差距[1]。灌区作为农业生产的基本单元，水土资源时空分布不均，严重制约了农业的发展。灌溉作为缓解上述问题的典型技术手段，用水量大和利用率低是典型特征。究其原因，主要是量测水技术短缺和不成熟。灌区量测水作为灌溉用水管理的基本条件，是提高灌溉水有效系数的重要途径[2-3]。近年来，量测水技术在准确度、稳定性、便捷性等方面均有很大提升。其中，流速-面积法作为最基本且应用最为广泛的量测水方法，常作为其他量测水方法的率定手段，其原理基于对断面流速分布规律的掌握。但利用传统的流速-面积法会存在测点多、测流历时长等问题，是一项极其消耗人力和时间成本的工作。因此，如何利用断面流速分布规律来改进流速-面积法进行测流是亟待解决的一个问题。

针对不同类型渠道流速分布规律的研究可以简化测流过程、保证测流精度、提高灌区工作人员的工作效率，是当前量测水技术发展中的重要组成部分。为此，诸多专家针对断面流速分布规律展开了研究，对断面流速分布规律有了进一步的了解。本文针对目前断面流速分布规律的研究现状进行了综述，分别从垂向流速分布规律、横向流速分布规律和点流速与断面平均流速关系三方面的研究现状进行了系统阐述，并针对断面流速分布规律的未来发展方向进行了展望。

2 断面流速分布规律研究现状

2.1 垂向流速分布规律研究现状

自 1904 年 Prandtl 提出边界层理论[4] 以来，诸多专家对明渠断面垂向流速分布规律进行了探索。至今，最常用来描述垂向流速分布规律的主要有四种，分别是指数律分布、对数律分布、抛物线分布以及双幂律分布。

指数律分布公式于 20 世纪 30 年代由 Karmanh 和 Prandtl 分别提出，其具有简单快捷的优点，但缺少完整的理论支撑[5]。指数律在描述垂向流速方向上，流速随距渠底距离的增大而增大，水面处

基金项目：国家重点研发计划（2022YFD1900804）；中国水利水电科学研究院创新团队项目（ID0145B022021）；中国水利水电科学研究院专项项目（ID0145B042021）。

作者简介：邵帅超（1999—），男，硕士研究生，主要从事灌区量测水研究工作。

流速最大。但实际垂向流速分布上，流速最大点多存在于水面以下，与指数律流速分布规律不符。为此，赵明登等[6]针对指数律分布公式的不足，依据明渠均匀流切应力和速度梯度的关系，得到了一个新公式。新公式能很好地描述黏性底层、过渡区和紊流区的流速分布情况，且新公式适用于层流和紊流两种流态，能较好地反映流速分布规律。

对数律分布最早由 Kenlegen[5] 提出。经过诸多学者试验验证发现，在不同水深处，利用对数律得到的流速分布与实际流速分布存在偏差。Coles[7] 针对这一情况，提出引入尾流函数对其进行修正。引入尾流函数进行修正后，发现对数律具有了较高的精度，但尾流函数的大小受水深影响较大，在实际使用时会存在不便。为此，付辉等[8] 基于 Steffler 等针对不同工况选取的卡门常数和积分常数的使用效果，将常用卡门常数和积分常数分别取均值作为常数，代入对数律流速分布公式中，并在矩形量水槽上进行了验证，其在描述垂向流速分布上具有较高的精度，且应用较为方便。

抛物线分布由 Subrahmanyam 等[9] 研究得出。刘鸿涛等[10] 针对宽浅渠道建立了不同测线的横向相对位置和各测线流速分布影响系数的关系，得到了两者之间的函数关系。其中，距离渠壁较近的区域和中心区域的影响系数趋势相反。刘鸿涛等利用正交距离回归算法对中心区和近壁区进行了相对流速和相对水深的二次抛物线函数拟合，其拟合效果较好，大部分测线流速的相关性系数都可以保持在0.937以上。为进一步探究矩形渠道垂向流速分布规律，黄宇航等[11] 比对了抛物线、指数律和对数律三种分布形式描述垂向流速分布规律的效果。结果表明，抛物线分布和指数律分布能更好地描述实际明渠垂向流速分布情况。

双幂律分布是杨士红等[12-13] 为分析 U 形渠道流速分布特点所提出的，并在 U 形渠道上分别采用指数律分布、对数律分布、抛物线分布和双幂律分布进行垂向流速分布的拟合。结果发现，双幂律分布的拟合效果最好，其在均方差、平均相对误差和标准差三个方面的效果明显优于其他三种分布。抛物线分布的效果优于对数律分布和指数律分布，指数律分布的拟合效果最差。但双幂律分布在使用过程中具有一定的限制性，仅能在 $0.1<y/h<0.95$ 区间内很好地对垂向流速分布进行描述，对水面处和渠底处的流速不能较好地描述。

垂向流速分布进展见表1。

表1　垂向流速分布进展

时间	作者	参考文献	分布形式	公式	精度排名	优缺点
20世纪30年代	Karman、Prandtl	[5]	指数律分布	$\frac{u}{u_*}=c\left(\frac{yu_*}{\gamma}\right)^{\eta}/\frac{u}{u_m}=\left(\frac{y}{h}\right)^{n}$	4	形式简单；对不同位置适应性差，精度低
1938年	Kenlegen	[5]	对数律分布	$\frac{u}{u_*}=\frac{1}{K}\ln\left(\frac{yu_*}{\gamma}\right)+B$	3	形式简单；适应性差
1985年	Subrahmanyam Vedula	[9]	抛物线分布	$\frac{u}{\bar{u}}=a\left(\frac{y}{h}\right)^2+b\left(\frac{y}{h}\right)+c$	2	精度较高；无明显缺点
2012年	杨士红等	[12]	双幂律分布	$\frac{u}{\bar{u}}=a\left(1-\frac{y}{h}\right)^{b}\left(\frac{y}{h}\right)$	1	精度高，具有普适性；计算区间有限

2.2　横向流速分布规律研究现状

杨士红等[14] 为探究 U 形渠道横向流速分布规律，分别在室内和田间进行了试验。发现 U 形渠道横向流速分布与横向位置之间存在指数关系，各水层拟合出的指数项与水深呈二次函数关系，近壁区拟合效果较差，中心区拟合效果很好，误差可以控制在5%以内。矩形渠道的横向流速分布也有类似研究。刘鸿涛等[10] 为进一步了解横向流速分布规律，发现在宽浅式渠道中，中心区域处的流速变化不大，靠近渠壁区域的流速变化较大，整体呈现越靠近渠壁流速越小，且减小速度随与渠壁距离减小而不断变大。

2.3　点流速与断面平均流速关系研究现状

为了更快得到明渠断面流量，刘鸿涛等[16]通过引入尾流函数确定断面平均流速点，并建立与断面平均流速的关系，两者的相关性系数可达到 0.960 8。目前，仍有诸多灌区利用中垂线 0.4 相对水深 h 处的流速代表断面平均流速，其测流误差较大。为此，刘鸿涛等[10]提出了一种利用中垂线表面流速来推求渠道流量的新方法，将断面平均流速和中垂线平均流速代入中垂线流速分布公式中，求得在中垂线上距离渠底 $0.36h$ 处的流速与断面平均流速近乎相等。为验证其关系，分别在两条干渠上进行了试验，其测得的流量误差可以控制在 5% 以内。同时通过建立中垂线平均流速和表面流速关系，结合横向流速分布公式，最后得到断面平均流速和中垂线表面流速之间的关系，但其应用性有待进一步研究。王宝贺等[17]同样针对中垂线表面流速和断面平均流速的关系进行了分析，结果发现其关系不随水深、流量等参数变化。

张人元等[18]为在不同渠道参数条件下，通过定点流速快速准确得到断面流量，提出了一种结合 CFD 数值模拟和机器学习算法的流量预测新模型，首先通过实测数据验证数值模型，进而通过数值模型扩大数据量。然后分别利用 RBF 神经网络、BP 神经网络、支持向量机、极限学习机四种机器学习算法对实测和模拟的定点流速和断面流量数据进行分析。结果显示，RBF 神经网络预测的最大误差值最小，BP 神经网络预测的最大误差值稍大；而以 MAPE、RMSE 和 R^2 为评价指标时，BP 神经网络表现最佳。最终选择 BP 神经网络作为最优算法，通过实际工程中的验证，发现其计算精度满足工程要求。

3　未来展望

随着数字孪生灌区的不断推进，基础感知数据作为数字孪生构建的重要保障，如何快速准确获取基础感知数据是一个至关重要的问题。量测水技术作为获取基础感知数据的重要手段，相关技术仍比较落后，流速仪量水仍是当前许多灌区流量测定的主要手段，常导致工作人员的工作量极为繁重，工作时间过长。断面流速分布规律作为流速-面积法量水的基本原理，是进一步提高量水准确性、便捷性和稳定性的重要研究方向。本文通过总结分析断面流速分布规律的研究进展，对未来断面流速分布规律方面的研究提出以下三点展望：

（1）在水力参数对断面流速分布规律的影响方面。经前人研究得知，不同宽深比的渠道断面流速分布不同。当宽深比较大时，其垂向方向上，水面处为流速最大点；而宽深比较小时，流速最大点存在于水面以下。而边坡比、纵坡、糙率、底宽等渠道水力参数对断面流速分布规律的影响方面，缺少系统的研究分析。通过试验或模型模拟等方法，系统分析各水力参数对断面流速分布规律的影响性和敏感性关系是当前研究断面流速分布规律的一个重点。

（2）在减少测线数量研究方面。目前，灌区利用转子流速仪等进行量水时，需要对多条测线进行流速的量测，其量测过程多在测桥上进行，具有一定的危险性。本文提出在明确各参数对断面流速分布规律的影响性和敏感性的基础上，比对不同数量测线流速量测得到的流量误差，争取利用最少测线数量，获取相对准确的断面流量，为灌区量测人员减少劳动量、减小量测过程中的危险性。

（3）在结合非接触式量测水技术研究方面。通过建立表面流速与断面平均流速的关系，对快速得到断面流量有重要的意义。而表面流速的量测一般采用雷达测速仪（SVR）、粒子图像测速仪（PIV）等非接触式技术。SVR 技术具有不受水质影响的优点，PIV 技术具有测量范围广的优点，但在测流过程中，SVR 等量测设备受风速、电磁波等影响较大；而 PIV 等视频量测设备在雾天、暴雨天等恶劣天气时，无法对流速进行准确量测。因此，以采纳不同非接触式量测水技术的优点、补足相互之间的缺点为目的，结合多种技术手段进行量测是研究非接触式量测水技术的重点。

4　结语

近年来，量测水技术进步明显，种类繁多。断面流速分布规律作为新型量测水设备研发和量测水技术改进的重要基础，已有不少对断面流速分布规律的研究案例。本文对主流的垂向流速分布公式的应用情况进行了系统分析；对横向流速分布现状进行了阐述；最后，对点流速与断面平均流速的研究进展进行了总结，发现目前利用表面流速获取断面流量的研究已有不少。针对目前的研究进展，对各参数对流速分布规律的影响性分析和敏感性分析、探究以最少数量测线流速获取相对准确的断面流量、结合多种技术来提高非接触式量测水技术水平三个方面进行了展望。

参考文献

[1] 中国人民共和国水利部. 中国水资源公报 2022 [M]. 北京：中国水利水电出版社，2022.

[2] 康绍忠，胡笑涛，蔡焕杰，等. 现代农业与生态节水的理论创新及研究重点 [J]. 水利学报，2004（12）：1-7.

[3] 康绍忠. 加快推进灌区现代化改造 补齐国家粮食安全短板 [J]. 中国水利，2020（9）：1-5.

[4] 吴持恭. 水力学 [M]. 北京：人民教育出版社，1979.

[5] 章梓雄，董曾南. 粘性流体力学 [M]. 北京：清华大学出版社，1998.

[6] 赵明登，槐文信，李泰儒. 明渠均匀流垂线流速分布规律研究 [J]. 武汉大学学报（工学版），2010，43（5）：554-557，575.

[7] DONALD Cloes. The Law of wake in the turbulent boundary layer [J]. Journal of Fluid Mechanics, 1956, 1（2）：191-226.

[8] 付辉，杨开林，王涛，等. 对数型流速分布公式的参数敏感性及取值 [J]. 水利学报，2013，44（4）：489-494.

[9] Subrahmanyam V, Ramakrishna R A. Closure to "Bed Shear from Velocity Profiles；a New Approach" [J]. Journal of Hydraulic Engineering, 1985, 111（1）.

[10] 刘鸿涛，赵宇博，李晓军，等. 宽浅式梯形渠道流速分布规律及流量计算方法研究 [J]. 节水灌溉，2023，（5）：56-61.

[11] 黄宇航，周晓泉，周文桐，等. 矩形明渠层流垂向流速分布类型研究 [J]. 水电能源科学，2022，40（8）：109-112，117.

[12] 杨士红，韩金旭，彭世彰，等. U 形渠道水流流速垂向分布规律及模拟 [J]. 排灌机械工程学报，2012，30（3）：309-314.

[13] 韩金旭，蔡大应，李敬茹，等. 明渠水流流层平均流速分布规律及其应用 [J]. 中国农村水利水电，2015，（6）：116-119，128.

[14] 杨士红，韩金旭，彭世彰，等. U 形渠道流速分布特性分析与试验 [J]. 农业机械学报，2012，43（11）：92-96.

[15] 孙东坡，王二平，董志慧，等. 矩形断面明渠流速分布的研究及应用 [J]. 水动力学研究与进展（A 辑），2004（2）：144-151.

[16] 刘鸿涛，李延和，黄金林. 梯形渠道断面平均流速与单点流速关系研究 [J]. 水利科技与经济，2011，17（6）：5-7.

[17] 王宝贺，王竹青，苏沛兰，等. 基于水面一点法的明渠流量计算方法研究 [J]. 节水灌溉，2023（5）：109-113，121.

[18] 张人元，宁芊. 基于 CFD 的明渠特征参数–流量神经网络模型泛化性能研究 [J]. 水利技术监督，2023（5）：188-194，230.

环北部湾调水工程沿线区域用水空间均衡研究

何 梁 王占海 王保华

(中水珠江规划勘测设计有限公司，广东广州 510610)

摘 要： 环北部湾地区当地水资源状况不适应经济社会用水要求。为贯彻空间均衡治水新思路，根据 2010—2020 年用水量数据，采用洛伦兹曲线和基尼系数、区位熵等经济学方法，研究环北部湾调水工程沿线区域用水空间均衡程度及其差异性。结果表明：工程沿线区域用水总量呈缓慢下降趋势，用水结构逐渐趋于合理状态，但用水空间分布差异比较明显，生活用水和农业用水的空间均衡程度较优，生态用水和工业用水的空间均衡性较差，反映出不同地区、不同行业现状用水聚集水平参差不齐。研究方法对分析类似调水工程用水空间均衡性具有借鉴意义。

关键词： 现状用水；空间均衡；洛伦兹曲线；基尼系数；区位熵

1 引言

我国水资源量总体存在南多北少、沿海多内陆少的特征。随着城市化进程的加快，水利发展不平衡、不充分的问题愈发突出。为缓解地区水资源量分布与经济社会发展不匹配的矛盾，近年陆续上马了南水北调、引江济淮、引汉济渭等诸多跨流域、跨区域的大型调水工程。调水工程虽在一定程度上解决了缺水地区用水紧张问题，但如果前期分析论证深度不够，将对调出区用水和水生态环境造成一定影响，也可能导致水资源的浪费。为积极响应习近平总书记提出的"节水优先、空间均衡、系统治理、两手发力"治水思路，调水工程的深层次研究逐渐提升到了国家层面，其中从哪里调、调去哪里、调多少等是调水工程前期论证的重难点，这需要首先分析沿线区域现状用水空间均衡问题。

空间均衡研究开始较早，但大部分是从经济学角度展开的，主要研究经济空间的发展及制约因素等，而水资源空间均衡是水资源开发、利用和保护在空间上的一种相对稳定的平衡状态，相关理论对于现代治水实践应用、大型跨流域调水工程论证、水资源规划编制等具有重要指导作用和广阔应用前景[1]。我国对水资源空间均衡的概念内涵研究尚处于起步阶段，尚未形成统一认识[2]。李倩文等[3]采用空间均衡度方法，计算了 2004—2017 年新疆各地州各指标的空间均衡系数及水资源开发利用的总体空间均衡度；陈晓清等[4]运用信息熵、均衡度等研究方法，对比分析我国七大地理分区用水结构的时空演变特征。此外，国内诸多学者[5-7]也在水资源空间均衡方面开展了大量研究工作，但总体上来说，对用水空间均衡研究不多，且多以时间演变为主，空间演变研究较少；研究区域主要集中在北方和西部缺水地区，南方地区研究较少；研究区域尺度有限，基本停留在省、市及某些典型区域或流域，缺乏大尺度的对比分析[4]。另外，用水空间均衡理论研究运用到实际工程中也较少，对工程设计的指导作用发挥不够。

环北部湾地区区位优势明显，近年来经济增速持续保持在全国平均水平以上，但仍存在支撑经济社会发展的水利基础设施薄弱、当地水资源状况不适应经济社会用水要求等问题。有别于常规评价方法，本文试将水资源空间均衡新理论、新方法运用于用水研究之中，以此分析环北部湾调水工程沿线

作者简介： 何梁（1985—），女，高级工程师，从事水资源规划与水利工程设计等工作。

区域现状用水空间均衡程度及其差异性，研究成果将有助于更好地分析论证环北部湾调水工程，也可为类似调水工程设计提供借鉴参考。

2 研究区概况

环北部湾调水工程沿线区域主要涉及广西壮族自治区北海、玉林、贵港 3 市和广东省湛江、茂名、阳江、云浮 4 市。根据 2010—2020 年广西壮族自治区、广东省水资源公报，研究区用水量（见表 1）由 2010 年 158.4 亿 m³ 回落至 2020 年 137.0 亿 m³，减少 21.4 亿 m³，年均降幅 1.4%，呈缓慢下降趋势。各行业用水结构比较稳定，农业仍为主要用水大户（占 70% 以上），年均降幅 0.9%；工业用水量占 10% 左右，年均降幅 5.8%；生活用水占 15% 左右，年均降幅 0.9%；生态用水量变化不大。

表 1 2010—2020 年研究区用水量　　　　　　　单位：亿 m³

年份	生活	工业	农业	生态	合计
2010	22.2	20.1	115.1	1.0	158.4
2011	23.1	21.1	111.5	0.9	156.6
2012	20.6	18.6	114.3	0.8	154.3
2013	21.5	16.4	113.5	0.7	152.2
2014	22.0	16.4	114.4	0.7	153.7
2015	22.3	15.1	113.5	0.8	151.6
2016	22.5	15.4	110.4	1.1	149.3
2017	22.5	14.8	107.6	1.0	146.0
2018	22.4	16.1	107.1	1.0	146.5
2019	22.5	15.9	103.2	0.8	142.4
2020	20.3	11.1	104.7	0.9	137.0

3 研究方法

3.1 洛伦兹曲线与基尼系数

目前，常用洛伦兹曲线与基尼系数共同定量分析描述水资源的不均衡程度[2]。出于比较和研究国家或地区居民收入分配平等与否，1905 年美国著名科学家洛伦兹首次提出了洛伦兹曲线（见图 1），曲线横轴表示人口累积百分比（按收入由低到高分组），纵轴表示收入累积百分比，虚线为绝对平均线，弧线为洛伦兹曲线，其弯曲程度反映了收入分配的不平等程度。一般来说，洛伦兹曲线离绝对平均线越远，收入分配越不平等；反之亦然。

洛伦兹曲线只能定性表达收入分配的均衡状态，无法定量描述收入分配的均衡性。为进一步量化区域资源的均衡性，意大利经济学家科拉多·基尼在洛伦兹曲线基础上提出了基尼系数，并将其作为衡量某一地区不同时期资源要素匹配均衡性的主要依据。从近年研究成果来看，基尼系数不仅是分析区域收入分配均衡情况的经济指标，也是一种关于均衡分析的统计理论，已在水利领域得到了广泛应用，其计算公式如下：

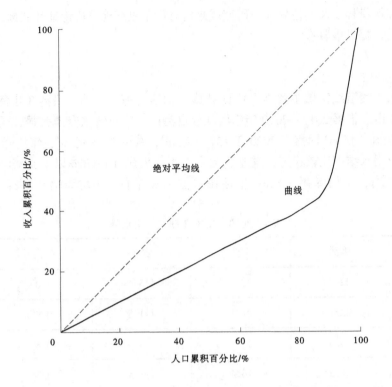

图 1　洛伦兹曲线

$$G = 1 - 2\int_0^1 f(x)\,\mathrm{d}x \tag{1}$$

式中：$f(x)$ 为洛伦兹曲线，本文为类用水累积百分比；x 为时间累积百分比，本文为总用水累积百分比；G 为基尼系数，其变化范围为 0~1，基尼系数越小，用水均衡程度越高。

具体数值对应评价结果见表 2。

表 2　基尼系数与评价结果关系

基尼系数	<0.2	0.2~0.3	0.3~0.4	0.4~0.5	>0.5
评价结果	绝对平均	比较平均	相对合理	差距较大	悬殊

3.2　区位熵

区位熵又称专门化率，常用于衡量区域资源要素的空间分布情况，反映地区产业聚集水平、某一区域在高层次区域的地位和作用等，目前经济领域应用较多。本文借用区位熵的概念和方法，进一步分析研究区同一时间段各类用水量的空间均衡程度，计算公式为

$$LQ_{ij} = \frac{q_{ij}/q_j}{q_i/q} \tag{2}$$

式中：LQ_{ij} 为区位熵；q_{ij} 为 i 地区的第 j 类用水量；q_j 为整个地区第 j 类用水总量；q_i 为 i 地区各类用水总量；q 为整个地区各类用水总量。

$LQ_{ij} \geqslant 1$，表明区域用水聚集水平较高；$LQ_{ij} < 1$，表明区域用水聚集水平较低。

4　结果分析

4.1　用水结构均衡变化特征

从定性（见图 2~图 5）来看，2010—2020 年研究区生态用水洛伦兹曲线偏离绝对平均线最远、变化幅度最大；其次为工业用水，生活用水洛伦兹曲线略有起伏，农业用水洛伦兹曲线基本与绝对平

均线重合。从定量（见图6）来看，2010—2020年研究区农业用水和生活用水的基尼系数均保持在0.20以下区间段，为绝对平均状态；工业用水基尼基数2010—2017年整体缓慢下降，从比较平均状态变为绝对平均状态，但2018—2020年基尼系数逐渐提高至0.28，又回到2010年比较平均水平，这与2017年以来《北部湾城市群发展规划》《广东省沿海经济带综合发展规划（2017—2030年）》《粤港澳大湾区发展规划纲要》等国家宏观政策相继出台，对环北部湾重点区域产业发展的引领带动效应有关；生态用水基尼系数呈现两阶段变化特征，2010—2013年由0.53下降至0.12，2014—2020年又逐渐提高至0.20，评价结果由悬殊回归到比较平均状态，但整体均衡性有较大增强，这与各地对宜居水环境的要求普遍提高有关。

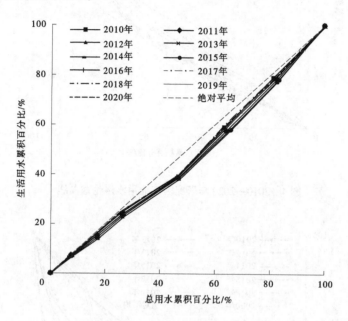

图2 2010—2020年研究区生活用水洛伦兹曲线

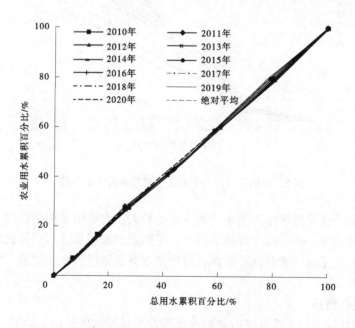

图3 2010—2020年研究区农业用水洛伦兹曲线

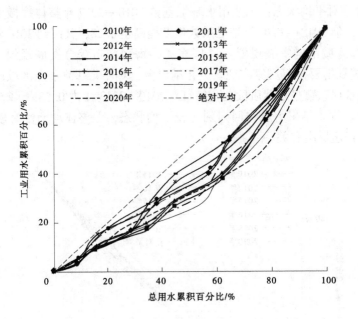

图 4 2010—2020 年研究区工业用水洛伦兹曲线

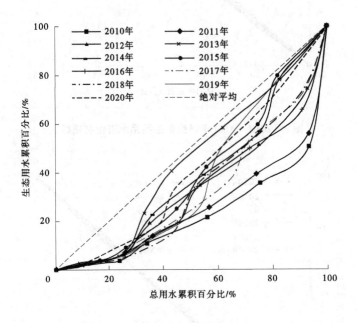

图 5 2010—2020 年研究区生态用水洛伦兹曲线

总体来看，近十年研究区生态用水均衡性变化最大，农业用水均衡程度最高，虽然各业用水均衡变化之间存在较大差异，但均衡差异逐渐减小，特别是生态用水已回归到比较平均状态。上述用水结构均衡变化特征表明了近年来各地持续推进最严格水资源管理、稳步加强水生态文明建设的工作卓有成效。

4.2 用水空间均衡变化特征

选取 2020 年为现状代表年，按地级市分别计算各类用水量的区位熵，以进一步分析研究区 7 市用水空间均衡变化特征，计算结果见表 3。

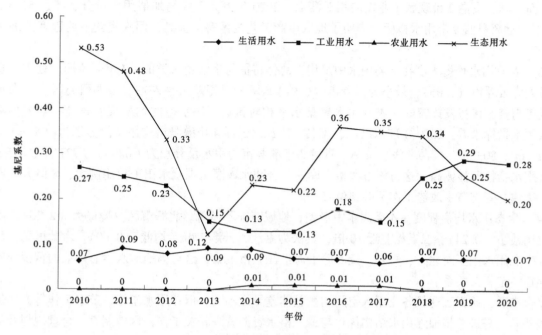

图6　2010—2020年研究区各类用水基尼系数

表3　2020年研究区各类用水区位熵

地级市	生活用水	工业用水	农业用水	生态用水
北海市	0.98	0.94	1.00	2.26
玉林市	0.92	0.90	1.03	1.03
贵港市	0.71	2.26	0.92	1.44
湛江市	1.21	0.57	1.01	0.59
茂名市	1.19	0.60	1.00	1.10
阳江市	1.03	0.58	1.04	0.24
云浮市	0.91	0.61	1.06	0.51

（1）生活用水在4类用水中均衡程度较优。除湛江、茂名、阳江3市外，北海、玉林、贵港、云浮4市的区位熵均在1.0以下区间段，湛江市区位熵最大（1.21），是最小贵港市（0.71）的1.7倍，地区间的绝对差异并不明显。整体来说，生活用水空间均衡程度较高，各地用水聚集水平比较接近，但从用水指标来看，2020年湛江、茂名、阳江3市城镇生活人均用水量分别为248 L/d、313 L/d、284 L/d，农村居民人均用水量分别为130 L/d、131 L/d、129 L/d，而北海、玉林、贵港、云浮4市城镇生活人均用水量分别为275 L/d、174 L/d、248 L/d、293 L/d，农村居民人均用水量分别为95 L/d、115 L/d、125 L/d、112 L/d，广东省3市现状生活用水指标相对较高，用水效率略低，未来应强化节水器具推广、节水观念普及、节水管理等相关工作。

（2）工业用水均衡程度总体呈现广西低、广东高的特点。广西北海、玉林2市区位熵均接近1.0，贵港市最大（2.26），广东湛江、茂名、阳江、云浮4市区位熵均位于1.0以下区间段，湛江市最小（0.57），工业用水区位熵最大值是最小值的4.0倍，与目前区域工业发展聚集情况相协调。粤西4市是承接省内产业转移的主战场，工业体量大、发展基础好、产业化程度高，2020年湛江、茂名、阳江、云浮万元工业增加值用水量分别为13.7 m³、17.2 m³、14.1 m³、23.4 m³，用水水平较为先进，而玉林、贵港 2 市现状工业发展相对滞后，2020 年万元工业增加值用水量分别高达 57.3 m³、132.3m³，远超粤西 4 市用水指标，表明了地区生产工艺技术有待提高，用水集约节约程度需进一步加强。

（3）农业用水均衡程度在 4 类用水中最优，总体特征与生活用水类似。7 市区位熵均处于 1.0 附近，最大为云浮市（1.06），最小为贵港市（0.92），两者仅相差 15% 左右，表明研究区多年来农业区位优势与资源优势发挥较好，农业用水聚集水平相对接近，用水空间均衡程度较高，整体协调性好。从用水指标来看，2020 年广东湛江、茂名、阳江、云浮 4 市灌溉亩均用水量分别为 708 m³、874 m³、717 m³、803 m³，广西北海、玉林、贵港 3 市灌溉亩均用水量分别为 1 029 m³、727 m³、815 m³，北海市用水指标明显偏高，这与该市大型水库——合浦水库灌区现状水田种植比例大、灌溉方式比较粗放、续建配套与节水改造工作不够到位有关。

（4）生态用水均衡程度在 4 类用水中最差，地域特征不显著。北海市区位熵最大（2.26），阳江市区位熵最小（0.24），二者相差近 10 倍；其次为湛江、云浮 2 市（均低于 0.60）。由此可见，目前研究区生态用水主要向北海、贵港、茂名等沿海沿江城市聚集，这与当地对水生态环境的重视程度及需求存在一定相关关系。

综合来看，研究区现状各业用水空间均衡整体差异性不大，但在用水指标、节水工作等方面仍存在一些差异，需进一步加强用水结构优化与最严格水资源管理相关工作，因地制宜、合理规划及引导区域经济社会和产业布局，实现水资源最大化的合理开发利用。

5　结语

（1）2010—2020 年环北部湾调水工程沿线区域用水总量呈现缓慢下降趋势，表明节水工作初见成效，虽然生态用水、工业用水均衡变化较大，但各业用水均衡差异性整体减小，区域用水分配逐渐趋于合理。

（2）2020 年工程沿线区域生活用水、农业用水均衡程度较优，但工业用水、生态用水地域差别较显著，这与工艺技术用水水平和对生态环境的重视程度等因素有关。贵港市工业用水区位熵较大，可能引起水生态环境问题；北海市生态用水区位熵偏高，各业用水均衡程度较差，后续应重点分析其产生原因。

（3）本文将经济学概念和方法运用于研究环北部湾调水工程沿线区域用水空间均衡性，为工程方案设计等前期咨询工作提供了新思路、新方法。影响和评判用水空间均衡状态的因素较多，是否调水、调去哪里、调多少也存在较大不确定性和多层次影响因素，这些将有待后续进一步研究。

参考文献

[1] 左其亭，韩春辉，马军霞，等. 水资源空间均衡理论方法及应用研究框架 [J]. 人民黄河，2019，41（10）：121-126.

[2] 金菊良，郦建强，吴成国，等. 水资源空间均衡研究进展 [J]. 华北水利水电大学学报（自然科学版），2019，40（6）：47-60.

[3] 李倩文，左其亭，李东林，等. 新疆水资源开发利用的空间均衡分析 [J]. 水资源保护，2021，37（2）：28-33.

[4] 陈晓清，侯保灯，周毓彦，等. 中国地理分区用水结构时空演变对比分析 [J]. 中国农村水利水电，2021（6）：78-85，90.

[5] 杨亚锋，巩书鑫，王红瑞，等. 水资源空间均衡评估模型构建及应用 [J]. 水科学进展，2021，32（1）：33-44.

[6] 郭旭宁，郦建强，李云玲，等. 京津冀地区水资源空间均衡评价及调控措施 [J]. 水资源保护，2022，38（1）：62-66，81.

[7] 张礼兵，喻海关，金菊良，等. 基于联系数的大型灌区水资源空间均衡评价与优化调控 [J]. 水利学报，2021，52（9）：1011-1023.

我国重点监控用水单位节水潜力与节水市场分析

曹鹏飞　吴　静

（水利部节约用水促进中心，北京　100038）

摘　要：重点监控用水单位是各行业用水大户，也是节水改造提标的重点。通过对标工业行业水效提升行动、先进用水定额等"十四五"节水目标，重点针对国家级 1 489 家重点监控用水单位"十四五"节水潜力和节水市场进行了测算分析。结果显示，国家级重点监控用水单位 1 489 家实施节水改造共可节约水资源 93.966 亿 m^3，共可创造节水市场规模 1 081.31 亿元。若将节水改造范围扩展到省、市二级重点监控用水单位 13 658 家，还可再节约水资源 51.88 亿 m^3，创造 323.4 亿元的节水市场规模。

关键词：重点监控用水单位；节水改造；节水潜力；节水市场

1　引言

重点监控用水单位是各行业的用水大户，也是开展节水改造、挖掘节水潜力和打造节水市场的核心抓手。2011 年中共中央、国务院印发《关于加快水利改革发展的决定》，提出对取用水量达到一定规模的用水户实行重点监控。2012 年国务院印发《关于实行最严格水资源管理制度的意见》（国发〔2012〕3 号），要求对纳入取水许可管理的单位和其他用水大户实行计划用水管理，建立用水单位重点监控名录，强化用水监控管理。2012 年水利部启动国家水资源监控一期项目，对重要取水许可用水户用水量开展在线监测。2016 年水利部启动国控二期项目，进一步扩大了取水许可用水户在线监控范围。2016 年 1 月水利部印发《关于加强重点监控用水单位监督管理工作的通知》（水资源〔2016〕1 号），明确了第一批国家重点监控用水单位名录共 800 家，并要求到 2018 年将所有规模以上火核电企业，年用水量 100 万 m^3 以上的工业企业、服务业企业和公共机构，年取水量 300 万 m^3 以上的城市供水企业，北方地区（秦岭淮河一线以北地区）大型和 5 万亩以上重点中型灌区、南方地区供水水源集中的大型和重点中型渠灌区纳入名录。2019 年水利部办公厅印发《关于建立和完善重点监控用水单位名录的通知》（办节约〔2019〕151 号）通过建立健全重点监控用水单位名录来强化用水管理。2019 年国家发展和改革委员会、水利部联合印发《国家节水行动方案》（发改环资〔2019〕695 号），要求到 2020 年建立国家、省、市三级重点监控用水单位名录。到 2022 年将年用水量 50 万 m^3 以上的工业和服务业用水单位全部纳入重点监控用水单位名录。据统计，2020 年国家、省、市三级重点监控用水单位（简称三级重点监控用水单位）13 658 家的总用水量 1 805 亿 m^3，占全国用水总量的 30.1%。其中，国家级 1 489 家的总用水量 1 169.9 亿 m^3，约占全国用水总量的 20.1%，是绝对的用水大户。抓住 1 489 家国家级重点监控用水单位就相当于抓住了节水管理的"牛鼻子"。对此，本文对国家级重点监控用水单位名录中的工业、服务业、农业等进行"十四五"节水潜力和节水市场测算，为下一步节水改造和合同节水管理等工作指出方向并提供支撑。

基金项目：水利部财政项目"水资源节约"（126216243000190001）；水利部政策研究项目（2022-09）；水利部重大科技项目（SKS-2022036）。

作者简介：曹鹏飞（1984—），男，高级工程师，副处长，主要从事水资源节约、保护与管理研究工作。

2 重点监控用水单位

水利部办公厅印发的《关于建立和完善重点监控用水单位名录的通知》（办节约〔2019〕151号）规定了我国重点监控用水单位名录范围和分级原则。

2.1 名录范围

重点监控用水单位包括：①年用水量 50 万 m^3 及以上的全部工业和服务业用水单位；②具有专业管理机构的大型、5 万亩以上重点中型灌区；③华北地下水超采治理区年用水量 1 万 m^3 及以上的全部工业企业用水单位。

2.2 分级原则

国家级重点监控用水单位名录如下：

（1）工业用水单位：包括 2018 年本地区用水量前 20 名的工业用水单位以及火力发电、钢铁、纺织、造纸、石化、化工、食品等 7 类高耗水行业，每类 2018 年用水量前 3 名的单位，重复的单位只填报一次。

（2）服务业用水单位：包括 2018 年本地区用水量前 10 名的服务业用水单位及学校、宾馆、医院等 3 类公共机构，每类 2018 年用水量前 3 名的单位，重复的单位只填报一次。

（3）具有专业管理机构的全部大型灌区。

省、市级重点监控用水单位名录：各省级水行政主管部门应当按照用水规模顺序，依据各地实际情况和监督管理要求，自行确定省、市两级重点监控用水单位名录分级管理原则，将国家级名录以外的其他用水单位全部纳入省、市两级名录。

2.3 国家级重点监控用水单位

国家级重点监控用水单位占三级重点监控用水单位用水量的 64.8%，本文针对国家级重点监控用水单位开展测算分析。据统计，2020 年 1 489 家国家级重点监控用水单位中，农业用水量 676.7 亿 m^3，工业用水量 488.4 亿 m^3，服务业用水量 4.8 亿 m^3，具体见表 1。

表 1　国家级重点监控用水单位情况

行业	用水单位数量/家	用水总量/亿 m^3
农业	380	676.7
工业	821	488.4
服务业	288	4.8
总计	1 489	1 169.9

从全国用水总量占比看，国家级重点监控用水单位中工业用水量占全国工业用水总量的 47.4%，农业用水量占全国农业用水总量的 18.7%，服务业用水量仅占全国生活服务业用水总量的 2.5%，其原因是工业和农业用水规模较大且相对集中，而服务业用水规模较小且相对分散。

在行业上，国家级重点监控用水单位包括 821 家工业企业、288 家服务业单位，其中火力发电269 家、石化化工 196 家、钢铁 101 家、食品 87 家、学校 177 家、宾馆 21 家。

在区域上，国家级重点监控用水量占地区用水总量的比例，宁夏最高，达 86.1%；其次是安徽和湖北，分别为 51.9% 和 46.5%；比例不到 10% 的有西藏、北京、贵州、青海、云南、浙江、重庆、新疆 8 省（自治区、直辖市）。

3 国家级重点监控用水单位"十四五"节水潜力

本文的基准年为 2020 年，"十四五"目标年为 2025 年。"十四五"节水潜力的测算方法是根据各行业"十四五"节水目标要求（如工业水效提升行动目标、先进用水定额等），估算 2025 年各行业可节约水量。

3.1 工业节水潜力

2022 年 6 月，工信部等六部门发布了《工业水效提升行动计划》（工信部联节〔2022〕72 号），提出 2025 年重点工业行业单位水耗下降率，分别为钢铁行业下降 10%、石化化工行业下降 5%、纺织行业下降 10%~15%、造纸行业下降 10%、食品行业下降 15%、火电行业下降 15%，本文以此作为工业行业水耗降低率。

"十四五"工业节水潜力按式（1）计算：

$$W_{工业节水} = \sum_{i=1}^{n} W_i \times I_i \qquad (1)$$

式中：$W_{工业节水}$ 为工业节水潜力，亿 m^3；W_i 为细分工业行业取水量，亿 m^3；I_i 为细分工业行业水耗降低率（%）。

2020 年国家级重点监控用水单位中，工业用水量为 488.4 亿 m^3，根据式（1）计算可得，钢铁行业的节水潜力为 2.281 亿 m^3，石化化工行业的节水潜力为 1.357 亿 m^3，纺织行业的节水潜力为 0.329 亿 m^3，造纸行业的节水潜力为 0.893 亿 m^3，食品行业的节水潜力为 0.36 亿 m^3，火电行业的节水潜力为 42.04 亿 m^3，其他行业的节水潜力为 0.452 亿 m^3。

汇总后，"十四五"国家级重点监控用水单位中，工业节水潜力为 47.712 亿 m^3。

3.2 服务业节水潜力

2019 年 11 月，水利部印发宾馆、学校等服务业用水定额，用水定额包括通用值和先进值。其中，用水定额先进值是为节水进步与技术创新设定的标杆引导值，本文以用水定额通用值作为当前水耗水平，以用水定额先进值作为 2025 年的水耗目标，以通用值到先进值的降低率作为服务业水耗降低率。

"十四五"服务业节水潜力按式（2）计算：

$$W_{服务业节水} = \sum_{i}^{n} W_i \times I_i \qquad (2)$$

式中：$W_{服务业节水}$ 为服务业节水潜力，亿 m^3；W_i 为细分服务行业取水量，亿 m^3；I_i 为细分服务行业水耗降低率（%）。

2020 年国家级重点监控用水单位中，服务业用水量为 4.8 亿 m^3。根据式（2）计算可得，学校的节水潜力为 0.721 亿 m^3，宾馆的节水潜力为 0.032 亿 m^3，其他节水潜力为 0.361 亿 m^3。

汇总后，"十四五"国家级重点监控用水单位中，服务业节水潜力为 1.114 亿 m^3。

3.3 农业节水潜力

2022 年 3 月，水利部、国家发改委印发《关于印发"十四五"用水总量和强度双控目标的通知》，明确 2025 年全国农田灌溉水有效利用系数提高至 0.58 以上的目标。近年来，全国农业用水效率稳步提升。本文采用趋势外推法，以 2020 年现状值到 2025 年趋势外推值为农业水耗降低率。

"十四五"农业节水潜力按式（3）计算：

$$W_{农业节水} = W_{农业用水} \times \frac{\mu_{2025年} - \mu_{2020年}}{\mu_{2020年}} \qquad (3)$$

式中：$W_{农业节水}$ 为农业节水潜力，亿 m^3；$W_{农业用水}$ 为农业取水量，亿 m^3；$\mu_{2020年}$ 为 2020 年灌溉水有效利用系数；$\mu_{2025年}$ 为 2025 年灌溉水有效利用系数。

2020 年国家级重点监控用水单位中，农业用水量为 676.7 亿 m^3。根据式（3）计算可得，"十四五"国家级重点监控中农业节水潜力为 45.14 亿 m^3。

4 国家级重点监控用水单位"十四五"节水市场

根据上述行业节水潜力，结合典型节水项目单位投资并考虑物价变动因素，估算各行业"十四五"节水市场规模。其中，节水项目单位投资为实施节水改造项目的每单位节水量（m³）的投资额（元）。

4.1 工业节水市场

工业节水项目单位投资参考了某钢铁企业单位节水投资 6.9 元/m³、某电力单位节水投资 7.3 元/m³、某区域工业单位节水投资 10 元/m³、某城市工业单位节水投资 11 元/m³ 等 4 个典型项目，算术平均后的单位节水投资为 9 元/m³，这 4 个典型项目实施年份为 2010 年左右，每年物价增长率约为 2%，则典型工业项目单位节水投资为 9×（1+2%）^{15}，约 12 元/m³。

"十四五"工业节水市场规模按式（4）计算：

$$Q_{工业节水} = W_{工业节水} \times E_{典型项目} \tag{4}$$

式中：$Q_{工业节水}$ 为工业节水市场规模，亿元；$W_{工业节水}$ 为工业节水潜力，亿 m³；$E_{典型项目}$ 为典型工业项目单位节水投资，元/m³。

按照上述计算结果，工业节水潜力取 47.71 亿 m³，典型工业项目单位节水投资取 12 元/m³，则计算得到 2025 年工业节水市场为 572.52 亿元。

4.2 服务业节水市场

服务业节水项目单位投资参考了某高校单位节水投资 7 元/m³、某宾馆单位节水投资 8 元/m³、某球场单位节水投资 12 元/m³ 等 3 个典型项目，算术平均后的单位节水投资 9 元/m³，这 3 个典型项目实施年份为 2015 年左右，每年物价增长率约为 2%，则典型服务业项目单位节水投资为 9×（1+2%）^{10}，约 11 元/m³。

"十四五"服务业节水市场规模按式（5）计算：

$$Q_{服务业节水} = W_{服务业节水} \times E_{典型项目} \tag{5}$$

式中：$Q_{服务业节水}$ 为服务业节水市场规模，亿元；$W_{服务业节水}$ 为服务业节水潜力，亿 m³；$E_{典型项目}$ 为典型服务业项目单位节水投资，元/m³。

按照上述计算结果，服务业节水潜力取 1.114 亿 m³，典型服务业项目单位节水投资取 11 元/m³，则计算得到 2025 年服务业节水市场为 12.25 亿元。

4.3 农业节水市场

根据《全国大型灌区续建配套和节水改造规划（2009—2020 年）》，计算可得平均单位节水投入约为 10 元/m³，每年物价增长率约为 2%，则典型农业项目单位节水投资为 10×（1+2%）^{5}，约 11 元/m³。

"十四五"农业节水市场规模按式（6）计算：

$$Q_{农业节水} = W_{农业节水} \times E_{典型项目} \tag{6}$$

式中：$Q_{农业节水}$ 为农业节水市场规模，亿元；$W_{农业节水}$ 为农业节水潜力，亿 m³；$E_{典型项目}$ 为典型农业项目单位节水投资，元/m³。

按照上述计算结果，农业节水潜力取 45.14 亿 m³，典型农业项目单位节水投资取 11 元/m³，则计算得到 2025 年农业节水市场为 496.54 亿元。

5 结论和建议

5.1 结论

本文重点测算了国家级重点监控用水单位名录中 1 489 家用水单位"十四五"节水潜力和节水市场规模。2020 年国家级重点监控用水单位共包含工业企业 821 家、服务业单位 288 家、农业灌区 380 个，用水总量为 1 169.9 亿 m³，占当年全国用水总量 5 812.9 亿 m³ 的 20.1%。

通过实施节水改造，国家级重点监控用水单位共可节约水资源 93.966 亿 m³，其中，工业节水 47.712 亿 m³、服务业节水 1.114 亿 m³、农业节水 45.14 亿 m³。综合考虑典型项目节水单位投资及物价变动因素，"十四五"期间共可创造节水市场规模 1 081.31 亿元。若将节水改造范围扩展到省、市二级重点监控用水单位 13 658 家，则还可再节约水资源 51.88 亿 m^3，进一步带来 323.4 亿元的节水市场。

5.2　建议

重点监控用水单位是各行业的用水大户。对重点监控用水单位开展节水改造、挖掘节水潜力和打造节水市场可以起到"事半功倍"效果和示范带动作用[1]。正在制定的《节约用水条例》进一步明确对重点监控用水单位监督管理要求，为加强重点监控用水单位管理提供了法律依据。为实现"十四五"节水工作目标和国家节水行动要求，建议进一步完善国家、省、市三级重点监控用水单位管理名录，通过政策约束和激励两端发力[1-3]，积极推动流域[4-5]、区域重点监控用水单位开展节水改造提标，提升用水效率、促进用水循环、减少污染排放、创造节水市场，为我国经济社会绿色转型和可持续发展提供节水动力。

参考文献

[1] 曹鹏飞，陈梅，王若男. 落实计划用水制度加强水资源刚性约束 [J]. 水利发展研究，2021，21 (5)：71-75.

[2] 张海涛. 对强化国家重点监控用水单位监督管理工作的思考 [J]. 中国水利，2018 (17)：9-12.

[3] 张国玉，韩硕，胡久伟. 重点用水单位监控管理工作研究 [J]. 中国水利，2013 (1)：26-27.

[4] 朱苏葛，景唤，李思诺，等. 长江流域重点监控用水单位监管工作分析 [J]. 中国水利，2023 (7)：54-57.

[5] 陈春燕，谭韬. 珠江委专题研究督办事项 推进粤港澳大湾区国家级重点监控用水单位监管工作 [J]. 人民珠江，2021，42 (8)：2.

南水北调中线工程受水区降水时空变化特征

肖 洋[1] 万 蕙[2,3]

(1. 长江水资源保护科学研究所，湖北武汉 430051；
2. 长江勘测规划研究有限责任公司，湖北武汉 430010；
3. 水利部长江治理与保护重点实验室，湖北武汉 430010)

摘 要：降水时空变化特征识别，是准确评估降水和引调水工程对区域地下水环境补给效果需优先解决的问题。本文采用 30 个雨量站 1961—2020 年逐年降水量资料，分析南水北调中线工程受水区降水时空变化特征。结果表明：受水区大部分站点数据质量较高，且具有较好的一致性；受水区年降水量存在较大空间差异性，各站点影响范围约 150 km；各站点年降水量以降低趋势为主，减少程度介于 2.3~32.3 mm/10 a，且河北省饶阳站和天津市遵化站年降水量呈显著减少趋势。研究成果对区域生态补水和地下水管控方案的制订具有指导意义。

关键词：年降水量；地下水；一致性；时空分布

1 引言

华北平原是我国水资源压力最大的区域之一，70% 的生产、生活用水来自于地下水。至 2017 年，华北地区地下水累计亏空量达 1 800 亿 m^3，超采区面积达 18 万 km^2，造成了地下水降落漏斗扩大、含水层疏干和土壤盐渍化等生态环境问题。为有效遏制并缓解区域地下水环境问题，地下水回补成为华北地区地下水超采治理的有效途径之一，河湖沿线地下水回补效果评价亦成为该区域的试点项目和当前学术研究的热点[1]。然而，地下水开采严重的内陆地区更易形成降落漏斗，是地下水环境问题需重点关注的区域。华北地区地下水水位主要受补给源和人工开采等因素综合影响[2]，其中降水入渗补给量是华北平原浅层地下水最主要的补给来源，其多寡取决于降水量和降水入渗系数[3]；近年来，随着引调水工程的实施，工程生态补水和地下水资源人工开采量的减少也有助于受水区地下水水位的抬升和稳定[4-5]。

南水北调中线工程是国家南水北调工程的重要组成部分。截至 2022 年 1 月，南水北调中线工程向受水区累计调水 447.12 亿 m^3，是造福人民、功在当代、利在千秋的重大调水工程。南水北调中线工程自 2014 年通水以来，通过置换地下水供水量，至 2021 年底，北京市地下水位回升约 9.4 m，天津市地下水漏斗中心水位回升约 2.5 m，河北省石家庄、冀枣衡和南宫漏斗区地下水位抬升约 2.7 m，河南省受水区范围内"新乡凤泉—小翼"和"武陟—温县—孟县"漏斗区地下水埋深呈减小趋势。随着生态补水效益的逐渐显现，南水北调中线工程的生态工程定位更加凸显，有效改善和修复区域地下水环境[6]。

南水北调中线工程水量调度遵循"节水为先、适度从紧"的原则，面向"节水优先"的国家水安全保障战略，全面开展受水区节水评价，对于促进受水区深度节水和工程供水的高效利用具有重要

基金项目：国家自然科学基金（52109005）。

作者简介：肖洋（1989—），男，高级工程师，博士，主要研究方向为水文水环境计算。

意义[7]，同时对于制订合理的工程水量调度计划具有重要指导作用。其中，掌握地下水补给源特征，以地下水环境改善为目标，合理确定引调水供水工程地下水置换水量规模是重要的工作内容。地下水的补给机制较复杂[8]，降水和引调水工程供水是华北平原地下水水量和水位变化的主要补给来源[9]，两者既可以发挥协同作用，也可以产生抵消效应，如在引调水工程供水规模一定、区域降水量呈减小趋势时，两者对地下水的补给作用会部分抵消；反之，则协同抬升地下水位。因此，为准确评估引调水工程对区域地下水环境的补给效果，为后续引调水工程生态补水和受水区地下水管控方案制订或优化提供依据，受水区降水时空变化特征识别成为需要优先解决的关键问题。

因此，本文以南水北调中线工程受水区为研究区域，在数据质量分析的基础上，识别受水区降水时空分布特征，为南水北调中线工程调度和华北平原地下水超采治理提供技术支撑。

2 材料和方法

2.1 研究区域和数据

南水北调中线工程受水区位于北纬 32°~40°、东经 111°~118°，涉及河南、河北、北京、天津 4 个省（市）19 个大中城市 191 个县（市、区）。受水区地处东亚季风气候区，春季受蒙古冷高压控制，气温回升快，风速大，蒸发量大，天气干燥少雨；夏季受西太平洋副热带高压控制，气温高而降雨多；秋季秋高气爽，昼暖夜凉，温差较大，北段降雨较少，南段时有连绵阴雨；冬季受强大的西伯利亚大陆性气团控制，天气寒冷干燥，雨雪稀少。

本文选择河南省、河北省、北京市和天津市南水北调中线工程受水区范围内 30 个降水站点（见图 1），采用 1961—2020 年逐年年降水量资料分析南水北调中线工程受水区范围内降水时空变化特征。

2.2 研究方法

2.2.1 数据质量和一致性检验

2.2.1.1 数据质量检验

通过检测数据系列中超出合理范围的异常值，数据质量检验可用于识别气象水文数据系列中的错误或可疑数据[10-11]。本文中，数据质量检验主要通过以下过程实现：

（1）根据某一站点长系列年降水数据求得数据系列的特征百分位值。

（2）求得 $M \in [Q_1 - 1.5 \times IQR, Q_3 + 1.5 \times IQR]$。其中，$Q_1$ 为下四分位数，表示数据系列中 25% 的数据小于或等于 Q_1；Q_3 为上四分位数，表示数据中有 75% 的数据小于或等于 Q_3；IQR 为四分位差，且 $IQR = Q_3 - Q_1$；1.5 为平均值的标准偏差系数。

（3）将数据系列中监测值逐一与 M 进行对比，若某一监测值不在 M 范围内，则判定该值为异常值。

（4）若某一数据被判定为异常值，采用邻近站点对应的监测值进行替换。

2.2.1.2 资料一致性检验

在气象水文监测资料中，非一致性是一个普遍存在的问题，会造成气象水文变化特征研究结果与实际规律存在偏差。标准正态均匀性检验（SNHT）法由 Alexandersson[12] 于 1986 年提出，被广泛用于气象数据的非一致性检验。根据长系列观测资料，SNHT 法构建等时间长度的 T 系列，如果系列中某一个 T 值超出该系列某一置信水平（取 0.05）的阈值，则判定该数据系列具有非一致性，造成非一致性的时间点称为非一致性点。然而，如果邻近站点均具有相同的非一致性点，则该非一致性点和数据系列的非一致性可以接受；否则应根据参证系列作出修改。在 SNHT 法的应用过程中，通过多个相邻站点的监测数据构建各个站点的参证系列是极为重要的环节，其中某一站点的参证系列确定如下：

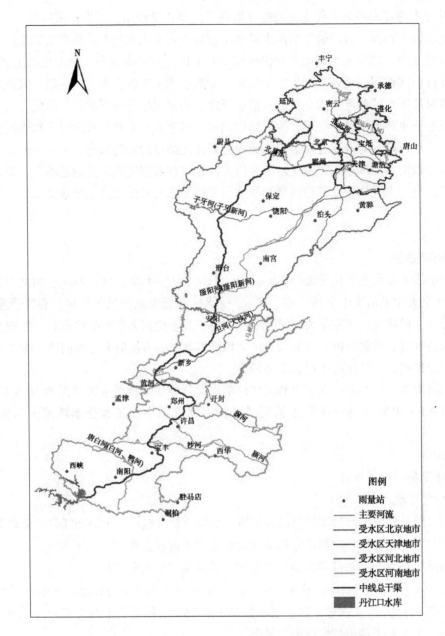

图 1　南水北调中线工程受水区及主要降水站点分布示意图

$$R_{r,\ i} = \frac{\sum\limits_{x=1}^{n} R_{x,i} w_x}{\sum\limits_{x=1}^{n} w_x} \tag{1}$$

式中：$R_{r,i}$ 为站点参证系列中第 i 年的降水参考值；$R_{x,i}$ 为第 x 个相邻站点第 i 年的降水监测值；w_x 为计算站点与第 x 个相邻站点之间的相关系数，同式（2）中的 $r_{i,j}$。

2.2.1.3　分析方法

本文通过数据质量检验并修正异常值，然后根据资料一致性检验确保数据系列符合一致性要求。数据质量和一致性检验均采用 AnClim 软件实现。

2.2.2　降水的空间分布特征分析

相关系数常用于研究气象水文系列的时间变化特征，类似显著性水平为 0.05 的空间相关系数可用于评估两个站点之间的空间相关性，其可以用下式表示：

$$r_{i,j} = \frac{\sum_{k=1}^{n}(R_{i,k}^{0} - \overline{R_i})(R_{j,k}^{0} - \overline{R_j})}{\sqrt{\sum_{k=1}^{n}(R_{i,k}^{0} - \overline{R_i})^2}\sqrt{\sum_{k=1}^{n}(R_{j,k}^{0} - \overline{R_j})^2}} \tag{2}$$

式中：$r_{i,j}$ 为站点 i 和站点 j 的空间相关系数；n 为站点 i 和站点 j 相同的时间序列长度；$R_{i,k}^{0}$ 和 $R_{j,k}^{0}$ 分别为站点 i 和站点 j 第 k 时刻的监测值；$\overline{R_i}$ 和 $\overline{R_j}$ 分别为站点 i 和站点 j 长系列监测数据的算术平均值。

通过构建空间相关系数与距离之间的关系，可以用于描述降水的空间分布特征，常用数学模型如下：

$$r_{i,j} = a \times \exp(-b \times D_{i,j}) \tag{3}$$

式中：a 和 b 为模型参数，通过最小二乘法确定，b 越大，表示降水量的空间差异性越大；$D_{i,j}$ 为站点 i 与站点 j 之间的距离。

2.2.3 降水的时间变化特征分析

改进的 Mann-Kendall（MMK）法能有效减小序列自相关对趋势分析结果的影响，该法被广泛用于水质、气象和水文变化趋势分析。本文采用 MMK 法分析研究区年降水量变化特征，其具体原理如下：

假设某一站点的年降水量序列为 $X = (x_1, x_2, \cdots, x_n)^{\mathrm{T}}$，其统计量 S 定义为

$$S = \sum_{i=1}^{n-1} S_i \tag{4}$$

其中

$$S_i = \sum_{j=i+1}^{n} \mathrm{sgn}(x_j - x_i) \tag{5}$$

$$\mathrm{sgn}(x_j - x_i) = \begin{cases} 1 & x_j - x_i > 0 \\ 0 & x_j - x_i = 0 \\ -1 & x_j - x_i < 0 \end{cases} \tag{6}$$

S 的方差计算为

$$\mathrm{Var}(S) = \frac{n(n-1)(2n+5)}{18} \tag{7}$$

为避免数据系列时间自相关性对 $\mathrm{Var}(S)$ 的影响，通过计算原始序列 X 的无参数趋势估计量 Cor 来获得新的统计量方差 $\mathrm{Var}^*(S)$：

$$\mathrm{Var}^*(S) = \mathrm{Var}(S)\mathrm{Cor} \tag{8}$$

其中

$$\mathrm{Cor} = 1 + \frac{2}{n(n-1)(n-2)}\sum_{k=1}^{n-1}(n-1)(n-k-1)(n-k-2)r_k \tag{9}$$

$$r_k = \frac{\sum_{i=1}^{n-k}(x_i - m)(x_{i+k} - m)}{\sum_{i=1}^{n}(x_i - m)^2} \tag{10}$$

式中：n 为年降水序列 X 的长度；m 为年降水序列 X 的算术平均值；r_k 为年降水序列 X 的自相关系数。

年降水量序列 X 的标准统计量 Z 可表示为

$$Z = \begin{cases} \dfrac{S-1}{\sqrt{\text{Var}^*(S)}} & S > 0 \\ 0 & S = 0 \\ \dfrac{S+1}{\sqrt{\text{Var}^*(S)}} & S < 0 \end{cases} \qquad (11)$$

若 Z 为正值,表示年降水有上升趋势;若 Z 为负值,则表示年降水有下降趋势。取显著性水平 $\alpha = 0.05$,若 $|Z| \geq Z_\alpha$,表示年降水变化特征较显著,变化幅度通过最小二乘法计算线性坡度确定。

3 结果和讨论

3.1 数据质量和一致性

3.1.1 数据质量

研究区域内各站点出现数据异常的站点数为 17 个,异常年次数合计 29,占数据总量的 1.6%,质量较高。经统计,异常值出现的年份主要有 1963 年、1964 年、1971 年、1977 年、1982 年、1983 年、1984 年、1985 年、2000 年、2016 年等(见表 1),其中 1963 年和 1964 年是南水北调中线工程受水区的丰水年[13-14],大部分降水站点年降水量出现异常情况,因此对各站点 1963 年和 1964 年降水量数据不作修正,但对其他异常年份降水量数据采用邻近正常序列对应年份的降水量数据进行修正。

表 1 各站点年降水量异常值

站点	所属行政区	年份	异常值
孟津	河南省	1964/2003	1 035.4/1 041.9
西峡	河南省	1964	1 465.4
南阳	河南省	1963/1964/2000	1 290.1/1 243.9/1 356.3
宝丰	河南省	1964	1 253.3
许昌	河南省	—	—
郑州	河南省	1964/1983	1 041.3/990.6
开封	河南省	—	—
新乡	河南省	1963	1 168.4
安阳	河南省	1963/2016	1 182.2/917.1
西华	河南省	1966/1984/2000	360.7/1 262.6/1 115.5
驻马店	河南省	1982	1 791.6
桐柏	河南省	—	—
邢台	河北省	1963/2016	1 269.0/879.1
南宫	河北省	1964/1973	817.9/864.6
保定	河北省	—	—
饶阳	河北省	1964/1985/1990	923.5/929.8/842.1
霸州	河北省	—	—
蔚县	河北省	1973	616.3
泊头	河北省	—	—
黄骅	河北省	1964/1971	1 343.5/1 040.2
承德	河北省	—	—
遵化	河北省	—	—

续表 1

站点	所属行政区	年份	异常值
北京	北京市	—	—
延庆	北京市	—	—
密云	北京市	—	—
丰宁	北京市	—	—
宝坻	天津市	—	—
唐山	天津市	1964	1 007.7
塘沽	天津市	1964	1 083.5
天津	天津市	1977	976.2

注:"/"表年降水系列存在多个异常值,"—"表示降水系列不存在异常值。

3.1.2 数据一致性

通过数据质量修正和一致性检验分析,南水北调中线工程受水区内年降水量序列具备非一致性特征的站点有 3 个,分别为河南省新乡站、河北省黄骅站和邢台站,各站点降水序列均在 1964 年存在突变点。

综合考虑空间分布和相关系数计算成果,新乡邻近站点分别为安阳、郑州、开封,邢台邻近站点分别为安阳、南宫,黄骅邻近站点分别为塘沽、天津、泊头。其中,新乡站和邢台站各邻近站点降水序列均在 1963 年或 1964 年出现异常值,表明 1964 年可能是区域降水异常年份,与 3.1.1 节的研究结论一致;据此,在后续分析过程中,新乡站和邢台站降水序列不作调整。不同于新乡站和邢台站,黄骅站各邻近站点降水序列在 1961—1964 年均不存在异常情况,为确保降水数据的一致性,通过式(1)计算黄骅站的参证序列,并用参证序列 1961—1964 年的计算数据替换原序列 1961—1964 年观测数据,且修正后序列满足数据一致性要求(见图 2)。

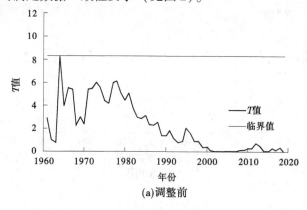

(a)调整前

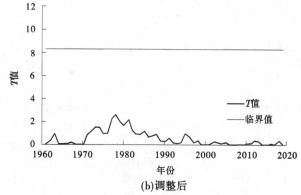

(b)调整后

图 2 黄骅站降水序列非一致性示意图

3.2 降水空间分布特征

通过互相关分析，选择相关系数大于 0 的 790 组相关系数-距离数据分析南水北调中线工程受水区各站点相关系数随距离的变化情况。结果表明，不同站点之间相关系数介于 0.004~0.83，平均值为 0.36，最大值和最小值分别对应 275 km 和 90 km。其中，相关系数大于 0.36 的数据组占比仅为 47.8%，表明研究区域内年降水量存在较大的空间差异性（见图 3）。

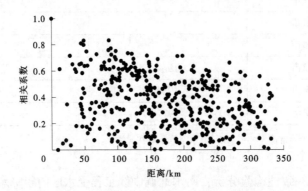

图 3　各站点相关系数随距离变化示意图

采用最小二乘法构建各站点相关系数与距离之间的指数相关关系，各站点参数 a 和 b 分别介于 0.619 8~1.035 1 和 -0.006~-0.000 8，平均值分别为 0.795 和 -0.002，其中驻马店站和桐柏站 b 值显著大于其他站点，且其他站点之间参数 a 值和 b 值的差异较小，这主要是因为驻马店站和桐柏站受北上暖湿气流影响显著强于其他站点所致[14]。以河南省南阳站、郑州站和新乡站，河北省邢台站、保定站和泊头站，以及北京站和天津站为典型，考虑两雨量站之间数据相关性的显著程度，以相关系数为 0.6 为标准，确定各站点影响范围接近 150 km（见图 4）。

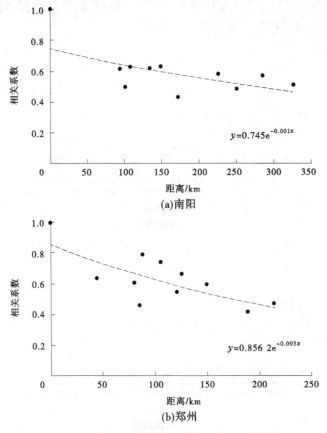

$$y=0.745e^{-0.001x}$$

(a)南阳

$$y=0.856\ 2e^{-0.003x}$$

(b)郑州

图 4　典型站点相关系数随距离变化示意图

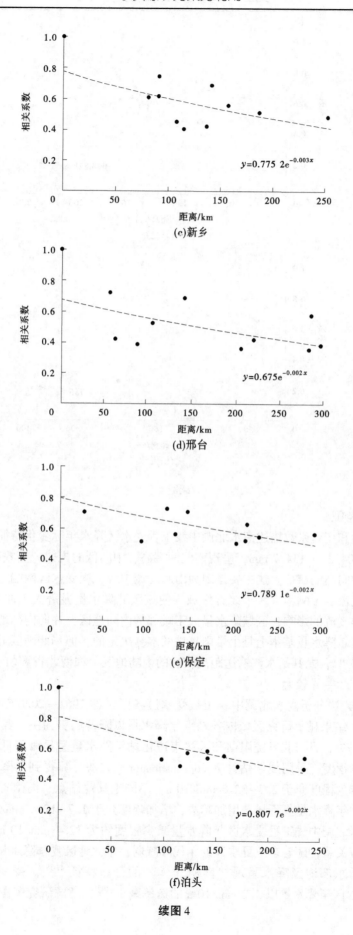

(c)新乡

(d)邢台

(e)保定

(f)泊头

续图4

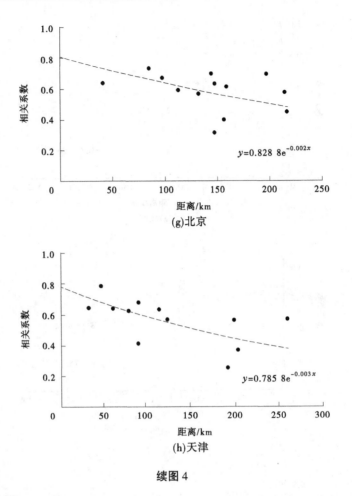

(g)北京

(h)天津

续图 4

3.3　降水时间变化特征

采用多年平均值和变差系数描述南水北调中线工程受水区降水年际变化特征，其中各雨量站多年平均年降水量介于 404.2~1 134.7 mm，呈现南北两端高、中间低的规律；变差系数介于 0.19~0.36，呈现南北两端低、中间高的特征。这主要是因为南水北调中线工程受水区南端为长江流域至淮河流域的过渡带，受暖湿气流的影响程度大于北方区域，使该区域降水量显著大于北方区域[15]；受水区北部靠近渤海，受海洋气流的影响，区域降水量大于毗邻的内陆地区，并向内陆地区呈现逐渐减少的趋势。同时，华北地区年降水量基本上是由暴雨事件的多寡决定的，但华北地区近年来的降水量和降水频数均存在下降趋势[16]，尤其是水汽输送距离较远的内陆地区，如河北省霸州、保定和邢台等地区，上述区域年降水量年际差异较大。

采用改进的 MMK 法分析南水北调中线工程受水区各雨量站 1961—2020 年逐年年降水量变化趋势（见表 2、图 5），结果显示研究区域内各站点年降水量以降低趋势为主，其中年降水量呈减少趋势的站点比例达 86.7%，且河北省饶阳站和天津市遵化站年降水量呈显著降低趋势；为进一步分析各站点年降水量减少程度，采用线性估计（slope estimator）方法计算得到年降水量以减少趋势为主的各站点年降水量减少程度介于 2.3~32.3 mm/10 a。不同于其他站点，河南省许昌站和西华站、河北省蔚县站和泊头站年降水量呈不显著增加趋势，增加幅度介于 1.7~12.4 mm/10 a。

总体而言，南水北调中线工程受水区年降水量减少幅度约为 12.4 mm/10 a。该现象与东亚夏季风减弱有很好的对应关系，随着东亚夏季风的年代际减弱，华北地区夏季降水量减少，而长江流域降水量增多，使得我国东部地区降水呈现"南涝北旱"的分布特征[17-18]。受夏季降水减少的影响，1961—2020 年华北地区年降水量以 3.2 mm/10 a 的速率减少[19]，考虑研究范围差异，本文研究成果与已有成果相协调[20]。

表2 各雨量站年降水量变化趋势

站点	MMK 标准统计量 Z	时变特征	
		线性坡度	显著性检验 t
孟津	−1.06	−1.145 9	−1.037
西峡	−0.92	−1.444 5	−1.060
南阳	0.43	0.237 9	0.157
宝丰	−0.58	−0.985 1	−0.758
许昌	−0.53	−0.726 7	−0.579
郑州	−0.39	−0.593 8	−0.534
开封	−1.35	−1.219 8	−1.023
新乡	−1.09	−1.270 9	−1.006
安阳	−0.27	−0.604 9	−0.488
西华	0.94	1.244 1	0.962
驻马店	−0.43	−0.653 8	−0.301
桐柏	−1.35	−2.202 7	−1.014
邢台	−0.25	−0.631 9	−0.488
南宫	−0.13	−0.495 2	−0.493
保定	−0.63	−1.649 2	−1.220
饶阳	−1.70*	−2.150 4	−2.031
霸州	−0.27	−1.004 5	−0.778
蔚县	0.47	0.175 6	0.287
泊头	0.86	0.554 5	0.420
黄骅	−1.10	−2.403 0	−1.763
承德	−0.93	−0.662 4	−0.883
遵化	−2.19*	−3.227 0	−2.223 2
北京	−0.62	−1.128 2	−1.003
延庆	−0.11	−0.312 9	−0.401
密云	−0.18	−0.755 4	−0.686
丰宁	−0.25	−0.236 3	−0.360
宝坻	−0.84	−1.492 6	−1.188
唐山	−1.36	−2.083 7	−1.864
塘沽	−1.29	−2.206 4	−1.695
天津	−0.66	−1.082 4	−1.025

注： 表中 * 号表示年降水量变化特征较显著。

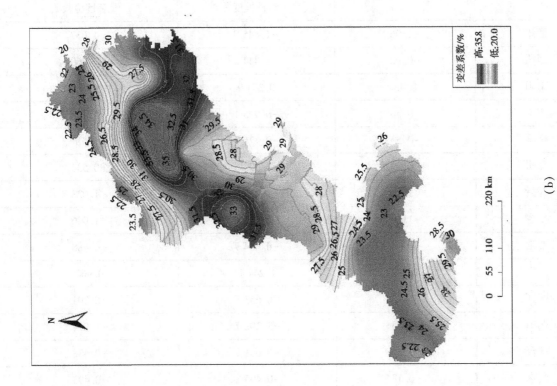

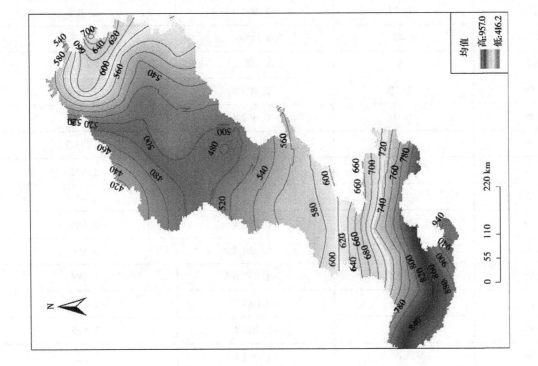

图 5　研究区年降水量变化特征

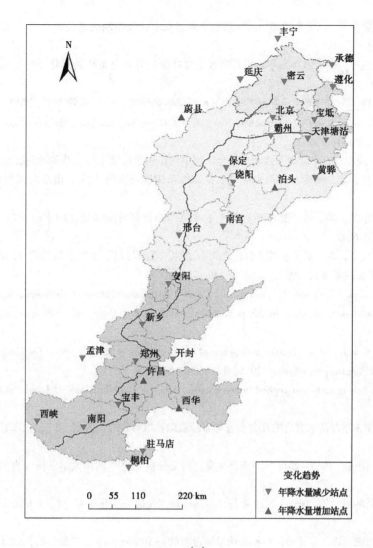

(c)

续图 5

4 结论

本文采用南水北调中线工程受水区 30 个雨量站 1961—2020 年逐年年降水量资料分析南水北调中线工程受水区范围内降水时空变化特征，主要结论如下：

（1）尽管受丰水年降水量增大的影响，大部分降水站点 1963 年或 1964 年降水量出现异常情况，但大部分站点数据质量较高，且具有较好的一致性，其中各站点合计仅 17 年次出现数据异常情况，且经过修正后 29 个站点满足一致性要求。

（2）不同站点之间相关系数介于 0.004~0.83，研究区域内年降水量存在较大的空间差异性；考虑两雨量站之间数据相关性的显著程度，各站点影响范围接近 150 km，可作为地下水补给源分析范围确定的参考依据。

（3）各站点年降水量以降低趋势为主，减少程度介于 2.3~32.3 mm/10 a，且河北省饶阳站和天津市遵化站年降水量呈显著减少趋势。

参考文献

［1］王哲，付宇，朱静思，等．华北典型河道地下水回补效果评价［J］．吉林大学学报（地球科学版），2021，51

（3）：843-853.

［2］卫磊，杨桂莲，鲁程鹏，等．华北平原超采区浅层地下水埋深变化及控制因素分析［J］．水资源与水工程学报，2019，30（6）：39-43.

［3］孟素花，费宇红，张兆吉，等．50年来华北平原降水入渗补给量时空分布特征研究［J］．地球科学进展，2013，28（8）：923-929.

［4］曹娜，王瑞玲，娄广艳，等．引黄入冀补淀工程地下水环境影响研究［J］．人民黄河，2017，39（11）：118-121.

［5］Long D，Yang W，Scanlon B R，et al. South-to-North Water Diversion stabilizing Beijing's groundwater levels［J］. Nature Communication，2020：3665.

［6］刘宪亮．南水北调中线工程在华北地下水超采综合治理中的作用及建议［J］．中国水利，2020（13）：31-32.

［7］朱永楠，王庆明，任静，等．南水北调调水区节水指标体系构建及应用［J］．南水北调与水利科技，2017，15（6）：187-195.

［8］崔英杰，魏永富，徐小民，等．基于标准指数的地下水位动态及其对降水变化的响应［J］．科学技术与工程，2020，20（16）：6336-6342.

［9］肖云丹，张乃静，王俊荣，等．基于水资源承载力的华北地区降水与地下水要素数据集（2005—2016年）［J］．中国科学数据（中英文网络版），2022，7（1）：140-148.

［10］Štěpánek P，Zahradníček P，Skalák P. Data quality control and homogenization of air temperature and precipitation series in the area of the Czech Republic in the period 1961—2007［J］. Advances in Science & Research，2009，3：23-26.

［11］Xiao Y，Zhang X，Wan H，et al. Spatial and temporal characteristics of rainfall across Ganjiang River Basin in China［J］. Meteorology & Atmospheric Physics，2016，128（2）：167-179.

［12］Alexandersson H. A homogeneity test applied to precipitation data［J］. International of Journal of Climatology，1986，6（6）：661-675.

［13］郑清坡，郭红霄．1963年海河水灾后的社会心态与心理救助：以邢台专区为例［J］．山东社会科学，2018（4）：112-117.

［14］高文华，李开封，靳豪豪．1960—2014年河南极端降水特征分析［J］．河南大学学报（自然科学版），2020，50（3）：253-261.

［15］郭诗君，尹泰来，吴冬雨，等．1951—2019年丹江口库区降水量时空变化研究［J］．人民长江，2020，51（S2）：57-62.

［16］周璇，孙继松，张琳娜，等．华北地区持续极端暴雨过程的分类特征［J］．气象学报，2020，78（5）：761-777.

［17］郝立生，丁一汇，闵锦忠．东亚夏季风变化与华北夏季降水异常的关系［J］．高原气象，2016，35（5）：1280-1289.

［18］Yin G，Wang G，Zhang X，et al. Multi-scale assessment of water security under climate change in North China in the past two decades［J］. Science of the Total Environment，2022，805：150103.

［19］杨若子，邢佩，杜吴鹏，等．1961—2017年华北地区降水气候特征分析［J］．地理科学，2020，40（9）：1573-1583.

［20］张书萍，祝从文，周秀骥．华北水资源年代际变化及其与全球变暖之间的关联［J］．大气科学，2014，38（5）：1005-1016.

下垫面变化与南水北调通水条件下引滦水量分配调整研究

任涵璐　宋秋波　白亮亮

（水利部海河水利委员会科技咨询中心，天津　300170）

摘　要：近年来，受当地经济社会发展用水需求增加及地下水压采等因素影响，唐山市供水形势日益严峻，另外，南水北调中线一期工程通水后，天津市水资源供需形势有所缓解，河北省多次就引滦"回头"提出建议。本文通过对潘家口、大黑汀等5座水库进行联合调算，提出现状下垫面条件下考虑生态用水需求的潘家口水库可分配水量，在此基础上，分析引滦水量分配方案调整的可行性和可协调水量，针对提高天津、唐山两市水资源保障能力提出相关建议。结果显示，现状供水格局下天津仅在引滦丰水情况下有1.27亿~2.62亿 m³ 余量可调剂。

关键词：引滦；南水北调；可分配水量；下垫面；丰枯遭遇；可协调水量

1　引言

天津、唐山两市地处华北地区东北部，是我国重要的经济中心和工业基地。水资源短缺是制约该地区经济社会发展的主要瓶颈[1-2]，为缓解城市生活生产用水紧张局面，1983年，国务院以国办发〔1983〕44号文批复了现行引滦水量分配方案（简称分水方案），分水方案实施以来极大改善了天津、唐山两市供水状况，成为区域经济社会发展的重要支撑。近年来，受气候变化和人类活动双重影响，滦河流域地表水资源量衰减严重[3-4]，根据最新调查评价成果，1980—2016年系列与1956—1979年系列相比，潘家口以上天然径流量减少了41%，直接影响水库供水量，唐山市的发展长期依赖超采地下水和挤占生态用水，水生态系统呈临界超载状态[5]。2014年南水北调中线一期通水后，天津市水资源供需形势有了一定的改善，但枯水年份缺水形势仍较严峻。

如何在保障天津市供水安全基础上优化调整分水方案，成为海河流域水资源配置的热点研究问题之一[6-7]。本文在分析现状下垫面条件下潘家口可分配水量的基础上，对南水北调后续工程通水前引滦水量分配调整开展研究，提出相关对策和建议，为南水北调总体规划修编和后续工程规划建设，流域水资源调度、管理，后续优化调整滦河水量分配方案提供技术支撑。

2　引滦水量分配方案和南水北调中线工程分配水量

分水方案规定，75%保证率时，潘家口水库可分配水量19.5亿 m³，天津、唐山两市分别为10.0亿 m³ 和9.5亿 m³，见表1，潘大区间产水归河北省使用。南水北调中线工程供水目标为北京、天津、河北、河南等省（市）的主要城市生活和工业用水，兼顾农业和生态用水，中线一期黄河以北多年平均调水量为62.4亿 m³（分水口门），其中天津市分配指标8.6亿 m³。

作者简介：任涵璐（1987—），女，高级工程师，主要从事水资源规划工作。

表 1　引滦水量分配

供水保证率/%	可分配水量/亿 m³	天津市		唐山市	
		分配水量/亿 m³	分配比例/%	分配水量/亿 m³	分配比例/%
75	19.5	10.0	51.3	9.5	48.7
85	15.0	8.0	53.3	7.0	46.7
95	11.0	6.6	60.0	4.4	40.0

3　现状下垫面条件下可分配水量研究

3.1　潘家口水库来水量变化

1956—2016 年潘家口水库多年平均来水量为 18.19 亿 m³，呈显著下降趋势。引滦工程自 1983 年开始供水，选取 1980—2016 年时段重点分析（见图 1）。可以看出，水库来水量丰水年份主要集中在 2000 年以前，1980—1999 年年均来水量 17.67 亿 m³；2000 年以后进入枯水期，来水锐减，2000—2016 年年均来水量仅 7.71 亿 m³，较 1980—2016 年均来水量 13.09 亿 m³ 减少了 41%。该段时间内引滦可供水量已不能满足天津、唐山用水需求，为缓解供水矛盾，采取了压缩稻田种植面积、动用潘家口水库死库容等措施。

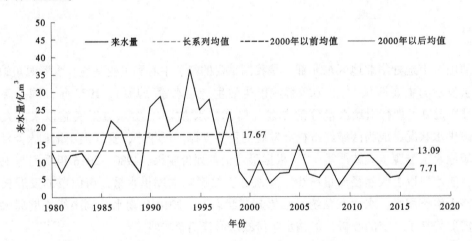

图 1　2000 年前后潘家口水库来水量对比

3.2　现状下垫面条件下水库可分配水量

3.2.1　潘家口基本生态环境需水量

水库可分配水量包括河道内基本生态环境用水量和河道外经济社会发展分配水量。采用 Tennant 法计算潘家口断面基本生态环境需水量，考虑滦河流域水资源禀赋条件，取水库天然径流量的 5% 作为基本生态环境需水量。1980—2016 年水库多年平均天然径流量 12.46 亿 m³，基本生态水量为 0.62 亿 m³。

3.2.2　水库可分配水量

潘家口水库供水目标为天津、唐山两市市市用水和河北省农业灌溉用水（滦下灌区及陡河灌区），当唐山市城市用水不足时优先满足城市用水需求。水库的可供水量除与入库水量有关外，还受供水目标需水量和需水过程的影响。考虑到滦河下游灌区及陡河灌区接受潘家口、大黑汀、桃林口等多个水库供水，为合理确定水库的可供水量，对潘家口、大黑汀、桃林口、陡河、洋河等 5 座水库进行了长系列（1980—2016 年）联合调节计算，优先考虑基本生态水量下泄要求，河道内基本生态水量保证率 75%。滦河五库联合调算示意图见图 2。

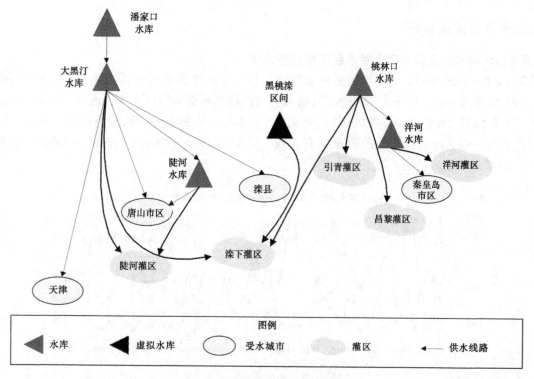

图 2　滦河五库联合调算示意图

经计算，现状下垫面条件下潘家口水库多年平均可供水量 9.10 亿 m³，75%保证率和 95%保证率供水量分别为 7.23 亿 m³ 和 5.84 亿 m³，与分水方案成果相比降低了 63%和 47%，见表 2，与分水方案成果对比见图 3。

表 2　引滦可分配水量成果（1980—2016 年系列）

方案	潘家口水库						潘大区间产水量/亿 m³	河北引滦总可分配水量/亿 m³
	供水保证率/%	可供水量/亿 m³	天津		河北			
			可分配水量/亿 m³	分配比例/%	可分配水量/亿 m³	分配比例/%		
本次研究	年均	9.10	5.43	59.7	3.67	40.3	1.82	5.49
	25	11.16	6.70	60	4.46	40	2.49	6.95
	75	7.23	4.34	60	2.89	40	0.84	3.73
	85	6.18	3.71	60	2.47	40	0.69	3.16
	95	5.84	3.50	60	2.34	40	0.34	2.68

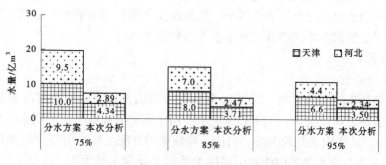

图 3　本次潘家口可分配水量与分水方案成果对比

4 引滦水量分配调整研究

4.1 潘家口水库和丹江口水库天然水量丰枯遭遇分析

采用 1956—2016 年丹江口水库天然径流和潘家口水库入库量系列分析 2 座水库丰枯遭遇情况，见图 4。61 年系列中潘家口枯水年遇丹江口枯水年和特枯水年的年份有 3 年，占总年数的 5%；同为特枯水年的年份有 2 年，占总年数的 3%，可见，2 座水库同为枯水年的风险仍存在。从连续枯水段遭遇情况来看，同为连续枯水段的时段共有 3 段，分别为 1999—2004 年、2006—2009 年和 2013—2016 年，连续枯水期最长达 6 年。

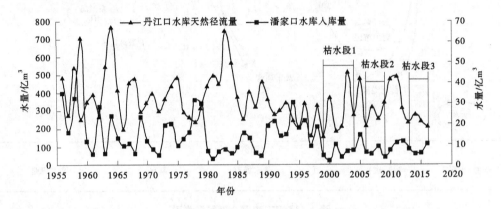

图 4　1956—2016 年丹江口水库天然径流量和潘家口水库入库量系列

4.2 引滦水量分配调整可行性分析

南水北调中线工程一期通水后，天津市供需矛盾有所缓解，但现状供用水仍处于紧平衡状态。原因：一是天津市属于重度资源型缺水地区。二是对外来水源高度依赖，抗风险能力不高，现状经济社会发展用水中 45% 为南水北调中线、引滦等外调水供水，供水保障有一定风险。三是供水调节能力差，对抗特殊干旱、工程检修、突发污染等问题的能力很弱。南水北调中线天津 8.63 亿 m³ 的供水规模主要依赖王庆坨水库调蓄，调蓄能力仅 2 000 多万 m³，不足以维持天津 1 个月城市用水；上游北运河、潮白河下泄水量无调蓄设施。

唐山市现状水资源供需形势也不容乐观。一是供水水源单一，抗风险能力不足。现状供水水源中地表水占比达 46%，其中 61% 是引滦供水，经济社会发展对地表水依赖程度较高，应对特殊干旱年、连续枯水年等问题能力不足。二是地下水压采形势严峻，现状仍有约 2 亿 m³ 深层地下水超采量。三是生态环境治理任务重。分水方案没有预留生态水量指标，导致滦河水量被"分干吃净"，入海水量锐减，枯水季节潘家口水库至滦河入海口 200 余 km 生态用水匮乏。此外，滦下灌区目前由引滦和桃林口水库共同保障，灌区承载了部分水库移民搬迁人口，区域粮食安全和社会稳定对保障灌区水源条件提出了一定要求。

现状供水格局下，天津、唐山两市均存在一定的供水保障风险，遇特殊枯水年，供水形势更为严峻，因此特枯水年引滦水量分配方案不宜调整。但遇汉江丰水年滦河平水年或同为丰水年，可进一步分析水量条件，通过水量调度协调部分天津市引滦水量给唐山市。

4.3 可协调水量分析

4.3.1 天津市可协调水量

考虑疫情对经济社会发展的影响，以 2019 年天津、唐山两市实际用水情况为基础，分析南水北调中线和引滦水在满足天津市生活、工业和生态基本用水需求的前提下，不同来水频率组合时天津市可协调水量，见表 3，其中南水北调中线一期按不同频率的分配指标，引滦水为现状下垫面条件下可分配水量。2019 年天津市南水北调中线和引滦供生活和工业用水量为 11.56 亿 m³（简称基本需求）。遇南水北调中线和引滦同为丰水年，其可供水量分别为 9.98 亿 m³ 和 6.70 亿 m³，共 16.68 亿 m³，与基本需求相比富余水量 5.12 亿 m³；遇南水北调中线丰水年引滦平水年和南水北调中线平水年引滦丰水年，富余水量分别为 3.85 亿 m³ 和 3.77 亿 m³。

表 3 天津市可协调水量成果

引滦						中线								
频率	频率	丰	平	枯	特枯	基本需求/亿 m³	丰	平	枯	特枯	生态基本用水需求/亿 m³	丰	平	枯	特枯
	可供/亿 m³	9.98	8.63	7.51	5.30		余缺水量/亿 m³					可协调水量/亿 m³			
丰	6.70	16.68	15.33	14.21	12.00	11.56	5.12	3.77	2.65	0.44	2.50	2.62	1.27	0.15	-2.06
平	5.43	15.41	14.06	12.94	10.73		3.85	2.50	1.38	-0.83		1.35	0	-1.12	-3.33
枯	4.34	14.32	12.97	11.85	9.64		2.76	1.41	0.29	-1.92		0.26	-1.09	-2.21	-4.42
特枯	3.50	13.48	12.13	11.01	8.80		1.92	0.57	-0.55	-2.76		-0.58	-1.93	-3.05	-5.26

注：丰水年为来水频率 25%，平水年为多年平均来水情况，枯水年为来水频率 75%，特枯水年为来水频率 95%，下同。

天津市现状生态环境也有部分由外调水解决，考虑生态基本用水需求 2.50 亿 m³（环卫绿化用水量 1 亿 m³，海河生态水量 1.5 亿 m³）也由南水北调中线和引滦保障的情况下，遇南水北调中线和引滦丰水年、南水北调中线丰水年引滦平水年、南水北调中线平水年引滦丰水年，天津市可协调水量分别为 2.62 亿 m³、1.35 亿 m³ 和 1.27 亿 m³。遇南水北调中线引滦同为平水年、南水北调中线枯水年或引滦枯水年，天津市基本没有可协调水量。

4.3.2 唐山市引滦用水需求

2019 年唐山市生活、工业和生态引滦供水量 3.72 亿 m³；滦下灌区 60 万亩水稻需引滦工程供水 2.70 亿 m³，遇枯水年，农业需要的最小引滦水量 2.03 亿 m³，唐山市现状经济社会发展共需引滦水为 6.42 亿 m³，枯水年为 5.75 亿 m³，见表 4。引滦丰水年、平水年、枯水年和特枯水年供水量分别为 6.95 亿 m³、5.49 亿 m³、3.73 亿 m³ 和 2.68 亿 m³，与需求相比，除丰水年有 0.53 亿 m³ 富余水量外，平水年、枯水年和特枯水年均有不同程度的缺水，其中特枯水年缺水量达到 3.07 亿 m³。与可协调水量相比，南水北调中线丰水年或平水年遇引滦丰水年，天津市可协调 1.35 亿~2.62 亿 m³ 水量，保障唐山市用水需求，但特枯水年天津市也无多余水量可协调。

表 4 唐山市引滦用水需求缺水情况

频率	引滦供水/亿 m³	引滦用水需求/亿 m³			余缺水量/亿 m³	天津可协调水量/亿 m³	
		生活、工业和生态	农业	合计		中线丰水年	中线平水年
丰	6.95	3.72	2.70	6.42	0.53	2.62	1.27
平	5.49		2.70	6.42	-0.93	1.35	0
枯	3.73		2.03	5.75	-2.02	0.26	0
特枯	2.68		2.03	5.75	-3.07	0	0

4.4 对策建议

（1）天津市现状用水效率已处于国内领先水平，但农业、城镇公共用水还有一定节水潜力，应加强深度节水。同时，南水北调作为远距离调水水源，一旦出现问题或工程检修导致长时间停水，供水安全将受到严重威胁，需考虑建设相匹配的调蓄工程。

（2）唐山市过去长期靠超采地下水维持经济社会发展，随着地下水超采治理力度的持续加大，供水压力逐步凸显。可在以下方面采取措施：一是现状供水条件下天津市遇丰水年份有部分余量，可考虑通过调度措施给唐山市，唐山市应建设必要的调蓄措施"存水于盆"，实现"以丰补歉"。二是要进一步加大工农业生产及生活用水的节水力度，大幅提升非常规水利用量。三是积极探索产业结构优化新举措，降低农业用水需求，有条件的地区适时开展海水稻种植。

（3）考虑保障粮食安全和生态文明建设等重大战略的实施，天津、唐山两市供需矛盾仍将进一步扩大。建议在南水北调总体规划修编和后续工程规划建设中，适时适量考虑引滦"回头"，在保证原受水区城市用水安全的前提下，扩大供水范围，优化南水北调工程受水区和非受水区的水量配置方案，使得南水北调工程战略效益北延，促进滦河和经济社会高质量发展。

5 结论

受气候变化和人类活动影响，滦河流域地表水资源量呈衰减趋势，水库来水量的减少导致可分配水量减少。考虑河道内基本生态水量，现状下垫面条件下潘家口水库75%和95%保证率供水量分别比分水方案降低了63%和47%。南水北调后续工程通水前，天津、唐山两市均无新增新鲜水源，但地下水超采和生态文明建设都对水源保障提出了更高要求，两市供水均存在风险。天津市仅在引滦丰水情况下有 0.26 亿~2.62 亿 m³ 余量。现状供水格局下，遇一般年份和丰水年，两市可本着"协同发展，友好协商"的原则，共享引滦分水指标。

参考文献

[1] 杜淑平. 唐山市水资源优化配置初探 [J]. 海河水利，2020（6）：23-24.
[2] 吕明旸. 基于普查统计数据的天津市水资源供需情况浅析 [J]. 水利发展研究，2021，21（10）：34-37.
[3] 王占升，卢峰. 滦河山区水资源变化趋势及成因分析 [J]. 水文，2013，33（2）：93-96，24.
[4] 赵纪芳，翟家齐，刘玉春，等. 滦河流域径流系数时空变化特征及影响因素研究 [J]. 水电能源科学，2022，40（3）：26-29，34.
[5] 任晓庆，杨中文，张远，等. 滦河流域水生态承载力评估研究 [J]. 水资源与水工程学报，2019，30（5）：72-79.
[6] 赵勇，何凡，何国华，等. 对南水北调工程效益拓展至滦河流域的若干思考 [J]. 南水北调与水利科技（中英文），2022，20（1）：62-69.
[7] 赵恩灵，朱桂勇. 京津冀协同发展下引滦水资源优化配置思考 [J]. 水利规划与设计，2019（12）：31-33，45.

1980 年建库以来潘家口水库入库水量趋势分析

李孟东　刘兵超

（水利部海河水利委员会引滦工程管理局，天津　300392）

摘　要： 潘家口水库作为引滦工程的龙头，是天津、唐山两市的重要水源地，工程投入运行以来，水库入库水量发生了一些变化。本文重点分析了潘家口水库建库以来，入库水量变化趋势，以及产生变化的主要原因，并提出结论与建议，为新时期潘家口水库更好发挥工程综合效益、推动高质量发展提供参考。

关键词： 潘家口水库；入库水量；趋势分析

1　流域概况

滦河发源于河北省承德市丰宁满族自治县大滩镇孤石村，于河北省唐山市乐亭县兜网铺入海，滦河流域地跨河北、内蒙古、辽宁 3 省（区），流经丰宁、正蓝、多伦、隆化、滦平、承德、兴隆、宽城、迁西、迁安、卢龙、滦县、滦南、乐亭等 27 个市、县（旗），全长 888 km，流域面积 44 750 km²。

滦河水量比较丰沛，多年平均年径流总量为 46.1 亿 m³，年内分配集中，年际丰、枯变化悬殊，年径流变差系数多在 0.5~0.8，最大年径流量与最小年径流量的比值多在 8 倍左右，个别站点甚至达 10 倍以上，而且常出现连丰连枯现象。滦河径流主要来自降水，径流年内分配和降水的年内分配具有很大的一致性，据资料统计，滦河流域春季降水量约占全年降水量的 9%，夏季降水量为 260~560 mm，占全年降水量的 67%~76%，主要集中在 7—8 月。秋季降水量占全年降水量的 11%~19%，冬季降水量最小，占全年降水量的 1%~2%。

2　工程概况

潘家口水库主坝坝址位于河北省唐山市迁西县滦阳镇杨查子村，按 1 000 年一遇洪水设计，5 000 年一遇洪水校核，水库控制流域面积 33 700 km²，占流域总面积的 75%，总库容 29.3 亿 m³，兴利库容 19.5 亿 m³，死库容 3.31 亿 m³，多年平均径流量 24.5 亿 m³，是以供水为主，结合供水发电，兼顾防洪的大（1）型多年调节水库。

3　潘家口水库来水趋势分析

潘家口水库于 1979 年 12 月下闸蓄水，本文主要根据 1980—2022 年水文实测资料，对潘家口水库蓄水运用以来入库水量变化特征进行分析。在 1980—2022 年的 43 年序列中，潘家口水库实测年平均入库水量 15.57 亿 m³，年度入库水量总体呈下降趋势，达到设计入库水量的仅有 9 年，占比 20.9%；年度最大入库水量为 2021 年的 42.37 亿 m³，是实测多年平均入库水量的 2.7 倍；年度最小入库水量为 2009 年的 4.28 亿 m³，仅为实测多年平均入库水量的 27.5%；实测年度最大入库水量是年度最小入库水量的近 10 倍，年际间差异较大，见图 1。

作者简介： 李孟东（1975—），男，高级工程师，副局长，主要从事水库管理、水利信息化和水旱灾害防御等工作。

通信作者： 刘兵超（1989—），男，工程师，科长，主要从事水库管理、水资源调度和水旱灾害防御等工作。

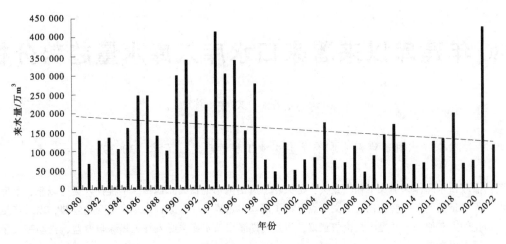

图 1   潘家口水库年度入库水量统计

根据入库水量变化情况，可分为 3 个阶段：1980—1998 年为丰水期，年平均入库水量 21.12 亿 m³，比实测多年平均入库水量偏多 35.6%；1999 年滦河流域出现了自 1929 年有历史水文记录以来最严重的旱情，来水量锐减，潘家口水库进入枯水期，1999—2010 年，年平均入库水量 8.34 亿 m³，比实测多年平均入库水量偏少 46.4%；2011—2022 年为平水期，年平均入库水量 14.03 亿 m³，比实测多年平均入库水量偏少 9.9%，见表 1。

表 1   潘家口水库时段入库水量变化分析

阶段	时段	年平均来水量/亿 m³	实测多年平均来水量/亿 m³	变化幅度/%
丰水期	1980—1998 年	21.12		35.6
枯水期	1999—2010 年	8.34	15.57	−46.4
平水期	2011—2022 年	14.03		−9.9

4   成因分析

潘家口水库实测入库水量突变和衰减受气候、下垫面变化、水利工程建设、上游用水量变化以及地下水埋深变化等多种因素影响，本文重点分析气候和上游水工程产生的影响。

4.1   降水量分析

滦河径流主要来自降雨，降水量是影响潘家口水库来水量的重要因素，本文选取承德站、承德县站、宽城站、兴隆站等 4 个站点数据，1980—2022 年平均年降水量为 591.4 mm，由图 2 可以看出，

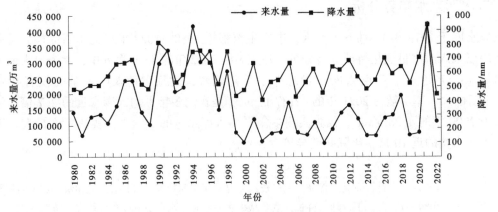

图 2   潘家口水库入库水量和上游站点降水量对比

水库入库水量受上游区域降水量影响较大,在1998年以前,上游区域年降水量和水库入库水量处于增长的趋势,1999年滦河流域出现大旱,降水量和水库入库水量均出现了快速下降,水库入库水量变化趋势与上游降水量变化趋势相对应。

4.2 洪水分析

洪水对潘家口水库的入库水量贡献率最大,在1980—2022年的43年序列中,潘家口水库入库洪峰大于1 000 m³/s的有17个年份,其中1980—1998年中有11个年份,占比64.7%;1999—2010年中有1个年份,占比5.9%;2010—2022年中有5个年份,占比29.4%。入库洪峰大于2 000 m³/s的有6个年份,其中1980—1998年中有4个年份,占比66.6%;1999—2010年中有1个年份,占比16.7%;2010—2022年中有1个年份,占比16.7%,见图3。

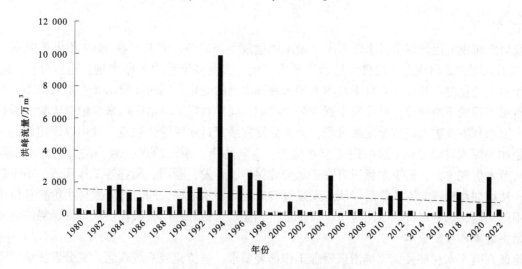

图3 潘家口水库入库洪峰统计

通过分析可以看出,潘家口水库洪水发生的量级和出现频次与水库入库水量的丰、平、枯时间段是一致的,且1998年以后,潘家口水库发生入库洪峰1 000 m³/s以上洪水的概率明显减少。

4.3 上游水工程影响分析

潘家口水库控制流域面积33 700 km²,近年来,随着国家水网战略的不断推进,滦河流域水工程体系不断完善,先后修建了西山湾、双峰寺等水库。目前,潘家口水库上游流域内共有庙宫、西山湾、双峰寺等3座大型水库,闪电河、大河口、丰宁水电站、钓鱼台、黄土梁、窟窿山、大庆等7座中型水库,总库容6.56亿m³;各类橡胶坝将近80座,总蓄水量近6 000万m³。上游蓄水工程的建设,对潘家口水库的入库水量造成较大影响,并且由于拦蓄截水面积的增大,蒸发量相对增大,尤其在干旱年份更为明显。

表2 潘家口水库上游流域内大中型水库概况

序号	名称	所在河流	总库容/亿 m³	控制流域面积/km²	坝址多年平均径流量/亿 m³
1	庙宫水库	滦河一级支流伊逊河	1.83	2 370	1.08
2	西山湾水库	滦河上游闪电河	1.00	8 999	1.96
3	双峰寺水库	滦河一级支流武烈河	1.73	2 303	2.43
4	闪电河水库	滦河上游闪电河	0.426	890	0.202 2
5	大河口水库	滦河一级支流吐力根河	0.264 5	8 685	1.94
6	丰宁水电站	滦河干流	0.719 9	10 202	2.39

续表 2

序号	名称	所在河流	总库容/亿 m³	控制流域面积/km²	坝址多年平均径流量/亿 m³
7	钓鱼台水库	滦河二级支流兰旗卡伦河	0.131 2	160	0.092 1
8	黄土梁水库	滦河一级支流兴州河	0.222 1	324	0.264 3
9	窟窿山水库	滦河二级支流牤牛河	0.12	142	0.227 5
10	大庆水库	滦河一级支流瀑河	0.117	82	0.115 8

5 结论与建议

潘家口水库投入运行以来，水库入库水量总体呈现下降趋势，尤其是在 1999 年出现突变，但在 2010 年以后入库水量出现上升趋势，且趋于平稳，接近实测多年平均入库水量。通过分析，潘家口水库入库水量变化的主要原因来自于水库上游区域降水量的变化，同时随着水库上游大中型水库、橡胶坝等蓄水工程的不断修建，对滦河水资源分段拦截，同样对潘家口水库的来水量造成较大影响。

新时期水利事业进入高质量发展阶段，为充分发挥潘家口水库综合效益，提出以下建议：

一是加快深入贯彻习近平总书记"节水优先、空间均衡、系统治理、两手发力"治水思路，坚持和落实节水优先方针，将节水意识贯穿于水资源保护、开发、利用、配置等工作环节，不断拓宽治水思路，从增加供给转向需求管理，从开发建设转向提高用水效率，同时充分发挥水价杠杆作用，严格区分不同用途，以业定价、以质定价、以量定价，让水价更好地反映市场供求、资源稀缺程度、生态环境损害成本和修复成本[1]。

二是认真落实水利部强化流域治理管理工作部署要求，坚持流域系统观念，充分发挥流域管理机构的技术与管理优势，健全包括滦河流域上下游各地水文、气象以及水管单位等多方参与的水工程联合调度工作协调机制。加快制订滦河水工程联合调度方案，实施流域控制性水工程联合调度，强化多目标高效耦合，努力实现流域调度"帕累托最优"[2]。

参考文献

[1] 王雨，魏邦记．水利投融资机制改革研究［J］．黑龙江水利，2017，3（1）：40-42.
[2] 李国英．深入贯彻落实党的二十大精神 扎实推动新阶段水利高质量发展：在 2023 年全国水利工作会议上的讲话［J］．水利发展研究，2023，23（1）：1-11.

十堰市茅箭区用水现状及节约用水预测

贺德才　汪炎炎　刘梅群

（湖北省十堰市水文水资源勘测局，湖北十堰　442000）

摘　要：为积极践行习近平总书记"节水优先、空间均衡、系统治理、两手发力"治水思路，深入推进十堰市茅箭区节水型社会建设，多措并举保障茅箭区水安全，紧紧围绕城市战略定位，以控制用水总量、提高用水效率为目标，以农业节水增效、工业节水减排、城镇节水降损、非常规水利用为重点，以节水基础设施建设、各类节水载体创建为抓手，不断提升茅箭区节约用水水平。依据有关资料和研究成果，阐述了十堰市茅箭区"十三五"时期节约用水现状，根据"十四五"用水定额计划值和用水定额预测值，计算出"十四五"茅箭区节约用水情况。

关键词："十三五"时期节约用水现状；"十四五"节约用水预测；十堰市茅箭区

1 概述

1.1 基本情况

茅箭区地处湖北省西北部、十堰市城区东部，位于武当山的西北麓，属秦岭、大巴山的东延余脉，位于东经 110°10′~110°30′，北纬 32°20′~32°40′。东与丹江口市毗邻，西与张湾区相连，南与房县接壤，北与郧阳区搭界。东西长 31 km，南北宽 30 km，辖区国土总面积 482 km²。

境内有两大流域 4 条较大的河流，泗河流域是汉江的一级支流，于郧阳区青山镇处汇入丹江口库区，泗河流域在茅箭区境内流域面积 420.4 km²，占整个区域面积的 85.8%，包括茅塔河、田湖堰河、马家河三大河流，神定河流域的百二河，流域面积 53.8 km²。

茅箭区属北亚热带季风气候，气候温和，阳光充足，雨水较丰，四季分明，茅箭区多年平均降水量 851.4 mm，多年平均水资源量 1.435 8 亿 m³。

1.2 研究范围

规划范围为茅箭区范围，涉及武当街办、二堰街办、五堰街办、东城开发区、大川镇、赛武当管理局、茅塔乡。

1.3 研究水平年

规划基准年取 2020 年，预测水平年为 2025 年。

2 茅箭区用水状况

2.1 水资源

茅箭区水资源地区分布不均、人均占有量不高。根据《湖北省第三次水资源调查评价》的成果，茅箭区多年平均水资源总量为 1.435 8 亿 m³，见表 1[1]。

2.2 用水量

用水量指分配给用户包括输水损失在内的水量，按照老口径、新口径分别统计，茅箭区 2013—2020 年分行业用水量见表 2[1]。

作者简介：贺德才（1966—），男，高级工程师，主要从事水文、水资源调查评价管理工作。

表 1 茅箭区多年平均降水量和径流量

行政区划	多年平均降水量/亿 m³	占比/%	多年平均水资源量/亿 m³
武当街办	0.558 3	13.6	0.188 0
二堰街办	0.230 4	5.6	0.076 8
五堰街办	0.086 2	2.1	0.028 7
东城开发区	0.225 1	5.5	0.075 8
大川镇	0.588 8	14.3	0.213 6
赛武当管理局	0.953 9	23.3	0.345 2
茅塔乡	1.460 7	35.6	0.507 7
全区	4.103 4	100	1.435 8

表 2 茅箭区 2013—2020 年分行业用水量

年份	老口径					新口径			总用水量
	农业	工业	居民生活	城镇公共	生态环境	生产	生活	生态	
2013	0.019 7	0.259 5	0.242 3	0.164 8	0.012 7	0.444 0	0.242 3	0.012 7	0.699 0
2014	0.039 3	0.167 6	0.255 8	0.155 5	0.009 0	0.362 4	0.255 8	0.009 0	0.627 2
2015	0.032 3	0.189 5	0.272 6	0.177 8	0.010 9	0.399 6	0.272 6	0.010 9	0.683 1
2016	0.010 4	0.160 1	0.222 1	0.178 2	0.032 8	0.348 7	0.222 1	0.032 8	0.603 6
2017	0.012 5	0.146 2	0.219 2	0.185 4	0.009 9	0.344 1	0.219 2	0.009 9	0.573 2
2018	0.024 0	0.118 2	0.195 6	0.198 7	0.011 2	0.340 9	0.195 6	0.011 2	0.547 7
2019	0.030 7	0.128 0	0.219 6	0.213 0	0.009 0	0.371 7	0.219 6	0.009 0	0.600 3
2020	0.026 2	0.138 9	0.233 3	0.198 2	0.015 8	0.363 3	0.233 3	0.015 8	0.612 4

老口径按农业、工业、居民生活、城镇公共、生态环境五大类统计用水量，新口径按用户特性分生产用水、生活用水和生态用水三大类统计。其中，新口径生产用水再划分为第一产业用水、第二产业用水、第三产业用水。第一产业用水包括农田灌溉用水、林牧渔业灌溉用水和牲畜用水。第二产业用水包括工业用水和建筑业用水。第三产业用水包括商品贸易、餐饮住宿、金融、交通运输、仓储、邮电通信、文教卫生、机关团体等各种服务行业的用水量。生活用水指居民住宅日常生活用水，按城镇居民和农村居民用水分别统计。生态环境补水只包括人为措施提供的维护生态环境的水量。

从茅箭区近 8 年用水结构分析，2020 年农业占 4.3%，工业占 22.7%，居民生活占 38.1%，城镇公共占 32.3%，生态环境占 2.6%。节水行动应从农业、工业、居民生活、城镇公共用水找突破口，提高非常规水资源用于生态环境的比例。

2.3 "十三五"节水用水主要指标

"十三五"期间，茅箭区以用水"三条红线"控制为核心，以节水载体创建为抓手，以取水许可和计划用水管理为基础，以水情教育和节水宣传为依托，有序推进农业节水增效、工业节水减排、城镇节水降损、非常规水源利用等各项工作，基本完成"十三五"主要目标任务，各项指标见表 3[2]。

表3　"十三五"节水主要指标完成情况

序号	指标	2015 年	2020 年规划目标值	2020 年完成值	完成情况
1	用水总量/亿 m³	0.683 1	≤0.94	0.612 4	完成
2	万元 GDP 用水量/m³	26	18.2	15	完成
	万元 GDP 用水量下降率/%		30	42.3	完成
3	万元工业增加值用水量/m³	20	14	14	完成
	万元工业增加值用水量下降率/%		30	30	完成
4	农田灌溉水有效利用系数		≥0.525	0.549	完成
5	城镇公共供水管网漏损率/%	20	10	9.35	完成

3　茅箭区"十四五"节水主要指标预测情况

《湖北省县域节水型社会达标建设工作方案》中指出，2025 年茅箭区达标，根据《节水型社会评价指标体系和评价方法》中制定的节水型社会评价赋分表及省定目标用水总量和用水定额限值，制定出 2025 年茅箭区用水指标计划及预测值，见表4[3]。

表4　"十四五"节水主要指标预测情况

年份	2020 年	2025 年	备注
用水总量/万 m³	6 124	<9 400	
万元 GDP 用水量/m³	15	14	达到省定目标
万元工业增加值用水量/m³	14	13	达到省定目标
农田灌溉水有效利用系数	0.549	0.560	达到省定目标
城镇公共供水管网漏损率/%	9.35	9	
再生水利用率/万 m³		35	
节水型企业建成率/%		40	
公共机构节水型单位建成率/%		50	
节水型小区建成率/%		20	
农业灌溉用水计量率/%		60	
工业用水计量率/%		100	
公共场所、居民家庭使用生活节水器具		100	

4　茅箭区"十四五"节水量预测

4.1　农业节水量

从全区近 10 年用水总量和分行业用水量来看，农田灌溉用水在本区仅占较小份额，但农业是节水的重点之一。农业节水潜力主要是农田灌溉节水潜力。参照相关研究结论，农业节水潜力的计算是考虑采取调整农作物种植结构、扩大节水灌溉面积、提高渠系水利用系数、改进灌溉制度和调整农业供水价格等措施的综合节水潜力，涵盖了工程节水、农艺节水、管理节水 3 个方面，其计算公式为：

$$W_n = A_0 \times \left(\frac{Q_0}{U_0} - \frac{Q_t}{U_t} \right) \qquad (1)$$

式中：W_n 为农田灌溉节水潜力，万 m^3；A_0 为现状灌溉面积（有效灌溉面积），万亩，取 0.69 万亩；Q_0 为现状作物综合净灌溉需水定额，m^3/亩，根据多年平均亩均灌溉水量和灌溉水利用系数推算综合净灌溉需水定额，取 348 m^3/亩；Q_t 为考虑节水措施实施后的规划水平年作物综合净灌溉需水定额，取 313 m^3/亩；U_0 为现状水平年灌溉水有效利用系数，取 0.549；U_t 为规划水平年灌溉水有效利用系数，取 0.560。

本次规划的农业节水量计算综合考虑灌区的改造、扩大节水灌溉面积、提高渠系水利用系数和调整农业供水价格等措施的综合节水潜力。2020 年全区农田灌溉面积为 0.69 万亩，农田综合净灌溉定额为 348 m^3/亩；到 2025 年，考虑随着农业节水措施的落实，灌溉水有效利用系数将逐步提高至 0.560，全区农业节水量可达 52 万 m^3。

4.2 工业节水量

工业节水潜力的计算是考虑产业结构调整、产品结构优化升级、节水技术改造、调整水资源费征收力度等条件下的综合节水潜力，涵盖了工程节水、工艺节水、管理节水 3 个方面，其计算公式为：

$$W_g = Z_0 \times (Q_0 - Q_t) \qquad (2)$$

式中：W_g 为工业节水潜力，亿 m^3；Z_0 为现状水平年工业增加值，万元；Q_0 为现状水平年万元工业增加值用水量，14 m^3/万元；Q_t 为工业节水措施实施后规划水平年万元工业增加值用水量，13 m^3/万元。

茅箭区工业现状用水定额较小，规划水平年工业用水定额下降 0.7%，为 13 m^3/万元，工业用水管网漏损率提高 0.35%，2020 年茅箭区工业增加值 154.2 亿元，工业用水量节水 154 万 m^3。

4.3 城镇生活节水量

根据茅箭区 2020 年常住人口及各水平年人均生活用水指标，生活节水潜力分城镇和农村两种节水类型分别计算，农村生活用水因现状用水指标较低，因此规划期，在提高农村生活用水水平的前提下，将着力普及农村生活节水型器具，其节水潜力暂不考虑。

城镇生活节水潜力的计算主要是考虑了节水器具普及率的提高与供水管网漏损率的降低两个方面，涵盖了工程节水、工艺节水两个方面，其计算公式为：

$$W_n = W_0 - W_0 \times \frac{1 - L_0}{1 - L_t} + \frac{R \times J_z \times 365}{1\,000} \times \frac{P_t - P_0}{10\,000} \qquad (3)$$

式中：W_n 为城镇生活节水潜力，亿 m^3；W_0 为现状自来水厂供出的城镇生活用水量，亿 m^3；L_0 为现状水平年供水管网综合漏损率（%）；L_t 为规划水平年供水管网综合漏损率（%）；R 为现状城镇人口，万人；J_z 为节水型器具的日可节水量，L/（人·d）；P_0 为现状水平年节水器具普及率（%）；P_t 为规划水平年节水器具普及率（%）。

2020 年茅箭区城镇生活用水量 4 315 万 m^3，城镇人口 41.63 万人，节水型器具的日可节水量为 100 L/（人·d），现状年供水管网综合漏损率为 9.35%，规划水平年供水管网综合漏损率为 9.0%；现状年节水器具普及率 80%，规划水平年节水器具普及率 100%，则 2025 年全区城镇生活节水量 321 万 m^3。

4.4 节水潜力合计

综上所述，规划水平年随着农业、工业、城镇生活各项节水措施的实施，全区可节水量达 527 万 m^3。其中，城镇生活节水潜力最大，为 60.9%；工业节水次之，为 29.2%；农业节水最小，为 9.9%。在节水条件下，国民经济各部门节水量占现状年用水总量的 8.6%，具有较好的节水潜力，见表 5。

表5　分行业节水量情况

行业	农业	工业	生活	合计
节水量/万 m³	52	154	321	527

5　结论

（1）2020 年茅箭区用水总量 0.612 4 亿 m³，万元 GDP 用水量 15 m³，万元工业增加值用水量 14 m³，农田灌溉水有效利用系数 0.549，城镇公共供水管网漏损率为 9.35%。

（2）2025 年茅箭区用水总量达到省定目标，小于 0.94 亿 m³，万元 GDP 用水量 14 m³，万元工业增加值用水量 13 m³，农田灌溉水有效利用系数 0.560，城镇公共供水管网漏损率 9%，再生水利用率 35 万 m³，节水型企业建成率 40%，公共机构节水型单位建成率 50%，节水型小区建成率 20%，农业灌溉用水计量率 60%，工业用水计量率 100%，全面推动公共场所、居民家庭使用生活节水器具 100%。

（3）2025 年农业节水量 52 万 m³，工业节水量 154 万 m³，生活节水量 321 万 m³。各行业总节水量 527 万 m³，占 2020 年用水总量的 8.6%，节水潜力巨大。

参考文献

［1］2013—2020 年十堰市水资源公报［R］. 十堰：十堰市水利和湖泊局.
［2］湖北省水利厅. 关于分解"三条红线"年度控制目标的函：鄂水利函〔2019〕193 号［A/OL］，2019-04-22.
［3］中华人民共和国国家质量监督检验检疫总局，中国国家标准化管理委员会. 节水型社会评价指标体系和评价方法：GB/T 28284—2012［S］. 北京：中国标准出版社，2012.

城市中水绿化灌溉生态经济效益量化分析

何一帆

（黄河水利委员会黄河水利科学研究院，河南郑州　450003）

摘　要： 绿化灌溉耗水量巨大，造成优质水资源的浪费。中水水质满足绿化灌溉标准，且水源来源充足，是良好的绿化备用水源。以 2021 年郑州市为例，运用能值理论计算中水绿化带来的生态经济总效益为 5.33 亿元，是自来水绿化效益的 2.6 倍；其中经济效益占比最大，达到 61.98%；扣除成本后，中水绿化生态经济净效益为 3.76 亿元，而自来水为负值。因此，采用中水代替自来水灌溉城市绿地可以节约大量优质水，带来大量的经济效益、社会效益、生态环境效益。本文研究成果可为缺水地区中水绿化的推广以及中水回用的分配决策等提供参考。

关键词： 能值分析；中水回用；城市绿化；生态经济效益

1　引言

城市绿化植被不仅可以净化空气、清洁环境，还可以美化城市，满足了人们对环境需求的同时，也提供了心灵休憩的场所。近年来，我国已经开始提升绿化建设，城市绿化覆盖率从 2001 年的 28.2% 上升至 2021 年的 42.4%，而绿化灌溉所消耗的大量水资源，也成为加重城市水资源短缺的重要因素之一。中水作为优质水源的替代水，成为解决水危机的重要途径[1]。中水的水质达不到生活用水的标准[2]，但经过处理后的中水在水质、离子含量等标准上符合城市绿化灌溉要求，不会对绿地生态系统[3-4]和人体健康[5-6]造成危害。因此，中水可替代自来水在城市绿化中应用。中水绿化带来和传统自来水绿化同样的社会效益、生态环境效益的同时，还能节约优质水源，产生额外的经济效益。认识和分析中水绿化的效益，有助于中水的合理分配，也有助于中水绿化的推广。

2　材料与方法

2.1　研究区域概况

郑州城市绿化率处于中国城市前列，截至 2021 年底，市区绿化覆盖面积为 391.81 km²，建成区绿化覆盖率达到 41.63%，人均公园绿地面积 15.27 m²。在水资源状况上，郑州市属于严重缺水地区：多年平均降水量为 619.5 mm，多年平均水资源总量为 12.34 亿 m³，人均水资源量仅为 96.85 m³。郑州市拥有污水处理厂 34 座，基本实现污水全收集、全处理，2021 年污水处理量 11.13 亿 m³，回用量 4.64 亿 m³，存在大量可利用中水，满足绿化灌溉的需求水量。

2.2　研究方法

能值理论与分析方法由美国著名生态学家 H. T. Odum[7-8]创立。能值理论从能量流动观点出发，以太阳能为标准，将不同物质和能量转化为形成它的太阳能的多少，并与货币建立联系，实现生态经济效益的客观、统一量化，是生态学与经济学交叉的桥梁。一些学者[9-10]将能值分析方法应用于水

基金项目： 国家重点研发计划重点专项：变化环境下长江黄河丰枯遭遇及极端枯水年水资源调配研究（2022YFC3202300）；中国水利经济研究会资助课题：行业间水权交易价格形成机制研究（CSWEZZ2023-07）。

作者简介： 何一帆（1997—），女，助理工程师，主要从事水权配置及水权交易工作。

资源系统的生态经济评价,取得了丰富的成果。本文利用生态经济学的能值理论,充分考虑中水代替自来水浇灌城市绿地产生的效益构成,建立包括经济效益、社会效益、生态环境效益在内的中水绿化生态经济效益能值量化方法。

2.3 量化方法

2.3.1 中水绿化经济效益量化方法

中水绿化的经济效益主要分为两部分:一部分是中水、自来水在成本上的差异,另一部分是节约出来的自来水用于城市生活或者工业生产带来的经济效益。

(1)成本差异量化方法。

不同水体的太阳能值转换率是其能量转化、储存及消耗情况的体现,既包含了原水价值,也包含了水资源开发利用过程中的运输、处理等成本,水体太阳能值转换率是其成本价值的体现。因此可用绿化灌溉水体的太阳能值转换率计算其成本价值,公式如下:

$$EM_C = (\tau_{TW} - \tau_{RW})W \tag{1}$$

式中:EM_C 为城市绿化用水的成本能值差价,sej;τ_{TW} 为自来水的太阳能值转换率;τ_{RW} 为中水的太阳能值转换率。

(2)自来水他用效益量化方法。

他用效益的计算具体可以分为以下两种情况:一种是中水绿化节约的自来水进入生活系统产生相应的他用生活效益;另一种是中水绿化节约的自来水进入工业系统产生相应的他用工业生产效益。

①他用生活效益量化方法。中水绿化节约的自来水进入生活系统的效益主要体现在劳动力维持效益上。劳动力维持效益主要是水资源在维持人类生命和健康方面的表现,以水资源对维持正常劳动价值的贡献份额来衡量[11]。中水绿化节省的自来水用于生活系统带来的他用效益计算公式如下:

$$EM_A = \frac{EM_{IN} \times WCR_L \times E}{W_L} \times W_A \tag{2}$$

式中:EM_A 为中水绿化节省的自来水用于生活系统带来的总效益,sej;EM_{IN} 为城市人均可支配收入的能值,sej;E 为恩格尔系数;WCR_L 为水资源生活贡献率,为年人均生活用水能值与生活系统年人均总投入能值的比值;W_L 为人均年生活用水量;W_A 为节约自来水投入生活系统的水量。

②他用工业生产效益量化方法。中水绿化所节约的自来水用于工业产生的效益主要体现在工业产品的产出效益上。在工业生产中,水以复杂的形式参与生产系统的物质和能量循环[11],工业产品的产出效益反映了水作为生产要素在工业经济活动中的贡献,计算公式如下:

$$EM_B = \frac{EM_{IY} \times WCR_I}{W_I} \times W_B \tag{3}$$

式中:EM_B 为中水绿化节省的自来水用于工业系统带来的效益,sej;EM_{IY} 为工业总产能,sej;WCR_I 为水资源工业贡献率,为工业生产系统取用水能值与工业系统生产总投入能值的比值;W_I 为投入工业系统的水量;W_B 为节约自来水投入工业系统的水量。

2.3.2 中水绿化社会效益量化方法

中水绿化带来的社会效益是指城市绿化给人们带来的心理满足程度及对社会发展的推动,主要包括科学研究效益和休闲娱乐效益。

(1)科学研究效益量化方法。

中水绿化产生的科学研究效益计算方法参照 Meillaud 等[12] 的方法,在期刊文献数据库中,以郑州市、中水(再生水)、绿化为关键词检索近年来发表的学术论文,以这些学术论文的能值价值作为中水绿化的科学研究服务效益。具体计算公式如下:

$$EM_R = P \times \tau_R \tag{4}$$

式中:EM_R 为中水绿化的科学研究效益,sej;P 为研究时段内发表的学术论文总页数;τ_R 为科学研究的能值转换率。

（2）休闲娱乐效益量化方法。

根据研究，城市绿地景观娱乐价值主要与植被覆盖面积有关，该价值受人类偏好影响。参考谢高地等[13]的方法来计算中水绿化带来的休闲娱乐效益，运用当量因子法进行量化分析。具体的计算公式如下：

$$EM_E = V \times S \times EDR \tag{5}$$

式中：EM_E 为中水绿化的休闲娱乐效益，sej；V 为单位绿地面积的景观娱乐服务的价值当量；S 为研究区绿化覆盖面积；EDR 为郑州市 2021 年能值货币比率。

2.3.3 中水绿化生态环境效益量化方法

城市绿化的目的是改善环境、美化城市。城市绿化解决了诸多环境问题，带来生态环境效益，主要包括固碳释氧效益、保护生物多样性效益、固持土壤效益和净化空气效益。

（1）固碳释氧效益量化方法。

植物通过光合作用和呼吸作用与大气物质进行交换，即固定 CO_2 和释放 O_2，从而维持大气平衡，提供人类生存必不可少的氧气。绿地的固碳效益可以根据植物年碳储量进行计算，O_2 的释放量可以根据光合作用化学方程式得出，得出绿地年固碳释氧量后，分别乘以能值转换率得出固碳释氧的能值效益。具体计算公式为：

$$EM_G = S \times B \times (\alpha \times \tau_{CO_2} + \beta \times \tau_{O_2}) \tag{6}$$

式中：EM_G 为城市绿地固碳释氧能值，sej；S 为绿化覆盖面积；B 为落叶阔叶林单位面积生物量[14]；α 为单位生物量固碳系数；β 为单位生物量耗氧系数。

（2）保护生物多样性效益量化方法。

城市规模的扩大以及人类活动的增强，改变了原有的生态环境。而绿地是城市生态系统的重要组成部分，能够提供多种多样的栖息地，是原有生物繁衍生息的重要场所。城市绿化保护生物多样性的效益可通过地区物种数和生物活动面积来表示。计算公式如下：

$$EM_P = \tau_P \times N \times R \tag{7}$$

式中：EM_P 为城市绿地固碳能值，sej；N 为计算研究区域内生物物种数；R 为生物活动面积占全球面积的比例；τ_P 为地球物种的平均太阳能值。

（3）固持土壤效益量化方法。

绿化植被能有效减少土壤侵蚀，一方面绿地的渗透性强，降水时很难形成地表径流，减少土壤水蚀；另一方面植被还可以防风沙，减少土壤风蚀。固持土壤的效益可以通过土壤潜在侵蚀量与现实侵蚀量的差值计算。土壤潜在侵蚀是指在没有水土保持工程和耕作措施的情况下的侵蚀行为。根据我国土壤侵蚀的研究，温带落叶阔叶林的现实土壤侵蚀模数为 550 t/（km²·a），绿化覆盖区的现实土壤侵蚀量仅为潜在土壤侵蚀量的 5.1%。计算绿地固持土壤能值效益的方程如下：

$$EM_T = (Q - Q') \times 678 \times \tau_T = (d \times S/5.1\% - d \times S) \times 678 \times \tau_T \tag{8}$$

式中：EM_T 为绿地每年固持土壤能值，sej；Q 为绿地土壤潜在侵蚀总量；Q' 为绿地土壤现实侵蚀总量；d 为现实土壤侵蚀模数；S 为绿化覆盖面积；678 为植物表层土壤的能量折算比率，J/g；τ_T 为固持土壤的能值转换率。

（4）净化空气效益量化方法。

城市绿地净化空气的效益体现在对人类社会产生的有害物质的削减和滞尘功能，主要是通过植物叶片的作用实现的。由于绿色植物有很大的叶面积，所以对 SO_2 有较强的吸收能力，且对粉尘和烟灰有明显的过滤、吸附作用。因此，植被净化空气的效益可通过叶片对有害物质的吸收能力以及绿化覆盖面积来计算。

①吸收 SO_2 的效益。根据《中国生物多样性国情研究报告》，阔叶林对 SO_2 的平均吸收能力值为 88.65 kg/（hm²·a）。吸收 SO_2 效益所需的公式如下：

$$EM_S = q \times S \times \tau_S \tag{9}$$

式中：EM_S 为城市绿地年吸收 SO_2 的能值，sej；q 为阔叶林对 SO_2 的年平均吸收能力值；S 为绿化覆盖面积；τ_S 为绿地吸收 SO_2 的能值转换率。

②滞尘效益。本文的研究区域阔叶林占比较大，故将绿地滞尘效益概化为阔叶林对粉尘的吸收效益。根据《中国生物多样性国情研究报告》，阔叶林的滞尘能力为 33.2 $t/$（$hm^2 \cdot a$）。绿地系统的年滞尘总量的计算公式如下：

$$EM_K = c \times S \times \tau_K \tag{10}$$

式中：EM_K 为阔叶林年滞尘的能值总量，sej；c 为阔叶林的单位滞尘能力；S 为绿化覆盖面积；τ_K 为阔叶林滞尘能力的能值转换率。

3 结果与讨论

计算时以 2021 年为基准年，计算所需数据中，社会经济数据来源于《郑州市统计年鉴 2022》，用水量数据来源于《郑州市水资源公报 2021》，太阳能值转换率采用 Odum 和蓝盛芳等[15] 的研究成果，郑州市 2021 年能值货币比率参考吕翠美[11] 的方法计算得出。2021 年郑州市中水绿化生态经济效益汇总见表 1。

表 1　2021 年郑州市中水绿化生态经济效益汇总

项目	具体类型划分	能值效益/sej	货币效益/元
经济效益	中水自来水的成本差价	3.53×10^{21}	1.38×10^{10}
	节约自来水的他用效益	2.81×10^{21}	1.06×10^{10}
社会效益	科学研究	2.21×10^{17}	9.17×10^5
	休闲娱乐	3.34×10^{19}	1.27×10^8
生态环境效益	固碳释氧	4.79×10^{20}	2.49×10^9
	保护生物多样性	2.98×10^{21}	1.55×10^{10}
	固持土壤	2.01×10^{20}	1.05×10^9
	净化空气	1.95×10^{20}	1.02×10^9
总效益	中水	1.02×10^{22}	5.33×10^{10}
	自来水	3.88×10^{21}	2.03×10^{10}
净效益	中水	7.21×10^{21}	3.76×10^{10}
	自来水	-2.66×10^{21}	-1.39×10^{10}

（1）运用能值理论、从生态经济学的角度分析，2021 年郑州市区中水绿化生态经济总效益为 1.02×10^{22} sej，是自来水绿化生态经济效益的 2.6 倍，折合成货币效益为 5.33×10^{10} 元。扣除成本后中水绿化生态经济净效益为 7.21×10^{21} sej，折合成货币效益为 3.76×10^{10} 元；而扣除成本后自来水绿化带来的生态经济效益为负值，说明城市绿化灌溉以自来水作为水源不仅不能获得一定的经济价值，还会造成经济亏损。

（2）在利用中水灌溉城市绿地的总生态经济效益中，经济效益占 61.98%，社会效益占 0.33%，生态环境效益占 37.69%，中水绿化的经济效益十分显著。而社会效益明显低于经济效益和生态环境效益，造成这一结果的原因是社会效益的构成分析还不够全面，这一问题将在未来继续研究。

4 结语

（1）中水回用是解决现阶段水资源短缺问题、提高水资源利用效率的有效途径，中水用于城市绿化灌溉在经济、社会、生态环境上都具有很大的效益，而对这部分效益进行分析量化的方法仍在探索阶段，缺乏全面考虑中水回用生态经济效益的量化方法。本文基于能值理论，结合生态学与经济学，充分分析中水绿化生态经济效益构成，提出了一种新的中水回用生态经济效益的量化分析方法。

（2）以 2021 年的郑州市为例，量化分析了利用中水作为水源进行城市绿化灌溉带来的经济效益、社会效益和生态环境效益。结果显示，中水绿化不仅可以达到和自来水绿化相同的社会效益、生态环境效益，还可以大大节约成本；使用中水进行绿化灌溉的同时可以节约大量自来水，节约的自来水投入工业生产和生活用水中带来巨大的经济效益，充分发挥优质水的价值。

（3）科学和全面的中水回用效益量化方法，有助于中水的合理分配和利用，也有助于对中水回用的推广。本文尚有不足之处，由于能值转换率的分析复杂、计算难度大，在计算中水绿化的各项能值效益时，大部分能值转换率都参考了前人已有的成果，在绿化能值效益的能值转换率计算上还有待进一步研究。

参考文献

[1] 沈光范, 徐强. 积极稳妥地开展中水回用工作 [J]. 中国给水排水, 2001 (4)：31-32.

[2] 刘玉丹. 对城市绿化中中水的回收利用分析 [J]. 建材与装饰, 2016 (12)：188-189.

[3] 王齐. 中水灌溉对城市绿地生态系统的影响及安全性评价 [D]. 兰州：甘肃农业大学, 2010.

[4] Zhaoxin Li, Zhiyan Sun, Lei Zhang, et al. Investigation of water quality and aquatic ecological succession of a newly constructed river replenished by reclaimed water in Beijing [J]. Heliyon, 2023, 9 (6)：17045.

[5] 王齐, 师春娟, 刘英杰, 等. 中水灌溉绿地对人体健康影响的风险性评价 [J]. 节水灌溉, 2012 (3)：57-60.

[6] Fei Zhao, Yinfei Hao, Qianru Xu, et al. Safety assessment of organic micropollutants in reclaimed water：Chemical analyses, ecological risk assessments, and in vivo endocrine-disrupting studies [J]. Science of The Total Environment, 2023, 884：163865.

[7] Odum H T, Odum E C, Blisseltt M. Ecology and economy：emergy analysis and public policy in Texas [M]. Results of policy research project. LBI School of Public A airs. State Department of Agricul ture：Austin, Texas, 1987.

[8] Odum H T. Environmental accounting：emergy and decision making [M]. Wiley, New York, 1996.

[9] Lu C, Li H, Ling M, et al. An Innovative Emergy Quantification Method for Eco-economic Compensation for Agricultural Water Rights Trading [J]. Water Resources Management, 2021：1-18.

[10] Zhang W, He Y, Yin H. Research on Water Rights Allocation of Coordinated Development on Water-Ecology-Energy-Food [J]. Water. 2022；14 (13)：2140.

[11] 吕翠美. 区域水资源生态经济价值的能值研究 [D]. 郑州：郑州大学, 2009.

[12] Meillaud F, Gay J B, Brown M T. Evaluation of a building using the emergy method [J]. Solar Energy, 2005, 79 (2)：204-212.

[13] 谢高地, 张彩霞, 张雷明, 等. 基于单位面积价值当量因子的生态系统服务价值化方法改进 [J]. 自然资源学报, 2015, 30 (8)：1243-1254.

[14] 李高飞, 任海. 中国不同气候带各类型森林的生物量和净第一性生产力 [J]. 热带地理, 2004 (4)：306-310.

[15] 蓝盛芳, 钦佩, 陆宏芳. 生态经济系统能值分析 [M]. 北京：化学工业出版社, 2002.

华南地区节水型社会建设模式和问题探讨

马兴华[1,2]　赵　燕[1]　李　春[1]　李志扬[1]

(1. 珠江水利委员会珠江水利科学研究院，广东广州　510611；
2. 水利部粤港澳大湾区水安全保障重点实验室，广东广州　510611)

摘　要：本文在分析节水型社会建设概念及评价标准、工作内容的基础上，归纳总结了华南地区节水型社会建设模式，提出了华南地区节水型社会建设过程中存在的五大主要问题，并提出了六大主要应对措施，为更加高效地开展华南地区节水型社会建设提供参考。

关键词：节水型社会；建设模式；主要问题；对策措施；华南地区

1　引言

习近平总书记高度重视节水工作，近年来作出了一系列重要讲话和指示批示。2014 年，习近平总书记在中央财经领导小组第五次会议上，提出"节水优先、空间均衡、系统治理、两手发力"的治水思路，强调从观念、意识、措施等各方面都要把节水放在优先位置。2019 年，在黄河流域生态保护和高质量发展座谈会上提出，坚持以水定城、以水定地、以水定人、以水定产，把水资源作为最大的刚性约束，合理规划人口、城市和产业发展，坚决抑制不合理用水需求。2020 年，在江苏考察时提出，北方地区要从实际出发，坚持以水定城、以水定业，节约用水，不能随意扩大用水量。2021 年，在推进南水北调后续工程高质量发展座谈会上提出，坚持节水优先，把节水作为受水区的根本出路，长期深入做好节水工作，根据水资源承载能力优化城市空间布局、产业结构、人口规模。习近平总书记重要讲话和指示批示精神，坚持以人民为中心、坚持系统观念、坚持问题导向，是新时期做好节水工作的思想指引和根本遵循。

因此，开展节约用水工作是新时期一项重要的水利工作，是促进经济社会高质量发展的重要手段。近年来我国节水型社会建设工作取得了重要进展，相关学者也开展了这方面的研究工作。一些学者开展了典型地区节水载体建设研究[1]，一些学者开展了北方地区节水型社会建设的经验和实践[2-6]，一些学者开展了南方地区节水型社会建设的经验和实践[7-10]，我国节水型社会建设首先是在北方地区开始试点，近年来在南方地区得到了较大的推进。但总体来说对北方及干旱地区的推广应用研究成果较多。

长期以来，华南地区由于水资源量较为充足，用水方式粗放，人民缺乏节约用水观念和习惯，在我国快速推进节水型社会建设浪潮中缺乏主观能动性。本文从分析节水型社会建设概念、评价标准、主要工作内容角度出发，深入分析近年来华南地区节水型社会建设模式及存在问题，并提出具体的措施和建议，为更加高效地开展华南地区节水型社会建设提供参考。

2　节水型社会建设概念及评价标准

水资源严重短缺是我国基本水情，是经济社会发展的重要瓶颈。推进节水型社会建设，全面提升

作者简介：马兴华（1983—），男，高级工程师，主要从事水文水资源方面的研究工作。

水资源利用效率和效益，是深入贯彻落实习近平生态文明思想、习近平总书记关于节水工作的重要讲话和指示批示精神的具体行动，是缓解我国水资源供需矛盾、保障水安全的必然选择，对实现高质量发展、建设美丽中国具有重要意义。

节水型社会是指以人与自然和谐发展为价值取向，以水资源的合理配置、节约保护和高效利用为基本特征，以可持续发展的生产方式和消费模式为基础支撑，以严格的水资源管理为手段，以健全的水资源管理体制和完善的法律法规为保障，所形成的水资源与经济、社会、环境协调发展的一种社会形态[7]。节水型社会建设的本质：一是全方位、全过程节水；二是形成以经济手段为主的节水机制，建立起自律式发展的节水模式；三是不断提高水资源利用效率和效益，促进经济、资源、环境协调发展。

3 节水型社会建设主要工作内容

2017 年，水利部印发了《水利部关于开展县域节水型社会达标建设工作的通知》（水资源〔2017〕184 号），制定了《节水型社会建设评价标准（试行）》，并在全国范围内部署开展节水型社会达标建设工作。2023 年 8 月 18 日，水利部印发了《水利部关于修订印发〈节水型社会评价标准〉的通知》（水节约〔2023〕245 号）。从此，县域节水型社会建设工作开始实行新的标准。"十三五"期间，我国节约用水工作取得了较大成就：一是用水效率明显提高；二是各项节水政策得到进一步完善；三是节水管理体系进一步健全；四是节水设施能力得到强化；五是节水示范取得显著成效，创建 10 批共 130 个国家节水型城市，推进 4 批 1 094 个县（区）节水型社会达标建设。

根据《节水型社会建设评价标准（试行）》，节水型社会达标建设包括 3 项必备条件、10 项评价指标和 3 项加分项指标所涵盖的工作内容。评价指标总分 100 分，加分项指标总分 10 分。自评分 85 分以上者认定为达到节水型社会标准要求。

节水型社会建设是一项长期逐步推进的工作，并非一蹴而就。在开展节水型社会达标建设之前，首先要针对各项指标收集相关资料，分析该项指标是否达到评价要求，以现有的节水水平和节水条件是否满足 85 分以上达标创建要求，若不满足则需要分析从哪方面入手更容易达标创建，提出达标创建的工作内容和工作方案。

4 华南地区节水型社会建设模式

华南地区在开展节水型社会达标建设过程中形成了一套高效的创建模式，总结起来主要为：强化组织领导—明确责任分工—打造节水特色—落实多方投入—高效载体创建—加强宣传力度。具体总结如下。

4.1 强化组织领导

政府领导高度重视是顺利推进节水型社会达标建设的重要保证。通过高位推进，以政府办公室名义印发节水型社会达标建设工作方案，明确节水型社会达标建设工作领导小组，以分管领导作为领导小组组长，领导小组办公室一般设置在水行政主管部门，住建、工信、发改、教育、生态环境、水利等多个政府部门为成员单位，节水型社会达标建设的各项工作任务统一由领导小组下达，各成员单位协同推进，为顺利推进各项工作奠定了基础。

4.2 明确责任分工

根据节水型社会达标建设工作方案，全面启动各项指标达标建设。根据工作方案，将各项建设任务分解落实到各有关部门等成员单位，针对每一项工作任务均落实责任牵头部门和配合部门，各有关职能部门落实责任分工，建立起了由上而下的运转灵活、信息通畅、协调有序、工作顺畅的节水型社会达标建设工作机制，协调处理好上下各级之间、部门与部门之间的各方关系，强化协作配合，形成工作合力，做到沟通及时、工作高效。

4.3 打造节水特色

主要从加强非常规水源利用、节水信息化系统建设等方面打造节水特色。在打造非常规水源利用方面，一是在机关单位或居民小区积极推广雨水收集、空调冷凝水回收利用技术，充分利用非常规水源；二是在节水型企业创建过程中，督促创建企业优化厂区内部污水回收处理系统、冷却水循环利用系统及中水回用系统，加强冷凝水回收、冷却水回收和中水回收利用，采用节水新技术、新工艺、新设备。在节水信息化系统建设方面，一是在节水载体创建过程中打造载体用水信息化监控系统；二是在建立区域取水、用水、节水信息化监控平台系统，将取水户、用水户的取水、用水、节水等信息纳入系统平台统一信息化管理，提高节水管理效率和管理水平。

4.4 落实多方投入

"节水优先"，社会各界齐参与。节水是水资源高效可持续开发利用的首要任务，随着国家对节水宣传力度的加大，以及用水成本的提高，全社会越来越重视节约用水工作，社会各界均加大对节水型器具的使用、改造和推广，除了政府部门对一些公共场所用水器具进行节水型器具改造，各创建企业、小区等均对耗水器具、漏损管道等进行更新改造。一些企业在扩建规模时采用了较为先进的节水工艺和设备，在公共机构节水型单位的创建过程中，采用屋顶雨水和空调冷凝水回收利用技术等，形成政府与社会各界共同投入的节水型社会创建工作机制。

4.5 高效载体创建

节水载体的创建是节水型社会建设的重要任务，节水型企业、节水型居民小区、公共机构节水型单位三大类型的节水载体创建任务必须完成。因此，如何高效、顺利地开展载体创建是关系整个节水型社会达标创建进度的重要环节。为了顺利推进节水型载体创建工作，在开展创建之前，召集了需要创建的各企业、小区物业、公共机构业务负责人集中开展了创建工作培训会议，并明确关于节水型企业、节水型小区、公共机构节水型单位的创建标准、工作流程、时间要求，以及需要各创建单位配合开展的一系列工作。创建前开展集中培训会议使得后续的创建工作更加高效、有序地开展。

4.6 加强宣传力度

开展形式多样、立体、丰富的节约用水宣传教育活动，除了常规的"世界水日""中国水周"等传统的宣传活动日开展的节水宣传，采用线上与线下相结合的方式开展节水知识普及、有奖问答等活动，充分利用电视、报纸、网络等多种媒体形式，立体全方位的开展宣传活动，普及水法、水政策、节水等知识，有效促进了全社会居民节水意识的提高。

5 华南地区节水型社会建设存在的主要问题及对策措施

5.1 存在的主要问题

（1）节水相关法律法规不完善。

节水型社会建设需要建设一系列的法律、法规、标准和政策体系为其保驾护航[15]。目前华南地区节水法律法规体系尚不完善。2012年，云南省出台了《云南省节约用水条例》；2017年，广东省出台了《广东省节约用水办法》，广西出台了《广西节约用水管理办法》；2020年，贵州省出台了《贵州省节约用水条例》。这些省级层面出台的节约用水管理办法（条例）为各省设计了顶层节约用水管理办法，但是各地市尚未全部配套相应的政策法规，使得节水相关工作推进起来难度较大，比如节水"三同时"管理、计划用水下达等。

（2）节水奖励机制得不到有效落实。

华南地区在落实节水奖励政策方面，广州和深圳做的比较到位，切切实实制定了政策文件，并且按照政策文件的标准落实了奖励。但是其他大部分地区节水奖励政策均未得到有效落实，有些县区尚未制定节水奖励政策文件，有些县区为了达标创建制定了节水奖励管理办法，但从未得到真正落实。

（3）农业用水计量率较低。

华南地区由于降雨丰沛，农作物以水稻为主，灌溉方式主要是漫灌，因此华南地区灌区渠系成为了河道水系，灌渠内的水除了用于农业灌溉，还有着维护渠系内生态功能的作用。广东省大中型灌区均安装了计量监控系统，有力推动了广东省农业用水计量率的提高，推进了广东省农业水价综合改革。但从目前的实施效果来看并不十分理想，一方面是已建的计量设施存在后期维护跟不上，安装后出现了故障，且计量数据不准确等问题；另一方面是有些灌区仅渠首安装了一套计量设施，而灌区内渠系末端通常情况下是有水流出的，仅计量渠首水量无法准确反映整个灌区的灌溉用水量。另外，华南地区山丘区众多，除了发达城市，每个县区几乎存在数量众多的小型灌区，绝大部分小型灌区未安装计量设施，或者有些小型灌区为了应付考核在渠首安装计量水尺，但运行过程中并无人抄录数据。

（4）再生水利用率不高、用途单一。

以 2020 年为例，从全国范围来看，深圳市再生水利用量最高为 13.7 亿 m³，北京市为 12.01 亿 m³，广州市为 6 亿 m³，天津市为 0.4 亿 m³；再生水利用率最高的是合肥市 76.0%，昆明市为 73.6%，深圳市为 72.0%，北京市为 60.0%，广州市为 28.6%，东莞市为 20.0%。从 2020 年的数据来看，广州、深圳、东莞等华南地区有再生水利用情况，但是其他很多欠发达地区和落后地区再生水利用率几乎为零。另外，广州、深圳等城市有较高的再生水利用程度，但是绝大部分污水再生后仅作为河道景观补充水利用，用途单一。

（5）节水载体创建自主性不强。

在推进节水型社会达标建设过程中，节水载体建设是整个创建工作的重点和关键。但在节水载体创建过程中，企业、小区以及部分机关单位本身的自主性、主动性不高，大多数是在政府的要求下开展的，且由政府拨付部分经费来开展，属于被动的创建。比如在创建节水型企业过程中需要企业的工业用水重复利用率指标达到标准要求，这就要求企业对废污水进行回收利用，但是有些企业宁可排放掉也不回收利用，因为处理回收利用的成本比直接采用地表水资源的成本（主要是水资源费）要高得多。

5.2 主要对策措施

针对华南地区节水型社会建设过程中存在的主要问题，本文提出了如下主要应对措施：

（1）进一步完善节水法律法规政策制度体系。

完善节约用水法规体系，推动节水条例出台，推进地方节水法规建设，配套完善省、市、县三级节水相关法规政策体系，使节水制度政策真正做到落实落地。健全节水标准体系，制（修）订重要节水标准，及时更新水效标准、用水定额，做好标准宣贯和实施工作，落实计划用水按照定额核定。推行水效标识制度，扩大产品覆盖品目，打击水效虚标行为。持续推进节水认证工作，将节水认证纳入统一绿色产品认证标识体系，完善绿色结果采信机制。

（2）加强华南地区农业水价综合改革力度。

坚持目标导向和问题导向相结合，深入推进农业水价综合改革，开展华南地区灌溉用水精确化计量研究，完善供水计量设施、建立农业水权制度、提高农业供水效率和效益、探索终端用水管理新模式、加强农业用水需求管理、建立健全农业水价形成机制、建立精准补贴和节水奖励机制、强化农业用水刚性约束、健全农业节水激励机制，提高农业用水管理和服务化、信息化水平。

（3）扩大再生水利用配置管理。

以现有污水处理厂为基础，合理布局建设再生水利用设施或对现有污水处理设施提标升级扩能改造。加快实现生活污水管网全覆盖、全收集，根据实际需要建设污水资源化利用设施。支持工业企业开展废水资源化利用，实施污水近零排放科技创新试点工程。推进农业农村污水资源化利用，鼓励有条件的自然村优先选用污水资源化利用的技术路线，充分利用既有水沟、水塘和洼地，规划建设污水管网及配套存储池、厌氧池、生化塘等，并可通过农田、果园、菜园等就近就地进行资源化利用。全面推进养殖尾水综合治理，推动渔业水产养殖尾水循环利用。逐步扩大再生水利用范围和用途，除了作为河湖生态补充用水，城市绿化、道路冲洗、洗车、工业园区循环冷却用水、冲厕用水等均可考虑采用再生水。

（4）节水载体创建要抓住用水耗水大户。

节水型社会建设中节水载体建设涉及三大部分：重点用水行业节水型企业、公共机构节水型单位、节水型居民小区，均按建成个数的百分比进行考核打分，但是这样的打分机制会忽略一些用水大户，比如医院、学校，还有一些耗水量大的电子行业企业等，因此建议在对节水载体创建的评价标准时采用水耗水指标进行评价，比如所有节水型企业用水总量占地区工业用水总量的比例、节水型单位用水量占所有单位用水量的比例、节水型小区用水量占所有小区生活用水量的比例等。

（5）创新节水宣传教育。

节水意识的提高对于整个社会的节水管理至关重要，人们对节水的认识主要有两方面的影响因素：一个是外部环境即外因，另一个是内部环境即内因。外因就是指个人所处的地理环境决定了个人对节水的认知程度，比如一个长期生活在缺水地区的人会从根本上珍惜和爱护水资源，而一个长期生活在丰水地区的人就很少有节约用水的概念。内因即个人的素养，一方面受到外因的影响而自觉地有节水意识和习惯；另一方面通过学习和个人素养的提高，以及通过节水宣传教育了解水资源及节约用水相关知识，而形成的一种自发的节水习惯。因此，华南地区应更多地加强节水宣传教育，通过各种手段（比如微信、抖音等用户广泛使用传播媒介）开展，普及水资源、水法规、水政策、水短缺、水污染等知识，逐步培养和提高人们对水资源、水短缺的认识，积极参与到节水行动上来。

（6）节水型社会评价标准应体现地方特色。

由于我国自然地理、水文气候等条件差异巨大，因此进行节水型社会评价时应能体现地方特点和特色，比如农业水价改革，在华南地区除了规模化、企业化生产活动可以收取到农业水价，村民农业用水几乎收不上来，因此在华南地区如何对农业水价综合改革进行评价值得深入研究；比如再生水利用，除了作为河湖生态补给水源，在其他领域推广应用力度较小，在一些较为偏远的地区，由于本身水资源、水环境条件优良，没有河湖生态补水的需求，在这些地区开展再生水利用就显得十分困难。

6 结论

本文通过分析节水型社会建设概念以及评价标准和工作内容，归纳总结了华南地区节水型社会建设模式。在此基础上，提出了在华南地区创建节水型社会存在的主要问题，并提出相应的对策措施。本文把华南地区节水型社会建设模式归纳为：强化组织领导—明确责任分工—打造节水特色—落实多方投入—高效载体创建—加强宣传力度；提出了华南地区节水型社会达标建设存在主要问题，即节水相关法律法规不完善、节水奖励机制得不到有效落实、农业用水计量率较低、再生水利用率不高且用途单一、节水载体创建自主性不强等五大主要问题；提出了华南地区节水型社会达标建设主要对策措施，即进一步完善节水法律法规政策制度体系、加强华南地区农业水价综合改革力度、扩大再生水利用配置管理、节水载体创建要抓住用水耗水大户、创新节水宣传教育、节水型社会评价标准应体现地方特色等六大措施。

参考文献

[1] 陈博. 典型地区节水载体建设做法与启示 [J]. 中国水利，2018（1）：38-40.

[2] 高林，赵志刚. 北京市节水型社会建设实践与探索 [J]. 中国水利，2018（6）：33.

[3] 蔡玉，王婧潇，汪长征，等. 北京市推进节水型社会建设的思考 [J]. 给水排水工程，2019，37（6）：180-183.

[4] 郭晓燕. 晋城市节水型社会建设现状与经验浅析 [J]. 南方农业，2015，9（7）：40-42.

［5］雷筱，刘学军，马彬，等．宁夏节水型县（区）考核评价指标体系研究［J］．水利发展研究，2019（8）：51-56.

［6］葛子辉．长丰县节水型社会建设成效和存在问题及对策［J］．内蒙古水利，2021（1）：61-63.

［7］董延军，等．南方丰水地区节水探索与实践［M］．郑州：黄河水利出版社，2022.

［8］王亚雄，赖国友，秦蓓蕾．佛山市节水型社会建设方案探究［J］．广东水利水电，2018（3）：57-60.

［9］蔡尚途，梁国健．珠江流域节水型社会建设试点的实践与成效［J］．人民珠江，2014（5）：136-139.

［10］王高旭，孙晓伟，许怡．太湖流域片节水型社会建设试点的分析与启示［J］．人民珠江，2018，39（11）：68-73.

［11］朱厚华，艾现伟，朱丽会，等．节水型社会建设模式、经验和困难分析［J］．水利发展研究，2017（4）：33-35.

聊城市岩溶水区域超采划定探究

姜明新 马 冰 范海玲 陈成勇

（聊城市水文中心，山东聊城 252000）

摘 要： 为掌握聊城市地下水特别是岩溶水区域的超采现状，更好地进行地下水资源的管护，以 2020 年为现状水平年，对位于聊城市的岩溶水富水区的下马头水源地进行地下水动态特征分析。结果得出：该岩溶水区域水位一直处于波动稳定状态，且补给量较大，综合研判得出该岩溶水区域处于非超采状态。

关键词： 地下水；岩溶水；超采区；聊城市

地下水超采区的划定是地下水可持续管理的一个重要方面，能够为制定和实施有效的地下水管理策略提供关键信息，对于确定地下水开采超过自然补给率的地区至关重要。近年来，地下水超采已成为全球许多地区的主要挑战，特别是在水资源有限而用水需求量大的干旱和半干旱地区，这也促使人们利用多种手段和技术来识别和管理地下水超采，而地下水超采区的划定是这些工作的重要内容。

岩溶地下水超采区的划定是可持续地下水管理的一个重要方面，岩溶含水层是由相互连接的裂缝、裂隙和导管组成的复杂而动态的系统，可导致地下水快速流动，使不同水源混合，促进污染物快速迁移，并产生独特的水质问题。

本文以 2020 年作为现状水平年，选取聊城市的岩溶水富水区，在广泛收集分析地下水水位、地下水开发利用量等基础上进行分析，旨在为确定和管理地下水超采区提供基本信息，为制定有效的地下水管理战略和政策提供数据支撑，实现可持续的地下水资源利用，保护依赖地下水的生态系统、地表水资源，保障人类生产活动正常进行。

1 研究区概况

1.1 研究区水文地质概况

聊城市位于山东省西部，西靠漳卫河，南部和东南部依金堤河、黄河。全境东西长 114 km，南北长 138 km，地理位置为北纬 35°47′~37°03′、东经 115°16′~116°32′，总面积为 8 715 km²，占全省总面积的 5.6%。全市除东阿 11 处残丘外，其余均为黄河冲积平原，地势较平缓，但有微倾斜。

按照山东省 1∶50 万地下水资源计算分区方案，并根据 60 m 以上砂层累计厚度、黄河侧渗影响、古河道的分布及区域地下水水质情况，将聊城市划分为 4 个水文地质区，即冠县—莘县浅层淡水砂层富集带水文地质区（Ⅰ₁₋₁）、东阿黄河侧渗带及浅层淡水砂层富集带水文地质区（Ⅰ₁₋₂）、东昌府—茌平浅层淡水砂层富集带水文地质区（Ⅰ₁₋₃）、临清淡水砂层较富集水文地质区（Ⅰ₁₋₄）。东阿黄河侧渗带及浅层淡水砂层富集带水文地质区（Ⅰ₁₋₂），其范围包括东阿全县及阳谷县一部分，面积大约

作者简介：姜明新（1980—），男，工程师，主要从事水文监测工作。

通信作者：陈成勇（1991—），男，工程师，主要从事水文水资源与水环境监测工作。

1 181 km²。该区为沿黄地带，砂层累计厚度一般 10~20 m，局部可达 25 m，水质较好，基本为全淡区，地下水受黄河侧渗补给，还受引黄灌溉入渗、降水入渗多重补给，补给条件好。

东阿断裂：北延与刘集断层相交，向南推测与巨野断层相连，全长大于 250 km，走向 30°~50°，倾向 NW，倾角大于 50°，断距大于 2 500 m，为高角度正断层。向南断距有逐渐变小的趋势。两侧均有钻孔资料证实其位置。

奥陶系裂隙岩溶含水岩组主要分布在黄河北侧，处于地下水径流排泄区，含水层裂隙岩溶发育，富水性较强，且具有良好的承压性。单井涌水量一般大于 5 000 m³/d。富水性最强区分布在东阿县下马头水源地、长清区孝里铺水源地及石横孔村水源地一带，东郊水厂东阿牛角店水源地位于该区域，岩溶裂隙发育，单井涌水量一般大于 8 000 m³/d。

1.2 聊城浅层地下水运动特征

浅层地下水虽由潜水和微承压水两部分组成，但二者之间并没有很好的隔水层，因此水力联系十分紧密。聊城浅层地下水总流向基本符合地形倾斜方向及地表水流向，为北东走向，水力坡度 0.1‰~1.1‰。其主要沿垂直方向运动，水平运动速度较慢且不明显，仅东阿和阳谷东南部的山前地带、河流两侧及人工开采形成降落漏斗处才比较明显。

浅层地下水补给源以大气降水和地表水灌溉为主，补给量以垂直渗入为主，排泄量较小，通过地表土层以蒸发的方式及通过机井抽吸（开采）地下水。

由于浅层地下水补给具有季节性，因此渗入补给间断进行，排泄（蒸发和开采）连续进行。在具备补给条件时，排和补几乎是连续不断的，形成就地补、就地排、断续补给、连续排泄、补排连续交替迅速的格局。

1.3 富水地段（岩溶水水源地）水文地质特征

在聊城市岩溶水富水区域（东阿断裂以东）存在一处大型水源地，为下马头水源地，也是聊城市主要的水源地。其主要特征如下：

（1）水源地供水目的层为马家沟组、三山子组及炒米店组的灰岩、白云岩等裂隙岩溶含水层，厚度在 239.1~289.8 m 以上。主要开采目的层埋藏深度一般在 220~322.37 m。受控于 F1、F6、F3 三条断裂，面积约 1.50 km²，区内岩溶水层单井出水量在 8 000~14 000 m³/d。

（2）通过群孔抽水试验进一步证实，下马头水源地裂隙岩溶含水层单井出水量大，对周围地区影响程度较小，供水保证能力强，适宜建立大型水源地[1]。在小落程群孔抽水稳定阶段，4 眼抽水主井总出水量达 4.803 万 m³/d 时，水位降深仅 1.65~5.92 m，平均降深 3.17 m。对附近探采井及其他岩溶水观测孔影响降深仅 0.016~0.15 m[1]。大落程群孔抽水最大降深时刻，水源地 8 眼抽水主井总出水量达 70 767 m³/d，抽水主井水位降深一般在 2.305~6.805 m，平均水位降深 4.124 m，对附近探采井及岩溶水位观测孔的影响降深仅 0.567~0.81 m（含自然降幅）[1]。而且在 4 月 29 日以后，在降水量并不很大（降水量 13.4~14.4 m）时抽水主井及观测孔水位普遍上升了 0.137~0.197 m。

（3）从区域水文地质条件来看，下马头水源地位于东阿岩溶水水文地质单元汇集排泄区。该水文地质单元面积较大（823.40 km²），补给区范围较广（裸露区 413.60 km²）。在下马头水源地所处岩溶含水层隐伏区，富水性均较强，单井出水量大于 5 000 m³/d，该区面积广（409.80 km²），除东阿县城开采一部分岩溶水（8 000 m³/d）外，区内广大地区基本无岩溶水开采井，故水源地正式开采后对周围不会产生不良环境地质问题。

（4）水源地岩溶地下水矿化度一般在 0.5~0.6 g/L，总硬度 224.6~330 mg/L，水中含有丰富的对人体健康有益的微量元素，而且水源地 K8 号井还是锶型饮用天然矿泉水，水中锶含量 0.495~

0.54 mg/L，达到矿泉水要求。

2 超采区划分标准

本文以地下水水位年均变化速率为评判指标划分超采区，具体方法如下。

2.1 计算地下水监测井水位（埋深）年均变化速率[2]

（1）统计 2011—2020 年各监测井逐年年末（12 月 31 日）地下水水位（埋深）值。

（2）确定地下水水位（埋深）代表时段。应综合考虑来水丰枯变化、地下水水位变化趋势，合理确定地下水水位（埋深）代表时段。一般情况下，地下水水位变化趋势存在以下几种情况：①基本稳定（或波动稳定）；②持续回升（或波动回升）；③持续下降（或波动下降）；④先降后升；⑤先升后降。

对于前三种情况，可直接选择 2011—2020 年作为代表时段；对于第四、五种情况，应分析 2011—2020 年地下水水位变化过程，结合来水丰枯情况、地下水超采治理成效，在 2011—2020 年内选择反映近期地下水水位变化的代表时段（一般不短于 3 年）。

（3）计算地下水水位下降速率，采用式（1）计算代表时段各监测井地下水水位（埋深）变化速率，判断是否呈持续下降趋势[2-3]。

以地下水水位为例，地下水水位年均变化速率按式（1）计算[3]：

$$v = \frac{H_1 - H_2}{\Delta t} \tag{1}$$

式中：v 为地下水水位年均变化速率，m/a，正值代表地下水水位下降；H_1 为起点年份地下水水位，m；H_2 为终点年份地下水水位，m；Δt 为起点与终点时间段，a。

2.2 绘制地下水水位变化图

根据上述资料与计算结果，分别绘制平原区浅层地下水、深层承压水年均地下水水位（埋深）下降速率分区图。

分区精度至少满足下述要求，有条件的地区可进一步细化：(0，0.5]，(0.5，1.0]，(1.0，1.5]，(1.5，2.0]，>2.0（单位：m/a）。

2.3 初步圈定地下水超采区边界

根据地下水水位年均下降速率的大小，初步圈出不同类型地下水超采区边界（包括一般超采区和严重超采区)[2]。有条件的地区，可按照不同含水层分别初步圈定地下水超采区边界的并集作为地下水超采边界。

3 岩溶水超采区分析

聊城市分布有 1 处岩溶水区域，位于东阿县东阿断裂以东，且该处存在一大型水源地——东阿下马头水源地，如图 1 所示。

本文以下马头水源地地下水动态特征为研究对象，分析划定岩溶水超采区。

3.1 岩溶水水位动态

从岩溶水水位动态曲线（见图 2）上来看，下马头水源地正处于采补动态平衡状态。经济在发展，社会在进步，上游的平阴县和东阿县正在加快城镇化建设，岩溶水用水量逐年增加。如按照现阶段的开采量对水源地进行合理的开发利用，长此以往，下马头岩溶水源地地下水会一直处于动态平衡状态，水位随降水量变化不断波动。

图 1　岩溶水与水源地分布图

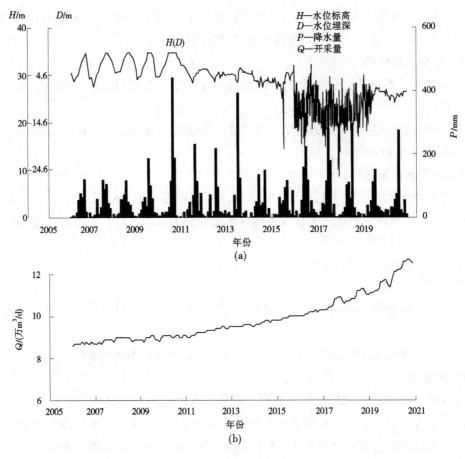

图 2　东阿下马头基岩岩溶孔隙地下水水位、降水量综合动态曲线

3.2 岩溶水水源地开采量趋势预测

根据常年检测资料，对下马头饮用天然矿泉水所在的下马头水源地富水地段地下水资源量开采进行预测。

下马头水源地富水地段位于东阿水文地质单元东北部透水边界附近的汇集排泄区内，面积约 1.5 km²。富水区含水层岩性由奥陶系马家沟组灰岩、奥陶系－寒武系三山子组白云岩、寒武系炒米店组灰岩和张夏组灰岩组成，其间无良好隔水层，含水层顶板埋深 50~100 m，含水层上覆厚层黏土隔水层，所以富水区内岩溶水有较好的承压性。富水地段的开采量与埋深的关系见表 1。

表 1　东阿下马头水源地富水地段的开采量与埋深的关系

年份	最低水位/m	开采量/（万 m³/a）
2006	5.4	3 182
2007	7.0	3 224
2008	4.1	3 267
2009	5.6	3 267
2010	5.0	3 309
2011	6.3	3 337
2012	6.1	3 428
2013	6.2	3 480
2014	7.2	3 541
2015	9.6	3 623
2016	8.0	3 708
2017	7.7	3 860
2018	8.6	4 005
2019	10.1	4 148
2020	10.5	4 514

通过对下马头水源地常年监测数据的分析，作成散点图，来模拟开采量与水位的关系，见图 3。

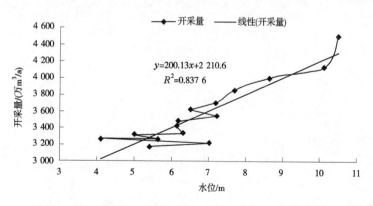

$y=200.13x+2\ 210.6$
$R^2=0.837\ 6$

图 3　东阿下马头水源地富水地段开采量与水位关系散点图

下马头水源地富水地段岩溶含水层顶板埋深 50~100 m，根据调查，发生岩溶塌陷的区域多是由于岩溶水水位下降到岩溶含水层顶板，并在其附近上下波动，所以取其平均值为富水地段最大水位允许值，根据开采量与埋深的关系公式，当最大埋深为 75 m 时，下马头富水地段的开采量为 117 220. 35 万 m^3/a，合 47. 18 万 m^3/d，说明在目前条件下，当开采量增加到 47. 18 万 m^3/d 时，水位埋深会达到危险警戒值 75 m。

综上所述，岩溶水区域水位一直处于波动稳定状态，根据趋势预测，未来一段时间内水位也不会出现迅速下降，达到危险警戒值的情况。此外，该处水文地质单元面积较大（823. 40 km^2），补给区范围较广（裸露区 413. 60 km^2），大气降水、黄河水、农田灌溉水及区外径流均可作为补给来源，补给量丰富，剩余可开采量大，因此可认为聊城市岩溶水区域未发生超采现象，处于非超采状态。

4 结语

划定岩溶地下水超采区是加强水资源管理、有效控制地下水超采的前提，也是因地制宜、突出重点、实施地下水超采区生态治理工作的基础，同时保护地下水系统和依赖它的生态系统的完整性。本文所研究的岩溶水区域虽不处于超采状态，但在未来的发展形势面临诸多不确定性的情况下，对聊城市的地下水超采区防范与治理从以下几个方面提出建议：

（1）实行最严格水资源管理制度，制定年度地下水开采量控制指标，严把区域地下水开采量的总关口。

（2）贯彻落实"节水优先"的措施，在居民生活、农业生产、工业生产等环节全方位执行节水措施。

（3）实施雨洪水资源利用、引黄、引江等多项措施、多种工程实现水源置换，统筹优化水资源配置。

（4）实施生态湿地、河道拦蓄、水系连通等工程建设实现修复补源，增加地下水补给量，恢复地下水位，进而促进地下水生态系统的改善。

参考文献

［1］康凤新，魏东，张新文，等. 大型抽水试验的水文地质意义［J］. 水文地质工程地质，2005（5）：27-30.

［2］滕海波. 浅层地下水超采区划分探究［J］. 水利规划与设计，2016（10）：64-67.

［3］李芸，张楠. 昆明盆地地下水超采区水资源评价［J］. 长江科学院院报，2017，34（6）：35-38.

基于星地融合降水的黑龙江流域水循环模拟

李成振[1,2]　张志崇[1,2]　肖家祥[1,2]

（1. 中水东北勘测设计研究有限责任公司，吉林长春　130061；
2. 水利部寒区工程技术研究中心，吉林长春　130061）

摘　要：针对黑龙江流域境外降水实测数据难以获取而影响流域水循环模拟顺利开展的问题，采用卫星降水数据弥补了境外降水数据的不足。根据境内地面观测站实测降水数据，采用 GWR 法与校正系数"移置"法相结合的方法对卫星降水数据进行了分区融合校正，显著提升了卫星降水数据的精度。用融合校正后的降水数据驱动 SWAT 模型，开展黑龙江流域水循环模拟，取得了较为满意的结果。研究成果可为地面雨量站匮乏的大流域，特别是跨界河流水循环模拟提供借鉴。

关键词：降水融合；GWR 法；分区融合校正；黑龙江流域

1　引言

水循环模拟对流域水资源规划利用及洪水灾害防御具有重要意义。降水数据是流域水循环模拟所需的关键基础数据，对水循环模拟精度起决定性作用。黑龙江流域位于北纬 42°～56°，东经 108°～141°，流域总面积 187 万 km^2。因其特殊的地理位置，与同级别的长江流域、黄河流域相比，针对黑龙江流域的水循环模拟尚未见有报告。黑龙江为国际界河，境内面积仅占 48%，境外气象数据获取难度较大，成为制约流域水循环模拟研究的瓶颈。近年来，随着卫星遥感技术的进步和相应反演算法的改进，可供使用的不受地形限制的高时空分辨率降水产品逐渐增多，卫星降水数据逐渐成为地面雨量站匮乏地区水文研究的重要数据源，使黑龙江流域水循环模拟研究柳暗花明。然而，与地面雨量站观测数据相比，卫星遥感降水数据存在一定误差，不宜直接应用于水文模拟预报工作中。多源降水数据融合是解决卫星遥感数据精度不足的有效途径，其核心是以地面雨量站观测数据为基准，采用数学方法和一定准则对卫星遥感数据加以校准综合，吸取不同数据源的优势部分，从而获得相对完整、可靠的高时空连续性和分辨率的网格数据。多源降水数据融合技术方法已成为当今水文研究的关注热点[1]。目前，降水数据融合方法均是在数理统计伦理基础之上，概括起来可分为经典数理统计方法和人工智能方法两类。经典数理统计融合方法有代表性的有平均偏差校正法（MBC）、加权最小二乘法、地理加权回归法（GWR）、贝叶斯校正法及双核平滑方法（DS）等[2-5]。人工智能融合方法有 ConvLSTM 网络法、BP 神经网络法及深度学习方法等[6-8]。人工智能方法虽然能够深入挖掘数据的内部特征，但其常需引入较多参数，模型稳定性较差，难以用于实际工程。基于经典数理统计理论的融合方法因其概念清晰、简单易行，在实际研究工作中应用较多。本文对黑龙江流域卫星遥感降水数据与雨量站实测数据进行分区融合校正，并建立水循环模拟模型，探讨星地融合降水数据在黑龙江流域水循环模拟中的适用性。

2　研究区与数据准备

2.1　研究区概况

黑龙江干流全长 2 824 km，按其综合特征可分为长度大致相当的三段：上游段从额尔古纳河与石

基金项目：国家重点研发计划项目（2018YFC0407303）。

作者简介：李成振（1977—），男，高级工程师，研究方向为水力学及河流动力学。

勒喀河汇口至结雅河口，长 900 km；中游从结雅河口至哈巴罗夫斯克，长 994 km；下游段从哈巴罗夫斯克至河口，位于俄罗斯境内，长 930 km。上、中游为中、俄两国界河，为本文研究河段。黑龙江流域属大陆性气候，同时受海洋季风影响和西伯利亚寒冷空气控制。春季干旱多大风；夏季温热多雨；秋季晴冷，温差大；冬季严寒而漫长。多年平均气温西北低、东南高。流域多年平均降水量自西向东和东南呈渐增趋势，降水量的年内分配极不均匀，夏季降水量可占年降水量的 70% 以上，7—8 月降水最多。多年平均蒸发量在 900~1 200 mm（直径 20 cm 蒸发皿）。

2.2 降水数据来源

本文用到的降水数据包括黑龙江流域内及周边的地面实测站点数据、全球降水测量（GPM）数据。

2.2.1 国内站点地面实测降水数据

地面实测站点数据包括气象站数据及雨量站数据。气象站数据来源于中国气象数据网的日尺度 v3.0 数据集，雨量站数据来源于省水文局整编后数据。本文共选取黑龙江流域及其周边地区 97 个雨量（气象）站点 2010 年 1 月至 2014 年 12 月的降水序列。

2.2.2 TRMM 卫星降水数据

本文采用的卫星降水数据为非实时后处理版本的 TRMM_ 3B42V7 数据，该降水产品由美国 Goddard 数据分发中心（GSFC）发布，其空间分辨率为 0.25°×0.25°，每个降水数据文件记录了 3 h 尺度的平均降水强度。

2.3 数据预处理

首先，对卫星降水数据文件进行读取，并进行时差修正、坐标转换及叠加合成后转换为日尺度降水数据。然后，对卫星数据和雨量站观测数据中的缺失值和异常值进行处理，对于不同类型的缺失值，分别在空间和时间纬度上进行线性插值。另外，为统一分辨率，采用最邻近插值法将地面观测站点数据插值到 0.25°×0.25° 分辨率。

3 降水数据融合

研究区域内地面雨量观测站点稀少，境外雨量观测数据亦无法获取。为获得相对完整、可靠的高时空连续性和分辨率的降水网格数据，需要将卫星数据与气象站观测数据进行融合。GWR 法融合降水数据可以在降水估计中同时考虑地理位置、高程及其他辅助信息，并且可以反映降水和影响因素之间的空间非平稳关系，目前已得到广泛应用[9]。

3.1 GWR 降水数据融合法

GWR 降水数据融合法是将数据的空间特征融合进模型中，可度量区域内降水误差的空间分布。GWR 基本原理的数学表达式为：

$$y_i = \beta_0(\mu_i, v_i) + \sum_{k=1}^{P} \beta_k(\mu_i, v_i) X_{ik} + \varepsilon_i \tag{1}$$

式中：y_i 为对应 i 点处的降水量；$\beta_0(\mu_i, v_i)$、$\beta_k(\mu_i, v_i)$ 分别为 i 点处的常数项回归参数、第 k 个变量在 i 点处的回归参数；(μ_i, v_i) 为第 i 个观测点的空间位置坐标；X_{ik} 为观测点 i 处 y 的第 k 个自变量；ε_i 为服从独立同分布的第 i 个观测点的残差。

根据上述原理，本文在"加法模式"框架下构建降水融合模型。假设 P_o 为由 n 个地表实测值构成的降水实测场，P_s 为降水背景场（卫星降水数据）。在实测点 i 处，忽略观测误差，降水背景场误差 e_{oi} 表达式如下：

$$e_{oi} = P_{oi} - P_{si} \quad (i = 1, 2, \cdots, n) \tag{2}$$

由式（2）可知，在实测点 i 处，降水背景场误差可以表达为实测值与背景值之差。因此，可以由实测点的降水背景场误差 e_{oi} 来估计无实测点 j 处的降水背景误差 $\hat{e}_{uj}$，即

$$\hat{e}_{uj} = f(e_{o1}, e_{o2}, \cdots, e_{on}) \tag{3}$$

将背景场误差估计值和降水背景值相加即为预测点 j 处降水融合值 P_j，即

$$P_j = P_{sj} + \hat{e}_{uj} \tag{4}$$

3.2 降水数据融合精度评价指标

为了定量比较融合数据相对原始数据的性能，采用相关系数（CC）、相对误差（BIAS）和均方根误差（RMSE）3 个统计学指标进行评价。CC 表示两种数据集的一致性，反映融合数据与地面实测数据在时间序列上的相关程度，CC 越接近 1，表明卫星数据与地面实测数据相关性越高；BIAS 表示卫星降水估计的在总体上的偏差程度，BIAS 越接近 0，表明两者越接近，BIAS 值大于 0 表示卫星估计降水高估了地面观测降水，反之，则低估了地面观测降水；RMSE 代表数据的平均误差程度，RMSE 越接近 0，表明卫星数据越趋近于实测值。各评价指标计算公式为

$$CC = \frac{\sum_{i=1}^{n}(P_{oi}-\overline{P_o})(P_{si}-\overline{P_s})}{\sqrt{\sum_{i=1}^{n}(P_{oi}-\overline{P_o})^2}\sqrt{\sum_{i=1}^{n}(P_{si}-\overline{P_s})^2}} \tag{5}$$

$$BIAS = \frac{\sum_{i=1}^{n}(P_{si}-P_{oi})}{\sum_{i=1}^{n}P_{oi}} \times 100\% \tag{6}$$

$$RMSE = \sqrt{\frac{\sum_{i=1}^{n}(P_{si}-P_{oi})^2}{n}} \tag{7}$$

3.3 分区融合与校正

黑龙江为国际界河，由于未收集到境外地面实测降水数据，故本次采用分区融合校正模式对卫星降水数据进行校正。首先根据流域特征，将研究区分为 3 个区：Ⅰ区为黑龙江源头区，Ⅱ区为黑龙江干流区，Ⅲ区为乌苏里江产流区。对于境内区域，雨量观测站点能够覆盖整个区域，采用 GWR 法融合降水数据。对于境外区域，采用校正系数"移置法"进行校正。首先根据境内各分区降水校正前后的卫星数据，采用平均偏差法计算分区校正系数，然后将该校正系数移置至对应分区的境外区，采用"乘法模式"进行整体校正。用公式表达如下：

$$K_j = \frac{\sum_{i=1}^{n}\hat{P}_{si}^{j}}{\sum_{i=1}^{n}P_{si}^{j}} \tag{8}$$

$$\hat{P}_{gi}^{j} = K_j P_{gi}^{j} \tag{9}$$

式中：K_j 为第 j 分区校正系数；P_{si}^{j}、$\hat{P}_{si}^{j}$ 分别为第 j 分区境内各网格点原始卫星降水数据及相应校正后数据；P_{gi}^{j}、$\hat{P}_{gi}^{j}$ 分别为第 j 分区境外原始卫星降水数据及相应校正后数据。

4 应用与结果分析

4.1 降水数据融合结果分析

基于地面实测降水数据的黑龙江流域融合降水数据精度评价结果见表1。可以看出，通过地理加权回归水融合方法得到的融合降水数据的各项指标均优于 TRMM3B42 卫星降水数据。相关系数 CC 平均由 0.712 提高至 0.782，相对误差 BIAS 平均由-7.9%下降至-6.1%，均方根误差 RMSE 平均由 9.77 mm 降低至 7.31 mm。表明 TRMM3B42 原始卫星降水数据经过融合校正处理后，得到的融合降水数据具备更高的精度。

表 1　融合降水数据精度评价结果

降水数据	CC			BIAS/%			RMSE/mm		
	最小	最大	平均	最小	最大	平均	最小	最大	平均
TRMM3B42	0.615	0.783	0.712	−18.1	15.7	−7.9	6.23	11.89	9.77
融合降水数据	0.511	0.857	0.782	−13.2	14.8	−6.1	5.34	10.35	7.31

4.2　研究区水循环模拟结果分析

为了探究融合降水数据在研究区水循环模拟中的适用性，构建了基于 SWAT 模型的日尺度水循环模拟模型。采用相关性系数 CC 和纳什系数 E_{NS} 评价模型径流模拟精度[10]，结果见表 2。模型率定期（2010—2013 年）各测站日径流模拟相关性系数 CC 在 0.71～0.86，纳什系数 E_{NS} 在 0.70～0.78；模型验证期（2014 年）CC 和 E_{NS} 分别在 0.68～0.79、0.63～0.70。模型整体模拟效果尚可，模拟结果基本符合流域产汇流规律，表明采用融合降水数据驱动水文模型是解决降水资料匮乏地区水循环模拟的有效途径，具有良好的应用前景。

表 2　水文模型径流模拟精度评价结果

评价指标	洛古河		上马厂		卡伦山	
	率定期	验证期	率定期	验证期	率定期	验证期
CC	0.86	0.79	0.74	0.70	0.71	0.68
E_{NS}	0.78	0.70	0.71	0.68	0.70	0.63

5　结论与展望

（1）利用卫星降水数据弥补黑龙江流域境外降水数据的不足，使流域水循环模拟得以顺利开展。采用 GWR 法和校正系数"移置法"相结合的方法对研究区降水数据进行分区融合校正，降水数据精度较原始卫星数据有明显提升。采用融合校正后的降水数据驱动 SWAT 模型开展黑龙江流域水循环模拟，取得了令人满意的结果。

（2）研究探讨将高程因子及其他类型降水遥感信息（如雷达降水）等集成到 GWR 法技术框架中，以及对境外卫星降水校正系数进行更加精细化的分区是下一步的研究方向。

参考文献

［1］崔讲学，王俊，田刚，等．我国流域水文气象业务进展回顾与展望［J］．气象科技进展，2018，8（4）：52-58．

［2］孙健，黄鹏程，赵军伟，等．多源降雨数据在重庆市中小流域短期水文预报中的应用［J］．水电能源科学，2023，41（6）：9-12．

［3］王筱译，吕海深，朱永华，等．多源数据融合对 IMERG 降水产品的改进［J］．中国农村水利水电，2018（9）：25-29，35．

［4］潘旸，沈艳，宇婧婧，等．基于贝叶斯融合方法的高分辨率地面-卫星-雷达三源降水融合试验［J］．气象学报，2015，73（1）：177-186．

［5］Nerini D, Zulkafli Z, Wang L, et al. A Comparative Analysis of TRMM—Rain Gauge Data Merging Techniques at the Daily Time Scale for Distributed Rainfall-Runoff Modeling Applications［J］. Journal of Hydrometeorology, 2015, 16（5）：2153-2168.

［6］杨鑫，张建云，周建中，等．基于 ConvLSTM 网络的多源降雨融合方法［J］．华中科技大学学报（自然科学版），2022，50（8）：33-39.

［7］曹孟，刘艳丽，陈鑫，等．基于星地融合降水的中小流域洪水模拟［J］．水利水运工程学报，2023（3）：47-56.

［8］南天一，陈杰，丁智威，等．基于深度学习的青藏高原多源降水融合［J］．中国科学：地球科学，2023，53（4）：836-855.

［9］覃文忠．地理加权回归基本理论与应用研究［D］．上海：同济大学，2007.

［10］李成振，陈晓霞，孔庆辉，等．SWAT 模型在洮儿河地表径流模拟中的应用研究［J］．东北水利水电，2012（6）：35-37.

基于虚拟水流通的新疆水资源安全格局与调控

姜　珊[1]　朱永楠[1]　何国华[1]　黄洪伟[2]

(1. 中国水利水电科学研究院流域水循环模拟与调控国家重点实验室，北京　100038；
2. 西北农林科技大学，陕西西安　712199)

摘　要： 新疆属整体性、资源型缺水区，也是国家最重要的农业大省和能源基地，水资源开发利用程度已超出承载能力，需要实施"能源-农业-水"区域协同策略，实现水资源在经济与生态系统间的合理配置。本文通过研判新疆水资源调控需求，分析了 2007 年、2012 年和 2017 年新疆虚拟水消费与贸易特征，评估了农产品和能源产品贸易带来的虚拟水流通对新疆水资源的影响。建议深刻认识气候变化和水文周期对新疆水资源的影响，加强实体水-虚拟水水资源配置，确立能源主导产业定位，创新能源产业"保障-反哺"机制，保障能源产业的水资源需求。

关键词： 水资源；能源；农业；虚拟水；协调发展；新疆

1　引言

作为我国重要的战略资源基地，新疆煤炭产量和原油产量均占全国第四，棉花产量占全国的 80% 以上，同时也是我国最缺水的地区之一。由于地处亚欧大陆腹地，远离海洋，新疆属于典型干旱内陆区，气候极端干旱，多年平均降水量仅有 159 mm[1]；植被覆盖度较低，区域蒸发强烈，平均干旱指数达到 7 以上，生态环境十分脆弱[2]，人水矛盾突出。因此，实现新疆高质量低碳经济发展，必然要突破水资源瓶颈约束。

实现高质量发展对水资源配置提出更高要求，不仅要保障经济社会发展，而且也要保障生态系统发展[3]。新疆水资源开发利用率达到 67.9%，是全国平均水平的 3 倍，其中东疆 116%、南疆 80%、北疆 52%，总体上开发利用过度，当地的水资源状况很难支撑经济社会的可持续发展目标。本文通过分析新疆水资源调控需求，计算全口径虚拟水流动贸易消费情况，评价农产品和能源产品的虚拟水流动对新疆水资源的影响，提出保障新疆水安全发展的新思路，为实现新疆绿色低碳发展模式提供科学建议。

2　新疆水资源调控需求分析

2.1　水资源禀赋条件差，水资源短缺

由于高原和山地对湿润气流的阻隔，新疆降水从东向西、从南向北逐渐减少，年际和年内分布不均的特征十分显著。受气候变化和水文周期影响，新疆已经进入持续暖湿期[4]，2000—2020 年新疆的降水量和水资源量相较 1956—2000 年有所增长（见图 1），全疆年均降水量增加 21.1%，年均水资源总量增加 12.7%，其中地表水增加 13.4%，地下水增加 1.8%。但水资源分布不均匀，"奇策线"将新疆分为面积大致相等的西北、东南两部分，水资源分别占 93%、7%[5]。

作者简介： 姜珊（1987—），女，高级工程师，主要从事水文学及水资源研究工作。

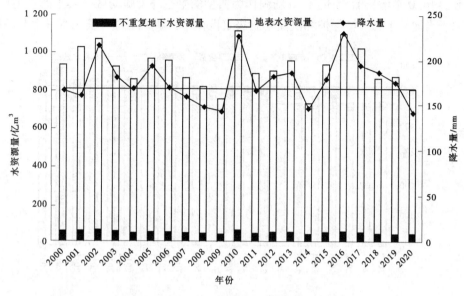

图1 2000—2020年新疆水资源变化情况

2.2 水资源开发过度，用水效率和效益低

随着经济社会的高速发展，新疆各产业部门需水量激增，为满足各行业生产用水，当地不得不加大地下水的开采量，2020年供水量已达到570.4亿 m^3（见图2），超出国家分配用水总量控制指标44.4亿 m^3；地下水开采量124.4亿 m^3，其中超采量49.4亿 m^3，严重威胁到深井和纯井灌区的用水安全。随着技术的进步和产业结构的调整，新疆地区用水效率取得巨大提升，近20年新疆万元GDP用水量下降88%，万元工业增加值用水量下降89%，农田灌溉亩均用水量减少34%，但仍高于全国平均水平[6]。农业发展所带来的经济效益远低于以能源行业为主的工业各部门，且其用水效率及增速远低于区域其他产业。

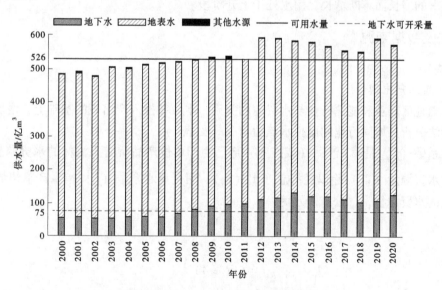

图2 2000—2020年新疆水资源供给情况

2.3 农业用水占比很大，用水结构不合理

根据2020年全国统计年鉴，新疆耕地面积约占全国的5.5%，主要生产玉米、小麦和棉花，其中高耗水的棉花播种面积占全疆总播种面积的40%左右，占全国棉花播种面积的78%，2020年新疆农业用水量达到496.2亿 m^3，占区域总用水量的90%（见图3），远高于全国农业用水量占比。工业年用水量10.7亿 m^3，其中能源行业作为新疆经济支柱类行业，用水量约占总用水量的0.8%。生活用

水量缓慢上涨，近 20 年增长 1.56 亿 m³。新疆作为典型的生态环境脆弱区，其生态环境依水性更强，生态用水量对于当地的生态环境保护和恢复起到决定性作用，新疆生态环境用水呈上升趋势。

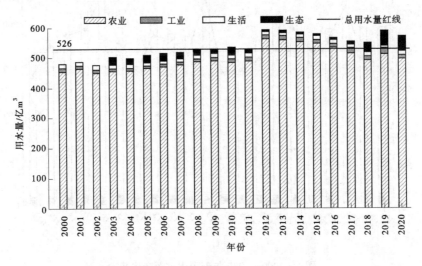

图 3　2000—2020 年新疆水资源利用情况

2.4　经济欠发达，未来水资源需求量增加

由于历史、自然条件等原因，新疆经济社会发展相对滞后，新疆国内生产总值约占全国的 1.3%，人均 GDP 仅为全国平均水平的 70% 左右。东部地区的常住人口城镇化率接近 70%，新疆只有 57% 左右，意味着与东部经济发达地区仍存在 10～25 年的发展差距。虽然三次产业结构调整为 14∶35∶51，但工业结构呈现过度重工业化倾向，没有高级化特征，优势产业仍集中在能源、矿产资源、装备制造、农副产品加工等方面。随着西部大开发、一带一路、区域协调发展等战略的实施，国家经济政策向中西部倾斜，新疆经济得到快速发展；且新疆作为能源主要供给区，其发展需求随着国家资源能源需求的增长而不断增长，用水处于上升阶段。

3　研究方法及数据来源

3.1　研究方法

3.1.1　虚拟水投入产出模型

为研究新疆地区农业和能源行业与水资源的关系，本文在投入产出表的基础上，增加水资源利用情况，用分析法分析区域间行业间虚拟水流通情况（见表 1）。

直接用水系数（f_i）是第 i 产品（或产业）部门生产单位产品所需要消耗的水资源量，等于 i 部门生产消耗的水资源量（W_i）除以经济总产出（X_i）；完全用水系数（$\bar{f_j}$）指生产单位最终产品所消耗的整个系统的水资源量[7]，公式表示为：

$$f_i = \frac{W_i}{X_i} \tag{1}$$

$$\bar{f_j} = f_j(I - A)^{-1} \tag{2}$$

式中：$(I-A)^{-1}$ 为里昂惕夫逆矩阵，代表生产单位总产出所完全消耗的各部门产品，$A = |a_{ij}| = \left| \dfrac{x_{ij}}{X_j} \right|$，$x_{ij}$ 为 i 部门提供给 j 部门货物或服务的价值量（$i, j = 1, 2, \cdots, n$）。

本地产品消费主体包括城镇居民消费（D_{ui}）、农村居民消费（D_{ri}）和政府消费（G_i）及资本形成（V_i），计算公式为

$$\overline{W_i} = (D_{ui} + D_{ri} + G_i + V_i)\bar{f_i} \tag{3}$$

表1　新疆水资源投入产出表

产出		投入									总产出
		中间使用		最终使用							
				最终消费支出			资本形成总额	流出	流入		
		部门1	…	部门n	农村居民消费	城镇居民消费	政府消费				
中间投入/万元	部门1	$x_{1,1}$		$x_{1,n}$	$y_{1,1}$	$y_{1,2}$	$y_{1,3}$	V_1	E_1	I_1	X_1
	⋮										
	部门n	$x_{n,1}$		$x_{n,n}$	$y_{n,1}$	$y_{n,2}$	$y_{n,3}$	V_n	E_n	I_n	X_n
增加值/万元		V_1		V_n							
总投入/万元		X_1		X_n							
用水量/m³		W_1		W_n							

虚拟水净流通量Q_{net}等于虚拟水流出量Q_E扣除虚拟水输入量Q_I。当为正数时，说明是虚拟水净流区；当为负数时，说明是虚拟水净入区。计算公式为

$$Q_E = \sum_{i=1}^{n} \bar{f}_i E_i \qquad (4)$$

$$Q_I = \sum_{i=1}^{n} \bar{f}_i I_i \qquad (5)$$

$$Q_{net} = Q_E - Q_I \qquad (6)$$

3.1.2　水资源压力指数

水资源压力指数（WSI）是反映当地水资源的稀缺程度[8]，其表达方式为

$$WSI = (W_{tv} - W_{trv} - W_{itv})/WA \qquad (7)$$

为重点研究虚拟水流通对当地水资源的影响，在式（7）中引入虚拟水流通量，计算公式为

$$WSI = (W_{tv} - W_{trv} - W_{itv} - Q_{net})/WA \qquad (8)$$

式中：W_{tv}为水资源开发利用量，亿 m³；W_{trv}为过境水利用量，亿 m³；W_{itv}为跨流域调水量，亿 m³；WA 为可利用水资源量，亿 m³。

WSI<0.1，说明是水资源低压区；0.1≤WSI<0.2，说明是水资源中等压力区；0.2≤WSI<0.4，说明是水资源较高压力区；WSI≥0.4，说明是水资源高压力区[9]。

3.2　数据来源

本文采用发布的2007年、2012年和2017年"新疆投入产出表"，将原有42个部门合并为11个部门，分别为农业（Ag），煤炭开采与洗选业（Co），石油和天然气开采业（Oi），其他采矿业（Mi），制造业（Ma），石油加工、炼焦及核燃料加工业（Pe），电力、热力的生产和供应业（El），燃气生产和供应业（Ga），建筑业（Cn），水供应业（Wa），其他服务业（Se）。水资源数据依据《新疆维吾尔自治区水资源公报》。

4　结论与展望

4.1　结论

新疆虚拟水消费量从2007年的962.5亿 m³增加至2012年的1 056.6亿 m³，2017年下降至

1 028.4 亿 m³。从不同行业的虚拟水消费情况来看，农业虚拟水消费量占总虚拟水消费量的 60% 以上，其次是制造业、建筑业和服务业。能源行业的虚拟水消费量较少，仅占总虚拟水消费量的 3%。本地终端虚拟水消费量从 2007 年的 347.4 亿 m³ 增加到 2017 年的 438.3 亿 m³，资本形成消耗的虚拟水占比从 47% 上升至 51%，城镇和农村居民消费虚拟水量占比分别从 30% 和 15% 下降至 27% 和 13%，其中城镇和农村居民对农产品消费所需虚拟水量分别占城镇和农村居民消费虚拟水量的 60% 和 70%。说明本地居民消费水平有限，且主要集中在农产品这种高耗水产品上。

新疆虚拟水流出量从 2007 年的 389.6 亿 m³ 增加至 2017 年的 463.6 亿 m³，虚拟水流入量从 251.1 亿 m³ 增加至 374.4 亿 m³，2007 年、2012 年、2017 年净流通量分别为 138.5 亿 m³、152.7 亿 m³ 和 89.2 亿 m³，说明虽然新疆属于虚拟水净输出地区，但虚拟水流出量有所下降。分析不同行业的虚拟水流通情况，发现农业，石油和天然气开采业，石油加工、炼焦及核燃料加工业，电力、热力的生产和供应业是虚拟水流出部门，其中 2017 年伴随农业贸易虚拟水净流出量超过 280 亿 m³，说明新疆农业生产不仅保障本地需求，更多农产品销往内地市场。新疆通过购入制造业产品带来的虚拟水净流入达到 114 亿 m³。新疆向中部、东部地区提供高耗水的农产品和能源产品，从地区外调入高产值、低耗水的制造业、建筑业、服务业等产品，形成虚拟水"短缺向丰富"流通格局。

新疆虚拟水流通特征变化见图 4。

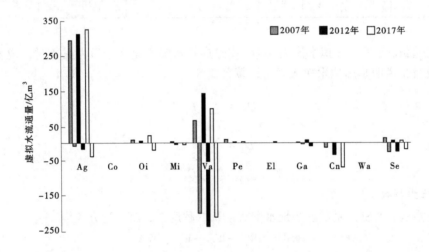

图 4　新疆虚拟水流通特征变化

根据新疆本地水资源禀赋和开发利用程度及过境水情况，发现 2007 年新疆水资源压力（WSI）为 0.65，2012 年 WSI 增加至 0.73，这主要是因为新疆经济社会的快速发展，水资源供需矛盾加剧，增加了水资源压力；到 2017 年 WSI 下降至 0.58，这主要是该年属于丰水年，全疆年降水量比多年均值偏多 21%，且最严格水资源管理制度下，用水效率有所提升，农业用水占比从 95% 下降至 87%，但水资源压力始终保持高压力状态。为进一步研究虚拟水输出对新疆的水资源压力的影响，当不考虑贸易带来的虚拟水流通时，发现新疆的水资源压力（WSI*）将有所下降，2007 年、2012 年和 2017 年的 WSI* 分别为 0.45、0.51 和 0.47，但水资源压力仍属于高压力状态。当不考虑新疆向地区外提供农产品和能源产品带来的虚拟水输出时，新疆的水资源压力（WSI**）将下降至 0.22、0.3 和 0.24，从高压力变为中高压力状态。这说明水资源伴随着农产品和能源产品从经济欠发达地区流向经济发达地区，增加本就匮乏的水资源压力。

4.2　展望

特殊的自然地理和气候条件决定了新疆是我国水资源空间分布最不均、生态环境最敏感、水资源条件对经济社会约束最强烈的区域之一，合理配置和优化调整事关水安全保障的全局。在当前复杂环境下，新疆化石能源仍是国家能源安全保障的重要组成部分，能源产业是新疆未来经济社会更快更高质量发展的支柱产业，要将能源产业的水资源安全保障放在突出位置。

（1）认识气候变化和水文周期对新疆水资源的影响，健全气候变化风险防控机制。在双碳目标约束和极端天气气候事件增加的背景下，要加强新疆地区气候与环境演变的科学评估，研究气候变化对能源与水系统的影响和风险，提高气候变化对新疆水资源和极端气候水文事件影响机制认识。

（2）核定新疆水资源承载力，加强实体水-虚拟水水资源配置。深入合理核实新疆生态需水和水资源承载力，加大水资源优化配置和水网基础设施体系建设，并因地制宜创新非常规水利用机制，提高新疆实体水供水保障能力。结合虚拟水贸易，调整产业结构，从实体水-虚拟水上实现水资源在区域间、行业间的优化配置。

（3）确立能源主导产业定位，优化生产力布局。充分考虑新疆资源禀赋条件，建立与能源资源、水资源、土地资源、生态环境、技术资金相协调的产业格局。在能源转型与"碳中和"目标约束下，充分发挥自身优势，明确能源主导产业定位，建立完善相关配套政策。

（4）创新能源产业"保障-反哺"机制，推广节水减排技术。压减高比例农业用水是保障新疆工业和城镇生活用水的重要途径，建立健全水权交易制度、规则及其技术支撑体系，促进行业间水权转换，建立能源产业反哺农业有效机制，保障能源产业用水。

参考文献

[1] 雷亚君，张永福，张敏惠，等．新疆水资源生态足迹核算与预测［J］．干旱地区农业研究，2017，35（5）：142-150.

[2] 张羽威，张昊哲．新疆经济发展与水资源利用空间关联性研究［J］．哈尔滨工业大学学报（社会科学版），2018，20（2）：129-134.

[3] 贾绍凤，梁媛．新形势下黄河流域水资源配置战略调整研究［J］．资源科学，2020，42（1）：29-36.

[4] 姚俊强，李漠岩，迪丽努尔·托列吾别克，等．不同时间尺度下新疆气候"暖湿化"特征［J］．干旱区研究，2022，39（2）：14.

[5] 左其亭，李佳伟，马军霞，等．新疆水资源时空变化特征及适应性利用战略研究［J］．水资源保护，2021，37（2）：21-27.

[6] 赛衣旦·艾力．新疆水资源承载力及用水效率评价分析［J］．地下水，2021，42（1）：77-80.

[7] 赵旭，杨志峰，陈彬．基于投入产出分析技术的中国虚拟水贸易及消费研究［J］．自然资源学报，2009，24（2）：286-294.

[8] 郑德凤，王佳媛，李钰，等．基于节水视角的中国水资源压力时空演变及影响因素分析［J］．地理科学，2021，41（1）：157-166.

[9] 贾绍凤，张军岩，张士锋．区域水资源压力指数与水资源安全评价指标体系［J］．地理科学进展，2002，21（6）：8.

洞庭湖出流对三峡水库调度的响应规律研究

邹振华[1]　苏海岚[2]　岳　垚[2]　张俊宏[2]　李二明[3]

(1. 长江水利委员会长江中游水文水资源勘测局，湖北武汉　430012；
2. 中南民族大学资源与环境学院 资源转化与污染控制国家民委重点实验室，湖北武汉　430074；
3. 武汉水务科学研究院，湖北武汉　430010)

摘　要： 三峡水库蓄水调度以来，对洞庭湖等通江湖泊的生态水文情势影响深远，本文以长江与洞庭湖汇流区为研究对象，通过构建 1D/2D 水动力嵌套模型对三峡水库对洞庭湖出流量的影响进行模拟，并采用 IHA-RVA 模型来对洞庭湖出流进行相关分析，探究洞庭湖出流对于三峡调度的响应规律。结果表明：①三峡调度改变了荆江来流情况，洞庭湖出湖水位也随之变化。汛期和蓄水期来流量减小，城陵矶处水位降低；枯水期来流量增加，城陵矶处水位上升。②三峡水库下游洞庭湖城陵矶水文站整体水文改变度为 23.7%，属于低度改变。

关键词： 三峡调度；IHA-RVA；嵌套模型；洞庭湖；响应规律

1　引言

荆江河段位于长江中游，起始于枝城，止于洞庭湖出口的城陵矶，全长约 347.2 km。荆江在藕池口处分为上荆江和下荆江两部分。荆江的北岸有支流沮漳河与之汇合，而南岸则沿途通过松滋口、太平口和藕池口等分流口进入洞庭湖。洞庭湖还汇集了湘江、资江、沅水和澧水 4 条水流，并在城陵矶处与长江相汇，形成了非常复杂的江湖关系[1]。

三峡水库的建设和运行对长江及其支流的水文和水资源分配产生了巨大影响。水库的蓄水调度、泄洪控制等措施改变了长江河道的水流状况，从而影响了沿岸地区的水文环境和水资源利用。同时，水库的运行也会对洞庭湖的水量和水质产生一定影响。研究江湖关系变化的重要性在于更好地理解长江和洞庭湖的水文系统、生态系统和社会经济系统之间的相互作用。通过深入分析江湖关系的演变，可以帮助我们更科学地规划和管理水资源，保护生态环境，提高水资源的利用效率，并促进可持续发展。因此，对于江湖关系变化的研究具有重要的理论和实践价值，需要进行深入的科学探索和分析。

众多学者基于实测资料，从水情水沙时空演变[2-5]、长江与洞庭湖水体交换能力[6]、槽蓄特性[7]等角度分析了新条件下的江湖关系变化。江湖关系受到气候变化及人类活动等多要素影响，三峡水库运行调度作为影响因素之一备受关注。本文在已有研究基础上，通过建立水动力学模型，模拟和预测不同调度期出湖水位和流量变化情况，从而评估三峡水库调度对洞庭湖水文环境的影响程度。研究结果可以揭示出湖水位和流量过程在不同调度期对水库调度的响应规律，为水库管理和水资源调度提供科学依据。此外，对于洞庭湖生态系统、沿岸农业和城市供水等方面也具有重要的参考价值。

2　数据来源与研究方法

2.1　研究区概况

荆江河段上起湖北省枝城，下至湖南省岳阳县城陵矶。洞庭湖位于荆江河段南岸。入洞庭湖的水

作者简介：邹振华 (1982—)，女，高级工程师，主要从事水文水资源河道演变分析工作。

系主要可以划分为两类：第一类，位于洞庭湖北部的松滋、太平和藕池河系，这三条河通常被称作三口。三口河系可以将长江来水汇入洞庭湖中，是长江和洞庭湖连通的纽带，也是荆江河道和洞庭湖历史变迁的关键因素。第二类，由洞庭湖自东往南再向西有湘江、资江、沅江、澧水汇入洞庭湖，通常将上述4条河流统称为四水。洞庭湖东北处有城陵矶将洞庭湖与长江再次相连，使得径流经过湖泊调蓄后汇入长江（见图1）。三口和城陵矶两处特殊的地理特征构成了洞庭湖能够对长江进行吞吐的条件，据统计洞庭湖平均每年承接长江30%～40%的洪水，湖区特殊的地理条件可以在长江中下游防洪、抗旱方面发挥重要作用[8-9]。

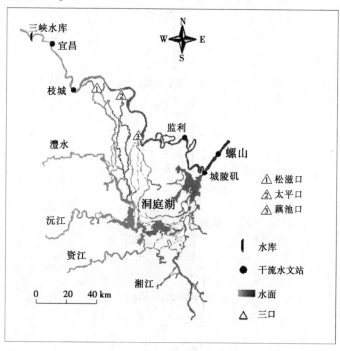

图1　研究区域概况

2.2　数据来源

为揭示三峡水库调度对城陵矶水文过程的影响，选用2003—2018年城陵矶站水文数据作为分析的基础数据，该数据来源于长江水利委员会、湖南省水利水电勘测设计研究总院、湖北省水利厅以及湖南省水情日报表等。

2.3　研究方法

2.3.1　1D/2D水动力嵌套模型

本文通过搭建荆江-洞庭湖1D/2D水动力嵌套模型，精细化地模拟三峡水库对洞庭湖出湖流量的影响。其中，一维模型范围上始水库上游、下至城陵矶，中间包括清江支流汇入和三口支流流出；二维模型覆盖整个洞庭湖区，1D/2D水动力嵌套模型在南嘴以及城陵矶处进行耦合。

一维河道的水流运动用Saint-Venant方程组描述[10]：

$$\frac{\delta A}{\delta t} + \frac{\delta Q}{\delta x} = q \tag{1}$$

$$\frac{\delta Q}{\delta t} + \frac{\delta\left(\alpha \frac{Q^2}{A}\right)}{\delta x}g + gA\frac{\delta h}{\delta x} + \frac{gn^2 Q|Q|}{AR^{\frac{4}{3}}} = q \tag{2}$$

式中：x、t分别为计算点空间和时间的坐标；A为过水断面面积，m^2；Q为过流流量，m^3/s；h为水位，m；Q 为旁侧入流流量，$\mathrm{m^3/s}$；n 为河道糙率；R 为水力半径，m；α 为动量校正系数；g 为重力加速度，$\mathrm{m/s^2}$。

此方程组属于二元一阶双曲型拟线性方程组，通常采用 4 点隐式差分格式离散方程组后用有限差分法求数值解。

二维湖区大范围的水流运动可以采用浅水方程来描述，控制方程的守恒形式如下[11-12]：

$$\frac{\partial U}{\partial t} + \nabla F = \frac{\partial U}{\partial t} + \frac{\partial E}{\partial x} + \frac{\partial G}{\partial y} = S \tag{3}$$

$$U = \begin{bmatrix} h \\ hu \\ hv \end{bmatrix} \tag{4}$$

$$F = Ei + Gj \tag{5}$$

$$E = \begin{bmatrix} hu \\ hi^2 + \dfrac{gh^2}{2} \\ huv \end{bmatrix} \tag{6}$$

$$G = \begin{bmatrix} hu \\ huv \\ hu^2 + \dfrac{gh^2}{2} \end{bmatrix} \tag{7}$$

$$S = \begin{bmatrix} 0 \\ gh(S_{\alpha x} - S_{fx}) \\ gh(S_{\alpha y} - S_{fy}) \end{bmatrix} \tag{8}$$

$$S_{\alpha x} = -\frac{\partial z}{\partial x} \tag{9}$$

$$S_{\alpha y} = -\frac{\partial z}{\partial y} \tag{10}$$

$$S_{fx} = \frac{n^2 u \sqrt{u^2 + v^2}}{h^{4/8}} \tag{11}$$

$$S_{fy} = \frac{n^2 v \sqrt{u^2 + v^2}}{h^{4/8}} \tag{12}$$

式中：h 为水深，m；t 为时间变量；u、v 分别为 x、y 方向的流速，$\mathrm{m/s}$；$S_{\alpha x}$、$S_{\alpha y}$ 分别为 x、y 方向的坡底源项；S_{fx}、S_{fy} 分别为 x、y 方向的摩阻项；g 为重力加速度，$\mathrm{m/s^2}$；z 为底高程，m；n 为曼宁系数。

2.3.2　IHA/RVA

本文还采用 IHA-RVA 模型来对洞庭湖出流进行趋势性及突变性检验，该方法具体的原理及使用方法见参考文献 [13]。

IHA 模型包括 33 个指标，从流量/水位幅度、时间、频率、持续期和变动率等方面评价河流水文状态变化，并采用变动范围法（range of variability approach，RVA）来分析河流在人类活动干扰前后水文因子过程的变化，确定河流的管理目标[14]。按照水文情态的某种特征（流量、出现时间、频率及变化速率等），IHA 指标体系分为五组：第一组为月均流量指标，包含 1—12 月各月的平均流量；第二组为年极端流量事件的流量及持续时间；第三组为极端流量事件的出现时间指标；第四组为高流量及低流量的出现频率及持续时间指标；第五组为水文条件的变化率指标。Richer 等通过偏离度的概念定量分析了水文变异程度。IHA 主要计算偏移量和变异系数，偏移量用于衡量水利工程等因素对于水文序列的影响，变异系数用来反映 IHA 各参数的年际变化程度，其具体公式如下：

$$P = \frac{P_{建坝前} - P_{建坝后}}{P_{建坝前}} \times 100\% \tag{13}$$

$$C_v = \frac{\sigma}{X} = \frac{\sqrt{\frac{1}{n-1} \sum (X_i - X)^2}}{X} \tag{14}$$

式中：P 为各 IHA 的相应指标偏离量；C_v 为变异系数；σ 为标准偏差；n 为样本总数；X_i 为第 i 年的参数值；X 为 n 年参数的平均值。

RVA 法一般分别采用第 25 分位数和第 75 分位数作为上、下限，水文变异程度采用下式计算：

$$D = \frac{N_i - N_e}{N_e} \times 100\% \tag{15}$$

式中：D 为水文变异程度；N_i 为观测数，指人类活动影响后落在 RVA 目标内的年数；N_e 为预测年数，指人类活动影响后 IHA 预期落在 RVA 目标内的年数[15]。

水文变异度小于 33% 为低度改变或无改变，水文变异度范围在 33%~67% 属于中度改变，水文变异度大于 67% 属于高度改变。

3 结果与分析

3.1 城陵矶站水位对三峡水库调度的响应

为单独评估三峡水库调度对城陵矶站水位的影响，计算模型忽略洞庭湖四水来水的改变，同时 1D/2D 水动力嵌套模型使用同一套河道地形和湖泊地形，城陵矶站水位的变化仅由三峡水库的调度导致。根据模型计算结果，绘制出有三峡水库调度和无三峡水库调度对应的城陵矶站月平均水位图（见图 2），有三峡水库调度对应的城陵矶站月平均水位减去无三峡水库调度的城陵矶站月平均水位得到城陵矶站月平均水位变化，见图 3。

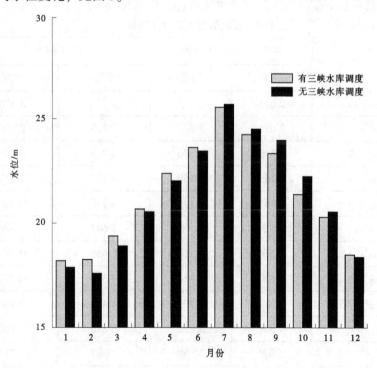

图 2　城陵矶站月平均水位

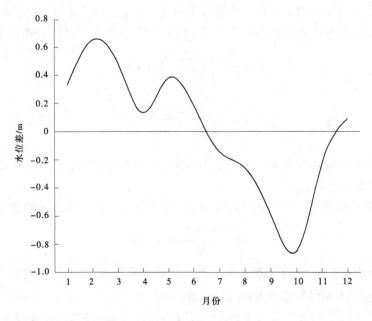

图 3   城陵矶站月平均水位变化

结合图 2 和图 3 可以发现，不同调度期，城陵矶站的水位对三峡水库调度的响应有所不同：在蓄水期，由于水库蓄水，长江干流水量减少，进一步减少荆江三口向洞庭湖输送的水量，同时水库蓄水还会降低长江干流中下游的水位，最终导致水库蓄水时城陵矶站水位降低。同理，为满足防洪要求，三峡水库在汛期减少泄流，荆江来水量减少，城陵矶站水位降低。在枯水期，为满足航运和发电需求，水库增大下泄流量，干流水量增加，入湖流量增加，湖区水位增加，最终导致城陵矶站水位抬升。

3.2   洞庭湖出流对三峡水库调度的响应

为了揭示洞庭湖出流对三峡水库调度的响应规律，将城陵矶站的日流量数据的实测值与还原值作为对比，并运用水文指标法和变动范围法计算水文指标，结果见表 1。

表 1   城陵矶站生态水文指标

指标	实测	还原	RVA 阈值		改变程度
	均值	均值	下限	上限	
1 月平均流量/（m³/s）	2 653	2 643	1 816	3 376	L
2 月平均流量/（m³/s）	3 035	2 847	1 913	3 192	M
3 月平均流量/（m³/s）	4 579	4 576	3 078	5 801	L
4 月平均流量/（m³/s）	6 165	6 159	4 177	7 421	L
5 月平均流量/（m³/s）	9 463	9 128	6 378	11 882	L
6 月平均流量/（m³/s）	10 233	13 193	9 642	14 465	M
7 月平均流量/（m³/s）	12 899	13 072	8 631	16 087	L
8 月平均流量/（m³/s）	9 620	9 766	7 590	12 348	L
9 月平均流量/（m³/s）	7 532	8 299	4 454	9 760	L
10 月平均流量/（m³/s）	4 328	5 225	2 826	6 180	L
11 月平均流量/（m³/s）	3 809	3 939	1 885	4 372	L

续表 1

指标	实测	还原	RVA 阈值		改变程度
	均值	均值	下限	上限	
12 月平均流量/（m³/s）	1 956	2 548	1 688	3 260	M
1 d 最小流量/（m³/s）	1 196	1 186	1 013	1 507	L
3 d 最小流量/（m³/s）	1 420	1 407	1 180	1 551	L
7 d 最小流量/（m³/s）	1 553	1 526	1 247	1 676	L
30 d 最小流量/（m³/s）	1 883	1 801	1 347	2 050	L
90 d 最小流量/（m³/s）	2 877	2 758	2 188	2 850	L
1 d 最大流量/（m³/s）	19 633	23 046	16 234	26 086	M
3 d 最大流量/（m³/s）	22 177	22 576	15 891	25 554	L
7 d 最大流量/（m³/s）	20 749	21 102	15 311	24 153	L
30 d 最大流量/（m³/s）	15 619	15 892	12 010	18 158	L
90 d 最大流量/（m³/s）	12 237	12 420	10 290	14 404	L
断流天数/d	0	0	0	0	0
基流指数	0.24	0.19	0.13	0.25	L
年最小流量发生时间	181	164	125	205	M
年最大流量发生时间	208	215	188	229	L
低流量次数/次	6.65	6.62	2.48	9.74	L
低流量持续时间/d	15.24	17.38	7.19	27.58	L
高流量次数/次	6.24	8.77	5.38	11.39	M
高流量持续时间/d	13.15	11.65	8.05	16.22	M
逆转次数/次	92.35	96.24	81.82	114.64	L

注：1. 计算结果为多年平均值。

2. H 为高度改变；M 为中度改变；L 为低度改变。

由表 1 可知，1—12 月的月平均流量变化相对稳定，除 2 月、6 月与 12 月为中度变化外其余均为低度变化，结合三峡水库的调度运行方式，发现发生变化的原因主要是汛期水库蓄水，下泄流量减小，而枯水期下泄流量增加，使得月平均流量较调度前产生较大变化；年均极小值均有不同程度的增加，年均极大值有不同程度的减小，其中 1 d 最大流量变化较大，为中度变化；在三峡水库蓄水后，9—10 月调度期内下泄流量减少，进入洞庭湖的水量减少，枯水期提前，导致年最小流量发生时间提前，水文改变度较大，为中度改变，而年最大流量发生时间无较大变化，呈现低度改变；对于高流量发生次数及持续时间，城陵矶站的变化较为明显，高流量发生次数明显较少，持续时间有所延长，改变程度均为中度改变，而低流量发生次数与持续时间在蓄水前后无较大变化，为低度改变；在三峡水库蓄水后，城陵矶站的逆转次数相比下降，从 96.24 次减少至 92.35 次，为低度改变。

对表 1 进行统计分析，城陵矶站的生态水位指标中，高度改变指标有 0 个、中度改变指标有 7 个、低度改变指标有 23 个，所占比例分别为 0、23.33%、76.66%，改变程度所占比例呈现低度改变>中度改变>高度改变，整体水文改变度为 23.7%，改变程度呈现低度改变。分析其原因与三峡水库调度运行方式有直接关系，三峡水库对长江中下游流量具有一定调节作用，在汛期水库蓄水减少下泄流量，枯水期增加下泄流量[17]。

4　结论

（1）三峡水库调度改变了荆江来流情况，洞庭湖出湖水位也随之变化。与天然情况相比，汛期和蓄水期来流量减小，入湖水量减小，干流水位较低，出湖流速较快，城陵矶处水位降低；枯水期来流量增加，干流水位和湖区水位上升，由于河湖系统的顶托作用，城陵矶处水位不断抬升。

（2）根据对三峡水库蓄水调度后生态水文指标的指标数据前后变化分析，长江中下游非汛期1—5月流量增加，汛期6—12月流量减少，其中非汛期时段中2月增加流量最多，汛期时段中12月流量减少最多；年极小流量呈增加趋势而年极大流量呈减少趋势；年极小流量发生时间相对提前，改变相对较大；高低流量的发生频率及持续时间均有较小程度的改变。根据生态水文条件改变度，对三峡水库调度后洞庭湖水文条件评价分析，三峡水库下游洞庭湖城陵矶站的整体水文改变度为23.7%，属于低度改变。

参考文献

[1] 渠庚，郭小虎，朱勇辉，等 . 三峡工程运用后荆江与洞庭湖关系变化分析 [J] . 水力发电学报，2012，31（5）：163-172.

[2] 渠庚，唐峰，刘小斌 . 荆江三口与洞庭湖水沙变化及影响 [J] . 水资源与水工程学报，2007（3）：94-97，100.

[3] 胡光伟，毛德华，李正最，等 . 荆江三口60a 来入湖水沙变化规律及其驱动力分析 [J] . 自然资源学报，2014，29（1）：129-142.

[4] 刘晓群，戴斌祥 . 三峡水库运行以来洞庭湖水文条件变化与对策 [J] . 水利水电科技进展，2017，37（6）：25-31.

[5] 孙思瑞，谢平，赵江艳，等 . 洞庭湖三口洪峰流量和水位变异特性分析 [J] . 湖泊科学，2018，30（3）：812-824.

[6] 李景保，周永强，欧朝敏，等 . 洞庭湖与长江水体交换能力演变及对三峡水库运行的响应 [J] . 地理学报，2013，68（1）：108-117.

[7] 廖小红，朱枫，黎昔春，等 . 典型年洪水的洞庭湖槽蓄特性研究 [J] . 中国农村水利水电，2018（5）：134-137，43.

[8] 马志远 . 三峡水库调度运行对洞庭湖水位的影响研究 [D] . 大连：大连理工大学，2022.

[9] 谢永宏，李峰，陈心胜，等 . 荆江三口入洞庭湖水沙演变及成因分析 [J] . 农业现代化研究，2012，33（2）：203-206.

[10] Panda R K，Pramanik N，Bala B . Simulation of river stage using artificial neural network and MIKE 11 hydrodynamic model [J] . Computers & Geosciences，2010，36（6）：735-745.

[11] Trott M，Driscoll R，Iraldo E，et al. Associations between vitamin D status and sight threatening and non-sight threatening diabetic retinopathy：a systematic review and meta-analysis [J] . Journal of diabetes and metabolic disorders，2022，21（1）：1177-1184.

[12] Xu M J，Yu L，Zhao Y W，et al. The Simulation of Shallow Reservoir Eutrophication Based on MIKE21：A Case Study of Douhe Reservoir in North China [J] . Procedia Environmental Sciences，2012，13（10）：1975-1988.

[13] 郭文献，李越，王鸿翔，等 . 基于IHA-RVA 法三峡水库下游河流生态水文情势评价 [J] . 长江流域资源与环境，2018，27（9）：8.

[14] 王鸿翔，查胡飞，卓志宇，等 . 基于IHA-RVA 法四水流域水文情势变化评估 [J] . 中国水利水电科学研究院学报，2019，17（3）：9.

[15] 涂玉律，李英海，王永强，等 . 基于中断时间序列分析和IHA-RVA 法的水文情势综合评价 [J] . 水电能源科学，2022，40（10）：5.

[16] 曾金凤，刘祖文，刘友存，等 . 基于IHA-RVA 法的东江源区生态水文情势变化分析 [J] . 水土保持通报，2021，41（6）：157-164.

[17] 毛北平，吴忠明，梅军亚，等 . 三峡工程蓄水以来长江与洞庭湖汇流关系变化 [J] . 水力发电学报，2013，32（5）：10.

基于城市水系重构的水资源利用配置方案研究
——以南宁市五象新区为例

韦志成　黄　强　程建中

（广西珠委南宁勘测设计院有限公司，广西南宁　530007）

摘　要：随着经济的增长和城镇化的快速发展，水已经成为严重短缺的重要资源，是制约城市环境质量的主要因素。如何提高水资源节约利用和优化配置能力，已经成为城市河湖水系健康发展的研究课题。通过分析南宁市五象新区水系水源存在的问题，在考虑区域现状、治理需求及城市规划建设的基础上，初步探讨水系水源利用和生态补水方案，提出水资源节约利用配置措施，从而扩大区域经济社会的可持续发展空间，提高区域发展水平。

关键词：城市水系；水资源；节约配置；生态补水

1　项目背景

五象新区是广西文化艺术中心，南宁市的行政、体育、商务、信息中心，物流基地和制造业、高科技产业走廊，是联系南宁市和北部湾的桥头堡。为保护和利用水资源，南宁市于 2008 年组织完成了五象新区水系控制规划。近年来，在水系规划的指导下，五象新区水系框架基本形成，但受城市建设快速发展等因素的影响，水系面临新问题：未列入规划治理范围的局部河道被侵占，导致排水不畅，引起内涝；部分污水管道直接排入河道，造成水质污染；原规划的水系远期重要生态补水方案尚未能建设实施，补水水源不能得到保障。

为加快推进五象新区建设，南宁市提出水系重构与再造规划研究，其中研究重点就是"找水造水"，重构补水水源，提升水资源节约集约利用能力，优化水资源配置体系，为五象新区水系提供持续清洁的水源补给。

2　原补水方案及存在问题

根据 2008 年编制的五象新区水系规划，原生态补水方案是按水系分区划定不同补水水源：五象岭及蟠龙水系规划从邕江岸边新建补水泵站和补水管道，补水流量 1.0 m^3/s；颜村河水系规划在邕江岸边新建补水泵站引水至步锡水库，补水流量 0.8 m^3/s；良庆河、楞塘冲水系补水采用近、远期方案，近期以大王滩水库为补水水源，远期利用邕江上游已建老口水库，新建引水渠至五象新区，补水流量 2.0 m^3/s。

由于城市建设的快速发展等原因，原补水方案存在以下问题：

作者简介：韦志成（1980—），男，高级工程师，主要从事水利工程规划设计工作。

（1）补水引水工程建设滞后。新区水系自身来水量偏少，不满足生态净化和环境景观要求，而原规划的水系远期重要补水方案——邕江提水泵站工程和利用邕江上游已建老口水库的引水渠工程均尚未能建设设施，补水水源不能得到保障。

（2）水系规划治理范围需扩大。原未纳入规划的河道部分被侵占，排水不畅，导致局部内涝。因此，水系重构提出了"一库一运河、四渠连八河、十八湿地湖"的新总体布局方案，规划治理范围由 88 km² 扩大至 146 km²，新增水系的补水问题需要统筹解决。

（3）城市再生水未能得到开发利用。受早期开发理念和当时城市建设情况的限制，无论是原水系规划还是五象新区其他相关规划都未将再生水作为补水水源考虑，导致包括城市污水处理、江水源热泵温排水等再生水都没有得到开发利用。

因此，在远期补水和引水工程尚未能实施，而规划治理范围扩大的情况下，需要进一步合理节约配置新区内的常规水资源，充分利用非常规水资源，治理水环境和改善水生态。

3 生态需水量计算

根据五象新区水系重构总体布局方案估算的水系容积，分别采用 Tennant 法和水量平衡法两种方法进行生态需水量初步测算，并进行对比分析。

（1）Tennant 法：适用于流量较大的河流、拥有长序列水文资料（宜 30 年以上），以多年平均流量的 10% ~ 30% 作为生态基流，考虑到五象新区对河道水环境景观要求相对较高，适度提高至 40%[1]。

经该方法计算，五象新区年需水量约为 2 250 万 m³，扣除自身来水量后，五象新区年需补水量约为 950 万 m³。

（2）水量平衡法：补水量+天然流入量=蒸发量+植物蒸散发水量+渗漏水量+水系首次蓄水量+流出量。由于无实测资料，植物蒸散发水量与渗漏水量按蓄水量的 1% 估算；天然流水量采用各水系来水量；鉴于水系现状仍有一定的污染物进入河道，且考虑污水处理厂尾水提标后用于生态补水水源，流出量的推算主要参照《城市污水再生利用 景观环境用水水质》（GB/T 18921—2019），考虑污水处理厂再生水补水的水体水力停留时间为 25 d，其他取 30 d[2]。

经该方法计算，五象新区年需水量约为 8 830 万 m³，扣除自身来水量后，五象新区年需补水量约为 5 900 万 m³。

两种计算方法推算成果相差较大。经初步分析，Tennant 法主要适用于河道的生态基流计算，成果可作为河道生态环境所需"下限"值；而采用水量平衡法计算时既考虑了蒸发、渗漏等枯水期用水的特殊需求，还考虑了防止再生水出现水体富营养化的水力停留时间，成果可作为生态环境用水"上限"值。结合五象新区水系功能定位，同时考虑到再生水作为环境景观用水的特殊性，采用水量平衡法分析论证补水规模和确定补水水源更为合适。

4 水源及补水方案

4.1 水源方案

由于邕江提水和上游老口水库引水方案涉及投资、用地及后期维护管理等不稳定因素，五象新区水源方案主要考虑以规划区范围内水资源利用为主，主要包括大王滩水库、周边山塘水库、新建水源工程、城市污水再生水、江水源热泵温排水、水厂反冲洗污水及雨洪资源化利用等 7 类水源。初步提出水源方案如下。

4.1.1 大王滩水库

大王滩水库是一座以灌溉为主,兼顾发电、供水、旅游等综合利用的大(2)型水利工程,总库容6.38亿m³,是目前五象新区水系的最重要的水源,通过水量调配、灌区修缮等方式可实现水源进一步节约利用与优化配置。

(1)复核灌溉面积,调整灌溉水量。大王滩水库西干渠的灌溉范围主要位于五象新区范围内,但由于近年来五象新区快速发展,农业灌溉任务逐渐消失。经初步估测,西干渠原自流灌溉面积为6.4万亩,现大部分都调整为城市建设用地,现状实际需要灌溉仅1.3万亩。由于灌溉面积的减少,每年可调出水量约1 300万m³,用于五象新区生态环境用水。

(2)修缮灌区渠系,提高利用系数。由于缺乏有效维修与保护管理,大王滩西干渠及其各级支渠渗漏、淤积严重,过水能力和灌溉能力大大降低。通过对大王滩灌区渠系进行修缮,在保障灌区灌溉用水的同时,尽量减少渠系渗漏水量,而该部分水量可用于五象新区生态环境用水,如大王滩灌区灌溉水利用系数由0.52提高至0.55,则灌区每年可以节约用水约280万m³。

4.1.2 现有塘库加固扩容

对规划区内现有的红同水库、关陆水库、双喜水库、三十六曲水库、步锡水库等山塘水库进行扩容加固,形成结瓜水库群,通过蓄丰补枯在枯水期分别放水至各水系。

4.1.3 新建水源工程

大王滩灌区总干渠西侧丘陵山体自然集水面积较广,靠近总干渠沿线出口具备较好的蓄水储水条件,可在马鞍山、六利岭、团阳坡、那扭、布顶岭附近新建5座小型水库水源工程,通过拦蓄支流天然来水,再修建放水建筑物将水引至大王滩灌渠,对规划区内各系进行补水。

4.1.4 城市污水再生水利用

污水再生水利用不仅可以缓解水资源短缺,还能减轻污水排放对水环境的污染[3]。结合五象新区城市污水主要为生活污水的特点,利用物流园污水处理厂和规划五象湖污水处理厂按一级A标准排放的尾水,经污水厂配套湿地及水系新建湿地处理后达到或接近《城市污水再生利用 景观环境用水水质》(GB/T 18921—2019)中观赏性湖泊类水质用水标准,再补入水系。其中物流园污水处理厂按近期2万m³/d、远期4万m³/d规模补水,规划五象湖污水处理厂补水规模按照5万m³/d。

4.1.5 江水源热泵温排水回用

近年来,五象新区内的广西艺术中心、南宁启迪东盟科技城等新建有多处水源热泵,从邕江设取水泵站取原水,通过除砂过滤等处理后进入能源站热泵机组,经过热泵换热后,重新排回自然水体,进行热量交换后进出水温差为4~6℃,在整个换热过程中基本没有水耗,初步估算年退水总量为2 320万m³,退水可综合利用于水系补水、园林及道路浇洒等[4]。

4.1.6 水厂反冲洗水污水回用

自用水回用可以考虑规划南宁五象自来水水厂(30万m³/d)的反冲洗水,参照《室外给水设计标准》(GB 50013—2018)及南宁市现有水厂自用水率,按照5%的自用率估算,日水量为1.5万m³,年水量为547万m³,经沉淀处理后,该部分水量可以用于环境景观用水[5]。

4.1.7 雨洪资源化利用

以海绵城市多年平均径流量控制率为目标,采取设置雨水调蓄设施及下沉式绿地等海绵措施,减缓初期雨水污染的同时,实现雨洪资源化利用[6]。

各补水水源方案优缺点见表1。

表 1　各补水水源方案优缺点

水源	可供水量/万 m³	配套工程	优点	缺点
大王滩水库	1 580	大王滩灌渠改造	可利用现有取、引水工程设施，水质优良	需要相关部门协调水量调整或考虑用水权交易
周边山塘水库	80	现有山塘水库加固扩容 5 座	可利用现有取、引水工程设施补水，充分利用自身来水，通过加强水资源管理调控蓄丰补枯，体现节水优先和可持续补水理念	部分山塘水库因受周边畜禽养殖和生活排污影响，现状水质较差，需完善截污或净化工程，加强监管工作
新建水源工程	470	新建水源工程（小型水库）5 座、补水管线、大王滩灌渠改造	就近地势建坝蓄水，挖掘区域生态补水水源潜力	新建蓄水工程会造成一定的淹没及拆迁问题，前期投入较大
城市污水再生水利用	3 650	改造污水处理厂深度处理工艺，新建配套人工生态湿地	有效提高区域再生水利用率，有效削减污染物排放量，减轻邕江污染防治压力	补入景观湖、人工湖可能导致水体富营养化，需控制水体静止时间
江水源热泵温排水	2 320	新建能源站与水系间的连通渠道		温排水与河道原水有 4~6 ℃ 的温差，水系环境景观设计中需充分考虑
水厂反冲洗水	547			需要增设沉淀水池，占用部分用地
雨洪资源化利用	作为雨季补充水量，不计算具体水量	结合海绵城市配套实施		新建蓄水工程及低洼景观绿地，占用部分用地
合计	8 647			

　　经初步分析，通过完善相关配套工程，可利用大王滩水库、加固扩容山塘水库、新建水库水源工程、城市污水再生水利用、江水源热泵温排水和水厂反冲洗水回用等作为补水水源。

4.2　补水方案

　　补水方案应优先考虑自身径流来水，来水不足情况下考虑再生水，再补其他天然水；其他天然水补水中优先考虑扩容上游水库或新建水源水库蓄丰补枯调节补水，再考虑从大王滩西干渠引水补水。

　　考虑五象新区水系重构总体布局方案，将水系分为核心片区、物流园片区、龙岗商务片区和蟠龙湖片区。在各片区考虑自身来水的前提下，利用已建的大王滩灌渠为支撑，通过灌渠将大王滩水库等各种水源补入水系。补水方案示意见图 1。

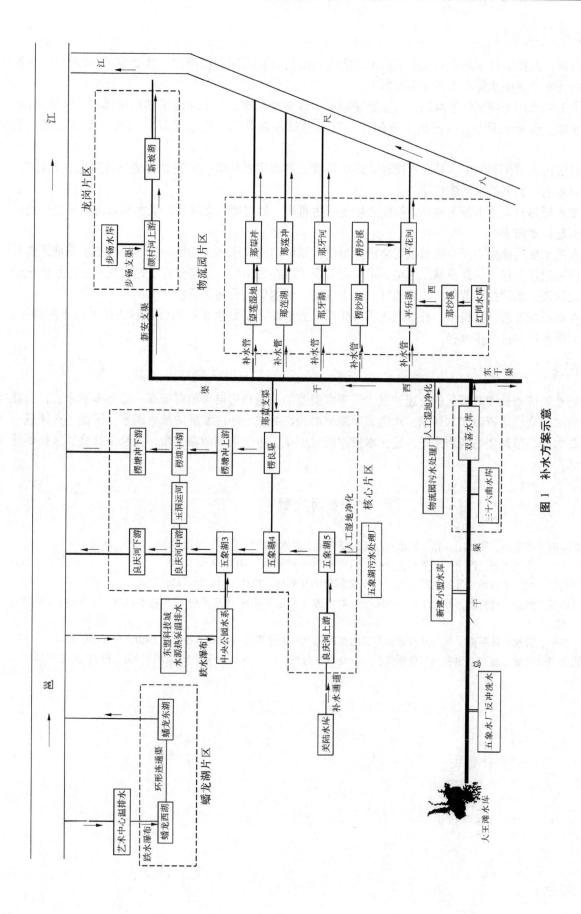

图 1 补水方案示意

5　水质目标分析

目前，五象新区水系中列入南宁市水功能区划的仅有良庆河和楞塘冲，其 2030 年水质目标为Ⅳ类，而补水方案中水源水质情况主要如下：

大王滩水库为城市供水水源，水质能够稳定在Ⅲ类水水质。大王滩灌渠结瓜水库群，关陆水库、红同水库、步锡水库等水库现状水质较差，但可通过控源截污、生态修复等措施，逐步提高水源水质。

城市污水再生利用中，补水水质经处理后可满足景观用水标准，并在做好流域控源截污措施后，能够使水系达到Ⅴ类水水质目标。

江水源热泵取水水源为邕江，河段水质现状为Ⅲ类，经过能量交换后，退水水质仍为Ⅲ类，完全可以满足补水需求。

水系水质达标离不开全流域系统整治。目前，新区内的良庆河、楞塘冲、八尺江等水系都正在开展全流域治理工作，根据流域水环境、水生态等现状存在的问题，分层分片统筹实施，通过系统化全过程化治理，实现控源截污、内源治理、生态修复、活水保质目标和要求。

在全流域治理的前提下，补水进入常态化后，五象新区规划水系近期可达到或接Ⅴ类水质目标，远期水系水质将进一步改善。

6　结语

随着经济增长和城镇化的快速发展，未来水资源的消耗和污染排放可能有一定程度的增长，由此带来的水安全、水资源、水环境、水生态问题将成为制约城市新区发展的重要因素。因此，必须进一步提高水资源节约集约利用水平，优化水资源配置体系，维护河湖健康生命，为经济社会发展提供建设保障。

参考文献

[1] 孔令刚，李萌萌，郭文献，等. 城市水系河流断面生态需水量研究 [J]. 水力发电，2020，46（8）：6-9.

[2] 耿建强. 阜阳市城区河道生态需水量分析 [J]. 江淮水利科技，2017（4）：33-35.

[3] 龚向红. 城市水资源循环的义乌实践 [J]. 资源节约与环保，2021（8）：144-146.

[4] 马惠芬，张奎，桂树强，等. 江水源热泵项目取水方式及适用条件研究 [J]. 水利水电快报，2019，40（5）：47-50.

[5] 罗沛豪，龚媛，陈炯豪. 南方某自来水厂滤池反冲洗水回用分析 [J]. 供水净水，2020，14（6）：13-17.

[6] 张士民，马敏. 城市雨洪利用与管理浅析：以龙口市为例 [J]. 灌溉排水学报，2021，40（S1）：33-35.

重庆市区县水资源承载能力评价

曹　磊　王渺林

（长江水利委员会水文局长江上游水文水资源勘测局，重庆　400021）

摘　要：本文以典型西南山地城市重庆市为对象，主要考虑水量、水质2个要素，采用实物量指标对2020水平年重庆市各区（县）水资源承载能力各因素分别评价，综合全面考虑各要素评价结果，进而得到重庆市各区（县）水资源承载能力综合评价结果。结果表明，重庆市无严重超载和超载区县；临界状态区（县）共4个，提出了水资源承载能力提升措施。

关键词：水资源承载能力；水量；水质；重庆市

1　目的和意义

水资源承载能力研究为区域经济及社会发展奠定了基础。它有利于加深对水资源效用综合性的认识，明确水资源对经济社会支撑能力的有限性，全面了解水资源的价值。水资源承载能力作为一种描述水资源与经济社会、人口和生态环境系统复杂关系的度量工具，其研究在理论和方法上都已取得较大进展，但仍存在一些问题和不足之处，这将是未来水资源承载能力研究的重点[1-2]。水资源承载能力常见的量化研究方法很多，按所应用技术和复杂程度的不同，分为简单分析与估算方法、综合评价方法和复杂系统分析方法3类[2-4]。李云玲等[5]在对水资源承载能力评价研究现状进行综述的基础上，考虑水量、水质、水生态3个要素，从水资源承载负荷和承载能力2个方面出发，构建了水资源承载能力评价指标体系，采用实物量指标对水资源承载能力各因素分别评价，采用短板法全面考虑各要素评价结果，进而得到水资源承载能力综合评价结果。

重庆地处我国西南部、长江上游，海拔高差较大。地势起伏从南北方向向长江河谷方向逐渐下降，境内坡地较多，山地面积占据大部分区域，为76%，丘陵面积占22%，因此有"山城重庆"的说法。因其地理位置处于三峡水库库区的核心区域，是整个长江流域乃至全国重要的水资源战略库，在生态安全上有着至关重要的作用。重庆市属典型的山地城市，地表水资源相对贫乏，且时空分布不均，地下水资源甚少[6]。对重庆市自然资源承载能力以及其影响因素进行分析，从而对区域水资源的调控制定合适的长远战略，实现区域水资源的可持续发展。因此，对重庆市水资源承载力的评价研究具有重要的现实和实践意义。

本文以典型西南山地城市重庆为对象，主要考虑水量、水质2个要素，采用实物量指标对2020水平年水资源承载能力各因素分别评价，然后全面综合考虑各要素评价结果，进而得到重庆市各区（县）水资源承载能力综合评价结果，为水资源合理利用提供必要前提和依据。

2　评价方法

根据《全国水资源承载能力监测预警技术大纲（修订稿）》（2016年），水资源承载能力评价采用实物量指标进行单因素评价，评价方法为对照各实物量指标度量标准直接判断其承载状况。评价要素分为水量和水质，标准见表1。

作者简介：曹磊（1983—），男，高级工程师，主要从事水文水资源分析和技术管理工作。

通信作者：王渺林（1975—），男，高级工程师，主要从事水文水资源分析工作。

表 1 水资源承载状况分析评价标准

要素	评价指标	承载能力基线	承载状况评价			
			严重超载	超载	临界状态	不超载
水量	用水总量 W	用水总量指标 W_0	$W \geq 1.2W_0$	$W_0 \leq W < 1.2W_0$	$0.9W_0 \leq W < W_0$	$W < 0.9W_0$
水质	水功能区水质达标率 Q	水功能区水质达标要求 Q_0	$Q \leq 0.4Q_0$	$0.4Q_0 < Q \leq 0.6Q_0$	$0.6Q_0 < Q \leq 0.8Q_0$	$Q > 0.8Q_0$

综合水资源承载状况评价的判别标准如下：

（1）严重超载：水量、水质任一要素为严重超载；

（2）超载：水量、水质任一要素为超载；

（3）临界状态：水量、水质任一要素为临界状态；

（4）不超载：水量、水质要素均不超载。

3 重庆市区（县）水资源承载能力评价

3.1 用水总量指标的承载状况评价

按照《全国水资源承载能力监测预警技术大纲（修订稿）》（2016 年）中对现状用水量的转换原则，由于用水总量指标为多年平均来水条件下的控制目标，因此为使评价口径一致，需要将 2020 年现状用水量转换为评价口径用水量。重庆市各区（县）需转换的用水项主要为农业灌溉用水量。

根据《2020 年度重庆市水资源公报》降水量资料，通过频率分析计算可以看出，2020 年重庆市为丰水年，整体上偏丰 21.24%，年降水频率为 4.5%，各区（县）降水也偏丰，降水频率介于 1.9% ~36%。根据降水丰枯程度，将现状年农业灌溉用水量转换到多年平均用水量。农业灌溉用水量的折算仅对当年来水较枯或较丰的地区（降水频率不在 37.5%~62.5%范围内）进行。

以降水频率分析为基础的农业灌溉用水量核算的主要方法可归纳为 2 种，分别为现状用水平均值法（简称现状法）、典型年插值法（简称典型年法）。

（1）现状法：取拟评价行政区（或水资源分区套行政区）近 5 年以上的农业实际灌溉用水量（或亩均用水量）系列，测算其算术平均值，作为核算后的农业灌溉用水量，参与区域水资源承载状况评价。

（2）典型年法：以水中长期供求规划基准年不同频率农业配置水量与多年平均配置水量为基础，依据当年的丰枯频率采用线性插值法内插获得转换系数进行核算。水中长期供求规划各基本单元（水资源三级区套地级市）水资源配置成果以典型年体现，包括多年平均、50%、75%、90% 及 95% 年份[8]。因此，评价年 2020 年处于丰水年份的地区不能采用该方法核算农业灌溉用水量。此外，如果近期农业灌溉水量保持稳定不变或持续下降，以及灌溉用水量与降水丰枯无明显关系的区域，可不进行转换。

分析重庆市各区（县）2020 年农业灌溉用水与年降水量关系如下：

（1）现状年降水量频率在 37.5%~62.5%范围内：长寿区、合川区等，不进行转换。

（2）农业灌溉用水量与年降水量有明显关系：万州区、黔江区等，因 2020 年降水普遍偏丰，不适用典型年法，因此采用近 5 年均值或内插。万州区农业灌溉用水量与年降水量关系见图 1，农业灌溉用水量与年降水量大体呈负相关关系。

（3）近 5 年来农业灌溉用水量持续减少：璧山、铜梁等，不进行转换。璧山区农业灌溉用水量与年降水量关系见图 2，农业灌溉用水量持续减少，与年降水量关系不明显。

（4）其他区（县）农业灌溉用水量与年降水量无关系或近 5 年来农业灌溉用水量变化不大，不进行转换。

图 1　万州区农业灌溉用水量与年降水量关系

图 2　璧山区农业灌溉用水量与年降水量关系

转换为评价口径用水量后，从评价结果来看，重庆市总用水量指标处于不超载状态，承载状况为 0.726。36 个区（县）不超载，占比 92.3%，处于临界状态的有璧山区、酉阳县、潼南区等 3 个区（县），占比 7.7%；无区（县）超载。不超载区（县）中，承载状况值最低的为大渡口区（0.375），低于 0.5 的还有涪陵区（0.458）。承载状况在 0.5~0.6 的有巴南区、长寿区、江津区、忠县、秀山县。承载状况较高的在 0.8~0.9 的有九龙坡区、合川区、永川区、梁平区、奉节县、巫山县、云阳县、丰都县。

3.2　水质要素评价承载状况评价

重庆市各区（县）水质要素承载状况，除垫江县处于"临界状态"外，其余区（县）均处于"不超载"的状态。垫江县处于"临界状态"的原因主要是水功能区达标率较低，仅为 50.0%。

根据水质要素承载状况评价结果，重庆市只有垫江县处于 0.6~0.8 的"临界状态"区间，占比 2.6%；其余区（县）全部处于 0.8 以上的"不超载"区间，其中 0.8~1.0 区间的区（县）有 8 个，占比 20.5%，1.0 以上区间的区（县）有 30 个，占比 76.9%。

3.3　综合评价

重庆市无严重超载和超载区（县）；临界状态区（县）共 4 个（其中水量要素临界状态区 3 个，分别为璧山、潼南、酉阳；水质要素临界状态县 1 个，为垫江县），占比 10.3%；不超载区（县）32 个，占比 89.2%。

2015 年重庆市水资源承载能力评价评价结果为：无严重超载和超载区（县）；临界状态区（县）

共 6 个（其中水量要素临界状态区 5 个，分别为綦江区、大足区、璧山区、铜梁区、潼南区；水质要素临界状态县 1 个，即垫江县）。

本次与 2015 年相比，綦江区、大足区、铜梁区由 2015 年的临界状态降为 2020 年的不超载状态，原因在于用水量减少。綦江区、大足区、铜梁区 2015 年用水量分别为 2.550 4 亿 m^3、1.793 8 亿 m^3、2.120 1 亿 m^3，2020 年用水量分别为 2.021 6 亿 m^3、1.448 7 亿 m^3、1.710 9 亿 m^3，分别减少 0.528 8 亿 m^3、0.345 1 亿 m^3、0.409 2 亿 m^3，主要原因在于工业用水量的减少。

承载状况值最低的为大渡口区（0.375），其他较低的有涪陵区（0.458）、长寿区（0.509）。根据《重庆市人民政府办公厅关于调整各区（县）2030 年用水总量控制目标的通知》（渝府办发〔2021〕147 号），调整减少了大渡口区、涪陵区、长寿区的 2030 年用水总量控制目标。

4 提升措施

4.1   水资源配置与调控

主城区与渝西片区优先考虑利用长江、嘉陵江、涪江等大江大河提水，促进区域间水系的互连互通、水资源的互调互济，结合当地蓄引提水工程建设，形成较完善的水资源保障配置体系。

渝东北及渝东南因地制宜开发利用当地水资源和过境水资源。对沿江城镇区，可采用经济合理的当地水或过境水水源；对当地水资源缺乏地区，加强节约用水，有效调整现状水资源配置格局，充分发挥现状供水工程供水效益，提高水资源利用效率，适度建设当地蓄引提水工程。

4.2   水资源承载能力监测预警机制建设

水资源承载能力监测预警机制建设的总体方案是：以完善水资源监测网络体系为基础，建立预警评价指标体系，健全预警发布管理机制，逐步形成上下协调、社会参与、警报及时、应对科学的水资源承载能力预警运行机制。

水资源承载能力监测预警分为 3 个等级，即黄色预警、橙色预警和红色预警。黄色为最低警戒级别，橙色为较高警戒级别，红色为最高警戒级别。

4.3   加强非常规水源利用

加大再生水利用力度。鼓励利用再生水、雨水等非常规水源建设再生水利用设施，促使工业生产、城市绿化、生态景观、道路清扫、车辆冲洗和建筑施工等优先使用再生水。

建设雨水利用工程。因地制宜建设城市雨水综合利用工程，推广雨水集蓄回灌技术，提高雨水集蓄利用水平。

5 结论与建议

以《重庆市统计年鉴》、《重庆市水资源公报》（2015—2020 年）等统计资料为基础，主要考虑水量、水质 2 个要素，采用实物量指标对 2020 水平年重庆市各区（县）的水资源承载能力进行评价，主要结论如下：

（1）从用水总量指标评价结果看，重庆市各区（县）评价结果为：璧山、潼南、酉阳等 3 个区（县）的水资源承载状况为"临界状态"，其余区（县）为不超载。

（2）从水质要素评价来看，只有垫江县处于"临界状态"，其余各区（县）均不超载。

（3）综合来看，临界状态区（县）共 4 个。相比 2015 年，綦江区、大足区、铜梁区由 2015 年的临界状态降为 2020 年的不超载状态，主要是由于工业用水量的减少。

本文对水资源承载状况进行初步分析评价，评价结果只代表现状年 2020 年水资源开发利用水平及承载状况。为进一步做好水资源承载力评价与预警工作，提出以下建议：

（1）逐步建立水资源承载状况综合评价和预警系统，动态评价水资源承载状况，提高评价水平和预警能力。

（2）进一步做好数据全面收集及整理，利用地理信息系统、大数据跟踪模拟、模型预测等手段开展水资源承载力时空演变评价和预测。

参考文献

[1] 张丽，董增川，张伟. 水资源承载能力研究进展与展望 [J]. 水利水电技术，2003（4）：1-4，63.

[2] 何小赛，杨玉岭，戴良松. 区域水资源承载力研究综述 [J]. 水利发展研究，2015，15（2）：42-45，73.

[3] 杨金鹏. 区域水资源承载能力计算模型研究 [D]. 北京：中国水利水电科学研究院，2007.

[4] 朱运海，彭利民，杜敏，等. 区域水资源承载力评价国内外研究综述 [J]. 科学与管理，2010，30（3）：21-24.

[5] 李云玲，郭旭宁，郭东阳，等. 水资源承载能力评价方法研究及应用 [J]. 地理科学进展，2017，36（3）：342-349.

[6] 段秀举. 基于生态理念的山地城市水资源规划研究：以重庆市水资源规划为例 [D]. 重庆：重庆大学，2015.

[7] 冉启智，廖和平，洪惠坤. 重庆市水资源承载力时空特征与承载状态 [J]. 西南大学学报（自然科学版），2022，44（7）：169-183.

[8] 詹同涛，梅梅，刘琦，等. 农业灌溉用水量核算方法对比研究 [J]. 水利水电技术，2018，49（9）：199-204.

五强溪水电站汛期运行水位动态控制方式研究

何小聪　　洪兴骏

（长江勘测规划设计研究有限责任公司，湖北武汉　430010）

摘　要： 针对五强溪水电站运行水位控制方式存在的汛期弃水多、出力受阻等问题，在分析了五强溪水电站汛期运行水位动态控制方法和原则的基础上，研究了基于洪水预报动态反馈的五强溪运行水位动态控制范围研究方法，提出了以洪水预报为判别条件的五强溪水电站运行水位动态控制方式。结果表明，本文提出的运行水位动态控制方式可以有效减少五强溪水电站汛期弃水，提高电站发电效益，研究成果可为五强溪水电站实时调度提供技术支撑。

关键词： 水库调度；汛期；运行水位；动态控制；五强溪水电站

五强溪水电站位于沅水干流中下游沅陵县境内，水库正常蓄水位 108 m，装机容量 1 200 MW（5×240 MW），多年平均年发电量 53.7 亿 kW·h，开发任务以发电为主，兼有防洪、航运等综合效益[1]。根据《2021 年长江流域水工程联合调度运用计划》，五强溪水电站 5 月 1 日至 7 月 31 日的防洪限制水位为 98 m，依据水利部批复文件的精神，五强溪水电站实行汛期运行水位分期动态控制，一般情况下，8 月 1 日开始蓄水，逐步蓄至正常蓄水位 108 m。

五强溪水电站汛期承担了防洪、发电、调峰等调度任务[2]，目前的汛期运行水位控制方式，存在汛期弃水多、洪水资源利用不充分、汛期出力受阻、电站调峰能力受限等问题。汛期运行水位动态控制，是科学协调汛期防洪和兴利的关系、提高水库洪水资源利用效率的有效手段[3-5]。洪兴骏等[6]基于水库的预泄能力提出了丹江口水利枢汛期运行水位优化方法，胡焕发等[7]研究了利用短期降雨预报实施水库汛限水位动态控制。李继清等[8]研究了基于时变设计洪水的梯级水库汛期运行水位动态控制方法，较好地提出了汛期运行水位动态控制方法，但存在判断条件复杂、可操作性不强等问题。

本文根据五强溪水电站汛期来水特点和调度特点，从洪水预报、河道安全泄量、预报预泄时间等方面，提出了基于洪水预报动态反馈机制的五强溪水电站运行水位动态控制方式，并以 2019 年 7 月中下旬来水过程为例，分析了五强溪水电站运行水位动态控制效益。

1　汛期运行水位动态控制方法和原则

水库汛期运行水位动态控制，是在汛限水位和运行水位动态控制阈值范围内，根据水雨情预报信息，在下游无防洪调度需求时利用一部分防洪库容上浮运行库水位、洪水来临前预泄至汛限水位、洪水来临时正常防洪调度、洪水过后再上浮的调度过程，如图 1 所示。主要控制参数有水位上浮运行来水条件、洪水预报有效预见期、上浮运行水位上限、预报预泄控制参数等[9-10]。

五强溪水电站主汛期运行水位动态控制，应以确保防洪安全为前提条件，应遵循以下原则：

（1）不影响水库防洪作用的发挥。当预报来洪水，沅水尾闾对五强溪水电站有防洪调度或应急调度需求前，水库水位要及时降至防洪限制水位 98 m 以下，以保证五强溪水电站有足够的防洪库容为沅水尾闾拦蓄洪水和保证枢纽度汛安全。

基金项目： 国家重点研发计划项目（2022YFC3202805）。

作者简介： 何小聪（1984—），男，高级工程师，主要从事水库调度研究工作。

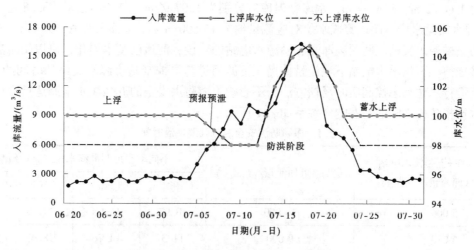

图1　水库运行水位动态控制示意

（2）不增加下游防洪负担。为不改变下游防汛态势，五强溪水电站预泄至汛限水位98 m期间，应控制下游河道水位低于警戒水位并有一定的安全裕度，可选择桃源水文站为代表站，相应警戒水位42.5 m。

2　可用防洪库容量动态反馈方法

2.1　目标函数

水库汛期运行水位动态控制，目的为提高水库在不承担防洪任务时运行水位上限[11-13]。因此，将不影响防洪安全作为约束条件，以汛限水位以上可动态使用的防洪库容最大为目标。

2.2　约束条件

为了不影响防洪安全，汛期运行水位动态控制调度时，要求预报将发生洪水时应在下游产生防洪调度需求前将库水位降至汛限水位以下，同时应满足预泄过程中下游河道流量不超过安全泄量，有一定的安全裕度。应满足以下两个条件：

（1）遭遇下游标准洪水时，五强溪水电站起调水位不高于汛限水位。

$$Z_t \leq Z_g \tag{1}$$

式中：Z_t为水库为下游防洪保护对象防洪调度时的起调水位；Z_g为水库汛限水位。

（2）水库实施预泄时，下游河道流量小于安全泄量并留有一定的安全裕度。

$$Q_t \leq Q_f - \Delta Q \tag{2}$$

式中：Q_t为下游防洪控制点t时段的流量；Q_f为防洪控制点的安全泄量；ΔQ为安全裕度。

2.3　可用防洪库容量

满足防洪要求的预见期内可安全预泄的水量，即为运行水位动态控制可使用的防洪库容量，主要与洪水预报的预计期T、水库下泄流量传播至防洪控制点的时间ΔT、防洪控制点的安全泄量Q_f、水库入库流量预报$Q_{in,t}$、水库至防洪控制点之间区间流量$Q_{q,t}$有关。在以上影响因素中，洪水预报的预计期T、水库下泄流量传播至防洪控制点的时间ΔT、防洪控制点的安全泄量Q_f一般为固定值，入库流量$Q_{in,t}$和区间流量$Q_{q,t}$为变化值。因此，建立水库动态控制可利用防洪库容与洪水预报的动态关系，即可根据洪水预报值动态反馈水库运行水位动态控制可用防洪库容，如式（3）所示。

$$w = (Q_f - \Delta Q - Q_{in,t} - Q_{q,t})(T - \Delta T) \tag{3}$$

由于入库流量和区间流量预报是动态变化的，受这两个因素影响的水库可用防洪库容量也随洪水预报动态变化而变化，由此建立水库运行水位动态控制范围与洪水预报动态反馈机制。

3　五强溪水电站运行水位动态控制范围

五强溪水电站前汛期汛限水位102 m，主汛期汛限水位98 m，在98～102 m，按照运行水位动态控制范围为 1 m、2 m、3 m、4 m，水库预泄库容分别为 1.07 亿 m^3、2.19 亿 m^3、3.38 亿 m^3 和 4.65 亿 m^3，桃源水文站水位不超过警戒水位对应流量约为 15 500 m^3/s，安全裕度按 500 m^3/s 考虑，在五强溪水电站至桃源水文站之间因凌津滩和桃源水电站的建设，河道已基本渠化，可以用时滞法反映河道洪水传播规律。五强溪水电站下泄流量传播至下游河道防洪控制站桃源水文站的时间约为 8 h。根据水库汛期运行水位动态控制实时反馈方法，不影响下游防洪安全的五强溪水电站运行水位动态控制范围及来水预报条件之间的动态响应关系如表 1 所示。

表 1　保障防洪安全的五强溪预泄时间　　　　　　　单位：h

五强溪入库+五强溪水电站至桃源区间流量/（m^3/s）	五强溪可加泄量/（m^3/s）	不同动态控制最高水位（m）预泄时间			
		99	100	101	102
5 000	10 000	10.97	14.08	17.39	20.92
6 000	9 000	11.3	14.76	18.43	22.35
7 000	8 000	11.72	15.6	19.74	24.15
8 000	7 000	12.25	16.69	21.41	26.45
9 000	6 000	12.95	18.14	23.65	29.53
10 000	5 000	13.94	20.17	26.78	33.83
11 000	4 000	15.43	23.21	31.47	40.29
12 000	3 000	17.91	28.28	39.3	51.06

以上浮至 100 m、桃源水文站天然来水 5 000 m^3/s 为例，预泄至 98 m 的库容为 2.19 亿 m^3，则平均可加泄流量为 10 000 m^3/s（桃源水文站警戒水位对应流量 15 500 m^3/s 减去五强溪入库及五强溪水电站至桃源区间流量之和 5 000 m^3/s），则所需的预泄时间为 2.19 亿 $m^3 \times 10^8 \div 10\,000\ m^3/s \div 3\,600\ s/h + 8\ h = 14.08\ h$。

从表 1 中可以看出，五强溪水电站库水位预泄至汛限水位的时间，与上浮运行水位及来水条件密切相关。来水越小，预泄所需时间越短；来水越大，预泄所需时间越长。上浮运行水位越低，预泄所需时间越短；上浮运行水位越高，预泄所需时间越长。

沅水流域可用于水库调度的洪水预报的预见期为 1~3 d[14]，为充分控制防洪风险，若按 24 h 设置洪水预报的预见期，则不同运行水位动态控制上限对应的来水条件如表 2 所示。

表 2　不同来水条件下五强溪水电站运行水位上限

五强溪来水+五强溪水电站至桃源水文站区间流量/（m^3/s）	13 000	11 000	9 000	6 000
动态控制最高水位/m	99	100	101	102

实时调度中可根据表 2 动态控制水库运行水位和调度运行方式，即当水库水位高于运行水位上限时，则需加大泄量降低库水位至动态控制上限以下；当水库水位低于运行水位上限时，则按满发流量下泄，减少水库弃水。

4　应用实例分析

以 2019 年 7 月 13 日至 8 月 1 日调度过程为例，实施五强溪水电站汛期运行水位动态控制，水库入库流量、出库流量及水位过程如表 3 和图 2 所示，不实施汛期运行水位动态控制出库流量及水位过程见表 3。

表3 2019年7月中下旬五强溪运行水位动态控制调度过程

日期（月-日）	入库流量/（m³/s）	运行水位动态控制			不实施动态控制	
		出库流量/（m³/s）	水位/m	运行状态	出库流量/（m³/s）	水位/m
07-14	7 613	7 613	98.00	—	7 613	98
07-15	4 838	4 838	98.00	—	4 838	98
07-16	4 230	3 247	98.98	动态控制蓄水	4 230	98
07-17	3 579	3 252	99.46	动态控制蓄水	3 579	98
07-18	3 648	3 213	99.76	动态控制蓄水	3 648	98
07-19	3 567	3 110	100.05	—	3 567	98
07-20	3 114	3 110	100.05	—	3 114	98

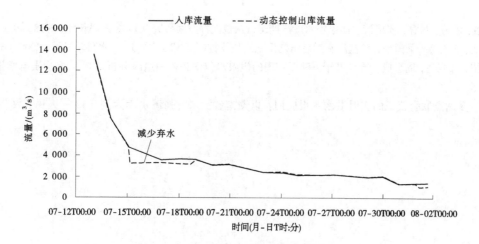

图2 汛期运行水位动态控制调度过程

从图2中可以看出，7月15日以前，五强溪水电站入库流量大于10 000 m³/s，因为防洪需要，水库维持汛限水位。7月15日以后，来水逐渐减小，结合预报信息，满足水库运行水位上浮条件，水库按照满发流量下泄，多余水量蓄水，7月18日蓄水至上浮运行最高水位100.06 m，调度过程中，五强溪水电站未弃水，相比不实施运行水位动态控制，减少弃水2.87亿 m³，增加发电量0.29亿 kW·h。

5 结论

在绿色发展理念和"碳达峰、碳中和"战略目标要求下，五强溪水电站主汛期实施有条件的运行水位动态控制，本文提出了基于洪水预报动态反馈机制的汛期运行水位动态控制方法，建立水库运行水位动态控制范围和洪水预报的影射关系，可以在不影响防洪安全的前提下，提高汛期水资源利用效益，更好地发挥五强溪水电站的综合效益。该方法判别条件可操作性强，对实时调度有较好的支撑作用。

参考文献

［1］王立，肖杨．五强溪水电厂不同控制运行水位发电效益分析［C］//中国水力发电工程学会梯级调度控制专业委员会，2016.

［2］胡勇胜，罗立军，张培，等．基于模拟退火粒子群算法的五强溪水电站厂内经济运行模型与应用［J］．水电能源科学，2021，39（9）：81-85.

［3］赵文焕，李荣波，訾丽．长江流域水库群风险防洪调度分析［J］．人民长江，2020，51（12）：135-140.

［4］杨光，郭生练，周研来．安康水库汛期运行水位实时动态控制方案［J］．水资源研究，2013（4）：248-254.

［5］张改红，周惠成，王本德，等．水库汛限水位实时动态控制研究及风险分析［J］．水力发电学报，2009，28（1）：51-55.

［6］洪兴骏，余蔚卿，任金秋，等．丹江口水利枢纽汛期运行水位优化研究与应用［J］．人民长江，2022，53（2）：27-34.

［7］胡焕发，阚晓东，鲁常绕，等．利用短期降雨预报实施水库汛限水位动态控制浅析［J］．水电与新能源，2020，34（10）：18-20.

［8］李继清，黄婧，李建昌，等．基于时变设计洪水的梯级水库汛期运行水位动态控制方法：，CN109558626A［P］．2019.

［9］郭生练，钟逸轩，吴旭树，等．水库洪水概率预报和汛期运行水位动态控制［J］．中国防汛抗旱，2019，29（6）：1-4.

［10］张验科，张佳新，俞洪杰，等．考虑动态洪水预见期的水库运行水位动态控制［J］．水力发电学报，2019（9）：64-72.

［11］王学敏，陈芳，张睿．溪洛渡、向家坝水库汛期运行水位上浮空间研究［J］．人民长江，2018，49（13）：52-58.

［12］周惠成，王福兴，梁国华．碧流河水库后汛期汛限水位及控制运用方式［J］．水科学进展，2009（6）：857-862.

［13］王本德，郭晓亮，周惠成，等．基于贝叶斯定理的汛限水位动态控制风险分析［J］．水力发电学报，2011，30（3）：5.

［14］肖杨．多站点联合校正的实时洪水预报应用：以湖南省沅水五强溪水库为例［J］．人民长江，2020（S1）：34-38.

空冷超临界火电厂水平衡测试及节水研究

苏　柳[1]　贺丽媛[1]　张俊洁[2]

（1. 黄河勘测规划设计研究院有限公司，河南郑州　450003；
2. 中国水利水电科学研究院，北京　100038）

摘　要： 通过对某空冷超临界火电厂在 85% 负荷下的全厂水平衡试验，掌握了电厂节水水平和主要用水系统的用水量。确定了该电厂废水零排放，夏季耗水指标为 0.29 m³/(MW·h)；通过历史统计数据，全年发电耗水指标为 0.25 m³/(MW·h)，低于同类型或同区域机组的耗水指标，具有一定的先进性；提出了深度节水的具体措施，有利于进一步降低耗水指标。

关键词： 超临界；空冷；水平衡；节水

1　引言

2021 年，全国用水总量为 5 920.2 亿 m³。其中，生活用水量为 909.4 亿 m³，占用水总量的 15.4%；工业用水为 1 049.6 亿 m³（其中火核电直流冷却水 507.4 亿 m³），占用水总量的 17.7%[1]。根据耗水量指标，发电行业被归为我国八大类高耗水工业，其中火电发电厂由于选址灵活、受环境和气候影响小、可参与调峰，因此火电仍然是发电行业的主力机型，也是发电行业的主要耗水大户。2019 年全国火电厂单位发电量耗水量 1.21 kg/(kW·h)，单位火电发电量废水排放量为 54 g/(kW·h)[2]。火电厂的主要水耗包括循环冷却水蒸发和风吹损失、灰渣系统损失、输煤系统损失、锅炉汽水损失、脱硫系统损失、厂区绿化用水和生活用水等。某 2×660 MW 电厂在夏季额定工况下，循环冷却水蒸发及风吹损失为 1 845 m³/h，冷却塔排水为 430 m³/h，分别占电厂整个水损失的 75%、17.48%。因此，在北方缺水地区，有必要发展空冷机组，以减少循环冷却水水耗。同时，研究火电厂的用水规律，尽可能利用中水或其他废水，做到水资源的梯级利用，有利于实现电厂废水零排放。

为了更好地评价火电厂耗水状态，国内外学者进行了深入的耗水评价模型研究。宋晨希等[4] 利用可拓物元和逼近理想值方法建立了包含综合耗水率的电厂综合能效评价模型，对火电厂进行能效等级分级和能效水平排序。张航[5] 建立了基于模糊理论和极差变化法的火电厂输煤系统节能评价体系，其中节水水平是关键指标。刘广建等[6] 建立了火电厂水平衡模型，分析了不同煤种、气象条件和机组参数对耗水率的影响，并进行了节水潜力分析。刘军等[7] 针对火电厂用水系统较多且系统间水量、水质需求差别较大的问题，研究了含 Cl^-、SS、SO_2^- 杂质的传递过程，构建了火电厂再生循环水网络模型，以减少新水消耗量。

2　机组特点及用水过程分析

该火电厂由 2 台超临界燃煤直接空冷发电机组组成。锅炉为超临界参数变压运行直流炉（不带启动循环泵的内置式启动系统），最大连续蒸发量 1 185 t/h，额定蒸汽压力、温度分别为 25.4 MPa、571 ℃。汽轮机为超临界、一次中间再热、单轴双缸双排汽、直接空冷、双抽汽凝汽式机组，纯凝工

作者简介： 苏柳（1983—），女，高级工程师，主要从事水资源规划与水资源论证相关工作。
通信作者： 张俊洁（1982—），女，副高级工程师，主要从事水利水电工程管理工作。

况额定功率 350 MW，主汽门进口蒸汽压力、温度分别为 24.2 MPa、566 ℃。

火电厂用水有以下特点：循环用水量和串联用水量大、不同系统对水质要求差异较大。根据电厂的工艺特点，将整个火电厂主要水系统划分为以下子系统。

2.1 冷却水系统

闭式循环冷却水系统的主要功能是向所有需要冷却水的设备提供冷却用水，如各种转动机械的轴承、换热器等。电厂循环冷却水系统采用除盐水作冷却水，采用一座带闭式蒸发冷却塔的闭式循环系统，通过闭式冷却塔对冷却水进行降温，进而降低机炉侧辅助设备温度。由于闭式循环，循环水和外界空气进行间壁式换热，除夏季极端高温天气外无蒸发和风吹损失，以减少水耗；在夏季极端化高温天气，仅靠空气对流换热无法满足循环水冷却要求，冷却塔转为湿式运行，引入工业水对循环水进行喷淋降温，存在蒸发和风吹损失。2 台机组设一座闭式蒸发冷却塔，共 8 个干湿联合冷却单元，分 4 个干式空冷单元、4 个湿式冷却单元，每台机组采用单元制运行，干湿串联布置。干式部分采用机械通风干冷系统，散热器竖直布置、引风式，湿式部分采用蒸发冷却器。

2.2 脱硫系统

该电厂为湿式石灰石−石膏法烟气脱硫方法，以石灰石浆液作为脱硫吸收剂，电袋除尘器出口烟气经过吸风机进入吸收塔脱硫后排入烟囱。脱硫装置采用一炉一塔，每套脱硫装置的烟气处理能力为一台锅炉 100%BMCR 工况时的烟气量，不设 GGH。石膏脱水为两炉公用。脱硫系统来水主要采用废水处理站复用水并补充部分工业水，通过工艺水箱外工艺水泵和除雾器冲洗水泵为整个系统供水。产生的脱硫废水通过脱硫废水处理系统处置后，清水回用，废水排至灰渣系统梯次利用。其他损失主要为蒸发和石膏带走。

2.3 化学制水系统

电厂化学制水车间来水主要使用工业水。该系统通过自清洗过滤器、超滤、反渗透、离子交换系统，脱盐纯化后制得除盐水供机组生产使用。在这一过程中，产生的超滤反洗废水、精处理再生废水均通过回收系统至工业废水处理站，通过处理后排放至脱硫系统。

2.4 全厂生活水系统

全厂生活水水源为自来水公司来水，电厂生活水的主要用户有生产区生活用水（集控楼和卫生间）、消防楼、采样制水等，所有生活污水经收集并经生活污水处理系统处理后，回用至工业废水处理站。

2.5 工业废水回用系统

全厂工业废水回用系统主要来源为化学车间冲洗、反冲洗及反渗透过程产生的废水、非采暖期循环水排污、生活废水处理站和主厂房废水，经工业废水处理站处理后，回收水经复用水泵房内的升压设施提升后供本期复用水系统用水。复用水系统主要用于脱硫、湿渣和输煤系统用水等。

3 水量测试结果及分析

在 85%负荷对火电厂按文献［8］进行水平衡测试，测试结果如图 1 所示。

根据图 1 计算得到该电厂夏季耗水指标 0.29 m^3/(MW·h)；通过历史统计数据，全年发电耗水指标 0.25 m^3/(MW·h)，低于文献［9］中规定的单机容量 300 MW 级空冷机组百万千瓦耗水指标先进值 0.30 m^3/(MW·h)、通用值 0.57 m^3/(MW·h)。

火电厂的水损耗包括烟气携带、冷却塔蒸发、风吹损失，脱硫系统中石膏、灰渣带走的水分，输煤系统除尘、冲洗、绿化及消防补水等。由于汽轮机采用直接空冷系统，辅机冷却水采用闭式蒸发冷却系统，干湿串联布置，干式部分采用机械通风干冷系统，湿式部分采用蒸发冷却器。相比于湿冷机组，电厂用水减少了约 80%。另外，测试结果表明湿法脱硫中烟气携带造成的水损耗占 58.63%，该项损耗不仅与环境温度、相对湿度和大气压力有关，还与烟气温度、除雾效率和烟囱结构等因素有关。同时，由于连续投运了工业废水和生活废水处理设备，该火电厂完全实现了废水零排放。

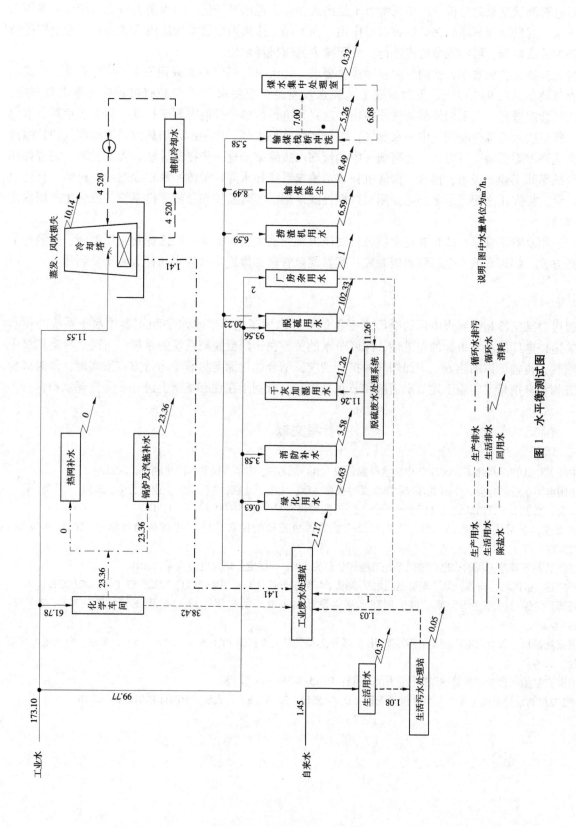

图 1 水平衡测试图

4 深度节水研究

通过对测试结果的分析，冷却系统由于是闭式循环，耗水量较低，节水潜力较低。捞渣机采用工业复用水，起到冷却灰渣和锅炉炉膛水封作用，为了保证渣水温度通常为溢流方式运行，通过在捞渣机内部加装换热器，可实现零溢流运行，从而减少捞渣机耗水量。

为充分提高脱硫效率，达到环保超净排放要求，该火电厂烟气脱硫采用石灰石–石膏湿法脱硫工艺，脱硫效率达到 99% 以上，虽然脱硫工艺耗水量满足规程要求[10]，但脱硫过程中大量水分蒸发，出口烟气含湿量高，仅采用外部加热或换热方法只是进行简单的升温有利于扩散，但无法达到节水的目的，所以引入冷源冷凝烟气中的水蒸气，以分离烟气与水分，再辅助以加热方式增加烟气的扩散效应；优化深度除雾器运行方式，提高烟气中的液态水脱除率。进一步提高计量装置配置率，完善如锅炉、汽机车间工业水进水、排水、捞渣机补水、输煤系统补水等计量体系和在线监测，科学、合理地加强计量，提高用水管理水平；建立用水数据在线采集、实时监控和分析软件系统，强化生产用水全过程管理。

加强用水管网管理，防止非正常损失，对于出现的漏失及时消缺；厂区绿化采用喷灌、微灌等节水灌溉方式；将雨水纳入全厂取水资源统一配置规范管理，推进非常规水的梯级和安全利用。

5 结论

通过对某空冷超临界火电厂的全厂水平衡试验，掌握了电厂节水水平和主要用水子系统的用水量。确定该电厂的耗水指标的先进性，深度节水的关键在于降低脱硫系统的水耗，可通过冷凝烟气中的水蒸气，再辅助以加热方式增加烟气的扩散效应，结合优化深度除雾器运行方式来实现，同时减少灰、渣的水分携带。实施上述节水措施和节水工程后，有利于在现有基础上进一步降低耗水指标。

参考文献

[1] 中华人民共和国水利部. 2021 年中国水资源公报 [R]. 北京：中华人民共和国水利部，2022.
[2] 中国电力企业联合会. 中国电力行业年度发展报告 2020 [R]. 北京：中国电力企业联合会，2020.
[3] 周巍. 基于水平衡测试的火电厂节水改造 [J]. 能源研究与管理，2020 (2)：112-114.
[4] 宋晨希，李明佳，何雅玲，等. 火电厂综合能效评价模型的探索 [J]. 工程热物理学报，2015，36 (2)：229-233.
[5] 张航. 基于程序分析的火电厂输煤系统节能评价研究 [D]. 保定：华北电力大学，2018.
[6] 刘广建，岳凤站，周硕，等. 燃煤电厂水平衡模型与节水分析 [J]. 中国电力，2022，55 (4)：221-228.
[7] 刘军，侯保灯，陈立华，等. 再生循环水网络设计在火电厂的应用 [J]. 过程工程学报，2022，3 (4)：637-648.
[8] 国家能源局. 火力发电厂能量平衡导则 第 5 部分：水平衡试验：DL/T 606.5—2009 [S]. 北京：中国电力出版社，2009.
[9] 内蒙古自治区市场监督管理局. 行业用水定额：DB15/T 385—2020 [S].
[10] 电力规划设计总院. 发电厂节水设计规程：DL/T 5513—2016 [S]. 北京：中国计划出版社，2016.

南水北调东线一期工程向黄河以北
增加供水能力研究

王 蓓 黄渝桂 周立霞

（中水淮河规划设计研究有限公司，安徽合肥 230601）

摘 要：南水北调东线一期工程是我国实施水资源优化配置、保障经济社会可持续发展的重大战略性基础设施，通过采用"拦–蓄–调–补–用"水资源配置技术，提升了受水区水安全保障能力。本文通过拟定研究原则，建立用户指标评价体系，制定多水源优先级配原则，采用长系列水量调配计算模型，对东线一期工程向黄河以北增加供水能力进行研究。经计算，工程多年平均向黄河以北相机可增加供水量为 3.87 亿 m^3。研究成果为北延应急供水工程水资源配置、规模论证、规划设计提供了重要依据，实现了东线一期工程供水和受水区水资源科学规划与管理。

关键词：南水北调东线一期工程；水资源优化配置；多水源优先级配原则；供水能力

我国人多水少，水资源时空分布不均[1]，部分地区水资源严重短缺，供需矛盾日益尖锐，已成为制约我国经济和社会发展的重要因素[2]，实施跨流域调水是缓解区域水资源短缺的有效措施[3]。南水北调东线工程是构建我国"四横三纵、南北调配、东西互济"水资源配置总体格局的重大战略性工程之一[4]，也是由输水河道、调蓄湖泊、泵站等组成的河湖水系连通工程体系，通过采用"拦–蓄–调–补–用"水资源配置技术，提升了受水区水安全保障能力。

南水北调东线一期工程（简称东线一期工程）于 2002 年 12 月开工建设，2013 年建成运行[5]，已连续 10 年成功实现向受水区供水的目标，缓解了受水区水资源供需矛盾，为受水区经济社会可持续发展提供了水资源保障，有力地支撑了黄淮海地区经济社会的可持续发展，生态环境恶化的状况得到了有效扭制，经济效益、社会效益和生态效益巨大。

华北地区是我国水资源最为紧缺的地区之一，地下水长期过度开采带来严重的生态环境问题，党中央、国务院对华北地区地下水超采治理高度重视；黄河以北的河北省、天津市水资源供需矛盾日益突出，经济社会发展以挤占生态用水为代价，水生态与环境持续恶化，湖泊、湿地面积萎缩。

本文通过对东线一期工程向黄河以北增加供水能力进行研究，以实现利用东线一期工程潜力向黄河以北地区增加供水，置换河北省和天津市深层地下水超采区农业用水，压减深层水开采量，在改善水生态的同时实现回补地下水的目标。

本研究成果可为北延应急供水工程水资源配置、规模论证、规划设计提供重要依据，从而实现东线一期工程供水和受水区水资源科学规划与管理。

1 工程概况

东线一期工程从长江干流三江营引水，利用大运河及与其平行的河道输水。黄河以南设 13 级泵站，连通洪泽湖、骆马湖、南四湖、东平湖，经泵站逐级提水进入东平湖。出东平湖后分两路，一路向北输水至大屯水库；另一路向东经胶东输水干线西段工程，输水至引黄济青上节制闸与胶东引黄调

作者简介：王蓓（1972—），女，高级工程师，主要从事水利规划设计工作。

水工程相接。

东线一期工程补充了江苏省、安徽省、山东省受水区城市生活、工业与环境用水，改善了沿线地区的灌溉、航运、排涝条件，多年平均净增供水量 36.01 亿 m³，其中江苏省 19.25 亿 m³，安徽省 3.23 亿 m³，山东省 13.53 亿 m³。

2 东线一期工程向黄河以北增加供水能力研究

东线一期工程是一项规模宏大，涉及多流域、多水源、多地区、多部门、多用户和多目标的复杂水资源配置工程。本文通过拟定研究原则，建立用户指标评价体系，制定多水源优先级配原则，采用长系列水量调配计算模型，开展东线一期工程向黄河以北增加供水能力研究工作。

2.1 研究原则

在保证东线一期工程既有用户用水需求的前提下，按照多水源优先级配原则，采用 1956 年 7 月至 1998 年 6 月共 42 年长系列，通过采取相机供水、延长输水时间等措施，开展东线一期工程向黄河以北增加供水能力分析工作。

2.2 用户指标评价体系

东线一期工程用户包括生活工业、航运、农业等行业，不同用户的供水保证率不同；调蓄水库洪泽湖、骆马湖及南四湖具有正常蓄水位、汛限水位、死水位等控制运用要求。

通过建立用户指标评价体系，使水量调配计算模型在服从湖泊控制运用要求的同时，实现按照供水保证率高低依次向用户供水。

2.3 多水源优先级配原则

水资源配置是以人水和谐相处为基本原则，对各种可利用的水源采取有效措施，使各用户的用水需求在时间、空间上实现科学的调配[6]。东线一期工程供水水源包括淮水、江水，用户包括生活、工业、航运、农业等不同行业，只有按照不同行业、不同水源对水资源进行合理配置，才能达到水资源长期高效可持续利用的目标[7]。

水资源合理优化配置要求遵循高效性、公平性、可持续性和最小破坏性四大基本原则，对水资源进行科学规划管理，为实现通过优化配置水资源，提高水资源分配效率和利用效率[8-9]的目标，东线一期工程的多水源优先级配需遵循以下原则：

（1）江水、淮水并用，淮水在优先满足当地发展用水的条件下，余水可用于北调。在淮河枯水年多抽江水，淮河丰水年多用淮水。

（2）在充分利用当地水资源供水仍不足时逐级从上一级湖泊调水补充；当地径流不能满足整个系统供水时，调江水补充。

2.4 主要边界条件

2.4.1 各省需（调）水量

由于洪泽湖、骆马湖及南四湖下级湖区既是受水区又是调出区，下级湖以南受水区以总需水量参与水量调节计算；其他各受水区，北调水量是其补充水源，以需（调）水量参与水量调节计算。

江苏省受水区 2010 年水平多年平均总需水量为 138.81 亿 m³，安徽省多年平均总需水量为 15.92 亿 m³，山东省多年平均需调水量为 13.53 亿 m³。

东线一期工程受水区多年平均需（调）水量见表1。

表1 东线一期工程受水区多年平均需（调）水量　　　　单位：亿 m³

序号	省份	生活、工业	航运	农业	合计
1	江苏	46.24	3.71	88.86	138.81
2	安徽	7.55		8.37	15.92
3	山东	13.20	0.33		13.53

2.4.2　输水时间

2.4.2.1　规划输水时间

东线一期工程黄河以南全年输水。

考虑黄河以北和山东半岛输水河道防洪除涝要求等因素，东线一期工程向山东省胶东地区和鲁北地区的输水时间为10月至翌年5月。其中，向胶东地区的输水时间为10月至翌年5月，共8个月；向鲁北地区（过黄河）的输水时间为10—11月和翌年4—5月，共4个月。

2.4.2.2　延长输水时间措施

黄河以南仍按照全年输水。

经统筹考虑输水河道防洪除涝、水质保障等要求，向胶东地区的输水时间不变；延长向黄河以北的输水时间，即向黄河以北的输水时间为10月至翌年5月，共8个月。

2.4.3　东线一期工程各级规模

向黄河以北增加供水能力研究为利用工程潜力向北供水，仍采用东线一期工程设计规模，各区段规模如下：

抽江 500 m³/s；

入洪泽湖 450 m³/s、出洪泽湖 350 m³/s；

入骆马湖 275 m³/s、出骆马湖 250 m³/s；

入下级湖 200 m³/s、出下级湖 125 m³/s；

入上级湖 125 m³/s、出上级湖 100 m³/s；

入东平湖 100 m³/s；

胶东输水干线 50 m³/s；

穿黄河 50 m³/s。

2.5　向黄河以北相机可供水量

经42年长系列水量调节计算，东线一期工程多年平均向黄河以北的相机可供水量为8.29亿 m³，比东线一期工程向黄河以北设计供水量（4.42亿 m³）增加3.87亿 m³。

在偏枯年份，有10年无能力向黄河以北增加供水量。

东线一期工程向黄河以北相机可供水量见表2。

表2　东线一期工程向黄河以北相机可供水量　　　　　　　　　　　　　单位：亿 m³

项目	最小值	最大值	多年平均
相机可供水量	4.42	10.15	8.29
比东线一期工程增加供水量	0	5.73	3.87

东线一期工程历年向黄河以北相机可增加供水量见图2。

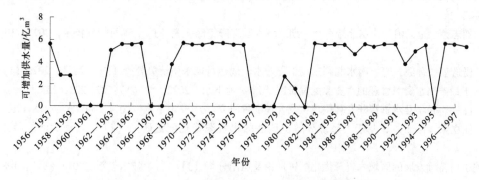

图1　东线一期工程历年向黄河以北相机可增加供水量

由表 2、图 1 可知，仅采取相机供水、延长输水时间等措施，东线一期工程供水潜力有限，向黄河以北相机可增加供水量过程极不均匀，超过 20% 的年份无能力向黄河以北增加供水量。

3 北延应急供水工程

在东线一期工程向黄河以北增加供水能力研究成果基础上，统筹考虑北延应急供水工程的供水范围、供水目标、水资源配置原则、冰期输水能力等因素，开展了北延应急供水工程规划设计工作。

北延应急供水工程实施以来，水利部积极协调并组织实施了 2019 年试通水和 2021 年验证性调水；2022 年，水利部赋予了北延应急供水工程双重历史任务，将其作为大运河全线贯通有水和华北地下水超采综合治理的重要举措之一。2019—2022 年，穿黄断面总调水量超过 3 亿 m^3。

4 结语

（1）东线一期工程作为缓解北方地区日益严重的水资源短缺而建设的跨流域特大型引水工程和我国实施水资源优化配置、保障经济社会可持续发展、全面建设小康社会的重大战略性基础设施，对提升受水区水安全保障能力做出了巨大贡献。以挖掘东线一期工程供水潜力，推动北延应急供水工程建设，缓解河北省、天津市水资源短缺问题为目标，开展东线一期工程向黄河以北增加供水能力研究工作具有重要意义。

（2）通过采取相机供水、延长输水时间等措施，东线一期工程多年平均向黄河以北的相机可供水量为 8.29 亿 m^3，比东线一期工程设计供水量（4.42 亿 m^3）增加 3.87 亿 m^3。研究成果为北延应急供水工程水资源配置、规模论证、规划设计提供了重要依据，实现了东线一期工程供水和受水区水资源科学规划与管理。

（3）仅采取相机供水、延长输水时间等措施，东线一期工程供水潜力有限，向黄河以北增加的可供水量无法满足黄河以北受水区国民经济发展、置换河北省和天津市深层地下水超采区农业用水、压减深层水开采量、补充河湖生态用水、恢复河湖湿地生态、支撑大运河文化带建设对水资源的需求，黄河以北增加的用水需求应通过扩大工程规模，建设东线后续工程予以满足。

建议全面开展东线后续工程规划设计工作，并尽早付诸实施，以充分发挥东线工程优化水资源配置、保障群众饮水安全、复苏河湖生态环境、畅通南北经济循环的生命线作用。

参考文献

[1] 贺玉晓，苏小婉，任玉芬，等 . 中国生态地理区城市水资源利用效率时空分异特征 [J] . 生态学报，2020，40 (20)：7464-7478.

[2] 伍鑫，王艺杰，姚园，等 . 基于区间两阶段法的城市水资源优化配置 [J] . 水利水电技术，2021，52 (10)：24-34.

[3] 游进军，林鹏飞，王静，等 . 跨流域调水工程水量配置与调度耦合方法研究 [J] . 水利水电技术，2018，49 (1)：16-22.

[4] 滕海波，刘志芳，范天雨 . 南水北调东线一期工程水质保障策略研究 [J] . 项目管理技术，2021，19 (6)：135-139.

[5] 张婷婷，杨逸航，孙健，等 . 南水北调东线工程输水干线运行期水质情势分析 [J] . 治淮，2020 (11)：32-34.

[6] 李辰 . 基于最严格水资源管理的水资源配置研究 [J] . 地下水，2022，44 (1)：222-223，253.

[7] 韩玉杰，许一 . 长丰县水资源开发利用现状及合理配置研究 [J] . 地下水，2017，39 (6)：188-190.

[8] 董晓知，徐立荣，徐征和 . 基于大系统分解协调法的水资源优化配置研究 [J] . 人民黄河，2021，43 (4)：82-88.

[9] 任磊 . 关于可持续发展的区域水资源优化配置理论及运用分析 [J] . 科学技术创新，2018 (34)：108-109.

黄河流域用水变化趋势和影响因素分析

尚文绣　苏　琼　郑小康　陶奕源

（黄河勘测规划设计研究院有限公司，河南郑州　450003）

摘　要：本文分析了 1980—2020 年黄河流域用水变化趋势，采用显著性检验和格兰杰因果关系检验研究了用水量与经济社会指标之间的关系。结果显示，1980—2020 年间：黄河流域用水总量呈十分显著的增加趋势，生活用水量和生态用水量占比均增加，农业用水量占比降低，工业用水量无显著变化趋势；用水总量与常住人口和 GDP 具有显著线性相关关系；工业增加值是工业用水量的格兰杰原因，与仅考虑前期工业用水量的回归方程相比，增加前期工业增加值这一影响因素后，回归方程的拟合效果提升，说明前期工业增加值有助于预测未来工业用水量。

关键词：黄河流域；用水；趋势检验；相关关系；格兰杰因果关系检验

黄河流域地跨东、中、西 3 个不同的气候带，构成我国重要的生态屏障，是连接青藏高原、黄土高原、华北平原的生态廊道，流域内人口和产业密集，在我国经济社会发展和生态安全方面具有十分重要的地位[1-3]。但黄河流域长期面临水资源短缺矛盾[4-6]问题。一方面，黄河流域是资源性缺水地区，年均降水量低于 400 mm 的干旱半干旱区占流域面积的 40%，人均水资源量仅为全国平均值的23%，亩均水资源量不足全国平均值的 15%，有限的水资源还要承担输沙和向流域外供水的任务[7-9]；另一方面，黄河地表水资源开发利用率高达 80%，已超过其承载能力，成为流域高质量发展的突出瓶颈[10]。

当前黄河流域生态保护和高质量发展已经成为重大国家战略[11-12]，为了提高水资源对流域发展的保障能力，需要摸清流域用水的历史变化趋势，识别用水的影响因素，为需水管理和科学配置提供支撑。本文分析了 1980—2020 年黄河流域用水量变化趋势，研究了用水量与常住人口、GDP、工业增加值、有效灌溉面积等经济社会指标之间的相关关系和因果关系。

1　方法与数据

1.1　研究区域和数据来源

本文的研究区域是黄河流域，研究时段为 1980—2020 年。与用水相关的经济社会指标选择常住人口、GDP、工业增加值和有效灌溉面积。1980—1995 年用水和经济社会数据的时间尺度为 5 年，数据来源为《黄河流域水资源综合规划》；2000—2020 年用水和经济社会数据的时间尺度为 1 年，（用水数据来自历年的《黄河水资源公报》，经济社会数据来自历年的《全国水利年鉴》《全国水利统计年鉴》和省（区）统计年鉴）。

1.2　M-K 趋势检验法

采用 M-K 趋势检验法判断供水总量是否具有显著的变化趋势。M-K 趋势检验法假设待检验的时间序列无趋势。构建统计量 τ 和 U。给定显著性水平 α，根据正态分布表得到临界值 $U_{\alpha/2}$。当 $|U| \geq |U_{\alpha/2}|$ 时，拒绝原假设，即被检验的时间序列具有显著的变化趋势，此时 $\tau > 0$ 代表增加趋势，$\tau < 0$ 代表减小趋势。此外，可以计算 U 对应的频率 p，当 $p \leq \alpha$ 时拒绝原假设。当 $0.05 \leq p < 0.1$

基金项目：国家自然科学基金黄河水科学研究联合基金（U2243233）。

作者简介：尚文绣（1990—），女，高级工程师，主要从事水文水资源研究工作。

时，说明序列变化趋势较为显著；当 $0.01 \leqslant p < 0.05$ 时，说明序列变化趋势显著；当 $p < 0.01$ 时，说明序列变化趋势十分显著。

1.3 线性回归方程显著性检验

建立用水量与经济社会指标之间的线性回归方程，构造 F 统计量检验回归方程线性关系的显著性：

$$F = \frac{(c - v - 1) \sum (\hat{y}_t - \bar{y}_t)^2}{v \sum (y_t - \hat{y}_t)^2} \tag{1}$$

式中：F 为多元线性回归方程的 F 统计量；c 是样本数量；$\hat{y}_t$ 为用回归方程计算出的因变量 y_t 的估计值；$\bar{y}_t$ 为 y_t 的平均值。

如果 F 统计量对应的频率小于显著性水平 5%，则认为回归方程具有显著的线性关系。

构造 t 统计量检验回归方程中每个自变量对因变量的影响是否具有显著性：

$$t_j = \frac{\hat{g}_j - g_j}{e_j} \tag{2}$$

式中：t_j 为线性回归方程自变量 x_{t-j} 的 t 统计量；$\hat{g}_j$ 为 g_j 的估计值；e_j 为 g_j 的标准误。

如果 t 统计量对应的频率小于显著性水平 5%，则认为自变量对因变量具有显著影响。

1.4 格兰杰因果关系检验

采用格兰杰因果关系检验（Granger causality test）分析两个时间序列是否存在统计学意义的因果关系。现有研究常通过相关分析研究变量间的关系，但两个变量在统计上具有显著相关性并不意味着两者存在因果关系。本文通过格兰杰因果关系检验来分析自变量 X 和因变量 Y 之间是否存在因果关系。格兰杰因果关系检验的原理是：如果在同时考虑 X 和 Y 的前期信息的情况下对 Y 的预测结果显著优于只考虑 Y 的前期信息的情况下对 Y 的预测结果，说明考虑 X 的前期信息显著地提高了对 Y 的预测精度，那么 X 是 Y 的格兰杰原因[13]。

格兰杰因果关系检验采用的回归模型如下[14]：

$$y_t = \sum_{j=1}^{n} \alpha_j x_{t-j} + \sum_{j=1}^{n} \beta_j y_{t-j} + \varepsilon_{1t} \tag{3}$$

$$x_t = \sum_{j=1}^{n} \lambda_j y_{t-j} + \sum_{j=1}^{n} \delta_j x_{t-j} + \varepsilon_{2t} \tag{4}$$

式中：y_t 和 x_t 分别为序列 Y 和 X 的第 t 时段的数值；n 为滞后阶数；α_j、β_j、λ_j、δ_j 均为回归系数；ε_{1t}、ε_{2t} 为误差项。

格兰杰因果关系检验的原假设是 X 和 Y 之间不存在格兰杰因果关系。计算式（3）和式（4）的 F 统计量及其对应的频率，如果 F 统计量对应的概率小于显著性水平 5%，则拒绝原假设，说明存在格兰杰因果关系。

具有趋势或周期性变化的时间序列会导致格兰杰因果关系检验失效，因此需要先对数据序列进行平稳性检验。采用增广的迪基-富勒（Augmented Dickey-Fuller, ADF）单位根检验判断时间序列的平稳性[15]。该方法假设待检验序列为非平稳时间序列，如果检验结果为拒绝原假设，则认为序列为平稳时间序列。如果两个时间序列没有通过平稳性检验，但两者的一阶差分序列均能通过平稳性检验且不存在协整关系（两个序列的残差不是平稳序列），那么可以对一阶差分序列进行格兰杰因果关系检验[16]。

2 结果

2.1 用水量变化

1980—2020 年黄河流域用水总量呈十分显著的增加趋势，2020 年总用水量为 415 亿 m^3，比 1980

年增加了 72 亿 m³（见图 1 和表 1）。分行业来看，黄河流域生活用水量和生态用水量均呈十分显著的增加趋势，1980—2020 年用水量分别增加了 37 亿 m³ 和 32 亿 m³，占用水总量的比例均增加了约 8%；农业用水量呈较为显著的减小趋势，1980—2020 年用水量减少了 12 亿 m³，占比减少了 18%；工业用水量增加了 15 亿 m³，占比增加了 2%，但变化趋势没有通过显著性检验（见图 2 和表 1）。

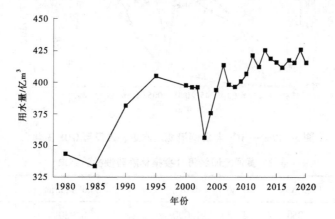

图 1 1980—2020 年黄河流域用水量变化过程

表 1 1980—2020 年黄河流域用水趋势检验结果

检验结果	生活用水量	工业用水量	农业用水量	生态用水量	用水总量
τ	0.867	0.220	−0.240	0.930	0.620
p	0	0.129	0.097	0	0
结论	十分显著	不显著	较为显著	十分显著	十分显著

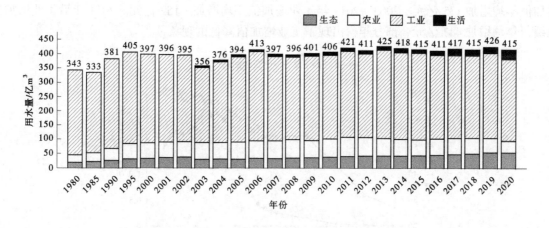

图 2 1980—2020 年黄河流域各行业用水量变化

2.2 经济社会指标变化

1980—2019 年黄河流域常住人口呈十分显著的增加趋势（见图 3 和表 2），2019 年常住人口 12 225 万人，比 1980 年增加 4 048 万人。其中，1980—2000 年增长速度较快，年均增加 140 万人；2000 年后增长速度减缓，年均增长 66 万人。2020 年常住人口降至 11 836 万人，这是由于 2020 年采用了第七次人口普查数据，统计口径发生了变化。

图3　1980—2020年黄河流域用水量、人口与GDP变化

表2　黄河流域经济社会指标趋势性检验结果

检验结果	常住人口	GDP	工业增加值	有效灌溉面积
τ	0.960	1.000	0.920	0.840
p	0	0	0	0
结论	十分显著	十分显著	十分显著	十分显著

1980—2020年黄河流域GDP呈十分显著的增加趋势（见图3和表2），2020年GDP 7.3万亿元，是1980年的222倍。1980—2017年GDP增速呈持续增加趋势，1980—2003年GDP年均增加393亿元，2003—2009年GDP年均增加3 080亿元，2009—2017年GDP年均增加5 029亿元。2018—2020年GDP增速减缓，年均增加1 714亿元。

1980—2020年黄河流域工业增加值呈十分显著的增加趋势（见图4和表2）。2020年工业增加值2.5万亿元，是1980年的165倍。1980—2011年工业增加值增速呈持续增加趋势，1980—2003年工业增加值年均增加175亿元，2003—2011年工业增加值年均增加2 152亿元。2011年后工业增加值增速减缓，年均增加447亿元，部分年份出现了工业增加值降低的现象。

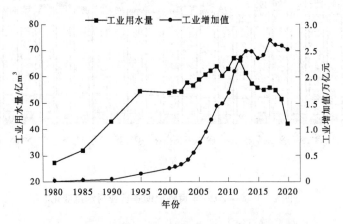

图4　1980—2020年工业用水量与工业增加值变化

1980—2020年黄河流域有效灌溉面积呈十分显著的增加趋势（见图5和表2）。2020年有效灌溉面积9 744万亩，比1980年增加3 065万亩。1980—1990年有效灌溉面积年均增加25.5万亩，1990—2001年有效灌溉面积年均增加131万亩，2001—2020年有效灌溉面积年均增加59.7万亩。

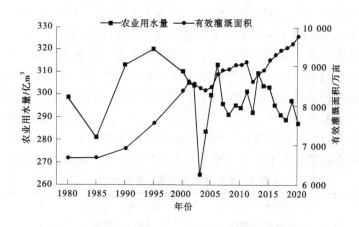

图 5　1980—2020 年农业用水量与有效灌溉面积变化

2.3　线性相关关系的显著性

分析社会经济指标与用水量的 4 种组合是否具备线性相关关系：①常住人口与用水总量；②GDP 与用水总量；③有效灌溉面积与农业用水量；④工业增加值与工业用水量。

对 4 种组合进行线性回归，并设置显著性水平为 5%，通过 F 检验判断回归方程的线性相关关系是否显著，结果如表 3 所示。F 检验结果显示，常住人口与用水总量、GDP 与用水总量之间均具有显著的线性相关关系，但标准差显示，两种组合均只达到中度相关。F 检验和标准差均显示灌溉面积与农业用水量、工业增加值与工业用水量不具有线性相关关系。

表 3　线性回归结果

自变量	因变量	标准差	相关程度	F 统计量的概率	线性相关关系是否显著
常住人口	用水总量	0.75	中度相关	1.01×10^{-3}	是
GDP	用水总量	0.75	中度相关	0.79×10^{-3}	是
有效灌溉面积	农业用水量	0.08	不相关	0.72	否
工业增加值	工业用水量	0.05	不相关	0.81	否

3　讨论

3.1　用水与经济社会指标的因果关系分析

本文假设了 4 种时间序列组合的因果关系：①常住人口是用水总量的格兰杰原因；②GDP 是用水总量的格兰杰原因；③有效灌溉面积是农业用水量的格兰杰原因；④工业增加值是工业用水量的格兰杰原因。但 ADF 检验结果显示，除农业用水量和常住人口外，其他 3 个时间序列均没有通过 ADF 检验。所选的 5 个时间序列的一阶差分均通过了 ADF 检验，但残差分析结果显示只有工业增加值与工业用水量之间不存在协整关系。因此，仅对工业增加值与工业用水量进行格兰杰因果关系检验。

格兰杰因果关系检验结果显示，当滞后阶数 =1 时，F 统计量对应的概率为 0.009 3，小于设置的显著性水平 5%，说明工业增加值是工业用水量的格兰杰原因。

3.2　因果关系对拟合效果的提升作用

在相关分析研究中，工业增加值与工业用水量之间的回归方程没有通过显著性检验，参考格兰杰因果关系检验结果，分析工业用水量与上一年的工业增加值及上一年的工业用水量之间的回归关系，得到以下回归方程：

$$W_I(t) = -2.09 \times 10^{-4} G_I(t-1) + 1.11 W_I(t-1) - 3.52 \tag{5}$$

式中：$W_I(t)$ 和 $W_I(t-1)$ 分别为第 t 年和第 $t-1$ 年的工业用水量；$G_I(t-1)$ 为 $t-1$ 年的工业增加值。

回归方程的标准差为 0.88，达到高度相关。对回归方程进行 F 检验，对自变量进行 t 检验，结果显示均通过了 5% 的显著性检验（见表 4），说明工业用水量与上一年的工业增加值及上一年的工业用水量之间具有显著的线性相关关系。对当年的工业用水量与上一年的工业用水量进行线性回归，得到标准差为 0.82，F 统计量的概率为 1×10^{-5}，说明考虑上一年的工业增加值后线性回归效果得到改善。对比两种回归方式的拟合效果，结果显示大部分年份工业用水量与上一年的工业增加值及上一年的工业用水量的多元回归拟合效果要优于工业用水量与上一年的工业增加值的一元回归拟合效果。

表 4　回归方程的显著性检验结果

项目	回归方程的 F 统计量的概率	第 1 个自变量的 t 统计量的概率	第 2 个自变量的 t 统计量的概率
结果	3×10^{-6}	0.009	0

4　结论

本文分析了 1980—2020 年黄河流域用水量的变化趋势及其与经济社会指标间的关系，得到以下结论：

（1）黄河流域用水总量、生活用水量、生态用水量均呈十分显著的增加趋势，农业用水量呈较为显著的减小趋势，工业用水量无显著变化趋势。

（2）黄河流域常住人口与用水总量、GDP 与用水总量之间具有显著的线性相关关系。

（3）黄河流域工业增加值是工业用水量的格兰杰原因，考虑前期的工业增加值可以提高对工业用水量的拟合效果。

参考文献

[1] 王煜，彭少明，郑小康，等. 黄河"八七"分水方案的适应性评价与提升策略 [J]. 水科学进展，2019, 30（5）：632-642.

[2] 杨开忠，董亚宁. 黄河流域生态保护和高质量发展制约因素与对策：基于"要素-空间-时间"三维分析框架 [J]. 水利学报，2020, 51（9）：1038-1047.

[3] 张金良，曹智伟，金鑫，等. 黄河流域发展质量综合评估研究 [J]. 水利学报，2021, 52（8）：917-926.

[4] 崔长勇，严登明，尚文绣，等. 黄河流域供水安全保障研究 [J]. 中国水利，2021（18）：21-23.

[5] 尚文绣，尚弈，严登明，等. 基于模糊逻辑的黄河流域水安全综合评价方法研究 [J]. 水利学报，2022, 53（3）：1-10.

[6] 黄河流域水系统治理战略与措施项目组. 黄河流域水系统治理战略研究 [J]. 中国水利，2021（5）：1-4.

[7] 彭少明，郑小康，严登明，等. 黄河流域水资源供需新态势与对策 [J]. 中国水利，2021（18）：18-20, 26.

[8] 鲍淑君，方洪斌. 黄河经济社会-输沙-生态多用水过程协调程度演变 [J]. 人民黄河，2022, 44（9）：106-110.

[9] 王煜，彭少明，尚文绣，等. 基于水-沙-生态多因子的黄河流域水资源动态配置机制探讨 [J]. 水科学进展，2021, 32（4）：534-543.

[10] 牛玉国，王煜，李永强，等. 黄河流域生态保护和高质量发展水安全保障布局和措施研究 [J]. 人民黄河，2021, 43（8）：1-6.

[11] 董战峰，璩爱玉，冀云卿. 高质量发展战略下黄河下游生态环境保护 [J]. 科技导报，2020, 38（14）：109-115.

[12] 汪安南. 深入推进黄河流域生态保护和高质量发展战略 努力谱写水利高质量发展的黄河篇章 [J]. 人民黄河，2021, 43（9）：1-8.

[13] 任伟杰, 韩敏. 多元时间序列因果关系分析研究综述 [J]. 自动化学报, 2021, 47 (1): 64-78.

[14] 申建建, 陈光泽, 魏巍, 等. 耦合联动分析理论的多调峰指标水电短期调度模型 [J]. 水利学报, 2021, 52 (8): 936-947.

[15] 左秀霞. 带高次趋势项的 ADF 单位根检验 [J]. 数量经济技术经济研究, 2019 (1): 152-168.

[16] 孔凡文, 才旭, 于淼. 格兰杰因果关系检验模型分析与应用 [J]. 沈阳建筑大学学报 (自然科学版), 2010, 26 (2): 405-408.

北方流域片供用水变化趋势及原因分析

靖　娟　贺逸清　郑小康　陶奕源

（黄河勘测规划设计研究院有限公司，河南郑州　450003）

摘　要：本文量化了北方流域片 2000—2020 年供用水量变化过程，采用 M-K 趋势检验法分析了供用水变化趋势。结果表明，北方流域片供水总量、地表水供水量、其他水源供水量增加趋势均通过了显著性检验，但供水总量在 2013 年达到了峰值，此后变化较小；生活用水量、农业用水量和生态用水量均呈显著增加趋势，工业用水量呈显著减少趋势。2003 年是研究时段北方流域片供水最少的年份，该年供水量大幅减小的主要原因在于淮河区降水量偏多、洪涝严重，导致农业用水量大幅减少；黄河区受前期枯水、汛末水库大量蓄水、河道内生态水量增加影响，供水量减少。

关键词：北方流域片；供水；用水；变化趋势；淮河；黄河

北方流域片是我国重要的人口聚集区和经济地带，但面临较严峻的水资源问题[1-3]。北方流域片以 19% 的水资源支撑着 64% 的有效灌溉面积、43% 的人口和 39% 的 GDP 规模（2020 年数据），但是黄河、海河、辽河等河流水资源开发利用率均已超过 70%[4-5]。由于北方流域片可利用的水资源量有限，加之生态环境脆弱，大量的经济社会用水已经严重挤占了生态用水[6]，导致黄河、黑河、塔里木河等发生过多次断流[7-9]，并面临严重的地下水超采问题。由于水资源短缺，北方流域片大量的土地资源、生态资源、能源得不到有效利用，制约了经济社会高质量发展[10]。

针对变化环境下我国北方流域片日益严峻的水资源短缺问题，首先需要明确北方流域片供用水的历史变化过程，为需水预测和制定水资源调控方案奠定基础。本文量化了 21 世纪以来北方流域片供用水量的变化过程和演变趋势，分析了 2003 年供用水量大幅减小的原因。

1　方法与数据

1.1　研究范围与数据来源

本文的研究范围是北方流域片，包括松辽河区、海河区、黄河区、淮河区、西北诸河区 5 个水资源一级区，研究时段为 2000—2020 年。各水资源一级区的供用水数据主要来自历年的《中国水资源公报》，黄河流域供用水数据结合《黄河水资源公报》进行修正。由于《中国水资源公报》无 2001 年和 2002 年分行业用水量，因此用水结构的研究时段为 2003—2020 年。

1.2　M-K 趋势检验法

采用 M-K 趋势检验法判断供水总量是否具有显著的变化趋势。对于时间序列 x_1，x_2，…，x_n，其中 $x_i < x_j$（$i < j$）出现的次数为 m。如果该时间序列没有变化趋势，那么 m 的期望值 $E(m)$ 为：

$$E(m) = \frac{n(n-1)}{4} \tag{1}$$

构建统计量 τ 和 U：

$$\tau = \frac{m}{E(m)} - 1 \tag{2}$$

基金项目：国家重点研发计划项目（2022YFC3202300）。
作者简介：靖娟（1981—），女，高级工程师，主要从事水文水资源研究工作。

$$U = \frac{\tau}{\{V(\tau)\}^{0.5}} \tag{3}$$

式中：$V(\tau)$ 为 τ 的方差。

M-K 趋势检验法假设待检验的时间序列无趋势。当 $n>10$ 时，认为 U 收敛于标准正态分布。给定显著性水平 α，根据正态分布表得到临界值 $U_{\alpha/2}$。当 $|U| \geqslant |U_{\alpha/2}|$ 时，拒绝原假设，即被检验的时间序列具有显著的变化趋势，此时 $\tau>0$ 代表增加趋势，$\tau<0$ 代表减小趋势。此外，可以计算 U 对应的频率 p，当 $p \leqslant \alpha$ 时拒绝原假设。M-K 趋势检验结果中的两个参数 τ 和 p 不同取值代表的具体含义见表 1。

表 1 M-K 趋势检验结果中的两个参数 τ 和 p 不同取值代表的具体含义

τ 取值	p 取值	序列变化趋势	τ 取值	p 取值	序列变化趋势
	$0.05 \leqslant p < 0.1$	较为显著的增加趋势		$0.05 \leqslant p < 0.1$	较为显著的减小趋势
$\tau>0$	$0.01 \leqslant p < 0.05$	显著的增加趋势	$\tau<0$	$0.01 \leqslant p < 0.05$	显著的减小趋势
	$p<0.01$	十分显著的增加趋势		$p<0.01$	十分显著的减小趋势

2 结果

2.1 供水总量变化

2000—2020 年北方流域片年均供水总量为 2 667 亿 m³，其中松辽河区 641 亿 m³、海河区 377 亿 m³、黄河区 405 亿 m³、淮河区 602 亿 m³、西北诸河区 642 亿 m³，占比分别为 24.0%、14.1%、15.2%、22.6%、24.1%（见图 1）。2000—2020 年北方流域片供水总量通过了 $\alpha=0.01$ 的 M-K 趋势检验，说明供水总量呈十分显著的增加趋势（见表 1）。

从逐年数据来看，2000—2020 年北方流域片供水总量呈先增加后稳定的变化趋势（见图 1）。2013 年供水总量达到峰值 2 850 亿 m³，比 2000 年增加 302 亿 m³；2014—2019 年供水总量基本稳定在 2 800 亿 m³ 左右；2020 年供水总量小幅下降，降至 2 703 亿 m³。

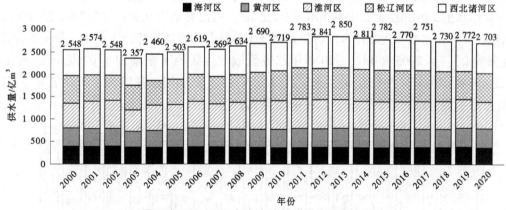

图 1 2000—2020 年北方流域片供水总量变化

2.2 各水源供水结构变化

北方流域片 2000—2020 年地表水年均供水量 1 704 亿 m³，占总供水量的 63.9%；地下水年均供水量 932 亿 m³，占总供水量的 34.9%；其他水源年均供水量 31 亿 m³，占总供水量的 1.2%。与 2000 年相比，2020 年地表水供水量增加了 184 亿 m³，地下水供水量减少了 110 亿 m³，其他水源供水量增加了 82 亿 m³。地表水和地下水的增加趋势通过了显著性水平 1% 的 M-K 趋势检验，但地下水供水量没有显著的趋势性变化（见表 2）。

表 2　北方流域片供用水趋势检验结果

检验结果	各水源供水量			各行业用水量				供水总量
	地表水	地下水	其他水源	生活	工业	农业	生态	
τ	0.676	-0.019	0.943	0.739	-0.477	0.373	0.856	0.495
p	0	0.928	0	0	0.006	0.035	0	0.002
结论	十分显著	不显著	十分显著	十分显著	十分显著	显著	十分显著	十分显著

对于不同水源占供水总量的比例，地表水占比呈增加趋势，从 2000 年的 63.2% 增加到 2020 年 66.4%；地下水占比呈减小趋势，从 2000 年的 36.5% 减小到 2020 年的 30.3%；其他水源供水量占比很小，2020 年其他水源供水量占供水总量的 3.3%（见图 2）。

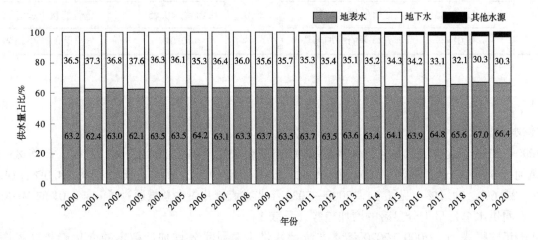

图 2　2000—2020 年北方流域片不同水源供水量占比变化

2.3　各行业用水结构变化

2003—2020 年北方流域片年均用水量 2 686 亿 m³，其中生活用水量 263 亿 m³、工业用水量 315 亿 m³、农业用水量 2 018 亿 m³、生态用水量 90 亿 m³，占比分别为 9.8%、11.7%、75.1% 和 3.4%。生活用水量、农业用水量和生态用水量均呈显著或十分显著的增加趋势，工业用水量呈十分显著的减少趋势（见表 2）。与 2003 年相比，2020 年北方流域片生活用水量增加了 61 亿 m³，占比增加了 1.0%；工业用水量减少了 101 亿 m³，占比减少了 5.5%；农业用水量增加了 190 亿 m³，占比增加 2.6%；生态用水量增加了 197 亿 m³，占比增加了 7.1%（见图 3）。

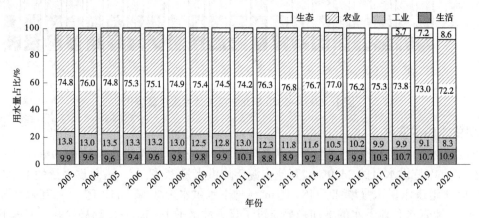

图 3　2003—2020 年北方流域片不同行业用水量占比变化

3 讨论

2003 年是分析时段内北方流域片供水总量的最小值，在总体增加趋势下，2003 年供水量比 2002 年偏低 191 亿 m³，下降了 7.5%。对于北方流域片的各水资源一级区，相邻两年供水量变化一般不大，但 2003 年淮河区和黄河区均发生了较大的变化，供水量分别比上一年减少了 22.8% 和 10.0%，是导致这一年北方流域片总供水量减少的主要原因。

2003 年淮河区发生了历史罕见的特大暴雨，形成了流域性大洪水，全流域受灾面积超过 3 000 万亩[11-13]。全年来水极度偏丰，降水量偏丰 44.4%，径流量偏多 125%。在降水偏多和洪涝灾害的影响下，淮河片的农业灌溉需求被极大抑制，农业用水量比上年减少了 141 亿 m³。

对于黄河区，1990—2002 年黄河中下游经历了长达 13 年的连续枯水，花园口断面平均天然径流量 394.7 亿 m³，比多年平均值（1956—2016 年）偏低 89.5 亿 m³[14]。在极端枯水的 2001 年和 2002 年，黄河流域大中型水库累计补水 96.54 亿 m³，2003 年汛期来临前，黄河干流唯一的一座多年调节水库龙羊峡水库水位为 2 533 m，接近死水位 2 530 m（见图 4）。事实上，2003 年 4—5 月龙羊峡水库水位已经降至 2 531 m，几乎无水可供。因此，当 2003 年汛期黄河来水较多时，黄河流域水库开始大量蓄水以应对未来可能再次出现的干旱[15]，全年大中型水库蓄水量 144 亿 m³，汛末龙羊峡水库水位升至 2 567 m。另外，1997—2002 年间年均入海水量仅 55 亿 m³，远低于维持河流基本健康的生态需水量，因此 2003 年随着来水的增加，入海水量增至 193 亿 m³。此外，2003 年黄河流域降水比多年平均值（1956—2000 年）偏多 24.3%，一定程度上减少了农业灌溉需求。

综上所述，2003 年黄河流域片供水总量较 2002 年明显降低。

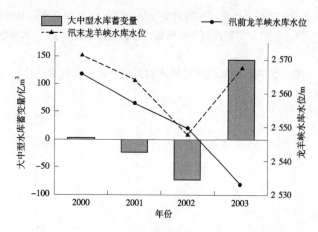

图 4　2000—2003 年黄河流域大中型水库蓄变量及龙羊峡水库水位

4 结论

（1）2000—2020 年北方流域片供水总量的增加趋势通过了显著性检验，但逐年数据显示在 2013 年供水总量达到峰值，此后供水总量较稳定。

（2）2000—2020 年北方流域片地表水供水量和其他水源供水量呈十分显著的增加趋势，在供水总量中的占比均增加；地下水供水量变化趋势不明显，在供水总量中的占比减小。

（3）2003—2020 年北方流域片生活用水量和生态用水量呈十分显著的增加趋势，农业用水量呈显著的增加趋势，工业用水量呈十分显著的减小趋势。生活用水量和生态用水量在用水总量中的占比增加，农业用水量和工业用水量的占比减小。

（4）2003 年北方流域片的供水量大幅减小，主要原因在于淮河区降水偏多和洪涝灾害抑制了农业用水需求，黄河区经历了 13 年连续枯水段，汛末水库大量蓄水并增加了河道内生态水量。

参考文献

[1] 李原园, 李云玲, 何君. 新发展阶段中国水资源安全保障战略对策 [J]. 水利学报, 2021, 52 (11): 1340-1346.

[2] 张弛, 王明君, 于冰, 等. 松辽流域水资源综合调控研究进展与四大难题探究 [J]. 水利学报, 2021, 52 (11): 1379-1388.

[3] 邓铭江. 中国西北"水三线"空间格局与水资源配置方略 [J]. 地理学报, 2018, 73 (7): 1189-1203.

[4] 龚家国, 唐克旺, 王浩. 中国水危机分区与应对策略 [J]. 资源科学, 2015, 37 (7): 1314-1321.

[5] 郭旭宁, 郦建强, 李云玲, 等. 京津冀地区水资源空间均衡评价及调控措施 [J]. 水资源保护, 2022, 38 (1): 62-66.

[6] 张璞, 刘欢, 胡鹏, 等. 全国不同区域河流生态基流达标现状与不达标原因 [J]. 水资源保护, 2022, 38 (2): 176-182.

[7] 黄强, 赵冠南, 郭志辉, 等. 塔里木河干流水资源优化配置研究 [J]. 水力发电学报, 2015, 34 (4): 38-46.

[8] 王煜, 彭少明, 武见, 等. 黄河"八七"分水方案实施30 a回顾与展望 [J]. 人民黄河, 2019, 41 (9): 6-13.

[9] 蒋晓辉, 夏军, 黄强, 等. 黑河"97"分水方案适应性分析 [J]. 地理学报, 2019, 74 (1): 103-116.

[10] 牛玉国, 王煜, 李永强, 等. 黄河流域生态保护和高质量发展水安全保障布局和措施研究 [J]. 人民黄河, 2021, 43 (8): 1-6.

[11] 章国材, 毕宝贵, 鲍媛媛, 等. 2003年淮河流域强降水大尺度环流特征及成因分析 [J]. 地理研究, 2004, 23 (6): 795-804.

[12] 毕宝贵, 矫梅燕, 廖要明, 等. 2003年淮河流域大洪水的雨情、水情特征分析 [J]. 应用气象学报, 2004, 15 (6): 681-687.

[13] 王欢. 淮河流域洪涝灾害受灾面积及经济损失的时空变化特征 [J]. 河南水利与南水北调, 2019 (7): 11-13.

[14] 彭少明, 王煜, 尚文绣, 等. 应对干旱的黄河干流梯级水库群协同调度 [J]. 水科学进展, 2020, 31 (2): 172-183.

[15] 尚文绣, 许明一, 尚弈, 等. 龙羊峡水库调度对径流的影响及蓄补水规律 [J]. 南水北调与水利科技 (中英文), 2022, 20 (3): 451-458.

考虑碳源碳汇的水资源多目标配置模型

李东林[1,2]　左其亭[3,4]　王远见[1,2]

(1. 黄河水利委员会黄河水利科学研究院, 河南郑州　450003;
2. 水利部黄河下游河道与河口治理重点实验室, 河南郑州　450003;
3. 郑州大学水利与交通学院, 河南郑州　450001;
4. 河南省水循环模拟与水环境保护国际联合实验室, 河南郑州　450001)

摘　要: 考虑供水安全、经济收益、环境保护、增加碳汇等多种需求, 建立缺水量最小、收益最大、排污量最小、净碳汇量最大的水资源多目标配置模型, 将其应用于塔里木河流域 2025 年农业、工业、服务业、生活、生态环境等五部门的水资源规划。结果表明, 水资源分配总量为 331.75 亿 m³, 缺水量为 11.58 亿 m³, 且农业缺水量最高; 农业部门分配水量最多, 排污量也最多, 贡献的经济收益和净碳汇也最大, 优化用水结构及提高农业水资源利用效率, 有助于保障水资源安全, 增加收益和净碳汇量。

关键词: 碳源碳汇; 多目标规划; 水资源配置模型; 塔里木河流域

1　引言

随着全球人口的不断增长和经济社会的快速发展, 人类对水资源的需求量也在稳步增加, 从而带来更大的资源和环境压力。在过去的 100 年里, 人口增加了 4 倍, 对水资源的需求量增加了 8 倍[1]。目前, 全球 40 亿人面临水资源短缺风险, 5 亿人常年面临严重的水资源短缺[2]。而且, 未来的缺水风险将会持续扩大[3]。为了提高水资源的利用效率和促进水资源可持续利用, 十分有必要进行水资源优化配置研究。由于真实水资源系统是十分复杂的和难以精确描述的, 通常采用数学规划方法优化分配水资源[4], 其主要根据多元的需求来设置不同目标函数和对应约束条件以简化真实问题。考虑到水资源系统往往和经济、环境等其他系统联系密切, 而多目标规划 (MOP) 方法能够有效处理复杂系统的多种需求, 因此被广泛应用于水资源与社会经济、生态环境等耦合系统的优化建模。

另外, 在全球变暖和气候灾害频发的背景下, 追求"碳达峰"和"碳中和"已经成为共识。水资源与碳的耦合研究, 也得到越来越多的关注。比如, 水-碳纽带关系分析[5], 水-碳循环通量模拟[6], 水资源行为的二氧化碳排放当量计算方法[7], 水力发电减少碳排放的潜力评估[8]。这些研究不仅揭示了水-碳的相互联系, 还展示了水资源领域减碳的可能性。但是, 由于多变的环境, 水-碳联系往往是十分复杂的, 不仅需要摸清水循环与碳源碳汇的响应关系, 更需要据此建立水-碳优化模型来制定满足经济、环保、减碳等多种需求的水资源配置方案。比如, Wu 等[9]考虑农田碳吸收和碳排放, 建立了满足植被碳汇、经济收益等多目标农业水资源分配模型。黄显峰等[10]开发了基于碳足迹的区域水资源优化配置模型。总之, 就目前的研究进展来看, 水-碳耦合系统的规划模型

基金项目: "十四五"国家重点研发计划项目 (2021YFC3200400); 水利部重大科技项目 (SKR-2022021、SKS-2022088); 国能新疆阿克苏水电开发有限公司横向委托项目 (AKS2023005/QT245)。

作者简介: 李东林 (1993—), 男, 工程师, 主要从事水文水资源研究工作。

依然比较缺乏。

因此,本文试图构建一个 MOP 模型来满足多目标需求的水资源规划,并将该模型应用于塔里木河流域,检验 2025 年农业、工业、服务业、生活、生态环境等 5 个部门的水资源分配方案、系统收益、污染物排放量和净碳汇量,以期为干旱区的水资源高效利用、生态环境保护、社会经济发展和"双碳"目标实现提供科学参考。

2 模型构建及数据来源

2.1 模型构建

将 MOP 模型应用到水–碳系统(WCS)形成 MOP–WCS 模型。具体目标函数方程如下:

目标一,缺水量最小:

$$\text{Min} D = \sum_{c=1}^{5} \left(\sum_{u=1}^{11} \text{WD}_{c,u,t}/v_c + \sum_{u=12}^{15} \text{WD}_{c,u,t} - \sum_{s=1}^{3} \sum_{u=1}^{11} W_{s,c,u,t}/v_c - \sum_{s=1}^{3} \sum_{u=12}^{15} W_{s,c,u,t} \right) \tag{1}$$

目标二,经济收益最大:

$$\text{Max} B = \sum_{s=1}^{3} \sum_{c=1}^{5} \sum_{u=1}^{15} W_{s,c,u,t} \times (b_{s,c,u,t} - c_{s,c,u,t}) \tag{2}$$

目标三,污染物排放量最小:

$$\text{Min} E = ① + ② + ③ + ④ \tag{3}$$

①COD 排放:

$$\sum_{s=1}^{3} \sum_{c=1}^{5} \sum_{u=1}^{15} W_{s,c,u,t}^{\pm} \times e_{c,u} \times \rho_{c,u}^{\pm}(\text{COD}) \times (1 - \alpha_{c,u}) \tag{4}$$

②TN 排放:

$$\sum_{s=1}^{3} \sum_{c=1}^{5} \sum_{u=1}^{15} W_{s,c,u,t}^{\pm} \times e_{c,u} \times \rho_{c,u}^{\pm}(\text{TN}) \times (1 - \beta_{c,u}) \tag{5}$$

③TP 排放:

$$\sum_{s=1}^{3} \sum_{c=1}^{5} \sum_{u=1}^{15} W_{s,c,u,t}^{\pm} \times e_{c,u} \times \rho_{c,u}^{\pm}(\text{TP}) \times (1 - \gamma_{c,u}) \tag{6}$$

④NH$_3$–N 排放:

$$\sum_{s=1}^{3} \sum_{c=1}^{5} \sum_{u=1}^{15} W_{s,c,u,t}^{\pm} \times e_{c,u} \times \rho_{c,u}^{\pm}(\text{AN}) \times (1 - \delta_{c,u}) \tag{7}$$

目标四,净碳汇量最大:

$$\text{Max} C = ⑤ + ⑥ - ⑦ - ⑧ - ⑨ - ⑩ \tag{8}$$

⑤农业用水产生的碳汇:

$$\sum_{s=1}^{3} \sum_{c=1}^{5} \sum_{u=1}^{11} W_{s,c,u,t}/I_{c,u,t} \times y_{c,u,t} \times (1 - r_{c,u})/K_{c,u} \times \theta_{c,u} \tag{9}$$

⑥生态环境用水产生的碳汇:

$$\sum_{s=1}^{3} \sum_{c=1}^{5} W_{s,c,15,t} \times l_{c,u} \tag{10}$$

⑦农业取水产生的碳源:

$$\sum_{s=1}^{3} \sum_{c=1}^{5} \sum_{u=1}^{11} W_{s,c,u,t}/I_{c,u,t} \times g_{c,u}/v_c \tag{11}$$

⑧其他部门取水产生的碳源:

$$\sum_{s=1}^{3} \sum_{c=1}^{5} \sum_{u=12}^{15} W_{s,c,u,t} \times M_{c,u} \times f_{c,u} \tag{12}$$

⑨工业、服务业和生活用水产生的碳源：

$$\sum_{s=1}^{3} \sum_{c=1}^{5} \sum_{u=12}^{14} W_{s,c,u,t} \times h_{c,u} \tag{13}$$

⑩污水处理产生的碳源：

$$\sum_{s=1}^{3} \sum_{c=1}^{5} \sum_{u=1}^{15} W_{s,c,u,t} \times N_{c,u} \times f_{c,u} \times e_{c,u} \times d_{c,u} \tag{14}$$

具体约束条件方程如下：

（1）供水能力限制：

$$\sum_{c=1}^{5} \sum_{u=1}^{11} W_{s,c,u,t}/v_c + \sum_{c=1}^{5} \sum_{u=12}^{15} W_{s,c,u,t} \leqslant WC_{s,t} \tag{15}$$

（2）地表水可获得量限制：

$$\sum_{c=1}^{5} \sum_{u=1}^{11} W_{1,c,u,t}/v_c + \sum_{c=1}^{5} \sum_{u=12}^{15} W_{1,c,u,t} \leqslant WA_t \tag{16}$$

（3）不同部门需水约束：

$$\eta \times WD_{c,u,t} \leqslant \sum_{s=1}^{3} W_{s,c,u,t} \leqslant WD_{c,u,t} \tag{17}$$

（4）污染物排放总量约束：

$$\sum_{s=1}^{3} \sum_{c=1}^{5} \sum_{u=1}^{15} W_{s,c,u,t} \times e_{c,u} \times \rho_{c,u}(COD) \times (1-\alpha_{c,u}) \leqslant COD_t \tag{18}$$

$$\sum_{s=1}^{3} \sum_{c=1}^{5} \sum_{u=1}^{15} W_{s,c,u,t} \times e_{c,u} \times \rho_{c,u}(TN) \times (1-\beta_{c,u}) \leqslant TN_t \tag{19}$$

$$\sum_{s=1}^{3} \sum_{c=1}^{5} \sum_{u=1}^{15} W_{s,c,u,t} \times e_{c,u} \times \rho_{c,u}(TP) \times (1-\gamma_{c,u}) \leqslant TP_t \tag{20}$$

$$\sum_{s=1}^{3} \sum_{c=1}^{5} \sum_{u=1}^{15} W_{s,c,u,t} \times e_{c,u} \times \rho_{c,u}(AN) \times (1-\delta_{c,u}) \leqslant AN_t \tag{21}$$

（5）不同地州碳排放总量约束：

$$① + ② + ③ + ④ \leqslant CT_{c,t} \tag{22}$$

$$① = \sum_{s=1}^{3} \sum_{u=1}^{11} W_{s,c,u,t}/I_{c,u,t} \times g_{c,u}/v_c \tag{23}$$

$$② = \sum_{s=1}^{3} \sum_{u=12}^{15} W_{s,c,u,t} \times M_{c,u} \times f_{c,u} \tag{24}$$

$$③ = \sum_{s=1}^{3} \sum_{u=12}^{14} W_{s,c,u,t} \times h_{c,u} \tag{25}$$

$$④ = \sum_{s=1}^{3} \sum_{u=1}^{15} W_{s,c,u,t} \times N_{c,u} \times f_{c,u} \times e_{c,u} \times d_{c,u} \tag{26}$$

（6）不同水源供水比例约束：

$$RL_{s,t} \leqslant \frac{\displaystyle\sum_{c=1}^{5} \sum_{u=1}^{11} W_{s,c,u,t}/v_c + \sum_{c=1}^{5} \sum_{u=12}^{15} W_{s,c,u,t}}{\displaystyle\sum_{s=1}^{3} \sum_{c=1}^{5} \sum_{u=1}^{11} W_{s,c,u,t}/v_c + \sum_{s=1}^{3} \sum_{c=1}^{5} \sum_{u=12}^{15} W_{s,c,u,t}} \leqslant RU_{s,t} \tag{27}$$

（7）非负约束：

$$W_{s,c,u,t} \geqslant 0 \tag{28}$$

采用多目标转化为单目标的思路求解 MOP-WCS 模型，模型变量和参数的具体含义见表 1。

表 1 MOP-WCS 模型变量和参数的具体含义

变量或参数	具体含义
s	水源，$s=1$，2，3 分别表示地表水、地下水、中水
c	地州，$c=1$，2，$\cdots$，5 分别表示巴州、阿克苏、克州、喀什、和田
u	用水户，$u=1$，2，$\cdots$，11 依次表示水稻、小麦、玉米、豆类、薯类、棉花、油料、甜菜、蔬菜、瓜果、苜蓿（$u=1$，2，$\cdots$，11 表示农业）；$u=12$，13，14，15 分别表示工业、服务业、生活、生态环境
t	规划期，2025 年
D	缺水量，m^3
B	经济收益，元
E	污染物排放量，kg
C	净碳汇量，kg
v_c	农田灌溉水有效利用系数
WA_t	可获得地表水量，m^3
COD_t	COD 排放总量，kg
TN_t	TN 排放总量，kg
TP_t	TP 排放总量，kg
AN_t	NH_3-N 排放总量，kg
$r_{c,u}$	农作物含水率
$K_{c,u}$	农作物经济系数
$\theta_{c,u}$	农作物碳吸收率
$l_{c,u}$	生态环境部门单位用水碳吸收量，kg/m^3
$g_{c,u}$	农作物单位面积碳排放量，$kg\ CO_2/hm^2$
$M_{c,u}$	除农业部门外的其他部门单位取水耗电量，$(MW \cdot h)/m^3$
$f_{c,u}$	单位电能碳排放因子，$kg\ CO_2/(MW \cdot h)$
$h_{c,u}$	工业、服务业和生活单位用水碳排放量，kg/m^3
$N_{c,u}$	单位污水处理耗电量，$MW \cdot h/m^3$
$d_{c,u}$	污水收集率
$e_{c,u}$	污水排放系数
$\rho_{c,u}(COD)$	COD 浓度，mg/L
$\alpha_{c,u}$	COD 去除率
$\rho_{c,u}(TN)$	TN 浓度，mg/L
$\beta_{c,u}$	TN 去除率
$\rho_{c,u}(TP)$	TP 浓度，mg/L
$\gamma_{c,u}$	TP 去除率

续表1

变量或参数	具体含义
$\rho_{c,u}(\mathrm{AN})$	NH_3-N 浓度,mg/L
$\delta_{c,u}$	NH_3-N 去除率
$\mathrm{WC}_{s,t}$	可供水总量,m^3
$\mathrm{CT}_{c,t}$	碳排放总量,kg
$\mathrm{RL}_{s,t}$	不同水源可供水比重下限
$\mathrm{RU}_{s,t}$	不同水源可供水比重上限
$I_{c,u,t}$	农作物净灌溉定额,m^3/hm^2
$y_{c,u,t}$	农作物单位面积产量,kg/hm^2
$\mathrm{WD}_{c,u,t}$	需水量,m^3
$b_{s,c,u,t}$	效益系数,元/m^3
$c_{s,c,u,t}$	成本系数,元/m^3
$W_{s,c,u,t}$	用水户分配水量,m^3

2.2 数据来源

塔里木河流域用水部门的效益系数依据各产业万元经济产出的用水量确定,成本系数根据历史水价、污水处理费用和水资源费等综合确定。农田灌溉有效水利用系数和农作物灌溉基本定额均来自于新疆维吾尔自治区地方标准《农业灌溉用水定额》(DB 65/T 3611—2014)。参考文献[11]结合南疆实际情况,确定塔里木河流域用水部门的主要污染物浓度取值范围。污水排放系数和污染物去除率取值分别来自于《城市排水工程规划规范》(GB 50318—2017)和《城镇污水处理厂污染物排放标准》(GB 18918—2002)。进一步地,参考文献[10]、[12]和相关规范,确定塔里木河流域的碳源碳汇产量计算参数。比如,农业取水产生的碳源通过单位面积碳排放量(266.48 kg CO_2/hm^2)和农作物种植面积计算获取,而其他部门取水产生的碳源采用单位电能碳排放因子[0.892 2 t $CO_2/(MW \cdot h)$]和耗电量计算获取。另外,模型4个目标函数取等权重,均为0.25。

3 结果分析

3.1 水资源分配

塔里木河流域2025年各部门的分配水量和缺水量见表2。整体来看,流域的水资源分配总量为331.75亿m^3,缺水量为11.58亿m^3。就地州而言,阿克苏和喀什分配水量(110.38亿m^3和110.51亿m^3)较多,巴州与和田(56.32亿m^3和42.56亿m^3)次之,克州(11.98亿m^3)最少,对应的比重依次为33.27%、33.31%、16.98%、12.83%和3.61%。在供水结构上,地表水、地下水和中水占总水量的平均比重分别为84.08%、15.70%和0.22%。这说明地表水是塔里木河流域的最大供水水源,地下水仅作为重要补充水源,还没有被过度开发利用,而中水利用量极少,有待深入挖潜。

表2　塔里木河流域2025年各部门的分配水量和缺水量

单位:亿m^3

项目	农业		工业		服务业		生活		生态环境	
	分水	缺水	分水	缺水	分水	缺水	分水	缺水	分水	缺水
水量	313.83	10.92	4.88	0.21	1.18	0.04	5.38	0.19	6.48	0.22

3.2 经济收益

塔里木河流域 2025 年各地州经济收益及结构见图 1。其中，农业经济收益比重最多，服务业经济收益比重最少，这与发达地区服务业收益高而农业收益低的经济构成相距甚远，说明当地经济结构有待进一步优化。分地州来看，巴州、阿克苏、克州、喀什与和田的经济收益分别为 3 675.38 亿元、3 538.16 亿元、617.89 亿元、4 256.49 亿元、1 855.06 亿元，所占比例依次为 26.36%、25.38%、4.43%、30.53%、13.30%。由于巴州 20 年来坚持开展塔里木河下游生态补水工作，带来的生态环境经济收益大幅领先其他地州。另外，巴州的经济结构相对是最合理的，其服务业和生态环境比例均是最高的；喀什经济结构相对是最不合理的，其农业比例最高而生态环境比例最低。在农业经济收益方面，小麦、玉米和棉花 3 种农作物的经济收益比较大，共计贡献收益总量的 66.7%。其次是蔬菜和瓜果，共计贡献收益总量的 19.4%。说明小麦、玉米、棉花、蔬菜和瓜果 5 种农作物收益构成塔里木河流域农业经济产出的支柱，而其他农作物经济收益仅为辅助。

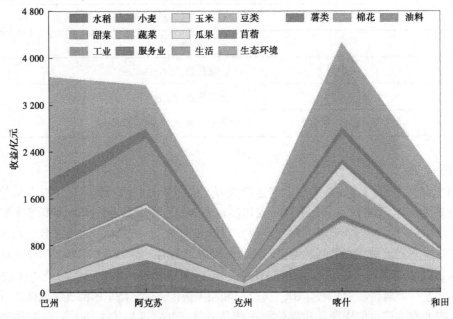

图 1　塔里木河流域 2025 年各地州经济收益及结构

3.3 污染物排放量

塔里木河流域 2025 年污染物排放量见图 2。从污染物种类来看，COD 排放量最多，而 TN 和 NH_3-N 次之，TP 最少，说明控制 COD 的排放是减少污染物排放的关键举措。就地州而言，喀什、阿克苏、巴州、和田和克州污染物排放量占比分别为 32.04%、26.91%、25.24%、11.87% 和 3.95%。对用水部门来说，农业、生活、生态环境、工业和服务业污染物排放量占比依次为 48.36%、23.07%、13.28%、10.75% 和 4.55%，表明农业部门贡献最多的污染物排放量。因此，优化用水结构也是减少塔里木河流域污染物排放量的重要途径。

3.4 净碳汇量

巴州、阿克苏、克州、喀什与和田的净碳汇量分别为 138.77 万 t、368.17 万 t、14.24 万 t、393.88 万 t 和 67.38 万 t，对应比重依次为 14.65%、38.88%、1.50%、41.59% 和 7.11%。这和水资源分配比例次序和大小都比较接近，说明塔里木河流域的净碳汇量和水资源分配量高度相关。在水资源利用过程中，取水和排水环节只产生碳源不产生碳汇，且碳源大小取决于水量大小。而在用水环节，农业和生态环境用水带来碳汇，其他部门产生碳源，具体取值见表 3。由于农业部门分配水量巨大，其产生的碳汇量相当可观，高达约 1 603.80 万 t，再加上生态环境产生的一部分碳汇（约 128.05 万 t），足以抵销其他部门在各个环节产生的碳源之和（约 763.05 万 t），并产生较多的净碳汇（约 968.35 万 t）。因此，判断塔里木河流域净碳汇量主要来自于农业部门。

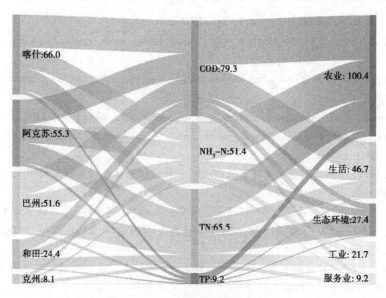

图 2 塔里木河流域 2025 年污染物排放量 （单位：10³ t）

表 3 塔里木河流域 2025 年各部门的碳汇和碳源 单位：10³ t

部门		取水环节	用水环节	排水环节
农业	碳汇	0	16 037.98	0
	碳源	988.92	0	378.33
工业	碳汇	0	0	0
	碳源	102.00	2 434.96	41.38
服务业	碳汇	0	0	0
	碳源	20.88	587.22	12.23
生活	碳汇	0	0	0
	碳源	110.55	2 664.96	66.72
生态环境	碳汇	0	1 280.50	0
	碳源	133.83	0	93.06

4 结论

（1）塔里木河流域 2025 年各部门水资源均存在缺口，且农业缺水量最高。各地州需要进一步完善水利基础设施建设，全面提高水资源的调蓄和保障能力。

（2）地表水是塔里木河流域的最大供水水源；地下水仅作为重要补充水源，还没有被过度开发利用；而中水利用量极少，有待深入挖潜。

（3）农业部门分配水量最多，排污量也最多，贡献的经济收益和净碳汇也最大，优化用水结构及提高农业水资源利用效率，有助于保障水资源安全，增加收益和净碳汇量。

参考文献

［1］Veldkamp T, Wada Y, Aerts J, et al. Water scarcity hotspots travel downstream due to human interventions in the 20th and

21st century [J]. Nature communications, 2017, 8: 15697.

[2] Mekonnen M M, Hoekstra A Y. Four billion people facing severe water scarcity [J]. Science advances, 2016, 2: e1500323.

[3] He C, Liu Z, Wu J, et al. Future global urban water scarcity and potential solutions [J]. Nature communications, 2021, 12: 4667.

[4] Li D, Zuo Q, Jiang L, et al. An integrated analysis framework for water resources sustainability considering fairness and decoupling based on the water resources ecological footprint model: A case study of Xinjiang, China [J]. Journal of Cleaner Production, 2023, 383: 135466.

[5] 王建华, 朱永楠, 李玲慧, 等. 社会水循环系统水－能－碳纽带关系及低碳调控策略研究 [J]. 中国工程科学, 2023, 25 (4): 191-201.

[6] 戴民汉, 孟菲菲. 南海碳循环: 通量、调控机理及其全球意义 [J]. 科技导报, 2020, 38 (18): 30-34.

[7] 左其亭, 赵晨光, 马军霞, 等. 水资源行为的二氧化碳排放当量分析方法及应用 [J]. 南水北调与水利科技 (中英文), 2023, 21 (1): 1-12.

[8] 黄跃群, 刘耀儒, 许文彬 等. 水利水电工程全生命周期碳排放研究: 以犬木塘工程为例 [J]. 清华大学学报 (自然科学版), 2022, 62 (8): 1366-1373.

[9] Wu H, Guo S, Guo P, et al. Agricultural water and land resources allocation considering carbon sink/source and water scarcity/degradation footprint [J]. Science of the Total Environment, 2022, 819: 152058.

[10] 黄显峰, 石志康, 金国裕, 等. 基于碳足迹的区域水资源优化配置模型 [J]. 水资源保护, 2020, 36 (4): 47-51.

[11] Chen Y, Lu H, Li J, et al. A leader-follower-interactive method for regional water resources management with considering multiple water demands and eco-environmental constraints [J]. Journal of Hydrology, 2017, 548: 121-134.

[12] 赵荣钦, 刘英, 马林, 等. 基于碳收支核算的河南省县域空间横向碳补偿研究 [J]. 自然资源学报, 2016, 31 (10): 1675-1687.

新时期松花江流域节水农业发展的实践与思考

胡春媛 陆 超 吴 博

（松辽水利委员会流域规划与政策研究中心，吉林长春 130021）

摘 要： 松花江流域水土光热资源匹配良好，域内分布着松嫩平原、三江平原等全国重要商品粮基地，在保障国家粮食生产能力、筑牢国家粮食安全"压舱石"等方面具有十分重要的战略地位。本文通过对流域典型水旱田节水农业发展现状的综合分析，摸清流域农业节水灌溉发展底数，对制约发展的深层次矛盾和问题进行挖掘分析。现状存在渠首工程老化失修、渠系工程配套不完善、灌区管理体制改革迟滞、节水灌溉发展水平不高等问题，节水农业的发展还有较大差距。本文从加强节水农业科技创新、节水技术推广示范、农田灌溉用水定额管理等方面提出了合理化建议。

关键词： 水资源；节水农业；粮食安全；管理

水资源是人类生活中必不可少的资源，属国家战略性资源，与人类生存和经济社会发展息息相关。松花江流域人均水资源量为全国平均值的 79%，亩均水资源量仅为全国平均值的 23%。水资源作为实现农业高质量发展的命脉，在松花江流域总体呈东多西少、北多南少、边缘多腹地少的分布特征。近年来，松花江流域农业用水量始终占用水总量的 60% 左右，而农田灌溉用水量占农业用水量的比例更高达 90% 以上，且有进一步增长的趋势，具有较为广阔的节水发展空间。坚持以水定规模、发展节水农业，着力提升松花江流域农业灌溉用水效率和效益，是保障国家粮食安全、推进农业高质量发展的根本路径。

1 流域概况

松花江流域地处我国东北地区的北部，是我国重要的重工业基地、农林牧生产基地和能源基地，是全国九大商品粮基地之一。流域三面环山，河谷阶地地形明显，平原区土地肥沃，盛产水稻、大豆、玉米、高粱、小麦等农作物，松嫩平原和三江平原是我国粮食主要产区，盛产的稻米享誉全国。2021 年松嫩平原、三江平原粮食总产量 9 208 万 t，占松花江流域粮食总产量的 80% 以上，接近全东北地区粮食总产量的 60%。根据 2021 年《松辽流域水资源公报》，松花江流域总用水量在 335 亿 m³ 左右，其中农田用水量约占流域用水总量的 78%。

2 节水灌溉发展现状

党中央、国务院坚持把解决好"三农"问题、保障粮食安全作为治国理政的头等大事，将节水增效问题摆在"三农"工作的重要位置。松花江流域水资源总量相对丰沛，但人均占有率低，径流年内分配集中，年际变化大，连丰连枯年份比较突出。近年来，随着两轮千亿斤粮食产能提升规划的

作者简介：胡春媛（1984—），女，高级工程师，主要从事规划设计、水资源调度、防洪影响评价工作。

深入推进实施，域内粮食主产区作物耕种面积和产能持续扩大，粮水供需矛盾日益突出，亟待进一步推广节水农业技术应用。本文分别对松花江流域的水旱田节水灌溉发展情况进行核算分析。

2.1 旱田

为充分发挥东北地区土地资源优势、激发农业生产潜力、提高粮食综合生产能力，2011 年末，财政部、水利部、农业部联合印发文件，在东北地区启动实施"节水增粮行动"，从多年持续建设和近年来实际运行情况来看，该项工作在控制农业用水量、减少农业面源污染、优化种植结构等方面取得了较好效果。

2.1.1 黑龙江省

黑龙江省共计实施"节水增粮行动"面积 1 293 万亩，批复建设任务全部完成，其中新增喷灌面积 884 万亩、滴灌面积 102 万亩，改造水田 307 万亩。玉米喷灌净定额在 54~60 m³/亩，灌溉水利用系数为 0.85~0.88；玉米滴灌净定额在 30~40 m³/亩，灌溉水利用系数为 0.9~0.95。

2.1.2 吉林省

吉林省共计实施"节水增粮行动"面积 493.3 万亩，完成批复建设任务的 97.63%，其中改造喷灌面积 20.2 万亩、新增喷灌面积 0.9 万亩，改造滴灌面积 342.2 万亩、新增滴灌面积 130 万亩。玉米喷灌定额在 100 m³/亩左右，灌溉水利用系数为 0.8 左右；玉米滴灌灌溉定额为 64 m³/亩，灌溉水利用系数达到 0.9 左右。

2.1.3 内蒙古自治区

内蒙古自治区共计实施"节水增粮行动"面积 561 万亩，占批复建设任务的 97.18%，其中改造喷灌面积 26.2 万亩、新增喷灌面积 56 万亩，改造滴灌面积 405.6 万亩、新增滴灌面积 73.2 万亩。玉米喷灌净定额为 100~110 m³/亩，灌溉水利用系数为 0.85 左右；玉米滴灌净定额为 65~70 m³/亩，灌溉水利用系数为 0.9~0.94。

通过实施"节水增粮行动"项目，对旱田灌区进行节水改造，使松花江流域旱田综合灌溉定额低于实施前灌溉定额，达到地方用水定额标准中的先进值，灌溉水利用系数可达到 0.9 以上。

2.2 水田

为综合分析流域农业节水灌溉现状情况，本次选取 12 个典型水田灌区进行实际灌溉定额核算分析。选取原则按涵盖流域各二级区及各省（自治区）（辽宁省灌区除外，由于辽宁省面积仅为 500 km²，仅占松花江流域的 0.09%），灌溉方式综合选取渠灌及井渠结合方式，灌区性质包括新建灌区和续建配套灌区。

其中，嫩江流域选取查哈阳灌区、保安沼灌区、五家子灌区、大安灌区、白沙滩灌区，第二松花江流域选取前郭灌区、饮马河灌区、星星哨灌区，松花江干流区选取江川灌区、友谊灌区、肇源县中心灌区、下岱吉灌区等大中型灌区为调查核算对象。根据核算分析结果，从各灌区水田净定额来看，大部分灌区现状水田净灌溉定额符合地方用水定额标准，仅有前郭灌区、江川灌区和友谊灌区高于地方用水定额标准，从流域整体看，大部分灌区的灌溉水平和技术还有待提高，相比灌溉净定额的先进值还有一定差距；从灌溉水利用系数看，调查核算对象中的 1/3 灌区的灌溉水利用系数低于 0.5，仅有江川灌区灌溉水利用系数高于全国平均水平 0.572，说明松花江流域大中型灌区渠系田间渗漏问题较为突出，在推广节水灌溉技术的同时，还需加强对灌区基础设施的维护工作。典型灌区调查情况如表 1 所示。

表 1　松花江流域典型灌区调查情况

二级区	省（自治区）	灌区名称	取水类型	水田实际灌溉面积/万亩	灌溉毛定额/（m³/亩）	灌溉水利用系数	净定额标准/（m³/亩）	是否符合地方用水定额标准
嫩江	黑龙江	查哈阳	引水	65.2	780~880	0.55	430~460	基本符合
	内蒙古	保安沼	井渠结合	7.7	1 356	0.41	479~629	符合
	吉林	五家子	引水	3.28	790~820	0.44	560	符合
		白沙滩	引水	23.05	1 040~1 440	0.5	560	略高
		大安	引水	2.55	775	0.443	547	符合
第二松花江	吉林	前郭	引水	45	1 178	0.51	547	不符合
		饮马河	渠灌	14.02	680~930	0.49	540	符合
		星星哨	渠灌	7.06	630~900	0.51	520	符合
松花江干流	黑龙江	江川	井渠结合	4.83	950~1 000	0.6	370~400	不符合
		友谊	引水	12.8	1 125	0.51	420~450	不符合
		中心	提水	8.27	720~1 180	0.55	460~500	略高
	吉林	下岱吉	引水	3	1 070~1 110	0.5	547	基本符合

3　存在问题

近年来，松花江流域节水农业得到了快速推广发展，农田用水节水基础条件有了较大改善。但东北地区节水农业发展起步较晚、欠账较多，农田灌溉基础设施建设总体水平仍然较低，从典型灌区的核算结果来看，与节水农业发展要求差距较大，仍有较大的提升改造空间。对照《中共中央关于制定国民经济和社会发展第十四个五年规划和二〇三五年远景目标的建议》中对保障粮食安全底线和绿色发展的有关要求，流域节水农业的发展仍面临诸多深层次矛盾和问题。

3.1　农田基础设施薄弱、渠系工程配套不完善

流域内的现有灌区大都建于 20 世纪 50—70 年代，由于当时历史条件的限制，多数工程因陋就简，普遍存在建设标准低、配套不完善的现象；在长期运行中渠首及渠系建筑物老化、破损、干支渠漏水和坍塌、淤积等问题突出，特别是遭遇干旱年份，常因工程基础条件差而不能完全满足灌溉要求，严重影响灌区效益的发挥。

3.2　灌区存在重建轻管现象，管理体制改革迟滞

部分新建灌区注重渠首工程建设，后续配套资金迟迟不到位，导致支渠、斗渠、农渠及灌区田间工程等建设缓慢，长期达不到设计灌溉面积，实际引入水量少，灌溉规模小；有些灌区经过多年运行后泵站、渠系存在不同程度的损坏，但由于缺乏维修养护资金或维修养护不及时，灌区管理困难；部分灌区管理体制不健全，改革推进迟滞，仍存在部门间重叠交叉管理的情况；节水用水管理设施陈旧，绝大部分灌区仅在渠首安装了计量设施，缺少用水单元量水设备。

3.3　节水灌溉发展水平不高，建设步伐缓慢

现有部分灌区仍存在大水漫灌，用水跑、冒、漏、渗现象严重，用水效率偏低等问题，内蒙古自治区部分灌区耕植土层薄，渗漏量大，现状调查中保安沼灌区的灌溉水利用系数仅为 0.41 左右，水

资源损失浪费严重。由于各级渠道多数未设置防渗设施，支渠以下渠道基本没有防渗措施，输水损失偏大，田间渗漏量占比较高，节水灌溉建设步伐缓慢。

4 对策及建议

4.1 加强节水农业科技创新

充分发挥现代科学技术的引领作用，加强科技成果转化，提高农田灌溉节水设施的设计、设备、技术、服务、节水方案、施工、维修与管理水平，加快农田节水灌溉的规范化、精准化、产业化、市场化和社会化。注重引进先进节水技术的同时，结合松花江流域各地区实际情况对灌溉节水技术进行集成和再创新，形成适应不同地区的农田灌溉节水模式。松花江流域大中型以上灌区规模较大，可选取条件适宜的灌区探索实行自动化控制、信息化管理等农田水利管理智慧化新模式。

4.2 加强节水技术推广示范

牢固树立"节水增产、节水增效"理念，优先推进粮食主产区、严重缺水和生态环境脆弱地区节水灌溉发展。在井灌区、土质条件较差地区和有条件的渠灌区，大力推广渠道防渗技术和管道输水灌溉技术，打造水利节水技术实施引领示范区。在水资源短缺、经济作物种植和农业规模化经营等地区，积极推广喷灌、微灌、滴灌等高效节水灌溉和水肥一体化技术。各地要结合实际修正适合本地条件的主要作物灌溉用水定额，大力推进水稻节水控制灌溉、旱作水稻等先进节水灌溉技术的推广，持续提高田间灌溉水利用效率。

4.3 加强农田灌溉用水定额管理

在松花江流域中下游地下水水量、水质条件较好的地区，科学规划发展井渠结合灌溉现代化灌区，实施地表水、地下水、土壤水联合利用与调控；在流域西部资源型缺水区建立地下水限额开采制度，加快供水计量设施建设，推广简便易行、农民接受、管理成本低的计量设施。各地要根据灌区实际情况，按照有利节水、有利计量、有利结算、有利管理的原则科学合理设置计量点。在渠灌区逐步实现计量到斗口，有条件的地区要计量到田头；在井灌区推广地下水取水计量和智能监控系统。大中型灌区骨干工程实现斗口及以下计量供水；小型灌区和末级渠系根据管理需要细化计量单元。

4.4 加强农田水利基础设施维护工作

近年来，国家逐步完成了大中型灌区续建配套和节水改造工作，针对这些较为完善的灌区，在日常管理中应加大对维修、改善、巩固现有节水灌溉设施的扶持力度，建立健全工程运管长效机制，全面提升已建工程的完好率和运行率；各省（自治区）应坚持新建与改善相结合，建设与管理并重，结合地域实际发展节水农业项目。针对农田灌溉设施相对不完善的地区，应加强督导检查和技术扶持，尽可能恢复利用和技术改造现有的水利设施，同时加强水利与农业等部门的沟通协调，全局谋划、整体推进，避免重复建设。

4.5 转变农业发展模式，加大资金保障力度

建立多元投入机制和稳定增长机制，中央层面应把大型灌区续建配套作为新增固定资产投资重点，各地要切实加大农田水利等基础设施建设配套资金投入，积极鼓励社会资本参与小型农田水利工程建设，加大区域规模化高效节水灌溉建设规模的力度，切实把抓好节水农业工程建设作为实现农业农村现代化的重要举措和有效路径，有力促进粮食增产、农业增效和农民增收。

参考文献

[1] 陆红娜，康绍忠，杜太生，等. 农业绿色高效节水研究现状与未来发展趋势 [J]. 农学学报，2018，8（7）：

155-162.

［2］齐浩良．农业节水灌溉的财政经济效益分析研究［J］．灌溉排水学报，2021，40（2）：153.

［3］吴勇，张赓，陈广锋，等．中国节水农业成效、形势机遇与展望［J］．中国农业资源与区划，2021，42（11）：1-6.

［4］普继忠．农田水利工程高效节水灌溉分析［J］．水利发展，2021（8）：111-113.

［5］康绍忠，蔡焕杰，陈勇，等．河西石羊河流域高效农业节水的途径与对策［J］．干旱地区农业研究，1996（1）：9.

［6］胡春媛，陆超，吴博，等．辽河流域农田灌溉发展对策研究［J］．水资源开发与管理，2021，71（12）：35-39.

［7］崔新颖．西辽河流域农业节水灌溉模式及节水分析［J］．东北水利水电，2023（1）：18-19.

重庆市铜梁区再生水利用状况及潜力分析

赵　康[1]　刘中一[1]　胡鹏钦[2]　陈　晓[1]　任志远[1]

(1. 水利部节约用水促进中心，北京　100038；
2. 铜梁区水利局，重庆　402560)

摘　要：随着区域经济的快速发展、城市规模不断扩大，2021年铜梁区总用水量为1.576 8亿 m^3，这对水资源安全保障提出了更高要求。在充分分析铜梁区再生水利用现状的基础上，通过历史资料统计、现状调查等方法，对铜梁区中心城区的工业用水、市政杂用、河道生态补水需求进行分析，深入挖掘铜梁区再生水利用量潜力。通过优化布局、加强配置管理、完善输配设施、健全利用政策等措施，预计2025年铜梁区中心城区的再生水利用率可从现状的12%提高至25%以上。

关键词：再生水利用量；利用率

1　研究区概况

1.1　基本概况

铜梁区地处重庆西部，是成渝地区双城经济圈和重庆主城都市区"桥头堡"城市。2021年铜梁区总用水量为1.58亿 m^3，人均水资源量879 m^3。根据重庆水资源公报统计，2018—2021年，铜梁区非常规水源利用量累计0.12亿 m^3。随着区域经济的快速发展、城市规模的扩大，对水资源安全保障提出了更高要求。2022年，铜梁区纳入再生水利用配置试点城市名单。

1.2　数据来源

相关数据来源于重庆市水资源公报、铜梁区相关部门统计数据。

1.3　研究范围

本文选取基准年为2021年，规划年为2025年，主要研究范围为重庆市铜梁区中心城区，包括巴川、南城、东城、蒲吕4个街道。

2　现状再生水利用情况

2.1　污水处理厂及再生水厂分布

铜梁区中心城区现有铜梁污水处理厂、铜梁第二污水处理厂、蒲吕污水处理厂和东城污水处理厂4座正在运行的污水处理厂，总设计处理能力10万 m^3/d（见表1）。

东城污水处理厂设计污水处理出水水质为《城镇污水处理厂污染物排放标准》（GB 18918—2002）一级B标准，其他3座污水处理厂设计污水处理出水水质为《城镇污水处理厂污染物排放标准》（GB 18918—2002）一级A标准。

基金项目：水资源节约（10212621216243009001）。

作者简介：赵康（1995—），男，工程师，主要从事节水技术管理工作。

通信作者：任志远（1971—），男，正高级工程师，主要从事节约用水管理工作。

表 1　铜梁区污水处理厂情况一览

序号	污水处理厂	处理工艺	现状处理能力/（万 m³/d）
1	铜梁污水处理厂	具有生物脱氮除磷功能的改良型 A^2/O 氧化沟生物	5.0
2	铜梁第二污水处理厂	"格栅+旋流沉砂池"预处理+"改良 A^2/O 生物池"处理+"混凝+沉淀（澄清）+过滤"深度处理+二氧化氯消毒	3.0
3	蒲吕污水处理厂	混凝沉淀+A^2/O 氧化沟	1.0
4	东城污水处理厂	高效复合式厌氧+短程硝化	1.0

2.2　再生水生产输配设施分布情况

截至 2021 年底，铜梁区中心城区已建设 2 座再生水处理厂，设计总处理能力 1.5 万 m³/d（见表 2），已敷设再生水管网约 4.447 km。

表 2　铜梁区再生水生产输配设施情况一览

序号	再生水处理设施	主要用途	设计处理能力/（万 m³/d）
1	铜梁污水处理厂	人民公园绿化灌溉、道路喷洒等市政用水，已敷设管线约 3 km（其中干管约 1 km，支管约 2 km）	1.2
2	蒲吕污水处理厂	附近对水质要求较低的重庆平安九九八新型建材有限公司等工业企业生产用水和市政杂用水，已敷设管线 1.447 km	0.3

2.3　现状再生水利用量分析

通过资料收集、实地走访调研等方式，对 2021 年铜梁区中心城区再生水利用量进行了初步统计。铜梁区中心城区 2021 年污水处理量为 2 662.81 万 m³，再生水利用量为 320.6 万 m³，其中市政用水量为 318.27 万 m³，工业用水量 2.33 万 m³，再生水利用率 12%。具体见表 3。

表 3　2021 年铜梁区中心城区再生水利用统计　　　　　　　　　　　　　　单位：万 m³

污水处理厂名称	污水处理量	再生水利用量			
		市政用水量	生态补水量	工业用水量	合计
铜梁污水处理厂	1 985.81	255.5	0	0	255.5
铜梁第二污水处理厂	223.91	0	0	0	0
蒲吕污水处理厂	122.62	62.77	0	2.33	65.1
东城污水处理厂	330.47	0	0	0	0
合计	2 662.81	318.27	0	2.33	320.6

3　再生水利用潜力分析

与开发新水资源相比，再生水利用既有利于优化供水结构、增加水资源供给、缓解供需矛盾，又可减少水污染、保障水生态安全，对于推进铜梁区生态文明建设、满足人民日益增长的美好生活需要具有重要意义。

3.1 工业生产

3.1.1 现状用水企业水量提升

目前，铜梁区具备向工业生产提供再生水条件的污水处理厂为蒲吕污水处理厂，服务范围为蒲吕片区和蒲吕街道。蒲吕污水处理厂已完成再生水回用设施及部分回用主管线的建设，再生水回用管线已与园区内 3 家建材企业（见表 4）供水管线对接，且 3 家企业用水水质需求不高，具有较好的利用条件。蒲吕污水处理厂现状出水水质可满足 3 家企业用水需求，通过分析 3 家企业再生水用水现状及用水需求，3 家工业企业再生水利用量为 490 m³/d，按照每年 330 d 生产计算，2025 年可利用再生水 16.2 万 m³/a。

表 4 铜梁区再生水利用重点工业企业情况

可适用企业	产品类型	潜在再生水利用规模/（m³/d）	再生水来源	备注
重庆富典建筑工业化制品有限公司	建筑材料	330	蒲吕污水处理厂	已实现实质性供水，目前供水量为 1.25 万 m³/a
重庆平安九九八新型建材有限公司	建筑材料	80	蒲吕污水处理厂	已实现实质性供水，目前供水量为 1.08 万 m³/a
重庆金彧新型环保建材有限公司	建筑材料	80	蒲吕污水处理厂	管网已铺至厂区围墙外

3.1.2 部分用水企业未来水量需求

通过对高新区主要用水企业使用再生水意愿的调查，蒲吕污水处理厂管网覆盖范围外有 22 家企业愿意使用再生水，覆盖了建筑建材、汽车配件等产业，如表 5 所示。

表 5 铜梁高新区再生水使用意向企业统计　　　　　　　　　　　　单位：万 m³

序号	企业名称	产品类型	年用水量	再生水需求量	再生水用途
1	企业 1	铝合金门窗、轮毂等	0.064	0.1	
2	企业 2	再生砂型覆膜砂	2.41	3.6	产品生产、绿化、厂区浇洒
3	企业 3	塑料托盘	2.11	1.5	职工、绿化、厂区浇洒
4	企业 4	汽车、摩托车气滤清器	1.77	0.5	冷却塔循环水、绿化、厂区浇洒
5	企业 5	挡圈	0.75	0.75	产品生产、绿化、厂区浇洒
6	企业 6	精密五金塑胶件	2.18	0.5	绿化、厂区浇洒等
7	企业 7	汽车面料、面套	6.1	5	产品生产、绿化、厂区浇洒等
8	企业 8	金刚石复合片	0.12	0.1	产品生产
9	企业 9	风口、过滤器	0.09	0.05	产品生产、绿化、浇洒等
10	企业 10	铝材产品	0.7	0.7	产品生产
11	企业 11	磁瓦	40.67	28	产品生产、绿化、浇洒等
12	企业 12	蓄电池隔板	0.98	0.36	绿化、厂区浇洒等
13	企业 13	通机、汽摩曲轴	1.58	0.15	生产、厂区浇洒

续表5

序号	企业名称	产品类型	年用水量	再生水需求量	再生水用途
14	企业14	汽车零部件	0.5	0.4	产品生产
15	企业15	电镀表面处理加工	0.098	0.1	产品生产
16	企业16	环保设备，通风管道	0.052	0.068	厂区浇洒
17	企业17	橡胶管	4.0	1	产品清洗、绿化、厂区浇洒
18	企业18	—	3.0	3.0	产品生产
19	企业19	—	2.5	2	职工、绿化、厂区浇洒
20	企业20	汽车零部件	14.93	10	产品生产、绿化、厂区浇洒
21	企业21	水性涂料	2.075	2	产品生产
22	企业22	改性塑料	47.98	2	产品、生产、绿化
合计				61.878	

根据铜梁区企业再生水利用意愿及用水需求，优先推动再生水需求量较大及距离蒲吕污水处理厂较近的企业使用再生水，试点实施期间，推动蒲吕污水处理厂现状管网覆盖范围外新增3家以上企业使用再生水，初步测算高新区工业企业再生水利用量可增加30万 m^3/a。

综上所述，预计到2025年蒲吕污水处理厂向工业生产提供再生水量可达到46.2万 m^3。

3.2 市政杂用

根据铜梁区市政杂用使用再生水现状及未来城建规划，再生水利用重点市政杂用项目如表6所示。

表6 铜梁区再生水利用重点市政杂用项目

可适用范围	用水对象	再生水来源	备注
淮远新区市政杂用水	道路、广场喷洒，绿化浇洒	铜梁污水处理厂	市政洒水车拉水与管网输水结合
铜梁区老城区市政杂用水	道路、广场喷洒	铜梁污水处理厂	市政洒水车拉水与管网输水结合
铜梁人民公园	水域补水、广场道路喷洒、绿化浇洒、喷泉景观	铜梁污水处理厂	再生水管道已建成

通过与铜梁区相关部门调研，综合考虑市政杂用水现状及未来需求，逐步提高再生水使用量，试点期末铜梁污水处理厂市政杂用再生水量增加至现状年的110%，即在现状255.5万 m^3/a 再生水利用量基础上，增加至281.05万 m^3/a。蒲吕污水处理厂市政再生水利用量维持62.77万 m^3/a 不减少状态。试点期末，试点范围内市政杂用再生水总利用量约为343.82万 m^3/a。

3.3 河道生态补水

3.3.1 巴川河生态补水量计算

根据《重庆市铜梁区水利局关于小北海水库向巴川河生态补水的通知》《巴川河城区段调水、生态补水方案》，巴川河日均补水量应达到2.0万 m^3/d。2022—2025年计划建设巴川河生态补水工程，使用铜梁污水处理厂再生水部分替换地表水对巴川河实施生态补水。

2025年，铜梁污水处理厂再生水供水能力为730万 m^3/a，主要供水方向为市政杂用及河道生态补水，其中市政杂用供水 281.05 万 m³/a，可供河道生态补水量为 448.95 万 m³/a。考虑到非汛期 10 月至次年 4 月和汛期高温及降雨不产生有效径流天数进行生态补水，全年补水天数约 300 d，日补水量约 1.5 万 m³/d，小于 2.0 万 m³/d 的目标。

3.3.2 巴川河生态补水水质需求

预计到 2025 年，铜梁污水处理厂再生水出水水质可达到地表水 Ⅳ 类标准，即主要指标 COD、BOD₅、总磷、氨氮执行《地表水环境质量标准》（GB 3838—2002）中 Ⅳ 类水质标准，其余指标执行《城镇污水处理厂污染物排放标准》（GB 18918—2002）中的一级 A 排放标准，出水水质能够满足河道生态补水水质要求，可以稳定提供再生水用于河道生态补水、置换水库地表水等优质水源，缓解铜梁区的地表水用水压力。

3.4 2025 年再生水利用

通过对铜梁区中心城区不同用水方向再生水利用现状、需求分析，未来扩大再生水利用的主要领域为河道生态补水、市政杂用和工业生产用水。预计 2025 年再生水利用量可增加至 838.97 万 m³/a（见表 7）。相比于 2021 年增加了 518.37 万 m³，再生水利用率为 28.02%。

表 7 2025 年铜梁区中心城区再生水利用统计　　　　　　单位：万 m³/a

污水处理厂名称	污水处理量	再生水回用能力	再生水利用量			
			市政杂用	生态补水	工业生产	合计
铜梁污水处理厂	2 994.48	730	281.05	448.95	0	730
铜梁第二污水处理厂		0	0	0	0	0
蒲吕污水处理厂		109.5	62.77	0	46.20	108.97
东城污水处理厂		0	0	0	0	0
合计	2 994.48	839.5	343.82	448.95	46.20	838.97

4 再生水水质分析

实施铜梁污水处理厂升级改造工程，对铜梁污水处理厂一期、二期再生水回用工程进行提档升级，接续铜梁污水处理厂生化处理后的高效沉淀池出水，采用反硝化深床滤池工艺，将目前污水处理后的《城镇污水处理厂污染物排放标准》（GB 18918—2002）一级 A 水质标准提高到地表水 Ⅳ 类水质标准。

主要工程包括再生水处理设施（建设反硝化深床滤池、送水泵房及配电间）及再生水输配设施，升级改造后再生水回用能力达到 2 万 m³/d。出水后水质可满足用于市政杂用、景观、生态环境补水等领域。铜梁污水处理厂再生水水质控制目标与相关标准对照见表 8。

表 8 铜梁污水处理厂再生水水质控制目标与相关标准对照

序号	基本控制项目	水质控制目标	地表水 Ⅳ 类标准	市政杂用水（城市绿化、道路清扫）	绿地灌溉	景观环境、河道生态补水
1	COD/（mg/L）	30	30	—	—	—
2	BOD₅/（mg/L）	6	6	10	20	湖泊、水景 6、河道 10

续表8

序号	基本控制项目	水质控制目标	地表水Ⅳ类标准	市政杂用水（城市绿化、道路清扫）	绿地灌溉	景观环境、河道生态补水
3	总氮/（mg/L）	10	10/15	—	—	—
4	氨氮/（mg/L）	1.5（2.5）	1.5（3）/3（5）	8	20	湖泊、水景3、河道5
5	总磷/（mg/L）	0.3	0.3	—	—	湖泊、水景0.3、河道0.5
6	pH	6~9	6~9	6~9	6~9	6~9
7	悬浮物SS/（mg/L）	5	—			
8	浊度（NTU）	5	5	10	≤5（非限制性绿地），10（限制性绿地）	湖泊、水景5、河道10
9	总大肠菌群/（个/L）	3	2 000	—	≤200（非限制性绿地），≤1 000（限制性绿地）	1 000
10	总余氯/（mg/L）	接触30 min后≥1.0，管网末端≥0.2	—	接触30 min后≥1.0，管网末端≥0.2	0.2≤管网末端≤0.5	—

5 关于推进再生水利用配置的建议

为推进铜梁区再生水利用、配置，力争2025年达到838.97万 m³ 目标，再生水规划、配置利用、输配设施、制度政策等有关建议如下。

5.1 优化铜梁区再生水利用规划布局

一是优化再生水利用相关规划。将再生水纳入区域水资源供需平衡分析和配置体系，明确再生水利用要求。二是优化再生水利用整体布局。以已建4家污水处理厂位置布局为基础，按照就近利用、优水优用、分质用水的思路，科学优化再生水利用的整体布局。

5.2 加强再生水利用配置管理

落实重庆市或者制定铜梁区有关管理办法，进一步明确再生水最低利用量目标，对于具备使用再生水条件但未充分利用的建设项目不得批准新增取水许可。通过计划用水管理，进一步分解非常规水源利用量到具备使用条件的用水单位，对按计划应当使用而未使用或使用量未达到要求的用水户，核减其下一年度的常规水源计划用水指标。

5.3 完善再生水生产输配设施

对应2025年再生水利用量、供水能力目标，通过实施污水处理厂升级改造、优化再生水供水管网等一系列工程措施，提高再生水厂供水能力、供水水质标准，以满足不同用水需求。

5.4 建立健全再生水利用政策

一是放开再生水政府定价。推动再生水实行分类水价，放开再生水政府定价，由再生水供应企业和用户按照优质优价的原则自主协商定价。二是鼓励采用政府购买服务的方式推动污水资源化利用建立生态补偿政策机制，在河湖湿地生态补水、景观环境用水等领域，鼓励采用政府购买服务的方式推动污水资源化利用。

5.5 加强再生水利用宣传

结合世界水日、中国水周及全国城市节水宣传周等重要时间节点，充分利用新媒体等手段，对再生水利用领域、安全性、重要意义等进行充分宣传，不断提高公众对再生水利用的接受度。

6 结论

贯彻落实《关于推进污水资源化利用的指导意见》，加强再生水利用配置，推进再生水利用配置试点建设。铜梁区现状再生水利用量较低，再生水利用率仅为 12%，通过制定出台一系列管理办法、指导意见加强再生水利用配置，实施一系列工程措施扩大再生水利用领域和规模，建立健全一系列利用政策做好再生水利用保障措施，力争 2025 年再生水利用量达到 838.97 万 m^3 以上，再生水利用率达到 25% 以上。

黄河黑山峡河段水网建设布局初步研究

方洪斌　苏　柳

（黄河勘测规划设计研究院有限公司，河南郑州　450003）

摘　要：黄河黑山峡河段水网建设是推动实施国家"四纵三横"水网格局的重要实施路径，本文结合各省（区）用水需求，充分考虑当地已建、在建和规划工程的供水范围及供水对象，统筹考虑供水的自然条件及经济等实际因素，确定了黑山峡水网供水范围覆盖宁夏、内蒙古、陕西和甘肃4省（区），并结合国家水网总体布局及南水北调西线工程建设，提出了黑山峡河段"纲—目—结"的水网总体布局。

关键词：黑山峡河段；水网建设；供水范围；总体布局

黄河黑山峡河段周边区域缺乏长期战略性骨干水源工程，存在供水安全保障能力低等问题，随着"一带一路"经济带建设，周边城市化建设、产业发展和生态保护与水资源短缺的矛盾将持续增长。规划的南水北调西线工程及黑山峡水利枢纽工程是黑山峡河段供水网络的大动脉，开展黑山峡河段水网建设布局的初步研究对健全区域供水网络、支撑国家骨干水网建设具有重要意义。

1　供水范围分析原则

根据新形势下的国家战略，结合各省（区）用水需求，充分考虑当地已建、在建和规划工程的供水范围及供水对象，统筹考虑供水的自然条件以及经济等实际因素，黑山峡河段水网建设覆盖的供水范围确定遵循以下原则：

（1）确有需要、突出重点。根据黄河流域生态保护和高质量发展的国家战略，统筹考虑研究区生活、生产、生态用水需求，选择水利基础薄弱、缺水较严重的地区作为供水区。

（2）以水定产、量水而行。黑山峡河段覆盖范围缺水量较大，而近期无新增指标，远期在南水北调西线通水情况下可供水量有限，不足以解决所有缺水问题。因而应把水资源作为最大的刚性约束，牢牢把握水资源先导性、控制性和约束性作用，推进水资源节约集约利用，充分考虑可供水量的有限性和配套工程的难易程度。

（3）生态安全、可持续发展。秉持"绿水青山就是金山银山"的可持续发展理念，把生态环境保护作为主要约束条件之一，供水优先选择生态环境脆弱、生态地位突出的地区，保障生态环境用水。

（4）技术可行、经济合理。充分考虑当地供水的自然条件、经济技术条件、存在的主要问题等因素，按照技术可行、经济合理的要求，秉承先易后难的理念，最大限度地减少工程建设投资。

2　供水范围及供水对象

自20世纪80年代初，国内多家科研和规划设计单位，对黄河黑山峡河段开发功能定位、区域水

基金项目：国家重点研发计划课题（2022YFC3202300）。

作者简介：方洪斌（1987—），男，高级工程师，主要从事水资源管理与水库调度相关工作。

资源配置、南水北调西线工程、大柳树灌区规划等方面开展了大量规划研究工作[1-6]，为开展本次黑山峡河段供水范围的研究奠定了坚实基础。

2.1 以黑山峡水库为单水源的工程

（1）大柳树生态灌区。规划的大柳树生态灌区地处我国西北干旱区的东部，涉及宁夏、内蒙古、陕西3省（区），规划以黑山峡水库作为供水水源，因此纳入供水范围。

（2）陕甘宁革命老区供水工程。陕甘宁革命老区供水工程是陕西、甘肃、宁夏革命老区战略性水资源配置工程，规划以黑山峡水库作为供水水源，因此将其纳入本次供水范围。

2.2 以黑山峡水库为水源替换工程

（1）清水河流域城乡供水工程。工程以中卫市黄河右岸申滩至泉眼山一带浅层地下水为水源。黑山峡水库建成后大柳树东干渠水位 1 341 m 左右，可以降低泵站扬程 141 m，降低建设和运行维护成本，同时黑山峡水库调蓄库容大，可提供水保证率，对清水河流域城乡供水工程极为有利，两水源结合是合理的。因此，将清水河流域城乡供水工程的生活、工业用水纳入本次供水范围。

（2）银川都市圈城乡西线供水工程。工程供水范围为银川都市圈河西地区，工程现状在黄河青铜峡水库库区左岸金沙湾设置黄河金沙湾泵站，扬水入西夏水库。黑山峡水库西干渠建成后，污染较轻、泥沙较少、水质好，具备为西夏水库自流输水的条件。在水库西干渠运行时采用黑山峡水库的水源，在水库西干渠不运行时采用金沙湾泵站取水，可以采用双水源为西夏水库供水，既节能，又改善水质、提高供水保证率。因此，将银川都市圈城乡西线供水区域纳入水库西干渠供水范围。

（3）银川都市圈城乡东线供水工程。工程供水范围为银川都市圈河东地区，利用黄河青铜峡水库库区右岸东干渠进水闸最右侧闸孔引水。从供水扬程方面比较，从黑山峡水库取水，扣除沿程损失后，比青铜峡水利枢纽供水可降低扬程 182 m。从供水保障方面比较，由于青铜峡水库淤积严重、兴利库容小，供水保证率低；而黑山峡水利枢纽调蓄库容大，供水保证率高。供水水质方面，青铜峡水库位于黑山峡水利枢纽下游约 200 km，水质较差，难以满足工业、生活供水要求，且由于含沙量高的清水河的汇入，含沙量增加；黑山峡水利枢纽入库水质相对较好，经水库调蓄后，取水含沙量小于 1 mg/kg。综上分析，将银川都市圈城乡东线向吴忠市利通区、青铜峡市、灵武市供水纳入供水范围。

（4）银川都市圈城乡中线供水工程。工程供水范围为平罗县的陶乐镇、高仁乡、红崖子乡，银川市兴庆区月牙湖乡及宝丰生态牧场。该工程主要任务是对各级泵站进行整合、变分散取水为集中取水。黑山峡水库建成后，改由大柳树东干渠 300 km 附近引水，可以自流输水进入拟建的大井沟水库。因此，将银川都市圈城乡中线供水区域纳入黑山峡河段供水范围。

（5）宁东供水工程。宁东供水工程总扬程 172.7 m，改用黑山峡水库东干渠取水，可降低扬程 153.5 m，降低运行费用和供水成本，且黑山峡水利枢纽调蓄能力强，可提高能源化工基地用水保证程度，因此将宁东能源化工基地和上海庙能源化工基地纳入供水范围。

2.3 可降低扬程的现状扬黄工程

宁夏区域现状南山台子扬水、固海扬水、固海扩灌扬水、红寺堡扬水、盐环定扬水等工程扬程高，设计规模偏小，供水保障程度低，供需矛盾突出，且缺少调蓄工程，供水末端引水困难，干旱年份缺水严重。黑山峡水库东、西干渠建成后，部分灌区改由黑山峡水库东干渠取水，将显著降低扬程，降低供水成本，将其纳入供水范围。

2.4 供水范围及供水对象

综上分析，确定黑山峡河段水网体系供水范围主要包括宁夏、内蒙古、陕西和甘肃4省（区），覆盖32个旗县（市、区），黄河黑山峡河段水网覆盖供水范围见表1。供水对象主要是灌区范围内（包括周边辐射一定范围）的城乡生活、规模化养殖用水，宁东能源化工基地及区域工业园区的工业用水，农业灌溉及生态建设用水等。

表 1 黄河黑山峡河段水网覆盖供水范围

供水区	地市	县（市、区）	面积/km²	备注
甘肃	白银市	景泰县、靖远县、平川区、白银区、会宁县	21 074	5 个县（区）
	武威市	民勤县、古浪县	20 882	2 个县
	供水区小计		41 956	7 个县（区）
宁夏	吴忠市	利通区、红寺堡区、盐池县、同心县、青铜峡市	19 632	5 个县（市、区）
	银川市	兴庆区、西夏区、金凤区、永宁县、贺兰县、灵武市	9 088	6 个县（市、区）
	中卫市	沙坡头区、中宁县、海原县	15 236	3 个县（区）
	石嘴山市	大武口区、平罗县	3 068	2 个县（区）
	固原市	原州区	2 739	1 个区
	供水区小计		49 763	17 个县（市、区）
内蒙古	阿拉善盟	阿拉善左旗	5 604	1 个旗（县）
	鄂尔多斯市	鄂托克前旗	12 180	1 个旗（县）
	供水区小计		17 784	2 个旗（县）
陕西	榆林市	靖边县、定边县	12 008	2 个县
	延安市	宝塔区、安塞区、志丹县、吴起县	14 045	4 个县（区）
	供水区小计		26 053	6 个县（区）
合计			135 556	32 个旗县（市、区）

3 水网总体布局

实施国家水网重大工程，是党的十九届五中全会和《中华人民共和国国民经济和社会发展第十四个五年规划和 2035 年远景目标纲要》明确的重大任务，实施国家水网要立足流域整体和水资源空间配置，遵循确有需要、生态安全、可以持续的重大水利工程论证原则，以重大引调水工程和骨干输配水通道为纲、以区域河湖水系连通工程和供水渠道为目、以控制性调蓄工程为结，构建"系统完备、安全可靠，集约高效、绿色智能，循环通畅、调控有序"的国家水网，全面增强我国水资源统筹调配能力、供水保障能力、战略储备能力。

黄河黑山峡河段的水网体系建设，要以国家水网建设为契机，积极融入国家骨干水网，织密市、县级供水网络，加快推进一批重大输配水和水源工程，推进城乡供水服务均等化，改善灌区水源互联互补条件，形成纲—目—结的区域水资源配置格局。

3.1 实施水网之"纲"：推进水网主骨架和大动脉建设

南水北调工程是我国"四横三纵"水利大格局的主要组成部分，西线工程的实施是维持黄河健康生命、实现全国水资源优化配置的重大战略举措，对支撑西部大开发战略实施具有十分重要的作用。黄河黑山峡河段水网建设布局中，实施水网之"纲"，积极融入国家水网，积极推进南水北调西线工程前期工作，推进建设陕甘宁供水工程、银川都市圈城乡供水工程等骨干输配水通道，加快构建水网主骨架和大动脉。

3.2 织密水网之"目"：完善区域市、县级骨干供水网络

结合水安全保障需求，加强重大水资源配置工程与区域重要水资源配置工程的互连互通，开展水

源工程间、不同水资源配置工程间水系连通。在黑山峡河段水网建设中，以实现盐环定扬黄、固海扩灌、宁东供水、银川都市圈等已有引黄工程与大柳树灌区、陕甘宁等新建供水工程等引黄线路与当地水源水库、用水户间的互连互通为目，按照"总量控制、节水优先、协调发展、多源互补"原则，加快推进一批重大输配水和水源工程，织密市、县级供水网络，改善区域水源互连互通互济条件，优化水资源配置格局。推进大柳树生态灌区的改造和实施，加快推进陕甘宁革命老区供水工程及银川都市圈城乡西线、东线、中线供水工程和清水河流域城乡供水等一批骨干水源和重点供水工程，构建水系互连互通、资源统筹调配、安全保障有力的骨干供水主动脉，提高区域水资源配置能力，解决供水水源不稳定问题。

3.3 打牢水网之"结"：水源工程及提升改造

在黑山峡河段水网体系中，以线路始端黑山峡水利枢纽和水网线路末端的当地水库为结点，加快推进具有重要水资源调配功能的重点水库工程建设，提高重点区域和城乡供水保障能力。充分挖掘现有工程的调蓄能力，通过推进有条件的水库实施清淤疏浚或加高扩容，扩大流域水系水库群联合调度，同时实施灌区改造及重要园区供水保障提升工程，提升现有工程的供水能力。

4 结语

（1）加快推进南水北调西线前期工作步伐。南水北调西线工程对于从根本上解决黄河流域缺水问题具有不可替代性，在国家"四横三纵"水资源配置战略格局中具有重要地位，同时也是黑山峡水网体系的总纲，建议加快前期工作步伐，尽快启动可研阶段工作，为实现工程尽早开工建设奠定基础。

（2）尽快启动黑山峡水利枢纽工程建设。黑山峡水利枢纽作为黑山峡河段水网体系建设的关键结点，也是南水北调西线工程水量的调蓄水库，对黑山峡河段水网建设具有至关重要的作用，建议加快推进黑山峡水利枢纽项目前期工作，争取早日开工建设，完善黑山峡河段水网主动脉。

参考文献

[1] 赵勇，何凡，何国华，等. 国家水网规划建设十点认识与思考 [J]. 中国水利，2023（14）：24-33.
[2] 张金良，景来红，唐梅英，等. 南水北调西线工程调水方案研究 [J]. 人民黄河，2021，43（9）：9-13，24.
[3] 安催花，鲁俊，郭兵托，等. 黄河黑山峡水库库容规模需求研究 [J]. 人民黄河，2022，44（1）：42-46.
[4] 张金良，鲁俊，张远生. 黄河黑山峡河段开发的战略思考 [J]. 人民黄河，2020，42（7）：1-4，56.
[5] 张倩. 黄河黑山峡河段开发的水环境影响研究 [D]. 北京：中国水利水电科学研究院，2019.
[6] 王旭强，周涛，袁汝华，等. 黄河黑山峡大柳树水利枢纽工程功能分析 [J]. 水利经济，2018，36（2）：59-61，85.

我国非常规水资源开发利用现状研究

彭安帮[1]   梁   秀[2]   郑锦涛[1,3]

(1. 南京水利科学研究院，江苏南京   210029；
2. 江西省水利科学院，江西南昌   330000；
3. 河海大学水文水资源学院，江苏南京   210029)

摘   要： 针对我国非常规水资源家底不清、利用现状不明等问题，开展非常规水资源区域分布及开发利用现状分析，揭示非常规水资源利用特点，并针对存在的问题提出对策建议。结果表明：2011—2021 年全国非常规水资源综合利用水平显著提高，开发利用量增幅达 181.7%，但区域发展不平衡问题突出，目前非常规水资源开发利用主要集中在黄淮海等极度缺水地区，并且各类型非常规水资源在年增长率方面具有较大变动幅度，可能与水资源供需状况、处理技术成熟度、政策引导等因素有关。

关键词： 非常规水资源；再生水；集蓄雨水；海水淡化；微咸水；矿坑水

我国水资源总量丰富，但由于人口基数大，人均水资源占有量仅为世界平均水平的 1/4，属于水资源极度匮乏的国家之一。随着我国工业化和城市化进程的加快，水环境污染日趋严重，水资源短缺已成为我国可持续发展的制约因素[1]。在水资源供需矛盾日益严峻的形势下，如何更好地应对水资源短缺压力成为现阶段我国亟待解决的问题[2]。非常规水资源作为常规水资源的重要补充，对于缓解水资源供需矛盾、提高区域水资源配置效率和利用效益等方面具有重要作用[3]。2017 年，水利部颁布《水利部关于非常规水源纳入水资源统一配置的指导意见》（水资源〔2017〕274 号，简称《指导意见》），明确"做好顶层设计，将非常规水资源纳入水资源统一配置体系"作为新时期水利部推进全国节约用水工作、贯彻落实"节水优先"方针的一项重要举措。不过由于我国非常规水资源家底不清、开发利用现状不明等问题突出[4-5]，直接影响非常规水资源潜力及可行性的准确评估，致使其在资源配置决策中缺乏明晰性和可信度，从而限制了将非常规水资源纳入水资源统一配置，导致非常规水资源利用水平偏低，约占全国供水总量的 2%，与世界先进水平存在较大差距[6]。因此，摸清全国非常规水资源家底，掌握非常规水资源开发利用现状，对于破解非常规水资源开发利用瓶颈、提升开发利用规模和效率具有重要的现实意义。

为此，本文深入分析了全国再生水、海水淡化、集蓄雨水、微咸水、矿坑水 5 种类型非常规水资源开发利用的现状总体情况与特点及其历史变化，并针对现状存在的问题提出相应的对策建议，以期为我国非常规水资源高效利用、合理配置提供科学参考。

1   非常规水资源开发利用总体情况

1.1   数量结构

（1）2021 年非常规水资源开发利用量。统计资料表明，2021 年全国再生水、海水淡化、集蓄雨

基金项目： 中央级公益性科研院所基本科研业务费（Y520009）。
作者简介： 彭安帮（1985—），男，高级工程师，主要从事水文学与水资源工作。
通信作者： 梁秀（1991—），女，工程师，主要从事水文学与水资源工作。

水、微咸水、矿坑水 5 种类型非常规水资源利用总量为 138.3 亿 m³，主要用于工业生产、城市绿化、环卫清洁、生态景观、生态补水等领域，已经完成了《指导意见》提出的 2020 年利用量 100 亿 m³ 的目标。

（2）不同类型非常规水资源开发利用量占比。再生水具有水源稳定、就地可取、处理技术成熟、环境效益显著等优点，因此应用最为广泛、开发利用量最大，2021 年开发利用总量为 116.2 亿 m³，占比 84.0%；集蓄雨水、矿坑水、微咸水、海水淡化因受自然环境、地理位置、处理成本等条件影响，开发利用量较少，占比仅为 16.0%，其中矿坑水开发利用量为 8.0 亿 m³，占比 5.8%；集蓄雨水开发利用量为 6.9 亿 m³，占比 5.0%；微咸水开发利用量为 4.4 亿 m³，占比 3.2%；海水淡化开发利用量为 2.9 亿 m³，占比 2.1%，占比超过 80%。

（3）非常规水资源开发利用量年际变化。2011—2021 年全国非常规水资源开发利用量逐年增加，由 2011 年的 49.1 亿 m³ 增加到 2021 年的 138.3 亿 m³，占全国供水总量的比例也由 2011 年的 0.80% 提高到 2021 年的 2.34%（见图 1）。

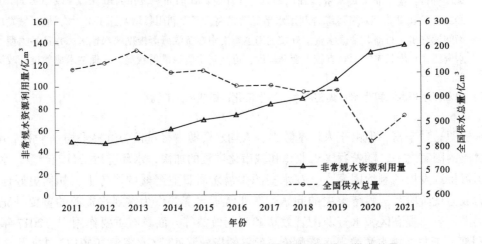

图 1　2011—2021 年全国非常规水资源开发利用量和供水总量

1.2　空间分布

目前，我国非常规水资源开发利用主要集中于极度缺水的黄淮海流域（空间分布见图 2），华东、华南、西南、西北、东北的一些省（区）也已加大非常规水资源的开发利用力度。2021 年，全国非常规水资源开发利用量超过 5 亿 m³ 的省（区、市）共 11 个，依次为山东、河北、江苏、河南、内蒙古、安徽、山西、辽宁、天津、北京、重庆，其非常规水资源开发利用量合计 90.9 亿 m³，占当年全国非常规水资源利用总量的 65.7%。

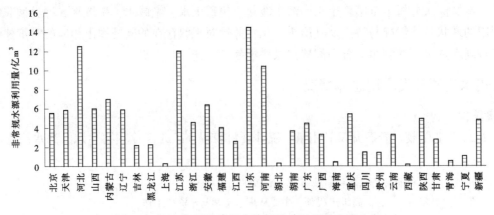

图 2　2021 年全国非常规水资源开发利用量空间分布

1.3 利用特点

（1）区域发展不平衡。我国非常规水资源利用量整体增长较快，但仍然存在整体水平不高、区域发展不平衡等问题[7]。北方缺水地区的再生水利用发展较快，开发利用量占全国的61.2%，南方水资源相对丰富地区发展较慢。海水淡化集中在天津、河北、辽宁等沿海缺水城市和岛屿。

（2）再生水资源开发利用量占比大。从非常规水资源利用分类看，再生水具有水源稳定、技术成熟、用户需求较大的特点，2021年再生水开发利用量占非常规水资源开发利用总量的84.0%。

（3）非常规水资源用户相对单一。非常规水资源主要用水领域为生态环境用水和工业用水[8]，二者开发利用量约占非常规水资源开发利用总量的80%，与国外非常规水资源利用相比，我国非常规水资源的用户类型相对单一[9-10]。

（4）设备生产率较低。由于管网建设滞后、政策激励机制缺乏等原因，海水淡化、再生水开发利用的设施、设备生产率较低。2021年底，全国海水淡化工程总规模达到185.6万 t/d[11]，按照当年海水淡化利用量2.9亿 m^3 来推算，海水淡化设施、设备实际生产天数仅为154 d，仅发挥了42.2%的产能，大部分已建项目处于"晒太阳"的闲置状态。

2 不同类型非常规水资源开发利用情况

2.1 再生水开发利用情况

2.1.1 时程变化

2021年全国再生水开发利用总量为116.2亿 m^3，较上年同比增加7.2亿 m^3，年增长率为15.1%。先节水后调水，先环保后用水，越来越多缺水型城市在充分利用外调水的同时，加大了再生水强制使用力度，2011—2021年再生水开发利用量保持了高速增长趋势，由32.9亿 m^3 增加到116.2亿 m^3，年均增长率为15.1%，尤其是《指导意见》颁布以来，各省（区、市）也相继出台多项政策鼓励推广使用再生水，受到政策"叠加效应"作用，再生水开发利用量已连续多年每年增加约7亿 m^3。

2.1.2 空间分布

2021年，全国再生水开发利用主要集中在黄淮海流域（空间分布见图3），包括北京、江苏、山东、河南、河北等5省（市），占全国的36.8%，并且绝大部分省（区、市）再生水开发利用量较往年均有不同幅度的增加，其中福建、上海、广西、四川、宁夏、江西、湖南、云南、黑龙江等省（区、市）再生水开发利用量同比增长均超过30%，福建省最高达到143.2%。

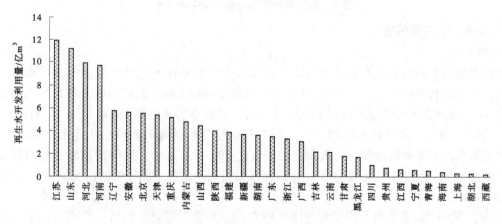

图3 2021年再生水开发利用量空间分布

2.2 海水淡化开发利用情况

2.2.1 时程变化

我国高度重视海水淡化与综合利用工作，国务院办公厅、国家发展和改革委员会、科技部、国家海洋局相继出台了发展海水淡化产业的意见和专项规划，促进了海水淡化工程规模进一步扩大。截至 2021 年底，全国已建成海水淡化工程 144 个，工程规模 185.6 万 t/d，产能同比增长 12.5%，利用总量达 2.9 亿 m^3，同比增长 0.9 亿 m^3。

然而，通过对 2011—2021 年海水淡化利用量数据分析发现，海水淡化利用量并非保持持续增长，而是呈现波动变化态势，年增长率最大变幅达到了 85.7%。这种波动现象折射出海水淡化产业受到复杂的市场营销环境影响[12-13]，而这一环境受到多种因素的驱动与制约，例如产能过快增长和高生产成本等[14-15]，直接导致了海水淡化市场产能的过剩问题。另外，目前政策工具主要集中在投资和生产环节，也进一步加剧了市场供需不平衡现象[16]。因此，厘清海水淡化开发利用的驱动与约束机制是科学制定海水淡化产业激励政策的前提条件，尊重市场规律、研究市场机制，才能保障海水淡化产业持续健康发展[17]。

2.2.2 空间分布

受自然地理位置影响，全国海水淡化开发利用主要集中于浙江、河北、天津、山东、广东、辽宁、福建 7 个沿海省（市）（空间分布见图 4），其中 2021 年河北、浙江、山东海水淡化利用量同比增长幅度较大，增长率均超过 30%，而广东、辽宁、福建有所减少。在海水淡化利用领域方面，北方地区以大规模工业用水为主，主要集中在天津、河北、山东等地的电力、钢铁等高耗水行业；南方地区以生活用水居多，主要分布在浙江、福建、海南等地；海岛地区以居民生活用水为主，主要分布在浙江、山东、辽宁、海南等地[18-19]。

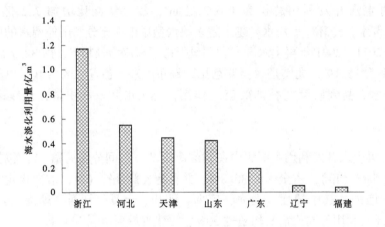

图 4 2021 年海水淡化利用量空间分布

2.3 雨水集蓄开发利用情况

2.3.1 时程变化

我国雨水集蓄利用在解决干旱缺水山区生活用水、发展旱作补充灌溉农业等方面取得了巨大成就。目前，全国已有 20 个省（区、市）开展了雨水集蓄利用工作，新建或改造利用各类集流面积达 303.23 亿 m^2，建成各种类型蓄水设施 1 025.33 万个，总蓄水容积达到 36.43 亿 m^3，累计解决生活用水人口 2 189.73 万人、大牲畜 978.28 万头，发展农业补充灌溉面积 2 842.43 万亩。2011—2021 年，全国雨水集蓄利用量呈现波动变化，最大变动幅度达 59.7%，这种年际间的剧烈变化可能受到各年雨水集蓄区水文气象条件的变化影响[20]，导致雨水集蓄利用量在不同年份间出现较大幅度的波动。

2.3.2 空间分布

2021 年，我国的雨水集蓄利用主要集中在西北、华北半干旱缺水山区，西南石灰岩溶地区和沿海地区。虽然总体上雨水集蓄利用总量较往年有所下降（-15.9%），但在政策的积极引导下，如《重庆市水安全保障"十四五"规划（2021—2025 年）》《重庆市人民政府办公厅关于科学绿化的实施意见》《江西省"十四五"节水型社会建设规划》等政策规划的推动下，河北、重庆、云南、河南、广东、江西、浙江等省（市）的雨水集蓄利用量依然呈现 1.1%~155.6% 的正向增加趋势。

2021 年雨水集蓄利用量空间分布见图 5。

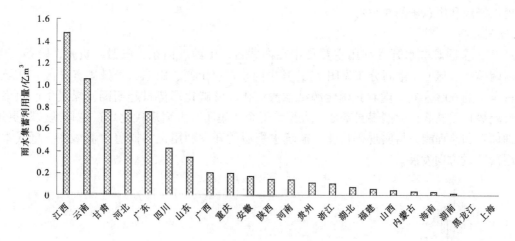

图 5　2021 年雨水集蓄利用量空间分布

2.4　微咸水开发利用情况

2.4.1　时程变化

我国具有开采应用价值的微咸水（1~3 g/L）和半咸水（3~5 g/L）资源量为 198.48 亿 m^3，其中微咸水资源量为 144.02 亿 m^3，半咸水资源量为 54.46 亿 m^3。2021 年，全国微咸水开发利用总量为 4.4 亿 m^3，占非常规水资源利用总量的 3.2%。在 2011—2021 年的时间跨度内，微咸水的开发利用量表现出峰状变化趋势，2015 年微咸水的开发利用达到顶峰水平，随后出现下降趋势并逐渐趋于平稳，直到 2019 年重新实现了正增长，增幅达 43.5%。

2.4.2　空间分布

2021 年，微咸水开发利用主要集中在山东、新疆、河北、宁夏、内蒙古和陕西等 6 个省（区）（空间分布见图 6），在这些地区中，内蒙古、新疆、河北及陕西的微咸水开发利用量较上一年显著增长，其增幅在 20.2%~70.2%。总体而言，水资源相对匮乏的地区微咸水开发程度较高，如河北微咸水实际开采量占可采总量的比例达到了 100%，甘肃、内蒙古和山东等地，微咸水开发利用率也分别达到 69.29%、34.93% 和 27.94%。

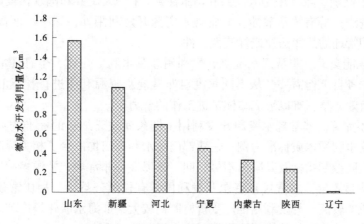

图 6　2021 年微咸水开发利用量空间分布

2.5　矿坑水开发利用情况

2.5.1　全国矿坑水开发利用情况

针对全国矿坑水资源量开展调查，发现矿坑水资源主要分布于全国 14 个大型煤炭基地的 15 个省（区、市），矿坑水资源总量为 52.26 亿 m^3，可利用量为 45.81 亿 m^3，其中矿坑水资源量最大的为贵州省，为 13.3 亿 m^3，可开发利用量为 12.8 亿 m^3。2021 年，全国矿坑水开发利用总量为 8.0 亿 m^3，占非常规水资源利用总量的 5.8%。

2.5.2 空间分布

2021 年，全国矿坑水开发利用主要集中在内蒙古、山西、山东、安徽、贵州、陕西、黑龙江、河北、河南等省（区）（空间分布见图 7），其中内蒙古、山西、山东、安徽 4 省（区）矿坑水开发利用量占全国的 60% 左右。随着我国能源结构清洁化、低碳化形势日趋明朗，煤炭生产向集约高效方向发展趋势日益显著，大型煤炭基地、大型骨干企业集团、大型现代化煤矿主体地位将更加突出，煤炭治理体系和治理能力将实现现代化，矿坑水资源的开发利用也将向着"高效率、低成本、资源化、多层次"的方向发展。

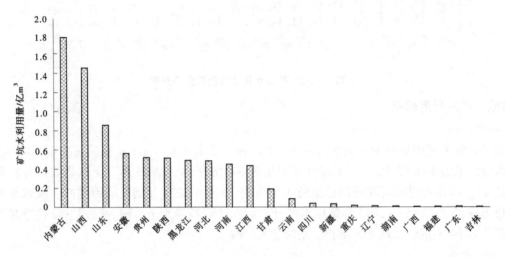

图 7　2021 年矿坑水开发利用量空间分布

3　存在问题及建议和对策

3.1　存在问题

相比于常规水资源，非常规水资源有其特殊性，在开发利用中尚存在以下几方面问题：

（1）法律法规不健全。除《中华人民共和国水法》《中华人民共和国水污染防治法》《中华人民共和国循环经济促进法》等有关章节涉及非常规水资源开发利用外，国家层面尚未出台专门针对非常规水资源开发利用管理的法律法规或规范性文件。

（2）部门管理职能交叉。非常规水资源开发利用涉及水利、住建、生态环境、自然资源等多个部门，相关部门根据各自工作需要，从不同角度对非常规水资源利用进行探索和监管，缺乏协调机制，数据资料未能有效共享，难以形成整体推进工作的合力。

（3）标准规范不完善。非常规水资源开发利用全链条尚缺乏细致的标准约束，部分标准之间难以协调一致。以再生水利用水质标准为例，住建部门、水利部门均出台了相关标准，针对同一用途的再生水，不同标准之间控制指标及其限值不尽相同，难以保证非常规水资源多种用途对水质的要求。

（4）财政扶持力度不够。非常规水资源开发利用具有较强公益性，相比常规水资源，其开发利用设施建设与处理成本较高，开发利用推广受价格制约较大，如海水淡化推广利用，在行业发展初期往往缺少必要的财政扶持，致使非常规水资源开发利用步伐缓慢。

（5）公众对非常规水资源的认知不足。由于自然水体取用便利、非常规水资源利用紧迫性不强、开发利用宣传不够等原因，公众对非常规水资源的认知不够，对非常规水资源的水质问题存在疑虑，导致许多人对非常规水资源的接受程度不高，直接影响非常规水资源的推广利用。

3.2　建议和对策

为推动非常规水资源的开发利用，在上述 5 种类型非常规水资源开发利用情况和存在问题分析的基础上，提出了以下几点建议和对策：

（1）修订法律，让管理有法可依。适时修订《中华人民共和国水法》和《取水许可和水资源费征收管理条例》相关条款，尽快出台节约用水条例，明确规定非常规水资源开发利用建设项目须开展水资源论证、办理取水许可、纳入计划用水管理等相关内容，使得各地对非常规水资源开发利用的监督管理有法可依。

（2）顶层设计，明确指导意见。从国家层面尽快建立健全非常规水资源开发利用管理的各项规章制度和政策文件，分类制定非常规水资源开发利用的强制性和指导性政策，对非常规水资源开发利用原则、方向、方式、方法给出可操作性强的指导意见，并明确非常规水资源开发利用建设、运营过程的监管主体，以及开发利用过程中政府各有关部门的工作职责，实现统一规划、统一部署、统一管理。

（3）规范标准，确保水质安全。要加快建立、完善非常规水资源开发利用的技术标准体系，细化、规范非常规水处理工艺、供水水质等要求，尤其是要制定非常规水开发利用的一些强制性技术标准，以确保水质安全，让企业和民众放心利用非常规水。

（4）政策激励，充分调动积极性。制定非常规水资源开发利用的投融资、财政奖补、税费减免、配套管网建设、项目支持等激励政策，鼓励社会资本参与非常规水资源开发利用，建立合理的融资、建设、运营、监管机制。加大对非常规水生产供给企业的扶持力度，充分调动非常规水生产供给企业投资与运营的积极性。发挥经济杠杆的宏观调控作用，形成合理的非常规水市场定价体系，突出非常规水的价格优势。对非常规水资源利用比例较高的工业企业，适当减免常规水源利用需缴纳的水资源税费。

（5）加大宣传，提高公众认知度、参与度。利用网络、报纸、电视等各类媒体，普及非常规水资源开发利用理念和知识，广泛宣传非常规水资源开发利用的重要性、安全性和环保性，让社会公众充分认识和接受非常规水资源，逐步转变传统用水观念，主动参与到非常规水资源开发利用过程中。

参考文献

[1] 周斌. 国家重点研发计划"水资源高效开发利用"重点专项解析 [J]. 水科学进展, 2017, 28 (3)：472-478.

[2] 徐承红, 潘忠文. 区域绿色水资源效率提升的门槛效应：基于异质性环境规制的视角 [J]. 吉林大学社会科学学报, 2019, 59 (6)：83-94.

[3] 胡雅琪, 吴文勇. 中国农业非常规水资源灌溉现状与发展策略 [J]. 中国工程科学, 2018, 20 (5)：69-76.

[4] 马涛, 刘九夫, 彭安帮, 等. 中国非常规水资源开发利用进展 [J]. 水科学进展, 2020, 31 (6)：960-969.

[5] 王振华, 何新林, 杨广. 玛纳斯河流域非常规水资源开发利用现状及可持续对策 [J]. 中国农村水利水电, 2010 (8)：99-101.

[6] 顾佳卫, 解建仓, 赵津, 等. 四类非传统水资源开发工艺的可视化及可利用量计算 [J]. 西安理工大学学报, 2019, 35 (2)：200-211.

[7] 李浩. 生态城市规划建设的"中国范式" [J]. 城市发展研究, 2013, 20 (12)：69-75.

[8] 王文, 杨云, 崔巍, 等. 沿海地区非常规水资源开发利用方法与策略 [J]. 江苏农业科学, 2015, 43 (4)：1-4.

[9] A Carducci, I Federigi, L Cioni, et al. Approach to a water safety plan for recreational waters：disinfection of a drainage pumping station as an unconventional point source of fecal contamination [J]. H_2Open Journal, 2020, 3 (1)：1-9.

[10] Er-Ping Cui, Feng Gao, Yuan Liu, et al. Amendment soil with biochar to control antibiotic resistance genesunder unconventional water resources irrigation：Proceed with caution [J]. Environmental Pollution, 2018, 240：475-484.

[11] 黄鹏飞, 刘南希, 王锐浩, 等. 环渤海地区海水淡化发展研究 [J]. 环境科学与管理, 2019, 44 (12)：40-44.

[12] 闫佳伟, 王红瑞, 朱中凡, 等. 我国海水淡化若干问题及对策 [J]. 南水北调与水利科技（中英文）, 2020, 18 (2)：199-210.

[13] 王静, 刘淑静, 侯纯扬, 等. 我国海水淡化产业发展模式建议研究 [J]. 中国软科学, 2013 (12)：24-31.

[14] 王琪, 郑根江, 谭永文. 我国海水淡化产业进展 [J]. 水处理技术, 2014, 40 (1)：12-15.

［15］郑根江，栗鸿强，薛立波，等．海水淡化产业现状［J］．水处理技术，2017，43（10）：4-6.

［16］杨尚宝．我国海水淡化产业发展战略规划与政策建议［J］．水处理技术，2013，39（12）：1-4.

［17］杨静，荆平，高蝶，等．京津冀城市群水资源循环经济发展的障碍因子分析［J］．中国农村水利水电，2020（10）：131-136.

［18］刘淑静，王静，邢淑颖，等．海水淡化纳入水资源配置现状及发展建议［J］．科技管理研究，2018，38（17）：233-236.

［19］张秀芝，王静，郝建安，等．海岛海水资源利用模式［J］．水资源保护，2015，31（3）：115-118.

［20］任永峰，赵沛义，李彬，等．模拟降水量条件下不同种植方式集雨效应研究［J］．中国农业大学学报，2015，20（6）：233-239.

黄河流域水–能源–粮食–生态耦合协调发展时空演变分析

华萌亚¹　周毓彦¹　严登华¹　鲁　帆¹　燕玉亮²　张海潮³

(1. 中国水利水电科学研究院　流域水循环模拟与调控国家重点实验室，北京　100038；
2. 黑龙江大学，黑龙江哈尔滨　150006；
3. 黄河水利水电开发集团有限公司，河南郑州　450099)

摘　要：黄河流域生态保护和高质量发展对流域内水、能源、粮食、生态等提出了更高要求。本文构建了水–能源–粮食–生态综合评价指标体系，运用耦合协调模型定量评价了对黄河流域水–能源–粮食–生态耦合协调发展时空演变特征。结果表明：2010—2020年，①黄河流域整体综合评价指数呈缓慢上升趋势，青海的水资源和生态系统，内蒙古、山西和陕西能源系统，山东和河南粮食子系统发展良好。②黄河流域水–能源–粮食–生态基本处于稳定的高耦合状态，耦合协调发展度呈不断上升趋势，山东和河南波动幅度较大，青海和内蒙古处于中级协调阶段。

关键词：水–能源–粮食–生态；耦合协调；时空演变；黄河流域

1　引言

水、能源和粮食是关系人类生存和社会发展的重要战略资源，三者相互依存，联系紧密。随着气候变化和社会发展，生态与水、能源和粮食的关系开始受到研究者的关注。生态系统是水、能源、粮食等资源活动的重要载体，与水、能源和粮食之间存在密切且复杂的互馈关系，四者之间的耦合协同发展对区域发展和稳定具有重要意义。2019年9月18日，习近平总书记提出了黄河流域生态保护和高质量发展的重大国家战略。黄河流域是我国重要的粮食生产基地，同时蕴含着丰富的能源，但黄河流域的人均水资源占有量仅为全国水平的27%，流域生态环境脆弱，劣V类水占比明显高于全国平均水平。在国家粮食安全、能源安全、生态文明建设战略驱动下，黄河流域用水需求不断增加，水资源的供需矛盾等问题愈加凸显。因此，探究黄河流域水–能源–粮食–生态（Water-Energy-Food-Ecology，WEFE）之间的关系具有重要意义。

2011年波恩会议上提出了水、能源、粮食系统是一个复杂的耦合系统[1]，此后研究水–能源–粮食纽带关系的研究逐年增加，并考虑气候、生态环境[2]和社会经济等相关要素[3]。对系统纽带关系状态的评估中，主要集中在安全评估[4]、压力评价[5]、韧性评价[6]、空间特征评价[7]和驱动力评价等。使用的方法有耦合协调模型、空间统计分析、地理加权回归等[8]。其中，耦合协调模型在对系统的发展状态评估中应用较为普遍，李成宇等[9]、孙才志等[10]使用该模型对我国省际水–能源–粮食耦合协调度进行了评估，徐辉等[11]测算了黄河流域水–能源–粮食耦合协调发展状况，吴玥葶

基金项目：第二次青藏高原综合科学考察研究（2019QZKK0207-2）；青海省中央引导地方科技发展资金项目（2022ZY020）；2022年度科技智库青年人才计划（20220615ZZ07110156）；国家自然青年科学基金项目（51909275）；流域水循环模拟与调控国家重点实验室开放研究基金项目（IWHR-SKL-KF202204）。

作者简介：华萌亚（1997—），女，科研助理，主要从事水资源保护利用的气候韧性研究工作。

通信作者：周毓彦（1991—），男，副高级工程师，主要从事水资源演变与适应性利用研究工作。

等[12]研究了中亚五国的 WEFE 耦合关系。已有的耦合协调发展主要集中在水、能源和粮食，加入生态进行的研究较少。

生态文明建设的提出及黄河流域生态保护和高质量发展的提出，明晰了流域水-能源-粮食-生态耦合协调关系的时空演变特征对推动流域保护与综合治理具有重要的科学和现实意义。因此，以黄河流域主要受水区的 8 个省（区）作为研究对象，构建了 WEFE 评价指标体系，运用耦合协调模型从时空 2 个维度对子系统间的耦合协调发展状况和演变特征进行量化分析，以促进黄河流域水-能源-粮食-生态协调发展，助力黄河流域生态保护和高质量发展。

2 研究区域与数据来源

2.1 研究区概况

黄河流经青海、四川、甘肃、宁夏、内蒙古、山西、陕西、河南、山东 9 省（区），由于黄河在四川省仅流经阿坝藏族羌族自治州和甘孜藏族自治州，四川省更多地受长江流域的影响，所以本文研究范围为上述除四川外的 8 省（区）。黄河全长 5 464 km，全流域位于 96°E~119°E、32°N~42°N，流域总面积 79.5 万 km²，占全国的 8.28%，横跨南温带、中温带和高原气候区 3 个气候带[13]。2020 年黄河流域人口总数为 4.21 亿人（占全国的 29.88%），经济总量达 25.39 万亿元（占全国的 25.07%），在我国国民经济发展中具有重要地位[14]。水资源方面，黄河流域是我国北方基础性供水水源之一，黄河流域大部分省（区）为干旱和半干旱区，降水时空分布不均匀，流域水资源开发利用率为 80%，远超一般流域 40% 的生态警戒线，水资源的供需矛盾突出。能源方面，黄河流域被誉为我国的"能源流域"，流域能源分布格局为上游水电、中游煤炭、下游石油，能源种类多、储量大、质量高，国家"十四五"规划建设的 7 个新能源基地有 4 个在该流域，煤炭年产量占全国的 75% 左右，具有突出的能源优势地位。粮食方面，黄河流域是我国重要的粮食生产基地，2020 年黄河流域粮食总产量达 2.39 亿 t，占全国粮食总产量的 35.6%，黄淮海平原、汾渭平原、河套灌区是农产品主产区，堪称"中华粮仓"。生态方面，黄河流域水资源过度开发，水土流失面积占流域土地面积的比例在全国流域中最大，2020 年，流域 $PM_{2.5}$ 浓度比全国平均值高 15.2%，空气质量差距明显，流域水质总体劣于全国平均水平，经过多年治理，黄河流域水土保持率从 1990 年的 41.49%、1999 年的 46.33%，提高到 2020 年的 66.94%。

2.2 数据来源

本文的研究对象为黄河流域的 8 个省（区），包括青海、甘肃、宁夏、内蒙古、山西、陕西、河南、山东。2010—2020 年 WEFE 系统的耦合协调状况，所使用的数据均来自 2011—2021 年的《中国统计年鉴》及各省（区）的统计年鉴和统计公报，部分缺失数据对临近年份使用线性插值法进行补充。

3 研究方法

3.1 水-能源-粮食-生态耦合协调机制

WEFE 系统是相互依存和密切相关的（见图 1）。水资源是能源和粮食生产所必需的，为生态系统提供健康保障，能源为粮食生产和水的运输提供动力，对生态环境造成破坏，生态支撑粮食、能源生产和水安全。①水资源：是可获取、可再生的自然资源，是整个系统的核心。能源、粮食是水系统的使用者，生态系统为水资源提供保护屏障。②能源：为粮食系统提供动力，为人类生产活动提供能量，但也会给水系统和生态系统带来压力。③粮食：为保障粮食安全，需要消耗能源和水资源保证粮食生产，粮食生产的同时会挤占生态空间，化肥使用会对环境造成一定的污染。④生态：生态系统为水资源提供涵养水源的作用，为粮食系统和能源系统提供基础资源。水、能源、粮食、生态之间联系紧密，在区域内要能够满足环境容量和安全生产，研究4个系统间的耦合协调发展关系对于区域可持续发展是十分重要的。

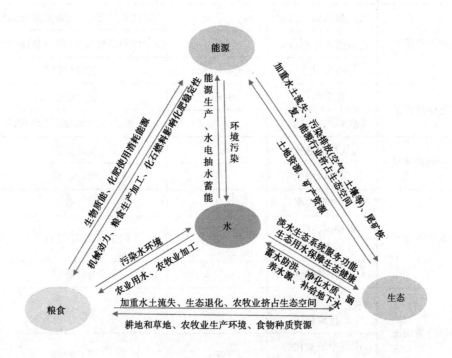

图1　水–能源–粮食–生态耦合协同态关系

3.2　评价指标体系

为了对黄河流域水–能源–粮食–生态耦合协调发展状况进行全面综合的评估，遵循客观性、科学性、实用性和数据可获得性的原则，并参考国内外学者的相关研究[11-12,15-18]，构建了黄河流域水资源、能源、粮食和生态4个子系统24个指标的WEFE综合评价指标体系。

表1　黄河流域 WEFE 综合评价指标体系

子系统	维度	评价指标	单位	指标计算方法或来源	属性
水资源	水资源供给情况	人均水资源总量	m³/人	统计数据	正
	水资源消费情况	人均用水量	m³/人	统计数据	负
	用水结构	万元 GDP 用水量	m³/万元	用水总量/GDP 总值	负
		农业用水占比	%	农业用水/用水总量	负
		工业用水占比	%	工业用水/用水总量	负
		生态用水占比	%	生态用水/用水总量	正
能源	能源供给情况	人均能源产量	吨标准煤炭/人	能源生产量/总人口	正
		发电量	亿 kW·h	总计数据	正
	能源消费情况	人均能源消耗量	吨标准煤炭/人	能源消耗量/总人口	负
		能源消耗强度	吨标准煤炭/万元	能源消耗量/GDP 总值	负
	能源消费结构	原煤消耗占比	%	统计数据	负

续表 1

子系统	维度	评价指标	单位	指标计算方法或来源	属性
粮食	粮食生产情况	有效灌溉面积占比	%	有效灌溉面积/作物总播种面积	正
		粮食播种面积占比	%	粮食作物播种面积/作物总播种面积	正
		粮食单产	t/hm²	统计数据	正
	农业生产供给	化肥负荷	t/hm²	统计数据	负
		单位面积机械动力	kW/hm²	机械总动力/作物总播种面积	正
	粮食消费情况	人均粮食消费量	kg/人	统计数据	负
		人口自然增长率	%	统计数据	负
生态	生态环境水平	森林覆盖率	%	统计数据	正
		保护区占陆地面积比例	%	保护区面积/陆地面积	正
		人均公园绿地面积	m²/人	统计数据	正
	环境污染情况	废水中化学需氧量排放量	万 t	统计数据	负
		废气中氮氧化物排放量	万 t	统计数据	负
	生态环境压力	人口密度	人/km²	统计数据	负

3.3 耦合协调模型

3.3.1 评价指标权重的确定

评价指标体系建立后，为确定在同一系统下各指标的重要性关系，需要对各指标赋予权重。目前，国内外广泛采用的方法有相对指数法、主成分分析法、层析分析法、因子分析法及熵权法[19]。其中，熵权法和主成分分析法都属于客观赋权法，能够在一定程度上避免主观评价性，客观反映指标之间的相对重要性。本文采用熵权法确定黄河流域 WEFE 评价体系各指标的权重，根据指标变异性的大小来确定客观权重，具体步骤如下：

（1）数据标准处理。为消除指标量纲的影响，需要对数据进行标准化处理，参考学者改进后极值标准化方法[11]，针对正负两类指标，数据标准化处理方法如下：

正向指标：

$$X'_{ij} = \frac{X_{ij} - \min\{X_{ij}\}}{\max\{X_{ij}\} - \min\{X_{ij}\}} \times 0.9 + 0.1 \tag{1}$$

负向指标：

$$X'_{ij} = \frac{\max\{X_{ij}\} - X_{ij}}{\max\{X_{ij}\} - \min\{X_{ij}\}} \times 0.9 + 0.1 \tag{2}$$

式中：X'_{ij} 为评价对象 i 经过标准化处理之后的数值（$i=1, 2, \cdots, n$；$j=1, 2, \cdots, k$）；X_{ij} 为指标初始值；$\max\{X_{ij}\}$ 和 $\min\{X_{ij}\}$ 分别为指标初始值的最大值和最小值。

（2）指标比重确定。计算评价对象 i 的指标 j 占该指标的比重 Y_{ij}。

$$Y_{ij} = \frac{X'_{ij}}{\sum_{i=1}^{n} X'_{ij}} \tag{3}$$

（3）指标信息熵的计算。

$$e_j = -\frac{1}{\ln n}\sum_{i=1}^{n} Y_{ij}\ln Y_{ij} \tag{4}$$

式中：指标信息熵取值范围为 $0 \le e_j \le 1$，且当 $Y_{ij} = 0$ 时，令 $Y_{ij}\ln Y_{ij} = 0$。

（4）信息熵冗余度的计算。

$$d_j = 1 - e_j \tag{5}$$

（5）指标权重的确定。

$$w_j = \frac{d_j}{\sum_{j=1}^{n} d_j} \tag{6}$$

本文评价了 2010—2020 年黄河流域青海、甘肃、宁夏、内蒙古、山西、陕西、河南和山东 8 省（区），从时间维度上看，$n = 11$，从空间维度上看，$n = 8$，因此黄河流域整体的 $n = 88$，黄河流域 WEFE 耦合协调发展评价指标共有 24 个指标，因此 $k = 24$。

3.3.2 综合评价指数

利用构建的黄河流域 WEFE 耦合发展指标体系，根据上述方法计算的指标权重值和指标的标准化值，通过线性加权法测算黄河流域 4 个子系统的发展水平，计算公式如下：

$$f(x) = \sum_{j=1}^{6} w_j x'_{ij} \tag{7}$$

$$g(y) = \sum_{j=1}^{5} w_j y'_{ij} \tag{8}$$

$$h(m) = \sum_{j=1}^{7} w_j m'_{ij} \tag{9}$$

$$q(n) = \sum_{j=1}^{6} w_j n'_{ij} \tag{10}$$

式中：$f(x)$、$g(y)$、$h(m)$、$q(n)$ 分别为水资源、能源、粮食、生态子系统的发展水平评价指数；x'_{ij}、y'_{ij}、m'_{ij}、n'_{ij} 分别为 4 个系统标准化后的数值。

$$T = \alpha f(x) + \beta g(y) + \gamma h(m) + \varphi q(n) \tag{11}$$

式中：T 为综合评价指数，代表系统的综合发展能力，T 越大，表明系统发展状况越好；α、β、γ、φ 分别为水资源、能源、粮食、生态子系统的权重，本文认为 4 个子系统相互制约，具有同等重要性，令 $\alpha = \beta = \gamma = \varphi = 1/4$。

3.3.3 耦合度和耦合协调度的测算

耦合度度量的是系统间关联与协同程度的强弱，耦合度越大说明系统间的关联程度与依赖程度越强[20]。本文在廖重斌[21] 和王淑佳等[22] 研究成果的基础上，构建了黄河流域水–能源–粮食耦合度模型，具体如下：

$$C = \sqrt[4]{\frac{f(x)g(y)h(m)q(n)}{\left(\dfrac{f(x) + g(y) + h(m) + q(n)}{4}\right)^4}} = \frac{4\sqrt[4]{f(x)g(y)h(m)q(n)}}{f(x) + g(y) + h(m) + q(n)} \tag{12}$$

$$D = \sqrt{C \times T} \tag{13}$$

式中：C 为耦合度，取值范围为 $0 \le C \le 1$，C 越大，表明系统耦合度越强，关联越紧密，反之则越弱；D 为耦合协调度，取值范围为 $0 \le D \le 1$，D 越大，表明系统协调状况越好，反之则表明协调性差。

耦合度及协调度等级划分如表 2 所示。

表 2　耦合度及协调度等级划分

C	耦合等级	D	协调类型
[0, 0.3]	低水平耦合	[0, 0.1)	极度失调
(0.3, 0.5]	拮抗阶段	[0.1, 0.2)	严重失调
(0.5, 0.8]	磨合阶段	[0.2, 0.3)	中度失调
(0.8, 1]	高水平耦合	[0.3, 0.4)	轻度失调
		[0.4, 0.5)	濒临失调
		[0.5, 0.6)	勉强协调
		[0.6, 0.7)	初级协调
		[0.7, 0.8)	中级协调
		[0.8, 0.9)	良好协调
		[0.9, 1]	优质协调

根据式（1）~式（13）计算出黄河流域整体和各省（区）的 2010—2020 年 WEFE 系统的综合评价指数、耦合度及耦合协调度，用 ArcGIS 绘制出不同时期耦合协调度空间分布图，从时空 2 个维度对黄河流域及流域省（区）之间纽带系统的综合发展指数和耦合协调发展进行分析。

4　结果与讨论

4.1　水-能源-粮食-生态综合评价分析

从时间演变来看，黄河流域整体综合评价指数呈缓慢上升趋势（见图 2、表 3），从 2010 年的 0.437 上升至 2020 年的 0.529，水资源、能源、粮食、生态子系统整体都呈上升趋势，表明 10 年来，水、能源、粮食和生态情况逐渐好转。黄河流域 WEFE 综合评价指数呈平稳上升趋势。水资源综合评价指数呈波动上升趋势，在 2010—2016 年增速较缓，年平均增长率为 1.16%，2017—2020 年增速加快，年平均增长率为 5.17%。在 2015—2016 年，粮食综合评价指数有明显下降趋势，从 0.534 下降至 0.495；生态综合评价指数则呈明显上升趋势，从 0.503 上升至 0.534。

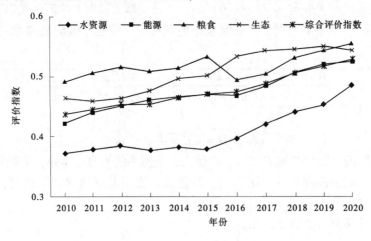

图 2　2010—2020 年黄河流域 WEFE 综合评价指数

表3 2010—2020 黄河流域 WEFE 综合评价指数、耦合度及耦合协调度均值

年份	$f(x)$	$g(y)$	$h(m)$	$q(n)$	T	C	D	耦合阶段	协调类型
2010	0.373	0.422	0.492	0.464	0.437	0.968	0.650	高水平耦合	初级协调
2011	0.378	0.440	0.507	0.459	0.446	0.965	0.655	高水平耦合	初级协调
2012	0.385	0.452	0.518	0.464	0.455	0.967	0.662	高水平耦合	初级协调
2013	0.376	0.461	0.508	0.476	0.455	0.967	0.663	高水平耦合	初级协调
2014	0.384	0.465	0.516	0.497	0.465	0.966	0.670	高水平耦合	初级协调
2015	0.378	0.471	0.534	0.503	0.471	0.967	0.675	高水平耦合	初级协调
2016	0.398	0.469	0.495	0.534	0.474	0.972	0.678	高水平耦合	初级协调
2017	0.423	0.485	0.505	0.544	0.489	0.973	0.689	高水平耦合	初级协调
2018	0.442	0.508	0.533	0.546	0.507	0.973	0.702	高水平耦合	中级协调
2019	0.454	0.520	0.543	0.551	0.517	0.974	0.709	高水平耦合	中级协调
2020	0.487	0.526	0.557	0.545	0.529	0.975	0.717	高水平耦合	中级协调

从空间维度（见图3、表4）来看，8个省（区）的综合评价指数均不高，青海的综合评价指数最高，在2020年达到了0.612；宁夏的综合评价指数最低，在2010年仅有0.363。水土资源分布不均衡导致8个省（区）的系统评价指数有明显差异，青海的水资源评价指数最高，与其丰富的水资源量有关，青海人均水资源量为13 517 m³，是宁夏的83倍。能源评价指数较高的是内蒙古、山西和陕西，分别为0.615、0.579、0.543，这些地区的能源储量丰富，并积极转变能源发展方式，内蒙古在尝试优化能源结构，山西的资源转型效果显著，陕西积极推进能源民生工程。粮食评价指数较高的是山东和河南，分别为0.761、0.579，山东和河南都是粮食生产大省，粮食播种面积占比大和粮食单产高，人口众多。另外，山东和河南有效灌溉面积占比大、农业机械化水平高等因素也促其粮食子系统评价指数高。生态评价指数青海和甘肃较高，分别为0.708、0.605，河南和山东较低，主要是由于青海和甘肃森林覆盖率和保护区占比高，废水、废气排放量较低。李成宇等[9]、徐辉等[11] 的研究结果发现：宁夏水资源系统评价指数较低，山东和河南粮食评价指数较高，陕西、内蒙古能源子系统评价指数较高，青海的综合评价指数最高。这与本文测算结果基本一致。

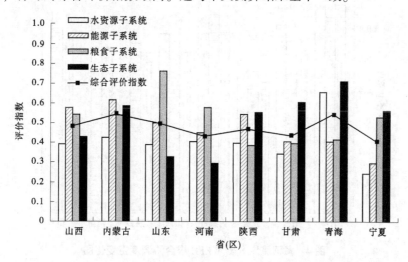

图3 2010—2020 年黄河流域各省（区）WEFE 综合评价指数均值

表 4　黄河流域 WEFE 综合评价指数、耦合度及耦合协调度均值

省份	$f(x)$	$g(y)$	$h(m)$	$q(n)$	T	C	D	耦合阶段	协调类型
青海	0.655	0.407	0.415	0.708	0.546	0.967	0.726	高水平耦合	中级协调
甘肃	0.343	0.403	0.395	0.605	0.436	0.976	0.652	高水平耦合	初级协调
宁夏	0.244	0.296	0.529	0.559	0.407	0.938	0.618	高水平耦合	初级协调
内蒙古	0.426	0.615	0.546	0.584	0.543	0.989	0.732	高水平耦合	中级协调
山西	0.393	0.579	0.541	0.428	0.485	0.986	0.692	高水平耦合	初级协调
陕西	0.399	0.543	0.384	0.551	0.469	0.986	0.680	高水平耦合	初级协调
河南	0.406	0.451	0.579	0.297	0.433	0.969	0.647	高水平耦合	初级协调
山东	0.390	0.503	0.761	0.328	0.495	0.947	0.685	高水平耦合	初级协调

4.2　水–能源–粮食–生态耦合协调时空分析

总体上黄河流域 8 个省（区）耦合度、耦合协调度分别位于 0.938～0.989、0.618～0.726，2010—2020 年黄河流域 WEFE 耦合度已达到相当高的水平，处于一种十分稳定的高耦合状态，这说明黄河流域水、能源、粮食、生态四者之间存在很强且稳定的关联性和依赖性。黄河流域 WEFE 的耦合协调度呈不断上升趋势。2010—2016 处于初级协调阶段，2017—2020 处于中级协调。分地区来说，省（区）间的耦合协调发展水平存在差异，青海和内蒙古为中级协调，甘肃、宁夏、山西、陕西、河南、山东为初级协调。省（区）间耦合协调变化趋势差异较大（见图 4），青海耦合协调度在 0.695～0.771，呈先减少再增加的趋势，山西和河南呈现增加—减少—增加的波动变化趋势，耦合协调度分别在 0.671～0.717、0.612～0.698，甘肃、宁夏、内蒙古、陕西和山东耦合协调发展水平呈上升趋势，耦合协调度均值为 0.652、0.618、0.732、0.680、0.685。

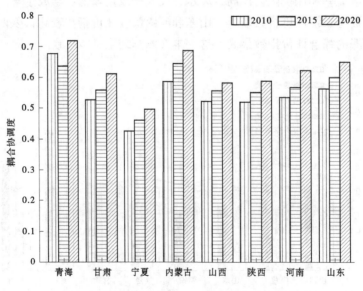

图 4　黄河流域 8 省 WEFE 耦合协调度空变化图

5 结论

本文对黄河流域的 8 个省（区）的 WEFE 系统的耦合协调发展时空演变分析，主要得到以下结论：

（1）黄河流域水–能源–粮食–生态系统综合评价指数呈波动上升趋势，青海的水资源丰富，水资源评价指数较高，内蒙古、山西和陕西的能源评价指数较高，河南和山东是粮食大省，粮食子系统评价指数较高，青海是黄河水源涵养地，生态子系统评价指数较高。

（2）黄河流域水–能源–粮食–生态系统耦合度处于十分稳定的高耦合状态，耦合协调发展度呈不断上升趋势。青海和内蒙古的耦合协调发展水平较高，处于中级协调阶段；宁夏的耦合协调水平较差；山东和河南的耦合协调发展波动幅度较大。

参考文献

［1］H H. Understanding the nexus［C］//Stockholm：The Bonn 2011 Conference：The Water，Energy and Food Security Nexus，2011.

［2］CHEN J，DING T，LI M，et al. Multi-Objective Optimization of a Regional Water-Energy-Food System Considering Environmental Constraints：A Case Study of Inner Mongolia，China［J］. International Journal of Environmental Research and Public Health，2020，18.

［3］王红瑞，赵伟静，邓彩云，等. 水–能源–粮食纽带关系若干问题解析［J］. 自然资源学报，2022，37（2）：307-319.

［4］蒲傲婷. 新疆水–能源–粮食系统安全评价及影响因素分析［D］. 杨凌：西北农林科技大学，2020.

［5］GU D，GUO J，FAN Y，et al. Evaluating water-energy-food system of Yellow River basin based on type-2 fuzzy sets and Pressure-State-Response model［J］. Agricultural Water Management，2022，267.

［6］LI W，JIANG S，ZHAO Y，et al. A copula-based security risk evaluation and probability calculation for water-energy-food nexus［J］. Science of the Total Environment，2023，856.

［7］WANG Y R，SONG J X，SUN H T. Coupling interactions and spatial equilibrium analysis of water-energy-food in the Yellow River Basin，China［J］. Sustainable Cities and Society，2023，88.

［8］DENGYU Y，HAOCHEN Y U，YANQI L U，et al. A Comprehensive Evaluation Framework of Water-Energy-Food System Coupling Coordination in the Yellow River Basin，China［J］. 中国地理科学（英文版），2023，33（2）：333-350.

［9］李成宇，张士强. 中国省际水–能源–粮食耦合协调度及影响因素研究［J］. 中国人口·资源与环境，2020，30（1）：120-128.

［10］孙才志，阎晓东. 中国水资源-能源-粮食耦合系统安全评价及空间关联分析［J］. 水资源保护，2018，34（5）：1-8.

［11］徐辉，王亿文，张宗艳，等. 黄河流域水–能源–粮食耦合机理及协调发展时空演变［J］. 资源科学，2021，43（12）：2526-2537.

［12］吴玥葶，郭利丹，井沛然，等. 中亚五国水–能源–粮食–生态耦合关系及时空分异［J］. 干旱区研究，2023，40（4）：573-582.

［13］王浩，贾仰文，王建华，等. 黄河流域水资源及其演变规律研究［M］. 北京：科学出版社，2010.

［14］于文浩，张志强. 新时代黄河流域生态保护和高质量发展的理论逻辑及路径选择［J］. 价格理论与实践，2022，（9）：89-92，205.

［15］嵇娟，陈军飞，邓梦华，等. 绿色发展下长三角地区水–能源–粮食–生态系统仿真和优化研究［J］. 软科学，2022（5）：105-114.

［16］王奕佳，刘焱序，宋爽，等. 水–粮食–能源–生态系统关联研究进展［J］. 地球科学进展，2021，36（7）：684-693.

［17］孙才志，靳春玉，郝帅. 黄河流域水资源-能源-粮食纽带关系研究［J］. 人民黄河，2020，42（9）：101-106.

［18］任绪燕，任永泰，武方宸，等. 区域水–能源–粮食关联系统协同发展模型［J］. 水土保持通报，2021，41（5）：

218-225.

［19］杨仁发，杨超．长江经济带高质量发展测度及时空演变［J］．华中师范大学学报（自然科学版），2019，53
（5）：631-642.

［20］方创琳，崔学刚，梁龙武．城镇化与生态环境耦合圈理论及耦合器调控［J］．地理学报，2019，74（12）：
2529-2546.

［21］廖重斌．环境与经济协调发展的定量评判及其分类体系：以珠江三角洲城市群为例［J］．热带地理，1999
（2）：76-82.

［22］王淑佳，孔伟，任亮，等．国内耦合协调度模型的误区及修正［J］．自然资源学报，2021，36（3）：793-810.

黄河小浪底备用电源电站机组效率提升的研究

张再虎[1]　王忠强[2]

(1. 水利部小浪底水利枢纽管理中心，河南郑州　450000；
2. 黄河水利水电开发集团有限公司，河南郑州　450000)

摘　要：在小浪底水库新的运行方式下，黄河小浪底备用电源电站西沟水电站运行水头上升，给机组安全运行和高效运行带来了问题。本文从西沟水电站开展机组现场试验、机组超出力能力评估和新型高效转轮选型研究等方面，阐述了西沟水电站提高机组效率的路径和做法，为水电站开展水能利用率综合评估，提升电站水能利用率和安全运行水平提供了借鉴。

关键词：水电站；水头；效率提升；转轮

1　引言

西沟水电站为小浪底水利枢纽备用电源电站，安装 2 台 HLA696-LJ-130 型水轮发电机组，机组额定水头 84.5 m，单机容量 10 MW，于 2009 年相继投入运行。西沟水电站设计多年平均运行小时数 5 000 h，多年平均发电量 1 亿 kW·h。电站采用一洞二机引水方式，从小浪底水库取水发电，电站采用"井阀并用"调压设施。

近几年来，小浪底水库调度运行方式变化，长期在高水位运行，西沟水电站机组长期运行在 100 m 水头以上，较机组设计额定运行水头上升约 15 m，机组实际年利用小时数超过 6 000 h，多年平均发电量 1.23 亿 kW·h，均超出原设计数据。

2　研究背景及方向

随着小浪底水库运行方式的变化，西沟水电站机组实际运行水头上升后，机组带设计额定出力（10 MW）运行时导叶开度较小，机组导叶开度长期在 60% 左右，高速水流进入机组转轮室流态长期在欠佳情况下运行，造成机组振动摆度及噪声增大、转轮叶片气蚀磨蚀加重、机组运行效率降低、电站综合水能利用率降低。

针对西沟水电站机组运行面临的问题，为提高机组安全运行效能，实现增效节水的目的，拟从 3 个方向开展西沟水电站机组效率提升研究：一是在高水头运行工况下，开展西沟水电站机组超出力运行试验，以机组额定出力 10 MW 为起点，每增加 0.1 MW 出力为一个试验段，对机组超出力运行情况下振动摆度、温度上升等情况进行趋势分析比较，直至机组制造合同约定的最高出力。二是与机组原生产厂家进行技术合作，通过理论计算推导西沟水电站机组超发电能力，以及机组超发电情况下各部件的安全性能。三是开展水轮机转轮技术发展调研，研究更换高效水轮机转轮的可行性，选定符合西沟水电站新运行方式的新型高效转轮，彻底解决西沟水电站运行存在的问题。

3　研究工作开展情况

围绕研究课题，开展了西沟水电站机组效率提升现场试验、机组设备超出力运行能力校核计算和

作者简介：张再虎（1974—），男，副高级工程师，主要从事水电运行管理工作。

新型转轮选型研究等工作。

3.1 机组超出力运行试验情况

2021 年 11 月以来，西沟水电站持续开展高水头下机组超出力运行试验，经过 1 年多的带负荷试验，西沟水电站机组从超发 0.1 MW 带起，目前机组最高超出力运行至 11.2 MW，在该出力水平下近半年时间机组运行稳定，各部振动、摆度正常，机组噪声较带 10 MW 负荷时降低多，机组轴承、线圈温度略有上升（3 ℃左右），均在设计规程范围内。

3.2 机组超出力运行强度和电磁性能计算

经对西沟水电站机组超出力运行情况下各部件强度和电磁性能复核计算，机组带负荷 12 MW 以下，水轮机和发电机的强度满足设计要求（见表 1），但转轮与主轴结合面的摩擦力接近限值，需要更换转轮与主轴联结的联轴螺栓为 42CrMo 高强度螺栓，同时在更换发电机定子铁芯及定子线圈（现机组定子槽满率已接近 1）后，机组出力可以达到 12 500 kW（功率因数 0.99）。但是，由于小浪底水库运行方式的变化，西沟水电站运行水头长期在 100 m 以上，水轮机长期处于偏离最优运行区的偏工况运行状态，致使机组效率降低，并且长期运行后存在转轮发生疲劳裂纹等安全性风险。

表 1 西沟水电站机组超出力运行强度校核结果汇总

序号	项目	理论计算结果	备注
1	主轴应力	出力 12 MW 下满足要求	
2	转轮与主轴连接处摩擦传递扭矩	出力 12 MW 下满足要求，摩擦力接近限值	更换更高强度的主轴联结螺栓后出力 12.5 MW 下可以满足要求
3	顶盖螺栓强度	出力 12 MW 下满足要求	
4	顶盖刚强度	出力 12 MW 下满足要求	机组运行最大水头未超出原设计最大值
5	水导轴承刚强度	出力 12 MW 下满足要求	
6	发电机主轴刚强度	出力 12 MW 下满足要求	
7	发电机机座刚强度	出力 12 MW 下满足要求	
8	整圆磁轭刚强度	出力 12 MW 下满足要求	
9	发电机上机架刚强度	出力 12 MW 下满足要求	
10	推力轴承负荷能力	出力 12 MW 下满足要求	
11	上、下导轴承负荷能力	出力 12 MW 下满足要求	
12	发电机电磁复核计算	出力 12 MW 下满足要求，热负荷接近限值	出力 12.5 MW 以上，需更换发电机定子铁芯及定子线圈
13	发电机温升	出力 12 MW 下满足要求	
14	通风冷却及换热	出力 12 MW 下满足要求	
15	励磁容量	出力 12 MW 下满足要求	

根据早期的相关统计及研究资料，混流式水轮机的最高运行水头不宜超过 $H_{max}/H_d \leqslant 1.16$ 和 $H_{max}/H_r \leqslant 1.2$ 所确定的范围，其中 H_d 为最优工况对应的水头，H_r 为额定水头。根据以上原则，对西

沟水电站 HLA696-LJ-130 型水轮机（$H_d = 80.4$ m、$H_r = 84.5$ m）计算，西沟水电站机组长期运行的最高水头 H_{max} 不宜高于 100 m。

3.3 水轮机模型对比

经对国内近百个水轮机模型进行选型比较，初步选定了用 JF2657B-LJ-130 型转轮替换原转轮。JF2657B-LJ-130 型转轮最优工况对应的水头 $H_d = 105.4$ m，其最佳运行水头范围为 79.7~116.8 m，其可以运行的水头范围为 67.5~121.8 m，已基本覆盖了西沟水电站的运行范围。同时，如 JF2657B-LJ-130 型转轮与 HLA696-LJ-130 型转轮能量性能比较如表 2 所示，新选定的 JF2657B-LJ-130 型转轮较原转轮在能量性能上有较大优势。

表 2 JF2657B-LJ-130 型转轮与 HLA696-LJ-130 型转轮能量性能比较

水头/m	转轮型号	流量/（m³/s）	水轮机效率/%	水轮机出力/kW
116.5	JF2657B-LJ-130	12.12	93.53	12 954
	HLA696-LJ-130	12.65	89.6	12 954
100	JF2657B-LJ-130	13.97	94.55	12 954
	HLA696-LJ-130	14.34	92.1	12 954
97	JF2657B-LJ-130	14.54	93.61	12 954
	HLA696-LJ-130	15.0	90.5	12 918
84.5	JF2657B-LJ-130	13.64	93.58	10 580
	HLA696-LJ-130	13.44	93.0	10 363
65.0	JF2657B-LJ-130	11.43	88.46	6 450
	HLA696-LJ-130	11.93	92.0	7 000

3.4 机组过渡过程计算

对西沟水电站机组超出力运行时的过渡过程进行计算，对西沟水电站机组增容 20%~50% 后，在 99.0~116.5 m 水头运行范围内，水轮发电机组在启动自动调节时具有稳定运行的能力；在双机甩 25%、50%、75%、100% 负荷时自动调节条件下具备稳定运行的能力；增负荷时自动调节条件下具备稳定运行的能力。

西沟水电站机组不同水头、时间整定、导叶开度条件下机组启动、增负荷、甩负荷、调速器拒动时，典型工况过渡过程计算结果见表 3。

表 3 西沟水电站过渡过程主要计算结果汇总

H_0/m	Y_0	P_0/kW	T_f/s	h_{max}	ΔH/m	$\Delta H/H_0$	x_{max}
116.5	0.74	12 500	4	0.400	33.80	0.290	0.455
116.5	0.74	12 500	4	0.273	24.51	0.210	0.430
116.5	0.69	11 500	4	0.361	30.50	0.263	0.397
116.5	0.60	9 800	4	0.30	25.35	0.217	0.315
113.5	1.00	15 200	6	0.362	30.59	0.270	0.764

续表 3

H_0/m	Y_0	P_0/kW	T_f/s	h_{max}	$\Delta H/m$	$\Delta H/H_0$	x_{max}
113.5	1.00	15 200	4	0.390	32.96	0.290	0.630
110.0	1.00	14 600	8	0.325	27.46	0.297	0.820
110.0	1.00	14 600	6	0.351	29.66	0.267	0.736
110.0	1.00	14 600	4	0.376	31.77	0.289	0.605
106.0	1.00	13 800	6	0.338	28.56	0.269	0.702
106.0	0.75	11 080	6	0.337	28.48	0.286	0.502
106.0	1.00	13 800	4	0.362	30.59	0.289	0.576
106.0	0.75	11 080	4	0.365	30.84	0.290	0.403
104.55	1.00	13 640	4	0.357	31.69	0.303	0.566
104.55	0.75	10 870	4	0.360	30.42	0.291	0.395
100.0	1.00	12 800	4	0.340	28.73	0.254	0.533
99.0	1.00	12 600	6	0.314	26.53	0.268	0.643
99.0	1.00	12 600	4	0.336	28.39	0.287	0.525
98.5	1.00	12 500	4	0.334	28.22	0.286	0.522
93.0	1.00	11 500	4	0.313	26.45	0.284	0.482
84.5	1.00	10 000	6	0.265	22.39	0.265	0.518
84.5	1.00	10 000	4	0.280	23.66	0.280	0.420

4 结论

通过机组带负荷现场试验，验证了西沟水电站机组在超额定出力不大于 12% 情况下，机组设备各部件运行稳定。结合试验成果，调整优化了机组运行方式，把机组超出力运行作为常态运行方式管理。电站 2 台机组在 2022 年超发电量 660 万 kW·h，电站综合水能利用率提升约 5%。

利用机组超出力运行安全性计算结论，将西沟水电站机组联轴螺栓更换为 42CrMo 高强度螺栓，持续开展机组超出力不超 20% 的现场运行试验，对机组各部振动、摆度和温升进行趋势分析，进一步优化调整机组运行方式。

更换新型高效转轮。根据对新型转轮的选型研究成果，设计制作新型 JF2657B-LJ-130 型转轮，将西沟水电站机组转轮更换为重新设计制造的高效转轮，进一步提升西沟水电站机组安全效能。

参考文献

[1] 王雨雨. 水电站调度运行评价指标及若干调度方式评价分析 [J]. 水利科技，2019 (2)：44-48.

[2] 包启林. 浅谈多松多水电站机组经济运行的措施 [J]. 农业科技与信息，2020 (2)：110-112.

[3] 王飞宇. 尼尔基水电站机组运行方式发电效率分析 [J]. 东北水利水电，2019，12（1）：40-42.

[4] 林道远，林建兴. 水轮机运行稳定性的研究与展望 [J]. 山东工业技术，2018（1）：35.

[5] 宋通林. 水轮机稳定性影响因素分析与优化策略 [J]. 中国管理信息化，2016（16）：64-65.

[6] 覃琳. 水轮机稳定性影响因素分析与优化措施研究 [J]. 通讯世界（下半月），2015（12）：293-294.

[7] 褚云峰. 水轮机转轮开裂事故原因分析和经验教训 [J]. 电气技术，2008（3）：73-74.

[8] 王正伟，崔涛，江德春，等. 轴流式水轮机能量特性预测分析 [J]. 水力发电，2002（11）：46-47.

[9] 蔡付林，季盛林. 轴流定桨式水轮机抬机事故分析及防止措施 [J]. 中国农村水利水电，1997（8）：10-12.

[10] 景国强，柴生文. 浅析水轮机运行工况与磨蚀 [J]. 小水电，2021（3）：65-67.

[11] 梁晓东. 大型水轮发电机组运行稳定性研究 [J]. 机电信息，2016（33）：27-28.

[12] 沙文彬，谢俊光. 江垭水电站水轮机运行稳定性研究和分析 [J]. 水利水电快报，2003（19）：1-4.

[13] 戴曙光，何银芝. 龙滩电站水轮机运行稳定性研究 [J]. 湖南水利水电，2001（6）：28-29.

提升漳卫河取用水监管效能的思考

刘 群

（海河水利委员会漳卫南运河管理局，山东德州 253000）

摘 要：严格取用水管理是加强水资源节约高效利用的重要措施，是强化水资源刚性约束、全方位贯彻"四水四定"原则的基础性工作。近年来，各级水利部门认真贯彻习近平总书记关于治水重要讲话指示批示精神和党中央、国务院相关决策部署，深入推进取用水专项整治行动，逐步规范取用水管理，监管能力和水平不断提升。但对照从严、从细管好水资源工作要求，还存在较大差距，各类违法违规取水问题仍然多发、频发。本文以海河水利委员会漳卫南运河管理局为例，分析梳理取用水管理现状和问题，对提升监管效能提出了对策和建议。

关键词：水资源；取用水监管；提升效能；漳卫南运河

2020 年 5 月，水利部印发《取用水管理专项整治行动方案》，在全国范围内开展取用水专项整治行动，旨在全面摸清取水口及取水监测计量现状，依法整治存在问题，规范取用水行为，健全监管机制。按照水利部、海河水利委员会相关工作部署，海河水利委员会漳卫南运河管理局（简称漳卫南局）于 2021 年底完成管辖范围内取水口核查登记、问题认定和整改提升等工作，基本掌握了各取水口的分布和取水情况，对违法违规取水问题进行了集中整治，为"合理分水、管住用水"奠定了基础。但是，近两年在取用水管理专项整治行动"回头看"、取水许可延续技术审查、日常监督检查中发现，仍然存在未经批准擅自取水、超许可超计划水量取水、取水计量不合规等问题，对取用水监管工作提出新的挑战。

1 取用水管理基本情况

1.1 漳卫南局基本情况

漳卫南局隶属于水利部海河水利委员会，实行三级管理体制，机关内设机构 11 个、二级单位 15 个、三级单位 35 个，分布于河北、山东、河南 3 省 10 市 28 县（市、区）。漳卫南局管辖范围包括岳城水库及以下漳河、淇门以下卫河、刘庄桥以下共产主义渠、卫运河、漳卫新河、南运河（四女寺至第三店）。管理河道总长 801 km，堤防总长 1 536 km，大（1）型水库 1 座、水利枢纽 3 座、水闸 11 座。

1.2 取水许可管理职责

1993 年国务院颁布《取水许可制度实施办法》，自 1993 年 9 月 1 日起我国正式施行取水许可管理制度。2006 年国务院颁布《取水许可和水资源费征收管理条例》（2017 年 3 月 1 日重新修订），依照本条例规定和海河水利委员会授权，漳卫南局负责管辖范围内取水许可制度的具体实施。2019 年，海河水利委员会印发《关于取水许可证有效期延续技术审查和取用水日常监管工作的通知》，明确漳卫南局的事权范围包括：漳卫南局管理权限范围和海河流域内河北省子牙河水系（含）以南区域，山东省、河北省全境的延续技术审查和取用水监管工作。

1.3 取用水管理现状

漳卫南运河地处海河流域南部，为省际边界河流，水资源匮乏，地多水少，水资源供需矛盾突

作者简介：刘群（1980—），女，副处长，主要从事水资源管理相关工作。

出。截至 2023 年 6 月，漳卫南局管辖范围内取水口共有 262 个，其中取得取水许可证的取水口 255 处，取得准予水行政许可决定书的在建取水口 7 个，总许可水量 52 294.46 万 m³（具体统计情况见表 1、表 2）。在 262 个取水口中，农业灌溉取水口有 258 处，占比 98.47%；安装计量设施的取水口 85 处，占比 32.44%，其余有 164 处取水口采用以电折水方式折算取水量，有 6 处取水口采用人工测流方式计算取水量，7 个在建项目暂未计量。

表 1　漳卫南局管辖范围内取水口统计（按省份分类）

省份	取水口数量		许可水量	
	小计/个	占比/%	小计/万 m³	占比/%
河南省	94	35.88	10 431.65	19.95
河北省	112	42.75	30 996.37	59.27
山东省	56	21.37	10 866.44	20.78
合计	262	—	52 294.46	—

表 2　漳卫南局管辖范围内取水口统计（按河流分类）

河流	取水口数量		许可水量	
	小计/个	占比/%	小计/万 m³	占比/%
漳河（岳城水库）	3	1.15	17 300	33.08
卫河	119	45.42	10 451.40	19.99
共产主义渠	1	0.38	100	0.19
卫运河	48	18.32	14 940.57	28.57
漳卫新河	84	32.06	9 419.44	18.01
南运河	7	2.67	83.05	0.16
合计	262	—	52 294.46	—

　　为实现取用水制度化、规范化、精细化管理，近年来，漳卫南局坚持问题导向，结合工作实际，不断完善制度建设，努力在创新监管方式上寻求突破，出台《取水监督管理办法（试行）》，将取水监督管理纳入漳卫南局年度目标管理考核体系；印发《漳卫南局关于明确取水监督管理范围和监管职责的通知》，明确局属单位取水监管范围和职责任务；修订《漳卫南局计划用水管理办法》，强化取用水过程跟踪管理；组织开展达标取水户评选，引导取水户依法依规取水；根据各取水口年许可水量、历年取水情况以及所处河段等因素，发布 3 批重点监管取水口名录，对 46 个取水口实施重点监管。

2　存在的主要问题

2.1　管理方面

2.1.1　取水申请论证报告内容与实际脱节

　　取水许可审批环节，对于水资源论证报告的审查，一般采取会审或书面函审的方式，主要对报告内容合规性进行审查，对于农业取水口实际灌溉面积、用水覆盖范围、区域用水总量的复核缺乏有效手段。近年来，随着市县水网建设的加快，河湖水系连通工程提高了各市县水资源统筹配置能力，部分取水口取水用途和覆盖范围与论证内容相比已发生较大变化，实际取水量与许可水量存在差异。

2.1.2 监管手段落后

按照层级管理，漳卫南局下属三级局负责管辖范围内取水口的日常监管工作。农业灌溉取水口依村而建，位置分散，巡查点位多、路线长，因缺少现代化巡查手段，目前主要依靠三级局人员现场巡查，工作效率较低。同时，基层局受限于人员、车辆、经费不足等问题，巡查频次难以保证，对违法违规取水问题不能及时发现。

2.1.3 农业取水户依法取水意识淡薄

长期以来，沿河村庄"靠水吃水"的思想根深蒂固，随意取水现象普遍存在，部分取水户对依法办理取水许可证和申请年度取水计划、上报取水量等工作不理解、不配合，依法依规取水意识淡薄。部分取水口交由留守老人看管，取水设施简陋陈旧，用水方式粗放，难以落实规范化管理要求。

2.2 取水计量方面

2.2.1 计量设施安装率低

取水监测计量是精准掌握水资源量的重要手段。按照《取水许可和水资源费征收管理条例》第四十三条，取水单位或个人应当依照国家技术标准安装计量设施，保证计量设施正常运行。由于缺少经费等原因，农业取水口计量设施安装率普遍较低，取用水专项整治行动整改提升后，取水监测计量工作仍存在覆盖面不全的问题，监管单位无法全面、准确、及时掌握各取水口取用水情况，与水资源规范化、精细化管理要求存在差距。

2.2.2 落实以电折水计量方式存在困难

2021 年水利部印发《关于强化取水口监测计量的意见》，提出因客观条件限制无法安装取水计量设施的农业灌溉取水口，可采用以电折水等折算方法计量水量。受各种因素影响，实际工作中落实以电折水计量方式还存在很多薄弱环节：一是水泵型号参数不同，每个扬水站以电折水系数需要逐一校核，折算的取水量准确率有待验证；二是部分扬水站未配备独立电表，无法准确区分生产生活和水泵提水用电量；三是电费一般采取预付费方式，取水户难以按月上报用电量。

2.2.3 在线计量设施故障率高

在线计量设施主要有两种类型：引水闸一般在取水渠道安装雷达测速仪，配合超声波流量计计算过水量；扬水站一般在取水管道上安装插入式电磁流量计。由于计量设备安装在户外，常年风吹日晒雨淋，运行环境恶劣，容易出现设备掉线、死机、遭破坏和配件锈蚀等情况，导致回传到水资源管理平台的数据出现异常。

2.3 农业节水方面

大中型灌区、取水权人为地方水行政主管部门的取水口，取水工程、灌溉配套设施日常管理维护较为规范，其余农业灌溉取水工程设施陈旧，年久失修，出现闸门漏水等问题。另外，农田灌溉配套基础设施薄弱，缺少田间节水措施和有效计量方式，导致用水方式粗放，大水漫灌式的灌溉方式依旧普遍存在，取水量、田间用水量均无法准确掌握，灌溉水有效利用系数形同虚设。

3 对策和建议

3.1 强化宣传，引导取水户依法取水

取用水监管成效很重要的一方面取决于用水户的法律意识，可以结合地方文化特色，深入浅出地为农业取水户开展精准普法、形象说法活动。充分利用世界水日、中国水周、国家宪法日等关键时间节点，开展取水许可管理、计划用水管理等相关法律法规的宣传教育，营造良好普法氛围。组织开展达标取水户评选等特色活动，表彰先进取水户，适当曝光违规取水、阻碍工作的反面典型，增强取水户依法依规取水的认同感、获得感。

3.2 分类施策，提高取水口监管质效

按照取水用途、取水规模和取水覆盖范围对取水口进行分类，将非农取水口和大中型灌区取水口

列为重点监管对象，进行规范化管理，安装在线计量设施和取水视频监控，对取水情况进行实时监管；对于小型农业灌溉取水口，适当简化程序，采用年度备案式管理方式，帮助指导取水户填报用水计划和取水量报表，提高工作效率；对于取水用途和用水范围发生变化的取水口，对其取用水情况进行追踪监督，对新增用水需求重新进行论证审查，批准后方可增加取水量。

3.3 加强协作，建立联合监管机制

以水利部河湖安全保护专项执法行动为契机，加强与地方公安部门、司法部门、河长办等沟通协作，发挥各自优势力量，加大对违法违规取水行为的打击力度。发挥河长制平台作用，探索建立联合监管机制，变"单打独斗"为"联合作战"，用协作机制推动解决取用水监管难点、堵点问题。针对以电折水方式计量不准确、落实难度大等问题，积极探索与电力部门建立合作机制，为扬水站配备独立电表，每月直接从电力部门获取每个取水口用电量，提高以电折水计量方式的准确性和实效性。

3.4 科技赋能，以信息化手段提升监管效能

在水资源论证审查环节，利用卫星遥感影像核定取水口实际灌溉面积、用水覆盖范围、区域水系连通等情况，为后期监管提供翔实依据。在日常监管环节，推进取用水管理系统开发建设，建立取水户、基层巡查人员、上级领导决策层等多维度应用平台，实现取用水监管、水资源调度全过程信息化管理。安装计量设施方面，在设备选型、安装选址时，充分考虑户外运行环境，采取有效保护措施，确保设备安全稳定运行。在信息采集方面，借助数字孪生流域、洪水灾后治理等项目，推进取水监测计量、视频监控体系建设，完善信息共享平台，实现取水口线上监管全覆盖，以精准计量促进农业节水。

4 结语

严格取用水管理是加强水资源节约高效利用的重要措施，是强化水资源刚性约束、全方位贯彻"四水四定"原则的基础性工作。做好取用水监督管理工作，要准确把握当前面临的新形势、新任务、新要求，深入学习贯彻习近平总书记"节水优先、空间均衡、系统治理、两手发力"治水思路和关于治水重要讲话指示批示精神，把从严、从细管好水资源作为一项重要政治任务，坚定打好取用水监管持久战的信心和决心，切实落实监管责任，提高监管效能，不断提升水资源节约集约安全利用水平，为流域生态保护和高质量发展提供支撑和保障。

引滦供水区水资源情势变化分析与研究

白亮亮　穆冬靖　任涵璐　王晓阳　齐　静　宋秋波

（水利部海河水利委员会科技咨询中心，天津　300170）

摘　要： 受气候变化和人类活动双重影响，滦河流域地表水资源量衰减严重，1980—2016 年系列成果与 1956—1979 年系列成果相比，潘家口以上天然径流量由 21.09 亿 m³ 减少至 12.46 亿 m³，减少了 41%。本文在分析滦河流域水资源条件变化的基础上，采用 1980—2016 年水文系列，提出现状下垫面条件下潘家口可供水量；结合调研情况，完成了天津、唐山两市水资源供需形势分析；分析了引滦水量调整要素，南水北调后续工程通水前引滦水量分配方案调整的可行性，促进天津、唐山两市经济社会协同发展。

关键词： 滦河流域；津唐；水资源情势；水量分配

1　引言

天津、唐山两市地处华北地区东北部，是我国重要的经济中心和工业基地。水资源短缺是制约该地区经济社会发展的主要瓶颈，为缓解城市生活生产用水紧张局面，20 世纪 70 年代以来，先后建设了潘家口、大黑汀、引滦工程等一系列水利工程。截至 2022 年 10 月底，引滦枢纽工程累计总供水量 414.87 亿 m³。其中，向天津累计供水 206.27 亿 m³，向唐山累计供水 208.6 亿 m³。引滦工程的建成、引滦水量分配方案的组织实施，大大改善了天津、唐山供水状况，为区域发展提供了源源不断的动力，已成为相关区域经济社会发展的重要支撑[1-3]。

近年来，天津、唐山两市面临的水资源形势和供用水格局发生了一定的变化。南水北调中线工程为天津提供了引滦水外的又一水源，近年随着引江水量的增大，引滦水用水量占比锐减，这将对引滦发展造成一定影响[4-5]。受气候变化和人类活动双重影响，滦河流域地表水资源量衰减严重，直接影响潘家口水库入库水量和供水量[6]。考虑滦河流域地下水压采治理需求和生态文明建设，促进天津、唐山两市经济社会协同发展，开展天津、唐山两市水资源形势和引滦水量分配研究工作十分必要。

2　研究区概况

根据引滦工程供水范围，本次研究范围为天津市和滦河流域唐山市，包括滦河山区、滦河平原及冀东沿海诸河等 2 个水资源三级区，总面积 20 841 km²，其中天津和唐山分别为 11 920 km² 和 8 921 km²。天津市引滦供水系统可覆盖全市域，唐山市引滦工程供水范围主要为唐山市城区、沿海各县（区）和滦河沿线县（市、区）[3]。

3　流域水资源情势变化

3.1　水资源量变化

滦河流域 1956—1979 年系列年均降雨量 572 mm，地表水资源量 55.60 亿 m³。1980—2016 年系列年均降雨量 514 mm，地表水资源量 32.11 亿 m³，相比 1956—1979 年系列，降雨量和地表水资源量

作者简介： 白亮亮（1986—），男，博士研究生，高级工程师，主要从事水资源规划与管理工作。

分别减少了10%和42%，其中滦河山区降雨量和地表水资源量分别减少了9%和43%。不同系列水资源量对比见表1。

表1 不同系列水资源量对比

区域	系列	降雨量/mm	地表水资源量/亿 m³
滦河流域	1956—1979 年	572	55.60
	1980—2016 年	514	32.11
	相比较/%	−10	−42
其中滦河山区	1956—1979 年	550	45.58
	1980—2016 年	499	26.17
	相比较/%	−9	−43

3.2 天然来水量及供水量变化

1980—2016 年系列潘家口水库天然来水量和可供水量均呈逐渐减少趋势。潘家口水库多年平均天然来水量 12.46 亿 m³，与 1956—1979 年系列相比减少了 41%。引滦枢纽工程自 1983 年开始向天津市供水，1984 年开始向唐山市供水。截至 2022 年 10 月底，引滦枢纽工程调水累计 414.87 亿 m³，其中引滦入津 206.27 亿 m³，占 49.7%；引滦入唐（含滦下灌区供水）208.6 亿 m³，占 50.3%。

从供水量情况来看，1983—2021 年天津、唐山两市引滦水量均呈先增大后减小的趋势，从 2000 年开始引水量明显减小，此后引水量虽有增加，但总体呈下降趋势。2012—2013 年两市引滦水量均显著降低，此后逐年回升。引滦工程实际年供水量变化趋势见图 1。

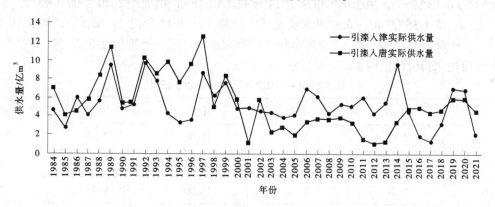

图1 引滦工程实际年供水量变化趋势

4 供需分析与缺水形势

4.1 天津市供用水情况分析

南水北调中线通水以来，天津市河道外经济社会发展总供水量呈稳定增加态势，从 2014 年的 24.09 亿 m³，增加到 2020 年的 27.81 亿 m³，增加了 15%（《唐山市水资源公报（2014—2020）》）。其中，南水北调中线一期和非常规水源呈增加态势，南水北调中线一期水源供水量从 2014 年的 0.06 亿 m³ 增加到 2020 年的 9.61 亿 m³，非常规水资源供水量从 2014 年的 2.81 亿 m³ 增加到 2020 年的 5.58 亿 m³，分别增加了 9.55 亿 m³ 和 2.77 亿 m³；引滦水和地下水呈减少趋势，引滦水从 2014 年的 8.71 亿 m³ 减少到 2020 年的 1.48 亿 m³，地下水水源供水量从 2014 年的 5.34 亿 m³ 减少到 2020 年的 3.00 亿 m³，分别减少了 83% 和 44%。当地地表水供水量受来水丰枯变化影响呈波动变化，2014—

2020 年平均供水量 7.66 亿 m³。2014—2020 年天津市供水量统计见表 2。

表 2　2014—2020 年天津市供水量统计　　　　　　　　　　　　单位：亿 m³

年份	当地地表水	引滦水	中线一期	地下水	非常规水	合计
2014	7.17	8.71	0.06	5.34	2.81	24.09
2015	8.53	5.54	3.79	4.92	2.89	25.67
2016	8.58	1.61	8.88	4.73	3.43	27.23
2017	7.55	1.38	10.06	4.61	3.89	27.49
2018	7.32	1.10	11.04	4.41	4.55	28.42
2019	6.34	2.61	10.21	3.91	5.39	28.46
2020	8.14	1.48	9.61	3.00	5.58	27.81
平均	7.66	3.20	7.66	4.42	4.08	27.02

南水北调中线一期通水以来，向天津市累计供水量 53.65 亿 m³，2014—2020 年供水量整体呈增加的趋势。2020 年和 2014 年相比，天津市总供水量增加 3.72 亿 m³，其中非常规水资源供水量增加 2.77 亿 m³，主要用于农业和生态，引长江水增加 9.55 亿 m³，主要用于生活和工业；地下水压采 2.34 亿 m³。

天津市经济社会发展总用水量同样呈稳定增加态势，从 2014 年的 24.09 亿 m³，增加到 2020 年的 27.81 亿 m³。其中，生活用水量和生态用水量呈增加趋势，生活用水量从 2014 年的 5.00 亿 m³ 增加到 2020 年的 6.63 亿 m³，生态用水量从 2014 年的 2.07 亿 m³ 增加到 2020 年的 6.42 亿 m³，分别增加了 1.63 亿 m³ 和 4.35 亿 m³；农业用水量呈减少趋势，从 2014 年的 11.66 亿 m³ 减少到 2020 年的 10.30 亿 m³，减少了 1.36 亿 m³；工业用水量保持稳定水平，基本上维持在 5.30 亿 m³ 左右。2014—2020 年天津市用水量统计见表 3。

表 3　2014—2020 年天津市用水量统计　　　　　　　　　　　　单位：亿 m³

年份	生活	工业	农业	生态	合计
2014	5.00	5.36	11.66	2.07	24.09
2015	4.91	5.34	12.53	2.89	25.67
2016	5.58	5.53	12.05	4.07	27.23
2017	6.1	5.51	10.73	5.15	27.49
2018	7.42	5.44	10.00	5.56	28.42
2019	7.51	5.47	9.25	6.23	28.46
2020	6.63	4.46	10.30	6.42	27.81
平均	6.17	5.30	10.93	4.63	27.02

4.2　唐山市供用水情况分析

2014 年以来唐山市经济社会发展总供水量有所减少，从 2014 年的 18.51 亿 m³，减少到 2020 年的 15.78 亿 m³，减少了 15%（《唐山市水资源公报（2014—2020）》）。其中，引滦水和非常规水呈增加趋势，引滦水量从 2014 年的 3.00 亿 m³ 增加到 2020 年的 4.89 亿 m³，非常规水资源供水量从 2014 年的 0.22 亿 m³ 增加到 2020 年的 0.33 亿 m³，分别增加了 1.89 亿 m³ 和 0.11 亿 m³；地下水供水量呈减少趋势,从 2014 年的 10. 27 亿 m³ 减少到 2020 年的 7. 46 亿 m³,减少了 27%;当地地表水供水量受来水丰枯变化影响呈波动变化,2014—2020 年平均供水量 3. 73 亿 m³。2014—2020 年唐山市供水量统计见表 4。

表 4 2014—2020 年唐山市供水量统计 单位:亿 m³

年份	当地地表水	引滦水	地下水	非常规水	合计
2014	5. 02	3. 00	10. 27	0. 22	18. 51
2015	3. 07	4. 09	9. 66	0. 22	17. 04
2016	3. 16	4. 22	9. 46	0. 26	17. 10
2017	4. 01	3. 93	8. 98	0. 24	17. 16
2018	4. 21	4. 39	8. 4	0. 47	17. 47
2019	3. 52	4. 95	7. 09	0. 46	16. 02
2020	3. 30	4. 89	7. 46	0. 33	15. 78
平均	3. 73	4. 21	8. 76	0. 31	17. 01

唐山市河道外经济社会发展用水总量从 2014 年的 18. 51 亿 m³ 减少到 2020 年的 15. 78 亿 m³。其中,农业用水量从 2014 年的 11. 69 亿 m³ 减少到 2020 年的 8. 45 亿 m³,减少了 28%;生态用水量呈增加趋势,生态用水量从 2014 年的 0. 31 亿 m³ 增加到 2020 年的 0. 80 亿 m³,增加了 0. 49 亿 m³;生活用水量和工业用水量呈波动变化趋势,总体上分别维持在 2. 80 亿 m³ 和 3. 63 亿 m³ 左右。2014—2020 年唐山市用水量统计见表 5。

表 5 2014—2020 年唐山市用水量统计 单位:亿 m³

年份	生活	工业	农业	生态	合计
2014	2. 60	3. 91	11. 69	0. 31	18. 51
2015	2. 63	3. 47	10. 64	0. 30	17. 04
2016	2. 68	3. 63	10. 49	0. 31	17. 10
2017	2. 70	3. 00	10. 95	0. 51	17. 16
2018	3. 40	3. 59	9. 50	0. 98	17. 47
2019	2. 95	3. 89	7. 96	1. 23	16. 02
2020	2. 59	3. 94	8. 45	0. 80	15. 78
平均	2. 80	3. 63	9. 95	0. 63	17. 01

4.3 可供水量分析

按 1980—2016 年径流系列分析,潘家口水库现状 75% 保证率供水量约 7. 23 亿 m³(见表 6);95% 保证率供水量约 5. 84 亿 m³,比 83 年分水方案时的 11 亿 m³ 降低了 47%。可供水量的减少主要是水库上游天然径流量的减少和消耗水量的增加所致。1980—2016 年系列 75% 来水频率的水库天然径流量为 7. 80 亿 m³,比 83 年分水方案采用的 1956—1979 年径流系列减小了 3. 72 亿 m³,减少了 32%。上游地区总用水量的消耗量为 2. 6 亿 m³,比 1980 年的消耗量 1. 1 亿 m³ 增加了 1. 5 亿 m³,增加了 136%。南水北调中线一期已于 2014 年 12 月 12 日正式通水。工程陶岔渠首设计流量 350 m³/s、加大流量 420 m³/s,天津干线渠首设计流量 50 m³/s、加大流量 60 m³/s。多年平均调水量为 95 亿 m³

（陶岔），向黄河以北输水 73 亿 m³（陶岔），到分水口门 62.4 亿 m³，其中天津市分配指标 8.6 亿 m³。

表 6 潘家口、大黑汀水库不同保证率可供水量成果（1980—2016 年）　单位：亿 m³

水库名称	均值	25%	75%	85%	95%
潘家口	9.10	11.16	7.23	6.18	5.84
大黑汀	1.82	2.49	0.84	0.69	0.35
合计	10.92	13.65	8.07	6.87	6.19

4.4 现状供需分析与缺水形势

天津市现状多年平均总需水量 31.08 亿 m³，可供水量为 29.34 亿 m³，缺水量为 1.74 亿 m³。其中，刚性需水 15.43 亿 m³，主要为南水北调中线一期、引滦、非常规水保障，可供水量 15.01 亿 m³，缺水量 0.42 亿 m³；一般需求缺水 1.32 亿 m³。天津市特枯水年（95% 来水频率）缺水 10.70 亿 m³，其中刚性需求缺水 4.99 亿 m³，一般需求缺水 5.71 亿 m³。天津市现状基准年缺水的主要原因为现状依赖地下水超采和超用南水北调水。从供需分析成果可以看出，引滦水和中线一期供水是现状刚性用水的重要保障水源，但滦河和丹江口同遇特殊枯水年的极端情况下，外调水可供水量大幅减少，将导致严重缺水。

唐山市现状多年平均总需水量 18.46 亿 m³，可供水量 16.78 亿 m³，缺水量 1.68 亿 m³。其中，刚性需水 12.21 亿 m³，主要为当地地表水、引滦水、地下水和非常规水共同保障，可供水量 11.58 亿 m³，缺水量 0.63 亿 m³；一般需求缺水 1.05 亿 m³。唐山市特枯水年（95% 来水频率）缺水 6.91 亿 m³，其中刚性需求缺水 3.62 亿 m³，一般需求缺水 3.29 亿 m³。唐山市现状基准年缺水的主要原因为现状地下水超采。从供需分析成果可以看出，现状供水水源与天津市相比比较单一，供水水源结构还存在优化的空间，现状非常规水供水量仅占可供水量的 2.7%。刚性用水需求大部分依靠当地地表水和引滦水解决，一般年份可基本保障，但遇滦河特枯水年引滦工程可供水量大幅减少，将导致严重缺水。

5 结论与讨论

本文对滦河流域水资源量情势变化，天津、唐山两市供用水和开发利用情况进行了深入分析，并从潘家口水库、大黑汀水库的可供水量和天津、唐山两市供需角度，明晰了天津、唐山两市现状缺水形势，并对未来南水北调通水后引滦水量分配的可行性进行了总结。

5.1 滦河流域水资源量衰减

由于气候变化和人类活动的影响，潘家口以上流域天然径流量衰减严重，由 1956—1979 年系列多年平均天然径流量 21.09 亿 m³ 减少到 1980—2016 年系列天然径流量 12.46 亿 m³，衰减了 41%。天然径流量的减少、上游用水消耗量的增加造成潘家口水库入库量减少，潘家口可供水量也随之降低。引滦工程可供水量减少给水量分配调整增加了难度。

5.2 南水北调后续工程的不确定性

南水北调东线二期工程规划未正式批复，2035 年能否实施并通水具有很大的不确定性。天津市在维持现状紧平衡的情况下，未来经济社会发展刚性用水需求的增长势必会加大供水保障压力。南水北调后续工程能否顺利实施是影响引滦水量分配调整的关键因素。

5.3 引滦供水区需进一步提升区域供水安全

南水北调东线二期工程通水前，天津、唐山两市均无新增新鲜水源，但地下水超采和生态文明建设都对水源保障提出了更高要求，两市应首先立足于用足、用好引滦水，填补一部分缺口，遇缺水年份，引滦水应优先满足城市发展刚性用水需求。在滦河特枯年，天津、唐山两市应在压缩非刚性需求的基础上积极寻求应急对策，允许适当超采地下水，启动必要的应急调水。

5.4 引滦水指标优化调整需与南水北调后续工程统筹考虑

南水北调东中线后续工程预计将为天津增加新的水源，也将进一步改变天津市供水格局。在不考虑工程条件、水质、水价等因素，仅从水量分析，如在南水北调东中线后续工程相关前期研究中，增加考虑引滦水量分配调整的需求，通过东、中线后续工程中为天津市增加一定的调入水量，将部分引滦水置换给唐山市，采取"水源转换"的方式将唐山纳入南水北调工程的间接受水区范围，扩大南水北调工程的受益范围，具有一定合理性和可行性。

参考文献

[1] 姚勤农．从引滦工程体系建设看科学调水化解水危机［J］．中国水利，2009（14）：26-27．

[2] 仇新征，郭修志．引滦供水区域构建水权转让机制的思考［J］．海河水利，2016（3）：11-12．

[3] 王冰，宋秋波，杨晓勇．滦河水量分配方案研究［J］．工程技术，2016（6）：189-190．

[4] 赵明，姚德贵．南水北调中线工程通水对天津引滦供水的影响与对策探析［J］．海河水利，2016（3）：8-10．

[5] 赵勇，何凡，何国华，等．对南水北调工程效益拓展至滦河流域的若干思考［J］．南水北调与水利科技，2022，20（1）：62-69．

[6] 杜淑平．引滦水资源变化趋势及成因分析［J］．中国防汛抗旱，2020，30（12）：67-69．

湖北省典型县域城市再生水利用现状及潜力分析

汪小龙[1]　卢　路[2]

（1. 湖北省水利厅，湖北武汉　430071；

2. 长江水资源保护科学研究所，湖北武汉　430051）

摘　要：再生水利用可以节约新水利用量，减少新增取水量，减少排污量，有效缓解湖北特枯年份水资源紧缺的供需矛盾，是落实"节水优先"最重要的手段，对解决缺水地区和丰水区域特殊年份水资源紧张有重大意义。当阳市作为偏丰水区域城市，积极实施再生水利用工程，全力推动水资源节约集约利用，对丰水区域开展再生水利用有较好的示范作用。经初步分析，当阳市再生水利用具有较大潜力，2025 年再生水利用率超过 25%，近期工程应以扩大农业灌溉和拓展市政杂用水为主，远期工程应以工业用水和景观环境用水为主。

关键词：再生水，再生水利用；丰水区域；节水优先；湖北

随着经济社会的快速发展，人民对美好环境的需求越发强烈，对水资源的需求也越来越大，再生水作为重要水源其利用越来越受到国家和社会的重视[1-3]。2011 年中央一号文件、《关于非常规水源纳入水资源统一配置的指导意见》（2017）、《关于推进污水资源化利用的指导意见》（2021）等文件明确要求大力推进污水处理和中水回用。为贯彻落实党中央、国务院有关污水资源化利用决策部署[4-6]，2021 年 12 月，水利部等 6 部门制订印发《典型地区再生水利用配置试点方案》，部署启动再生水利用配置试点工作，确定湖北省当阳市等全国 78 个典型地区再生水利用配置试点城市。为贯彻落实"节水优先"全面节约战略，深入实施国家节水行动，当阳市积极推进再生水利用工作。2021 年完成国家县域节水型城市创建，2022 年入选国家级再生水利用配置试点城市，以此促进当阳市经济社会高质量发展。

1　当阳市基本概况

当阳市位于湖北省中西部，总面积 2 149.69 km²。多年平均降雨量约 1 000 mm，全市河流共 35 条，水系发育，常年平均径流量 8.98 亿 m³，堰塘、水库星罗棋布。区内自然资源丰富，森林覆盖率 37.62%。当阳市常住人口 43.1 万人，其中城镇人口 22.9 万人，乡村人口 23.4 万人。经过多年发展，当阳市工业已形成建材、化工、食品、轻纺等四大支柱产业。农业已形成粮油、林果、畜牧、蔬菜、水产五大特色产业，耕地面积及粮食产量均占全宜昌市的 1/3，2022 年，全市实现生产总值 628.57 亿元。

2　当阳市再生水利用现状

目前，当阳市共建有 9 座污水处理厂，总设计处理规模合计 9.38 万 t/d。2020—2022 年，当阳

基金项目：国家自然科学基金项目（U2040210）；湖北省面上基金项目（2022CFB374）；国家重点研发计划项目"水资源高效开发利用"（2017YFC0405303）。

作者简介：汪小龙（1980—），男，湖北省水利厅节水处副处长，主要从事节水管理工作。

通信作者：卢路（1986—），男，高级工程师，主要从事水资源节约、保护及水环境修复工作。

市处理污水总量分别为 2 663.5 万 m³、3 429.79 万 m³ 和 3 602.94 万 m³。2022 年处理污水总量与 2020 年相比增长了 35%。污水处理厂尾水排放标准为《城镇污水处理厂污染物排放标准》（GB 18918—2002）一级 A 排放标准。

当阳市再生水主要用于城镇绿化浇灌、道路清洁、农田灌溉和景观环境用水，应用范围主要集中在当阳市城区及坝陵街道苏河村。2020 年全年再生水抽水泵运行时间达到 1 346 h，再生水利用量约为 403.09 万 m³；2021 年当阳市再生水利用量约为 515.1 万 m³，再生水利用率为 15.02%；2022 年当阳市再生水利用量约为 541.16 万 m³，其中用于城镇绿化浇灌 52.39 万 m³，道路清洁 233.12 万 m³，农田灌溉 145.18 万 m³，景观环境补水 110.47 万 m³，见表 1。

表 1　当阳市 2022 年再生水利用情况

用水行业/途径	再生水用量/万 m³	再生水使用占比/%
城镇绿化	52.39	9.7
道路冲洗	233.12	43.1
农业灌溉	145.18	26.8
景观环境补水	110.47	20.4
合计	541.16	100.0

3　当阳市再生水利用经验和问题

3.1　再生水利用经验

当阳市再生水利用工作起步较晚，通过学习国内再生水利用先进地区的建设模式，结合本区域实际特点，当阳市逐步启动再生水利用工作，并获得了以下经验：

一是抓规划统筹，促"一盘棋"推动。①抓方案统筹。将再生水利用配置试点工作纳入《当阳市流域治理总体规划》，统筹规划。②抓组织统筹。建立市政府牵头、部门协同推进的工作机制，成立了由分管市领导为组长、职能部门为成员的再生水利用配置试点工作领导小组，制订《当阳市再生水利用配置试点实施方案》，将再生水利用工作细分为 6 个方面 12 个具体工程任务分解至各单位。

二是抓资金筹措，促"一张网"保障。①全力"争"，抢抓中央精神，积极向上申报争取再生水利用配置试点城市，2022 年成功入选全国典型地区再生水利用配置试点城市，成为湖北省 3 个试点城市之一。截至目前争取到中央环保资金 8 100 万元、省级专项资金 320 万元。②强化"融"，坚持"两手发力"，多渠道筹资，水利部门通过银行融资 5.49 亿元。③强力"统"，整合水利、环保、住建等部门建设项目 5 个，总资金 14.61 亿元。

三是抓项目建设，促"一体化"实施。①提水质，促污水提质达标。对玉阳、金桥 2 座污水处理厂尾水提质，年可利用再生水约 2 190 万 m³，同时可进行水权置换，加速地区工业绿色发展转型。②建管网，促再生水循环利用。修建工业、农业再生水利用工程，建成后年供水量 1 677 万 m³。③强管理，促节水效益再提升。引入具有专业运营维护能力和资金实力的第三方，对当阳市污水处理厂、水资源综合利用开展"运营、维护、管理、服务"一体化运作。

四是抓机制创新，促"科学化"管理。制订《当阳市污水处理厂应急处置预案》《当阳市再生水利用专项规划》《当阳市再生水利用激励政策》《当阳市再生水利用监测方案》等。建立应急处置机制，完善监督管理机制、健全价格机制。

3.2　存在的问题

一是再生水利用体系不健全，缺乏科学规划。再生水利用设施配套设施跟不上。目前当阳市市属重点工业企业再生水需求量大，但缺少再生水资源利用配套管网，导致再生水总量有限，输送范围狭小等问题，制约了当阳市再生水利用的普及与推广。

二是再生水利用潜力有待进一步挖掘。当前由于再生水利用配套设施跟不上，造成再生水利用覆盖面小，覆盖范围有限。目前当阳市再生水主要用于市政清洁与农田灌溉，仍需持续推进再生水利用潜力挖掘工作。

三是合理开展再生水分质用水难度大。目前不同用途的再生水水质要求差异大、跨度大。因此，针对实际需求，如何在统筹考虑技术与经济可行性的前提下保障分质用水，是当阳市拓展再生水应用途径面临的一大难题。

四是再生水利用监督管理体系不健全。虽然当阳市出台了"节水三同时"相关制度，要求新建再生水利用设施应当与主体工程同时设计、同时施工和同时验收交付使用，但是缺少相关配套实施细则，对再生水利用的全过程缺乏有效监督。

五是再生水水价机制及促进奖励机制不完善。缺少专门针对使用再生水的水价管理办法和激励机制。目前当阳市在再生水使用推广初期采取免费供应，为保障再生水利用长效有序发展，亟需根据当阳市物价水平与相关节水政策措施，科学合理制定再生水水价。

六是宣传力度不够，再生水利用内生动力不够。随着当阳市节水型社会的创建开展，市民节水意识有了较大幅度的提升。但由于在再生水利用方面的宣传力度不足，不少市民对再生水的使用，心理上不愿意接受，对再生水的水质不信任。

4 当阳市再生水利用潜力分析

4.1 再生水需求分析

引用已批复的《当阳市中心城区和集镇供水保障分析报告》（2021）结论，当阳市 2025 年水资源供需平衡计算结果见表 2。当阳市总体供水水资源供需评价如下：

（1）2025 年 75% 和 95% 情况下均缺水，说明在现状供水条件下当阳市 2025 年存在供水不足的问题。

（2）随着工业、生活需水增长速度的加快，各类需水的比重将发生较大变化，农业需水量比重下降，工业与生活需水量比重上升。按照国家最严格水资源管理制度的意见，落实节水势在必行，强化再生水的利用，可以减少新水利用和污染物向环境中排放。

表 2 当阳市 2025 年水资源供需平衡情况

保证率	余缺水量	东风	巩河	漳河	全市
P=50%	需水量	34 229	18 634	13 846	66 710
	供水量	47 027	24 078	19 384	90 489
	缺水量				
P=75%	需水量	43 699	23 484	18 160	85 343
	供水量	42 189	20 604	16 825	79 618
	缺水量	1 510	2 880	1 335	5 725
P=95%	需水量	45 613	26 964	19 939	92 516
	供水量	37 519	17 251	14 354	69 124
	缺水量	8 094	9 713	5 585	23 392

4.2 再生水可供水量分析

目前，当阳市 9 座城镇污水处理厂总规模可达 9.38 万 m^3/d，按照日处理能力为设计规模的 90% 进行计算，得到当阳市近期污水处理量为 8.442 万 m^3/d（全年运行天数按 330 d 计算）。计算当阳市

2025 年城区污水处理厂理论再生水可供水量为 2 228.688 万 m³/a。

4.3 再生水利用潜力分析

城市污水处理后形成的再生水的主要用途包括市政杂用、景观环境用水、农业灌溉用水和工业用水等。

4.3.1 工业用水

根据当阳市工业需水量统计预测，至 2025 年，当阳市五大工业园区（坝陵工业园、金桥工业园、陶瓷工业园、双莲工业园、半月工业园）的工业用水量分别为 0.219 亿 m³、0.162 亿 m³、0.135 亿 m³、0.131 亿 m³ 和 0.033 亿 m³，合计 0.68 亿 m³。研究成果显示，一般园区企业再生水可用占比在 2%~5%。按照当阳市的企业类型，例如当阳市占比较高的建材企业的再生水利用主要在于部分工艺用水。初步将再生水替代的取水量与园区取水量的比值定为 5%，即工业用水再生水需求量为 339.6 万 m³。其中，坝陵工业园、金桥工业园、陶瓷工业园、双莲工业园、半月工业园的再生水需求量分别为 109.5 万 m³、80.9 万 m³、67.4 万 m³、65.4 万 m³、16.4 万 m³（见表 3）。

表 3　"十四五"期间当阳市工业园区再生水需求量

项目	坝陵工业园	金桥工业园	陶瓷工业园	双莲工业园	半月工业园
需水量/亿 m³	0.219	0.162	0.135	0.131	0.033
再生水需水量/万 m³	109.5	80.9	67.4	65.4	16.4

注：工业园区需水量引自《当阳市中心城区和集镇供水保障分析报告》（已批复）。

4.3.2 市政杂用

市政杂用水主要包括绿化浇洒用水、道路浇洒用水、冲厕用水、车辆冲洗用水、建筑施工用水和消防用水。当阳市已将再生水用于日常道路洒水抑尘、道路清扫、城市植物园林、公园绿地绿化等，后期随着再生水利用设施的完善和城市的发展，上述用水需求将进一步扩大。目前，当阳市环境卫生清洁面积 397 万 m²，根据《城镇污水再生利用工程设计规范》（GB 50335—2016）关于再生水设计水量的相关规定，道路、广场的浇洒用水可按 2.0~3.0 L/（m²·d）确定。不考虑当阳市"十四五"期间城市建成区的发展而导致环境卫生清洁面积的增加，假定理想条件下当阳市环境卫生清洁全部使用再生水进行替代，按照 2.0 L/（m²·d）的标准进行计算，得到当阳市 2025 年市政道路浇洒的再生水需水量为 289 万 m³。

4.3.3 景观环境用水

根据当阳市林业和园林发展中心统计数据，目前当阳市灌溉绿地面积为 217.1 万 m²。按照《城镇污水再生利用工程设计规范》（GB 50335—2016）关于再生水设计水量的相关规定，当无相关资料时，绿化浇灌用水可按 1.0~3.0 L/（m²·d）确定。本文按照 1.5 L/（m²·d）的标准进行计算，得到 2025 年当阳市绿地灌溉的再生水需水量为 118.9 万 m³。《当阳市城乡总体规划（2011—2030年）》成果显示：远期城市绿地总面积达到 492.21 hm²，人均绿地面积 13.6 m²，随着城市的进一步发展，中心城区建成的绿地面积将会越来越大，对于再生水的需求也会越来越大。

4.3.4 农林牧渔用水

当阳市耕地（水田、水浇地、旱地）保有量达 120.32 万亩。其中，有效灌溉面积 51.67 万亩，全市年用水量约 10 852.3 万 m³。2020 年当阳市坝陵街道苏河村与宜昌北控水质净化有限公司签订了中水回用协议书，协议书显示污水处理厂需保障苏河村每天从污水处理厂抽取的再生水不低于 6 000 m³。2020 年全年苏河村再生水用水量为 134.363 5 万 m³。当阳市共有 173 个村/社区居民委员会，作为粮食主产县市，考虑到运输成本、就近利用等问题，保守估计大约 5%（9 个）的村庄可与污水处理厂签订中水回用协议，每个村年平均用水量按照 130 万 m³ 来计算，据此估算 2025 年全年再生水用水量可达到 1 170 万 m³。

综合以上各类用途再生水需求分析成果，不考虑再生水输配水过程中可能的漏损情况，当阳市再生水年需求量为 1 917.5 万 m³，各类用途具体需求量如表 4 所示。

表 4　"十四五"期间当阳市再生水需求量

单位：万 m³

地区	城市杂用水	景观环境用水	农业灌溉用水	工业用水	合计
当阳市	289	118.9	1 170	339.6	1 917.5

5　结语

再生水利用是落实"节水优先"最重要的手段之一，是指污水处理厂尾水经过一定工艺处理后，用于生活、生产的水源，再生水具有供水水源稳定、供水量大等特点，再生水利用可以节约新水利用，减少新增取水量，减少排污量，有效缓解类似 2022 年湖北特枯年份水资源紧缺的供需矛盾，对解决缺水地区和丰水区域特殊年份水资源紧张有着重大意义。当阳市作为丰水区域城市，积极实施再生水利用工程，全力推动水资源节约集约利用，对丰水区域开展再生水利用有较好的示范作用。根据当阳市用水需求、配套污水处理厂提升改造和输送设施规划等综合分析，当阳市再生水利用具有较大潜力，近期工程应以扩大工业用水和拓展市政杂用水为主，远期工程应以景观环境用水和农业灌溉为主。

参考文献

[1] 李干杰. 坚持走生态优先、绿色发展之路扎实推进长江经济带生态环境保护工作 [J]. 环境保护, 2016, 44 (11)：7-13.

[2] 方娟, 王萍萍, 刘洁, 等. 城市污水再生利用规划介绍：以青岛市为例 [J]. 环境工程, 2013, 31 (5)：22-24, 54.

[3] 施晔, 代晓炫, 李磊, 等. 北海市再生水利用发展措施体系研究 [J]. 中国水利, 2023 (4)：43-46.

[4] 中共中央、国务院. 关于加快水利改革发展的决定 [Z]. 2010.

[5] 中华人民共和国水利部. 关于非常规水源纳入水资源统一配置的指导意见 [Z]. 北京：中华人民共和国水利部, 2017.

[6] 中华人民共和国国家发展和改革委员会. 关于推进污水资源化利用的指导意见 [Z]. 北京：中华人民共和国国家发展和改革委员会, 2021.

黄河水资源规划与管理分析

张　峰[1]　张　伟[2]

(1. 山东黄河河务局聊城黄河河务局，山东聊城　252000；
2. 山东安澜工程建设有限公司，山东聊城　252000)

摘　要：本文从黄河水资源特征入手，按照政府、市场、社会等不同原因主体，重点分析了黄河水资源规划与管理中造成黄河水安全受威胁及防汛安全受威胁的原因，以"节水优先、空间均衡、系统治理、两手发力"治水思路为原则，提出提升黄河水资源规划与管理水平的方法，以期为实现黄河流域生态保护和高质量发展提供参考价值。

关键词：黄河水资源；治水思路；规划与管理；方法

1　黄河水资源特征

1.1　水安全受威胁

黄河虽然是中国第二长河及第二大河流，但其水量在全国范围内排到第四位，仅占全国水资源总量的2.6%，由此可见，黄河水资源处于紧缺状态[1]。青藏高原以东的黄河流域，大部分处于温带季风气候区，因此黄河水资源受气候影响明显，出现春冬少、夏秋多、年内水量变化极度不均的特点。随着"黄河重大国家战略"的实施，水资源紧缺性及时空不均性势必对黄河流域的经济社会发展产生掣肘，在黄河水供给无法满足社会发展需求时，人们往往寻求经济成本低的水资源补给途径，《黄河水资源公报》显示，2021年，黄河流域内有4省共出现24个浅层地下水超采区，超采区总面积占总监测面积的13.7%，这对黄河流域水生态安全产生了极大威胁。

1.2　防汛安全受威胁

黄河上游水质较清，但是黄河中游河口镇—龙门区间，以占全河13%的径流量贡献了全河56%的泥沙量。流经此区间后，黄河水质浑浊不清，水沙含量变大，此水资源特征会造成主河槽淤积严重，极大地降低黄河的行洪能力，进一步减弱淤滩作用，造成窄深河面主流顶冲加剧，使大堤淘刷严重，严重影响黄河防洪安全。

2　黄河水资源特征产生原因分析

根据《黄河水资源公报》《中国水资源公报》统计数据绘制相应图表，以便更好地进行原因分析。

2.1　政府层面原因

2.1.1　水资源规划及管理科学性不高

黄河水资源管理中主要采用行政手段，按照规定，用水单位申报下一年度用水计划报水闸管理单位，水闸管理单位商当地水行政主管部门后报送上级有权限的调度管理单位批准后执行，因此用水计划具有滞后性，实际引黄过程中遇到黄河枯水期或用水高峰季节，同一个管理机构所辖各水闸容易产生抢水现象，小设计流量水闸抢不过大设计流量水闸，水资源调度的机动性相对偏低。目前黄河的各

作者简介：张峰（1982—），男，高级工程师，聊城黄河河务局供水局工程管理科科长，主要从事水利工程运行管理工作。

流域派出管理机构基本上都形成了自己的专业治河队伍，但是依然存在"管"水部门冗杂的问题，供水局、防办、水政科均有对黄河水资源的管理权限，虽然侧重点不同，但不可避免会产生重复工作，在一定程度上影响了对水资源高效的管理[2]。

2.1.2 水沙治理系统性较弱

经过长期的泥沙淤积，在黄河下游形成了超过 3 000 km² 的滩区，滩区内有超 190 万的居民，搬迁安置较为困难，且"二级悬河"的形势依然严峻，下游河床超出两岸地面 4 m，最高的地方超 10 m，这大大增加了下游河道治理的难度。而且在不断的调水调沙运行下，下游河道的中小型洪水历时变长，极易产生不规则的小型河湾，从而使"横河""滚河"发生的概率变大，加之黄河水资源时空变化不均，在大洪水来临时，极易造成滩坡、险工冲毁。因此，黄河较大的水沙含量严重影响黄河的防汛安全。

2.2 市场层面原图

2.2.1 供需矛盾比较突出

由图 1 可知，黄河流域各引水主体对黄河水的需求呈现此消彼长的趋势。其中，农业引水占比最大，其次是工业引水、生活用水、生态补水，但是在 2019 年以后生活用水及生态补水引水量超过了工业引水量，虽然不排除三年新冠疫情对经济发展产生的制约作用，但是总体上看，生活用水及生态补水变化趋势与农业引水变化趋势相反，工业引水占比较为平稳。因此，在水资源总取水量变化不大的前提下，各引水主体间尤其是农业引水这一用水大户与生活用水及生态补水之间存在竞争关系，造成水资源供需矛盾日益突出。

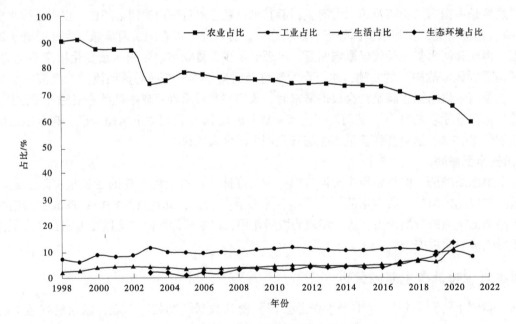

图 1 各引水主体在引黄总量中的占比

2.2.2 水资源转化经济值相对低

黄河流域农业用水在引水总量中始终占据较大比重，从图 2 中可知，2009—2017 年，黄河流域 9 省（区）中有 7 省（区）出现农业灌溉用水效率下降的趋势，说明农业灌溉用水效率不高[3]，导致农业用水浪费严重。从图 3 中可知，2019—2022 年，黄河流域 9 省（区）的农业灌溉水有效利用系数虽然有上升趋势，但是趋势不明显，流域内 9 省（区）农业灌溉水有效利用系数平均值低于全国平均值，由此可见黄河流域各省在农业灌溉过程中产生的水资源损耗较大，造成水资源浪费。

2.2.3 水权交易不完善

2004 年，黄河水利委员会颁布实施了《黄河水权转换管理实施办法》，自此黄河流域内水权交易

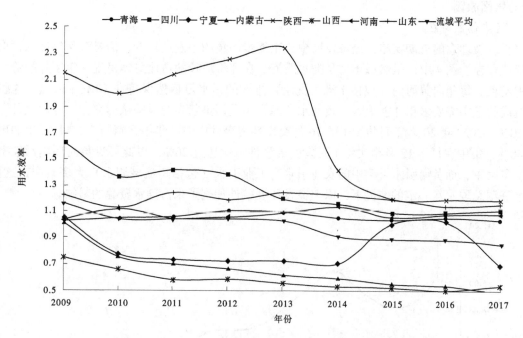

图2　2009—2017年黄河流域各省（区）农业灌溉用水效率

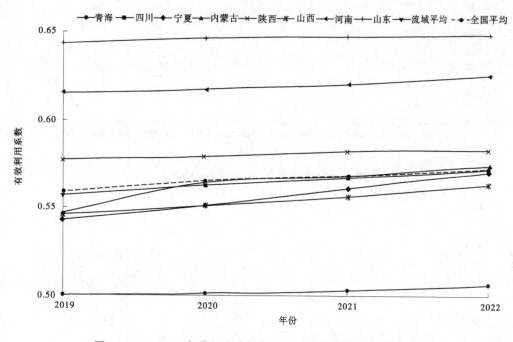

图3　2019—2022年黄河流域各省（区）农业灌溉水有效利用系数

有了可供执行的标准，但是依然存在以下问题：第一，水权转化期限为25年，超过期限需重新办理水权转换手续，没有给予可操作性的、可协商的、便宜的续期期限范围，造成水权转让存在制度障碍。第二，水权转换的重点是从农业用水向工业用水转换，一般是农业节约用水的转化，但目前黄河流域农业节水设施普及率偏低，造成农工水权转化少，加剧了农业用水与工业用水之间的供需矛盾。第三，水权分配失衡问题依然较重，1998—2021年，黄河流域引水类型中农业引水比例从90%下降至59%，但是其他引水类型的增加水量与农业引水减少水量并不对等，也就是说减少的农业引水量并没有相应地调整至其他引水类型的引水量，水权分配失衡制约流域水资源优化配置，不利于流域经济的高质量发展。

2.3 社会层面原因

2.3.1 水污染仍然存在

随着新发展理念的贯彻实施，经济发展模式正逐步向集约型发展转变，但是黄河流域水污染的集聚效应依然存在。图 4 中，虽然每年劣 V 类水质河长在评价河长的占比总体呈现逐年下降趋势，但是从图 5 中发现，每年向黄河内（包括干流、支流）排放的污水量依然保持在 40 亿 t 以上，这些污水对流域造成的危害需要多年才能消除，黄河水资源常年受污染状态的风险依然存在。除此之外，黄河流域在 2000—2022 年 20 多年间共发生的 76 件突发环境事件中[4]，集中在每年 5—7 月发生的事件占比超过 40%，集中在每年 12 月至次年 1 月发生的事件占比超过 20%，由此可见黄河环境污染事件集中在夏、冬两季，而黄河引水类型中的农业引水、工业引水（包括跨流域调水）大多集中在这两季，在黄河水资源总取水量一定的前提下，以上突发环境事件加剧了未污染水资源的紧缺。

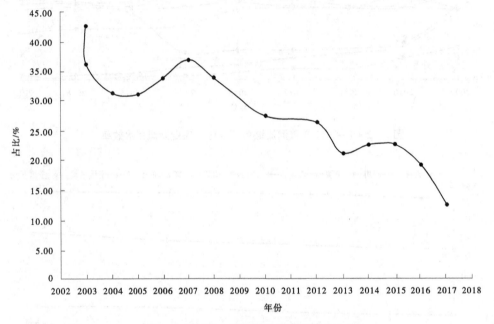

图 4　劣 V 类水质河长在评价河长的占比

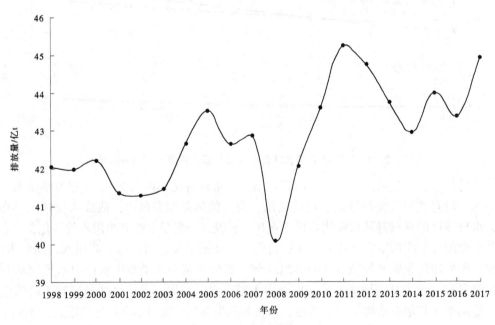

图 5　污水排放量

2.3.2 社会节约意识不强

首先，随着经济的发展，满足城镇居民正常的生活用水已经不是难题，这导致大多数城镇居民存在我国水资源极其丰富的错误观念。其次，农田灌溉多采用大水漫灌方式，这种屡见不鲜的现象导致农民思想上认为水资源容易获取，节水意识差。最后，水价机制没有跟随经济发展形势进行相应的调整，进一步导致了人们对水资源用多用少更加不在意，没有真正从思想上树立节水意识。

3 提升黄河水资源规划与管理水平路径选择

2014年3月14日，习近平总书记在中央财经领导小组第五次会议上提出了"节水优先、空间均衡、系统治理、两手发力"治水思路，确定了新时代水治理的战略地位、发展方向及科学路径，也为在新时期做好黄河水资源规划与管理工作提供了科学指引和行动指南。

3.1 把节水优先放在黄河水资源规划及管理的第一位

要紧紧围绕"节水优先"，强化各行各业的节能减排、大力推广生活节水、增强农业用水质效。一是强化顶层设计，将节水指标纳入高质量发展绩效考核指标标准，加快完善并推进非居民用水超计划（定额）累进加价制度，推动形成"减少不合理用水、提升水资源利用"的良好用水格局。二是加快城乡一体化节水进程。加强城乡节水网络建设，改造供排水渠道及设施，加快农业高效节水配套设施建设和农业水土工程标准化建设，推动污水回收中水再利用规模。三是强化监管力度，建立各级地方政府部门与其属地管理所在的黄河流域管理机构共同参与的节水管理督查小组，完善节水指标标准，加强对用水大户的监管。四是由地方政府部门牵头加强节水宣传，在社会上形成"节水新风尚"，同时开发用水户水资源计量平台，制定节水激励机制，在黄河全流域范围内树立"节水为荣、浪费水为耻"的意识。

3.2 树立空间均衡的可持续发展的水资源规划与管理理念

落实最严格的水资源管理制度，坚持"以水定城、以水定地、以水定人、以水定产"的"四定"原则，做到"有多少汤泡多少馍"，推动供需关系保持长期内平衡稳定状态。推动黄河水资源实现可持续发展利用，加强黄河水资源的承载力发展研究，综合运行调水储水工程，破除黄河水资源时空分布不均的壁垒。在此基础上，建立城市发展、乡村振兴等有关指标与黄河水资源承载力相关关系的数学模型，从而把控城乡发展方向及规模。根据人民群众的直接用水需求，在确定水资源有余量并保证防洪安全的同时，做好洪水资源再利用规划，实现黄河水资源高效利用。

3.3 坚持系统治理的河湖一体化治理方针

系统治理具有双重的目标要求，在保证流域内整个生态系统的健康可持续发展的同时要兼顾流域内经济社会的高质量发展，因此要做到统筹自然和社会双重因素。一是全面落实河（湖）长制，坚持水陆同治。打破"各自为政"的河湖治理局面，研发河（湖）长制交流 App，便于开展日常工作，对于复杂性涉水事务，实行多部门联动，转变河流治理侧重点，强化水土资源的统一合理配置，持续强化饮用水水库的封闭式管理，加强农村饮用水水源保护，实行流域内污水、农业面源污染、废弃物排放的联合整治。二是科技赋能，提升系统治理效能。加强水系统空间结构与功能优化技术研究，加强数字孪生技术研发力度，加强人工智能投入使用，重点监控河流（湖）连通处的水域生态指标，包括河流水力数值、水质变化、生物群落迁徙方向，形成水资源、水环境、水生态的综合监测评价体系。

3.4 运用好政府与市场"两手发力"这一手段

要处理好政府与市场的关系，发挥政府对水资源的宏观调控作用以及市场在水资源配置中的决定性作用。一是需要创新水资源行政管理模式，明晰各水资源行政管理职责，加快推进精简机构职能进程，杜绝各部门水资源管理工作重叠部分出现"公共漏洞"。二是尽快优化细化"八七"分水方案，做好跨省（区）黄河支流的水量联合调度与分配管理，建立水量分配监管机制，由第三方进行监管。三是充分发挥水价的杠杆优势，制定各行业水费上、下限，强化财政补贴托底，实行水费征收精细化管理。四是建立产权明晰的水权交易市场，进行黄河水资源确权，明确水资源所有方、使用方，推动各类节约的水资源进行交易。五是加强黄河流域水利国有资产清查检查，盘活资产存量投入市场经营，实现资产保值，激发市场活力。六是进行社会融资，推动政府与社会资本合作，比如 PPP 模式、金融支持政策等，鼓励社会资本参与水利生产运营。

4 结语

从黄河水资特征存在的问题入手，以"节水优先、空间均衡、系统治理、两手发力"治水思路为引领，将其贯彻落实到黄河水资源规划与管理的各个环节，通过坚持把节水优先放在黄河水资源规划及管理的第一位、树立空间均衡的可持续发展的水资源规划与管理理念、坚持系统治理的河湖一体化治理方针、运用好政府与市场"两手发力"这一手段等方法路径，进一步提升黄河水资源规划与管理水平。

参考文献

［1］郑昊昌．黄河中上游流域气候变化特征分析及对径流的影响研究［D］.西安：长安大学，2021.

［2］尚俊生，孙华光，付跃彬．黄河水资源管理中存在的主要问题及原因分析［C］//河海大学，安徽省巢湖管理局，安徽省水利学会.2019 中国水资源高效利用与节水技术论坛论文集，2019：230-232.

［3］付俊怡．黄河流域农业用水效率及影响因素研究［D］.银川：宁夏大学，2021.

［4］魏晓悦．黄河流域突发水污染事件关键风险源诊断与评价研究［D］.兰州：兰州交通大学，2022.

1958—2019 年山西省降雨和气温时空变化特征分析

张　乾[1]　杨姗姗[2]

(1. 中水北方勘测设计研究有限责任公司，天津　300222；
2. 中国水利学会，北京　100053)

摘　要：根据山西省 28 个气象站 1958 2019 年逐日降雨和气温数据，采用线性回归、滑动平均、累积距平相结合的方法分析降雨量和气温的变化趋势，利用 ArcGIS 中克里金插值法分析降雨及气温的空间分布特征。结果表明，近 62 年来山西省年降雨量和汛期降雨量总体呈减少趋势，非汛期降雨量呈不显著增加趋势，降雨量在空间分布上呈明显的地带性和经向性，山区多、盆地少，东南多、西北少；年平均气温、夏季平均气温和冬季平均气温都呈上升趋势，气温在空间分布具有明显的纬向性，纬度越高，气温越低。五台山区由于独特的地势，是全省平均降雨量最大和平均气温最低的地区。

关键词：降雨；气温；时空变化；趋势分析

在全球气温变暖的背景下[1]，气候变化对水资源时空分布产生了很大影响。中国近 50 来年平均气温变暖幅度约为 1.1 ℃[2]，且存在明显的区域性特征。降雨和气温是主要的气候因子，分析其变化规律与空间分布对合理规划水资源利用有重要意义[3]。

山西省地处华北地区西部、黄土高原东部，北跨长城与内蒙古自治区相邻，南隔黄河与河南省相望，独特的地理位置和地貌格局使其气候规律更加复杂。张丽花等[4] 对山西省 1961—2012 年的气温进行分析，发现气温呈增加趋势，增长率为 0.33 ℃/10 a；杨倩等[5] 分析了山西省 1960—2017 年的降雨和气温变化，发现平均气温以 0.34 ℃/10 a 的速率上升，降雨递减率为 9.6 mm/10 a。

本文利用山西省 28 个气象站近 62 年降雨和气温资料进行系统分析，以了解气温和降雨的时空分布特点及变化趋势，旨在为相关管理部门进行水资源优化配置及产业结构调整提供参考。

1 资料与方法

本文所用的降雨量及气温数据来自于中国气象数据共享网。利用全省范围内天镇、大同、太原、长治、运城等 28 个国家气象站点 1958—2019 年逐日降雨和气温数据，采用线性回归、滑动平均、累积距平相结合的方法分析气温和降雨的变化趋势，利用克里金插值法分析山西省平均年（分期）降雨量和年（夏季、冬季）平均气温的空间分布特征[6]。山西省地形地貌及气象站分布见图 1（a），气象站泰森多边形分布见图 1（b）。

2 气温和降雨时间变化特征分析

2.1 气温变化特征分析

近 62 年来山西省平均气温为 9.6 ℃，总体呈上升趋势，增长率为 0.396 ℃/10 a，从 5 年滑动平均来看，气温波动较小，上升趋势显著 ［见图 2（a）］，气温上升高于临近的河南省（0.18 ℃/10 a）和陕西省（0.23 ℃/10 a）。根据累积距平曲线，气温在 1996 年之后呈明显上升趋势 ［见

作者简介：张乾（1990—），男，工程师，主要从事水资源管理、水利规划和水文预报等工作。

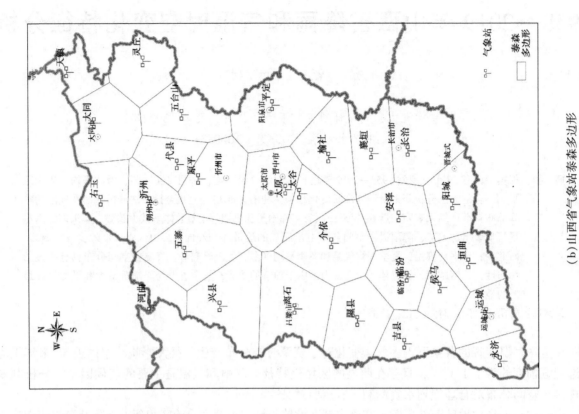

（b）山西省气象站泰森多边形

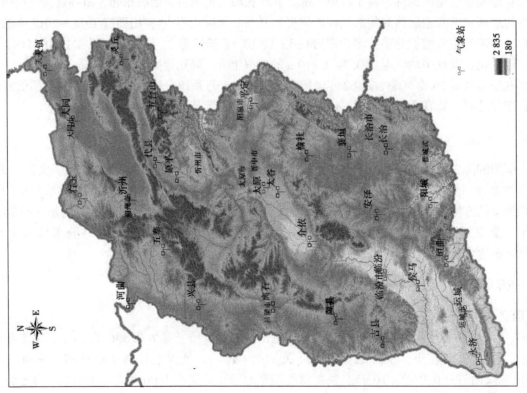

（a）山西省地形地貌及气象站分布

图 1　山西省地形地貌及气象站分布和气象站泰森多边形

图 2（b）]；夏季（6—8 月）平均气温为 22.3 ℃，总体呈上升趋势，增长率为 0.112 ℃/10 a［见图 3（a）]；冬季（12 月至次年 2 月）平均气温为 -4.6 ℃，总体呈上升趋势，增长率为 0.397 ℃/10 a［见图 3（b）]，山西省冬季气温的上升在全年气温上升中起重要作用。

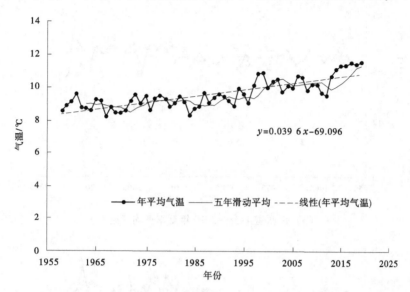

（a）山西省 1958—2019 年平均气温

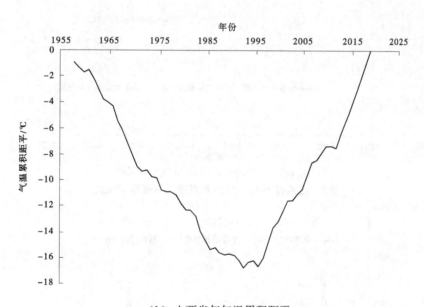

（b）山西省年气温累积距平

图 2　山西省 1958—2019 年平均气温和年气温累积距平

2.2　降雨量的变化特征分析

山西省 1958—2019 年平均降雨量为 483.2 mm，年降雨量极大值为 673.7 mm，出现在 1964 年，年降雨量极小值为 256.4 mm，出现在 1965 年，极值比为 2.63，见图 4；年平均降水量总体呈波动下降趋势，递减率为 3.03 mm/10 a，从 5 年滑动平均来看，趋势不显著，年降雨量在 1995 年之后有所减少，但在 2010 之后有所回升［见图 4（b）]。汛期（6—9 月）降雨量多年平均为 354.8 mm，总体呈下降趋势，递减率为 9.39 mm/10 a；非汛期（10 月至次年 5 月）降雨量多年平均为 128.4 mm，总体呈上升趋势，增长率为 6.36 mm/10 a［见图 4（b）]，降雨形式朝有利方向发展。

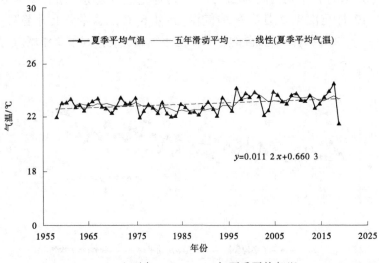

$y=0.011\ 2x+0.660\ 3$

（a）山西省 1958—2019 年夏季平均气温

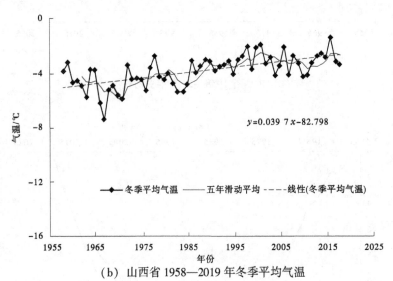

$y=0.039\ 7x-82.798$

（b）山西省 1958—2019 年冬季平均气温

图 3　山西省 1958—2019 年夏季、冬季平均气温

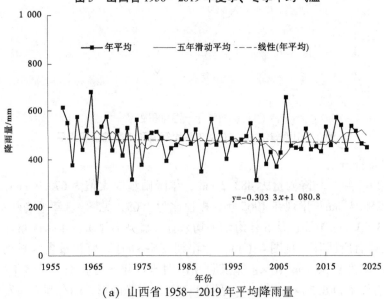

$y=-0.303\ 3x+1\ 080.8$

（a）山西省 1958—2019 年平均降雨量

图 4　山西省 1958—2019 年降雨量

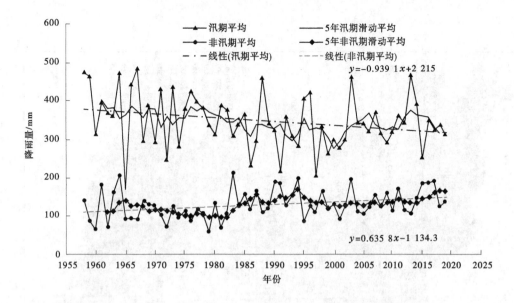

（b）山西省 1958—2019 年汛期及非汛期降雨量

续图 4

3 气温和降雨量的空间变化特征分析

3.1 气温空间变化分析

利用 ArcGIS 中克里金插值法对山西省 28 个气象站进行空间插值计算，年平均气温和年平均降雨量空间分布如图 5 所示。年平均气温具有明显的纬向性，气温从南到北递减；平均气温与地形密切相关，中间盆地高于两侧山地，五台山站由于海拔（2 208.3 m）原因，形成一个低值中心，年平均气温仅为-2.3 ℃。

夏季平均气温空间分布（见图 6）与年平均气温类似，由西南至东北逐渐降低，在五台山和右玉之间有一低值区；冬季气温与纬度和海拔密切相关，山区低、盆地高，北方低、南方高。冬季平均气温为-4.6 ℃，五台山为冬季气温最低处，为-15 ℃；右玉、天镇次之，分别为-12.4 ℃和-8.8 ℃；永济、运城和垣曲 3 处冬季平均气温高于 0 ℃。

3.2 降雨量空间变化分析

年平均降雨量具有明显的经向性和地带性，降雨量由东南至西北逐渐递减，东部地区高于西部地区。东南部的太行山区、中条山区及东部的五台山区为全省降雨高值区。五台山站由于独特的地势特点，形成一个降雨高值中心，是全省降雨量最多的站点，年平均降雨量为 655.3 mm。降雨量受地形影响大[5]，大同盆地、忻州盆地为全省降雨低值区，其中大同盆地降雨量最少，年降雨量不足 400 mm。

汛期空间分布（见图 7）与地形关系密切，中间盆地小于两侧山地，灵丘盆地及运城盆地汛期降雨量较周围高，汛期平均降雨量为 285.9~517.3 mm，非汛期降雨量介于 81.6~198.6 mm，呈纬向分布，非汛期降水量分布由西南至东北递减，且东西部基本对称。

4 结论

（1）近 62 年，山西省平均气温为 9.6 ℃，总体呈上升趋势，增长率为 0.396 ℃/10 a，冬季气温的上升在全年气温上升中起主要作用。

（2）年平均降雨量为 483.3 mm，总体上呈下降趋势，下降速度为 3.03 mm/10 a，其中汛期降雨量较全年降雨量下降更为明显。

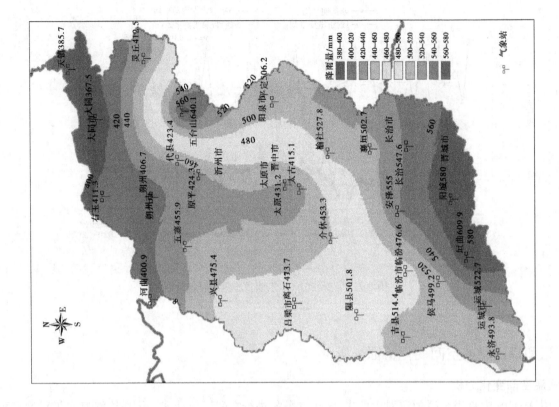

（b）降雨量

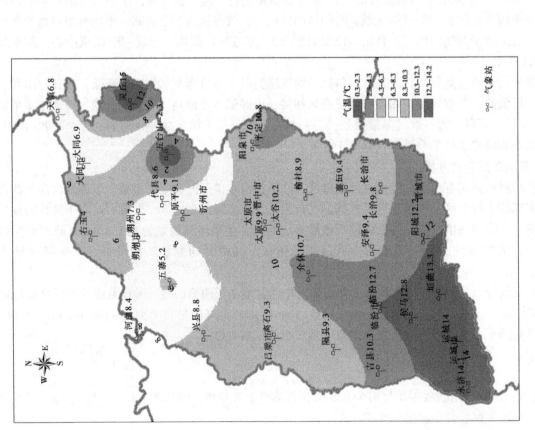

（a）气温

图 5　山西省多年平均气温和多年平均降雨量空间分布

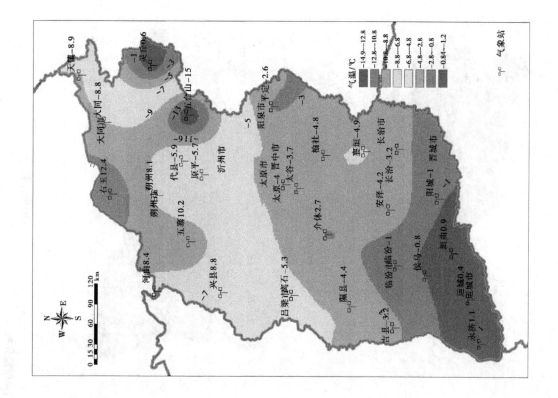

（b）冬季

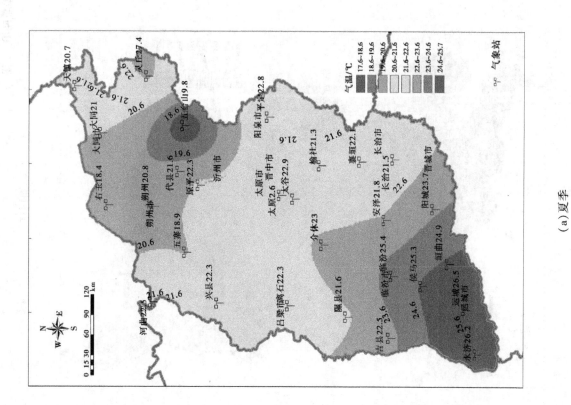

（a）夏季

图 6　山西省多年平均气温空间分布

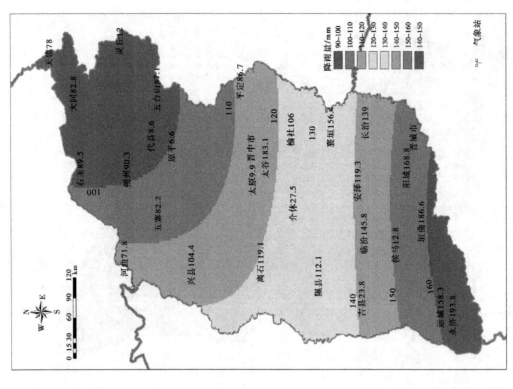

（b）非汛期

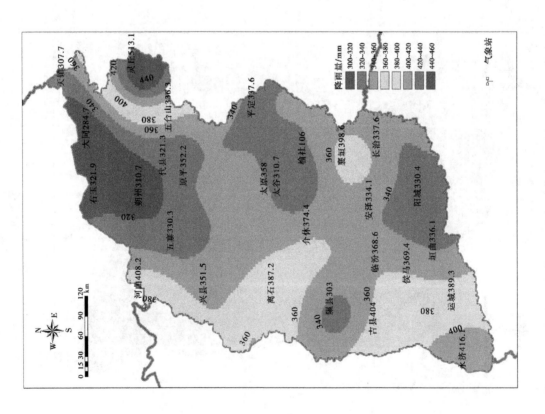

（a）汛期

图 7　山西省多年平均降雨量分布

（3）气温分布具有明显纬向性，从南到北递减；夏季平均气温空间分布与年平均气温类似，冬季气温与纬度和海拔密切相关。

（4）降雨量空间分布不均，年降雨量具有明显的经向性和地带性差异，山区多、盆地少，东南多、西北少；非汛期降雨量由西南至东北递增且东、西部基本对称。

参考文献

［1］花东文，王健．全球气候变化的原因及影响综述［J］．区域治理，2020（3）：138-140.

［2］任国玉，郭军，徐铭志，等．近50年中国地面气候变化基本特征［J］．气象学报，2005（6）：942-956.

［3］秦鹏程，刘敏，夏智宏，等．气候变化对我国水资源和重大水利工程影响研究进展［J］．气象科技进展，2022，12（6）：7-15.

［4］张丽花，延军平，陈利民．近52 a山西气温变化特征［J］．干旱区研究，2014，31（6）：1068-1072.

［5］杨倩，刘登峰，孟宪萌，等．1960—2017年山西省降水和气温的时空变化特征分析［J］．人民珠江，2019，40（6）：27-33.

［6］张乾，回晓莹，张永杰．山西省近61年降雨时空变化分析［J］．水利水电工程设计，2021，40（2）：24-26，56.

嫩江干流重点取水户错时取水方案研究

高 鹏 王 强

（中水东北勘测设计研究有限责任公司，吉林长春 130021）

摘 要：以水资源精细化调度为抓手开展水资源节约利用研究是响应"节水优先、空间均衡、系统治理、两手发力"治水思路的重要体现。本文以嫩江为研究对象，为解决嫩江干流灌溉期来水量少、取水水位低、取水困难等问题，建立一维非恒定流模型，模拟不同量级水流由尼尔基水库至各控制断面的传播过程，利用干流取水户用水时空上的差异性，结合取水户用水需求，提出嫩江干流重点取水户错时取水方案，为嫩江关键用水期精细化调度提供技术参考。

关键词：嫩江；关键用水期；取水户；错时取水

水资源是人类赖以生存的重要资源，同时也是人类社会不断发展的重要保障。我国水资源总量相对较为充足，但在区域间和季节间分布的不均匀是经济社会发展面临的主要问题之一[1]。因此，以水资源精细化调度为抓手开展水资源节约利用研究是响应"节水优先、空间均衡、系统治理、两手发力"治水思路的重要体现。本文以嫩江为研究对象，为解决嫩江干流灌溉期来水量少、取水水位低、取水困难等问题，建立一维非恒定流模型，模拟不同量级水流由尼尔基水库至各控制断面的传播过程，利用干流取水户用水时空上的差异性，结合取水户用水需求，提出嫩江干流重点取水户错时取水方案，为嫩江关键用水期精细化调度提供技术参考。

1 流域概况

嫩江为松花江北源，发源于大兴安岭伊勒呼里山南坡，由北向南流经黑河市、大兴安岭地区、嫩江县、讷河市、富裕县、齐齐哈尔市、大庆市等县（市、区），在肇源县三岔河附近与第二松花江汇合，河道全长 1 370 km，流域面积 29.85 万 km²，约占松花江全流域面积的 52%。嫩江干流左岸位于黑龙江省境内，右岸涉及黑龙江、吉林和内蒙古 3 省（区）。多年平均水资源量为 1 383.85 亿 m³，多年平均地表水资源量为 293.86 亿 m³。流域水资源开发利用率为 27.40%，其中地表水开发利用率为 18.29%，地下水开发利用率为 63.22%[2]。本次研究范围为嫩江干流尼尔基至三岔河口河段。

截至 2019 年末，嫩江干流尼尔基水库至三岔河口区间范围内有各类用水户 90 余个，其中北部引嫩工程等 9 个重点取水用户年取水总量大于 1 亿 m³，计划用水量占嫩江干流总用水量的 98.6%。重点用水户基本情况见表 1。

表 1 嫩江干流重点用水户及其取水口位置

序号	用水户名称	取水口位置	年取水量/万 m³
1	黑龙江省北部引嫩工程	齐齐哈尔讷河市拉哈江段	144 500
2	黑龙江省中部引嫩工程	友谊乡登科村黄鱼滩后	75 000
3	华能热源股份有限公司富拉尔基发电厂	齐齐哈尔富拉尔基江段	62 100

作者简介：高鹏（1989—）男，高级工程师，主要从事水利水电规划设计工作。

续表1

序号	用水户名称	取水口位置	年取水量/万 m³
4	泰来抗旱灌溉引水工程	齐齐哈尔市泰来县江桥镇	10 840
5	白城市引嫩入白供水工程	镇赉县嘎什根乡丹岱村	60 968
6	吉林省监狱管理局镇赉分局引水工程	镇赉县嘎什根乡十家子村	14 630
7	大庆市松嫩工程管理处（南部引嫩）	大庆杜蒙红土山下	45 000
8	镇赉大屯灌区	镇赉县大屯镇英台村	12 000
9	大安灌区	大安市太山镇长春村	24 517

2 错时取水方案研究

2.1 研究时段

根据嫩江干流近年水量调度计划，嫩江流域需水量最大的为水田灌溉用水，而不同时间的用水量由灌区农作物的灌溉制度决定。嫩江沿岸灌区水田插秧前泡田期多为每年 4 月 25 日至 5 月 8 日，泡田期用水量较大，而在泡田期内嫩江干流流量较小，故本次研究的时间段为 4 月下旬至 6 月灌溉用水量较大的关键用水期。

2.2 重点用水户错时取水可行性

嫩江干流为南北走向，从三岔河口至尼尔基水库坝址纬度横跨 45°~48°共 4 个纬度带，用水户涉及吉林、黑龙江和内蒙古 3 省（区），对嫩江沿岸乾安县、泰来县、齐齐哈尔和嫩江气象站 4 月 20 日至 5 月 20 日逐日多年平均气温进行分析，嫩江沿岸南北同日期温度差异较大，水田灌溉制度因此有一定差异，考虑温度对土壤以及作物生长等影响，沿嫩江干流由北向南，各农业用水户水田泡田开始时间逐渐向后推移，经分析，北部引嫩工程春耕期泡田时间理论上应比引嫩入白工程春耕期泡田时间早 4~6 d。根据对嫩江干流沿岸主要农业用水户的调查，春耕期泡田时间前后推移 3~7 d 对作物耕种影响不大，即泡田期农业用水可调节时间 3~7 d。

根据收集的各重点用水户的近年取水资料，各用水户开始取水时间见图 1。

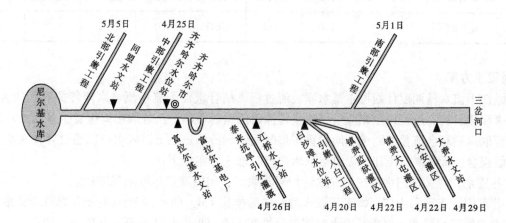

图 1 嫩江干流重点用水户近年平均起始取水时间

由图 1 可知，各重点取水户起始取水时间随着纬度变化并无一定的规律，各用水户均按照往年农业用水情况经验性地开始取水，北部引嫩工程和引嫩入白工程起始取水时间约差 15 d，这与本次分析的温度造成的时间差异和用水户自行调节的时间范围相符。由于嫩江干流缺乏系统的取水调度计划，上下游用水户取水时均未考虑其他用水户的取用水需求，易造成部分用水户取水困难，因此嫩江干流重点用水户间存在错时取水的可行性和必要性。

2.3 错时取水目标

嫩江干流农业用水户关键用水期取水时间可以根据需要进行一定的调整，根据嫩江干流尼尔基水库放流计划和嫩江干流各用水户取水计划，结合嫩江干流小流量水流传播时间，对嫩江干流取水户关键用水期取水时间进行适当调整，制订错时取水方案。错时取水方案的目标为满足嫩江干流用水户取用水需求，且各用水户取水后嫩江三岔河口断面流量过程尽量保持稳定，降低嫩江干流流量波动太大而造成部分用水户取水困难的风险，保障嫩江河道生态环境流量。

2.4 嫩江干流水流传播时间

综合考虑嫩江河道水流传播特性和两岸堤防的结构形式，采用 Mike11 软件一维非恒定流模型模拟河道水流传播过程，采用 1998 年洪水之后嫩江河道断面测量成果，构建尼尔基水库坝址至松花江三岔河口河道模型，模拟不同量级水流由尼尔基水库至各控制断面的传播过程，确定不同量级水流在各控制断面间的传播时间，计算尼尔基水库不同量级放流情况下嫩江各取水口位置的流量过程。尼尔基水库各量级放流至嫩江各用水户取水口处传播时间成果见表 2。

表 2 尼尔基水库各量级放流至嫩江各用水户取水口处传播时间成果 单位：d

用水户	不同水流量级（m³/s）传播时间						
	50	100	200	300	400	500	800
北部引嫩工程	0.5	0.5	<0.5	<0.5	<0.5	<0.5	<0.5
中部引嫩工程	1.5	1.5	1.0	1.0	1.0	1.0	1.0
泰来抗旱灌溉引水工程	7.0	6.5	5.5	5.0	5.0	4.0	4.0
拉海灌区	7.5	7.0	6.5	5.5	5.0	5.0	4.0
引嫩入白工程	10	9.0	7.5	7.0	7.0	5.5	5.5
镇赉监狱灌区	10	9.0	7.5	7.0	7.0	5.5	5.5
南部引嫩工程	10.5	9.5	8.0	7.5	7.0	6.5	6.0
大安灌区	12.0	11.5	10.0	9.0	8.5	8.5	8.0

2.5 错时取水方案

根据嫩江干流水量调度计划尼尔基水库放流过程，结合嫩江干流小流量水流传播时间研究成果，将尼尔基水库逐日放流过程按照相应量级流量传播时间错时段演进至各取水口位置，各用水户按其计划取水过程取水后剩余流量继续按不同量级传播时间错时段演进至下游取水户，通过对各用水户不同错时方案的组合，最终制订嫩江干流重点取水户错时取水方案如下：

（1）各用水户在关键用水期按照取水计划平稳取水，旬内流量尽可能保持稳定。

（2）北部引嫩工程和中部引嫩工程取水时间向后推移 1 d，即 4 月 22 日开始从嫩江干流取水。

（3）大安灌区和镇赉大屯灌区取水时间向后推移 1 d，即 4 月 22 日开始从嫩江干流取水。

3 错时取水方案与常规取水方案对比分析

统计现状常规取水方案与错时取水方案下，尼尔基水库关键用水期放流到达关键节点引嫩入白工程取水口（白沙滩）和嫩江干流出口三岔河口位置的流量过程，如图 2、图 3 所示。

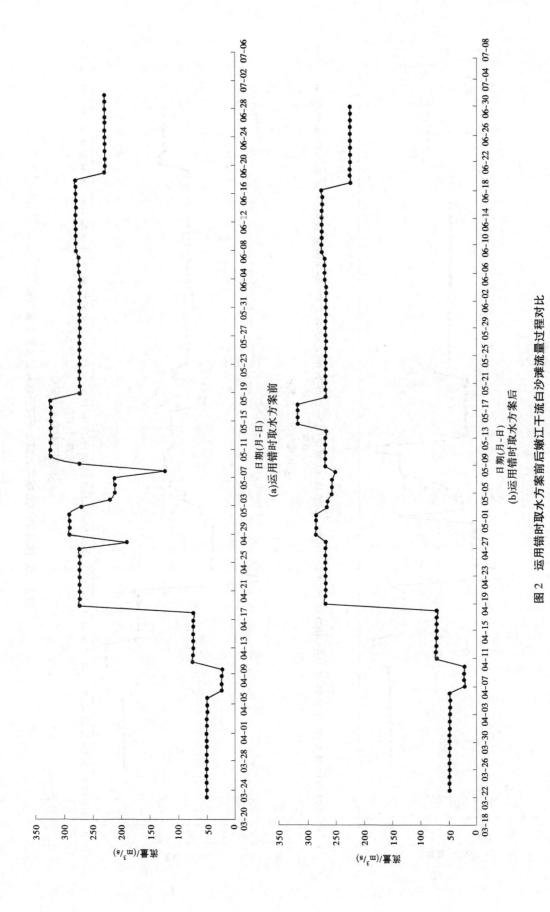

图 2　运用错时取水方案前后嫩江干流白沙滩流量过程对比

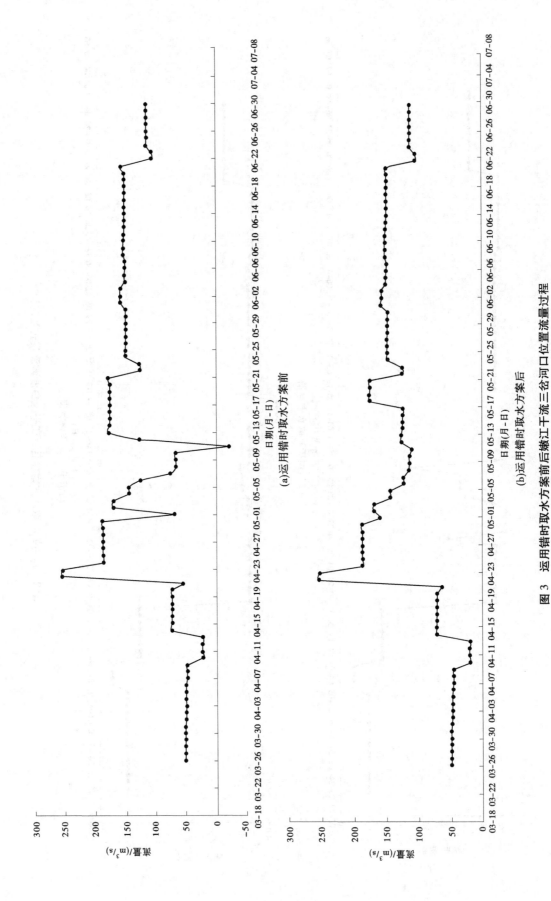

(a)运用错时取水方案前

(b)运用错时取水方案后

图 3 运用错时取水方案前后嫩江干流三岔河口位置流量过程

通过对比分析，引嫩入白工程以上用水户按计划取水过程取水后，传播至引嫩入白取水口位置的尼尔基水库放流剩余流量波动较大，引嫩入白工程取水口最小流量要求为 65 m³/s，极端年份或出现区间水量损失等情况易造成引嫩入白工程取水困难；三岔河口位置的嫩江流量过程波动较大，5 月甚至出现流量负值的情况，在不考虑支流来水和区间水量损失等水量变化情况下，不能满足大赉断面最小生态流量达到 35 m³/s 的要求。通过错时取水，调节各用水户取水时间，嫩江干流两个控制断面流量过程基本稳定，引嫩入白工程取水口位置流量在其取水时满足其要求的最小流量 65 m³/s，大赉断面满足最小生态流量 35 m³/s 的要求，嫩江尼尔基水库以下各河段均无负值情况。

4 结论

本文以嫩江干流为研究对象，对嫩江干流重点取水户错时取水方案进行研究，针对嫩江干流 4—6 月关键用水期，提出了科学合理的错时取用水调度方案，该方案与现状传统方案相比，能够保证引嫩入白工程等重点取水户在取水口位置取水时嫩江干流流量达到最低流量要求，降低嫩江干流流量波动太大而造成部分用水户取水困难的风险。错时取水方案对优化嫩江流域水资源配置、提高水资源集约节约利用水平、缓解地区水资源供需矛盾具有重要的作用，对其他流域采用错时取水提高水资源利用程度具有借鉴意义。

参考文献

[1] 陈丽群. 基于水动力模型的长距离水资源联合调度工程水力特性分析 [J]. 水利科技与经济，2023（8）：21-26.
[2] 范玲雪，何立新，聂双江，等. 嫩江流域水资源与社会经济发展匹配度分析 [J]. 水利科技与经济，2016（12）：1-5.

水资源防洪管理及环境保护分析

徐 杨[1,2] 徐 浩[1] 蒋韵秋[1] 汪维维[3]

(1. 长江水利委员会水文局长江上游水文水资源勘测局，重庆 400020；
2. 重庆交通大学河海学院，重庆 400074；
3. 重庆市万州区生态环境监测站，重庆 404100)

摘 要：为了加强对水文水资源的管理，减少洪涝灾害对人们的生活、生态环境和经济发展造成的影响，本文通过对水资源防洪管理及环境保护的重要性和现存挑战进行分析，提出水资源防洪管理及环境保护的切实措施，以期为相关部门和人员提供参考。

关键词：水文水资源；防洪管理；环境保护；策略探析

通过水文水资源环境管理和防洪减灾的稳步落实，可以有效保护和发展我国的水文水资源，为工农业发展提供支持。因此，各有关部门必须认清其需求，主动进行环境治理与防灾减灾措施的优化，才能为国家的经济与环境的发展打下坚实的基础。

1 水资源防洪管理及环境保护的重要意义

1.1 水资源管理的重要意义

水是人类生存和发展的基本需求，水文水资源管理可以确保水资源的可持续利用，保证人类长期以来的生活需求和经济活动得以持续进行。水文水资源环境管理能够保护和维护水生态系统的健康，修复溪流、湖泊、河口和海洋等生态系统，维持生物多样性和生态平衡。水文水资源环境管理有助于控制水体的污染，并改善水质。通过采取科学合理的水处理和监测措施，减少废水、重金属和化学物质的排放污染，可维持水体的健康和可用性[1]。

1.2 防洪减灾的重要意义

洪水是最具破坏性和危险性的自然灾害之一，防洪减灾措施可以有效减少洪水灾害对人民生命的威胁和伤害，保障人民的生命安全。洪水灾害对农田、城市和基础设施等造成巨大的损失，防洪减灾可以避免经济的巨大损失，保障国家和地区的可持续发展。洪水灾害也会造成社会秩序的动荡，威胁社会稳定和人民安康。通过加强防洪减灾工作，可以维护社会稳定。洪水还会对生态系统造成严重破坏，影响生物多样性和生态平衡。采取科学的防洪措施，可保护水生态系统的健康，维持自然的生态平衡。

综上所述，水资源防洪管理及环境保护的重要意义在于可持续发展、生态保护、水污染控制、人民生命安全、经济发展、社会稳定和生态保护等方面。这些方面的重要性直接关系到人类的生存和发展，因此需要高度重视和积极采取措施来进行有效的管理和应对。

2 水资源防洪管理及环境保护存在的挑战

水文水资源环境管理与防洪减灾是一个复杂且多维度的研究领域，其现存的挑战有以下几个方面。

作者简介：徐杨（1992—），女，工程师，从事水环境、水文水资源相关研究工作。

2.1 水资源压力

我国的人口不断增长，对水资源的需求量（包括生活用水、农业用水和工业用水等）增加。对水资源的压力加大。水资源在地理分布上存在不均衡性。一些地区可能拥有丰富的水资源，而其他地区可能面临严重的水资源短缺。这种在水资源管理和分配方面的挑战，可能导致冲突和竞争。我国2022年各行政区主要用水指标如表1所示。

表1　我国2022年各行政区主要用水指标

行政区	人均综合用水量/m³	万元国内生产总值用水量/m³	耕地实际灌溉亩均用水量/m³	农田灌溉水有效利用系数	人均生活用水量/（L/d）	人均城乡居民生活用水量/（L/d）	万元工业增加值用水量/m³
全国	425	49.6	364	0.572	176	125	24.1
北京	183	9.6	124	0.751	233	145	4.8
天津	245	20.6	247	0.722	145	100	8.5
河北	245	43.1	153	0.677	103	80	11.1
山西	207	28.1	170	0.563	119	91	9.1
内蒙古	798	82.7	211	0.574	129	91	13.6
辽宁	299	43.5	350	0.592	172	120	14.7
吉林	443	80.0	284	0.604	149	110	23.4
黑龙江	989	193.5	415	0.611	136	103	34.2
上海	426	23.7	573	0.739	263	160	58.4
江苏	719	49.8	476	0.620	211	140	50.5
浙江	256	21.6	381	0.609	219	140	12.3
安徽	491	66.7	282	0.564	162	125	57.2
福建	401	31.6	597	0.565	208	141	12.4
江西	597	84.1	720	0.530	177	132	35.9
山东	213	24.8	150	0.648	111	84	11.5
河南	231	37.2	172	0.625	121	93	10.9
湖北	605	65.7	406	0.537	243	148	46.1
湖南	501	68.0	510	0.553	190	136	33.9
广东	317	31.1	719	0.532	259	171	15.4
广西	524	100.4	776	0.521	196	154	46.7
海南	445	66.9	745	0.575	243	178	17.9
重庆	214	23.6	313	0.511	191	142	20.7
四川	300	44.3	373	0.497	189	143	12.9
贵州	250	47.8	399	0.494	144	113	20.3
云南	384	56.4	336	0.510	161	114	19.8
西藏	871	149.1	513	0.457	246	141	54.8
陕西	240	29.0	267	0.583	140	101	8.1
甘肃	453	100.8	397	0.578	114	93	19.2
青海	412	67.8	447	0.506	133	92	21.9
宁夏	913	130.8	524	0.570	139	83	21.3
新疆	2 189	319.3	530	0.579	201	169	18.2

2.2 洪水灾害风险

洪水是指降雨过多、河流泛滥或其他原因导致水体超过原有容纳能力而造成的水位上升和涝灾，可能导致人员伤亡、财产损失、农田损毁、城市基础设施破坏等后果，对人类和生态系统都造成巨大破坏。洪水还会引发水污染、疾病传播和生态系统失衡等一系列问题[2]。

2.3 水污染

工业活动、农业和城市污水等因素都会导致水体受到污染，水污染对水资源的可利用性造成了严重威胁。水资源管理需要加强环境保护和污染治理，以确保可持续的水资源供应。

2.4 水土流失和湿地退化

水土流失是指水资源中的土壤被水流冲刷、侵蚀和逐渐流失的现象。这种现象可能是不合理的土地利用和管理导致的。当土地被砍伐植被、过度耕作或建设工程等人类活动破坏时，土壤容易暴露，在雨水和河流冲刷下，导致水土流失。水土流失不仅会造成土地贫瘠和农田减产，还会引发泥石流、河道淤积和水库寿命缩短等问题。湿地是指地表上长期或季节性涉水的区域，包括沼泽、湖泊、河流三角洲和海岸滩涂等，它们具有调节洪水、保持地下水涵养、净化水质、保护生物多样性等重要功能，对水资源防洪管理和环境保护至关重要。然而，由于人类的不合理开发和利用，许多湿地产生退化。湿地退化是指湿地生态系统的功能和健康状况逐渐恶化的过程，湿地退化可能是湿地的干涸、湖泊和河流的水量减少、湿地污染等多种原因造成的[3]。

3 水资源防洪管理及环境保护的措施

3.1 提高水资源利用效率，多样化水资源供应

水资源利用效率的提高是减轻水资源压力的关键措施之一。可通过以下措施提高水资源的利用效率：①采用节水设备和灌溉技术；②修复漏水，改善输配水管网，减少供水系统中的水损失；③通过宣传教育和政策引导，增强公众对水资源的节约意识，鼓励人们采取节水行为；④为了减轻对单一水源的依赖和增加水资源供应的稳定性，可以采取开发非传统水资源的措施，扩大可用水源的范围；⑤保护自然的水源地；⑥建设水资源调水工程，通过输水管道将水资源从丰富地区输送到缺水地区；⑦通过提高水资源利用效率和多样化水资源供应，可以减少对有限水资源的竞争和压力，提高水资源的可持续利用能力。同时，这些措施还有助于应对气候变化等因素带来的水资源挑战。在实施过程中，需要政府、企业和社会各界的合作，制定相关政策和投资规划，以促进水资源管理的可持续发展。

3.2 推动环境保护和水污染治理

推动环境保护和水污染治理是解决水资源压力问题的重要措施。建立健全法律和政策框架，明确环境保护的目标和要求，加强环境管理和监管，确保水体得到适当的保护和治理。研发和应用先进的水污染治理技术，包括污水处理技术、工业废水处理技术和农业污染控制技术等，以减少水污染物排放量，提高水体的质量。建立完善的水质监测和评估系统，定期监测水体的质量，及时发现和解决水污染问题。促进资源的循环利用和浪费的最小化，推动可持续发展模式，减少对水资源的压力和污染。跨部门、跨区域的合作是水污染治理的关键。政府、企业和社会各界应加强沟通与合作，共同推动水污染治理的实施。加强环境保护和水污染治理的宣传教育，提高公众对水资源保护和污染防治的认识和重视，鼓励大众采取环保行动。通过推动环境保护和水污染治理，可以减少污染物对水资源的影响，保护水体的生态功能和水质。这有助于提高水资源的可持续利用能力，并减轻水资源压力问题。同时，环境保护和水污染治理也是实现可持续发展目标的重要组成部分，为人类和生态系统提供健康的水环境。

3.3 根据具体的水文水资源环境状况制订科学管理方案

根据具体的水文水资源环境状况制订科学的管理方案，需要对该地区的水资源情况、环境特点和管理需求进行全面的分析和评估。首先应该完善数据收集步骤并对水资源状态进行评估，在某地区的管理方案制订前，需要收集该地区的水资源和环境数据，包括水文数据、降雨数据、地下水位数据、水质数据等，评估水资源的供需状况，确定水资源的可持续利用量和水源的脆弱程度，评估环境状况。完成数据收集后，管理人员应该制定确切的管理目标，根据数据评估结果和地区发展需求，制定水资源管理和环境保护的具体目标。其次，管理人员应该坚持发展科学的管理策略，制定合适的管理措施，推动科技创新，应用现代技术手段来提高水资源管理和环境保护的效果。不仅如此，管理人员需要进一步提高水资源利用效率，推广水资源节约和循环利用的技术。管理人员应该进一步推动水资源污染防治，制订水污染控制和治理方案，包括建立污水处理设施、推动工业和农业污染源减排，强化监管和执法，加强水环境监测和违法处罚力度，加强国际合作，应对跨境水污染和污染物进行溯源。管理人员还应该积极推动水生态保护机制的确立，制订保护和恢复水生态系统的计划，包括湿地保护、河流回归自然，进一步推动生态补偿机制，鼓励生态保护行为和生态修复措施的实施。最后，在制订水资源管理规划时，还应该注重水资源规划和管理的可持续性，对水资源环境进行长期规划和定期评估，确保管理方案的可持续性和适应性，考虑气候变化和未来发展需求，制定相应的水资源管理和防灾减灾策略[4]。

3.4 创新优化水资源防洪管理及环境保护方式

要实现创新优化的水资源防洪管理及环境保护方式，需要综合运用科技创新、信息化技术和综合管理的方法。应大力推进水资源管理与调度的智能化，运用物联网、传感器技术和远程监测设备，实现对水资源的实时监测和管理，借助大数据和人工智能技术，建立水资源模型和预测系统，优化水资源调度，提高水资源利用效率和供需平衡。对水污染防控和治理进行创新，推广先进的水污染监测技术，实现早期预警和快速响应，探索新型的污水处理技术，提高水质处理效果和资源回收利用率，开发用于水体污染物防范和治理的新型材料与技术。不仅如此，还应推动水生态系统保护与修复方面的创新工作，鼓励保护和恢复湿地、河流和湖泊等水生态系统，推动生态补偿机制，鼓励保护和恢复湿地、河流和湖泊等水生态系统，引入自然修复和生态再生技术，恢复受损水域的生态功能[5]。推动综合防洪减灾的进一步发展，利用遥感技术和无人机监测，实时获取洪水灾害的信息，提供精确的灾情评估，运用地理信息系统（GIS）和空间分析方法，优化防洪工程的规划和设计，建立智能化的防洪预警系统，提前预测洪水风险，并进行及时调度和应急响应，建立洪水预报系统。

以上措施旨在利用科技创新、信息化技术和综合管理的手段，改进水文水资源环境管理与防洪减灾方式，提高管理效率和应对能力。

4 结论

水文水资源防洪管理和环境保护是一项复杂而重要的任务，需要综合管理和综合施策，以平衡水资源利用与环境保护之间的关系，确保人类社会的可持续发展和生态安全。综合分析水文水资源防洪管理和环境保护时，需要考虑水文气象条件、水资源供需状况、生态系统健康等要素，同时还需要进行综合评估和决策分析，平衡利益关系、资源利用和环境保护之间的关系，制定科学合理的管理策略和政策措施。此外，加强水文水资源和环境数据的收集、整合和共享，建立科学模型和决策支持系统至关重要，以便决策者更准确地了解水资源和环境的状况，制定有效的管理和保护措施。

参考文献

[1] 董君杰. 水文水资源防洪管理及环境保护分析 [J]. 黑龙江科学, 2021, 12 (8): 132-133.

[2] 张兵. 探讨水文水资源防洪管理及环境保护 [J]. 华东科技 (综合), 2021 (9): 374.

[3] 杨彩兄. 关于水文水资源防洪问题及环境保护的探讨 [J]. 农业科技与信息, 2021 (21): 26-27.

[4] 刘伟. 水文水资源环境管理与防洪减灾措施探讨 [J]. 科学与信息化, 2021 (21): 143-144.

[5] 张丽萍. 水文水资源管理在水利工程中的有效应用 [J]. 中文科技期刊数据库 (全文版) 工程技术, 2021 (12): 3.

山西省黄河流域水资源高效利用评估研究

王建伟　倪用鑫　吕锡芝　马　力　张秋芬　张恒硕

（黄河水利委员会黄河水利科学研究院
河南省黄河流域生态环境保护与修复重点实验室，河南郑州　450003）

摘　要：随着经济社会的快速发展，人类对水资源需求量越来越大，水资源短缺问题也更加突显，提高水资源利用效率更加紧迫。评估区域水资源高效利用现状对水资源高效利用模式及对策的提出具有支撑作用。本文以山西省黄河流域为研究对象，从效率、效益及可持续性三个方面建立水资源高效利用评价体系。结果表明：山西省黄河流域水资源高效利用水平相对于黄河流域其他省份处于较低水平。从行政区上来看，太原和晋城水资源利用效率较高，运城和朔州处于低水平状态。该成果可为后期区域水资源规划及利用提供依据。

关键词：水资源；高效利用；评估体系；黄河流域

1　引言

黄河流域生态保护和高质量发展是重大国家战略[1]。2019年9月18日，习近平总书记在黄河流域生态保护和高质量发展座谈会上发表重要讲话，强调要着力加强生态保护治理，保障黄河长治久安，促进全流域高质量发展，改善人民群众生活，保护传承弘扬黄河文化，让黄河成为造福人民的幸福河[2]。2021年10月22日，习近平总书记主持召开深入推动黄河流域生态保护和高质量发展座谈会并发表重要讲话，强调要加快构建抵御自然灾害防线，全方位贯彻"四水四定"原则，大力推动生态环境保护治理，加快构建国土空间保护利用新格局，在高质量发展上迈出坚实步伐[3]。

黄河在山西境内流程965 km，约占黄河总里程的1/5。黄河流域涉及山西11个市86个县（市），流域面积97 138 km²，占全省土地面积的62.2%，在黄河流域水资源配置体系中具有重要的地位，目前山西省黄河流域已有的治理开发取得了一定的经济效益、社会效益和生态效益，但是在水资源集约节约方面仍存在一定的问题，主要体现在水资源利用效率上。近年来，山西省黄河干流水利用量逐年增加。2020年，全省黄河流域总取水量为50.76亿 m³，其中地表水32.15亿 m³，地下水18.61亿 m³。山西省黄河流域用水量逐步增大，用水需求量也在变大，但是目前黄河支流用水量已经接近饱和，干流用水量偏小，主要原因：一是黄河流域地高水低，大部分提黄工程扬程超过200 m，用水成本高；二是黄河含沙量高，泵站机组磨损、管道堵塞、渠道淤积，既影响供水的可靠性，也增加运行成本、加大管理难度[4-5]；三是黄河小北干流段（禹门口至潼关）主流摆动频繁，素有"三十年河东、三十年河西"之说，提黄工程脱流严重，取水困难，供水保证程度不高[6-7]。在这种情况下，如何对水资源的利用效率进行合理评价，又如何提高流域水资源的利用效率，是亟待解决的问题。基于上述研究背景，本文构建水资源高效利用评估体系对山西省黄河流域的水资源高效利用情况进行评估，为后期水资源规划与配置提供支撑。

作者简介：王建伟（1990—），男，工程师，主要从事生态水文与水土保持研究工作。

2 水资源高效利用评估体系

2.1 指标选取

从效率、效益及可待续性三个方面，分别从工业、农业、生活及生态四个角度选取指标，如表 1 所示。其中，供需比是指供水量与需水量的比值，比值越高说明满足程度越高；植被净初级生产力（NPP）是指单位面积、单位时间内植被通过光合作用所固定的有机碳，扣除自身呼吸作用消耗，用于植物生长的那部分碳总量。NPP 能直接反映植被在自然条件下的生产力，是衡量植被固碳能力的重要指标，可用于反映生态系统的脆弱性。

表 1 水资源高效利用评估指标体系

评估内容	分类指标	量化指标
满足程度	工业	工业用水量供需比（E1）
	农业	农业用水量供需比（E2）
	生活	生活用水量供需比（E3）
	生态	生态用水量供需比（E4）
利用效益	工业	人均工业 GDP（B1）
	农业	人均农业 GDP（B2）
	生活	人均总 GDP（B3）
	生态	人均 NPP（B4）
可持续性	工业	单方水 GDP 产出量（S1）
	农业	单位耕地面积用水量（S2）
	生活	人均水资源量（S3）
	生态	单位植被面积用水量（S4）

2.2 评估模型

高效利用水平指数是用来度量水资源高效利用的综合指标，表示水平的高低，按照水平指数 = ω_1×满足程度+ω_2×效益指数+ω_3×可持续性指数，计算公式如下：

$$W = \omega_1 \times M + \omega_2 \times B + \omega_3 \times S$$

式中：W 为水平指数；M 为满足程度；B 为效益指数；S 为可持续性指数；ω_1、ω_2 和 ω_3 为权重。

其中，M、B 和 S 通过熵权法计算得到。

熵权法计算流程如下：

（1）归一化，对各个指标进行去量纲化处理。

$$y_{ij} = \frac{x_{ij} - \min(X_j)}{\max(X_j) - \min(X_j)} \quad (i = 1, 2, \cdots, n; j = 1, 2, \cdots, m) \quad (1)$$

$$X_j = \{x_{1j}, x_{2j}, \cdots, x_{nj}\}$$

式中：x_{ij} 为第 i 个评估单元第 j 个指标的真实值；X_j 为第 j 指标的集合；y_{ij} 为第 i 个评估单元第 j 个指标归一化后的数值；n 为评估单元个数；m 为指标个数。

（2）计算第 j 个指标在第 i 个评估单元所占比重。

$$p_{ij} = \frac{y_{ij}}{\sum_{i=1}^{n} y_{ij}} \quad (i = 1, 2, \cdots, n; j = 1, 2, \cdots, m) \quad (2)$$

式中：p_{ij} 为第 j 个指标在第 i 个评估单元所占的比重。

（3）计算各指标的信息熵。

$$E_j = \ln \frac{1}{n} \sum_{i=1}^{n} p_{ij} \ln p_{ij} \qquad (3)$$

式中：E_j 为各指标的信息熵。

（4）计算各指标的权重。

$$w_j = \frac{1 - E_j}{m - \sum E_j} \quad (j = 1, 2, \cdots, m) \qquad (4)$$

式中：w_j 为第 j 个指标的权重。

（5）计算各评估单元的水平指数。

$$L_i = \sum_{j=1}^{m} w_j p_{ij} \qquad (5)$$

式中：L_i 为各评估单元的水平指数。

基于上述计算方法和流程，本次计算分两部分，第一部分是各分项指标计算，即满足程度、效益指数和可持续性指数；第二部分通过分项指标计算各评估单元的水平指数。

3 结果

3.1 基本评估单元划分

本次评估的基本单元为山西省水资源分区套市级行政区，水资源分区与山西省水资源公报保持一致，黄河流域范围内共 10 个水资源分区，所涉及市级行政区共 9 个。利用 ArcGIS 工具将水资源分区与行政分区相交处理，得到评估的基本单元，并对评估单元进行编号以方便计算与统计，空间分布如图 1 所示。

3.2 现状评估

以 2020 年为现状年，收集水资源公报、统计年鉴及土地利用相关数据，并将其展布到基本评估单元，通过熵权法对指标体系进行计算，最后借助 ArcGIS 工具进行空间展布（见图 2）。本文从现状年山西省黄河流域与其他沿黄各省比较、山西省黄河流域近 10 年各行政区高效利用水平变化、山西省黄河流域现状年水资源高效利用水平三个方面进行计算和分析。

3.2.1 现状年黄河流域各省高效利用水平

从满足程度看，山西省与其他各省相比处于中等水平，农业、工业、生活和生态的满足权重分别为 0.25、0.34、0.29 和 0.13，说明各省工业满足程度相差较大，山西省在各项得分均位于中等偏上水平，进而导致满足程度综合水平处于中等偏上。

从利用效益看，山西省处于中等偏下水平，农业、工业、生活和生态的效益权重分别为 0.06、0.24、0.36 和 0.34，山西省工业和生活效益偏低，导致总体效益偏低。

从可持续性看，山西省处于低水平，农业、工业、生活和生态的效益权重分别为 0.22、0.16、0.28 和 0.34，山西省各项得分均处于中等偏下水平，导致总体可持续性最低。

从总体高效利用水平来看，满足程度、利用效益和可持续性的权重分别为 0.11、0.49 和 0.40，说明各省效益和可持续性存在较大差距，经综合计算，山西省黄河流域水资源高效利用水平在沿黄 9 省（区）中排倒数第 3，仅高于四川省和陕西省。

3.2.2 山西省黄河流域近 10 年高效利用水平变化

收集山西省近 10 年相关的水资源、社会经济数据，采用指标体系计算，并对其进行空间展布，最后政区进行空间统计得到各行政区高效利用水平变化，结果如图 3 所示。

图 1　山西省水资源高效利用评估基本单元

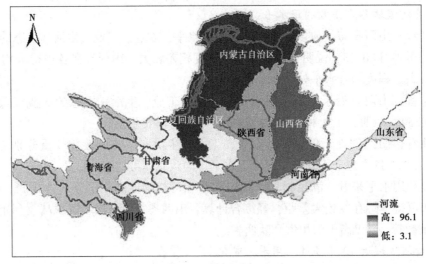

(a)满足程度

图 2　黄河流域各省高效利用评估空间展布

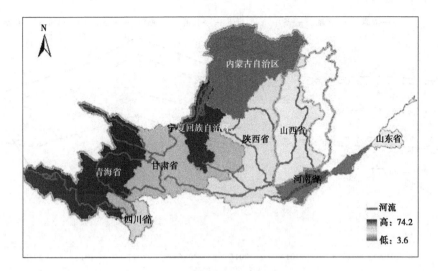

(b)利用效益

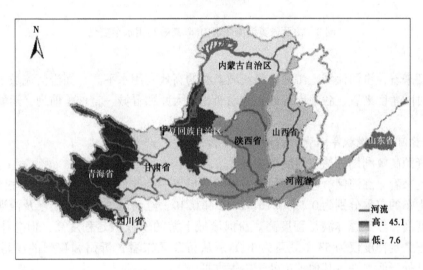

(c)可持续性

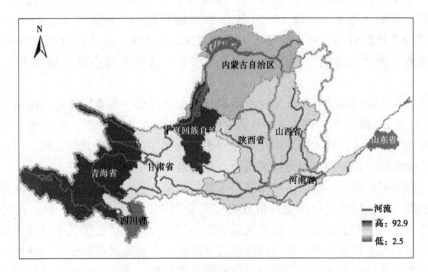

(d)高效利用水平

续图 2

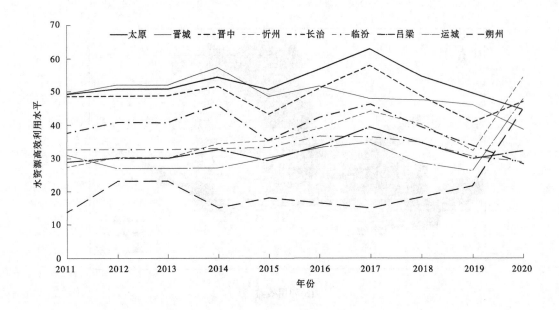

图 3　山西省黄河流域近 10 年高效利用水平变化

　　从空间角度来看，汾河流域上游和沁河流域上游的高效利用水平高，而汾河流域下游的高效利用水平偏低；从时间角度来看，各地市均处在波动变化，太原和晋城一直位于前列，运城和朔州总体属于低水平状态。

3.2.3　山西省黄河流域现状年水资源高效利用评估

　　山西省水资源高效利用评估空间展布见图 5。

　　从满足程度来看，红河区、偏关至吴堡及汾河流域下游高于其他流域。经过熵权法计算，农业、工业、生活和生态的权重分别为 0.5、0.16、0.15 和 0.19，红河区、偏关至吴堡及汾河流域下游地区的农业满足程度高，导致总体满足程度高。汾河流域下游的农业满足程度高，但总体满足程度是最低，是因为生态满足程度仅为 53（最高为 100）。从行政区来看，忻州和朔州的满足程度处于高水平，临汾和晋城处于低水平，其他地市处于中等水平。

　　从利用效益来看，汾河流域上游最高，汾河流域下游最低。经过熵权法计算，农业、工业、生活和生态的权重分别为 0.2、0.32、0.24 和 0.24，汾河流域上游人均工业 GDP 高于其他流域，所以汾河上游的效益指数最高，而下游地区人均工业 GDP 最低，结合权重计算得到的效益指数最低。从行政区来看，朔州和忻州的效益指数处于高水平，吕梁和晋中处于低水平，其他地市处于中等水平。

　　从可持续性来看，汾河流域高于其他流域。经过熵权法计算，农业、工业、生活和生态的权重分别为 0.25、0.22、0.27 和 0.26，权重基本一致，汾河流域的农业、生产、生活和生态均优于其他流域，特别是上游和下游地区，其主要原因是单位面积的农业用水量多于其他流域。从行政区来看，晋中和运城的可持续性高，长治和朔州可持续性低，其他地市处于中等水平。

　　从总体高效利用水平来看，汾河流域明显高于其他流域，但汾河流域也存在空间差异。经过熵权法计算，满足程度、效益指数及可持续性指数的权重分别为 0.26、0.3 和 0.44，表明可持续性在总体高效利用水平的评估中占主导作用。汾河流域的农业和工业可持续性要优于其他流域，导致汾河流域总体高效利用水平大于其他流域。从汾河流域自身来看，上游地区要高于下游地区，这是因为上游的水量满足程度高。从行政区来看，忻州的高效利用水平最高，太原和运城的高效利用水平处于低水平，其他地市的高效利用水平处于中等水平。

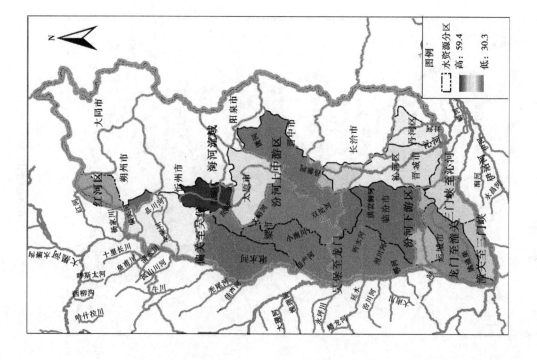

（b）利用效益

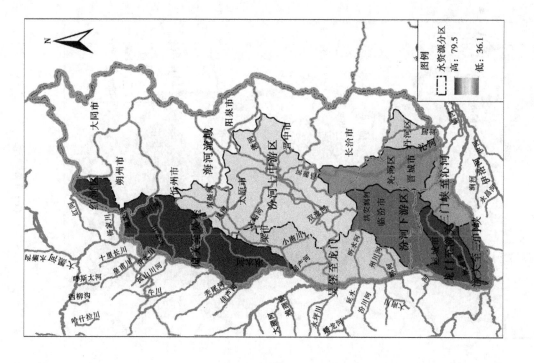

（a）满足程度

图5　山西省水资源高效利用评估空间展布

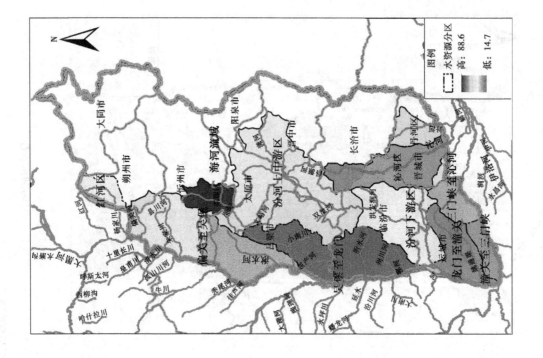

（d）高效利用水平

续图 5

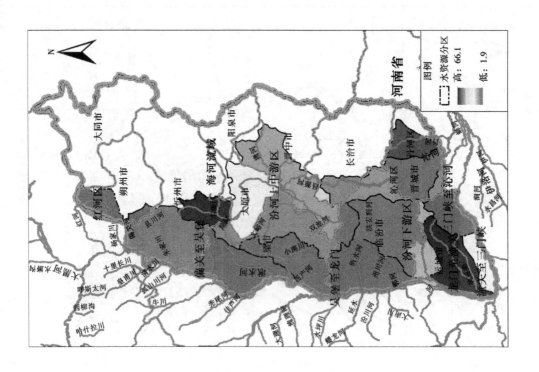

（c）可持续性

4　结论

本文以山西省黄河流域为研究对象，从效率、效益及可持续性三个方面建立水资源高效利用评价指标体系，结果表明：山西省黄河流域水资源高效利用水平相对于黄河流域其他省份处于较低水平。从行政区上来看，太原和晋城水资源利用效率较高，运城和朔州处于低水平状态。其中，太原总体水资源利用效率处于较高水平，但在农业效益、生态效益、工业可持续性等方面有待进一步加强。运城主要是农业供水量和工业供水量不足，加之利用水效率不高，为工程性和技术性缺水。

参考文献

［1］刘昌明．对黄河流域生态保护和高质量发展的几点认识［J］．人民黄河，2019，41（10）：158.

［2］牛玉国，王煜，李永强，等．黄河流域生态保护和高质量发展水安全保障布局措施研究［J］．人民黄河，2021，43（8）：1-6.

［3］张红武．黄河流域保护和发展存在的问题与对策［J］．人民黄河，2020，42（3）：1-16.

［4］邢霞，修长百，刘玉春．黄河流域水资源利用效率与经济发展的耦合协调关系研究［J］．软科学，2020，34（8）：44-50.

［5］任玉芬，方文颖，王雅晴，等．我国城市水资源利用效率分析［J］．环境科学学报，2020，40（4）：1507-1516.

［6］王学渊、赵连阁．中国水资源效率的区域差异及影响因素分析［J］．经济地理，2017，37（7）：12-19.

［7］赵莺燕，于法稳．黄河流域水资源可持续利用：核心、路径及对策［J］．中国特色社会主义研究，2020，151（1）：52-62.

泾川（三）水文站水沙特性浅析

张 智 崔建和

（黄河水利委员会西峰水文水资源勘测局，甘肃庆阳 745000）

摘 要：通过收集泾川水文站建站以来的径流量、输沙量、年最大洪峰及降水量等水文数据，从年际变化趋势、来沙系数及上下游水量平衡的角度出发进行拟合分析，得出整体变化趋势；进一步分析泥沙、水量的变化及现有水利工程对泾川水文站断面以上的年径流的影响。结果表明，年输沙量、年最大洪峰量及来沙系数整体呈现明显的减少趋势，年降水量和年径流量变化趋势不明显，年径流量变化趋势大于年降水量变化趋势。

关键词：径流量；降水量；水量平衡；变化趋势；拟合分析

1 水沙特性

1.1 洪水和泥沙来源

洪水主要来源于断面以上泾河干流及颉河、大路河、小路河等支流，属山溪性河流，河道纵比降大，暴雨洪水汇流快。洪水涨落急剧且漂浮物较多。暴雨洪水多发生在 7—9 月，水、沙峰多为复式峰且沙峰滞后，含沙量大。中高水受河槽控制，冲淤较严重。水位流量关系受断面冲淤和洪水附加比降影响较复杂。洪水期含沙量横向分布均匀，垂向变化很小，单断沙关系为通过原点的 45°直线，系数为 1.0。

1.2 降水量、径流量的年际变化

统计分析泾川（三）站历年径流量资料，泾川（三）站多年平均径流量为 2.06 亿 m³，最大年径流量为 5.114 亿 m³（1961 年），是历年均值的 2.48 倍；最小年径流量为 0.587 8 亿 m³（1972 年），是历年均值的 28.5%，最大值是最小值的 8.7 倍，具体见表 1。

表 1 泾川（三）站水文特征值统计

站名	时段	年径流量/亿 m³					流量/（m³/s）			
		最大	发生年份	最小	发生年份	平均	最大	发生年份	最小	年份
泾川	1950—2021 年	5.114	1961	0.587 8	1972	2.06	3 740	1996	0.001	1972

注：最小流量年份有 1972 年、1973 年、1995 年，均为 0.001 m³/s，取出现最小流量的第一个年份。

泾川断面以上的径流量和降水量均存在丰枯相间的年际变化，见图 1。由图 1 可以看出，该站年径流量总体呈减少趋势，且有丰枯不均的特点。径流量在 21 世纪 60 年代后逐渐减少，2009 年达到最小，进入 21 世纪后有所增加。年降水量整体呈现微增趋势，降水量在 20 世纪 60 年代后逐渐减少，在 1995 年处达到最小值 289.6 mm，随后又呈逐渐增长趋势，2021 年达到最大值 864.8 mm。

为了更好地评估断面以上流域内降水量和年径流量变化趋势，故采用非参数 Mann-Kendall 趋势检验法，该方法常用于对随年序变化的水文序列数据进行趋势性检验。通过计算得到检验统计值 Z，若 Z 为正值，则表示序列有增加趋势；若 Z 为负值，则表示序列有减少趋势。当 |Z|≥1.28、|Z|≥1.96、|Z|≥2.32 时，序列趋势分别表示通过 90%、95%、99%的显著检验。

作者简介：张智（1994—），男，助理工程师，主要从事水文勘测工作。

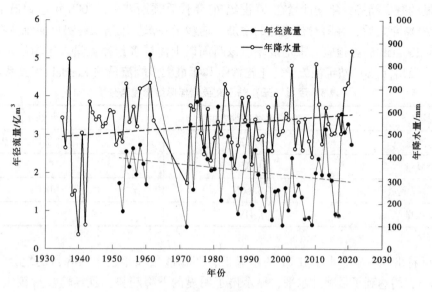

图 1　降水量、径流量的年际变化

通过 Mann-Kendall 趋势检验，来定量评估集水面积多年径流量和降水量的变化趋势，泾川（三）站年径流量和年降水量的 Kendall 相关系数见表 2。

表 2　泾川（三）站水文要素 Kendall 系数分析

变量	Kendall Z 检验统计	显著性水平
年降水量	0.419	—
年径流量	−1.350	—

通过表 2 可看出，在显著性水平 0.01 的检验下，年降水量统计量 Z 值为 0.419，未达到显著性水平；年径流量统计量 Z 值为−1.350，已达到显著性水平。表明该流域年际降水量呈现不明显的微增趋势，而年径流量呈现出明显的减少趋势。年径流量变化趋势明显大于年降水量变化趋势。

1.3　径流量、输沙量年际趋势变化分析

泾川（三）站洪水期含沙量横向分布均匀，垂向变化很小；单沙采用主流边一线 0.5 一点法（特殊情况水边一线水面一点法），横式采样器取样；单断沙关系为 45°直线，2018 年单断沙关系系数为 1.00，单断沙关系代表性良好。流域多年输沙量及其变化趋势如图 2 所示，输沙量年际变化整

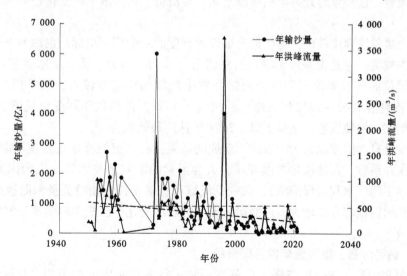

图 2　泾川（三）站输沙年际变化

体呈现较为明显的减少趋势；年输沙量在 20 世纪 70 年代后逐渐减少，2008 年达到最小值 3.87 亿 t。最为明显的是 2009 年之后，伴随着径流量的增加，输沙量并未呈现增长趋势反而维持在较低水平。

通过 Mann-Kendall 趋势检验，来定量评估该断面以上流域多年径流量、年输沙量和年最大洪峰量的变化趋势，泾川（三）站年径流量、年输沙量和年最大洪峰流量的 Kendall 相关系数见表 3。

表 3　泾川（三）站水文要素年际变化趋势分析

变量	Kendall Z 检验统计	显著性水平
年输沙量	-6.225	0.01
年径流量	-1.350	
年最大洪峰流量	-3.665	0.01
年降水量	0.419	

通过表 3 可看出，在显著水平 0.01 的检验下，年输沙量和年最大洪峰量的统计量 Z 值分别为 -6.225、-3.665，均达到了显著性水平，显示出了明显的下降趋势，且年输沙量较年最大洪峰量下降更为明显，年径流量下降趋势并不明显。通过以上对 Kendall 相关系数的分析，可以看出影响泾川（三）断面的年输沙量的主要水文要素是年最大洪峰流量，其次是年径流量和年降水量。

1.4　来沙系数的变化

来沙系数是含沙量与流量的比值。来沙系数是水沙搭配关系的另一种量化表示。其计算公式为

$$\phi = \frac{S}{Q} \tag{1}$$

式中：S 为年平均含沙量，kg/m^3；Q 为年平均流量，m^3/s；ϕ 为年平均来沙系数，$kg \cdot s/m^6$。

显然，ϕ 的物理意义是表示单位流量时的输沙量。流量一定时，来自流域的泥沙量越多，来沙系数越大；来自流域的泥沙量越少，来沙系数越小。

泾川（三）站来沙系数最大值为 1987 年的 25.3 $kg \cdot s/m^6$，最小值为 2008 年的 0.183 $kg \cdot s/m^6$；在 1973 年之前，泾川（三）站来沙系数均值为 10.88 $kg \cdot s/m^6$，且来沙系数有增有减但基本大于均值，高于均值幅度为 57%；1974—2002 年，汛期来沙系数同样有增有减，但均值基本维持在 8.54 $kg \cdot s/m^6$ 左右，仍高于全部均值，高于均值幅度为 23%；2003—2021 年来沙系数均值为 2.61 $kg \cdot s/m^6$，远远小于全部均值，减小幅度为 62%。

通过以上分析，泾川站水沙具有多时间尺度变化的特征，各种时间尺度在时域上分布不均匀，时间尺度不同，径流量、输沙量所处的丰枯阶段不同。径流量、输沙量丰枯变化趋势与时间尺度有紧密的关系。

侵蚀模数是土壤侵蚀强度单位，是衡量土壤侵蚀程度的一个量化指标，也称为土壤侵蚀率、土壤流失率或土壤损失幅度。它是指表层土壤在自然营力（水力、风力、重力及冻融等）和人为活动等的综合作用下，单位面积和单位时间内被剥蚀并发生位移的土壤侵蚀量；其单位为 $t/(km^2 \cdot a)$。1954—2021 年（不包括 1962—1972 年数据）泾川（三）站侵蚀模数年际变化见图 3。由图 3 可知，随着时间序列的推移，侵蚀模数在逐步下降，2008 年达到最低点。

输沙量的减少是自然因素和人为因素共同造成的结果，在该流域降水量呈现不明显增长趋势时，泾川站断面以上来沙系数、侵蚀模数持续减少，人为因素的影响至关重要（人为因素主要包括水资源利用、退耕还林工程、水利水保措施），改变了流域下垫面条件，使径流量和泥沙量显著减少，人类活动对水沙变化的贡献率逐步增大，进而影响流域的水沙变化，已成为影响该流域水沙变化的主要因素。

1.5　泾川（三）站径流量、输沙量年内分配分析

泾川（三）站径流量年内分配与降水量基本一致，径流量年内分配不均，年际间变化也较大，

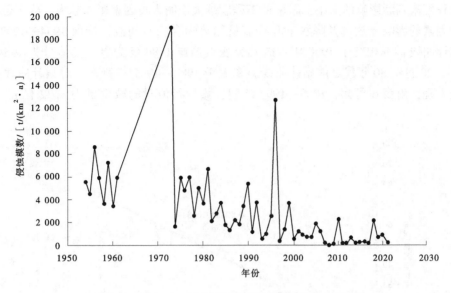

图 3　1954—2021 年泾川（三）站侵蚀模数年际变化

由于暴雨集中，一场暴雨形成的洪水水量占年水量比重也较大。泾川以上断面径流量主要集中在汛期6—10 月。2011—2020 年各站年平均径流量和年输沙量年内分配如表 4、表 5 所示。

表 4　2011—2020 年各站年平均径流量年内分配

测站	月份	1	2	3	4	5	6	7	8	9	10	11	12	全年
泾川（三）站	径流量/亿 m³	0.109	0.082	0.093	0.095	0.151	0.131	0.353	0.372	0.418	0.290	0.223	0.144	2.461
	占比/%	4.43	3.33	3.78	3.86	6.14	5.32	14.34	15.11	17.00	11.78	9.06	5.85	100.00

表 5　2011—2020 年各站年输沙量年内分配

测站	月份	4	5	6	7	8	9	10	7—9	6—10	全年
泾川（三）站	输沙量/亿 t	2.51	5.53	7.51	63.0	73.8	21.6	3.39	158.4	169.3	177.34
	占比/%	1.42	3.12	4.23	35.50	41.60	12.20	1.91	89.30	95.50	100.00

泾川（三）站所控制流域面积气候为温带半湿润性气候，四季分明，降水量由东南向西北递减。通过资料可以直观地看出，2011—2020 年 10 年间，输沙量在时间上的不均匀性更胜于水量，7—9 月占比较大，占全年输沙量的 89.3%，其余月份占比较小；径流量 7—10 月占比较大，占全年径流量的58%，其余月份占比较小。两者叠加，泾川站在 7—9 月驻站可以满足控制年内大的输沙量径流量变化，其余月份实行巡测，更好地解放了劳动生产力。

2　水利工程对于泾川断面年际径流量的影响

泾河开展水患治理及水资源大综合利用，泾川（三）站断面以上修建有水利工程 4 处，渠道等引、抽水建筑物 5 处。

在一般情况下，如无外界环境干扰，流域径流量、输沙量与降水量有着明显的线性关系。而通过上面分析得出，降水量与径流量呈现两种相反趋势，故通过时间序列对降水、径流进行逐年累加得到双累计曲线，可用于判断造成两者总体趋势相反是否因为水利工程及人为因素的影响，并根据拟合的直线斜率偏离程度来判断影响的大小，斜率偏离程度越大说明人类因素影响越大。为了数据分析可靠性，减少其他因素的影响，故选择降水量和径流量趋势吻合的时间段，选取 1954—1997 年的数据，从图 4 看出累计曲线斜率相交于 1980 年，故其突变点选择 1980 年为界，具体分为 1954—1980 年、1980—1997 年，20 世纪 80 年代之前累计曲线斜率大于 1980—1997 年斜率。对累计曲线进行回归估算，得到回归方程，由表 6 可知，1980—1997 年间，累计径流量的减少量为 8.32 亿 m^3，减少程度为 10.2%。

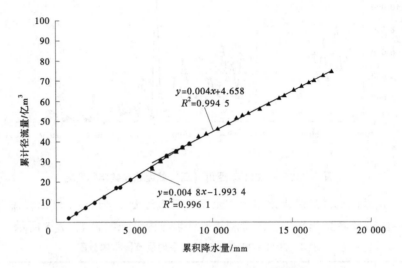

图 4　1954—1997 年泾川（三）站降水量-径流量双累计曲线

表 6　泾川（三）站 1954—1997 年径流量变化分析

回归方程	计算累积值/亿 m^3	实测累积值/亿 m^3	累积减少量/亿 m^3	减少百分数/%
$R = 0.004\ 8P - 1.993\ 4$	81.65	73.33	8.32	10.2

崆峒峡水库于 1980 年竣工并投入运行，对累积曲线产生了一定的影响，使其斜率发生了变化，同时其水库控制流域集水面积仅占泾川断面以上流域集水面积的 18%。占比较小，所以其两者斜率变化幅度也相对较小。且影响地表径流的因素又较多，比如降水特性、太阳辐射、流域面积、地质地貌特征、植被及土壤条件、农业措施及水利工程。其中有很多因素在较长时间里很难发生变化，如流域面积。所以，上游水利工程的对本站的年径流有一定影响。

3　结论

通过以上分析可以得出以下结论：

（1）该流域年降水量呈现不明显的微增趋势，而年径流量呈现出明显的减少趋势。年径流量变化趋势明显大于年降水量变化趋势。

（2）输沙量年际变化整体呈现较为明显的减少趋势，最为明显的是 2009 年之后伴随着径流量的增加，输沙量并未呈现增长趋势反而维持在较低水平。

（3）影响泾川（三）断面的年输沙量的主要水文要素是年最大洪峰流量，其次才是年径流量和年降水量。人类活动对水沙变化的贡献率逐步增大，进而影响流域的水沙变化，其已成为影响该流域水沙变化的主要因素。

（4）泾川断面以上水利工程占比较小，所以其两者斜率变化幅度也相对较小，上游水利工程的对本站的年径流有一定影响但影响不大。

（5）泾川水文站输沙量在时间上的不均匀性更胜于水量，7—9 月占比较大，占全年输沙量的 89.3%，其余月份占比较小；径流量 7—10 月占比较大，占全年径流量的 58%，其余月份占比较小。

两者叠加，泾川站在7—9月驻站可以满足控制年内大的输沙量径流量变化，其余月份实行巡测，更好地解放了劳动生产力。

参考文献

［1］冉大川.泾河流域人类活动对地表径流量的影响分析［J］.西北水资源与水工程，1998（1）：32-36.

［2］王多平.黄河上游主要水文站2001—2002年水沙变化特性分析［J］.水利技术监督，2023（1）：174-179.

［3］屈渝皓.白龙江白云水文站降水与径流多年变化状况及相关分析［J］.甘肃水利水电技术，2021（8）：16-18，64.

大通河流域径流量变化规律分析

李林林[1,2,3]　李新杰[2,3]　宋　煜[1,2,3]　王　强[2,3]　郭静怡[1,2,3]　孙飞雪[1,2,3]

(1. 河海大学水利水电学院，江苏南京　210024；

2. 水利部黄河下游河道与河口治理重点实验室，河南郑州　450003；

3. 黄河水利委员会黄河水利科学研究院，河南郑州　450003)

摘　要：基于大通河流域 1956—2016 年的年径流量实测资料，对尕大滩站、天堂站和享堂站 3 站利用距平累积法、小波分析、M-K 检验等分析其趋势及年际变化特征。结果表明：61 年中大通河流域，上、中、下游年径流量丰枯基本对应，年径流年际变化较小。年径流量变化趋势上、中游增加，下游减少。三站均存在 2 年、7 年、27 年左右振荡周期，在 27 年时间尺度上均存在枯—丰—枯—丰—枯—丰变换。天堂站突变发生在 1989 年，1989 年之前年径流量呈上升趋势，之后为下降趋势；享堂站突变发生在 2000 年，2000 年之前年径流量呈上升趋势，之后呈显著下降趋势。

关键词：大通河流域；径流年际变化；小波分析；M-K 检验

1　研究背景

水是人类赖以生存的自然资源，随着经济社会的快速发展与环境的变化，人们对水资源的需求与水资源的不足及分布不均的矛盾日益突出。我国水资源严重短缺，且在时间、空间分布不均，在西北干旱地区，水资源尤为珍贵。河川径流是影响水资源中地表水资源的重要因素[1]，也是流域区域水资源规划与管理的重要依据。人类活动和环境变化均会导致河川径流的时空分布发生改变[2-3]，开展区域河川江流演变分析，对水资源利用与管理有重要意义。

大通河是湟水的最大一级支流，位于青海东北部，发源于海西蒙古族藏族自治州天峻县境内托来南山，流经青海、甘肃两省，全长 560.7 km，流域面积 15 130 km²。大通河来水主要为降水及冰雪融水，每年 5—10 月水量较丰，多年平均流量 88 m³/s，年径流量 28.01 亿 m³，水量较为丰富，流域上、中、下游代表水文站分别为尕大滩站、天堂站、享堂站，见图 1。通过一系列调水工程，将大通河流域的水调往湟水流域和甘肃兰州等地，解决了部分地区的干旱问题。大通河流域水资源的大规模开发利用，为青海东部和甘肃西部提供了丰富的水资源，也使得近年来大通河流域径流量发生了显著的时空变化[4-7]。

2　分析方法

通过数理统计法分析径流量的多年变化特征，利用径流变化过程线及流量距平累积曲线分析径流趋势，来大致判断径流突变时间；通过小波分析法得到径流周期，再通过 M-K 检验法确定年径流量突变点及变化趋势[8-11]。

基金项目：国家自然科学基金资助项目（51879115，U2243236，U2243215）；水利部重大科技项目（SKS-2022088）。

作者简介：李林林（1996—），女，硕士，主要研究方向水库调度。

通信作者：李新杰（1977—），男，高级工程师，主要从事水资源系统分析和水库调度研究工作。

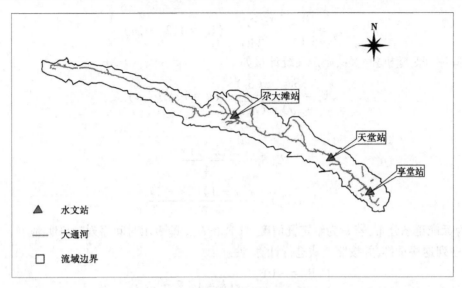

图 1　大通河流域水文站位置

2.1　小波分析法

　　小波分析是一种有效的时频分析方法,在数学、信号分析、医学成像等方面都有广泛应用,并在工程应用领域中迅速发展,小波分析对于多个时间尺度变化和非平稳变化特征的序列适应性良好,在时域和频域上均具有良好的局部化特征和多分辨功能。小波分析也常用来分析降雨演变和径流量变化特征等。选用 Morlet 小波对大通河流域年径流进行周期性分析[12-15]。

　　小波函数定义:设 $\varphi(t)$ 为平方可积函数,即 $\varphi(t) = L^2(R)$,若其傅里叶变换 $\psi(\omega)$ 满足以下容许条件:

$$C_{\varphi} = \int_R \frac{|\psi(\omega)|^2}{\omega} d\omega \tag{1}$$

则称 $\varphi(t)$ 为小波母函数,对其进行变换得到连续小波 $\varphi_{a,\tau}(t)$:

$$\varphi_{a,\tau}(t) = \frac{1}{\sqrt{a}} \varphi\left(\frac{t-\tau}{a}\right) \quad (a,\tau \in R, a > 0) \tag{2}$$

　　函数 $f(x) \in L^2(R)$ 的连续小波变换公式为

$$W_f(a,\tau) = \{f(x), \varphi_{a,\tau}(t)\} = \frac{1}{\sqrt{a}} \int_R f(t) \varphi\left(\frac{t-\tau}{a}\right) dt \tag{3}$$

　　离散序列 $f(x)$ 的小波变换公式为

$$W_f(a,\tau) = \frac{1}{\sqrt{a}} \sum_{i=1}^{n} f(i\Delta t) \varphi\left(\frac{i\Delta t - \tau}{a}\right) \Delta t \tag{4}$$

　　墨西哥帽小波形式:

$$\varphi(t) = (1 - t^2) e^{\left(\frac{-t^2}{2}\right)} \tag{5}$$

2.2　M-K 检验法

　　Mann-Kendall 检验法(简称 M-K 检验法)最初由 Mann 和 Kendall 提出,Mann-Kendall 检验法在分析降雨、气候变化和径流量变化等方面被广泛应用[16]。M-K 检验法的基本原理为对时间序列 x_1,$x_2, \cdots, x_n$ 构造一个秩序列[17]:

$$S_k = \sum_{i=1}^{k} \sum_{j=1}^{i} r_{ij} \quad (k = 1, 2, \cdots, n) \tag{6}$$

　　其中:

$$r_{ij} = \begin{cases} 0 & x_i > x_j \\ 1 & \text{其他} \end{cases} \quad (i,j = 1,2,\cdots,n) \tag{7}$$

假定时间序列是随机独立的,则定义统计量如下:

$$\mathrm{UF}_k = \frac{S_k - E(S_k)}{\sqrt{\mathrm{Var}(S_k)}} \quad (k = 1,2,\cdots,n) \tag{8}$$

其中:

$$E(S_k) = \frac{k(k-1)}{4} \tag{9}$$

$$\mathrm{Var}(S_k) = \frac{k(k-1)(2k+5)}{72} \tag{10}$$

式中:UF_k 为标准正态分布,若 α 为给定置信度,$|\mathrm{UF}_k| > U_{\alpha/2}$ 即表示时间序列趋势明显。

对时间序列逆序重排,并按照上式进行计算,使:

$$\begin{cases} \mathrm{UB}_k = -\mathrm{UF}_k \\ k = n + 1 - k \end{cases} \quad (k = 1, 2\cdots, n) \tag{11}$$

分析 UF_k、UB_k,两曲线的交点即为突变点。

3 结果与分析

3.1 年际变化特征与趋势

由表 1 可知,大通河流域 1956—2016 年 3 个水文站年径流量多年平均值由上游至下游逐渐增大,最大年径流量出现时间均为 1989 年,最小年径流量出现时间分别为 1979 年、1973 年、2004 年。流域年径流量的变差系数不大,流域年径流量年际变化较小。上游水文站(尕大滩站)与下游水文站(享堂站)年径流量年际变化较中游水文站(天堂站)大。

表 1　大通河流域年径流量特征值

站点	多年平均值/亿 m³	C_v 值	最大年径流量		最小年径流量		极值比
			出现年份	数量/亿 m³	出现年份	数量/亿 m³	
尕大滩	15.94	0.21	1989	29.20	1979	8.54	3.42
天堂	24.17	0.19	1989	40.04	1973	12.80	3.13
享堂	27.34	0.21	1989	50.20	2004	13.73	3.66

根据累积距平法,以 10 年为一组,计算不同年代流域的年径流量距平值,来分析径流丰枯情况[18]。结果(见表 2)显示:大通河流域尕大滩站、天堂站、享堂站中 20 世纪 70 年代及 90 年代径流量较小,20 世纪 80 年代径流量较大,21 世纪初尕大滩站及天堂站测得径流量偏丰,下游享堂站测得径流量明显变小。

表 2　大通河流域年径流量多年变化统计

年代	尕大滩站		天堂站		享堂站	
	年径流量/亿 m³	距平/%	年径流量/亿 m³	距平/%	年径流量/亿 m³	距平/%
1956—2016 年	15.94	—	24.17	—	27.34	—
20 世纪 60 年代	15.96	0.13	22.70	-6.10	28.04	2.54
20 世纪 70 年代	14.47	-9.20	20.95	-13.33	27.05	-1.06
20 世纪 80 年代	17.58	10.30	26.29	8.79	31.84	16.45
20 世纪 80 年代	14.72	-7.64	23.95	-0.93	26.61	-2.67
21 世纪初	15.98	0.27	25.33	4.81	24.20	-11.49

为了更清晰地观察年径流量的变化，进一步对大通河流域 3 个水文站年径流量累积距平曲线分析，绘制累积曲线图，见图 2。流域内 3 个水文站年径流量距平累积曲线图差异较大。上游尕大滩站 1957—1959 年、1965—1968 年、1988—1990 年及 2003—2013 年间年径流量较大，而在 1977—1980 年与 2000—2003 年间年径流量较小。在 1965—1978 年及 1980—1988 年间年径流量变化较大。中游天堂站 1959—1961 年及 2011—2014 年间年径流量较大，1959—1967 年与 1990—2000 年间波动较为频繁，1975—1980 年间年径流量较小。下游享堂站 1958—1980 年间波动频繁，1988—1990 年间年径流量较大，此后逐渐减小，2013—2016 年间年径流量较小。

图 2　大通河流域三站年径流量距平累积曲线

根据实测数据与移动平均数据绘制大通河流域 3 个水文站的年径流量及变化趋势线，见图 3。分析图 3 可知，大通河流域上、中、下游年径流量丰枯基本对应，由于 20 世纪 90 年代以后，对大通河流域进行大规模开发，流域中下游径流量影响因素增加，所以 20 世纪 90 年代以后天堂站与享堂站年径流量变化较上游尕大滩站更为复杂。天堂站年径流量为增加趋势，而下游享堂站为减少趋势。尕大滩站年径流量趋势线倾向率仅为 0.000 6，变化趋势不明显；天堂站年径流量趋势线倾向率为 0.046 3，有较明显的增加趋势；享堂站年径流量趋势线倾向率为 -0.098 3，衰减趋势较为明显。

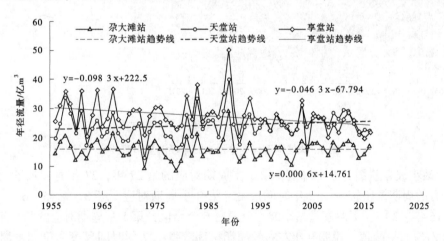

图 3　大通河流域 3 个水文站径流量变化过程

3.2　周期性分析

对大通河流域 3 个水文站年径流量进行小波分析，见图 4。由图 4 可知，上游尕大滩站小波方差图有 4 个峰值，第一峰值对应 27 年时间尺度，说明 27 年左右的周期振荡较强，是年径流变化的第 1 主周期，第 2、3、4 主周期依次为 12 年、7 年、2 年。通过小波实部等值线图可知，尕大滩站年径流经历了枯—丰—枯—丰—枯—丰变换，其中 1956—1965 年、1975—1984 年、1990—1995 年为偏枯期，1966—1974 年、1985—1989 年、1996—2009 年为偏丰期。

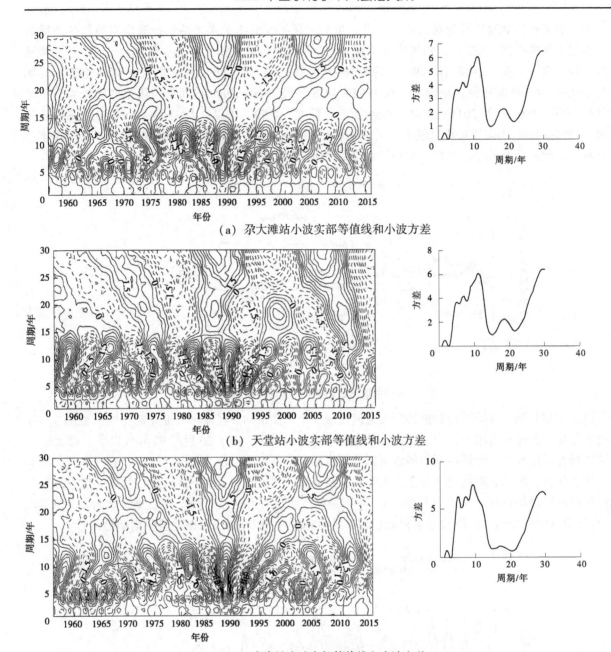

（a）尕大滩站小波实部等值线和小波方差

（b）天堂站小波实部等值线和小波方差

（c）享堂站小波实部等值线和小波方差

图 4　大通河流域 3 个水文站年径流量小波分析

中游天堂站小波方差图有 6 个峰值，第 1 主周期对应的是 27 年，27 年时间尺度对应第一峰值，说明 27 年左右的周期振荡较强，12 年时间尺度与第 2 主周期对应，第 3、4、5、6 主周期分别对应 7 年、5 年、16 年、2 年，下游享堂站小波方差图有 6 个峰值，第 1 主周期对应的是 9 年的时间尺度，9 年时间尺度对应第一峰值，说明 9 年左右的周期振荡较强，27 年时间尺度为第 2 主周期，第 3、4、5、6 主周期依次为 5 年、7 年、16 年、2 年。通过小波实部等值线图可知，天堂站年径流在 27 年时间尺度上经历了枯—丰—枯—丰—枯—丰变换，其中 1956—1973 年、1977—1982 年、1990—2006 年为偏枯期，1974—1976 年、1983—1989 年、2007—2013 年为偏丰期。享堂站年径流在 27 年时间尺度上，经历了枯—丰—枯—丰—枯—丰变换，其中 1956—1967 年、1977—1985 年、1989—1996 年为偏枯期，1968—1976 年、1986—1988 年、1997—2013 年为偏丰期。

3.3　突变性分析

使用 M-K 检验法对大通河流域尕大滩站、天堂站、享堂站的年径流量进行突变性分析，并绘制突变图，见图5。显著性水平 $\alpha=0.05$，图中 UF>0 即表示径流量呈上升趋势，UF<0 表示径流量呈下降趋势，UF 与 UB 曲线的交点可能为突变点。由图 5 可知，尕大滩站年径流量 1956—1958 年、1963—1968 年、2011—2016 年呈上升趋势，1959—1962 年、1969—2010 年呈下降趋势，尕大滩站曲线出现交点，但前后径流量无明显变化趋势，所以尕大滩站无真实突变点。天堂站年径流量 1956—1961 年、1988—2016 年呈上升趋势，其余年份呈下降趋势，1989 年 UF 曲线与 UB 曲线相交且前后有明显变化趋势，则 1989 年为突变点。享堂站年径流量 1956—1961 年、1987—1995 年呈上升趋势，1985—1986 年、1998—2016 年呈下降趋势，其余年份趋势不明显，突变发生在 2000 年。

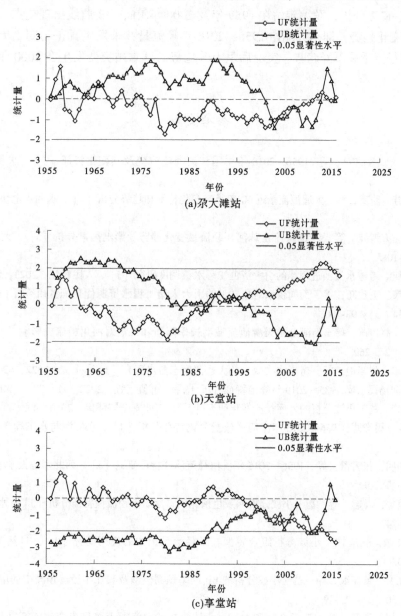

图5　大通河流域3个水文站年径流 M-K 检验图

4　结论

通过距平累积法、小波分析法和 M-K 检验法，分析大通河流域上游尕大滩站、中游天堂站及下游享堂站 1956—2016 年径流年际变化规律，得到以下结论：

（1）大通河流域上、中、下游年径流量变差系数较小，径流量年际变化较小，年径流量极值比较大。

（2）大通河流域 1956—2016 年尕大滩站、天堂站、享堂站年径流量丰枯基本对应，上游尕大滩站年径流量变化趋势不明显，中游天堂站年径流量呈上升趋势，而下游享堂站的年径流量下降趋势明显。

（3）大通河流域尕大滩站、天堂站、享堂站 1956—2016 年径流量小波分析结果表明，3 站年径流均存在 2 年、7 年、12 年、27 年左右周期变化，且三站在 27 年的时间尺度上均存在枯—丰—枯—丰—枯—丰变换。

（4）根据 M-K 法分析，尕大滩站在 1959 年及 2000 年 UF、UB 曲线出现交点，但交点前后径流量并未出现显著变化趋势，即尕大滩站 1956—2016 年径流量并未发生真正突变。天堂站突变发生在 1989 年，突变前径流量呈下降趋势，突变后呈上升趋势。享堂站突变发生在 2000 年，突变后径流量呈显著下降趋势。

参考文献

[1] 张建云，王国庆，金君良，等.1956—2018 年中国江河径流演变及其变化特征 [J].水科学进展，2020，31（2）：153-161.

[2] 王大超，杜丽芳，路贺，等.大通河流域近 60 年径流变化特征和趋势分析 [J].水利水电快报，2019，40（4）：17-21.

[3] 周国逸，李琳，方雪纯，等.近 60 a 来全球河川径流量变化趋势及影响因素分析 [J].大气科学学报，2020，43（6）：1076-1085.

[4] 王宏元，王渤权.考虑水流演进规律的引大济湟工程水量调度研究 [J].人民长江，2023，54（5）：134-139.

[5] 孙凯悦，牛最荣，王建旺，等.面向供水对象转型的引大入秦工程水资源优化配置研究 [J].水资源与水工程学报，2023，34（3）：93-100.

[6] 杨晓高，郝虎，赵传燕，等.黑河上游天涝池流域生长季降雨和气温对河川径流的影响 [J].水土保持研究，2022，29（4）：263-269.

[7] 黄成剑，解阳阳，刘赛艳，等.考虑水文变异的大通河生态需水研究 [J].水文，2022，42（3）：32-36，19.

[8] 吴梓贤.黄冈河汤溪水库 1985—2019 年降雨特征分析 [J].价值工程，2022，41（33）：146-149.

[9] 傅梦嫣，代俊峰.基于小波分析的入库径流变化研究 [J].工业安全与环保，2016，42（4）：35-38，64.

[10] 欧阳卫，王筱，周维博.1956—2016 年沣河径流量变化特征分析 [J].水资源与水工程学报，2021，32（3）：118-123.

[11] 王万瑞，王刘明，张雪蕾，等.1956—2015 年洮河径流演变特征研究 [J].西北师范大学学报（自然科学版），2018，54（1）：92-99.

[12] 李培都，司建华，冯起，等.基于小波分析和灰色预测的莺落峡年径流量特征分析 [J].水土保持通报，2017，37（4）：242-247.

[13] 王秀杰，封桂敏，耿庆柱.小波分析组合模型在日径流预测中的应用研究 [J].自然资源学报，2014，29（5）：885-893.

[14] 徐廷兵，马光文，黄炜斌，等.基于小波分析的 BP 网络预测模型及其在年径流预测中的应用 [J].水电能源科学，2012，30（2）：17-19.

[15] 谢智博，穆兴民，高鹏，等.基于 R/S 和 Morlet 小波分析的北洛河上游径流变化特征 [J].水土保持研究，2022，29（2）：139-144.

[16] 陈子豪，李莹莹，李凯，等.基于 M-K、小波和 R/S 方法的黑河上游来水预测 [J].人民黄河，2021，43（12）：29-34.

[17] 刘小园，刘扬，王芳.近 60 年青海湖流域径流特征及演变规律研究 [J].中国农村水利水电，2020（11）：1-7，13.

[18] 何梅芳.近 60 年杂木河流域径流长期演变规律及趋势研究 [J].水资源开发与管理，2022，8（4）：43-47，54.

基于 NSGA-Ⅲ算法的水库多目标优化调度研究

李传利[1,2,3]　李新杰[2,3]　张红涛[1]　王　强[2,3]　李弘瑞[1,2,3]

(1. 华北水利水电大学电气工程学院，河南郑州　450045；
2. 黄河水利委员会黄河水利科学研究院 水利部黄河下游河道与河口治理重点实验室，河南郑州　450003；
3. 黄河水利委员会黄河水利科学研究院，河南郑州　450003)

摘　要：为满足高维多目标优化问题求解需要，引入第三代非支配排序遗传算法 NSGA-Ⅲ，并通过函数测试验证了 NSGA-Ⅲ求解高维多目标优化问题的良好性能。建立了龙羊峡水库发电-生态-防洪多目标优化调度模型，采用 NSGA-Ⅲ求解模型，并分析了发电、生态、防洪目标间的竞争关系以及理想工况下不同目标偏向的调度方案相较实际方案的优化程度。结果表明：发电与生态、防洪目标间存在明显竞争关系，而生态与防洪目标之间无明显线性关系。

关键词：NSGA-Ⅲ；多目标；优化调度；龙羊峡水库

1　引言

水库作为水资源的重要储存和调度工程，其多目标优化调度是促进水资源优化配置、推动水资源可持续发展的重要举措[1]。求解复杂高维多目标优化问题时，可通过权重法、约束法等多种方法将其转化为单目标优化问题，然后采用动态规划法[2]、逐步优化算法[3]、遗传算法（GA）[4]、蚁群算法（ACO）[5]等传统单目标优化算法求解，这种方法效率低，且无法为决策者提供全面的信息，具有较强的主观性。另一种方法是建立多目标优化调度模型，采用 NSGA-Ⅱ[6]、SPEA2[7]、MOEA/D[8]等多目标进化算法求解模型，这种方法可以获取多个调度方案，可为决策者提供全面的信息，因此应用较为广泛。

目前，NSGA-Ⅱ算法广泛应用于水库多目标优化调度，但其采用拥挤度排序获取非支配解，目标范围较小，在处理复杂高维多目标优化问题时，获得解集的质量较差[9]。NSGA-Ⅲ保持了 NSGA-Ⅱ的大致框架，并在 NSGA-Ⅱ的基础上改变选择机制，基于参考点对个体进行选择，在求解高维多目标优化问题时能够获得收敛性、多样性较好的解集，因此本文将 NSGA-Ⅲ算法用于龙羊峡水库多目标优化调度研究。

2　龙羊峡水库发电-生态-防洪多目标优化调度模型

龙羊峡水库上距黄河源头 1 687.2 km，控制流域面积 13.14 万 km²，占黄河全流域面积的 17.5%。水库以发电为主要任务，兼顾供水、防凌、生态、防洪等综合效益，具备多年调节功能。水库调节库容193.5 亿 m³，正常蓄水位 2 600 m，正常死水位 2 560 m，设计洪水位 2 602.25 m，校核洪水位 2 607 m，汛期限制水位 2 594 m，正常蓄水位、校核洪水位相应库容分别为 247 亿 m³ 和 276.30 亿 m³。龙羊峡水库水位-库容关系曲线如图 1 所示。

基金项目：国家自然科学基金资助项目（U2243236，51879115，U2243215）；2021 年度河南省重点研发与推广专项（科技攻关）（212102311001）。

作者简介：李传利（1995—），男，硕士研究生，研究方向为控制工程。

通信作者：李新杰（1977—），男，博士，正高级工程师，主要从事水资源系统分析和水库优化调度工作。

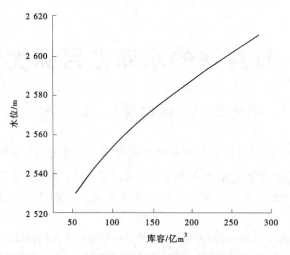

图 1　龙羊峡水库水位–库容关系曲线

2.1　目标函数

考虑经济、生态、防洪等综合效益，将调度期内平均出力最大作为经济效益目标、下游河道适宜生态流量改变度最小作为生态效益目标、最大削峰率最大作为防洪效益目标，建立龙羊峡水库发电–生态–防洪多目标优化调度模型。具体目标函数如下[10]：

$$F_1 = \max\left(\frac{1}{T}\sum_{t=1}^{T} K Q_g^t \Delta H^t\right) \tag{1}$$

式中：F_1 为调度期内平均出力，kW；T 为调度期的时段总数；t 为时段编号；K 为综合出力系数；Q_g^t 为 t 时段的平均发电引用流量，m^3/s；ΔH^t 为 t 时段的平均水头，m。

F_1 值越大，发电效益越好，反之亦然。

$$F_2 = \min\left[\frac{1}{T}\sum_{t=1}^{T}\left(\frac{Q_{out}^t - Q_{AEF}^t}{Q_{AEF}^t}\right)^2\right] \tag{2}$$

式中：F_2 为水库下游河道适宜生态流量改变度；Q_{out}^t 为 t 时段的平均下泄流量，m^3/s；Q_{AEF}^t 为 t 时段的下游河道适宜生态流量，m^3/s。

F_2 值越小，生态效益越好，反之亦然。

$$F_3 = \max\left[\max\left(\frac{Q_p^t - Q_{out}^t}{Q_p^t}\right)\right] \tag{3}$$

式中：F_3 为最大削峰率，$F_3 \in [0, 1]$；Q_p^t 为 t 时段的洪峰流量，m^3/s。

F_3 值越大，防洪效益越好，反之亦然。

2.2　约束条件

（1）水量平衡约束

$$V^{t+1} - V^t = (Q_{in}^t - Q_{out}^t)\Delta t \tag{4}$$

式中：V^t 为 t 时段初的蓄水量，亿 m^3；V^{t+1} 为 $t+1$ 时段初的蓄水量，亿 m^3。

（2）水位约束

$$Z_{min}^t \leqslant Z^t \leqslant Z_{max}^t \tag{5}$$

式中：Z^t 为 t 时段初的水位，m；Z_{max}^t 为 t 时段的水位上限，m；Z_{min}^t 为 t 时段的水位下限，m。

（3）下泄流量约束

$$Q_{min}^t \leqslant Q_{out}^t \leqslant Q_{max}^t \tag{6}$$

式中：Q_{max}^t 和 Q_{min}^t 分别为 t 时段下泄流量的上、下限，m^3/s。

（4）出力约束

$$N_{min}^t \leqslant N^t \leqslant N_{max}^t \tag{7}$$

式中：N^t 为 t 时段的平均出力，kW；$N_{\max}^t$ 和 $N_{\min}^t$ 分别为 t 时段的出力上、下限，kW。

3 NSGA-Ⅲ算法

NSGA-Ⅱ通过个体拥挤度获取非支配解，目标范围受限，在处理复杂高维多目标优化问题时，获得解集的质量较差。NSGA-Ⅲ在 NSGA-Ⅱ的基础上改变选择机制，基于参考点对个体进行选择，且保持了 NSGA-Ⅱ的大致框架。NSGA-Ⅲ的核心操作包括设置参考点、目标空间标准化、关联操作等。

3.1 算法核心操作

（1）设置参考点。参考点常以结构化方式定义，在 M 维目标空间中，如果一个 $M-1$ 维超平面沿着每个目标进行 p 次划分，则生成的参考点数 H 为

$$H = \binom{M+p-1}{p} \tag{8}$$

若目标数量为 3，在二维超平面上沿着每个目标进行 4 次划分，则在超平面上将产生 15 个参考点，如图 2 所示。

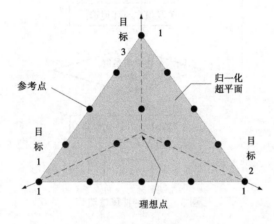

图 2 参考点设置示意图

（2）目标空间标准化。参考点均匀分布在目标空间中，NSGA-Ⅲ通过将每个解和参考点相互关联来维持解的多样性，而每个解对应各个目标函数的尺度不同，则在进行关联操作时，不同目标所起的作用就有差异，因此需进行目标空间标准化。首先计算种群对应每个目标函数的最小值 $z_i^{\min}$，构成理想点集（$z_1^{\min}$，$z_2^{\min}$，…，$z_M^{\min}$），并将所有目标值 z_i 减去 $z_i^{\min}$；然后计算各目标函数对应的极值点并构建 $M-1$ 维超平面，计算出各个目标轴的截距；最后通过理想点和截距完成标准化计算。

（3）关联操作。完成参考点设置后，需要将每个个体与各自对应的参考点相互关联。首先在目标空间中定义一个参考线，即原点与参考点的连线；然后计算种群中各个体到参考线的垂直距离；最后选取距离各个体最近的参考线并与之相关联。

3.2 算法步骤及流程

步骤 1：种群初始化；

步骤 2：父代种群进行选择、交叉和变异，生成子代种群；

步骤 3：父代和子代合并成新种群，并进行非支配排序，生成非支配层；

步骤 4：设置参考点，标准化目标空间，将种群各个体和对应参考点相关联，并通过环境选择生成下一代父代种群；

步骤 5：判断是否满足终止条件，满足条件进入步骤 6，否则进入步骤 2；

步骤 6：输出 Pareto 最优解集。

NSGA-Ⅲ算法流程如图 3 所示。

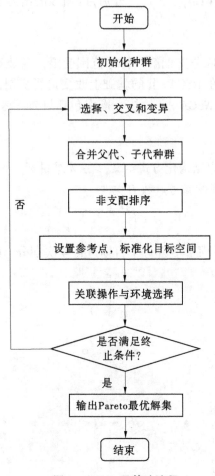

图 3 NSGA-Ⅲ算法流程

4 WFG 函数测试

水库多目标优化调度问题实质上是一种多个目标间具有密切联系的高维度、非线性、多阶段的复杂优化问题。WFG[11] 测试函数常用于测试某种算法在求解 3 个及以上目标的优化问题所体现的性能，能够反映水库多目标优化调度问题的高维度、非线性等特征，因此本文选取三维目标 WFG2、WFG4 函数对 NSGA-Ⅲ和 NSGA-Ⅱ的性能进行对比测试。

4.1 性能评价指标

（1）反转世代距离 IGD：IGD 是一个综合性能评价指标，它是指真实 Pareto 前沿上的每个点到算法求得 Pareto 前沿上各点的最小欧式距离的平均值。IGD 可同时评价解集的收敛性和分布性，IGD 值越小，解集的收敛性与分布性越好。

$$\text{IGD}(P, P^*) = \frac{\sum_{i=1}^{N} \text{dist}(P_i^*, P)}{N} \tag{9}$$

式中：P 为算法求得到的 Pareto 前沿点集；P^* 为真实 Pareto 前沿点集；N 为 P^* 中前沿点的个数；$\text{dist}(P_i^*, P)$ 为 P^* 中第 i 个点 P_i^* 距 P 中最近点的欧式距离。

（2）超体积 HV：HV 同样是一个综合评价指标，可同时评价解集的收敛性和分布性，HV 值越大，解集的收敛性与分布性越好。

$$\text{HV} = \text{volume}(\cup_i^N v_i) \tag{10}$$

式中：N 为已知 Pareto 前沿上所有非劣解的个数；v_i 为 Pareto 前沿上第 i 个非劣解与参考点围成的体积。

4.2 测试结果

为充分体现 NSGA-Ⅲ在求解复杂三维目标优化问题时较 NSGA-Ⅱ的优越性，测试函数和算法初始参数进行以下设置：WFG2、WFG4 函数在测试 IGD、HV 指标时的目标数均设置为 3，决策变量长度均设置为 10，种群规模设置为 100，最大进化代数设置为 1 000，交叉概率设置为 1.0，变异概率设置为 0.1。本文试验基于 Matlab2021a 进行操作，采用多目标进化算法开源平台 PlatEMO 进行算法对比试验。每个测试函数对两算法各进行 30 次独立测试，得到 IGD、HV 的均值和标准差（括号内数据表示标准差），如表 1 所示。其中，"+""-"和"="分别表示 NSGA-Ⅱ优于、劣于和无差别于 NSGA-Ⅲ，加粗数据为较优测试结果。

表 1 IGD、HV 均值与标准差

测试函数	算法			
	NSGA-Ⅱ		NSGA-Ⅲ	
	IGD	HV	IGD	HV
WFG2	$2.335\ 8e^{-1}$ $(9.97e^{-3})\ -$	$9.087\ 7e^{-1}$ $(3.98e^{-3})\ -$	$\mathbf{1.666\ 1e^{-1}}$ $\mathbf{(3.59e^{-3})}$	$\mathbf{9.160\ 7e^{-1}}$ $\mathbf{(3.22e^{-3})}$
WFG4	$2.884\ 3e^{-1}$ $(9.07e^{-3})\ -$	$5.065\ 1e^{-1}$ $(5.46e^{-3})\ -$	$\mathbf{2.290\ 6e^{-1}}$ $\mathbf{(2.07e^{-3})}$	$\mathbf{5.346\ 0e^{-1}}$ $\mathbf{(2.37e^{-3})}$
+/-/=	0/2/0	0/2/0	0/2/0	0/2/0

由表 1 可知，对于 WFG2 测试函数，NSAG-Ⅲ的 IGD 值比 NSGA-Ⅱ降低了 28.67%，HV 值比 NSGA-Ⅱ增加了 0.80%；对于 WFG4 测试函数，NSAG-Ⅲ的 IGD 值比 NSGA-Ⅱ降低了 20.58%，HV 值比 NSGA-Ⅱ增加了 5.55%。综合比较分析 NSAG-Ⅲ、NSGA-Ⅱ在三维 WFG2、WFG4 测试函数对应 Pareto 解集的收敛性、分布性指标，可知 NSAG-Ⅲ在求解三维目标优化问题较 NSGA-Ⅱ更具有优越性，因此采用 NSAG-Ⅲ求解高维复杂水库多目标优化调度模型具有可行性。

为更加直观地反映 NSGA-Ⅲ较 NSGA-Ⅱ在求解高维复杂多目标优化问题中的优越性，绘制出两种算法在三维 WFG2 得到的非支配解的分布情况，如图 4 所示。

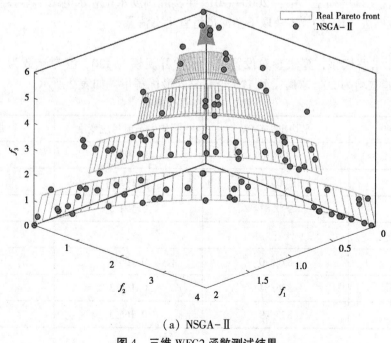

（a）NSGA-Ⅱ

图 4 三维 WFG2 函数测试结果

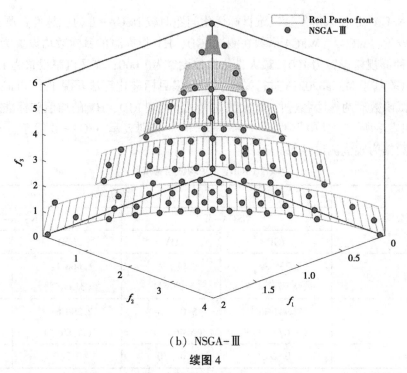

（b）NSGA-Ⅲ

续图 4

根据图 4 中三维 WFG2 函数测试结果可知，NSGA-Ⅲ对应的 Pareto 前沿较 NSGA-Ⅱ更接近真实 Pareto 前沿，且前沿点分布更加广泛均匀。因此，NSGA-Ⅲ在求解复杂高维多目标优化问题时，能够得到较 NSGA-Ⅱ质量更好的解集，具有良好的收敛性与分布性。

5 算例分析

5.1 数据来源

考虑黄河上游汛期为 7—10 月，为明显体现发电目标与防洪、生态目标间的竞争关系，以龙羊峡水库为研究对象，以典型丰水年 2020 年 7 月 1—31 日为调度期，在理想工况下建立龙羊峡水库发电-生态-防洪多目标优化调度模型。结合 2000—2019 年实际调度水位和水电站基本参数设置水位上、下限，采用变异性范围法（RVA）[12] 获取下游河道适宜生态流量。

5.2 计算结果

采用 NSGA-Ⅲ求解模型，算法参数设置如下：种群规模为 130，参考点数为 130，进化代数为 500，交叉、分布指数均为 20。求解得到 125 个 Pareto 最优解集，如表 2 所示。

表 2 Pareto 最优解集

Pareto 最优解集	平均出力/MW	平均生态流量改变度	最大削峰率
1	1 006.69	0.195 3	0.330 9
2	1 000.15	0.191 9	0.331 5
3	999.83	0.191 5	0.338 2
⋮	⋮	⋮	⋮
123	877.30	0.168 9	0.479 3
124	876.84	0.165 3	0.403 0
125	875.49	0.166 3	0.437 4

由表 2 可知，在 Pareto 最优解集中，平均出力最大值为 1 006.69 MW，最小值为 875.49 MW；平均生态流量改变度最大值为 0.195 3，最小值为 0.165 1；最大削峰率最大值为 0.517 5，最小值为 0.303 6。Pareto 最优解集如图 5 所示，3 个目标之间存在明显的竞争关系，即一个目标改变会导致其他两个目标的改变。

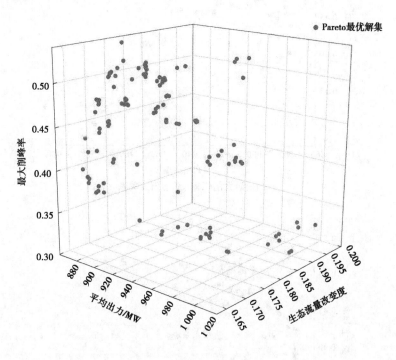

图 5　Pareto 最优解集散点图

为进一步分析 3 个目标之间的竞争关系，将三维 Pareto 最优解集散点图向各坐标轴对应平面进行二维投影，投影结果如图 6 所示。

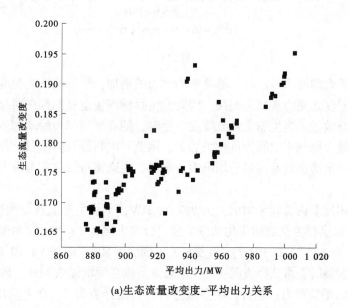

(a)生态流量改变度–平均出力关系

图 6　两个目标关系

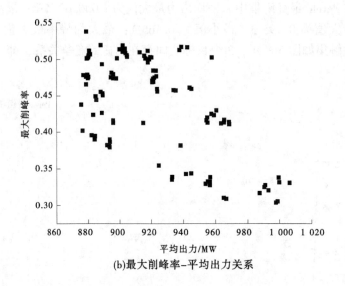

(b)最大削峰率-平均出力关系

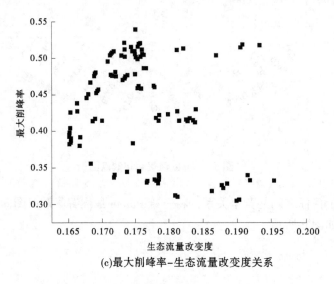

(c)最大削峰率-生态流量改变度关系

续图 6

由图 6 可知，当最大削峰率一定时，随着平均出力的增加，生态流量改变度呈现增加趋势，即平均出力与生态流量改变度之间为正相关关系，因此发电目标与生态目标存在明显竞争关系，追求发电效益需要牺牲一定生态效益。当生态流量改变度一定时，随着平均出力的增加，最大削峰率呈现减小趋势，即平均出力与最大削峰率之间为负相关关系，因此发电目标与防洪目标存在明显竞争关系，追求发电效益需要牺牲一定防洪效益；当平均出力一定时，生态流量改变度与最大削峰率之间无明显线性关系。

在理想工况下，调度期内实际平均出力为 987.19 MW，平均生态流量改变度为 0.181 1，最大削峰率为 0.364 9。为能提供较为全面的优化调度方案，选取方案 1（1 006.69 MW，0.195 3，0.330 9）、方案 2（884.59 MW，0.165 1，0.394 7）和方案 3（939.01 MW，0.190 8，0.517 5）与实际方案进行对比。当追求经济效益时，可选择方案 1，在生态流量改变度增加 7.84%、最大削峰率减少 9.32% 的情况下增大 1.98% 的平均出力；当追求生态效益时，可选择方案 2，在平均出力减少 10.39% 的情况下减少 8.83% 的平均生态流量改变度；当追求防洪效益时，可选择方案 3，在平均出力减少 4.88% 的情况下增大 41.82% 的最大削峰率。

6　结论

本文针对黄河上游龙羊峡水库多目标优化调度问题，建立了优化调度模型并采用 NSGA-Ⅲ 进行求解，结论如下：NSGA-Ⅲ 在求解水库复杂优化调度模型时，可以获得质量较好的 Pareto 最优解集；综合分析了发电、生态、防洪三目标之间的关系，其中发电与生态、防洪目标间存在明显竞争关系，而生态与防洪目标之间无明显线性关系；在理想工况下，分析了不同目标偏向的调度方案相较实际方案的优化程度，为黄河上游水库管理者制订不同需求的调度方案提供参考。

参考文献

[1] 王浩，王旭，雷晓辉，等．梯级水库群联合调度关键技术发展历程与展望 [J]．水利学报，2019，50（1）：25-37．

[2] 梅亚东，熊莹，陈立华．梯级水库综合利用调度的动态规划方法研究 [J]．水力发电学报，2007（2）：1-4．

[3] 冯仲恺，廖胜利，程春田，等．库群长期优化调度的正交逐步优化算法 [J]．水利学报，2014，45（8）：903-911．

[4] Wardlaw R，Sharif M．Evaluation of genetic algorithms for optimal reservoir system operation [J]．Journal of Water Resources Planning and Management，1999，125（1）：25-33．

[5] Dorigo M，Maniezzo V，Colorni A．Ant system：optimization by a colony of cooperating agents [J]．IEEE Transactions on Systems，Man，and Cybernetics，part b（cybernetics），1996，26（1）：29-41．

[6] Deb K，Pratap A，Agarwal S，et al．A fast and elitist multiobjective genetic algorithm：NSGA-Ⅱ [J]．IEEE Transactions on Evolutionary Computation，2002，6（2）：182-197．

[7] Zitzler E，Laumanns M，Thiele L．SPEA2：Improving the strength Pareto evolutionary algorithm [J]．TIK Report，2001，103．

[8] Zhang Q，Li H．MOEA/D：A multiobjective evolutionary algorithm based on decomposition [J]．IEEE Transactions on Evolutionary Computation，2007，11（6）：712-731．

[9] 刘百灵，李仓水，刘芳业．基于 NSGA-Ⅲ 的黄河上游梯级水库多目标调度研究 [J]．人民黄河，2022，44（4）：140-144．

[10] 李弘瑞．基于多目标进化算法的黄河中游水库群优化调度 [D]．郑州：华北水利水电大学，2023．

[11] Huband S，Hingston P，Barone L，et al．A review of multiobjective test problems and a scalable test problem toolkit [J]．IEEE Transactions on Evolutionary Computation，2006，10（5）：477-506．

[12] 蔡卓森，戴凌全，刘海波，等．基于支配强度的 NSGA-Ⅱ 改进算法在水库多目标优化调度中的应用 [J]．武汉大学学报（工学版），2021，54（11）：999-1007．

丹江口水库汛期运行水位动态控制方案研究

洪兴骏[1]　徐强强[2]　任金秋[1]　饶光辉[1]　张利升[1]

(1. 长江勘测规划设计研究有限责任公司，湖北武汉　430010；
2. 汉江水利水电（集团）有限责任公司，湖北武汉　430048)

摘　要：本文基于不同典型夏、秋季中小量级洪水，开展了考虑不同预报预见期的丹江口水库汛期运行水位动态控制方案空间论证、防洪风险分析和运用效益评估。结果表明：考虑 3 d 和 5 d 暴雨洪水预见期，丹江口水库汛期水位可分别相较防洪限制水位抬升不超过 1.5 m 和 2.0 m 运行，可在洪水发展至水库启动防洪调度前，按照汉江中下游允许泄量控制条件和统一的预泄方式，将库水位从汛期运行水位变动上限安全稳妥地降至防洪限制水位；自不同汛期运行水位起调遭遇 20 年一遇以下洪水，对枢纽、汉江中下游和库区防洪风险可控。

关键词：汛期运行水位；动态控制；丹江口水库；预报预泄

1　引言

汉江是长江中游最大的一级支流，干流流经陕西、湖北两省，支流延展至甘肃、四川、重庆、河南 4 省（市），全长 1 577 km，流域面积约 15.9 万 km²。汉江流域地处我国亚热带与暖温带、山地与平原、东南湿润地区与西北干旱地区的过渡带[1]，发挥着"承南启北、贯通东西"的桥梁纽带作用。汉江上游丹江口水库是南水北调中线工程水源地，中下游的江汉平原则是中部地区重要的生态和经济走廊，因而汉江流域在国家水资源安全战略布局中的地位举足轻重[2]。当前，流域水资源开发治理工作，已从大规模工程建设，逐步向科学调度管理转变[3]。统筹协调流域防洪与供水、发电、航运、环境保护等水资源综合利用任务，是汉江流域当前面临的非常重要而又迫切需要解决的课题。

丹江口水利枢纽位于湖北省丹江口市汉江干流与支流丹江汇合点下游 800 m 处，是汉江综合利用开发治理的关键性水利工程，也是南水北调中线的水源工程，具有防洪、供水、发电、航运等综合利用效益。丹江口水利枢纽于 1958 年 9 月动工，分初期规模和后期规模两期兴建，初期工程于 1973 年底建成；大坝加高工程作为南水北调中线工程的重要组成部分，于 2005 年开工，2014 年 12 月正式向北方通水，标志着丹江口水利枢纽后期规模全面转入正常运行期。丹江口水利枢纽通水运行以来，以"保障防洪与供水安全"为核心，取得了流域防洪保安、受水区供水保障、沿线生态补水等综合利用效益，但在调度运用中，也不同程度地出现了防洪供水目标协调难度升级、水资源高效利用等一系列新形势和新要求[4]。从防洪角度，希望夏、秋汛期水库水位不超过相应的防洪限制水位（夏季 160 m、秋季 163.5 m，采用吴淞高程系统)），以保障防洪安全；从兴利角度，希望尽量减少弃水，在来水相对丰沛的汛期多拦蓄洪水资源，增加可供水量，也为夏、秋汛期过渡及秋汛末多蓄水创造条件。不难看出，在丹江口水利枢纽实际调度中，水库汛期运行水位是协调水库防洪和供水之间关系的

基金项目：国家重点研发计划项目（2022YFC3202805）；水资源与水电工程科学国家重点实验室（武汉大学）开放研究基金项目（2018SWG03）。

作者简介：洪兴骏（1989—），男，高级工程师，主要从事水库调度方面的研究工作。

关键控制指标[5]。国内外众多学者和机构，都针对水库（群）汛期运行水位动态控制和洪水资源利用，开展了系统深入的研究[6-8]。郭生练等[9]（2023）针对新时期汛限水位设置依据和实际监管中存在的问题，阐述了开展汛期水位动态控制的必要性和可行性，提出了需要进一步实施技术攻关的研究方向和理论支撑体系。因此，在保证流域防洪安全的前提下，统筹兴利与除害的关系，提高南水北调中线工程供水保证率，结合先进预报技术和调度理念，开展丹江口水库汛期运行水位的优化控制，对于丹江口水利枢纽当前和今后一个时期的安全平稳优化运行具有重大实践意义。

本文结合新时期丹江口水库调度运行要求，围绕丹江口水库汛期运行水位这一关键变量，拟从实施汛期运行水位动态控制的可行性、动态控制空间分析、防洪风险及应对等方面，论证丹江口水库汛期运行水位动态控制方案，以期在风险可控前提下，为提高水库水资源利用率和南水北调中线工程供水保证程度提供支撑。

2 丹江口水库汛期运行水位动态控制可行性分析

2.1 气象水文预报水平分析

丹江口水利枢纽是汉江中下游防洪体系的重要组成部分，水库的防洪控制点为皇庄（碾盘山），丹江口水库汛期调度运用应综合考虑丹江口水库入库及丹江口—皇庄（碾盘山）区间可靠的降雨洪水预报。目前，汉江流域已全面实现了雨量、水位等全要素自动监测和报汛自动化，实时预警和信息共享水平大幅提升。遵循"短中长期相结合、水文气象相结合、预报与调度相结合"的技术路线，开展汉江流域短中期降雨预报，精度评定表明：3 d 预见期内的降雨预报合格率较高、漏报率较低，4~7 d 预见期内的降雨预报对降雨过程有较好把握。当预见期内预报无雨时，实际发生中雨及以上量级的频率很低；预报小雨时，实际发生大雨及以上量级降雨的频率很低。中期降雨预报，对未来一周的降雨过程预报准确率较高，有很好的预报警示作用[10]。综上所述，本文认为考虑汇流时间和短中期降雨预报成果，可以制作具有 3~5 d 预见期并具有一定精度的丹江口水库入库和汉江中下游皇庄控制站洪水预报成果。

2.2 预泄能力分析

水库汛期运行水位动态控制，主要考虑短中期天气明朗、无雨无洪时，在满足供水计划的基础上，适度上浮水库水位；当预报可能发生中等及以上强度降雨或上下游防洪形势趋于紧张时，需要在预报预见期内将水库水位安全稳妥地降至防洪限制水位。因此，预报预泄是水库实施汛期运行水位动态控制运用的关键风险化解手段[11]。

从河道过流能力来看，汉江在汉口与长江交汇，汉江中下游河道行洪能力受长江的顶托影响；在长江水位较低时，流域防洪工程体系与非工程体系配合运用，可以达到流域防洪标准。过往研究表明，汉口水位在 25 m（秋季）~26 m（夏季）以下时，对汉江中下游河道泄流能力造成的顶托影响较小，汉江中下游洪水宣泄较为通畅。从水库泄流能力来看，丹江口大坝加高后，泄流能力相应增强；丹江口水库在汛限水位 160 m（夏季）~163.5 m（秋季）附近，考虑发电流量的泄流能力可达 17 000 m³/s 以上，基本不存在因水位较低而发生被动滞洪的情况，可充分利用汉江中下游河道泄流能力宣泄库中存水。

2.3 上游水库群建设及联合防洪作用分析

丹江口水库上游先后建成了石泉、安康、潘口等水利枢纽，可进一步配合丹江口水利枢纽的防洪调度运行，提高汉江流域防洪安全保障能力。特别是安康水库位于丹江口水库上游，直接控制着丹江口水库上游入库控制点白河的洪水。当安康水库水位不超过其防洪限制水位 325 m 时，即便白河以上流域发生降雨并形成洪水，安康水库可在保障本流域防洪对象防洪安全的同时，通过对上游洪水进行拦洪削峰，减少进入丹江口水库的洪量并降低白河站流量，从而降低丹江口水库坝前水位和库尾回水高程，进一步减轻丹江口水库枢纽和库区的防洪压力。

3 丹江口水库汛期运行水位动态控制域研究

3.1 丹江口水库汛期运行水位动态控制方案拟订及提前预泄控制条件

结合上述分析成果，丹江口水库汛期运行水位动态控制应用应满足的条件包括：①上游安康水库水位不超过防洪限制水位 325 m；②下游汉口水位在 25 m（秋季）～26 m（夏季）以下；③预报预见期内丹江口水库以上及丹江口—皇庄（碾盘山）区间无中等及以上强度降雨、不会发生较大洪水过程。

当水库上下游边界条件不满足，或预报可能发生明显降雨过程，且经产汇流演进计算，皇庄（碾盘山）有防洪需求时，水库需及时启动提前预泄运用程序，逐步加大下泄流量，直至在洪水来临前将水库水位预泄至夏、秋汛防洪限制水位。本文根据不同预报预见期，拟订以下三组丹江口水库汛期运行水位上浮方案：

（1）方案 1：考虑 3 d 降雨洪水预报，汛期运行水位上浮不超过 1.0 m，即夏汛期运行水位 161.0 m，秋汛期运行水位为 164.5 m。

（2）方案 2：考虑 3 d 降雨洪水预报，汛期运行水位上浮不超过 1.5 m，即夏汛期运行水位 161.5 m，秋汛期运行水位为 165.0 m。

（3）方案 3：考虑 5 d 降雨洪水预报，汛期运行水位上浮不超过 2.0 m，即夏汛期运行水位 162.0 m，秋汛期运行水位为 165.5 m。

丹江口水库进行提前预泄期间，必须首先满足汉江中下游防洪安全，不能超过下游河道安全泄量，且应尽量不增加汉江中下游防洪压力，即枢纽预泄流量与丹江口—皇庄（碾盘山）区间洪水组合后，夏季不超过 11 000 m^3/s，秋季不超过 12 000 m^3/s，且留有一定裕度。

3.2 丹江口水库预报预泄模拟

分别采用 1935 年 7 月（夏季）、1975 年 8 月（夏季）、1964 年 10 月（秋季）、1983 年 10 月（秋季）等四个典型时段"丹江口与皇庄（碾盘山）同频率、丹江口—皇庄（碾盘山）区间相应（A 型）""丹江口—皇庄（碾盘山）区间与皇庄（碾盘山）同频率、丹江口相应（B 型）"两种洪水地区组合情况下 $P=20\%$、$P=10\%$ 和 $P=5\%$ 等中小量级设计洪水过程起涨段资料，进行多方案预泄模拟试算。为考虑丹江口—皇庄（碾盘山）区间洪水预报不确定性对水库预泄效果的影响，设置区间洪水预报误差 20%（放大 1.2 倍）计算水库允许下泄流量，以减少预泄期间的风险。预泄水库水位变化过程如图 1～图 3 所示。由图 1～图 3 可知，考虑不同降雨洪水预见期，按照本文提出的提前预泄方式，遭遇不同频率、不同典型中小量级设计洪水时，方案 1～方案 3 均可在启动正常防洪调度前，在控制皇庄最大泄量不超过河段安全泄量 11 000 m^3/s（夏季）～12 000 m^3/s（秋季）的前提下，将水库水位由汛期运行水位控制上限安全地预泄至夏、秋季防洪限制水位。

3.3 丹江口水库汛期运行水位动态控制风险分析

从偏于极端和不利角度，分析水库按照相应汛期运行水位控制上限运行，但气象水文预报出现失误，未预见到后续可能降雨产流致洪，来不及采取措施提前预泄的工况下遭遇洪水对枢纽本身、库区及汉江中下游防洪的影响。采用对枢纽最为不利的 1935 年 7 月-A 型（夏季）和 1964 年 10 月-A 型（秋季）$P=20\%$、$P=10\%$ 和 $P=5\%$ 等不同频率设计洪水，按照《丹江口水利枢纽调度规程（试行）》[12] 提出的"预报预泄、补偿调节、分级控泄"防洪调度方式开展洪水调节计算，结果对比如表 1 所示。需要说明的是，为不增加下游防洪损失，各方案水库调洪过程中，控制最大出库流量不大于按汛限水位起调方案。当起调水位高于防洪限制水位时，在不增加下游防洪压力的前提下，采用涨水段提前加大下泄和退水段优化关闸时机等措施，尽可能降低丹江口水库调洪高水位。从表 1 分析可知，各方案遭遇夏、秋汛期 $P=5\%$ 量级以下的洪水时，均可在基本不增加汉江中下游防洪风险的前提下，控制调洪最高水位不超过正常蓄水位 170.0 m。

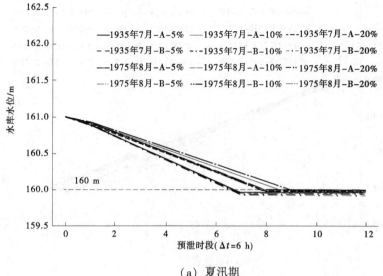

（a）夏汛期

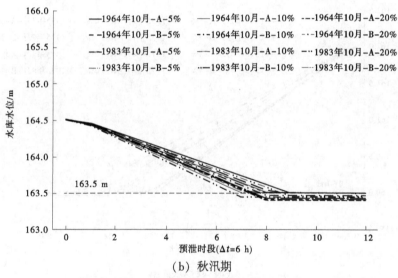

（b）秋汛期

图 1　丹江口预泄时段水库水位过程（方案 1）

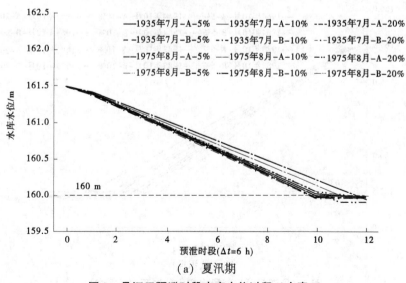

（a）夏汛期

图 2　丹江口预泄时段水库水位过程（方案 2）

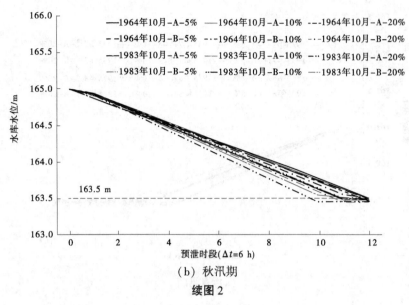

（b）秋汛期

续图2

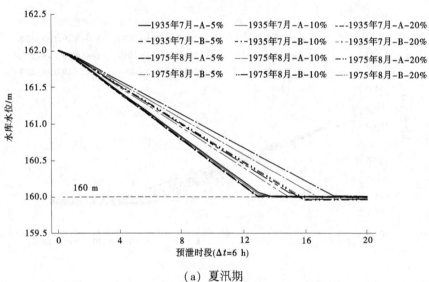

（a）夏汛期

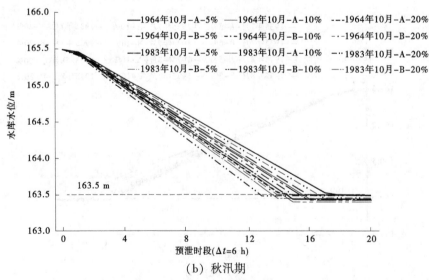

（b）秋汛期

图3　丹江口预泄时段水库水位过程（方案3）

表1　丹江口水利枢纽不同起调水位防洪调度调洪最高水位成果对比　　　　　　　　单位：m

洪水频率	夏汛 1935 年 7 月-A 型				秋汛 1964 年 10 月-A 型			
	汛限水位	方案 1	方案 2	方案 3	汛限水位	方案 1	方案 2	方案 3
20%	164.0	164.7	165.2	165.6	165.3	166.2	166.7	167.2
10%	165.9	166.5	166.9	167.3	166.7	167.6	168.1	168.5
5%	167.1	167.8	168.2	168.6	167.8	168.7	169.1	169.6

丹江口水库库区土地征用标准为 5 年一遇，移民迁移标准为 20 年一遇。丹江口水利枢纽大坝加高工程初步设计报告中，按照"入库来量最大，库水位相应""坝前水位最高，来量相应"及"来量相对较大，库水位相对较高"三种情况，推算水库遭遇 5 年一遇及 20 年一遇洪水时的汉江干流水面线，并考虑上游水库拦沙作用推求了水库运用 20 年末的淤积地形和淤积回水线；同时考虑风浪、船行波等因素，在坝前按正常蓄水位 170 m 之上分别加高 1 m 和 2 m，推荐取各水面线上包线，作为土地征用线和移民迁移线最终确定标准。鉴于丹江口水库当前库区淤积情况相对设计阶段变化有限，采用丹江口水利枢纽大坝加高工程初设阶段的清库河道大断面资料及河段糙率，分别计算自各方案起调遭遇 $P=20\%$ 和 $P=5\%$ 各典型设计洪水调洪过程中库区水面线，与原总外包线成果进行对比表明：受水库地形变化不大和坝前安全裕度等因素影响，各方案遭遇 $P=20\%$ 设计洪水防洪调度过程中库区沿程水面线均未超过土地征用线，遭遇 $P=5\%$ 设计洪水防洪调度过程中库区沿程水面线均未超过移民迁移线；起调水位越高，距离土地征用（移民迁移）控制线的最小距离便越近。针对库区淹没风险，在实时调度中，可考虑安康水库拦蓄作用（下泄至白河入库点约 9 h），提前拦蓄预报入库流量与当前水库水位对应的不超过水库淹没处理线的安全临界流量差值，降低丹江口水利枢纽回水高程至安全范围以内。

3.4　丹江口水库汛期运行水位动态控制效益分析

丹江口水库兴利任务以供水为主，兼有发电、航运等功能，直接的综合利用效益体现为供水和发电。为分析不同汛期运行水位方案综合利用效益方面的差异，采用 1956—2018 年长系列旬径流资料，通过调整丹江口水库综合利用调度图，假设丹江口水库汛期始终按照水位上浮方式运行，开展水量调节计算，估算综合利用效益增益，如表2所示。由表2可知，若汛期始终按照上浮至汛期运行水位上限运行，各方案的供水量和发电量均较原汛限水位方案有所增加，运行水位抬升幅度越大，多年平均条件下综合利用效益增幅越明显。

表2　丹江口水利枢纽综合利用调度效益指标增加值统计

控制方案	来水频率	效益指标				增加值			
		中下游引水量/亿 m³	清泉沟引水量/亿 m³	陶岔引水量/亿 m³	发电量/(亿 kW·h)	中下游引水量/亿 m³	清泉沟引水量/亿 m³	陶岔引水量/亿 m³	发电量/(亿 kW·h)
方案 1 (+1 m)	多年平均	173.91	6.60	94.85	35.00	1.86	0.06	0.67	0.21
	75%年份	169.84	9.46	79.78	28.48	2.32	0.14	0.96	0.79
	95%年份	140.32	7.10	52.05	19.41	1.02	0.23	1.85	0.19
方案 1 (+1.5 m)	多年平均	174.67	6.62	95.14	35.15	2.62	0.09	0.95	0.36
	75%年份	172.75	9.48	80.21	29.10	5.23	0.16	1.38	1.41
	95%年份	141.29	7.12	53.10	19.57	1.99	0.25	2.91	0.34

续表 2

控制方案	来水频率	效益指标				增加值			
		中下游引水量/亿 m³	清泉沟引水量/亿 m³	陶岔引水量/亿 m³	发电量/(亿 kW·h)	中下游引水量/亿 m³	清泉沟引水量/亿 m³	陶岔引水量/亿 m³	发电量/(亿 kW·h)
方案 1 (+2 m)	多年平均	175.39	6.65	95.41	35.35	3.34	0.11	1.23	0.56
	75%年份	174.56	9.50	80.21	29.58	7.04	0.18	1.38	1.89
	95%年份	142.26	7.16	54.93	19.77	2.96	0.29	4.74	0.54

3.5 丹江口水库汛期运行水位动态控制方案推荐

综上分析，从协调防洪兴利的角度，丹江口水利枢纽汛期运行水位可考虑 3 d 预报期，采用上浮 1.5 m 方案，即夏汛期运行水位不超过 161.5 m，秋汛期运行水位不超过 165.0 m。在有充分把握的情况下，可进一步考虑 5 d 预报期，采用上浮 2 m 方案，即夏汛期运行水位不超过 162.0 m，秋汛期运行水位不超过 165.5 m。

4 结论

本文结合丹江口水库汛期调度运行面临的主要问题，开展了以提高水资源利用率和供水保障程度为目标的汛期运行水位动态控制方案分析，取得如下主要结论：

（1）结合实际的水雨工情，充分利用气象水文预报成果，在防洪风险可控的前提下，开展汛期洪水资源化利用，进一步拓展丹江口水库综合利用效益，具有现实紧迫性和技术可行性。

（2）当上游安康水库水位和汉口水位较低，预报 3~5 d 内流域不会发生中等及以上强度降雨和较大洪水过程，汉江中下游没有防洪需求时，丹江口水库水位夏汛期可按不超过 161.5~162.0 m、秋汛期可按不超过 165.0~165.5 m 运行。

（3）当不满足汛期运行水位动态控制条件时，丹江口水库应及时启动提前预泄程序，在不增加皇庄（碾盘山）防洪压力的前提下，将水库水位降至防洪限制水位及以下运行。

参考文献

[1] 张逸飞，张中旺，孙小舟，等. 1964—2013 年汉江生态经济带干湿气候时空变化分析 [J]. 长江科学院院报，2017，34（10）：17-23，30.

[2] 洪兴骏，郭生练，王乐，等. 基于最大熵原理的水文干旱指标计算方法研究 [J]. 南水北调与水利科技，2018，16（2）：93-99.

[3] 郭生练，何绍坤，陈柯兵，等. 长江上游巨型水库群联合蓄水调度研究 [J]. 人民长江，2020，51（1）：6-10，35.

[4] 张睿，孟明星，蔡淑兵，等. 南北同枯场景下南水北调中线丹江口水库供水调度方式 [J]. 湖泊科学，2017，29（6）：1502-1509.

[5] 洪兴骏，余蔚卿，任金秋，等. 丹江口水利枢纽汛期运行水位优化研究与应用 [J]. 人民长江，2022，53（2）：27-34.

[6] 李响，郭生练，刘攀，等. 考虑入库洪水不确定性的三峡水库汛限水位动态控制域研究 [J]. 四川大学学报（工程科学版），2010，42（3）：49-55.

[7] 丁洪亮，董付强，穆青青，等. 丹江口水利枢纽实施汛期运行水位动态控制防洪调度风险初步探讨 [J]. 中国防汛抗旱，2021，31（S1）：61-65.

[8] 张晓琦，刘攀，陈进，等. 基于两阶段风险分析的水库群汛期运行水位动态控制模型 [J]. 工程科学与技术，

2022，54（5）：141-148.

[9] 郭生练，刘攀，王俊，等．再论水库汛期水位动态控制的必要性和可行性 [J]．水利学报，2023，54（1）：1-12.

[10] 张俊，闵要武，段唯鑫．丹江口水库汛期水位动态控制关键技术研究与实践 [J]．长江技术经济，2019，3（2）：81-90.

[11] 刘攀，郭生练，李响，等．基于风险分析确定水库汛限水位动态控制约束域研究 [J]．水文，2009，29（4）：1-5.

[12] 水利部长江水利委员会．丹江口水利枢纽调度规程（试行）[S]．2016：9.

浅谈黄河水资源节约集约利用措施及展望

辛忠[1]　庞竞[2]　何辛[3]　辛虹[2]

（1. 河南黄河勘测规划设计研究院有限公司，河南郑州　450003；

2. 河南黄河河务局郑州河务局，河南郑州　450003；

3. 黄河水务集团股份有限公司，河南郑州　450003）

摘　要：水是生命之源、生产之要、生态之基。人多水少、水资源时空分布不均是我国的基本国情水情。水资源供需矛盾突出仍然是可持续发展的主要瓶颈，兴水利，除水害，事关人类生存、经济发展、社会进步，历来是我们治国安邦的头等大事。2019 年 9 月 18 日，习近平总书记在郑州主持召开黄河流域生态保护和高质量发展座谈会并发表重要讲话，亲自擘画黄河流域生态保护和高质量发展重大国家战略。面对全球气候变化和人类活动的压力，水资源的节约集约利用显得尤为重要。本文探讨了水资源节约集约利用的方法和途径，为未来发展提供思路。

关键词：水资源；节约集约；利用；措施

1　概述

在日常生活中，节约用水是每个人都可以采取的行动。首先，可以推广节水型器具，如节水马桶、节水洗衣机等，减少日常用水量。其次，提倡生活用水重复利用，如利用洗菜水浇花等，让每一滴水发挥最大价值。

对于不同行业，节约用水的措施有所不同。农业方面，加强节水改造，采用滴灌、喷灌等节水灌溉方式，提高水资源利用效率。工业方面，促进用水循环利用，推行清洁生产，减少废水排放。此外，城市绿化也可采用雨水收集系统，将雨水转化为植物灌溉用水。

随着科技的进步，有了更多手段来节约集约利用水资源。如新型农作物品种的推广，能够适应不同气候和土壤条件，提高产量的同时降低耗水，优化输水管道，减少输水过程中的渗漏和蒸发，确保水资源有效利用[1]。

2　推动水资源节约集约利用管理措施

首先，加强用水计量管理，对家庭、企业和公共场所的用水进行精确统计，以便评估和改进。其次，推广水价政策，通过价格机制引导人们节约用水，抑制过度消耗。此外，还可以制定水资源保护法规，提高水资源利用的整体效益。

3　构建高效节水产业体系以实现生态保护与高质量发展

"以水定城、以水定地、以水定人、以水定产"思路，把水资源作为前置约束条件，根据地区水资源、水生态、水环境承载能力，调整区域布局优化产业结构，以实现人与自然和谐共生和可持续发展。坚持以水定城、以水定地、以水定人、以水定产，打破了过去把水资源当作可以无限索取的旧思维，将人水的关系纳入正确轨道上来，是生态文明建设的重要实践，也是对科学发展规律的自觉遵

作者简介：辛忠（1970—），男，高级经济师，主要从事黄河勘测设计研究及黄河水利经济工作。

循，落实到黄河流域生态保护和高质量发展的全过程中来。

黄河流域各地区在今后的发展中应明确当地可用水量，确定干流及重要支流生态水量，并确定地下水位、水量管控指标，明确可开采利用的地表水量、地下水量和非常规水利用量。按照确定的可用水总量和用水定额，结合当地经济社会发展的现实情况，研究每个区域城市生活用水、工业用水、农业用水的控制性指标，确保人口规模、经济结构、产业布局与当地水资源、水生态、水环境承载能力相适应。各地区根据水资源禀赋条件，科学引导人口流动，优化区域空间布局，合理控制城市规模。从水资源实际出发，宜水则水、宜山则山，宜粮则粮、宜农则农，宜工则工、宜商则商，积极探索富有地域特色的高质量发展新路子。严格落实主体功能区规划，合理调整工业布局和结构，在生态脆弱区、严重缺水区、地下水超采区，实行负面清单管理，严控新上或扩建高耗水项目、淘汰高耗水工艺和高耗水设备。针对农业用水大户，根据当地水资源条件，因地制宜确定农业产业结构和种植结构，并严控高耗水作物的种植面积，积极扩大节水耐旱作物种植比例。

近年来，通过合理调整产业布局和结构，推广先进节水技术工艺，黄河流域节水水平不断提高，但是不合理的用水需求却仍在持续增长。比如，沿黄流域一些城市和严重缺水城市，不考虑水资源实际，热衷于将黄河水引入城市中建设水景观工程。此外，农业"大水漫灌"现象仍然普遍存在，工业水污染屡见不鲜，不合理的用水需求消耗着宝贵的水资源。

因此，黄河流域各地应严格落实用水总量和强度"双控行动"，倒逼用水方式和经济发展方式"双转变"。积极推动水资源税改革，利用税收杠杆调节作用，有效抑制不合理用水需求，促进水资源节约集约利用。农业应大力推进节水灌溉，普及推广喷灌、微灌、滴灌、低压管道输水灌溉等高效节水灌溉技术，早日告别"大水漫灌"现象，尽快由"浇地"变"浇作物"。各地区大力推进工业节水改造行动，加大资金投入，鼓励和支持企业开展节水技术开发和节水设备的研制；全面实施节水管理和改造升级行动，通过采用差别水价以及树立节水标杆等措施，推动高耗水行业水资源循环利用和节水增效。在水资源短缺地区严禁盲目建造各种人工河湖景观，城市生态绿化用水要优先使用中水、雨洪水等非常规水源，以减少不必要的水资源消耗。此外，还应大力推动全流域城镇节水降损行动，推动节水理念落实到城市规划、建设、管理各环节，全面推进节水型城市建设；严控高耗水服务业用水，从严控制洗浴、洗车、洗涤等行业用水定额，并积极推广循环用水技术、设备与工艺，优先利用再生水、雨水等非常规水源。培养节约集约用水全民节水意识。水是生命之源，世间万物都离不开水。节约是中华民族的传统美德，节水需要全社会的共同努力，需要我们每个人身体力行，共同参与。与日益严峻的水资源约束相比，当前全社会珍惜水、爱水、节水的意识仍显淡薄。一个关不紧的水龙头一个月会漏掉 $1\sim6\ m^3$ 水；一个漏水马桶一个月会流失 $3\sim25\ m^3$ 水。这些都是对珍贵水资源的浪费。黄河的水资源供给量有限，必须广泛动员公众加入到节水的行列中，树立良好的节水意识，在全流域范围内打一场水资源节约集约利用的"持久战"。

同时，实现水资源节约集约利用不仅是技术问题，更是文化、伦理和社会风尚。一是借助电视、广播、报纸、网络等媒体，运用专题专栏、新闻报道、言论评论等多种形式，开展黄河水情教育，向全民普及节水知识宣传节水知识，营造全社会节水氛围，引导公众树立节约集约用水就是保护生态、保护家园的意识。二是加快制定并完善节水标准定额体系，建立健全节水标准定额工作机制，推动上下游不同区域、不同行业节水标准制定工作；加强对各行业、各领域取用水行为监管，坚决纠正无序取用水、超量取用水、超采地下水、无计量取用水等行为。三是尽快建立流域节水评价机制，在编制全国和各地区黄河流域生态保护和高质量发展规划的基础上，加强新上马项目水资源利用评价，从源头上把好节水关。四是积极开展节水机关建设，从水利部门和政府机关做起，带动全社会节约集约利用水资源。

结合水资源管理工作实际，进一步深化对"重在保护、要在治理""把水资源作为最大的刚性约束""生态优先、绿色发展""以水而定、量水而行"等重大原则和要求的认识，多种形式开展研讨交流，准确把握其内涵要义。牢牢把握"建设造福人民的幸福河"总体目标，认真践行"节水优先、空间均衡、系统治理、两手发力"治水思路，全方位落实"四水四定"原则，立足新发展阶段，贯彻新发展理念，在水资源节约集约利用方面取得了显著成效。

4 水资源节约集约利用措施

4.1 加强制度建设，强化水资源刚性约束

牢牢把握"建设造福人民的幸福河"总体目标，深入落实"节水优先、空间均衡、系统治理、两手发力"治水思路，着力构建河南黄河水资源节约集约利用"1142"新发展格局，即围绕新时期"节水优先、空间均衡、系统治理、两手发力"治水思路这一主线，以国务院"八七"分水方案为控制目标，全面落实"四定"要求，实现黄河供水安全、生态安全两个确保。开展学习培训，为黄河水资源节约集约利用提供理论基础及制度保障。

4.2 强化统一调度，保障沿黄用水安全

按照法规要求依法开展黄河干流水量调度，通过严格实行年度黄河水量调度计划与月、旬水量调度方案和实时调度指令相结合的调度方式，科学调度、优化配置黄河水资源，发挥有限水资源的综合效益，保障了黄河供水安全、生态安全。

4.3 实施生态调度，促进流域生态环境改善

强化生态调度，保障了主要过流断面水量和过程，河道基本生态功能得以维持，黄河下游生态廊道功能得到有效修复，敏感期生态流量满足程度得到了提高。如河南境内黄河鲤保护区、湿地自然保护区、鸟类国家级自然保护区生态用水得到保障，基本解决了鱼类产卵、孵卵关键期生态用水及"湿地不湿"等问题。

4.4 实施生态补水，助力流域生态环境建设

利用好丰水期调度年水源充足有利形势，积极与沿黄受水区政府及水利部门对接，利用现有引黄工程及灌区渠系，在农灌间歇期及汛期实施地下水回补，同时，持续对沿黄20多条河流及重要湿地实施生态补水，保障河流生态基流，复苏沿黄地区河道生态，湿地等区域生态环境明显改善，利用水系连通以及灌区工程，增加河道地下水回补入渗量。

4.5 坚持节水优先，促进水资源节约集约利用

组织开展节水型机关建设和节水型单位建设，树立水资源节约利用标杆。组织开展多种形式节水宣传教育，强化《公民节约用水行为规范》《水利职工节约用水行为规范（试行）》，使广大干部职工节水意识不断增强，积极带头遵守节约用水规定，努力形成人人关心节水、时时注意节水的好风尚。

4.6 强化水资源监管，着力规范取用水行为

进一步规范和加强取水许可和水资源论证管理，持续推进在建取水项目取水许可办理。开展黄河流域水资源监管行动、取用水管理专项整治行动整改提升，对存在问题强力推进整改，着力规范取用水行为，坚决抑制不合理用水需求，确保了用水总量控制达标。

精打细算用好水资源，从严从细管好水资源，做到用水总量控好、准入机制建好、利用强度管好、监督考核抓好，全面提升水资源节约集约安全利用能力和水平，不断拓展流域管理职能，强化乡村振兴水利保障[2]。

4.7 全面落实"把水资源作为最大的刚性约束"要求

探索建立健全水资源刚性约束指标体系。推动取用水秩序进一步好转，精细调度黄河干流用水，保障花园口断面生态流量达标和省际断面流量达标。

4.8 统筹河道生态及生活生产用水，最大限度满足用水需求

提高引黄工程引水能力。根据河道实时水情和沿黄用水需求，合理安排月、旬用水计划，精细调度，保障花园口断面生态流量及省际断面流量达标，确保黄河供水安全。

4.9　加强生态调度和河道治理，复苏河道生态环境

加强生态用水调度管理，为沿黄河流生态基流和地下水超采区治理提供水源，为沿黄地区生态复苏提供支撑，用足用好河道外生态补水指标。

4.10　加强用水总量控制和用途管制

强化口门取水许可管理，落实取水总量管理预警机制、节约用水保障机制。严格区域用水管理，实施水资源消耗总量和强度双控行动。为粮食安全及生态安全提供水资源支撑，促进黄河水资源高效利用。

5　结论

作为我国重要的生态屏障和重要的经济地带，黄河流域在经济社会发展和生态安全方面具有十分重要的地位。水资源短缺问题已经成为黄河流域经济社会可持续发展和良好生态环境维持的最大制约和短板。只有做好水资源节约集约利用，切实改变节水意识不强、用水粗放和浪费的问题，让水资源成为黄河流域高质量发展的最大公约数，才能真正让黄河造福于民，成为安澜河、幸福河。

水资源节约集约利用是应对全球水资源危机的重要途径。通过日常生活中采取节约用水的措施、推广节水科技、制定合理的管理政策以及加强国际合作等多方面努力，使人们共同守护宝贵的水资源，为地球的可持续发展贡献力量。

参考文献

［1］李鑫文．我国农业水资源利用现状及管理对策［J］．乡村科技，2021，12（12）：105-109.

［2］胡其林．新时期农村农业水资源利用存在的问题及节约利用对策［J］．乡村科技，2020（20）：95-96.

水资源论证区域评估信用体系建设研究

彭安帮[1]　郑琪萌[2]　张小丽[2]

（1. 南京水利科学研究院，江苏南京　210029；

2. 华北水利水电大学，河南郑州　450045）

摘　要：水资源论证区域评估是历经 20 多年来水资源论证的产物，在经济社会环境不断变化的同时，水资源论证也在不断改革以适应当今经济社会。本文针对水资源论证区域评估的局限性，重点提出了水资源论证区域评估信用体系建设总体框架，系统分析水资源领域信用体系建设的信用信息归集、信用评价环节、信用评价结果公示等方面，总结出在社会信用体系建设高质量发展背景下水资源领域信用体系建设价值更加凸显。本文研究结论可为水资源领域信用体系建设研究提供一定参考。

关键词：水资源论证；区域评估；信用体系建设

1　引言

党的十八大以来，国家大力发展生态文明建设，贯彻落实新的治水思路，全面促进资源可持续利用。习近平总书记明确提出"节水优先、空间均衡、系统治理、两手发力"治水思路。党中央、国务院也在推进政府职能转变和深化"放管服"改革进程中提出，加强水资源论证工作意见，加强规划水资源论证，严格建设项目水资源论证，推进水资源论证区域评估[1]。大批取水许可的申请，虽然有效提高了审批质量，缩短了审批时间，但难以规范区域内建设单位申请取水许可后的各类信用行为，一时间大量的失信行为充斥整个水资源市场，极大恶化了市场交易和社会信用环境。2020 年，水利部制定《关于进一步加强水资源论证工作的意见》中提出为促进生态保护和高质量发展，探索建立水资源论证工作的信用评价制度，强化水资源的刚性约束[2]，优化水资源领域营商环境。构建信用评价体系对破解水资源区域评估局限性问题、促进水资源领域高质量发展具有重要意义。

2　水资源论证发展历程

2.1　建设项目水资源论证

2002 年，随着《中华人民共和国水法》进行重新修订，确立了水资源论证制度，为开展规划、建设水资源论证奠定了制度基础。同年，《建设项目水资源论证管理办法》规定，对于直接从江河、湖泊或地下取水并需申请取水许可证的新建、改建、扩建的建设项目，建设项目业主单位按照规定进行建设项目水资源论证，编制建设项目水资源论证报告书，标志着建设项目水资源论证制度全面推行实施。2006 年，《取水许可和水资源费征收管理条例》的颁布成为建设项目水资源论证申请取水许可审批前的关键环节。2008 年，政府职能改革明确水利部将不再负责城市涉水事务的具体管理，由城市政府自行确定供水、节水、排水、污水处理的管理体制。

历经 6 年的实践与探索，发现建设水资源论证的局限性，例如建设项目水资源论证的关注点只在单个建设项目这个"点"上，单个项目对整个水资源可持续利用不会产生明显影响，但这些项目的

作者简介：彭安帮（1985—）男，高级工程师，主要从事水文与水资源工作。

影响累积到一起时可能对水资源产生显著影响[3]，同样并未考虑到整个区域的水资源承载能力、当地开发利用现状、水资源优化配置的问题，人与自然之间、行业与行业之间、建设项目与建设项目之间用水矛盾与冲突更是难以解决[4]。

2.2 规划水资源论证

2010年，水利部出台了《关于开展规划水资源论证试点工作的通知》从宏观的角度规划建设项目水资源论证制度中水资源开发利用和资源优化配置的问题，各地相继开展规划水资源的工作。2011年，《中共中央 国务院关于加快水利改革发展的决定》提出，关于加强规划和项目建设布局水资源论证工作，国民经济和社会发展规划要与当地水资源条件相适应。规划水资源论证在弥补建设项目水资源论证制度中不足的情况下，充分运用建设项目水资源论证积累的丰富的实践经验，科学提出规划有关的水资源节约、保护和管理对策措施及优化调整的建议，使水资源论证由"微观"到"宏观"、由"以需定供"到"以供定需"的重大转变[5]。但其侧重点主要是论证规划与区域水资源条件间的适应性，进而对规划方案提出调整或优化，在管理侧的针对性不强，与取用水管理环节衔接较薄弱，目前无法作为取水许可审批的主要依据[6]。

2.3 水资源论证区域评估

2020年，党中央、国务院在推进政府职能转变和深化"放管服"改革中，水资源论证区域评估作为一项探索性工作应运而生。水资源论证区域评估是在分析园区内的水资源承载能力和开发利用现状的基础上，依据区域用水总量和各类刚性指标，结合区域功能定位、产业布局，提出评估区域的用水总量、用水效率控制目标，以及水资源论证区域评估实施有关的水资源节约、保护建议，实现该区域的各类项目共享区域评价成果，为评估区域内建设项目的取水许可和节约用水管理提供决策依据。工作方式也由曾经的编制、审查到审批改为了签署告知承诺书后审批，优化政府职能简化了审批程序，缩短了审批时间[7]。但伴随着优化取水许可办证程序，大量取水许可审批通过，给水行政主管部门带来了极大的难题。水行政主管部门需要大量的人力资源应对建设单位事中、事后监管难度大，建设单位和主体责任人的各类违法行为频发等难题。

3 信用体系建设

3.1 信用评价发展历程

我国的信用评价起步较晚，主要分为三个阶段：起步阶段、初步发展阶段和加速发展阶段。1999年开始出现一些弱小的征信企业，标志着我国信用评价的诞生。历经5年的探索，我国建立起与当时经济社会发展相适应的信用体系基本框架和运行机制。随着党的十七届六中全会提出要把诚信建设摆在突出位置，我国迎来了信用时代，《社会信用体系建设规划纲要（2014—2020年）》提出，到2020年覆盖全社会的征信系统基本建成，守信激励和失信惩戒机制全面发挥作用。《国民经济和社会发展第十三个五年规划纲要（2016—2020年）》中再次强调建立守信奖励和失信惩罚机制，提高全社会的诚信水平。2019年，国务院印发了《关于加快推进社会信用体系建设 构建以信用为基础的新型监管机制的指导意见》，明确信用监管的要求，并鼓励相关主管部门与第三方评价机构共享评价成果。2020年，中共中央印发的《法治社会建设实施纲要（2020—2025年）》提出，加快推进社会信用体系建设，提高全社会诚信意识和信用水平，覆盖全社会的征信系统基本建成。党的二十大报告指出，优化营商环境，推动社会信用体系建设各项工作落地、落细、落实。2023年，"放管服"的深入实施，是重塑政府与市场关系的一场深刻变革，是优化营商环境、实现经济稳中向好的重大举措。首先发挥好政府引领作用，建设人民满意的服务型政府；其次才能在简政放权充分激发市场活力；最后不能对市场行为完全放任不管，政府反向监督管理市场也尤为重要。

3.2 信用评估概念

信用评估又称信用风险评级，是指借款人、证券发行人或交易对方因种种原因，不愿或无力履行合同条件而构成违约，致使银行、投资者或交易对方遭受损失的可能性[8]。根据规定，企业单位在签署相关承诺书后，必须履行相关责任义务的行为。若企业单位拒绝或不愿履行相关责任或义务，主管单位根据违约程度对企业单位进行信用评分划分等级，限制约束企业单位其他行为。同时企业单位也有权查询自己的信用评价结果，如果企业单位通过自己查询等方法发现信用评价与事实不符或者明显不当，有权向主管部门提出异议并要求采取更正、删除等必要措施。单位在信用评价结果公布后，可根据主管部门信用修复办法维护自身评价等级。

4 水资源论证区域评估信用体系

为破解水资源论证区域评估中的局限性，国务院办公厅先后印发《关于加快推进社会信用体系建设构建以信用为基础的新型监管机制的指导意见》《关于推进社会信用体系建设高质量发展促进形成新发展格局的意见》，明确要求"推动水资源领域信用评价工作"。进一步强化水资源开发利用监管，发挥信用在创新监管机制、提高监管能力和水平方面的基础性作用，不断提升我国水资源开发利用监管能力和水平[9]。构建一套完整有效的信用评价体系（见图1），在深化政府简政放权的同时对建设单位起到监督管理的作用，也是全面推进水治理体系和治理能力现代化的重要举措[10]。

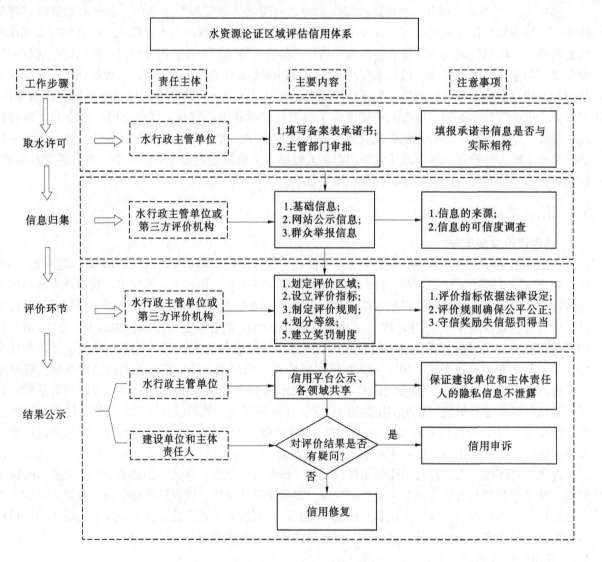

图1 水资源论证区域评估信用体系建设框架

4.1 信用评价信息归集

4.1.1 评价范围

水资源论证区域评估改革是根据区域内水资源承载能力和开发利用现状，确定本区域常规水资源配置指标和非常规水合理配置指标划分区域内水资源的情况。取水审批机关对用户取水类型、取水规模、用水效率和取水许可告知承诺制的正面清单和负面清单，可直接审批建设单位的取水许可申请。

水资源论证区域评估信用体系则是根据水行政主管单位对区域内所有通过取水审批机关审批的建设项目取水类型是否欺瞒、取水规模是否超标、是否足额缴纳水资源费、是否按照规定报送取水数据等信用指标进行信用评价，依法约束主体责任人的信用行为，创造水资源领域内各主体守信的良好氛围，为社会主义高质量发展起到推动作用。

4.1.2 评价依据

根据《中华人民共和国水法》《中华人民共和国计量法》《中华人民共和国统计法》《取水许可和水资源费征收管理条例》《地下水管理条例》及地方政策法规等进行信用评价，确保评价过程公平合理。

4.1.3 信息来源

建设单位和主体责任人档案基本信息可通过区域内水行政主管机关管理信息系统获取。其他信用信息可以通过实地调查、网站公示、群众举报等渠道获取，也可通过国家通用信用平台调取建设项目或项目主体责任人依法作出的制裁文书、行政处罚和行政裁决等行政行为中获取信用信息作为最终评价等级的依据。

4.2 信用评价环节

4.2.1 信用评价指标

评价实行扣分制，各区域设定基础分值。根据区域内和地方水行政主管部门调查建设项目和主体责任人相关违法信用指标行为进行扣分，最终根据评分结果确定相应等级。评价指标主要分为：未依法依规取水、未足额缴纳税费、未依法安装取水计量器、未合理填报用水数据、违反地下水管理条例、不按照规定报送年度取水情况和工程建设对地下水补给、径流、排泄等造成重大不利影响等。水行政主管部门根据相关法律或地方行政法规判定失信程度进行扣分处理，信用等级按照相应评分标准划分。

4.2.2 守信奖励与失信惩戒机制

结合区域内实际改革情况建立合适的信用评价体系，加快建立守信激励和失信惩戒机制，不断增强区域内主体责任人守法意识。对于信用评价守信的建设项目，水行政主管单位减少检查频次、优先推荐评选节水型企业或个人、给予项目水资源费等相关优惠政策或结合当地实际给与其他守信优惠政策。对于建设项目失信主体在政策允许范围内列入区域内重点监管对象加大检查频次，重点检查违法违规行为整改情况，暂停相关专项资金补助和节水型单位水资源费优惠和其他惩戒措施。同时建立信用修复机制，积极引导失信建设单位，改正错误维护自身信用等级，为自身未来持续繁荣发展努力。

4.3 信用评价结果公示

4.3.1 评价结果应用

依托全国信用管理政务服务平台，统一建设部署以建设项目、取水审批单位和编制人员对建设项目进行信用评价主体的水资源论证区域评估改革信用信息平台，逐步纳入全国政务服务平台。以统一社会信用代码为标识，整合形成完整的信用主体信用档案，信用评价结果依法依规向社会公布，共享信用评价结果。

4.3.2 信用申诉

若建设单位对相关评价单位或第三方机构信用评价结果存在疑问，可向负责评价的机构或信用平台提交信用申诉，评价单位根据申请人提交材料决定是否需要对申请单位违法行为进行重新评价。若评价机构对建设单位或主体责任人有恶意评价及其他不当利益的行为，可向上级主管部门进行反馈申诉，以维护自身正当权益。

4.3.3 信用修复办法

建设单位信用修复的意义在于恢复市场信任和合作伙伴关系。信用评级的下降可能导致项目融资难、资金紧缺等问题，降低了其在社会活动中的影响力。此时，建设单位进行信用修复就变得至关重要了。水行政主管单位对于一般失信行为，建设单位进行信用修复时须向信用网站或主管部门提供相关失信材料和已履行行政处罚材料，公开做出信用修复承诺，并经信用网站和主管单位核实后，在最短公示期期满后撤下相关公示信息。

对于严重失信行为，修复信用申请人除参照一般失信行为行政处罚信息信用修复要求外，应按照《国家发展改革委办公厅 人民银行办公厅关于对失信主体加强信用监管的通知》，主动参加信用修复专题培训，并向信用网站提交信用报告，经信用网站核实后，在最短公示期期满后撤下相关公示信息，恢复信用等级。建设单位通过信用修复，能够重建信心、提升形象、实现长期发展，并为整个水资源论证行业的健康发展作贡献。

5 结论

本文全面总结了水资源论证区域评估改革信用体系建设的研究进展。水资源领域信用体系作为社会信用建设的重要组成部分，为加快推进社会信用体系建设，深化政府"放管服"的实施，系统地构建了水资源领域信用体系建设框架和主要环节，有助于在深化人民守信意识的同时，提升政府公信力，增强建设单位行业竞争力，优化水资源市场营商环境。随着水资源信用体系的实践与探索，仍然存在有待于进一步探究的问题：

（1）水资源信用法律体系建设不够完善，极个别省份出台了地方性法规和规范性文件，但大部分省份未曾制定相关政策法规，为全面推进水资源领域信用体系构成极大阻力。

（2）覆盖全社会的信用系统尚未形成，无法实现信用信息的快速共享。目前的水资源信用评价结果只在当地水利厅公示，并不能做到各领域、行业共享。

（3）第三方评价机构独立性不强，评价行为不规范。规范地进行信用评价是使评价结果更具公信力的关键，水行政主管单位及第三方评价机构如何做到公平公正进行信用评价将是下一个研究热点。

参考文献

[1] 徐传琦，马宏伟. 水资源论证区域评估有关问题探讨 [J]. 治淮，2021 (6)：44-45.

[2] 李昂，李敏，吴雷祥，等. 刚性约束与"放管服"改革背景下水资源论证区域评估应把握的关系 [J]. 中国水利，2022 (23)：51-53，38.

[3] 刘卓，陈献. 关于建立规划水资源论证制度的思考 [J]. 水利发展研究，2009，9 (1)：16-19.

[4] 史瑞兰，孙照东，刘永峰，等. 对我国开展规划水资源论证的几点认识 [J]. 人民黄河，2009，31 (6)：75-76，79.

[5] 王新才. 规划水资源论证实践与思考 [J]. 人民长江，2012，43 (19)：1-5.

[6] 王士武，李其峰，戚核帅，等. 对区域水资源论证+水耗标准制度探索与实践 [J]. 中国农村水利水电，2019 (5)：29-33.

[7] 毕守海，彭安帮，马超. 水资源论证区域评估现状、问题和对策 [J]. 中国水利，2023 (3)：18-21.

[8] 张玲，张佳林. 信用风险评估方法发展趋势 [J]. 预测，2000 (4)：72-75.

[9] 孙智一，曹蕾. 哈尔滨市"十四五"水安全保障规划思路构想 [J]. 水利科技与经济，2021，27 (11)：103-105.

[10] 王文生. 高质量发展视角下海河流域水利发展总体思路 [J]. 中国水利，2023 (1)：7-10.

黄河下游水资源现状及郑州黄河水资源
开发利用与对策

辛　虹[1]　苏茂荣[2]　何　辛[2]　王陶新[3]

(1. 河南黄河河务局郑州河务局，河南郑州　450003；

2. 黄河水务集团股份有限公司，河南郑州　450003；

3. 河南黄河河务局荥阳河务局，河南荥阳　450199)

摘　要：黄河水资源是郑州的重要客水资源，也是郑州经济发展、城市建设和人民生产生活重要的水资源。近年来，随着经济社会的快速发展，郑州黄河取水许可水量已远不能满足用水需求。尤其是随着中原经济区建设上升为国家战略，郑州立足于中原经济区核心增长区这个定位，如何充分、合理利用郑州黄河水资源，已成为郑州水资源管理与调度工作的重点。

关键词：水资源；开发利用；对策

1　黄河下游引黄灌区情况

黄河下游引黄灌区横跨黄河、淮河、海河三大流域，涉及河南省的焦作、新乡、郑州、开封、商丘、濮阳、鹤壁、安阳，山东省的菏泽、济宁、聊城、滨州、德州、泰安、济南、淄博、东营，共17个市86个县（区）。受益县土地总面积9.20万 km^2。截至2020年，黄河下游的河南、山东两省共建成万亩以上引黄灌区86处。其中，百万亩以上特大型灌区11处，30万~100万亩大型灌区26处，30万亩以下中型灌区61处。引黄灌区规划总土地面积64 076 km^2，耕地面积5 836万亩，有效灌溉面积3 221万亩。

2　黄河下游水资源利用情况

2.1　地表水利用

2018年，下游引用黄河水139.79亿 m^3，其中农业100.61亿 m^3、工业17.51亿 m^3、生活10.06亿 m^3、生态11.61亿 m^3。2019年引黄河水155.29亿 m^3，其中农业114.48亿 m^3、工业16.48亿 m^3、生活12.83亿 m^3、生态11.50亿 m^3。2020引黄河水138.35亿 m^3，其中农业77.07亿 m^3、工业20.57亿 m^3、生活19.94亿 m^3、生态20.77亿 m^3。以近3年平均计算，黄河下游年引水总量为144.48亿 m^3，其中农业97.38亿 m^3，约占67.40%；工业18.19亿 m^3，约占12.59%；生活14.28亿 m^3，占9.88%；生态14.63亿 m^3，占10.13%。与总许可取水量101亿 m^3 相比，实际年引水量与取水指标的差额约为43.48亿 m^3。为落实以水而定、量水而行的重大国家战略，黄河下游灌区节水势在必行。

2.2　地下水利用

2018年黄河下游引用地下水15.61亿 m^3，其中农业9.54亿 m^3、工业3.04亿 m^3、生活2.91亿 m^3、生态0.12亿 m^3。2019年引地下水15.65亿 m^3，其中农业10.13亿 m^3、工业2.45亿 m^3、生活

作者简介：辛虹（1964—），女，高级工程师，主要从事引黄涵闸、引黄供水工程建设及运行管理工作。

2.96 亿 m^3、生态 0.11 亿 m^3。2020 引用地下水 15.23 亿 m^3，其中农业 10.09 亿 m^3、工业 12.22 亿 m^3、生活 2.80 亿 m^3、生态 0.12 亿 m^3。3 年平均年引用地下水约 15.50 亿 m^3。在地下水超采和严重超采区，各地政府已限制开采或禁止开采。

3 水资源利用困境分析

黄河下游引黄灌区形成当前水资源利用现状的原因有多个方面。一是灌溉及农业用水是引黄用水大户，占引黄用水的 68.26%。部分灌区渠系老化失修、工程配套较差、灌水技术落后及用水管理粗放等原因，造成了部分灌区大水漫灌、浪费水严重的现象；农民节水意识不强，如农业种植结构不合理、只考虑收益、不考虑耗水等。新农村建设、农村生活方式的改变使用水量增加。黄河下游滩区 181 万人口的生活用水和 25 万 hm^2 耕地的灌用水，也主要依靠黄河水。二是随着社会的进步和经济与生产的发展，社会各部门、各行业对水资源的需求不断增长。三是黄河下游地区降水量年际变化大、时空分布不均，当地水资源利用率低，影响黄河下游水资源的主要供给。灌区水资源状况因气候变化及用水方式等方面的不合理性，给黄河水资源的保护利用带来不利影响。四是地下水潜力有限。黄河下游两岸，年平均降水量较少渗入地下，在 20 世纪 80 年代地下水由于长期过量开采，地面沉降面积增加，据统计，华北平原 20 世纪初地下漏斗区已经达到 4 万 km^2，是全国之最。河南东部和山东省地下水氟含量较高，漏斗区域引起海水内侵，咸水扩散，地下水很难利用。五是随着黄河下游邻近的胶东、华北等地区重要城市缺水日益严重，急需黄河补水，相继兴建了引黄济青、引黄济津、引黄济淄、引黄入冀补淀等专项供水工程，供水范围不断扩大，进一步加剧黄河水资源供应紧张局面。

4 郑州黄河水资源开发利用现状

郑州河务局管辖范围内现有取水口 17 处，郑州市从黄河干流多年平均引水量为 5.62 亿 m^3。近几年来，由于黄河上游来水偏少、受水量统一调度的控制，年引水量约 5 亿 m^3，境内赵口闸和三刘寨引黄闸除为本地区供水外，还为豫东开封、周口、商丘等地区供水。不仅改善了沿黄地区的农业生产条件，同时也促进了沿黄地区农业经济的快速发展，使昔日贫穷落后的黄泛区，变成了河南省重要的商品粮基地。在发展引黄灌溉的同时，也保证了郑州市城市生活及工业用水的需要，为郑州市经济的飞速发展起到了巨大的推动作用。

5 河南黄河水资源开发利用存在的问题

5.1 水资源短缺

河南黄河地区虽然拥有丰富的水资源，但是由于人口密集和经济快速发展，水资源的需求量远远超过了水资源的供给能力。这导致了水资源短缺，影响了当地的经济和社会发展[1]。

5.2 水质污染

随着工业和城市化的快速发展，河南黄河水污染问题日益严重。废水排放和化学品泄漏等污染源造成了黄河水质的严重污染，影响了人民的生活质量和健康。

5.3 生态环境破坏

过度开发和污染使河南黄河生态环境遭受严重破坏。水生生物的生存环境受到破坏，生态系统的平衡被打破，对整个黄河生态系统造成了不可逆的损害。

5.4 管理体系不完善

河南黄河水资源的管理体系存在诸多问题，如管理职责不明确、管理效率低下、缺乏公众参与等。这些问题导致水资源管理的不完善，使水资源得不到有效的开发和利用。

6 促进水资源可持续开发利用的对策

6.1 强化水法规宣传

利用"世界水日""中国水周"进行集中宣传和经常性宣传相结合的方式，采用内容丰富、群众喜闻乐见的多种形式，进行广泛深入地宣传《中华人民共和国水法》《中华人民共和国防洪法》和取水许可制度等法律法规。使人们认识到黄河水资源并不是取之不尽、用之不竭的，提高沿黄地区对水资源短缺的认识、水患意识和水商品意识，以促使用水户计划取水、合理用水、节约用水，促进黄河水资源的可持续开发利用。

6.2 尽快完善水法规体系

建议国家应尽快出台黄河水资源费征收和管理办法及黄河地下水资源管理条例等有关法律法规，建立与市场经济相适应的水资源价格体系，并进行水价改革，对黄河水资源价格作出具体规定，为依法管水和征收地下水资源费，提供操作性、针对性更强的法律依据。使黄河水资源在价格杠杆的引导下合理调节和优化配置，充分发挥其最大综合效益。

6.3 加强黄河水量统一调度和管理

1998年12月国家计委、水利部颁布了《黄河可供水量年度分配及干流水量调度方案》和《黄河可供水量调度管理办法》《订单供水管理办法》，标志着黄河水资源的调度管理开始走向正规化、规范化。自1999年3月至今黄河干流没有断流，有力地说明黄河调水成功。但由于黄河水资源调度管理工作尚处在初步实施阶段，还存在一些问题需逐步解决，建议今后在统一调度技术、方法、监（管）理、调度方式等方面进一步改革，加大黄河水资源管理和黄河水量统一调度力度，确保黄河永不断流。

6.4 科学编制用水计划，严格实行计划用水

郑州水资源十分紧缺，随着郑东新区的发展，对黄河水资源的需求量日益增大，依赖性更强。在统一调水期间，上级所下达的引水流量，不仅总量上满足不了用水需求，而且时间上供水矛盾也十分突出。因此，必须在黄河水资源中长期供求计划和黄河可供水量分配方案的宏观指导下，根据灌区作物种植面积和生长需水规律，科学编制不同层次和不同方面的用水计划，制定灌区合理的灌溉制度。计划批准后，应严格按照计划用水加强用水监督管理[2]。

6.5 加强对取水口的监督管理

为防止地方自建自管的取水口虚报实际引水量，维护黄河部门的合法权益，建议尽快建立各取水口水量控制与各河段下泄流量相结合的管理机制。采用自动化远程监控系统对各取水口进行全方位监控，以保证取水数据的准确性。

6.6 发展现代农业，减少水资源浪费

一是采用先进的节水设备和灌溉技术，发展现代农业，提高农业用水有效利用率，保证水资源的可持续利用。二是要结合当地实际情况，调整农业种植结构，逐步调减农业用水量。三是加强节水措施研究，采取工程、生物、管理等措施，杜绝黄河水资源的严重浪费现象。四是为提高农业引黄灌溉的保证率，建议地方修建平原水库，以做到丰季存水、枯季调水，确保正常的农业灌溉。

6.7 提高工业用水重复利用率

郑州市工业用水重复率低，节水潜力很大。对工矿企业用水单位，应要求其改进工艺流程，使用先进的污水处理技术，以提高水的重复利用率。

6.8 修建滩区水库，调节供需矛盾

鉴于郑州市平原水库较小、调蓄能力低、在枯水季节远远不能满足用水需要的现状，建议黄河部门根据当地实际在有条件的位置修建滩区水库，提高引黄调节能力，满足用水需求，解决供需矛盾日益加剧的状况，为郑东新区的开发提供水源保障，做出流域水行政管理单位应有的贡献。

6.9 加强黄河水资源保护工作

针对目前黄河水污染严重的现状，必须进一步采取有力措施，搞好黄河水污染防治。一是出台法规依法保护黄河水资源；二是要加强领导，各地区应像防洪一样实行各级行政首长负责制，加强水资源保护，严格控制入河排污量；三是要加强黄河流域水污染防治的统一监督管理，合理调配水资源，保证下游正常生态用水；四是加强环境管理工作，建立污水入河排污许可制度，严禁污染企业发展，对入河污染物实施总量控制，在防治新污染产生的同时，做好限期治理工作，保证企业达标排放；五是加大水污染治理投入，建设城市污水处理厂；六是在枯水期采取应急措施保护水源。

7 结论

黄河水资源的开发利用面临着诸多问题，需要采取综合性的对策加以解决。通过强化水资源管理、加大污染治理力度、推动生态保护和恢复、加强法规建设和推广节水技术和意识，可以有效解决当前存在的问题，实现水资源的可持续利用。同时，需政府、企业和公众共同努力，形成全社会共同参与水资源保护和开发的良好局面。只有这样，才能确保黄河水资源的合理开发和利用，促进当地经济和社会的可持续发展。

参考文献

[1] 赵秉栋，赵庆良，焦士兴，等．黄河流域水资源可持续利用研究［J］．水土保持研究，2003（4）：102-104.

[2] 郑州黄河河务局．郑州黄河志［M］．郑州：黄河水利出版社，2018.

浅谈水资源治理与可持续发展研究

项 恒[1] 李 毅[2] 辛 虹[3] 何 辛[4]

(1. 黄河建工集团有限公司，河南郑州　450045；
2. 河南黄河河务局原阳河务局，河南原阳　453500；
3. 河南黄河河务局郑州河务局，河南郑州　450003；
4. 黄河水务集团股份有限公司，河南郑州　450003)

摘　要：水资源是维持人类社会发展不可或缺的要素，随着人类经济活动和人口规模的不断扩大，水资源也面临越来越严重的威胁，如水污染、水量不足等。水资源是人类社会生存和发展的重要基础和条件，也是自然生态系统的重要组成部分。随着人口的不断增长和经济的快速发展，水资源的供需矛盾不断加剧，水质和生态环境也面临越来越大的压力和挑战。因此，水资源的综合治理和可持续利用显得尤为重要。

关键词：水资源；生态治理；可持续发展

水是人类生命和经济发展的重要基础资源，水资源管理对于保障人类生存和发展具有重要的战略意义。近年来，随着气候变化和人类活动的不断增加，水资源管理面临着新的挑战，科学合理地利用水资源、保护水环境已成为一个迫切的问题。

1　水资源管理在水利工程中的重要性

在水利工程的建设过程中开展水资源管理工作，可以进行相应数据的合理收集，以便为水利工程的建设提供更加精准可靠的资料。在国民经济不断发展的过程中，水利工程发挥着越来越重要的作用，不仅对一些自然灾害的发生有着一定的预防作用，还可使水资源的配置更加合理，进一步满足人们对水资源的需求，进而使水利工程建设的质量实现进一步的提升。

2　水资源综合生态治理

水资源综合生态治理是通过全面系统地分析、规划、调度和管理各类水资源，以解决水资源的供需矛盾和水环境的恶化问题，从而实现对水资源的合理利用和保护。

水资源综合生态治理的措施包括：加强水资源监测与规划，通过建立水资源监测和预报系统，及时掌握水资源的变化情况和趋势，为水资源的规划和利用提供科学依据；推进水循环经济，在水的各个环节中实现资源最大化利用，包括采用节水技术和设施、涉水工业节能减排等；加强水利工程建设，如加强水库、水闸、引水渠道等水利工程的建设，提高水资源的利用率和调节能力；加强节水管理，通过加强水价制度、实行用水计划、推广节水技术等手段，降低耗水量和浪费现象。

3　水资源可持续利用

水资源的可持续利用是指在满足当前水资源需求的同时，保证水资源的长期供应和良好的生态环

作者简介：项恒（1977—），男，高级工程师，主要从事企业管理和项目管理工作。

境，避免水资源过度开发和污染。具体措施包括：①保护水资源生态环境，通过加强水资源保护和修复，恢复水资源的生态功能和生态平衡；②落实水资源管理制度，建立健全水资源管理机制，严格管理用水权和用水量，防止非法占用、超量用水等行为；③科学利用水资源，根据不同地区、不同用水需求，通过科学规划和利用水资源，实现最大程度的资源利用和保护；④推广水资源技术，加强科技创新，推广节水技术、水资源再生利用技术等手段，实现水资源的可持续利用。

4 水文水资源管理在水利工程中的应用现状分析

进入 21 世纪以来，我国加大了对水资源的研究力度，大量的新技术、新装备被利用，我国在对水资源的研究上取得了巨大成功。但是我国疆域面积大，水资源所处环境复杂，给水资源研究工作带来一定困难，阻碍了水资源研究的发展。

4.1 经费不足，设施不够完善

随着我国经济的不断发展，人们的生活水平逐渐提高，为了满足社会需求，加强水利工程建设非常必要。水利工程不断扩大的同时，建设经费成为了施工单位的难题。为了提高水文水资源管理工作的效率及准确性，需应用先进的科学技术。水资源研究需要一定的时间，研究起点低，基础差，技术相对落后，需投入大量的人力、物力，研究经费不足，得不到根本解决。研究设备不足，一些偏远地区采集水文数据还通过人工来完成，造成数据采集错误率偏高。资金的缺乏，使得水资源的管理工作缺乏较为先进的基础设施，导致工作效率难以得到进一步提高，没有较高的准确性，水利工程建设质量难以得到保障。

4.2 水资源匮乏，非传统水资源利用率低

我国是一个淡水不足的国家，东西南北分布差异较大。现阶段节水制度和技术都比较落后，人们对水资源保护观念差等。一些非传统的水资源得不到有效利用，污水随意排放，特别是一些生活污水随意排放造成水资源污染。

4.3 水资源破坏严重，数据信息严重不足

随着我国工业化进程的加快，经济快速提高，人民的生活水平大大提高。同时也给生活环境、生态也带来了破坏，生活污水、工业污水处理技术差，生态系统自我修复能力跟不上。因此，要在水资源保护方面加强宣传力度，使人们意识到保护水资源的重要性，同时执法部门对乱排、偷排现象加大执法力度，增加污水处理设备。水利工程的建设需要水文数据来支撑，在我国水文数据信息化还比较落后，大量重要的水文数据很难查询，加大对水文数据信息化工程的建设，建立全国水文水资源数据库，为我国现代化建设和水文水资源研究提供保障和服务。

4.4 工作人员的素质有待进一步提升

目前，相关工作人员的知识技能及观念意识都有待进一步提升，因此为了保证水文水资源管理工作的质量，重视对工作人员的培训，促进其服务观念及服务意识进一步提升。

4.5 水资源管理技术的推进

随着科技的发展和水资源管理技术研究的深入，水资源管理技术的应用取得了一定成就，水资源的管理和保护仍面临着新的挑战，需进一步加强科技研究，推动水资源管理技术发展，提高利用水资源的效率和保护水资源的能力。

加强研究，推广水资源调度、利用和保护，引导人们理性、科学、高效地利用水资源。加强合作交流，促进各个领域之间的合作，实现全球水资源的互通共享、统筹协调和可持续利用。加强水资源管理和保护，制定具有可操作性和科学性的政策和法规，实现水资源保护的目标。

水资源作为人类生存和经济发展的基础资源，其管理和保护对于经济、环境、社会等各个方面都

至关重要。通过不断研究和应用水资源管理技术，逐渐加强水资源的管理和保护，实现水资源的可持续利用[1]。

5 水资源管理在水利工程中的应用措施

健全水资源管理制度，使水资源管理工作的顺利开展得到有效保障。以实际需求为依据建立规章制度，及时发现并解决管理工作中出现的问题。同时加强对相关工作人员的培训，提高业务知识水平，发挥水资源管理作用。进一步明确责任主体，对项目的主体进行进一步明确，设立相应的组织机构以实现对项目的管理，在管理过程中遇到问题及时有效的解决。规范管理质量，使水资源的管理工作进一步标准化，规范管理观念和管理流程，对管理项目进行严格审批，有效促进水利工程建设的发展。科学合理划分项目，使水文水资源的管理工作在效率及质量方面得到进一步提高。

6 水资源研究的可持续发展

水资源可持续研究，建立可持续发展水文水资源的信息数据库，实现水文水资源数据信息共享，推动我国现代水利建设发展和技术进步。现阶段我国在先进科学技术和信息技术的帮助下，水利管理能力大幅提高，基本上实现可持续发展水资源信息共享，但还有待提高，需在以下问题上进行改进。

6.1 建立完善的水文水资源信息共享机制

由于我国国土面积较大，水资源分布不均，各地水利部门研究的项目不同，研究资金来源不同和研究的技术水平差异，开发出了不同的应用软件和相应的数据库。这些数据由于应用环境等问题，缺乏统一管理和科研数据有效交汇、共享管理的制度，没有建立信息共享的政策法规，无法确保信息资源的安全性和增值性，水利信息资源涉及的知识产权和社会公益事业发展，需要平衡非盈利科研单位、教育和决策之间的关系，建立可持续发展水文水资源信息共享机制。

6.2 实现水资源信息共享

水资源信息共享能提供更多信息，使活动渠道更加宽广，推动行业的快速发展，使水资源信息可持续发展拥有更大的空间。我国水资源信息共享平台技术不够成熟，搭建不够完善，服务系统不健全，需要加快建设完善的水文水资源信息共享平台和构建健全的信息服务体系。

6.3 利用现代科学对水资源研究提供服务

我国依托中国水利水电科学研究院网路环境，以元数据为核心建立了标准化的"中国可持续发展信息网水资源共享网站"，实现免费查询、上传和发布水资源信息的网络服务，同时还提供专业的信息数据和图像处理。现代信息技术的发展为我们提供大量的软件和硬件，帮助我们实现水资源数据信息共享平台，为我国水利工程管理、水资源管理、防洪指挥和水利规划等带来更大的现代化支撑。

7 水资源管理中的大数据与人工智能应用

随着科技的进步，大数据和人工智能技术在水资源管理中得到广泛应用。通过收集大量数据，利用大数据技术进行分析和挖掘，为水资源管理提供科学决策支持，而人工智能技术的应用则进一步提高了水资源管理的效率和精度。

在实践中，一些地区开始运用大数据与人工智能技术进行水资源管理，通过建立基于人工智能的水资源管理系统，能够实现水文预报、水资源调度、水质监测等功能的自动化和智能化，提高水资源管理的效率和精度[2]。

8 结语

水资源生态治理研究是我国水利建设的基础，为我国水利建设提供有力的保障。水资源研究取得一定的成果，为我国水利建设提供了可靠保障。水资源是重要资源，其综合治理和可持续利用对于推进可持续发展和建设美丽中国具有重要意义，需要加强立法、完善政策，同时也需要全社会共同参与，共同保护和管理水资源，实现水资源的可持续利用和发展。

参考文献

［1］康健，包化国，孙崇倍，等．对水资源的探析［J］．科技资讯，2012（11）：126-133.
［2］王银堂，田庆奇，袁小勇．我国水资源领域技术需求分析及推广应用［J］．水利水电技术，2015，41（7）：1-8.